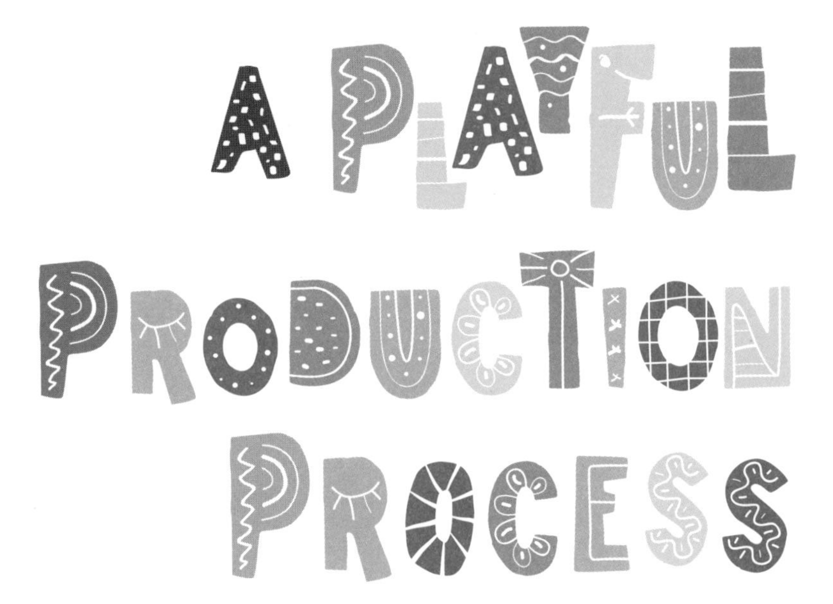

리차드 르마샹 저 · 이정엽, 김종화 역

재미있는 게임 제작 프로세스

〈언차티드〉 개발자가 알려 주는 게임 디자인·제작 실무

YoungJin.com Y.
영진닷컴

재미있는 게임 제작 프로세스

A Playful Production Process: For Game Designers (and Everyone)

ISBN 978-89-314-6972-1

독자님의 의견을 받습니다.
이 책을 구입한 독자님은 영진닷컴의 가장 중요한 비평가이자 조언가입니다. 저희 책의 장점과 문제점이 무엇인지, 어떤 책이 출판되기를 바라는지, 책을 더욱 알차게 꾸밀 수 있는 아이디어가 있으면 팩스나 이메일, 또는 우편으로 연락주시기 바랍니다. 의견을 주실 때에는 책 제목 및 독자님의 성함과 연락처(전화번호나 이메일)를 꼭 남겨 주시기 바랍니다. 독자님의 의견에 대해 바로 답변을 드리고, 또 독자님의 의견을 다음 책에 충분히 반영하도록 늘 노력하겠습니다.

주 소 : (우)08507 서울특별시 금천구 가산디지털1로 128 STX-V 타워 4층 401호
이메일 : support@youngjin.com
※ 파본이나 잘못된 도서는 구입처에서 교환 및 환불해드립니다.

STAFF
저자 리차드 르마샹 | **역자** 이정엽, 김종화 | **총괄** 김태경 | **진행** 서민지 | **디자인 · 편집** 김효정
영업 박준용, 임용수, 김도현, 이윤철 | **마케팅** 이승희, 김근주, 조민영, 김민지, 김도연, 김진희, 이현아
제작 황장협 | **인쇄** 예림

노바에게

역자의 말 14

추천사 16

서문 18

1부 **아이데이션** - 아이디어 떠올리기

1장 **시작하는 방법** 27

2장 **푸른 하늘 사고방식** 29

브레인스토밍 29

자동기술법 33

다른 푸른 하늘 사고 기법 33

게임 디자이너, 스프레드시트, 목록의 힘 34

3장 **조사** 37

인터넷 조사 37

이미지 조사 38

도서관을 소홀히 하지 마라 38

현장 조사 38

인터뷰 39

섀도잉 40

조사 노트 40

4장 **게임 프로토타이핑: 개관** 43

게임 메커닉, 동사, 플레이어 활동 44

세 가지 종류의 프로토타이핑 46

모든 게임 개발자는 게임 디자이너다 53

5장 **디지털 게임 프로토타입 만들기** 55

게임 엔진 선택과 사용 55
운영 체제 및 하드웨어 플랫폼 선택하기 56
게임이 아닌 장난감으로 프로토타입 제작하기 57
디지털 게임 프로토타입에서 사운드의 중요성 58
디지털 프로토타입에서 플레이 테스트 및 반복 작업하기 61
디지털 프로토타입을 몇 개나 만들어야 할까? 62
프로토타입이 이끄는 길을 따라야 할 때 63
아이데이션 결과물: 프로토타입 빌드 64
명작 증후군 65
프로토타입 플레이 테스트의 감정적 측면 66

6장 **게임 디자인 기술로서의 커뮤니케이션** 69

커뮤니케이션, 협업, 리더십 및 갈등 69
가장 기본적인 커뮤니케이션 기술 72
샌드위칭 75
존중, 신뢰 및 동의 78

7장 **프로젝트 목표** 81

경험 목표 81
경험 목표 기록하기 87
디자인 목표 88
경험 목표와 디자인 목표를 종합해 프로젝트 목표 설정 90
레퍼토리 및 성장 91
게임의 잠재 고객 고려하기 92
전문 게임 플랫폼 개발자 되기 94
프로젝트 목표 수립에 대한 조언 95

8장 **아이데이션 마무리** 97

아이데이션 단계는 얼마나 오래 지속되어야 하나? 97
프로토타이핑에 대한 마지막 조언 98
아이데이션 결과물 요약 99

2부 프리 프로덕션 - 행동을 통한 디자인

9장 **개발 과정 통제력 확보하기** 103

조립 라인과 워터폴 모델 104
새로운 무언가를 만들기 105
프리 프로덕션 중 기획 105
마크 서니와 방법론 106
프리 프로덕션의 가치 107

10장 **버티컬 슬라이스란 무엇인가?** 109

핵심 루프 110
세 가지 C 111
샘플 레벨과 블록메시 디자인 과정 116
버티컬 슬라이스 샘플 레벨의 크기와 품질 120
아름다운 코너 121
버티컬 슬라이스의 도전과 보상 123

11장 **버티컬 슬라이스 만들기** 125

프로토타입으로 작업하기 126
게임에서 초기 시퀀스를 만들되, 아직 초반은 만들지 마라 126
게임의 핵심 요소에 대한 반복 작업 127
게임 엔진 및 하드웨어 플랫폼에 커밋하기 128
좋은 하우스키핑 실천하기 128
디버그 함수 추가 시작하기 130
조기 실패, 빠른 실패, 빈번한 실패 130
동일한 물리적 공간에서, 또는 온라인에서 함께 작업하기 131
디자인 자료 저장 및 분류 131
프로젝트 목표에 따라 안내받기 132
프로젝트 목표를 수정해야 할 때 132
버티컬 슬라이스를 구축하여 수행하는 작업 133
프리 프로덕션은 관습적으로 스케줄되어서는 안 된다 135
타임박스 136

12장 **플레이 테스트** 139
디자이너 모델, 시스템 이미지 및 사용자 모델 140
어포던스 및 기표 141
가독성과 경험을 위한 플레이 테스트 142
플레이 테스트를 위한 모범 사례 142
정기적 플레이 테스트 실행 150
플레이 테스트 피드백 평가 150
"나는 ~을 좋아한다. 나는 ~을 바란다. 만약에 ~라면?" 153
디자이너와 아티스트를 위한 플레이 테스트 155

13장 **동심원적 개발** 157
우주는 왜 계층적으로 구성되어 있는가 – 우화 157
동심원적 개발이란 무엇인가? 158
완료될 때까지 기본 메커닉을 먼저 구현하라 159
2차 메커닉 및 3차 메커닉 구현하기 161
동심원적 개발 및 디자인 파라미터 162
테스트 레벨 163
작업 중에도 계속 폴리싱하기 163
기본값 사용 안 함 164
폴리싱은 펑크가 될 수 있다 164
동심원적 개발, 모듈화 및 시스템 165
반복, 평가 및 안정성 166
시간 관리에 도움이 되는 동심원적 개발 167
동심원적 개발로의 전환 168
동심원적 개발과 버티컬 슬라이스 169
동심원적 개발과 애자일 169
미완료 작업량 최대화하기 171
동심원적 개발의 속도 171

14장 **프리 프로덕션 결과물 – 버티컬 슬라이스** 173
버티컬 슬라이스 빌드 전달하기 173
다른 자료로 버티컬 슬라이스 지원하기 174
버티컬 슬라이스 생성에서 스코프 알아보기 174
버티컬 슬라이스 플레이 테스트 174
게임 제목과 초기 핵심 아트 집중 테스트 175

15장 크런치 방지 177

16장 게임 디자이너를 위한 스토리 구조 183

아리스토텔레스의 《시학》 184
프레이탁의 피라미드 185
게임 구조는 스토리 구조를 반영한다 186
스토리와 게임 플레이는 프랙탈이다 187
스토리의 구성 요소 189
게임 내 스토리를 개선하는 방법 192
의심스러운 경우 193

17장 프리 프로덕션 결과물 – 게임 디자인 매크로 195

풀 프로덕션을 위한 지도 만들기 195
게임 디자인 매크로를 사용하는 이유는 무엇인가? 196
게임 디자인 매크로와 프로젝트 목표 197
게임 디자인 매크로의 두 부분 198
게임 디자인 개요 198
게임 디자인 매크로 차트 199
게임 디자인 매크로 차트의 행과 열 200
게임 디자인 매크로 차트 템플릿 201
플레이어 목표, 디자인 목표, 감정적 비트 203
플레이어 목표, 디자인 목표, 감정적 비트의 관계 예시 208
게임 디자인 매크로의 장점 209
게임 디자인 매크로의 정석 211
게임 디자인 매크로는 게임 디자인 바이블인가? 213

18장 게임 디자인 매크로 차트 작성 215

매크로 차트의 세분성 218
게임 디자인 매크로 차트 시퀀싱하기 219
매크로 차트 완성하기 224
마이크로 디자인 224
비선형 게임과 게임 디자인 매크로 차트 225
게임 디자인 매크로 예시 226

19장 **스케줄링** 229
간단한 스케줄링 230
게임 제작에 얼마나 많은 인시가 드는가? 230
가장 간단한 스케줄 231
각 작업에 대한 간단한 스케줄 정보 232
간단한 스케줄로 범위 지정 236
간단한 스케줄을 사용하여 프로젝트 추적하기 237
번다운 차트 238
잘라낼 수 있는 항목 결정 243
번다운 차트에서 스케줄 변경하기 244
신뢰와 존중의 분위기를 조성하는 번다운 차트 245

20장 **마일스톤 리뷰** 247
마일스톤 리뷰 실행 시기 247
내부 및 외부 마일스톤 리뷰 248
마일스톤 리뷰 진행 248
픽사 브레인트러스트 252
무엇이 좋은 노트를 만드는가? 253
마일스톤 리뷰에서 발표하는 게임 개발자는 무엇을 해야 하나? 256
프로젝트 이해관계자에게 프레젠테이션하기 257
마일스톤 리뷰 과정의 정서적 측면 258

21장 **프리 프로덕션의 도전** 261
디자인에 전념하기 262
프리 프로덕션이 잘 진행되지 않을 경우 프로젝트 취소하기 263
풀 프로덕션으로 전환 264
프리 프로덕션 결과물 요약 265

3부 **풀 프로덕션** - 제작과 발견

22장 **풀 프로덕션 단계의 특징** 269
버티컬 슬라이스 및 게임 디자인 매크로 제시하기 270
작업 목록 검토하기 270

프리 프로덕션에서 풀 프로덕션으로 기어 전환하기 271
프로젝트 목표 확인하기 272
스탠드업 미팅 272
풀 프로덕션의 마일스톤 274
게임을 어떤 순서로 만들어야 할까? 274
게임 감각과 생동감 276
풀 프로덕션의 초점 277
풀 프로덕션 도중 위험을 감수해야 하는 경우 278

23장 **테스트의 종류** 281
비공식 플레이 테스트 281
디자인 프로세스 테스트 283
품질 보증 테스트 285
자동화된 테스트 286
공개 테스트 287

24장 **공식 플레이 테스트 준비** 289
너티독의 공식 플레이 테스트 289
모두를 위한 공식 플레이 테스트 방법 291
공식 플레이 테스트 스크립트 준비하기 295
공식 플레이 테스트 설문조사 준비하기 296
종료 인터뷰 준비하기 301
종료 인터뷰 질문 구상하기 302
게임의 제목, 핵심 아트, 로고 디자인을 포커스 테스트하기 303
공식 플레이 테스트 당일의 준비 304

25장 **공식 플레이 테스트 진행하기** 307
비공식 환경에서의 공식 플레이 테스트 307
플레이 테스터 찾기 307
장소 찾기, 시간 정하기, 플레이 테스트 코디네이터 결정하기 308
장소 준비하기 309
플레이 테스터 도착 310
플레이 테스트 시작 직전 311
플레이 세션 311

디브리핑 세션 312
플레이 테스트 후 정리 313
플레이 테스트 결과 분석 314
공식 플레이 테스트에서 받은 피드백에 따라 조치하기 320
어려운 피드백 처리하기 321
공식 플레이 테스트의 다음 단계로 넘어가기 322

26장 **게임 지표** 325
너티독의 게임 지표 326
게임에 지표 구현하기 331
지표 데이터와 동의 332
지표 데이터 시스템 테스트 333
지표 데이터 시각화 333
게임 지표 구현 체크리스트 334
게임 지표의 가능성과 한계 335

27장 **알파 단계와 버그 추적** 337
간단한 버그 추적 방법 338

28장 **알파 마일스톤** 347
피처와 콘텐츠 347
피처 완료 348
게임 시퀀스 완료 350
알파의 좋은 온보딩 시퀀스 351
알파 마일스톤의 역할 353
알파에서 게임 제목 선택하기 355
알파 마일스톤 요약 355
알파에서 진행되는 마일스톤 리뷰 357

29장 **스텝하기** 359
스텝이란 무엇인가? 359
비디오 게임의 스텝 360
스텝 오브젝트 프로세스 예시 361
스텝 및 기능 364
콘텐츠 스터빙과 동심원적 개발 비교 365

30장 **우리 게임의 잠재 고객에게 도달하기** 367

마케팅 계획 세우기 368
게임 웹사이트 및 보도 자료 만들기, 언론사에 연락하기 369
게임용 소셜 미디어 캠페인 운영하기 370
소셜 미디어 인플루언서와의 협업 371
게임 개발과 전문 마케팅 통합하기 371

31장 **베타 마일스톤** 373

베타 마일스톤에 필요한 것들 373
완성도 및 베타 마일스톤 375
베타 단계, 동심원적 개발 및 게임의 안정성 376
크레딧 및 출처 표시 377
베타 마일스톤에 도달하기까지 과제 378
베타 마일스톤 요약 379
베타 버전에서 마일스톤 리뷰 380

4부 **포스트 프로덕션** - 수정 및 폴리싱

32장 **포스트 프로덕션 단계** 385

포스트 프로덕션은 얼마나 걸리나? 386
버그 수정 387
폴리싱 388
밸런싱 389
포스트 프로덕션의 특성 391
관점의 이동 392
포스트 프로덕션 웨이브 393

33장 **출시 후보 마일스톤** 395

출시 후보에 필요한 것은 무엇인가? 396
출시 후보에서 골드 마스터로 397
게임 출시 398

34장 **인증 프로세스** 399

인증 프로세스 타임라인 400

인증 합격 및 불합격 401

인증 통과 후 게임 업데이트 401

콘텐츠 등급 402

35장 **예상치 못한 게임 디자인** 405

예상치 못한 게임 디자인 유형 405

36장 **게임이 완성된 후** 409

게임 출시 409

프로젝트 후 리뷰 410

프로젝트 종료 시 휴식 411

프로젝트 후 우울증 411

다음 프로젝트 412

R&D 413

방향성을 설정하고 시작하기 413

팀에서 떠나야 할 때 414

처음으로 돌아가기 415

에필로그 416

부록 420

부록 A: 재미있는 게임 제작 프로세스의 4단계, 마일스톤 및 결과물 420

부록 B: 그림 7.1의 필사본 421

부록 C: 그림 18.2의 〈언차티드 2: 황금도와 사라진 함대〉 게임 디자인 매크로(상세) 422

감사의 말 424

참고 문헌 427

역자의 말

대학을 기반으로 게임 디자인 스튜디오 수업을 처음 개설한 것이 2010년이니 벌써 13년이나 되었다. 2000년대 후반은 유니티를 비롯한 상용 게임 엔진들이 본격적으로 도입되면서 인디 게임 제작을 위한 기반이 막 갖춰지기 시작한 때였다. 게임을 개발하고자 의지를 불태우는 학생들과 제작 도구에 해당하는 게임 엔진은 준비되었으나 이에 마땅한 게임 디자인 교재를 찾아보기는 어려운 때였다. 그맘때쯤 미국 샌프란시스코에서 열린 GDC의 게임 서적 코너에서 찾았던 책이 트레이시 풀러턴의 《게임 디자인 워크숍Game Design Workshop》이었다.

2004년에 1판이 출판된 이 책은 사실 르마샹의 저서의 모체라고 볼 수 있다. 트레이시 풀러턴은 USC 게임 분야 교수로 오래 재직했을 뿐만 아니라, 제노바 첸이나 켈리 산티아고를 비롯한 USC 출신의 인디 게임 개발자들과 그들의 첫 게임을 함께 만들고 인디 게임 스튜디오를 설립해 나가는 데 큰 도움을 주었다. 실제로 르마샹은 플레이어 경험 목표 설정이나 물리적 프로토타입의 제작을 강조하는 풀러턴의 방식을 이 책에서도 강조하고 있다. 이러한 방법론들은 인디 게임계의 창의적인 메커닉을 도출하는 데 핵심적인 역할을 하게 되었다. 이후 한국에서도 인디 게임 개발 붐이 일었고, 트레이시 풀러턴의 책은 좋은 지침서가 되어 주었다.

그러나 그 후 인디 게임 분야에서도 다양한 형태의 변화가 일어나게 되었다. 인디 게임들이 자본의 수혜를 입으면서 성공을 거두는 경우가 많아졌을 뿐만 아니라, 게임 비즈니스 모델이 복잡해지면서 인디 게임 스튜디오도 수십 명으로 이루어진 스튜디오를 꾸리는 경우가 나타나기 시작한 것이다. 이러한 게임 디자인 환경의 변화 때문에 더 이상 풀러턴의 이상주의적인 방법론만으로는 게임 개발을 성공할 수 없다는 자각을 스스로도 조금씩 하게 되었다. 그 가운데에 만난 르마샹의 책은 게임 디자인과 개발에 있어서 좀 더 스튜디오 친화적인 구체적인 방법론을 제시한다.

게임 개발의 아이디어를 뽑아내는 과정까지만으로 한정한다면 이 책은 풀러턴의 방법론과 큰 차이를 보이지 않는다. 그러나 실질적으로 게임을 개발해 나가는 프리 프로덕션과 프로덕션 방법론에서 버티컬 슬라이스 제작, 디자인 매크로 차트 작성, 마일스톤 관리 방법 등은 풀러턴의 책에서 잘 소개되지 않거나 간략하게 소개되고 말았던 부분에 해당된다. 여기에는 르마샹 자신이 너티독을 비롯한 AAA급 스튜디오에서 디렉터로 오랜 기간 쌓았던 게임 개발 경험이 축적되어 있는 것이다.

이 책을 번역하면서 한국의 인디 게임 업계에 대한 고민을 자주 할 수밖에 없었다. 김종화 대표와 나는 국내의 가장 권위 있는 인디 게임 행사인 부산인디커넥트페스티벌을 창립했던 주도 인물 중 하나였기 때문이다. 2000년대 후반부터 시작된 인디 게임 개발 붐에 이러한 멤버들이 일조한 것은 사실이지만, 이제는 '인디'라는 레테르를 넘어 그 다음의 무언가를 모색해야 될 지점이었던 것이다. 그것은 인디 게임 스튜디오 구조론일 수도 있고, 새로운 형태의 인디 운동일 수도 있다. 그 모자란 부분을 이 책이 일정 부분 채워 주고 있다고 생각한다. 특히 스튜디오 구축에 관한 한 이 책은 미국 게임 디자인 업계의 가장 선두에 있었던 디렉터가 가장 인디스러운 교수의 창의적인 생각이 결합된 방법론을 농축한 책이기 때문이다.

번역 기간이 꽤 오래 걸렸다. 도중에 지속적으로 우리를 질책해 준 서민지 씨의 격려와 꼼꼼한 편집이 없었다면 이 책은 더 늦게 나오게 되었을 것이다. 혹시나 있을 오역이나 오류 등은 전적으로 역자들의 몫이다.

2023년 런던에서

이정엽

리차드 르마샹 교수님을 처음 만난 것은 USC 유학 시절 한 수업에서였습니다. 게임 업계나 학계의 유명 인사들이 매주 한 번씩 와서 강의를 하는 수업으로, 당시만 해도 그에 대해 몰랐던 저는 그저 유명한 AAA 게임의 디렉터가 오는가 보다 했습니다. 하지만 그 강의에서 저를 포함한 수많은 학생들이 그에게 홀딱 반해버린 것은 단지 그의 재치 있는 입담과 멋들어진 억양 때문만은 결코 아니었습니다. 강의에서 그는, 영화에도 감독이 있듯이 게임에도 감독이 필요하며, 그러한 게임 디렉터의 역할에 대해 〈언차티드〉 시리즈의 사례를 바탕으로 이야기했던 것으로 기억합니다. 특히, 아는 사람만 아는 난해한 예술 게임들이 〈언차티드〉 시리즈를 특정 시퀀스를 만드는 데 영향을 주었다는 이야기는, 예술 게임과 상업 게임을 분리해서 생각하던 저에게 깊은 인상을 줬습니다. 강의가 끝나고도 마치 종교적인 구루처럼 그를 따라가는 학생들 중 하나로 근처의 멕시칸 식당에서 밤늦게 그의 이야기를 들었던 기억이 납니다.

20년 차 업계의 네임드 디렉터이자 현재 USC에서 10년 차 교수인 그의 경험의 정수가 담긴 책을 번역하는 것은 개인적으로 큰 영광이자, 큰 배움의 기회였습니다. 번역을 하며 원문의 의미를 한 문장 한 문장 곱씹을수록 평소 게임을 만들며 들었던 의문점들, 막연하게 적용했던 프로세스가 명확하게 정리되는 느낌이었습니다. 어쩌면 이상적인 이야기로 들릴 수도 있고, 안타깝게도 대중에게 극찬을 받는 게임들의 실제 개발 과정이 그다지 이상적이지 않은 경우도 종종 봅니다. 하지만 이상주의와 경험과 만나는 곳에서 지혜가 탄생한다는 저자의 말처럼, 더욱 나은 프로세스를 위한 지혜를 모을 수 있을 것이라 믿습니다. 이 책이 조금 더 효율적이고 건강한 게임 개발 프로세스를 정착시키고, 나아가 발전시키는 데 도움이 되었으면 좋겠습니다.

2023년 11월

김종화

추천사

저의 가장 오래된 동료이자 친한 친구인 리차드에 대해 이야기할 수 있어 행운이라고 생각합니다.

우리는 1995년 크리스털 다이내믹스의 디자인 부서에서 처음 만났고, 그의 프로다운 면모에 제가 그에게 즉각적으로 빠져들 수밖에 없었다고 고백해야 할 것 같습니다. 리차드의 무한한 창조 에너지와 유머 감각, 그리고 옥스퍼드에서 물리학과 철학을 전공한 그의 학위 사이에는 어리석으면서도 진지한 면모가 동시에 있어 저는 그를 즉시 좋아하게 되었습니다. 그와 함께 일하고 싶었지만, 우리의 그 첫 만남이 15년 동안 7개의 게임을 아우르는 창의적인 협력과 25년에 걸친 우정으로 이어질 줄은 몰랐습니다.

그 당시 우리 둘 다 신출내기 게임 개발자였고, 5년 미만의 경력으로 업계에서 자리 잡기 위해 애쓰고 있었습니다. 업계도 젊었고, 학문으로서의 게임 디자인은 아직 미지의Uncharted 영역이었습니다(말장난을 용서해 주세요). 우리는 그 과정에서 많은 실수를 저질렀지만 리차드가 말했듯이 "실패를 두려워하지 않는" 법을 배웠습니다. 저는 크리에이티브 디렉터 역할을 맡았고, 리차드는 리드 디자이너로서 이 책에 프로젝트별로 설명된 많은 철학, 관행 및 방법을 채택하고 개발했습니다. 우리는 함께하며 게임 디자이너와 인터랙티브 스토리텔러가 되는 방법을 배웠습니다.

리차드가 고안한 유쾌한 "만약 그렇다면" 사고방식은 때때로 제가 디렉터의 무거운 책임에 짓눌리지 않도록 도와줬으며, 그의 타당성 있고 실용적이며 조직적이고 책임감 있는 성격은 수많은 작업과 내려야 할 어려운 결정이 있을 때마다 제가 중심을 잡을 수 있도록 해 주었습니다. 나중에 안 것이지만, 이 사고방식은 특히 리더십이 필요한 훌륭한 게임 디자이너의 자질을 정확하게 정의 내리는 것이었습니다.

20년간의 현업 게임 개발과 10년간의 교육 경험을 통해 리차드는 이 책을 쓸 수 있는 독보적인 자격과 준비를 갖췄습니다. 각 장들에서는 백지 상태의 아이데이션에서부터 최종 제품에 이르기까지 게임 개발의 전체 과정에 대한 유용한 기술과 실질적인 조언을 찾을 수 있습니다.

제가 생각하기에 무엇보다 중요한 것은 리차드가 설명하는 협업과 커뮤니케이션의 "소프트 스킬"로, 이는 수많은 게임 개발 경험을 통해 다듬어진 것들입니다.

- **호기심**: '연구에 뛰어들려는 탐구적인 성격'과 '음악, 예술, 문학, 만화, 영화, 역사 등 다른 분야에서 얻은 영감을 게임 디자인에 혼합하는 능력'을 뜻합니다.

- **유연성**: 게임 개발이란 일종의 '제어된 혼돈'이라는 것을 이해하고, 처음부터 끝까지 개발자 간 상호 신뢰를 바탕으로 적응력 있고, 협력적이며, 전체론적인 사고를 해야 합니다.
- **관대함**: 개발에 참여하는 모든 사람의 기여를 게임 디자인에 반영할 수 있도록 최선을 다한다는 인식이 필요합니다. 우리 작품은 본질적으로 즉흥적이며, 우리가 서로 "예스"라고 대답하면서 다른 사람의 아이디어를 보태어 가는 것입니다. 최종 결과가 다소 장황하더라도, 개발자 모두의 의견이 들어가는 편이 좋습니다.
- **겸손**: 고삐를 가볍게 쥐는 것이 최선임을 아는 힘을 뜻합니다. 리더십이란 통제권을 갖는 것이 아니라 다른 사람에게 권한을 부여하기 위해 자신의 통제권을 포기하는 것입니다. 권위는 인위적으로 부여할 수 있는 것이 아니며, 매일 함께하는 팀원들로부터 얻어야 하는 것입니다.
- **존중**: '모든 협업은 건전한 갈등과 생산적인 토론의 장'이라는 인식을 뜻합니다. 이를 위해서는 솔직함과 신뢰의 분위기가 조성되어야 합니다.

이것은 리차드가 자신의 커리어를 통해 개발하고 연마한 개념들이며, 그는 이를 동료와 학생, 친구들에게 매일 상기시킵니다.

제가 그동안 리차드를 알고 지내며 즐거웠던 만큼 이 책의 독자들 또한 각 장에서 그와 함께하는 시간을 즐기게 될 것이고, 제가 그와 함께 일하며 배운 것만큼 이 책에서 많은 것을 얻게 될 것입니다. 리차드의 지혜와 성품, 그의 열정, 사려 깊음, 친절함, 리더이자 교수로서의 인내심은 모든 페이지의 단어를 통해 빛을 발하고 있습니다.

에이미 헤닉 Amy Hennig
뉴미디어 부분 의장
스카이댄스미디어

서문

> 예상치 못한 일이 항상 우리 곁에 있기 때문에, 우리는 생각을 모아야 합니다.
>
> - 찰스 백스터Charles Baxter, 《사랑의 향연The Feast of Love》

게임을 만드는 것은 어렵다. 게임을 만들 때 직면하게 되는 창의적이고 기술적인 문제는 종종 해결이 불가능해 보인다. 게임 개발의 모든 작업은 생각보다 훨씬 오래 걸린다. 하나의 일을 처리하고 나면 계획을 망쳐버릴 새로운 문제가 나타나기 일쑤이다. 만일 이 문제를 그냥 내버려 둔다면, 게임 개발은 곧 엉망이 되고 이에 지쳐 버릴 것이다.

창작자들은 대체로 어린 시절부터 종종 시행착오를 겪으면서 상상력과 호기심의 순수한 힘을 사용하여 무언가를 만드는 방법을 배우기 시작한다. 나이가 들어감에 따라 그림에 음영을 주는 방법이나 클라리넷을 제대로 소리 나게 부는 방법, 또는 선반에서 목재를 다듬을 때 끌을 잡는 방법과 같은 예술적 테크닉을 배우게 된다. 그러나 '시간을 관리하고 프로젝트를 계획하는 방법' 같은 창작 과정의 메타 구조에 대해서는 그 누구도 가르쳐 주지 않는다.

10대 시절, 우리는 대부분 주어진 과제를 잘 끝내기 위해 자연스러운 방식을 택했다. 단순히 일에 더 많은 시간을 투자하는 것이다. 과제를 마감하기 전 밤새도록 작업하는 것이 그것이다. 여러분은 아마도 밤을 새워 작업하고는 후줄근하고 지친 모습으로 수업에 나타났을 것이다. 물론 가까스로 완성한 과제를 가져가긴 했지만, 또렷한 정신으로 과제에 대한 질문에 대답하기에는 너무 피곤한 상황이었을 것이다. 성인이 된 후로는 일부 성공적이나 대개 부정적인 이 작업 방식이 뿌리박힌 습관이 되어, 조심하지 않으면 우리가 하는 모든 일에 이러한 방식을 적용하게 된다. 게임 개발자의 경우 이런 부정적인 방식으로 게임 개발을 진행하게 된다. 꽤 오랫동안 나는 훌륭한 게임을 만들려면 필연적으로 '밤샘과 커피'가 필요하고 프로젝트의 마지막 몇 달 동안 일을 제외한 삶의 모든 것을 보류하는 '크런치'를 해야 된다고 생각해 왔다.

그러나 좋은 소식은 이 중 어느 것도 사실이 아니라는 점이다. 이러한 나쁜 습관은 잊어버려야 한다. 커리어 전반에 걸쳐서 이윽고 나는 시간에 쫓기지 않고 밤새도록 깨어 있지 않고도 훌륭한 품질의 작업을 수행하는 방법을 배우게 되었다.

내 이름은 리차드 르마샹Richard Lemarchand, 나는 게임 디자이너다. 20년 넘게 비디오 게임 산업의 주류에서 일했고, 영국의 마이크로프로즈MicroProse 사에서 게임 개발을 시작했으며, 거기에서 회사의 콘솔 게임 사업부를 설립한 그룹의 주니어 멤버가 되었다. 1990년대 중반에 캘리포니아로 이주하여 크리스털 다이내믹스Crystal Dynamics 사에서 일했으며 그곳에서 〈젝스 판데모니움!Gex, Pandemonium!〉 및 〈소울 리버Soul Reaver〉 같은 게임 시리즈 제작에 참여한 바 있다. 나는 마이크로프로즈와 크리스털 다이내믹스의 멘토, 팀원, 친구들이 내게 가르쳐 준 모든 것에 진심으로 감사한다.

2004년에서 2012년 사이에는 산타모니카에 있는 너티독Naughty Dog에서 게임 디자이너로 일했고, 〈자크 X: 컴뱃 레이싱Jak X: Combat Racing〉의 리드 게임 디자이너가 되기 전에 〈자크 3Jak 3〉를 완성하는 데 기여했다. 그 뒤 플레이스테이션3로 출시된 〈언차티드Uncharted〉 시리즈 3부작의 게임 디자인을 주도 및 공동 주도했다. 〈언차티드 2: 황금도와 사라진 함대Uncharted 2: Between Thieves〉는 너티독에서 큰 성공을 거두어 AIAS 어워드 10개, 게임 디벨로퍼 초이스 어워드 5개, BAFTA 4개, 올해의 게임상Game of the Year(GOTY) 200개 이상을 수상했다. 너티독에서 우리가 함께한 일은 그 개발 팀의 지혜와 용기, 재치를 증명해 준다.

2005년에 나는 서던 캘리포니아 대학교University of Southern California(USC)에서 강연을 하고 게임 프로그램의 학생들을 멘토링하기 시작했다. 인디 게임 신Scene이 도래하던 당시, USC에서의 경험은 내가 예술과 문화, 연구와 비평, 영향과 교육의 렌즈를 통해 게임을 바라보는 데 더 많은 시간을 할애할 수 있는 방법에 대해 생각하게 해 줬다. 그 뒤 USC 영화예술 학교로부터 교수 자리를 제안받았고, 2012년에 너티독을 떠나 USC에 합류했다. 그 이후로 나는 USC 게임 프로그램의 재능 있는 교수진, 직원 및 학생들 사이에서 게임을 가르치고 제작해 왔다.

이 책은 내가 게임 업계 경력을 통해 배운 내용에 뿌리를 두고 있으며, 거의 매 학기마다 대학에서 가르치는 게임 중급 디자인과 게임 개발 수업을 기반으로 한다. 내 수업은 '더 이상 게임 디자인 실습에 있어 초보자는 아니지만, 아직 전문가가 아닌 학생들'을 돕기 위해 고안되었다. 그 수업은 게임 디자인과 게임 제작을 모두 병행하며, 두 가지가 복잡하게 얽혀 있다. 게임 디자인Game Design은 게임에 대한 아이디어를 생각해 낸 뒤 게임 플레이에서 이 아이디어가 작동하도록 만드는 과정이다. 그리고 게임 제작Game Production이란 게임이 개발되면서 모든 것이 원활하게 실행되도록 하는 '프로젝트 관리'라고 생각하면 된다. 디자인과 제작 과정은 동전의 양면과 같다. 서로 다른 얼굴을 가지고 있지만 한 쪽만으로 다른 하나를 완성할 수 없다. 이 두 분야를 더 가깝게 만들어 보면 어떨까? 결국 게임 디자인과 게임 제작은 같은 목표를 공유한다. 그것은 훌륭한 게임을 만드는 것이다.

내가 게임 산업에 뛰어들었을 때 우리의 모든 관행과 프로세스는 아직 초기 단계였다. 우리는 최선을 다해 작업을 구성했지만 많은 실수를 저질렀다. 시간이 지나면서 프리 프로덕션의 중요성과 그것과 풀 프로덕션의 차이점을 먼저 파악하고 포스트 프로덕션의 중요성을 깨닫는 등 단계별로 학습했다. 마지막으로 우리는 첫 번째 단계를 놓치고 있다는 사실을 깨달았는데, 게임 학계와 다른 성숙한 디자인 분야에서 사용되는 아이데이션 과정에서 배울 것이 있었다. 이 네 가지 프로젝트 단계(**아이데이션, 프리 프로덕션, 풀 프로덕션, 포스트 프로덕션**)는 첫 희미한 빛에서 게임 완성까지의 여정을 계획하는 데 필요한 마일스톤을 제공할 것이다. 그림 0.1에서 볼 수 있다.

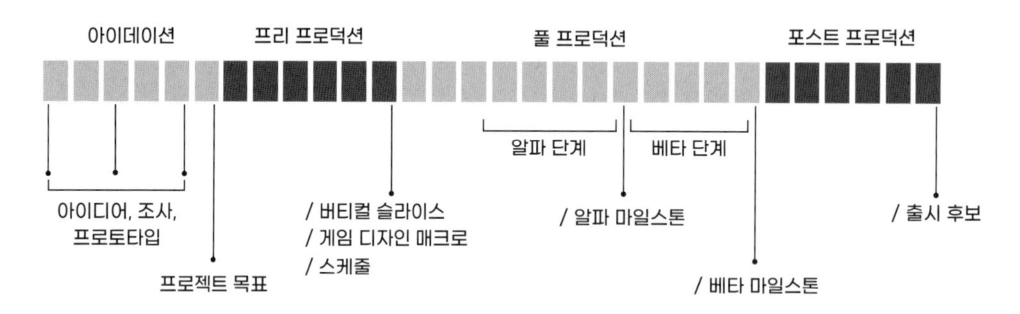

그림 0.1
재미있는 게임 제작 프로세스의 네 가지 단계, 마일스톤 및 결과물.
이미지 크레딧: 가브리엘라 푸리 R. 곰즈Gabriela Purri R. Gomes, 매티 로젠Mattie Rosen, 리차드 르마샹.

상상력과 디자인은 밀접하게 연결되어 있다. 우리가 밤낮으로 꾸는 꿈을 바탕으로 예술과 문학, 과학과 기술, 산업과 엔터테인먼트에서 가장 위대한 성취를 이뤄 낼 수 있다. 그러나 결정을 내리고 그에 따라 행동하기 전까지는 이를 설계하는 것이 아니라 추측만 해 보는 것에 불과하다. 또한 게임 디자인과 인터랙션 디자인은 몇 가지 중요한 측면에서 미디어 디자인 및 제작의 다른 과정과 근본적으로 다르다. 여기에서 만드는 게임은 인터랙티브하고 동적으로 체계적이며, 창작 과정에 수많은 미지수와 변수, 도전 과제, 문제가 드러나게 된다. 이때 어떻게 하면 적절한 시점에 올바른 결정을 내릴 수 있도록 디자인 과정을 통제할 수 있을까? 이 책은 그 방법을 보여 줄 것이다.

게임 산업은 항상 개인, 커뮤니티, 조직과 게임에 해를 끼치면서 통제가 안 되는 과로 문제, 즉 '크런치'에 시달려 왔다. 이 책은 이러한 크런치와 관련한 문제를 해결하거나 피하는 데 도움이 된다. 분명히 말하지만 나는 열심히 일하는 것을 좋아하고 탁월함을 만드는 데에는 보통 어느 시점에서 약간의 추가적인 노력이 필요하다고 생각한다. 그러나 열심히 일하는 것과 크런치에는 차이가 있다. 열심히 일한다는 것을 통제된 방식으로 일을 수행하는 것을 말한다. 추가적인 노력 뒤에는 재충전할 시간이 있어야 개발이 지속 가능하다. 크런치는 지속 가능하지 않다. 그것은 사람들을 지치게 하고, 가족과 친구들의 삶에서 중요한 사건을 놓치게 만들고, 이에 영향을 받는 게임 개발자 중 상당수가 힘들게 얻은 지혜와 경험을 뒤로 한 채 게임 산업을 떠나게 한다.

창의적인 방법을 조직하거나 개선해야 할 때 어떤 사람들은 창의성의 '본질적으로 혼란스러운' 속성을 핑계 삼아 개발 과정에서 구속당하기 싫다고 하기도 한다. 창의성이 대부분 혼란스럽다는 것은 사실이다. 물론 그 혼란스러움은 존중될 필요가 있지만, 올바른 도구를 사용하여 좋은 작업 습관을 만든다면 프로젝트에서 더 좋은 최상의 결과를 얻을 수 있다. 우리 대부분은 창의적인 삶을 산다는 명목 아래 나쁜 습관과 방해 요소로 인해 어려움을 겪을 수도 있다. 물론 이는 지극히 정상이다. 당신이 현상 유지에 만족한다면 지금 이 책을 덮는 것이 좋다. 그러나 당신의 게임 제작 능력을 더 잘 발휘하고 싶다면 이 책을 계속 읽어야 한다. 진정한 공부에는 늘 어려움이 따르기 때문에, 몇 가지 성장통에 대비할 필요가 있다. 이 책을 자신에게 맞는 방식으로 사용하여 더 이상 도움이 되지 않는 오래된 습관을 버리고 자신이 원하는 창작자가 되는 데 도움이 되는 새로운 습관을 기르는 것이 좋다.

이 책은 게임 디자인, 제작 및 구현에 관한 새로운 기술을 습득하는 데 도움이 될 것이다. 이러한 기술은 미래의 프로젝트를 개념화하고, 이를 더 효율적이고 창의적이며 덜 고통스럽게 만들도록 도와줄 것이다. 또 이 책은 당신과 팀원들의 신체적, 심리적 안녕을 유지하면서 훌륭한 게임과 인터랙티브 미디어를 만드는 새로운 방법을 찾는 데 도움이 될 것이다.

그리고 이것이 인터랙션 디자이너, 경험 디자이너, 현대 예술가, 테마파크나 VR, 극장의 몰입형 디자이너와 같은 관련 분야의 사람들에게도 도움이 되었으면 한다. 이러한 모든 실무자들은 게임 디자이너가 하는 것과 같은 문제, 즉 자신이 개발하고 있는 디자인 패턴과 도구를 사용하여 완전히 독창적이고 혁신적인 참여 경험을 고안하는 것과 씨름한다. 실제로 이 책의 스킬과 테크닉은 거의 모든 분야의 복잡한 디자인 과정에 적용될 수 있다.

디자인과 제작은 '객관적인 사실, 분석, 그리고 합리성'이 '경험, 예술, 그리고 청중의 주관적인 판단'과 만나는 창조적인 과정의 한 단면이다. 우리가 어떤 훌륭한 것을 만들기 위해 노력할 때 프로젝트를 추진하는 창의적인 비전, 가치, 그리고 목표의 중요성을 인식하는 것이 필요하다. 동시에 시간과 돈의 한계 속에서 탁월함과 혁신을 향한 창작자들의 열망을 조화시켜야 한다.

협업과 소통을 위한 '소프트 스킬'도 필요하다. 팀원과 공동 작업자가 프로젝트나 서로의 인간관계에 대해 안 좋게 생각한다면 게임을 잘 디자인하고 만드는 것만으로는 충분하지 않다. 이것은 아마도 모든 협업적 창의적 관행에서 가장 어려운 부분일 것이다.

나는 이 책을 스토리텔링 캐릭터 액션 비디오 게임 디자인 분야에서 일하는 특이한 배경을 가진 사람의 관점에서 썼다. 그러나 집필 시에 나는 게임 디자인, 인터랙티브 미디어 디자인, 모든 인접 예술 형식에서 볼 수 있는 장르와 스타일의 엄청난 다양성을 포용할 수 있는 언어를 사용하려고 노력했다. 그렇게 함으로써 모든 분야와 모든 사람에게 유용한 방식으로 디자인과 제작 과정의 예술과 실무를 함께 풀어내고 싶었다. 나의 목표는 독자들이 이전에 달성한 것보다 훨씬 더 높은 수준의 성과를 달성하고 지치지 않도록 돕는 것이다. 이것이 잘 이루어진다면 독자 여러분은 더 적은 노력으로 더 많은 것을 성취할 것이며, 힘들게 일하지 않고 더 똑똑하게 일할 수 있을 것이다.

이 책을 읽게 되면 트레이시 풀러턴Tracy Fullerton 교수가 쓴, USC 게임 프로그램에 사용하고 있는 교재 《게임 디자인 워크숍Game Design Workshop》[1]에도 언급된 **플레이 중심 프로세스**를 바탕으로 게임을 디자인하고 제작할 수 있다.[2] 게임 디자인이란 메커닉의 결정, 구현, 플레이 테스트 및 디자인 수정으로 이루어진 사이클의 반복이다. 이 프로젝트 과정을 통해 일련의 **프로젝트 목표**를 구상하고 구체화하는 것이 무엇을 의미하는지 배우게 될 것이다.

너티독Naughty Dog 및 인솜니악Insomniac과 같은 스튜디오에서 사용되는 '**방법론**'을 기반으로 **애자일 개발**의 태도와 요소를 통합한 디자인 및 제작 방법론을 배우게 된다. 또한 **푸른 하늘 사고**와 **조사**를 사용하여 아이디어를 포착하고, **버티컬 슬라이스**, **게임 디자인 매크로** 및 **스케줄**을 제공하는 마일스톤을 만나게 될 것이다. 높은 수준의 품질을 신뢰할 수 있는 방식으로 프로젝트 **범위**를 지정하는 방법과 시기를 배우고, **알파 및 베타 단계**를 통해 프로젝트를 수행하고 각각과 관련된 결과물을 생성할 것이다. 궁극적으로 게임 또는 모든 종류의 인터랙티브 프로젝트를 완료하는 데 필요한 사항을 배우게 된다.

책 전체에서 내가 건전한 게임 개발 관행의 핵심이라고 생각하는 세 가지 개념인 존중, 신뢰 및 동의에 대한 언급을 찾을 수 있을 것이다. **존중**Respect은 다른 사람의 생각, 감정, 소망, 권리를 인식하고 존중하며 그들의 생생한 경험, 선택 의지, 자율성을 중요시하는 개념이다. 동료를 존중하고 게임 플레이어들을 존중하는 것은 중요하다. 다른 사람들이 우리를 존중한다는 것을 알게 되면 **신뢰**Trust가 자연스럽게 따라온다. 우리가 노력하는 모든 사람을 돕고 지원하는 방식으로 작업을 공유하기 위해 서로 의지할 수 있을 때 우리가 함께 하는 어려운 작업을 가능하게 하는 것은 팀원과 전문 동료 간의 신뢰이다. 신뢰는 게임 개발자와 청중 간의 관계에서도 중요하다. **동의**Consent는 여정의 모든 단계에서 매우 중요하다. 우리는 우리와 인터랙션하는 사람들이 기꺼이 그렇게 하고, 누군가가 일정 시간 동안 우리 팀에서 일하는 데 동의하고, 플레이어가 우리 게임이 그들에게 보여야 하는 것을 보는 데 동의하도록 해야 한다. 존중, 신뢰, 동의는 커뮤니티의 기반이며, 커뮤니티는 게임을 만들고 플레이하는 것이다.

예상컨대 당신이 이 책을 처음 사용할 때 개발이 완벽하게 진행되지는 않겠지만, 그래도 괜찮다. 우

1 **역주** 국내에는 2판이 번역 출간되었습니다. 《게임 디자인 워크숍》(위키북스, 2012).

2 Tracy Fullerton, 《Game Design Workshop: A Playcentric Approach to Creating Innovative Games, 4th ed》, CRC Press, 2018, p.12.

리는 중요한 것을 간과한 채 오래된 습관으로 돌아가고 불운에 빠지는 경향이 있다. 중요한 건 몇 가지 새로운 과정, 도구 및 구조를 시도하고, 새로운 작업 방식을 탐색하고, 창의성과 삶에 긍정적이고 지속적인 변화를 만드는 것이다. 여기서 설명하는 방법은 지난 수십 년간의 게임 디자인에서 얻은 모범 사례 모음이다. 나는 앞으로 몇 년 안에 더 나은 기술이 개발될 것이라고 확신하며, 아마도 당신은 그 진화의 일부가 될 것이다.

게임 업계에서 어느 정도 시간을 보냈다면 이 책에서 내가 말하고자 하는 것이 게임 개발 과정에 대해 약간 이상화된 관점을 제시한다는 걸 알아챘을 것이다. 난 그래도 괜찮다고 생각한다. 인생과 마찬가지로 게임 개발도 지저분하다. 나는 내 이상이 세상의 현실과 충돌하는 순환을 겪었다. 그러나 몇 번이고 나는, 다른 사람들이 비현실적이라고 말하는 이상에 부응할 수 있는 사람들이 있는 공동체를 찾아냈다. 그렇게 함으로써 이전에는 불가능하다고 생각했던 놀랍고 새로운 것들을 창조할 수 있었다. 이상주의는 가치가 있다. 그것은 우리가 세상을 더 좋게 만드는 방법의 일부이며, 이상주의가 경험과 만나는 곳에서 지혜가 탄생한다.

일러두기

- 인명, 작품명 등의 원어 병기는 초출에 한합니다.
- 번역자가 작성한 주석은 **역주** 약물을 넣어 구분했습니다.

1부

아이데이션

- 아이디어 떠올리기

1장 시작하는 방법 / 2장 푸른 하늘 사고방식 / 3장 조사 /
4장 게임 프로토타이핑: 개관 / 5장 디지털 게임 프로토타입 만들기 /
6장 게임 디자인 기술로서의 커뮤니케이션 /
7장 프로젝트 목표 / 8장 아이데이션 마무리

A Playful Production Process

재미있는 게임 제작 프로세스

1장
시작하는 방법

나는 게임 업계에서 일하면서 프로젝트의 시작 단계, 즉 프리 프로덕션 과정 이전에 어떤 게임을 만들지 고민하는 특별한 단계가 있다는 느낌을 받았다. USC 게임 프로그램에 합류했을 때 트레이시 풀러턴 교수로부터 이 단계의 이름을 알게 되었다. 이 단계는 그래픽 디자인이나 산업 디자인 같은 분야에서 오랫동안 디자인 프로세스의 일부로 사용되어 왔으며, "아이데이션Ideation"이라고 불린다.

풀러턴 교수의 저서《게임 디자인 워크숍》에서 그녀는 "플레이어 경험 목표"를 결정하는 것으로 디자인 프로세스를 시작할 것을 제안한다.

> 플레이어 경험 목표Player Experience Goals란 말 그대로 플레이어가 게임을 플레이하는 동안 겪게 될 경험 유형에 대해 게임 디자이너가 설정하는 목표이다. 이는 게임의 특징이 아니라 플레이어가 경험했으면 하고 바라는 흥미롭고 독특한 상황에 대한 설명이다.[1]

아이데이션 단계에서는 게임에 대한 다른 사항과 함께 어떤 경험 목표를 설정할지 결정한다. 그리고 이를 종합하여 "프로젝트 목표"라고 부른다.

내가 작업한 프로젝트 중 일부는 기존 게임의 속편이었기 때문에 어떤 게임을 만들어야 할지 대략적으로 알고 있었다. 하지만 처음부터 새로 시작해야 될 때는 어떨까? 선택의 폭이 너무 커서 무력해지고, 무엇이든 할 수 있지만 아무것도 결정할 수 없는, 그 유명한 '백지 상태' 문제를 어떻게 극복할 수 있을까?

'백지 상태' 문제를 해결하는 올바른 방법은 너무 큰 그림에 대한 생각을 포기하는 것이다. 완성된 프로젝트에 대한 아이디어는 아직은 너무 커서 감당하기 어려우니 잠시 머릿속에서 지울 필요가 있다.

---

1 Tracy Fullerton, 《Game Design Workshop: A Playcentric Approach to Creating Innovative Games, 4th ed》, CRC Press, 2018, p.12.

그 대신 다음과 같은 세 가지 유형의 아이데이션 활동 중 하나로 시작하는 것이 좋다.

- 푸른 하늘 사고방식(아이데이션)
- 조사(책과 인터넷에서 아이디어 찾기)
- 프로토타이핑(간단한 것을 만들어 사용해 보고 평가하기)

이어지는 장에서는 이런 활동에 대해 자세히 살펴볼 것이다. 프로젝트의 작은 부분부터 하나씩 해결해 나가다 보면 큰 그림을 그리며 빠르게 발전하고 있는 당신을 발견하게 될 것이다.

아이데이션에서는 게임을 독특하게 차별화할 수 있는 요소 두세 가지를 정의 내려야 한다. 프로세스의 다음 단계로 넘어갈 창의적인 방향이 정해지면 아이데이션의 끝을 알리는 프로젝트 목표를 설정할 준비가 된 것이다. 프로젝트 목표는 구체적이어야 프로젝트의 방향을 잡을 수 있지만, 프로젝트가 진행될 때 조정될 수 있는 여지를 주기 위해 개방적으로open-ended 설정되어야 한다. 7장 "프로젝트 목표"에서 이에 대해 자세히 살펴볼 것이다.

또한 6장에서는 "게임 디자인 기술로서의 커뮤니케이션"에 대해 살펴볼 것이다. 커뮤니케이션은 팀에서 존중, 신뢰, 동의의 환경을 조성하는 초석이며, 더 나은 협력자나 창의적인 리더가 되는 데 도움이 된다.

이 책 곳곳에서 다른 장들에 대한 참조가 있는 것을 볼 수 있는데, 그중에는 아직 읽지 않은 장에 대한 참조 표시도 있다. 하지만 걱정하지 않아도 된다. 이 책은 내용을 순차적으로 소개하도록 구성되어 있어, 현재 읽고 있는 부분을 이해하기 위해 내용을 건너뛸 필요는 없다. 참조 표시는 특정 주제에 관심이 있거나 프로세스의 여러 부분이 어떻게 서로 맞물려 있는지 알고 싶은 경우에 도움이 된다.

빈 종이에 낙서를 하면 종이를 더 이상 공백으로 두지 않을 수 있고, 그런 다음 이 낙서를 훌륭한 그림으로 바꿔 나갈 수 있다. 일단 시작해 보도록 하자.

2장
푸른 하늘 사고방식

'푸른 하늘 사고방식Blue Sky Thinking'은 어떤 상황에서도 제한 없이 아이데이션에 써먹을 수 있는 활동을 일컫는다. 푸른 하늘 사고방식은 순간적이고 즉흥적으로 떠오른 생각이나 말(머릿속에 가장 먼저 떠오르는 것을 적거나 말하는 것)일 수도 있으며 좀 더 구조적이고 체계적인 것일 수도 있다. 어떤 경우든, 푸른 하늘 사고방식은 유명하거나 익숙한 것에서 벗어나 새롭고 혁신적인 아이디어의 영역으로 나아가는 것이다.

이 장에서는 내가 가장 좋아하는 푸른 하늘 사고방식 활동인 브레인스토밍, 마인드맵, 자동기술법에 대해 간략히 설명하겠다. 이러한 활동은 빈 종이에 무언가를 표시하여 게임 디자인을 위한 출발점을 마련하는 데 도움이 된다.

브레인스토밍

브레인스토밍은 그룹 또는 개인이 자발적으로 아이디어를 떠올리고 이를 기록하는 활동이다. 브레인스토밍은 긴 아이디어 목록을 매우 빠르게 생성하는 데 유용하며, 팀원들이 서로를 알아가고 이해하는 데 도움이 될 수 있다.

브레인스토밍은 짧은 규칙 목록을 철저하게 따를 때 가장 잘 작동한다. 온라인에서 다양한 버전의 규칙을 찾을 수 있지만, 내가 가장 좋아하는 규칙은 다음과 같다.

- **시간 제한 설정**: 브레인스토밍을 처음 해 보는 초보자는 이 중요한 규칙을 간과하는 경우가 많다. 브레인스토밍은 짧게 할 때가 가장 효과적이다. 20분 정도면 구성원 모두가 빠르게 작업할 수 있으며, 최대 30분을 넘기지 않도록 한다. 브레인스토밍이 순조롭게 잘 진행되면 더 길게 할 수도 있다. 브

레인스토밍에서 시간 압박은 그 다음으로 중요한 규칙인 '질보다 양에 집중'하는 데 도움이 되는 등 여러 가지 면에서 유익하다.

- **질보다 양에 집중**: 브레인스토밍을 하는 동안 올바른 아이디어나 최고의 아이디어를 내놓으려 해서는 안 된다. 다만 떠오르는 모든 아이디어를 포착하는 것이 중요하다. 나중에 그중 가장 좋은 아이디어를 골라내면 된다. 참여자 모두가 제일 먼저 떠오르는 아이디어를 말하도록 격려할 필요가 있다. 만일 경쟁을 좋아하는 팀이라면 지금까지 생각해 낸 아이디어보다 더 많은 아이디어를 내놓는다는 목표를 설정하는 것이 좋다. 하지만 진행자를 지정하지 않으면 혼란에 빠질 수 있다.
- **진행자 지정**: 그룹 구성원 중 한 명에게 진행 책임을 맡긴다. 진행자는 브레인스토밍을 시작하기 위해 아이디어를 제공하고 진행을 돕는 역할을 맡게 된다.
- **한 번에 한 사람만 발언**: 이렇게 하면 세션이 혼란스럽지 않고 활기차게 진행되며, 팀원들이 서로를 존중하고 신뢰를 쌓을 수 있는 기회를 제공할 수 있다. 또한 진행자는 모든 사람이 발언할 기회를 갖도록 해야 한다.
- **모두에게 발언 기회 주기**: 좋은 아이디어는 팀원 모두에게서 나올 수 있지만, 어떤 사람들은 발언하기를 꺼려할 수도 있다. 훌륭한 진행자는 의견을 내고 싶지만 대화에 뛰어들기 어려워하는 사람이 있으면 이를 알아차리고 그가 발언할 수 있는 공간을 만들어 준다. 진행자 또는 팀원 중 누군가는 다음과 같은 임무도 수행해야 한다.
- **모든 것을 기록**: 모든 아이디어를 기록해야 한다. 모든 사람이 볼 수 있는 화이트보드에 아이디어를 적는 것도 좋지만, 온라인 공유 문서나 노트에 적는 것도 괜찮다. 아무리 뻔하거나 이상해 보이는 아이디어일지라도 모두 기록할 가치가 있다.
- **특이한 아이디어 환영 - 이상할수록 좋음**: 이 규칙은 '질보다 양에 집중'해야 한다는 원칙을 보충해 준다. 브레인스토밍을 할 때 우리는 익숙한 것에서 벗어나 새로운 영역으로 나아가고자 노력한다. 실행 불가능할 정도로 이상해 보이는 아이디어가 나중에 훌륭한 독창성과 혁신의 원천이 될 수 있다. 진행자는 모든 사람에게 이 규칙을 정기적으로 상기시켜 어리석거나 이상해 보이는 말을 하는 것에 대한 사회적 저항을 무너뜨리는 데 도움을 주어야 한다.
- **"예, 그리고"라고 말하기 - 아이디어 조합하고 개선하기**: 이 기법은 특히 머릿속이 텅 비어 가려고 할 때 일을 계속 진행할 수 있는 좋은 방법이다. 즉흥적인 코미디나 연극에서 사용하는 "예, 그리고" 기법을 사용하여 이전의 아이디어 중 하나를 가져와 추가하거나 수정한다.
- **브레인스토밍 중 아이디어에 대해 토론하지 않기**: 이것은 게임 디자이너 같은 분석적인 성향의 사람들이 지키기 매우 어려운 규칙이다. 우리는 대체로 아이디어를 듣자마자 그것이 좋은 아이디어인지 분석하고 싶어 하지만 브레인스토밍 중에는 그래서는 안 된다. 토론은 나중으로 미뤄야 한다. 지금은 시간 제한을 기억하고 가능한 한 많은 새로운 아이디어를 생성하는 데 집중해야 한다.

✖ 브레인스토밍 결과 평가하기

브레인스토밍이 끝나면 따로 시간을 내어 브레인스토밍에서 수집한 아이디어를 정리하고 활발한 토론과 논쟁을 통해 아이디어를 평가해야 한다. 내 경험상 사람들은 대체로 브레인스토밍을 하고 나서 그 결과를 다시 보지 않는 편이고, 그 대신 기억 속에 무작위로 떠오른 아이디어에 집착하게 된다. 브레인스토밍을 강력한 프로젝트 아이디어로 전환하는 건 마치 금을 캐는 것과 같다. 즉 시간과 세심한 주의가 필요하다는 말이다.

팀원들과 아이디어에 대해 이야기하고 자신과 팀에 적합한 범주를 사용하여 각각의 아이디어를 검토해야 한다. 특히 새로운 스타일의 게임 플레이나 게임의 내러티브 디자인을 위한 색다른 주제를 찾고 싶을 수 있다. 프로젝트에 특정한 영향력 목표를 염두에 두고 있거나 도입하고 싶은 기술적 고려 사항이 있을 수도 있다. 서로 연관성이 없어 보이는 아이디어의 새롭고 흥미로운 조합을 계속 찾아봐야 한다.

어떤 사람들은 아이디어에 우선순위를 지정하는 것이 유용하다고 생각한다. 스프레드시트의 각 행에 아이디어를 하나씩 입력하는 식으로 모든 아이디어를 붙여 넣고, 아이디어 열의 바로 옆 열에는 각 아이디어의 우선순위(높음, 중간, 낮음)를 지정한다. 아이데이션을 시작할 때는 각 아이디어에 대한 흥미 정도에 따라 우선순위를 정할 수도 있다.

각각의 아이디어가 얼마나 흥미롭고 재미있으며 실용적인지 평가하기 위한 추가 항목을 스프레드시트에 만들어 이 과정을 계속 진행할 수 있다. 팀원별로 서로 다른 항목을 만들어 누가 어떤 아이디어를 좋아하는지 표시할 수도 있다. 이는 공통 관심사를 발견하고 팀원 간의 공감대를 형성하는 데 유용하다. 게임의 중심 아이디어가 떠오르기 시작하면 새로운 방향에 얼마나 잘 부합하는지에 따라 아이디어의 우선순위를 정해야 한다.

아이디어의 우선순위를 정하는 것은 게임 디자인의 결정을 내리는 데 도움이 되며 이를 통해 창의적인 연출을 진행해 나갈 수 있다. 아이데이션 단계에서는 폭넓은 탐색을 계속하되, 생각을 특정 방향으로 유도하는 것도 중요하다. 아이디어 우선순위 정하기로는 아직 어떤 아이디어도 배제되지 않기 때문에 이런 간단한 일부터 시작하면 위협적이지 않은 방식으로 의사 결정 과정이 진행된다. 이는 마치 특정한 방향에서 불어오는 바람을 잡기 위해 배의 돛을 세우는 것과 같다. 이러한 과정을 통해 넓은 수평선 어디든 도착할 수 있지만 빙빙 돌며 항해하는 일은 없을 것이다.

팀원 모두가 같은 아이디어에 흥미를 느낀다면 그것은 좋은 일이다. 그러나 다른 사람들이 서로 다른 것에 흥미를 느껴 합의에 이르지 못한다면 리더의 위치에 있는 사람이 방향을 결정하는 데 도움을 줄 수 있다. 트레이시 풀러턴은 게임 팀 리더십의 중요한 측면은 "아이디어를 서로 연결하여 팀 전체

가 흥미를 가질 수 있는 종합적인 결과를 도출하는 방법을 찾는 것"이라고 말한다.[1]

크리에이티브 업계에서는 브레인스토밍의 가치에 대한 논쟁이 있으며, 때로는 브레인스토밍이 좋은 아이디어의 유일한 원천인 것처럼 과대 포장되기도 한다. 나는 개인적으로 짧은 브레인스토밍이 좋은 출발점이 된다고 생각한다. 브레인스토밍은 많은 아이디어를 빠르게 도출할 수 있고, 팀원들의 공통 관심사와 열정에 대한 이해를 높이는 데 유용하다.

❷ 마인드 매핑

마인드 매핑은 한층 더 구조화된 버전의 브레인스토밍으로, 더 깊이 탐구하고 싶은 핵심 개념에 도달했을 때 효과적이다. 방법은 매우 간단하다. 화이트보드, 화면 또는 종이 한가운데에 핵심 아이디어를 적고 앞에서 설명한 것과 동일한 규칙에 따라 브레인스토밍을 시작하면 된다. 각각의 새로운 아이디어는 핵심 아이디어, 또는 이미 마인드맵에 적혀 있는 다른 아이디어와 연결되어야 한다. 그림 2.1에서 작성 중인 마인드맵의 예를 볼 수 있다.

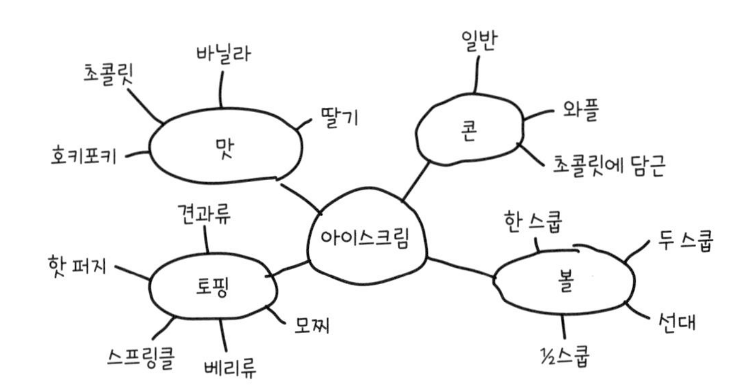

그림 2.1
"아이스크림"을 중심에 둔 콘셉트의 마인드맵 작성.

아이디어들 사이에 선을 그어 아이디어 간 관계를 명확하게 표시하면 된다. 이는 곧 '부모-자식Parent-Child' 관계의 기본 계층 구조가 있는 아이디어 위계를 보여 주는 방사형의 패턴을 갖게 될 것이다. 때로는 자식의 입장인 하위 아이디어가 새로운 주요 위계의 중심이 되기도 하는데 이렇게 되어도 괜찮다. 마인드맵이 좀 지저분해지더라도 내버려 두고 그 아이디어가 이끄는 대로 따라가 본다. 마인드 매핑의 공간 구조는 여러분이 간과하고 있는 가능성에 주의를 환기시키는 데 도움이 된다. 인터넷에 검색해 보면 마인드 매핑에 도움이 되는 훌륭한 디지털 도구를 많이 찾을 수 있다.

1 개인적인 대화, 2020. 05. 25.

자동기술법

20세기 초 초현실주의자로 알려진 예술가 그룹은 '무의식'이라는 새로운 개념에 매료되어 지식, 사회적 관습과 제약으로부터의 자유, 새로운 유형의 예술을 추구하기 위해 무의식을 탐구하고자 했다. 그들은 이를 위한 기법을 개발했는데 그중 상당수가 게임이라고 볼 수 있다. 이러한 유형의 창의적 탐험에 관심이 있다면, 알라스테어 브로치Alastair Brotchie와 멜 구딩Mel Gooding이 쓴 《초현실주의 게임 책A Book of Surrealist Games》을 강력히 추천한다.[2]

초현실주의자들이 좋아했던 기법 중 하나는 자동기술법Automatism('자발적으로'라는 뜻의 오토매틱Automatic이라는 단어에서 유래)이었다. 자동기술법을 사용하려면 종이와 연필을 들고 컴퓨터 앞에 앉아 4분에서 1시간 사이의 타이머를 설정하기만 하면 된다. 타이머를 시작한 다음 타이머가 다 될 때까지 계속 글을 쓰거나 원하는 경우 그림을 그린다. 멈추거나 망설이지 말고 머릿속에 떠오르는 모든 것을 무작정 옮겨 적으면 된다. 의식의 흐름을 따라가라. 의식의 흐름이 시키는 대로 정직하게 적어 내려간다면 쉬울 것이다. 적거나 그리는 내용을 검토하거나 분석할 필요는 없다.

적어 놓은 내용 중 상당수는 말도 안 되거나 진부한 내용일 테지만, 괜찮다. 또 어떤 것은 매우 개인적인 것이어서 여러분을 놀라게 하거나 충격을 안겨 줄 수도 있다. 이는 모든 사람이 자동기술법 연습의 결과를 비공개로 보존할 권리를 가져야만 하는 이유다. 그리고 여러분이 적어 내려간 글 중 일부는 흥미롭거나, 특이하거나, 감동적이거나, 다른 방식으로 강력한 힘을 발휘할 것이다. 그것이 바로 여러분이 찾고 있던 황금이다. 이를 브레인스토밍이나 마인드맵을 위한 출발점으로 사용할 수 있다.

다른 푸른 하늘 사고 기법

앞서 말한 것은 푸른 하늘 사고방식의 일부에 불과하다. 트레이시 풀러턴이 《게임 디자인 워크숍》 6장에서 설명하는 '잘라내기'와 같은 다른 기법도 많이 있다.[3] 일기 쓰기, 스토리보드 작성, 위키피디아 랜덤 검색[4], 심지어는 당신이 좋아하는 점성술 기법 등을 사용할 수도 있다. 프로젝트 내내 노트를 작성해야 한다. 노트는 아이디어, 계획, 스케치, 다이어그램을 기록하는 것은 물론, 낙서하고 자유롭게

2 Alastair Brotchie and Mel Gooding, 《A Book of Surrealist Games: Including the Little Surrealist Dictionary》, Shambhala Redstone Editions, 1995.

3 Tracy Fullerton, 《Game Design Workshop: A Playcentric Approach to Creating Innovative Games, 4th ed》, CRC Press, 2018, p.179.

4 "Wikipedia:Random", Wikipedia, https://en.wikipedia.org/wiki/Wikipedia:Random.

연상하는 도구로도 사용할 수 있다. 온라인에서 "아이데이션 기법Ideation Techniques"을 검색하면 더 많은 푸른 하늘 사고 기법에 대한 힌트를 찾을 수 있다.

게임 디자이너, 스프레드시트, 목록의 힘

게임 디자이너는 작업 과정에서 수많은 목록을 작성하게 된다. 아이디어 목록, 게임 메커닉 및 레벨 목록, 피처 및 콘텐츠 목록, 할 일 목록, 작업 목록 등이 있다. 물론 어떤 사람은 기질적으로 다른 사람들보다 더 쉽게 훌륭한 목록을 작성해 내기도 하지만, '목록 잘 작성하기'는 누구나 배워서 익힐 수 있는 기술이며 게임 디자이너로서 앞서 나갈 수 있는 좋은 방법이다.

너티독 스튜디오에서 일할 때 사용했던 대부분의 게임 디자인 문서는 스프레드시트였다. 스프레드시트를 처음 봤을 때 나는 정말 겁이 났다. 그것은 마치 회계사의 열병에 걸린 꿈에 나오는 것 같았고, 난 이걸로 무엇을 해야 할지 이해할 수 없었다. 하지만 지금의 나는 스프레드시트를 좋아한다. 스프레드시트는 게임 디자이너의 도구 중 가장 강력하며 정보를 빠르고 쉽게 정리할 수 있는 최고의 방법이다.

스프레드시트를 사용하면 상자 격자(셀이라고 함)를 이용해 페이지의 가로 세로축에 쉽게 액세스할 수 있다. 게임 디자이너는 목록을 만드는 데 많은 시간을 할애하지만, 실제로는 상호 참조할 수 있는 정보의 행과 열이 있는 표를 만드는 경우가 더 많다. 예를 들어 게임에 등장하는 캐릭터의 이름을 나열한 후에는 캐릭터가 어떤 애니메이션을 사용하는지, 얼마나 빨리 움직일 수 있는지 등을 추적하는 것이다. 표는 스프레드시트로 작업하기 용이한 업무이다. 숫자로 이루어진 열을 더하는 수식은 쉽게 배울 수 있고, 셀의 정보를 색상으로 구분하는 조건부 서식을 사용하면 중요한 내용을 빠르고 직관적으로 확인할 수 있다. 스프레드시트 사용법에 대한 온라인 동영상을 시청하고 나면 스프레드시트를 사랑하게 될 것이다.

"목록의 힘"이라는 문구는 프로젝트 관리에 관심이 있는 사람들 사이에서 인기가 있다. 목록이 힘이 있는 이유는 지식이 곧 힘이기 때문이다. 우리가 자주 살펴보는 목록은 모든 아이디어를 머릿속에 담아 두는 데 큰 도움이 된다. 게임과 관련된 최신 목록(예: 모든 캐릭터 목록, 또는 게임에서 수집할 수 있는 모든 아이템 목록)에 접근할 수 있다는 것은 게임의 해당 부분을 훌륭하게 만들고 효율적인 방식으로 수행할 수 있는 힘을 갖는다는 것이다. 권한은 건강한 팀에서 공유되어야 하므로 항상 목록을 공개적인 장소에 두고 팀원들에게 그 위치를 알려 줘야 한다. 목록을 최신 상태로 유지할 필요가 있는데, 이는 당신이 책임감 있는 디자이너라는 것을 증명해 준다. 목록에 포함된 정보가 갑자기 필요해졌을 때 업데이트하는 것보다 프로젝트 내내 매일 목록을 최신으로 유지하는 것이 훨씬 더 효율적이다.

목록은 실수를 방지하는 데 도움이 된다. 체크리스트는 항공사 직원부터 외과의사까지 모든 사람이 생명을 위협하는 사고와 오류를 예방하는 데 사용되며, 신입 사원이 뭔가 잘못된 것을 발견했을 때 말할 수 있는 권한을 부여해 주기도 한다.[5] 더 좋은 목록 관리자가 되는 것은 훌륭한 게임을 만드는 간단하고 효과적인 방법이다.

~ ❈ ~

사람들은 때때로 창의성을 타고난 뛰어난 예술가만이 발휘하는 신비로운 과정이라고 생각한다. 나는 "유레카!"라고 외치는 순간, 즉 새롭고 위대한 무언가를 갑자기 떠올리는 영감의 순간이 존재한다고 생각하지만 "천재성은 1%의 영감과 99%의 노력"이라는 토머스 에디슨의 조언의 진실을 믿는다. 그렇기 때문에 우리는 빠르고 많은 양의 브레인스토밍을 통해 아흔아홉 개의 그저 그런 아이디어를 검토하면서 완벽한 단 하나의 아이디어를 찾아야 한다.

창의성은 우리 삶의 모든 곳, 심지어 가장 일상적인 행동에도 존재하며, 창작에 관심이 있는 사람이라면 누구나 접근할 수 있다. 창의적인 행위를 완성하는 데에는 열정이 필요하기 때문에 당신이 흥미롭게 느낀 것들을 기록해 놓아야 한다.

마지막으로 게임 디자인에서 혁신을 이루고 싶다면 기존 게임 메커닉에 맞지 않는다는 이유로 아이디어를 배제해서는 안 된다. 이제 '음악적 취향', '질투', '새해 결심' 같이 단순하면서도 복잡한 아이디어를 고려하며 '조사와 프로토타이핑'에 관한 다음 세 장에서 아이데이션 기법을 사용하여 탐구해 볼 것이다.

---

5 Don Sadler, "How to Avoid Surgical Errors", OR Today, 2016. 06. 01., https://ortoday.com/how-to-avoid-surgical-errors/.

A Playful Production Process

재미있는 게임 제작 프로세스

3장
조사

조사Research는 내가 아이데이션 단계에서 가장 좋아하는 부분 중 하나이며, 모든 〈언차티드〉 시리즈 게임을 제작할 때에도 중요한 부분이었다. 우리는 이 게임의 스토리를 만들 때 역사적, 지리적 사실에 뿌리를 두고 싶었는데, 이런 방식으로 스토리를 '근거화'하면 플레이어의 불신을 해소하는 데 도움이 될 것이라고 생각했기 때문이다. 우리는 〈언차티드〉의 디렉터 에이미 헤닉이 "구글 테스트"라고 부르는 테스트를 통과하고 싶었다. 만약 당신이 그 게임 속에서 본 역사적 사건이나 장소를 온라인에서 검색한다면, 현실 세계로 이어지는 사실의 흔적을 발견할 수 있다. 우리는 이런 방식으로 사람들의 호기심을 자극하여 게임을 상당히 교육적으로 만들 수 있다고 생각했다.

나는 거의 모든 게임이 약간의 조사를 통해 현실 세계에 대한 근거를 제공하는 데 이점을 얻을 수 있다고 생각한다. 판타지 및 공상과학 세계 제작자는 자신의 창작물이 근거가 있고 믿을 수 있게 보이도록 하기 위해 열심히 노력해야 하는데, 이를 위한 디테일은 현실로부터 나온다.

인터넷 조사

인터넷 시대 이전에는 게임의 배경을 조사하기 위해 도서관에 가거나 많은 책을 구입해야 했다. 이제는 위키피디아나 구글, 이미 등록된 3억 6,600만 개의 인터넷 도메인 덕분에 클릭 몇 번만으로 믿을 수 없을 정도로 풍부한 정보를 얻을 수 있다.

나는 신뢰할 수 있는 지식과 정보뿐만 아니라 가짜, 실수, 또는 우스꽝스러워 보이는 것들을 찾기 위해 위키피디아, 레딧, 그리고 구글 이미지를 탐색하는 것을 좋아한다. 단, 실제 사실을 알고 싶다면 출처를 다시 한번 확인해야 한다. 브레인스토밍을 통해 발견한 주제에 대해 더 깊이 파고들고 마인드맵에 더 많은 가지를 만드는 데 조사를 사용할 수 있다.

이미지 조사

나는 텍스트 기반 조사뿐만 아니라 이미지 검색도 즐겨 사용한다. 나는 이미지를 하드 드라이브의 로컬 폴더에 저장한 다음 팀원들 간의 대화를 촉진하는 데 사용하는 것을 좋아한다. 이미지는 일반적으로 텍스트보다 훨씬 빠르게 정보를 전달하고, 한 이미지에서 사람마다 다른 아이디어를 얻을 수 있어 정보를 폭넓게 탐색하려고 할 때 유용하다.

좋은 이미지를 모았다면 특정 아이디어나 테마를 중심으로 배열한 페이지나 무드보드[1]로 이를 재배열할 수 있다. 익히 알려진 쿨레쇼프 효과Kuleshov effect처럼 서로 연관성이 없어 보이는 두 장의 사진을 나란히 놓으면 완전히 새로운 아이디어와 느낌이 떠오를 수 있다.[2] 영화 제작, 마케팅, 비디오 게임 디자인과 같은 창의적인 산업에서는 무드보드를 사용해 빠르고 효과적으로 콘셉트를 전달하고 향후 방향에 대한 토론의 장을 열기도 한다. 마이크로소프트 페인트나 어도비 일러스트레이터 또는 핀터레스트와 같은 온라인 서비스를 사용하여 나만의 무드보드나 이미지 몽타주를 만드는 것을 이제는 바로 시작해야 한다.

도서관을 소홀히 하지 마라

인터넷을 통한 조사도 좋지만, 아이러니하게도 개방적인 인터넷은 보이지 않는 선입견의 벽에 갇히기 쉽다. 그렇기 때문에 조사 과정의 일부로서 지역 도서관을 꼭 방문해야 한다. 숙련된 사서와 실제 도서 목록을 통해 다른 방법으로는 발견하지 못했던 아이디어나 사실, 그리고 예술 작품을 발견할 수도 있다.

현장 조사

최고의 조사 중 일부는 게임 스튜디오, 집 또는 사무실 밖에서 이루어진다. 픽사는 낯설고 먼 곳으로 조사 여행을 떠나는 것으로 유명하다. 2009년 개봉한 애니메이션 〈업UP〉에 등장하는 파라다이스 폭

---

1 역주 텍스트, 이미지, 사진 등을 콜라주하여 아이디어의 전반적인 느낌을 한 장으로 표현하는 보드로, 추구하는 콘셉트를 압축적으로 설명하는 시각적 도구이다.

2 "Kuleshov Effect", Wikipedia, https://en.wikipedia.org/wiki/Kuleshov_effect.

포의 기이한 세계는 베네수엘라 카나이마 국립공원의 테푸이 메사를 방문한 후 탄생한 작품이다.

하지만 게임에 필요한 훌륭한 현장 조사를 위해 많은 예산이 필요한 것은 아니다. 디자인에 도움이 되고 게임의 현실적 근거가 되는 영감과 지식을 얻을 수 있는 지역 명소가 있을 수도 있다.

여러분의 주변에서 볼 수 있는 프로세스와 시스템에 주목할 필요가 있다. 일상의 어떤 측면이 게임의 메커닉이나 배경, 스토리텔링에서 흥미로운 부분이 될 수 있을까? 사람을 관찰하는 것은 모든 현장 조사에서 매우 중요한 부분이기에 노트를 가지고 다니면서 모든 것을 기록해야 한다. 또한 다른 사람의 사생활을 침해하지 않는 범위 내에서 사진을 찍어 두어야 하며, 필요한 경우 양해를 구하면 된다. 그리고 매일 보지만 자세히 살펴본 적은 없는 주변 세계 곳곳을 탐험해야 한다. 거주하는 동네에서 길을 잃고 익숙한 것들을 새로운 눈으로 바라보면 좋을 것이다.

인터뷰

인터뷰를 진행하는 것은 아이디어를 찾고 창의력을 발휘하는 훌륭한 방법이 될 수 있다. 이 책의 뒷부분에서는 플레이 테스트나 다른 기법을 사용하여 '사람을 디자인 프로세스 중심에 두는 것'의 중요성에 대해 살펴볼 것이다. 트레이시 풀러턴은 이를 "플레이 중심 게임 디자인Playcentric Game Design"이라고 불렀는데, 이는 역사적으로 거슬러 올라가는 인본주의적 디자인 전통의 일부이다.[3] 디자인에서의 인본주의는 19세기 예술과 공예 운동, 프리덴슈라이히 훈데르트바서Friedensreich Hundertwasser, 아라카와와 매들린 긴스Arakawa and Madeline Gins 팀과 같은 20세기 건축가들의 작품, 실리콘밸리 크리에이티브 에이전시 IDEO의 인간 중심 디자인 혁신 등 다양한 분야에서 찾아볼 수 있다.

게임 디자인에 대한 아이디어가 구체화되기 이전에도 사람들과 이야기를 시작해 볼 수 있다. 많은 훌륭한 게임 디자인 프로젝트는 사람들의 삶과 생각, 감정에 대한 인터뷰로 시작된다. 게임으로 디자인해 보고 싶은 사람을 선택하고 그들의 '일상 활동, 여가 시간, 관심사' 또는 '희망, 필요, 두려움'에 대해 질문해 보면 좋을 것이다. 상대방의 답변을 기록해야 하고 인터뷰 내용을 오디오 또는 비디오로 녹화해야 한다. 여기서 놀랍고 흥미로운 아이디어를 많이 얻을 수 있으며, 그중 하나가 다음 게임 프로젝트의 시작점이 될 수도 있다.

---

3 Tracy Fullerton, 《Game Design Workshop: A Playcentric Approach to Creating Innovative Games, 4th ed》, CRC Press, 2018, p.16.

섀도잉

우리는 모두 제각각 생각과 말을 왜곡하는 편견을 가지고 있으며, 사람들은 디자이너로서 흥미로울 수 있는 세부 사항을 간과하는 경우가 많기 때문에 대화만으로는 사람에 대한 좋은 정보를 얻기 어려울 때가 있다.

섀도잉은 사람들의 삶, 관심사, 선호도에 대해 더 깊이 파고들 수 있는 방법을 제공한다. 섀도잉은 1950년대 경영학 연구에 뿌리를 둔 조사 기법으로, 디자인 및 컨설팅 회사인 IDEO의 인간 중심 디자인 관행의 일환으로 개발되었다. 섀도잉은 상대방의 허락을 받아 하루 일과를 함께하는 것을 말한다. 섀도잉 대상자를 관찰하고 메모하고 오디오 및 비디오 녹화를 하며 그들이 어떤 장소나 활동에서 얼마나 시간을 보내는지 등의 데이터를 수집한다. 사람들이 일상생활을 하는 모습을 보고 간섭하지 않고 신중하게 관찰함으로써 그들의 행동, 의견, 동기를 더 깊이 이해할 수 있다.

섀도잉은 개인, 친구, 가족이 여가 시간에 즐기는 게임을 어떻게 사용하는지, 즉 함께 게임을 하거나 한 사람이 게임을 하고 다른 사람이 시청하는 등 게임을 할 때 서로 어떻게 관계를 맺고 인터랙션하는지 파악하는 데에도 도움이 될 수 있다. 이러한 방식으로 협동 및 경쟁 게임에 대한 새로운 아이디어가 떠오를 수 있다.

섀도잉은 플레이어의 건강에 긍정적인 결과를 가져오도록 설계된 건강 게임과 시리어스 게임, 응용 게임, 교육용 게임 등을 디자인할 때에도 유용하다. 또한 실험적인 게임 디자이너와 예술 게임 제작자의 혁신적인 작업에도 유용할 수 있다.

조사 노트

조사 노트 형식으로 조사 결과를 기록해 둘 필요가 있다. 인터넷에서 조사를 하다 보면 클릭에 빠져서 브라우저 기록만 남기고 정작 필요한 자료는 아무것도 남기지 않기 쉽다. 시간을 내어 텍스트, 이미지, 링크를 복사해 조사 노트 문서에 붙여 넣으면 프로젝트 진행 중에, 그리고 막막해서 영감이 필요할 때에 자신과 팀이 다시 참조할 수 있는 자료가 된다. 초기에는 관련성이 없어 보였던 아이디어가 나중에는 유용하거나 혁신적인 것으로 판명될 수도 있다.

아이디에이션 단계에서는 조사를 충분히 활용해야 하며, IDEO 방법 카드 덱에서 더 많은 푸른 하늘 사고방식과 조사 기법을 발견할 수 있다. 디자인 에이전시 IDEO가 개발한, 이 유용하면서도 영감을 주는 혁신적인 도구에는 “사람을 작업의 중심에 두는” 51가지 기법이 포함되어 있다.[4]

시츄에이션 연구소Situation Lab가 개발하고 여러 상을 수상한 상상 게임 〈미래에서 온 것The Thing from the Future〉은 내 USC 게임 프로그램 동료인 고 제프 왓슨Jeff Watson과 카네기멜론 대학교 디자인 교수인 스튜어트 캔디Stuart Candy가 디자인한 것으로, 디자이너와 미래에 대해 재미있고 사려 깊은 대화를 나누고자 하는 사람들을 위해 만든 훌륭한 카드 덱 도구이다.[5]

메리 플래너건Mary Flanagan과 헬렌 니센바움Helen Nissenbaum의 〈그로우 어 게임Grow-a-Game〉 카드는 게임 디자이너가 인간적인 가치를 게임 시스템에 결합하는 방식에 대해 본질적으로 깊이 고민할 수 있도록 도와준다.[6]

어떤 사람들은 조사가 너무 즐거워서 이것으로 아이디에이션 시간을 모두 잡아먹을 수 있다. 조사에 소요되는 시간에 제한을 두어 여러분이 새로 발견한 토끼굴에 너무 오래 빠져들지 않도록 해야 한다. ‘자유 형식의 탐색’과 ‘특정 주제에 대한 더욱 본격적인 조사’ 사이의 적절한 균형을 찾아야 하며, 원래 조사하던 콘셉트를 계속 참조하며 궤도를 벗어나지 않아야 한다.

모든 시간이 목표 지향적일 필요는 없다. 틀에 얽매이지 않는 생각에도 큰 아름다움과 가치가 있다. 다만 빙빙 돌면서 헤엄치기만 하는 것은 주의해야 한다. 안팎과 위아래를 탐색하되 자신이 시간을 잘 활용하고 있는지 정기적으로 점검할 필요가 있다. 조사를 잘하면 우리가 공유하는 현실에 기반을 둔 새롭고 멋진 경험을 만들어 낼 수 있다. 현실 세계는 훌륭한 스승이다. 그 세계는 여러분의 게임에 대해 무언가를 말해 줄 수 있을 것이다.

---

4 IDEO Product Development, 《IDEO Method Cards: 51 Ways to Inspire Design》, William Stout, 2003.

5 Jeff Watson and Stuart Candy, 〈The Thing from The Future〉, 2017, Situation Lab, http://situationlab.org/project/the-thing-from-the-future/.

6 Mary Flanagan and Helen Nissenbaum, “Grow-A-Game:Overview”, Values at Play, https://www.valuesatplay.org/grow-a-gam.

A Playful Production Process

재미있는 게임 제작 프로세스

4장
게임 프로토타이핑: 개관

브레인스토밍과 조사도 좋지만, 아이디에이션의 핵심은 생각하는 것이 아니라 '만드는 것'이다.

약간의 생각은 큰 도움이 되지만, 사람들이 가지고 놀 수 있는 물건을 만들면서 얻은 발견과 게임 디자인 교훈은 그 무엇으로도 대체할 수 없다. 따라서 아이디에이션 단계에서 해야 할 가장 중요한 활동은 프로토타입을 제작하는 것이다.

이는 아무리 강조해도 지나치지 않다. 20분 정도 브레인스토밍을 하고 간단히 조사하는 것으로 시작한 다음, 즉시 첫 번째 프로토타입을 제작해야 한다. 아이디에이션을 제대로 하고 있다면 이 프로토타입이 첫 번째 결과물이 될 것이다. 오토데스크Autodesk 사의 펠로우이자 테크놀로지 업계의 선구자인 톰 우젝Tom Wujec은 테드 강연 〈타워를 세우고 팀을 구성하라〉에서 "디자인은 접촉하는 스포츠"라고 말한 바 있다.[1] 제작을 시작하기 전에는 프로젝트에 해가 되거나 도움이 될 수도 있는 숨겨진 가정들을 발견할 수 없다.

나는 사람들이 게임 프로토타입을 만들려고 앉았다가 곧바로 완전한 게임을 만들려고 하는 경우가 많다는 것을 알았다. 이렇게 할 때 일이 잘 풀리는 경우는 거의 없다. 그들은 선입견에 기반한 작업이나 디자인 방향에 도움이 되지 않는 작업에 에너지를 쏟아부으며 진짜 시작도 하기 전에 지쳐 버린다.

따라서 게임 프로토타이핑 전략을 설명하기 전에 한 가지 분명하게 강조하고 싶은 것이 있다.

"프로토타입은 게임의 데모가 아니다."

나중에 버티컬 슬라이스[2] 생성에 대해 설명할 때 게임의 데모를 만드는 방법을 안내하려고 한다. 데

---

1 Tom Wujec, 〈Build a Tower, Build a Team〉, 2010, https://www.youtube.com/watch?v=H0_yKBitO8M.

2 역주 마치 조각 케이크를 만들어 보듯, 현재 개발 중인 게임의 일부분만 잘 만들어서 플레이하는 경우.

모 제작은 차후 게임 디자인에서 중요한 부분이 될 것이다.

하지만 지금은 그렇지 않다.

"프로토타입을 만들 때마다 게임에 대한 하나 이상의 아이디어를 탐색해야 한다."

진정한 프로토타입은 아주 적은 수의 메커닉, 어쩌면 단 한 가지 사항을 테스트한다. 흥미롭거나, 재미있거나, 감동적이거나, 그 외 방식으로 매력적인 '플레이어 활동'을 단 하나만이라도 발견할 수 있다면 프로토타입은 그 목적을 달성한 것이며, 앞으로의 디자인 작업을 위한 기초로 작용할 수 있다. (플레이어 활동에 대해서는 잠시 후에 자세히 알아보겠다.) 만일 프로토타입에서 좋은 아이디어를 발견하지 못했다면 새로운 프로토타입을 통해 다시 시작할 수 있다.

아이데이션 단계에서는 가능한 한 다양한 프로토타입을 만드는 것을 목표로 삼아야 한다. 속도가 빠르고 집중력이 뛰어나다면 각 프로토타입을 만들고 플레이 테스트를 하고 반복하는 데 두세 시간밖에 걸리지 않을 수도 있다. 속도가 느려도 괜찮지만, 프로토타입은 간단해야 하고 요점을 간결하게 유지해야 한다.

게임 메커닉, 동사, 플레이어 활동

게임 메커닉Game Mechanics은 게임의 기능과 인터랙션을 구성하는 게임의 규칙과 과정을 말한다. 게임 메커닉은 플레이어가 할 수 있는 것이 무엇인지 결정하며, 게임이 시작되고 전개되어 나가서 결국에 엔딩을 보는 방식을 규정한다. 게임 메커닉은 게임 디자이너가 흔히 게임의 동사라고 부르는 '행동하는 단어'를 가능하게 한다. 예를 들어 플레이어 캐릭터는 움직이고, 행동하고, 말하고, 무언가를 살 수도 있다.

어떤 게임 동사들은 더 '원자적Atomic'이다. 특정 유형의 게임에서 버튼을 눌러 캐릭터를 점프시키는 것은 기본 동사 원자에 해당한다. 다른 게임 동사는 좀 더 '분자적Molecular'이며, 이는 원자 동사들의 그룹으로 구성된다. 예를 들어 '탐색'이라는 게임 동사는 '걷다', '점프하다', '등반하다', '기어오르다', '게임 카메라 이동' 같은 원자적인 동사들로 구성될 수 있다. 물론 원자가 아원자 입자로 구성되어 있는 것처럼 원자 게임 동사는 더 세분화될 수 있다. '등반하다'라는 원자 동사는 '왼쪽으로 가다', '오른쪽으로 가다', '아래로 떨어지다', '다이노 점프' 등의 아원자 동사로 구성될 수 있다.

플레이어 활동Player Activities은 플레이어가 특정 동사를 사용하는 방식을 설명하기 위해 사용하는 용어이다. 플레이어 활동은 1인칭 게임에서 WASD 키, 마우스, Shift 키를 사용하여 출구를 찾기 위해 뛰어다니는 것일 수도 있다. 또 3매치 게임에서 터치스크린을 눌러 같은 아이템 3개를 연속으로 획득하려고 하거나, 트와인Twine 게임에서 링크를 클릭하여 다른 엔딩을 찾으려고 스토리를 두 번째로 탐색하는 것도 해당된다. 플레이어 활동은 게임의 메커닉, 동사, 내러티브와 함께 플레이어의 인식, 생각, 행동, 의도가 결합된 결과이다.

많은 게임 디자이너와 마찬가지로 나도 이 용어들을 혼용해서 사용하는 경향이 있지만, 프로토타이핑을 할 때 게임 메커닉과 동사를 플레이어 활동으로 이야기하면 플레이어의 행동과 경험을 논의의 전면에 내세울 수 있다고 생각한다. 플레이어 활동은 종종 루프에 따라 순차적으로 진행되며, 우리는 10장에서 게임의 '핵심 루프Core Loop'에 대해 자세히 살펴볼 것이다. 게임에 대한 심층 분석에 들어가면 다양한 플레이어 그룹이 동일한 메커닉과 동사를 사용하여 매우 다른 플레이 스타일을 표현하는 플레이어 활동의 패턴에 대해 이야기할 수 있다. 플레이어 활동 패턴을 식별하는 가장 유명한 방법은 리처드 바틀Richard Bartle이 제시한 플레이어 4유형(킬러, 성취자, 사교가, 탐험가)이다.[3]

프로토타입을 만들 때마다 다음 사항을 자문해 볼 필요가 있다.

✔ 여기서 프로토타이핑하는 플레이어 활동은 무엇인가?
✔ 어떤 게임 동사를 조사하고 있나?
✔ 이 플레이어 활동은 어떤 종류의 경험을 제공하는가?
✔ 플레이어 활동의 톤이나 분위기는 어떠한가?
✔ 이 플레이어 활동으로 어떤 흥미로운 게임 플레이와 스토리를 경험할 수 있는가?
✔ 다양한 상황과 시나리오를 구상할 시간이 있다면 이 플레이어 활동으로 얼마나 많은 것을 할 수 있을까?
✔ **이 프로토타입으로 어떤 질문에 답하려고 하나?**

이 마지막 질문은 매우 중요하다. 〈스포어Spore〉와 〈어스 프라이머Earth Primer〉 같은 게임으로 유명한 게임 디자이너 차임 진골드Chaim Gingold는 프로토타입 제작에 대한 훌륭한 조언을 많이 제공한 바 있다. 그는 트레이시 풀러턴의 책 《게임 디자인 워크숍》에 "치명적인 프로토타이핑과 또 다른 이야기들"이라는 에세이를 썼으며, 이는 온라인에서도 찾아볼 수 있다. 이 글에서 차임은 다음과 같은 질문에 답할 수 있도록 각각의 프로토타입을 디자인하라고 조언한다. "예를 들어, 물고기 떼를 마우스 기반으로 제어하는 방식을 생각해 볼 수 있다. 마우스로 이 물고기 떼를 어떻게 제어할 수 있을까?" 차임은

---

3 "Bartle Taxonomy of Player Types", Wikipedia, https://en.wikipedia.org/wiki/Bartle_taxonomy_of_player_types.

프로토타입을 사용하여 팀원들에게 아이디어가 효과가 있을 것이라고 설득하는 등 프로토타입 제작의 다른 이점을 언급한다. 또한 빠르고 경제적으로 일하고, 한 번에 너무 많은 일을 하려고 하지 말고, 시간을 잘 활용하라는 조언도 아끼지 않는다. 훌륭한 에세이이니 지금 당장 그의 글을 한번 읽어 보길 권한다.[4]

세 가지 종류의 프로토타이핑

여러분이 거쳐 온 환경에 따라 프로토타이핑에 대한 선입견을 강하게 가지고 있을 수도 있다. 나는 장난스런 프로토타이핑, 물리적 프로토타이핑, 디지털 프로토타이핑이라는 세 가지 종류의 프로토타이핑을 소개함으로써 이러한 선입견을 깨고 싶다.

장난스런 프로토타이핑

프로토타입은 아이디어에 생명을 불어넣는 방법으로, 이는 유아가 동물 장난감을 집어 들고 이리저리 흔들며 으르렁거리는 소리를 내는 것과 유사하다. 아이데이션 과정은 디자인의 돛에 바람을 불어넣는 과정이며, 내 경험상 장난감이나 다른 물체를 집어 들고 "상상해 보자."라고 말하는 것보다 더 좋은 시작 방법은 없다.

예를 들어 액션 피규어와 상자들을 사용하여 게임 캐릭터가 무너져 내리는 바위 더미를 어떻게 뛰어넘어야 하는지 알아낼 수도 있다. 장난감 자동차 두 대를 사용하여 레이싱 게임 메커닉이 어떻게 작동하는지 보여 줄 수도 있고, 숟가락과 포크를 사용하여 말다툼 중인 두 NPC의 몸짓을 연기할 수도 있다.

유아는 나이를 먹으면서 역할을 맡아 시나리오를 연기하는 가상 놀이를 시작하게 된다. 이러한 놀이도 장난스런 프로토타이핑의 일부가 될 수 있다. 너티독과 크리스털 다이내믹스 사에서 나와 동료들은 디자인 아이디어를 명확하게 하고 문제를 해결하기 위해 종종 연극 놀이를 사용했다.

수많은 디자인 회의에서 나는 열쇠 구멍을 들여다보고, 좁은 공간을 기어다니고, 사슬을 당기는 등 게임 속 캐릭터가 할 수 있는 행동을 직접 일어나서 해 보기도 했다. 이를 통해 아이디어를 묘사하고 토론을 이끌어 냈다. 트레이시 풀러턴은 월트 디즈니Walt Disney가 독사과를 든 마녀와 같은 캐릭터의

4 Chaim Gingold, "Catastrophic Prototyping and Other Stories", 2011. 01. 20., http://www.levitylab.com/blog/2011/01/catastrophic-prototyping-and-other-stories/.

자세와 행동을 연기하는 것으로 유명했고, 동료들은 그의 표정과 몸짓을 포착하기 위해 격렬하게 그림을 그렸다고 내게 이야기해 주었다.

눈앞에서 움직이는 무언가를 볼 수 있고 부분적으로 상상할 수 있는 순간, 우리는 디자인 아이디어에 대한 발견을 시작하게 된다. 열쇠 구멍의 위치가 너무 낮은가? 기어가는 공간이 너무 좁지는 않나? 체인이 너무 무거워서 들어올리기 힘들지 않나? 여기서는 장난스런 프로토타입 제작에 대해 더 이상 언급하지 않겠다. 이 단계에서는 자신만의 기술을 개발할 수 있는 여지가 너무 크기 때문이다. 이 방법만이 유일한 프로토타이핑 전략은 아니지만, 장난스런 프로토타이핑은 여러분이 가장 좋아하는 방법 중 하나가 될 수도 있다.

물리적 프로토타이핑

트레이시 풀러턴이 《게임 디자인 워크숍》에서 설명한 플레이 중심 게임 디자인 프로세스의 가장 큰 혁신 중 하나는 물리적 프로토타입의 사용이다. 물리적 프로토타입 제작에는 보드 게임, 카드 게임 및 스포츠나 놀이터 게임과 같은 디지털 외의 놀이 활동 제작이 포함된다. 물론 이는 훌륭한 보드 게임, 카드 게임, 스포츠 게임 디자인으로 이어질 수 있지만 디지털 게임을 디자인하는 강력한 방법이기도 하다. 예를 들어, 범블비어 게임즈BumbleBear Games의 뛰어난 실시간 전략 플랫폼 비디오 게임인 〈킬러 퀸Killer Queen〉은 애초에 물리적 팀 게임으로 프로토타입을 제작했다.[5]

트레이시 풀러턴은 디자이너가 기존 게임 장르의 고착화된 문제에서 벗어나 혁신적이고 새로운 게임 디자인 공간을 탐색할 수 있도록 돕기 위해 물리적 프로토타이핑을 사용하기 시작했다고 내게 말한 적이 있다. 그 결과 물리적 프로토타이핑은 매우 강력한 기법임을 증명해 냈고, 이는 현재 USC 게임 프로그램에서 게임 디자인을 가르치는 방식의 근간이 되었다.

물리적 프로토타입을 만드는 방법

물리적 프로토타입은 쉽게 만들 수 있으며, 다양한 재료를 사용할 수 있다. 가장 일반적으로 사용되는 재료는 '종이(복사용지를 추천함)와 펜, 연필 또는 크레용'이다. 그림을 잘 그릴 필요는 없으며 막대 그림도 괜찮다. 무언가를 만들려면 '테이프나 풀, 가위'가 필요하다. 또한 '인덱스 카드'는 유용하고 다용도로 사용할 수 있는 재료이다. 카드 용지가 단단하기 때문에 카드 놀이용이나 게임 조각 및 환경 요소의 구성 재료로도 유용하다. '플라스틱, 나무, 유리로 된 진열장'은 게임 조각이나 자원 토큰을 나타내는 데 좋으며, '스티커 메모(포스트잇)'도 자주 사용된다.

---

5 "'Killer Queen' Game at IndieCade 2012", https://www.youtube.com/watch?v=9y30I3KCdYk.

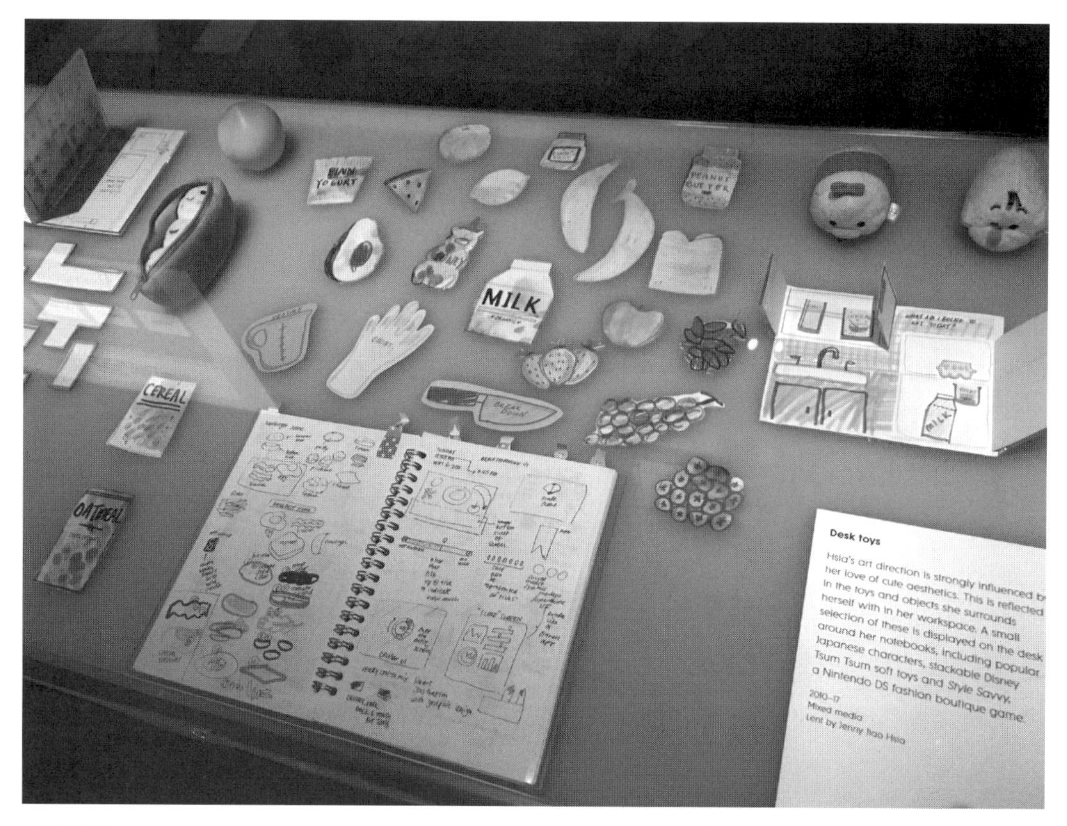

그림 4.1

런던 빅토리아 앤 앨버트 박물관에서 열린 '비디오 게임' 전시회에 출품된 제니 자오 시아Jenny Jiao Hsia의 〈나를 소비하다Consume Me〉의 물리적 프로토타입.

조사하고 싶은 플레이어 활동을 생각해 보라. 포크로 과일 조각을 집거나, 모래 폭풍을 헤쳐 나가거나, 마법의 구슬을 색깔별로 분류하는 것일 수 있다. 표현하고 싶은 기본 시스템은 무엇인가? 어떻게 하면 그 시스템을 보드 게임과 카드 게임에서 작동하는 규칙과 표현으로 추상화할 수 있을까? 이런 식으로 물리적 프로토타이핑 기법을 사용하여 게임을 구성할 동사와 게임 메커닉을 조사하기 시작할 수 있다.

좀 더 복잡한 플레이어 활동 패턴을 물리적으로 프로토타이핑할 수도 있다. 캐릭터가 동굴 시스템을 탐험하는 게임을 만들고 싶다면 동굴, 스위치백, 수중 구간으로 가득한 트랙을 따라 이동할 수 있는 간단한 보드 게임을 만들 수 있다. 또한 국제 금융의 세계에 관한 게임을 만들고 싶다면 인덱스 카드에 주식, 채권, 현금을 표시하고 합법적인 거래와 불법적인 활동의 시스템을 설계할 수 있다.

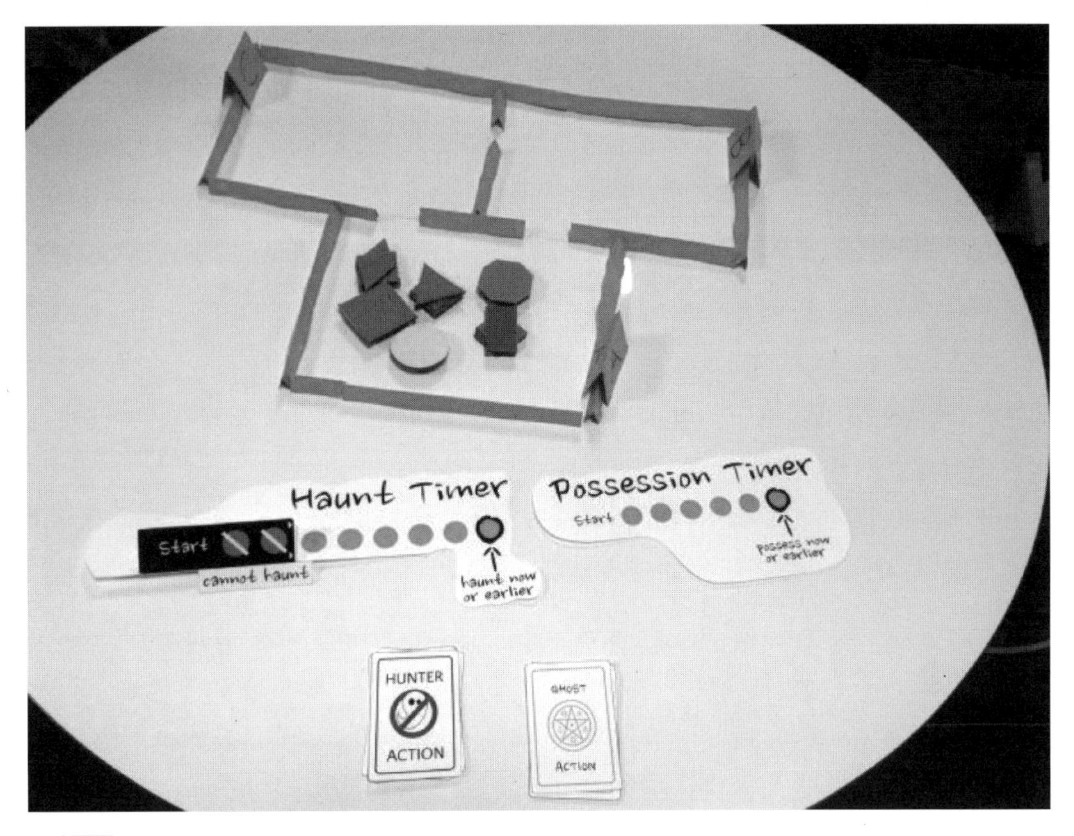

그림 4.2
차오 첸Chao Chen, 크리스토프 로젠탈Christoph Rosenthal, 조지 리George Li, 줄리안 세이펙Julian Ceipek이 USC IMGD 석사과정 수업에서 제작한 디지털 게임 〈무서운 인형의 집Daunting Dollhouse〉의 물리적 프로토타입.
사진 크레딧: 조지 리

발명은 물리적 프로토타이핑에서 시대의 흐름이다. 경험이 많은 보드 게임 디자이너라면 물리적 게임과 디지털 게임 내 플레이어 활동, 동사, 메커닉의 유사점을 쉽게 찾을 수 있을 것이다. 만약 여러분이 나처럼 보드 게임 디자이너로서의 경험이 적다면 여러분의 물리적 프로토타입 제작 과정은 더 느슨해질 수 있으며, 물리적 프로토타입이 마치 장난스런 프로토타입처럼 느껴질 수도 있다. 트레이시 풀러턴은 "프로토타입 제작은 질문에 답하기 위한 작업이니 실제 프로토타입으로 답할 수 있는 질문이 없다면 다른 형식을 사용하라!"라고 조언했다.

물리적 프로토타입 플레이 테스트

실제 프로토타입을 만들었으면 이제 이 책에서 가장 중요한 활동이자 앞으로 계속 반복해서 다룰 활동을 할 차례이다. 그것은 바로 '플레이 테스트'이다.

플레이 테스트는 건강한 게임 디자인 실천의 기초에 해당된다. 책의 후반부에서 플레이 테스트에 대한 접근 방식을 자세히 설명하겠지만, 지금은 다른 사람들이 여러분의 실제 프로토타입을 가능한 한 자주, 그리고 일찍 플레이하도록 해야 한다. 프로토타입 설명 프레젠테이션을 준비하는 데 너무 걱정할 필요는 없다. 사람들이 여러분의 글을 읽고, 여러분이 사용한 기호를 이해하고, 게임 요소들을 다룰 수만 있다면 시작할 준비가 된 것이다.

플레이어가 여러분과 대화하지 않더라도 게임을 배울 수 있도록 게임 규칙을 작성해야 한다. 그 후에 '규칙 테스트'를 실시하는 것은 모든 게임 디자이너의 초기 교육에서 중요한 부분이다. 이를 통해 게임 시스템의 복잡성, 게임 디자인 아이디어로 소통하는 것의 어려움, 게임의 모든 측면이 어떻게 해석될 수 있는지에 대한 이해를 발전시킬 수 있다. 인간-컴퓨터 인터랙션Human-Computer Interaction(HCI) 분야의 '오즈의 마법사' 방법론을 사용할 수도 있는데, 이는 게임 디자이너가 배경에서 게임을 실행하는 컴퓨터의 입장이 되어 게임을 대신해 정보를 제공하고 조치를 취하는 것이다.

플레이 테스터를 지켜보면서 관찰한 내용을 주의 깊게 기록해야 한다. 플레이어는 게임에서 할 수 있는 것과 할 수 없는 것에 대해 어떻게 이해하고 있나? 그런 다음 플레이어는 무엇을 시도하는가? 플레이어가 게임을 제대로 이해하지 못하면 무엇을 해야 할까? 여러분의 플레이 테스터는 무엇에 흥분하고 무엇에 좌절하는가? 무엇이 그들을 웃게 만들거나 슬프게 만드는가? 플레이어는 다른 어떤 감정을 보여 주는가? 플레이 테스터가 어떤 활동을 반복해서 하고 싶어 하며, 어떤 활동을 꺼려하는 것 같나?

❸ 물리적 프로토타이핑 반복

물리적 프로토타입의 가장 큰 장점은 수정이 빠르다는 점이다. 펜을 몇 번 쓰거나 가위로 자르는 것만으로 디자인을 근본적으로 변경할 수 있다. 이렇게 하면 '많은 시간을 투자하고 애착이 생겨 잘 작동하지도 않는 게임 디자인을 그대로 고수'할 가능성이 줄어든다. 거의 모든 플레이 테스트 후에 해야 할 일은 디자인을 반복하는 것이기 때문에 이것은 매우 중요하다. 추가하고, 제거하고, 변경하면서 디자인을 개선해 나가야 한다. 무엇이 개선에 해당하는가? 그것은 여러분이 자유롭게 결정할 수 있지만 플레이 테스트 결과를 인정해야 한다.

플레이 테스트가 게임 디자인을 "멍청하게" 만들기 때문에 나쁘다고 생각하는 사람들을 가끔 만난다. 이보다 더 잘못된 생각은 없을 것이다. **게임 디자인의 세계에서 플레이어와 게임 간의 직접적인 만남보다 더 큰 현실은 없다.** 플레이어는 결코 "잘못 플레이"하지 않으며, 게임을 "이해하지 못하는" 경우도 거의 없다. (이는 게임 디자인이 제대로 작동하지 않을 때 사람들이 가끔 하는 변명이다.) 플레이어의 행동과 경험은 게임 디자인의 품질에 대한 진정한 표현이며, 게임 디자이너가 할 수 있는 최고의 재현 방식이다. 나는 예전에 게임 디자이너이자 교육자인 존 샤프John Sharp에게 이런 말을 들은 적이 있다. "게임 디자인은 스탠드업 코미디와 비슷하다. 게임 디자이너와 코미디언은 자신이 성공했는지 아닌지 즉시 알 수 있다."

하지만 게임 디자이너는 플레이 테스트에서 플레이어가 하는 행동이나 그들이 게임에서 원하는 것을 맹목적으로 따르거나 반사적으로 대응해서는 안 된다. 숙련된 디자이너는 창의적인 목표의 맥락에서 플레이 테스트 결과를 해석하는 방법을 배우며, 디자이너는 플레이 테스트 결과에 비추어 목표에 따라 게임 디자인의 향후 방향을 자유롭게 결정할 수 있다.

게임 디자이너는 종종 플레이 테스트에서 "재미를 따르라."라는 조언을 받곤 하는데, 여러분이 추구하는 것이 재미라면 이는 훌륭한 조언이다. 나는 게임의 재미를 좋아하고, 무엇이 게임을 재미있게 만드는지 생각하는 것을 좋아하며, 거의 모든 사람들이 자신의 행복과 웰빙에서 재미가 중심이 되는 지점을 찾고 있다고 생각한다. 하지만 모든 사람이 같은 방식으로 재미를 느끼는 것은 아니며, 게임이 전통적인 의미에서 재미있을 필요는 없다. 어쩌면 전혀 재미없을 수도 있다. 내가 가장 좋아하는 게임 중 하나인 리즈 리어슨Liz Ryerson의 〈프라블럼 애틱Problem Attic〉은 다른 게임에서 얻을 수 있는 전통적인 유형의 재미를 의도적으로 거부한다.[6]

플레이 테스트에서는 창의적인 목표를 명확히 설정해야 올바른 방향으로 반복 작업을 진행할 수 있다. 이는 게임 제작 프로세스 후반부에서 점점 더 중요해질 것이다. 프로토타입을 제작하는 동안에는 좋은 고려 사항이지만 결정적인 것은 아니다. 지금처럼 만들고 배워 나가는 시점에서는 빙글빙글 돌거나 약간 길을 잃어도 괜찮다.

게임 조각이 눈앞의 테이블 위에 놓여 있다는 물리적 사실이 좋은 이유는 바로 탐구 중인 아이디어를 더 명확하게 볼 수 있는 세상에 내놓을 수 있다는 점이다. 좋은 아이디어를 더 쉽게 골라내어 이를 바탕으로 발전시키거나 수정할 수 있다.

개발 전반에 걸친 물리적 프로토타이핑

물리적 프로토타입은 아이데이션 단계에서 게임 디자인을 시작하는 데 유용하며, 사용하고자 하는 핵심 게임 메커닉, 내러티브, 미학에 대해 예상치 못한 발견을 할 수 있도록 도와준다. 또한 물리적 프로토타이핑 기술을 사용하면 빠르고, 쉽고, 저렴하고, 철저하게 디자인에 대한 의문을 조사할 수 있기 때문에 물리적 프로토타이핑은 프리 프로덕션과 풀 프로덕션 단계에서도 유용하다.

---

6 Liz Ryerson, 〈Problem Attic〉, 2013, https://lizryerson.itch.io/problem-attic.

플레이어가 자원 시스템을 조작하는 전략 게임은 개발의 모든 단계에서 물리적 프로토타이핑에 매우 적합하다. 액션 게임과 내러티브 경험의 레벨과 시나리오를 물리적 프로토타입으로 쉽고 빠르게 '목업Mock-Up'할 수 있으므로 플레이어의 공간 동선, 시선, 리소스 가용성에 대한 세부적인 질문에 답할 수 있다. 따라서 게임의 디지털 버전이 출시된 후에도 물리적 프로토타입을 유용하게 사용할 수 있고, 게임의 '마이크로 디자인' 작업을 할 때마다 물리적 프로토타입을 사용할 수 있다. 이에 대한 자세한 내용은 18장에서 설명한다.

나는 거의 모든 유형의 게임이 물리적 프로토타이핑을 창의적으로 활용하면 이점을 얻을 수 있다고 믿는다. 물론 프로젝트에 물리적 프로토타이핑이 얼마나 유용할지, 언제 유용할지는 스스로 결정해야 한다.

✖ 디지털 프로토타이핑

디지털 게임을 제작하는 것이 목표라면 디지털 프로토타이핑을 통해 아이데이션 과정의 다음 단계를 가속화하고 게임 디자인 및 제작으로 바로 연결할 수 있다.

일반적으로 디지털 프로토타이핑은 소프트웨어를 사용하여 컴퓨터에서 실행되는 게임 프로토타입을 제작하는 과정이다. 디지털 프로토타입은 개인용 컴퓨터, 휴대폰, 태블릿 또는 게임 콘솔에서 실행되며 화면과 오디오 출력이 있을 수 있다. 키보드, 마우스, 게임 컨트롤러를 인터페이스로 사용하거나 음성 인식, 시선 추적, 특수 알트 컨트롤러Alt-Controller와 같은 다른 종류의 입력을 사용할 수도 있다. 또는 스마트 워치나 의료용 임플란트와 같은 다른 종류의 컴퓨팅 플랫폼에서 실행될 수도 있다. 프로토타입을 제작하는 데 사용하는 소프트웨어는 드래그 앤 드롭 인터페이스로 사용하기 쉬울 수도 있고, 더 복잡하고 프로그래밍에 대한 지식이 필요할 수도 있다.

이 모든 경우, 우리는 장난스런 프로토타입과 물리적 프로토타입을 만들 때 사용한 것과 동일한 지침을 사용할 것이다. 처음에는 한 가지 플레이어 활동에 집중하여 효과가 있고 유지하고 싶은 것을 찾으려고 노력할 것이다.

디지털 프로토타입을 만들려면 디지털 게임 개발Game Development에 대한 기존 역량이 조금 뒷받침되어야 한다. 많이는 아니어도 어느 정도는 필요하다. 이러한 능력을 제공하는 것은 이 책의 범위를 벗어나는 일이기는 하지만, 이후 5장에서 '디지털 게임 개발을 배우는 방법에 대한 몇 가지 팁'을 알려 주려고 한다.

모든 게임 개발자는 게임 디자이너다

이 장을 마무리하면서 나는 몇 가지 용어를 정리하려고 한다. 어쩌면 여러분은 이 장에서 대부분 '게임 디자인'이라는 용어가 사용되다가 어느새 '게임 개발'에 대한 언급으로 바뀐 것을 눈치챘을 수도 있다. 게임 디자인과 게임 개발은 같은 의미일까? 그 둘의 의미는 매우 비슷하지만, 나는 두 용어를 구분할 필요가 있다고 생각한다.

게임 디자인은 플레이어에게 좋은 경험을 선사하는 방식으로 게임을 구성하는 요소들의 추상적인 패턴이다. 게임 디자이너는 게임을 개념화하고 기획하는 과정에 관심을 갖지만, 이 책에서 살펴볼 것처럼 기획은 게임 구축과 밀접하게 연관되어 있어 기획과 구축을 분리하기 어렵다.

디지털 게임 개발이란 소프트웨어 도구를 사용하고, 코드를 작성하고, 아트와 오디오 에셋을 만들고, 애니메이션과 시각 효과를 만들고, 모든 것을 플레이어가 실행하여 플레이할 수 있도록 이들을 하나로 묶는 과정을 의미한다. 따라서 게임 개발자는 아티스트, 애니메이터, 소프트웨어 엔지니어, 오디오 디자이너, 작곡가, 게임 디자이너, 작가, 사용자 경험User Experience(UX) 디자이너, 프로듀서, 품질 보증 전문가일 수도 있고 다른 분야에 속할 수도 있다. 대부분의 게임 개발자는 팀에서 배경 아티스트나 게임 플레이 프로그래머와 같은 주요 역할을 맡게 된다. 게임 디자이너라는 직함을 가진 사람들도 있는데, 이들의 역할은 일반적으로 디자인 아이디어를 생성 및 수집하고 레벨 디자인이나 시스템 디자인 등 게임의 디자인을 확정하는 것이다.

아티스트, 사운드 디자이너, 애니메이터, 프로그래머 등 모든 게임 개발자는 작업을 수행하면서 매 순간 내리는 결정이 게임 디자인에 근본적인 영향을 미치기 때문에 게임 디자이너이기도 하다고 생각한다. 디테일이 굉장히 많은 문제를 일으키기 때문에 "악마는 디테일에 있다." 또는 "신은 디테일에 산다."라는 말이 존재한다. 또 가구 디자이너인 레이와 찰스 임스Ray and Charles Eames는 이렇게 말했다. "디테일은 디테일이 아니다. 디테일이 제품을 만든다."[7]

직책에 '게임 디자이너'가 들어간 사람은 팀의 모든 개발자가 게임 디자이너라는 사실을 기억하는 것이 특히 중요하다. 팀원 모두가 게임 디자인에 기여하며, 최고의 게임 디자이너는 팀 전체에서 디자인 아이디어를 수집하고 직접 아이디어를 제시하여 이를 실현한다. 게임 디자이너의 책임은 최고의 아이디어를 하나의 일관된 전체로 통합하는 것이다.

---

7 Daniel Ostroff, "The Details Are Not the Details", Eames Office, 2014. 09. 08., https://www.eamesoffice.com/blog/the-details-are-not-the-details/.

~ * ~

이제 게임 프로토타이핑이 무엇인지 확실히 이해했으니 다음 장에서 디지털 게임 프로토타입을 제작하는 과정에 대해 자세히 알아보겠다.

5장
디지털 게임 프로토타입 만들기

이 장에서는 게임 엔진과 게임 하드웨어 플랫폼을 선택하는 것부터 시작하여 디지털 프로토타입을 제작하는 과정에 대해 설명한다. 디지털 게임 프로토타입을 제작하고, 플레이 테스트를 하고, 디자인을 반복하는 방법과 사운드가 제공하는 창의적인 기회에 대해 논의할 것이다. 우리는 이 장에서 디지털 프로토타입이 제작된 대로 따라갈 것인지 아니면 다른 방식으로 방향을 잡을 것인지 질문을 던져 보고, 디지털 프로토타이핑 과정의 결과물들을 살펴볼 것이다.

게임 엔진 선택과 사용

디지털 프로토타이핑 과정은 게임을 프로토타이핑(그리고 나중에 개발)하는 데 사용할 게임 엔진을 결정할 때 시작된다. 게임 엔진은 게임을 개발하는 데 사용되는 소프트웨어이다. 어떤 엔진은 사용하기 쉽고 어떤 엔진은 배우는 단계에서부터 어려움이 따른다. 대다수의 게임 엔진은 기업에서 만들었지만 일부는 자원봉사자 개발자 그룹에서 만들었다. 또한 대부분은 무료로 사용할 수 있지만 일부는 유료이다.

현재 게임 업계와 게임 학계에서 가장 널리 사용되는 게임 엔진은 유니티Unity와 언리얼Unreal 엔진이다. 두 엔진 모두 무료 버전으로 다운로드할 수 있고, 유용하고 지속적으로 업데이트되는 튜토리얼이 제공되며, 방대한 기능을 제공하므로 게임 제작의 잠재력이 무궁무진하다. 다른 게임 엔진은 인터넷에서 조금만 검색하면 쉽게 찾을 수 있다. 위키피디아의 "게임 엔진 목록" 문서가 좋은 시작점이 될 것이다.[1] 프로그래밍을 많이 해 보지 않았다면 트와인Twine, 빗시Bitsy 또는 이모티카Emotica를 고려해 봐

1 "List of Game Engines", Wikipedia, https://en.wikipedia.org/wiki/List_of_game_engines.

도 좋다. 모든 게임 엔진은 존중할 만한 가치가 있으며, 좋은 게임 디자인은 항상 창의성과 제약에 관한 것이라는 걸 염두에 두어야 한다. 지난 10년 동안 내가 가장 좋아하는 게임 중 몇몇은 사용하기 쉬운 게임 엔진으로 만들어졌다.

사용하고 싶은 게임 엔진을 아직 잘 다루지 못한다면 그 대신 지금 바로 사용할 수 있는 게임 엔진을 찾아서 즉시 빌드를 시작하는 편이 좋다. 게임 디자이너는 항상 모든 수단을 동원하여 프로토타입을 제작할 준비가 되어 있어야 한다. 지금 당장 여러분이 할 줄 아는 것만 가지고도 충분히 게임 디자인 아이디어를 탐색하고 표현할 수 있다.

게임 엔진을 선택했다면 다음 단계는 사용법을 배우는 것이다. 각종 웹 페이지와 책을 읽고 비디오를 보고 포럼에 게시하여 소프트웨어 사용법을 배울 수 있다면 앞으로 나아갈 길은 분명하다. 시간을 따로 내어 배우기만 하면 빠르게 실력을 향상시킬 수 있다.

혼자서 배우기 어렵다면 수업 또는 워크숍에 참석하거나, 가까운 지역의 인디 게임 개발자 모임 그룹을 찾거나, 가르쳐 줄 친구를 찾아보는 것도 좋다. 자신보다 실력이 뛰어나고 전문 지식을 공유하거나 교환할 의향이 있는 사람들과 정기적으로 만날 수 있는 환경을 조성하면 사용할 수 있는 지식과 기술이 기하급수적으로 늘어날 것이다. 더 많은 도움과 영감을 얻고 싶다면 애나 앤스로피Anna Anthropy의 훌륭한 저서인 《비디오 게임 지네스터의 부상Rise of the Videogame Zinesters》을 추천한다.[2]

운영 체제 및 하드웨어 플랫폼 선택하기

그 다음에는 다시 한번 선택의 순간이 온다. '프로토타입을 어떤 하드웨어 플랫폼과 운영 체제에서 실행할 것인가?'라는 질문에 직면하는 것이다. Windows, MacOS, Linux를 사용하여 PC 또는 맥용 게임을 만들 수 있다. 또한 Android나 iOS를 사용하는 휴대폰이나 태블릿용 게임을 만들 수도 있고, 전용 운영 체제를 사용하는 콘솔용 게임을 만들 수도 있다. 일부 게임 엔진은 게임을 여러 운영 체제 및 하드웨어 플랫폼으로 쉽게 내보낼 수 있도록 지원하고 있다.

가상 현실Virtual Reality(VR), 증강 현실Augmented Reality(AR), 혼합 현실Mixed Reality(MR) 게임을 개발할 수 있다. 피트니스 트래커나 스마트 워치 또는 이어폰을 사용해 플레이할 수 있는 게임을 만들 수도 있다. 이안 보고스트Ian Bogost는 그의 저서 《무엇이든 플레이하라Play Anything》에서 세상은 우리가 인식할 수만

2 Anna Anthropy, 《Rise of the Videogame Zinesters: How Freaks, Normals, Amateurs, Artists, Dreamers, Dropouts, Queers, Housewives, and People like You Are Taking Back an Art Form》, Seven Stories Press, 2012.

있다면 즐길 수 있는 놀이터로 가득하다고 주장한다.[3] 여러분이 접근하는 모든 게임 엔진과 하드웨어 플랫폼을 흥미, 감동, 도전, 성찰의 잠재력이 풍부한 놀이터로 간주하는 것이 좋다.

어떤 게임인지, 또 어떤 팀인지에 따라 하드웨어 플랫폼을 가능한 한 빨리 선택하는 것이 중요할 수 있다. 게임 디자이너이자 프로듀서인 앨런 당Alan Dang이 지적한 것처럼, 특수한 입력 또는 출력 방식과 같이 제약이 많은 플랫폼을 사용하려는 경우라면 서둘러 선택해야 할 필요가 커진다.

게임이 아닌 장난감으로 프로토타입 제작하기

이전 장에서 언급했듯이 사람들은 프로토타입 제작을 시작할 때 종종 실수를 저지르는데, 바로 첫 번째 디지털 프로토타입에서 완전한 게임을 만들려고 하는 것이다. 그들은 플레이어 캐릭터와 몇몇 적 캐릭터를 만든다. 그리고 점수 카운터와 점수를 획득하는 방법을 추가한다. 이와 더불어 일련의 규칙과 내러티브 프레임을 고안하고 게임의 시작, 중간, 끝을 설정한다.

게임을 처음부터 세밀하게 기획하고 싶은 충동을 이해한다. 하지만 그렇게 하면 말보다 수레가 앞서게 된다. 내가 게임 디자이너로서의 경험을 통해 배운 올바른 길은 '한 번에 한 단계씩' 나아가는 것이며, 그래서 나는 디지털 프로토타이핑을 할 때 장난감을 만드는 것부터 시작한다.

장난감은 놀이를 유도하는 물건이다. 그것은 인형이나 공과 같이 상점에서 구입한 장난감일 수도 있고, 상상력이 풍부한 어린이가 발견한 양동이나 자전거 타이어 같은 물건일 수도 있다. 지금 논의할 장난감에서 중요한 부분은 그것이 메커닉적이고 인터랙티브한 요소, 내러티브 요소를 모두 갖춘 시스템이라는 점이다.

예를 들어 공을 바닥에 던지면 튕긴 공을 잡으려고 시도할 수 있는데, 공이 튕길 때마다 "아야"라고 말하는 만화 캐릭터 쉽게 상상해 볼 수 있다. 인형은 포즈를 취할 수 있고, 서거나 넘어질 수 있으며, 19세기의 의사나 30세기의 우주 조종사처럼 보이는 등 시각적 디자인에서 비롯된 특정 내러티브 특성을 가지고 있다. 또한 양동이를 바구니로 사용하거나 헬멧처럼 착용할 수 있으며, 자전거 타이어를 언덕 아래로 굴리거나 원반처럼 던질 수 있다.

이러한 장난감과의 인터랙션은 지난 장에서 설명한 플레이어 활동과 비슷한 측면이 있다. 우리가 장난감을 가지고 놀 때 하는 행동이 여러분이 플레이하는 디지털 게임의 근본적인 구성 요소라고 생각

3 Ian Bogost, 《Play Anything: The Pleasure of Limits, the Uses of Boredom, and the Secret of Games》, Basic Books, 2016.

하지 않을 수도 있지만, 장난감들은 게임 플레이의 핵심적인 동사로서 잠재력을 가지고 있다. 인형을 들고 포즈를 취하거나 공을 던지는 것은 상업용 비디오 게임에서 하는 달리기, 싸우기, 수집하기와 본질적으로 다르지 않다.

따라서 작고 단순하며 재미있는 시스템을 만드는 것으로 디지털 프로토타이핑을 시작해야 한다. 여러분이 찾고 있는 것은 게임에서 사용할 수 있는 가장 근본적인 동사와 플레이어 활동이다. 이와 동시에 염두에 두고 있는 내러티브 아이디어와 잘 어울리는 동사와 활동을 찾아볼 필요가 있다. 예를 들어 '날다'는 파일럿, 우주 비행사, 새에 관한 스토리와 잘 어울리는 동사이다.

달리고 점프할 수 있는 캐릭터, 건물을 배치할 수 있는 커서가 있는 땅, 미끄러질 수 있고 세 개를 정렬하면 사라지는 물체가 있는 격자 등 이미 검증된 것부터 시작할 수도 있다. 이러한 익숙한 플레이어 활동에 자신만의 개성을 더하거나, 아니면 튕기면 씨앗이 튀어나오는 화분, 흔들면 비눗방울이 나오는 후프, 흔들면 이상한 소리가 나는 악기 등 새로운 게임 디자인 방향을 시도할 수 있다.

프로토타입을 만들 때는 (a) 플레이어 활동이 느낌을 주고 흥미로워 보이는지, (b) 플레이어가 이해하고 사용하기 쉬운지, (c) 만들고자 하는 게임에 유용할 수 있는지 살펴보는 데 집중해야 한다. 이러한 선제조건들을 여러분이 만들려고 하는 게임에 알맞게 조정하되, 각각의 프로토타입을 통해 알아내려고 하는 것이 무엇인지를 항상 명확하게 파악하고 있어야 한다.

디지털 게임 프로토타입에서 사운드의 중요성

어떤 사람들은 프로토타입을 제작할 때 사운드 디자인을 소홀히 하는 경향이 있다. 이는 또 다른 큰 실수를 저지르는 것이다. 게임 디자이너가 플레이어와 소통할 수 있는 감각은 시각, 청각, 촉각 세 가지뿐이다.[4] 모든 사람이 게임 컨트롤러의 진동이나 모바일 기기의 터치 기반 '햅틱' 디자인을 구현할 수 있는 것은 아니지만, 디지털 프로토타입에 사운드를 구현하는 것은 대부분 할 수 있으며, 여러 가지 이유로 사운드는 반드시 구현해야 한다.

스티브 스윙크Steve Swink는 그의 저서 《게임 감각Game Feel》에서 가상 공간에 물리적 속성을 부여하는 데

---

4 위치 기반 엔터테인먼트 분야에서 일하는 게임 디자이너는 후각 디자인을 사용하여 플레이어의 경험을 향상시킬 수 있다. 하지만 시각, 청각, 미각, 후각, 촉각을 뜻하는 오감 외에도 더 많은 감각 방식이 있다. 우리 몸의 위치를 감지하는 고유 수용성 감각은 가상 현실 디자이너에게 중요한 고려 사항이며, 이 외에도 게임 디자이너가 디자인에 사용할 수 있는 감각은 약 20가지가 있다. 7장에서 우리는 감각에 대해 다시 살펴볼 것이다. 자세한 내용은 위키피디아의 "감각"을 참고하라., "Sense", Wikipedia, https://en.wikipedia.org/wiki/Sense.

사운드가 얼마나 중요한 역할을 하는지 설명한다. 그는 "음향 효과는 게임 속 오브젝트에 대한 인식을 완전히 바꿀 수 있다."라고 말하며 두 개의 원이 서로를 향해 움직였다가 멀어지는 애니메이션을 예로 들었다.[5] 소리가 없으면 원이 서로를 그냥 스쳐 지나가는 것처럼 보인다. 하지만 적절한 순간에 "펑!" 하는 사운드 효과를 추가하면 갑자기 고무공이 서로 튕기는 것처럼 보인다.

사운드 디자인은 캐릭터가 운동화를 신고 있는지 금속 부츠를 신고 있는지 알려 줄 수 있다. 화살이 돌에 튕겼는지 얼음에 튕겼는지도 알려 줄 수 있으며, 인터페이스 선택이 만족스럽거나 짜증나게 느껴지도록 만들 수도 있다. 스티브 스윙크는 사운드 디자인의 뉘앙스가 사물이나 이벤트뿐만 아니라 이벤트가 일어나는 공간에 대한 정보도 전달할 수 있다고 설명한다. "거대한 망치가 땅에 부딪혀 소리가 울려 퍼지면 플레이어는 충돌이 거대한 창고나 텅 빈 실내 공간에서 일어났다는 느낌을 받게 된다. 만약 소리가 약하다면 외부에서 땅을 치는 것처럼 들릴 것이다."[6]

사운드가 할 수 있는 일은 이뿐만이 아니다. 아카데미상을 수상한 사운드 디자이너 랜디 톰Randy Thom은 "사운드를 위한 영화 디자인"이라는 훌륭한 글에서 사운드가 영화, 더 나아가 게임과 그 디지털 프로토타입에 기여하는 열여섯 가지 '능력'을 열거한다.

> 음악, 대화, 음향 효과는 각각 다음과 같은 작업을 수행할 수 있으며, 그 외에도 다양한 작업을 수행할 수 있다.
>
> - 분위기 제안, 느낌 불러일으키기
> - 속도 설정
> - 지리적 위치 표시
> - 역사적 기간 표시
> - 플롯을 명확하게 하기
> - 캐릭터 정의
> - 서로 연결되지 않은 아이디어, 캐릭터, 장소, 이미지, 순간을 연결
> - 사실감을 높이거나 낮추기
> - 모호성을 높이거나 낮추기
> - 디테일에 주의를 끌거나 디테일에서 멀어지게 하기
> - 시간의 변화 표시
> - 쇼트나 장면 사이의 갑작스러운 변화를 부드럽게 처리
> - 극적인 효과를 위해 장면 전환 강조
> - 음향 공간을 설명

5 Steve Swink, 《Game Feel: A Game Designer's Guide to Virtual Sensation》, Morgan Kaufmann/Elsevier, 2008, p.159.
6 Steve Swink, 《Game Feel: A Game Designer's Guide to Virtual Sensation》, Morgan Kaufmann/Elsevier, 2008, p.160.

- 놀람 또는 진정
- 행동을 과장하거나 중재하는 행위[7]

스티브 스윙크는 《게임 감각》에서 흥미롭게도 사운드는 이미지와 달리 리얼리즘에 종속되어 있지 않다고 지적한다. 영화 사운드 디자인을 배우는 학생들은 우리가 알고 있는 상징적인 음향 효과 중 상당수가 현실과 밀접하게 연관된 것이 아니라 시적인 울림이나 관습에 의해 채택되었다는 사실을 일찍부터 알게 된다. 영화에서 누군가가 눈 위를 걸을 때마다 들었던 명료한 '뽀드득Crump' 소리는 사실 혁신적이면서도 잘 알려지지 않은 영화의 폴리 사운드 디자이너에 의해 오래 전부터 확립된 관습으로, 누군가가 옥수수 전분이 든 가죽 주머니를 으깨는 소리이다. 스티브 스윙크는 다음과 같이 말한 바 있다.

> 〈괴혼: 굴려라 왕자님Katamari Damacy〉에 등장하는 코스모스 왕이 부른 레코드 스크래치나 〈토니 호크 3Tony Hawk 3〉에서 필살기가 완성될 때 들리는 오케스트라 연주는 특정 이벤트에 예상치 못한 음향 효과를 매핑하면 유쾌한 결과를 얻을 수 있다는 것을 보여 준다. 이러한 효과는 표현하고자 하는 사물의 현실성과는 아무런 관련이 없지만 만족스러운 느낌을 준다. 만화에서와 마찬가지로 현실을 에뮬레이션하는 데 음향 효과를 적용하는 생각을 제한할 필요는 없다. 사물의 실제 모습과는 전혀 다른 소음으로도 현실과 같은 느낌을 전달할 수 있다.[8]

이것이 디지털 프로토타입 제작 과정에 사운드 디자인을 포함시켜야 하는 또 하나의 이유이다. 사운드 디자인은 청각을 넘어 공간, 질량, 마찰, 운동량, 기타 물리적 속성에 대한 인식에 이르기까지 우리 게임을 위한 경험의 가능성의 지평을 넓혀 준다.

디지털 프로토타입에 사운드를 포함시켜야 하는 또 다른 중요한 이유는 그것이 감정과 연결되어 있기 때문이다. 크리스털 다이내믹스 입사 초기에 나는 "눈은 뇌와 연결되어 있지만 귀는 심장과 연결되어 있다."라는 말을 들은 적이 있다. 누가 그런 말을 했는지는 잊어버렸지만, 그 말 자체를 잊은 적은 없다. 이는 영화와 게임에서 영상과 사운드 모두 논리적이고 감정적인 정보를 전달하지만, 영상은 그 자체로는 감정이 덜 전달되는 경향이 있는 반면 사운드 디자인은 감정적 경험을 형성하는 데 큰 역할을 한다는 점을 지적한 것이다. 이에 대한 예로 1964년 디즈니 영화 〈메리 포핀스Mary Poppins〉의 리컷 트레일러인 〈무서운 메리Scary Mary〉를 살펴보면 좋을 것이다. 크리스토퍼 룰Christopher Rule의 이 1분짜리 영화는 새로운 사운드 디자인으로 동화 속 이야기를 무서운 스릴러로 재탄생시켰다.[9] 〈무서

---

7 Randy Thom, "Designing a Movie for Sound", FilmSound.org, 1999, http://filmsound.org/articles/designing_for_sound.htm.

8 Steve Swink, 《Game Feel: A Game Designer's Guide to Virtual Sensation》, Morgan Kaufmann/Elsevier, 2008, p.161.

9 Christopher Rule, "THE ORIGINAL Scary 'Mary Poppins' Recut Trailer", 2006, https://www.youtube.com/watch?v=2T5_0AGdFic.

운 메리〉를 보면 사운드 디자인과 음악이 정보를 전달하고 감정을 불러일으키는 데 얼마나 중요한 역할을 하는지 확인할 수 있다.

마크 서니Mark Cerny는 최근 게임에서 3D 오디오 기술의 중요성과 이 기술이 가져다주는 향상된 현장감과 실재감에 대해 집중하고 있다고 말했다. 3D 오디오 기술은 음파가 환경과 인터랙션하는 방식을 모방한다. 현장감Locality은 공간에서 소음을 발생시키는 물체의 위치를 인식하는 능력과 관련이 있고, 실재감Presence은 실제로 특정 환경에 있는 듯한 심리적 인상을 의미한다. 마크는 "현장감은 실제로 디자인에 영향을 미치며(보이지 않는 적이 어디에 있는지 정확히 알 수 있음), 실재감은 게임과의 감정적 관계와 연결된다."라고 말한 바 있다.

작곡가 오스틴 윈토리Austin Wintory는 2014년 GDC 마이크로토크에서 많은 게임 개발자가 아쉬워하는 것처럼 프로젝트 후반이 아니라 창작 과정 초기에 작곡가를 영입하는 편이 좋다고 제안했다.[10] 게임 프로젝트의 라이프 사이클 초기에 작곡가를 영입하면 작곡가의 전문성과 게임 디자이너의 전문성이 결합되어 새로운 창작 기회가 열릴 수 있다. 대부분의 디지털 프로토타입에 음악과 사운드를 넣는 것은 매우 쉬우며, 이를 통해 많은 것을 배울 수 있다.

디지털 프로토타입에서 플레이 테스트 및 반복 작업하기

플레이어가 무언가를 할 수 있는 프로토타입을 만들고 나면 바로 플레이 테스트를 해야 한다. 게임을 실행하고 사람을 붙잡아 몇 분만 플레이해 달라고 요청하기 전에 나는 게임 플레이를 만드는 데 한 시간 이상을 소비하지 않으려고 노력한다. 게임 디자이너는 게임에서 무엇이 잘 작동하는지 평가하는 데 꽤 능숙하다. 재미있거나 흥미로울 것 같은 걸 생각해서 게임 엔진에서 빌드한 다음 테스트해본다. 괜찮을 수도 있고 마음에 쏙 들 수도 있다. 아니면 그 게임이 지루하고 바보 같다고 생각할 수도 있고 때로는 제대로 작동하지 않을 수도 있다. 두 경우 모두 우리가 만든 것을 플레이 테스트해야 한다.

우리가 개발한 게임의 무엇이 좋고 나쁜지 구별하는 능력은 우리가 그 게임을 개발했다는 사실 때문에 근본적으로 제한된다. 우리는 오랫동안 그 게임에 대해 생각해 왔고 그것이 어떻게 작동하는지 아주 세밀하게 이해하고 있다. 어쩌면 우리의 프로토타입은 이것을 너무 잘 이해하고 있는 우리에게만 재밌고 다른 사람은 금방 지루해하거나 답답해할 수도 있다. 반대로 우리가 프로토타입을 너무 잘 이

10 Austin Wintory, "GDC Microtalks 2014: One Hour, Ten Speakers, a Panoply of Game Thinking!", https://www.gdcvault.com/play/1020391/GDC-Microtalks-2014-One-Hour, 31:45.

해하고 있기 때문에 게임이 지루하다고 생각할 수도 있는데, 이 게임을 전혀 모르는 사람에게 프로토타입을 보여 주면 흥미롭고 즐겁고 재미있다는 것을 알게 될 수도 있다.

12장에서 플레이 테스트를 최대한 활용하는 방법에 대해 자세히 살펴보겠지만, 일단 지금은 다음과 같은 규칙에 따라 플레이 테스트를 진행할 때이다.

- 너무 많은 설명을 하지 마라. 넘어갈 수 있는 부분은 설명하지 마라.
- 플레이 테스터를 도우면 안 되고, 플레이 테스터가 하는 일에 간섭하지 마라.
- 플레이 테스터의 플레이를 지켜보라. 그들이 하는 행동을 관찰하고 그들의 말에 귀를 기울여라.
- 게임을 플레이하는 동안 보고 듣는 것에 대해 많은 메모를 하라.
- 게임 플레이가 끝난 후 플레이 테스터와 대화할 때 무언가 설명하고 싶은 충동을 참아야 한다. 그 대신 그들이 방금 플레이한 경험에 대해 이러한 충동을 느끼게 하는 질문을 해야 한다.

프로토타입을 제작할 때 수행하는 아주 짧은 플레이 테스트를 포함해 모든 플레이 테스트가 끝나면 테스트 결과를 평가하고 나서 디자인을 반복해야 한다.

- 성공했기 때문에 더 확대해야 하는 요소는 무엇인가?
- 결국 작동할 수 있기 때문에 수정이 필요한 요소는 무엇인가?
- 작동하지 않거나 앞으로도 작동하지 않을 것이므로 제거해야 되는 요소는 무엇인가?

여기서 몇 가지 어려운 결정을 내려야 할 수도 있다. 게임 디자이너로서 성장해 나갈수록 프로토타입이 가진 잠재력에 대한 판단력이 향상될 것이다. 어떤 요소를 유지하고 변경하고 버릴지 결정한 후에는 프로토타입을 한 번 더 작업한 다음 다시 테스트한다. '디자인-개발-플레이 테스트-분석'으로 반복 순환하는 사이클은 게임 개발의 전반에 걸쳐 여러분과 함께할 것이다.

전문적인 환경에서는 '친구 및 가족'을 대상으로 한 플레이 테스트를 매주, 또는 관리할 수 있는 한 자주 실행하는 것이 좋다. 교실 환경에서는 모든 게임이나 프로토타입에 대해 가능한 한 많은 피드백을 받을 수 있도록 매주 아주 짧은 라운드로 '음악 의자' 플레이 테스트 세션을 진행하는 것이 좋다.

디지털 프로토타입을 몇 개나 만들어야 할까?

아이데이션에 할당된 시간 내에 최대한 다양한 디지털 프로토타입을 만들어야 한다. 특히 새로운 유형의 게임과 새로운 플레이 스타일을 혁신하고 발견하고자 하는 디자이너는 더욱 그렇다. 디지털 게임 제작 경험이 있는 사람이라면 강력한 플레이어 활동 프로토타입을 만드는 데 몇 시간밖에 걸리지 않을 수도 있고, 심지어 20분 정도만 소요될 수도 있다. 아주 간단한 프로토타입에 집중한다면 하루 만에 엄청난 양의 프로토타입을 만들 수도 있다.

때로는 첫 번째 디지털 프로토타입으로 곧바로 대박을 터뜨릴 수도 있고, 너무 잘 작동하는 플레이어 활동을 발견하면 그 다음 단계로 나아가고 싶다는 생각이 들 수도 있다. 가끔은 여러분과 플레이 테스터가 모두 만족하는 프로토타입을 만드는 데 시간이 꽤 걸릴 때도 있지만 괜찮다. 실망하지 말고 새로운 것을 계속 만들어 나가는 것이 중요하다. 여러분이 찾고 있는 금맥은 여러분과 여러분의 플레이 테스터가 다른 어떤 프로토타입보다 더 마음에 들어 하는 프로토타입을 만들 때 푸른 불꽃과 함께 결국에는 나타날 것이다.

프로토타입이 이끄는 길을 따라야 할 때

마음에 드는 디지털 프로토타입을 만들었을 때마다 선택의 기로에 서게 된다. 남은 아이데이션 시간을 써서 성공적인 프로토타입을 계속 만들어야만 하는 것일까? 아니면 완전히 다른 방향을 모색해야 할까? 성공적인 프로토타입을 반복하는 것이 더 안전할 수도 있지만, 나는 특히 아이데이션 초기에 더 많은 탐색을 하는 편을 선호한다. 이런 종류의 결정에 대한 불확실성은 창의성을 두려우면서도 흥미롭게 만드는 요소 중 하나이다. 자신의 작업 스타일에 맞는 적절한 균형을 찾는 것은 오롯이 여러분에게 달려 있다.

나는 종종 잘 작동하는 프로토타입을 버리는 사람들을 보았는데, 대부분 자존심 때문에 그렇게 하는 경우가 많았다. 자신이 만든 게임이 자신이 생각했던 게임의 모습과 맞지 않아 마음에 들지 않기 때문이다. 조금만 더 노력하면 충분히 멋지거나 혁신적일 수 있는 잠재력이 있음에도 불구하고 충분히 멋지지 않거나 혁신적이지 않다고 판단하기도 하며, 심지어 플레이 테스터가 즐거운 시간을 보냈거나, 더 플레이하고 싶거나, 플레이한 게임에 감동을 받았음에도 불구하고 게임을 폐기한다.

이를 경계할 필요가 있다. 자아는 창작자들에게 필수적인 요소이며 창의적인 비전의 원천이다. 하지만 동기 부여가 현명하게 이루어지지 못한다면 게임 제작 프로세스를 쉽게 무너뜨리거나 방해할 수 있다. 아이데이션 과정에서 우리는 비전과 새로운 아이디어에 대한 개방성을 잘 조화시켜야 한다. 여기에는 노력이 필요하지만, 이 필수적인 창의력을 개발하는 유일한 방법은 그것을 발휘하는 것뿐이다.

아이데이션 결과물: 프로토타입 빌드

여기서 말하는 결과물이란 프로젝트 개발자가 개발 과정의 일부로 이해관계자(프로젝트를 운영하거나 자금을 조달하는 사람들)에게 제공하는 것을 말한다. 프로토타입은 즐거운 제작 프로세스를 통해 만들어질 여러 결과물 중 첫 번째 결과물이다.

프로토타입을 결과물로 제공하는 가장 좋은 방법은 실행 파일을 만드는 것이다. 이 실행 파일을 사용하면 파일을 실행할 때 프로토타입을 재생할 수 있으며, 소프트웨어 개발자들 사이에서는 실행 파일을 만드는 것을 "빌드"라고 부른다. 빌드 제작은 전체 개발 과정에서 중요한 부분이다. 자세한 내용은 엔진마다 다르며, 사용 중인 게임 엔진에서 빌드 생성에 대한 문서를 제공한다. 모든 엔진에서 빌드를 생성할 수 있거나 생성해야 하는 것은 아니다.

게임 퍼블리셔, 프로젝트 관리자, 동료 또는 교수에게 작업을 전송할 때 여러 가지 이유로 프로젝트 폴더 대신 빌드를 제공하는 것이 좋다. 빌드는 몇 번의 클릭만으로 게임을 플레이할 수 있으므로 다루기가 더 쉽고 편리하다. 또한, 빌드는 일반적으로 파일 크기가 프로젝트 폴더보다 훨씬 작다.

나는 오래된 프로토타입의 프로젝트 폴더를 절대 버리지 않지만 프로토타입 빌드 아카이브도 함께 보관한다. 나중에 영감을 얻거나 조사하기 위해 이전 프로토타입을 보고 싶을 때 프로젝트 파일을 불러오는 것보다 빌드를 찾아서 실행하는 것이 더 쉽다. 물론 오래된 빌드가 여전히 실행 가능하다면 말이다.

✖ 빌드 노트

빌드를 생성할 때마다 빌드 노트를 작성해야 한다. 빌드 노트는 우리가 빌드를 보내는 사람들 모두에게 유용하며, 나중에 다시 빌드를 살펴볼 때에도 유용하게 사용할 수 있다. 전문적인 프로젝트에서는 빌드 노트가 여러 페이지에 걸쳐 작성될 수 있으며, 이 빌드 노트는 빌드를 생성하기 위해 수행한 모든 작업을 자세히 설명해야 한다. 프로토타입의 빌드 노트는 다음을 제공하는 것으로 충분하다.

- **키 사용법**: 특히 프로토타입이 게임 플레이를 통해 조작법을 알려 주지 않는 경우, 키 사용법은 게임을 플레이하려는 모든 사람에게 유용하다.
- **저작권 표시 목록**: 새롭게 발견한 자료와 사용 중인 서드파티 에셋에 대한 저작권 표시 목록을 작성하는 것은 좋은 습관이다. 아마 여러분은 여러분이 만든 프로토타입을 퍼블리싱하지는 않을 것이고 개인 작업이나 학계에서 저작권이 있는 자료를 일부 제한적으로 사용할 수 있지만, 추후 어떤 프로토타입이 성공적인 상업적 저작물이 될지, 저작권이 있는 에셋이 문제가 될지 알 수 없다. 또한

다음 사항을 기억해야 한다. 여러분이 발견한 에셋은 크리에이티브 커먼즈나 오픈 라이선스 등 적절한 라이선스가 있거나 공정 사용 조건에 부합하는 경우에만 상업적으로 사용할 수 있다는 점이다. 인터넷에서 찾은 자료의 라이선스 상태를 찾기 위해 프로젝트 폴더를 뒤지는 것은 재미없는 일이다. 발견한 에셋의 목록을 작성해 두면 나중에 귀중한 시간을 절약할 수 있다.

- **추가 지침**: 플레이어에게 프로토타입이 개방형인지, 또는 도달할 수 있는 목표가 있는지 등을 알려주는 추가 지침이 유용할 수 있다.
- **크레딧**: 프로젝트 초기부터 게임 크레딧 목록을 작성하는 것이 중요하다. 특별하고 신중하게 협의된 상황을 제외하면 프로젝트에 조금이라도 참여한 모든 사람에게 크레딧을 제공해야 한다. 게임 업계는 게임에 참여한 사람들의 기여가 부당하게 삭제되는 큰 문제를 겪어 왔으며, 모든 책임감 있는 게임 디자이너는 이러한 문제를 해결하기 위해 노력해야 한다. 국제게임개발자협회International Game Developers Association(IGDA)는 크레딧 부여에 사용할 수 있는 유용한 크레딧 표준 가이드를 제작했다.[11]

명작 증후군

여러분은 아마도 창작자들이 다음 프로젝트에 대한 기대감에 부풀어 책임감에 압도당하는 '명작 증후군'에 대해 들어 봤을 것이다. 명작 증후군은 직업적으로 처음 만드는 게임이나 대학 논문 프로젝트 등 이전에 작업했던 어떤 프로젝트보다 규모가 크고 잠재적으로 더 좋은 프로젝트를 진행할 때 종종 발생한다.

명작 증후군은 1장에서 설명한 '백지 상태' 문제와 유사하다. 사람들은 무엇을 어떻게 만들어야 될지 무한한 선택지 때문에 마비된다. 이 게임이 지금까지 만든 게임 중 최고가 되기를, 바로 고전이 되기를, 현대의 걸작이 되기를 원한다. 하지만 여러분이 만들고 있는 게임을 여러분이 좋아하는 게임 디자이너가 만든 모든 걸작과 비교하기 시작하면 압박감이 너무 커져서 무력감을 느끼게 된다.

명작 증후군 예방을 위해 나는 사람들에게 유명 라디오 프로그램 〈디스 아메리칸 라이프This American Life〉의 프로듀서인 아이라 글래스Ira Glass의 '갭'에 관한 명언을 들려주곤 한다.

> 초심자에게는 아무도 이런 말을 해 주지 않으니 누군가 나에게 말해 주길 바란다. 창의적인 작업을 하는 우리 모두는 좋은 취향을 가지고 있기 때문에 그 일에 뛰어든다. 하지만 이런 갭이 있다. 처음 몇 년 동안은 그렇게

---

11 IGDA Credit Standards Committee, "Crediting Standards Guide Ver 9.2 [EN/JP] [2014]", IGDA.org, 2014. 08.15., https://igda.org/resources-archive/crediting-standards-guide-ver-9-2-en-jp-2014/.

> 잘 해내지 못한다. 잘하려고 노력하고 잠재력이 있지만 잘 되지 않는다. 하지만 게임 개발을 시작하게 된 계기인 취향은 여전히 강렬하다. 그리고 그 높은 취향 때문에 스스로의 작품이 실망스러워 보이는 것이다.
>
> 많은 사람이 이 시기를 넘기지 못하고 그만두는 경우가 많다. 내가 아는 흥미롭고 창의적인 일을 하는 사람들 대부분은 이런 시기를 수년간 겪었다. 우리 작업에는 우리가 원하는 특별한 무언가가 없다는 것을 알고 있다. 우리 모두는 이 시기를 겪는다. 이제 막 시작했거나 아직 이 단계에 머물러 있다면, 이것이 정상이며 지금 여러분이 할 수 있는 가장 중요한 일은 많은 일을 해 보는 것이라는 걸 알아야 한다.
>
> 매주 한 편의 스토리를 완성할 수 있도록 마감일을 정하라. 많은 양의 작업을 거쳐야만 그 격차를 좁힐 수 있으며, 여러분의 작업은 여러분의 야망만큼이나 훌륭해질 것이다. 그리고 나는 지금까지 만났던 그 누구보다 이 방법을 알아내는 데 시간이 오래 걸렸다. 여러분에게도 시간이 좀 걸릴 것이다. 시간이 걸리는 건 정상이다. 그냥 헤쳐 나가면 된다.[12]

명작 증후군에 대처하는 올바른 방법은 덜 생각하고, 더 행동하고, 실패를 받아들이는 것이다. 실패를 두려워하지 않는 것이 내 게임 디자인 철학의 핵심이다. 프로토타입 중 하나가 작동하지 않더라도 괜찮다. 그냥 다음 단계로 넘어가면 된다. 많은 프로토타입을 만들다 보면 아이데이션 시간이 부족한 날에 그중 하나가 가장 눈에 띄게 될 것이고, 다음 프로젝트 단계에서 그 프로토타입 또는 변형된 프로토타입을 가지고 계속 작업할 수 있다.

프로토타입 플레이 테스트의 감정적 측면

프로토타입 플레이 테스트는 보통 멋진 축제 분위기로 진행되며, 내 수업에서도 이 시점에 재미있고 실험적이며 혁신적인 소프트웨어가 많이 등장하는 것을 볼 수 있었다. 하지만 프로토타입 플레이 테스트에는 약간의 불안감도 있다. 사람들은 시간에 쫓기며 만든 결과물을 가져오는데, 명작 증후군에 빠져 있을 수도 있다. 제대로만 한다면 플레이 테스트는 꽤 고통스러울 수 있다. 플레이 테스터가 게임 플레이 도중 막혔는데 도와줄 수 없어서 괴로우며, 또 누군가가 내 게임을 좋아하지 않을 때 느끼는 감정은 감당하기 어려울 수 있다.

나는 프로토타입 플레이 테스트 과정(또는 전반적인 프로토타입 제작 과정)에 대해 불만이 있는 사람을 찾아내서 도움을 주려고 노력한다. 그들의 작품 중 마음에 드는 점을 발견하고 건설적인 비판을 해 주면 그들은 대체로 긴장을 풀고 자신이 만든 것의 가치를 보기 시작한다.

---

12 Ira Glass and Daniel Sacks, THE GAP by Ira Glass, 2014, https://vimeo.com/85040589.

나는 항상 디자이너들이 필요할 때마다 이런 종류의 지원을 받기를 권한다. 톰 우젝의 말처럼 디자인을 '접촉하는 스포츠'라고 한다면, 우리는 게임 디자인과 개발이라는 복잡하고 감정적으로 강제된 과정을 거치는 동안 서로에게 친절하고, 동정심을 갖고, 서로를 지지하고, 존중해야 할 의무를 우리 자신과 서로에게 지고 있다. 도움을 요청하는 것은 어려울 수 있지만, 그렇게 할 때 발생하는 불편함을 참아 내는 것은 동료와 리더 모두에게 필수적인 기술이다.

프로토타이핑에 대해 내가 할 수 있는 가장 좋은 일반적인 조언은 긴박하고 즐거운 마음으로 자신을 던지라는 것이다. 너무 어렵게 생각하지 말고 그냥 만들고, 만들고, 또 만들어라! 모든 작업을 즐기고, 결과물의 품질에 대해 너무 스트레스 받지는 말아야 한다. 프로토타입에 영감을 준 아이디어를 버리는 것을 두려워하지 말고 프로토타입이 새로운 방향으로 여러분을 이끌도록 하면 된다. 세상에서 무엇이 여러분의 눈앞에 나타나는지 주목하고 그것을 추구하라. 안개 속에서 떠오르는 산맥처럼, 일련의 프로토타입은 여러분의 창의적인 비전이 더 잘 보이도록 도와줄 것이다.

마크 서니는 최근 나에게 이렇게 말했다. "〈갓 오브 워God of War〉에서는 매 순간을 장대하게 만드는 것이 중요하며, 〈컨트롤Control〉에서는 내러티브, 환경, 게임 메커닉의 관료주의적인 초현실성이 중요하다."[13] 프로토타이핑은 창의적인 방향을 정의하는 데 도움이 되며, 이는 아이데이션에서 가장 중요한 결과물인 '게임 프로젝트 목표'에서 표현될 것이다.

13 개인적인 대화, 2020. 05. 31.

A Playful Production Process

재미있는 게임 제작 프로세스

6장
게임 디자인 기술로서의 커뮤니케이션

게임 디자이너는 커뮤니케이터다. 우리가 만드는 게임은 플레이어에게 아이디어와 감정을 전달한다. 게임은 논리, 숫자, 공간, 언어로 구성된 고도로 개념화된 작품이고, 이러한 개념은 이미지, 사운드, 터치 및 기타 감각의 양식을 통해 전달된다. 게임은 복잡하고 정교한 방식으로 의미를 전달하며, 이것이 바로 게임 디자인을 매혹적인 예술 분야로 만드는 이유 중 하나이다.

물론 플레이어와 소통하는 것뿐만 아니라 게임을 만드는 사람들끼리도 서로 소통해야 한다. 플레이어와 소통하는 과정이 복잡하고 정교하다면, 개발자들이 서로 소통하는 방식도 복잡해져 문제와 기회가 동시에 발생할 것은 당연한 일이다.

커뮤니케이션, 협업, 리더십 및 갈등

대부분의 게임 개발자와 마찬가지로 나 역시 게임 개발의 핵심 요소로 '커뮤니케이션, 협업, 리더십, 갈등'을 꼽고 있다. 팀원들이 서로 협력하는 방식과 관련된 이러한 '소프트 스킬'은 뛰어난 게임 디자인, 독창적인 프로그래밍, 아름다운 아트 및 오디오만큼이나 훌륭한 비디오 게임을 만드는 데 중요한 요소이다.

- **커뮤니케이션**: 게임 제작에는 게임 디자인과 관련된 '추상적인 개념', 구현과 관련된 '구체적인 사실'에 대한 많은 논의가 필요하기 때문에 커뮤니케이션이 중요하다. 그러나 안타깝게도 우리 대부분은 의사소통에 능숙하지 않고, 심지어 길 안내나 숙제 같은 간단한 의사소통마저도 혼란스럽고 답답할 수 있다. 누군가가 복잡한 게임 디자인 아이디어를 팀원에게 설명하려고 애쓰는데 그들 각자가 자신의 선입견과 편견으로 대화를 흙탕물로 만들 때, 그 좌절감이 만 배로 증폭되는 것을 보았다.

상황을 더욱 복잡하게 만드는 것은 우리의 모든 인지 능력과 마찬가지로 의사소통도 감정의 영향을 크게 받는다는 점이다. 감정은 우리가 무언가를 말하고 듣는 능력에 영향을 미친다. 상대방이 내 말을 들을 기분이 아닌 것 같아서 어려운 말을 미룬 적이 있는가? 아니면 상대방이 한 말에 대해 방어적인 태도를 취해 대화가 어려워진 적이 있는가? 다행히 이 장의 뒷부분에서 소개하는 실용적인 대화 기술을 배우면 의사소통 능력을 향상시킬 수 있을 것이다.

- **협업**: 혼자 게임을 만드는 사람은 거의 없기 때문에 대부분의 게임 개발자에게 협업은 중요하다. 트리플 A급 개발자부터 인디 개발자와 학생에 이르기까지 대부분의 개발자는 팀으로 일한다. 우리가 게임 개발자라고 생각하는 사람들은 고립된 상태에서 자신만의 비전을 실현하기 위해 노력하는 것 같지만 대부분 다른 사람들과 협업한다. 소프트웨어 툴을 만들고 우리 모두가 사용하는 공유 코드 라이브러리를 작성하는 사람, 디자인 피드백 및 조언을 제공하는 사람들도 모두 협업하고 있다.

다른 사람들과 함께 일하는 것은 재미있고, 풍요롭고, 빛나고, 활력을 불어넣을 수 있다. 혼자서는 결코 이룰 수 없는 일을 함께 일하면서 성취할 수도 있다. 하지만 한편으로는 어렵고, 답답하고, 괴롭고, 심지어 무서울 수도 있다. 다행히도 협업을 잘하는 능력은 배울 수 있다.

협업은 게임 제작의 매우 중요한 요소로서 USC 게임 프로그램의 핵심에 자리 잡고 있다. USC 영화 예술 학교를 졸업한 영화 편집자이자 감독, 사운드 디자이너인 월터 머치Walter Murch는 "일의 절반은 일을 하는 것이고, 나머지 절반은 사람들과 어울리는 방법을 찾고 상황의 섬세함에 자신을 맞추는 것"이라고 협업의 중요성을 강조한 것으로 유명하다.[1]

머치가 말한 "상황의 섬세함"에 대한 두 가지 해석이 존재한다. 나는 머치가 함께 일을 하는 사람들 사이의 미묘한 관계, 그리고 그들이 만드는 창의적인 작업에서 요소들의 복잡한 균형에 대해 이야기하고 있다고 생각한다. 이를 종합하면, 창의적인 작품을 만들기 위해 협업하는 사람들의 커뮤니티와 작품 자체를 '상황'이라고 할 수 있다. 사람들 사이의 관계와 창의성, 이 두 가지는 서로 깊이 연결되어 있다. 팀원들이 서로 잘 지내지 못한다면, 즉 항상 의사소통을 잘못하거나 서로 싸우고 있다면, 그들이 만드는 창의적인 작업은 제대로 된 결과물을 얻지 못할 것이다.

하지만 좋은 협업은 단순히 쉽게 친해지는 것만이 아니다. 내 경험상 사람들이 서로를 존중하면서도 기꺼이 다른 의견을 제기할 수 있을 때 최상의 디자인 결정에 도달할 수 있다. 하지만 '발전적인 의견 충돌'과 '파괴적인 논쟁' 사이에는 차이가 있으며, 이를 구분하는 방법을 배워야 한다.

---

1 Michael Wohl, 《Editing Techniques with Final Cut Pro》, Peachpit Press, 2002, p.524.

- **리더십**: 리더십은 핵심적인 게임 개발 기술이며, 이는 전체 프로젝트의 디자인과 개발을 담당하는 게임 디렉터이든 팀의 가장 말단 직원이든 상관없이 모두에게 해당된다. 리더십은 단순히 사람들을 이끄는 것이 아니라 다른 리더들과 함께 일하는 것이다. 게임 디렉터뿐만 아니라 팀원 모두가 언제 주도하고 언제 따라야 하는지 인지할 수 있어야 한다. 이는 특히 팀의 분야별 팀장(리드 아티스트, 리드 프로그래머 등)에게 중요한데, 이들은 언제 스스로 결정을 내리고 언제 게임 디렉터에게 확인해야 하는지 파악할 수 있어야 한다.

훌륭한 게임 개발 리더십은 언제 더 많은 작업이 필요한지, 언제 다른 작업으로 넘어가야 하는지를 아는 것이다. 그리고 다른 사람들이 작업을 진행할 수 있도록 적시에 결정을 내리는 것이다. 때로는 아직 디자인을 파악하는 중이기 때문에 결정을 내리지 않고 다른 사람들이 계속 진행할 수 있도록 협력하는 것이기도 하다. 게임 팀 리더십은 개인과 그룹으로 구성된 개발 팀의 감정 상태를 인식하고 필요한 곳에 긍정과 균형을 가져다주는 것이며, 갈등을 겪는 팀원들이 서로의 차이를 해결하도록 돕는 것이다.

진정한 리더십 능력을 개발하는 데에는 오랜 시간이 걸릴 수 있지만, 리더십 능력은 훌륭한 커뮤니케이션, 협업 및 갈등 관리 기술과 밀접한 관련이 있다는 것을 알게 될 것이다.

게임 디렉터의 폭넓은 기술을 파악하려면 브라이언 올게이어Brian Allgeier의 저서 《비디오 게임 연출Directing Video Games》, 그리고 클린턴 키스Cliton Keith와 그랜트 숀크윌러Grant Shonkwiler의 《창의적 애자일 도구Creative Agility Tools》를 추천한다. 이 책에는 게임 개발 리더십 기술을 향상하고자 하는 사람들을 위한 많은 지혜가 담겨 있다. 에드 캣멀Ed Catmull과 에이미 월리스Amy Wallace가 쓴 《창의성을 지휘하라Creativity, Inc.》[2]는 창의적인 리더십에 대한 훌륭한 조언과 함께 실제 사례와 창의적인 팀의 작동 방식에 대한 실질적인 이해를 제공한다.

- **갈등**: 게임 개발 팀원 간의 갈등은 우리가 논의한 모든 주제에서 중요한 측면이다. 물론 갈등을 문제라고 생각하기 쉽지만, 사실 갈등은 모든 협업 크리에이티브 과정에서 본질적이고 필수적인 요소이다. 다만 우리는 갈등을 잘 처리하는 방법을 배워야 하며 서로의 의견을 존중하면서 이를 생산적으로 해결해 나가야 한다. 또한 갈등이 발생했을 때 피하거나 무시하지 않는 법을 배워야 하는데, 이는 나중에 더 큰 문제로 이어질 수 있다. 이 주제에 대한 훌륭한 책으로 메리 스카넬Mary Scannell의 《갈등 해결 게임 빅북The Big Book of Conflict Resolution Games》을 추천한다.

---

2 **역주** 국내에 번역 출간되었습니다. 《창의성을 지휘하라》(와이즈베리, 2014).

커뮤니케이션, 협업, 리더십, 갈등은 논의하기가 어려울 수 있다. 왜냐하면 이에 대해 말할 수 있는 것들이 너무 명확해서 진부해 보일 때가 많기 때문이다. 또한 이러한 주제는 사회적으로 금기시되는 부분이 많기 때문에 솔직하게 이야기하면 괴짜로 취급받거나 지나치게 비판적이고 고자질하는 사람으로 낙인찍힐 수 있다. 하지만 존중, 신뢰, 동의를 중시하는 팀을 구축하려면 소통과 협력이 잘 이루어지고 있는지 확인해야 한다.

다행히도 본질적으로 말하기와 관련된 문제를 해결하는 데 도움이 되는 좋은 기법들이 많이 있으며, 그중 많은 기법은 마치 게임처럼 느껴진다. 이 책에서 그중 몇 가지를 살펴보겠다.

가장 기본적인 커뮤니케이션 기술

크리스털 다이내믹스 사에 근무할 적에 언젠가 나는 모든 효과적인 커뮤니케이션의 근간이 되는 기본 기술인 '명확성', '간결함', '적극적인 경청'에 대해 소개받았다. 이 세 가지 간단한 아이디어는 나에게 큰 공감을 불러일으켰다. 나는 커리어 내내 이 세 가지를 활용했으며, 이 세 가지를 염두에 두는 것은 모든 게임 개발자에게 도움이 될 수 있다. 한 번에 하나씩 살펴보겠다.

명확성

명확성은 좋은 의사소통의 본질이다. 메시지가 명확하지 않으면 이해할 수가 없다.

게임 디자이너는 명확하게 표현하기 위해 자주 더 많은 노력을 기울여야 한다. 우리가 제안하는 아이디어와 작업은 복잡하고 추상적인 경우가 많기 때문이다. 단어를 신중하게 선택해야 하며 구체적이고 정확하게 표현하려고 노력해야 한다. 예를 들어 '플레이어'와 '플레이어 캐릭터'를 구분하는 것이 중요하다.

게임 디자이너들이 사용하는 개념의 이름이 항상 널리 합의된 것은 아니기 때문에 명확성을 추구하는 과정은 복잡하다. 여러분이 그레이박스Graybox라고 부르는 것을 나는 블록메시Blockmesh라고 부를 수도 있다. 그렇기 때문에 나는 상대방이 특정 용어를 이해할 수 있다고 확신하기 전까지는 가급적 전문 용어를 사용하지 않으려고 노력한다.

클러치, 몹, 탱킹, 너프 등 게임 디자인 개념에 대한 멋들어진 호칭들은 항상 새로 만들어졌다가 역사의 뒤안길로 사라진다. 이러한 용어는 모두 팀원들이 그 의미를 이해하기로 합의했을 때에야 사용할 수 있는 유용한 지름길 용어이다. 하지만 게임 디자인 실력을 과시하기 위해 전문 용어를 사용하는 것은 자제해야 한다. 전문 용어는 대개 비생산적이며, 유용한 아이디어를 가진 사람들이 해당 용어를 들어 본 적이 없어 대화에서 배제될 수도 있다.

물론 의사소통이 명확하지 않은 경우, 이해하지 못한 상대방에게 명확하게 설명하는 것이 가장 확실한 방법이다. 경력 초기에 나는 게임 개발과 관련한 조언 중 가장 좋은 조언 하나를 들은 적이 있다. 그것은 모르는 것이 있으면 무식해 보일까 봐 걱정하지 말고 그냥 설명을 요청하라는 말이었다. 지금까지도 나는 이해가 안 되는 부분이 있을 때 설명해 달라고 요청한다. 그러면 대화가 더 잘 풀리고 때로는 회의실 안의 모든 사람에게 도움이 된다는 것을 알게 되었기 때문이다. 내가 뭘 물어보는 사람은 대체로 빠르고 쉽게 그 의미를 다시 설명할 수 있고, 다른 사람들도 잠깐의 추가적인 설명 덕분에 도움을 받는 것을 자주 목격할 수 있었다.

나는 보통 이렇게 할 때 내가 덜 유능하다고 느끼지 않으며, 오히려 설명을 요청할 수 있는 자신감이 그 사람을 유능하게 보이게 만든다고 생각한다. 그리고 질문한다는 것은 내가 커리어를 시작할 때 가끔씩 느끼곤 했던, 처음에 중요한 아이디어를 놓쳐서 개념의 깊은 의미에서 점점 더 멀어지는 끔찍한 느낌을 더 이상 느끼지 않는다는 것을 뜻한다. 따라서 질문을 통해 명확성을 확보해야 한다.

질문을 할 수 있는 자유는 종종 사회적 특권, 즉 다수라는 정체성에 속해 있을 때 주어지는 것임을 명심하라. 우리는 누구나 발언할 수 있는 공정하고 공평한 업무 환경을 조성해야 한다. 팀 리더와 선임 팀원은 회의에서 서로 끼어들거나 발언하지 않도록 분위기를 조성하고, 동료의 아이디어나 질문을 지지하는 발언을 하고, 아이디어가 과소평가될 수 있는 사람을 1:1로 확인하는 역할을 해야 한다. 모두가 목소리를 낼 수 있는 팀 문화를 조성하려면 노력이 필요하지만, 이를 위해 할 수 있는 실질적인 조치가 있다는 사실을 인식하는 것이 중요하다.

✖ 간결함

"간결함은 위트의 영혼이다."라는 옛 속담이 있다. '위트'가 지성을 의미하든 유머를 의미하든, 메시지가 빠르게 전달되면 더 효과적이다. 어떤 의미가 더 큰 임팩트를 남기기도 하며, 하나의 농담이 더 날카롭게 울려 퍼지기도 하는 것이다. 누군가와 소통하려면 상대의 주의를 끌어야 하는데, 모든 사람의 주의력은 제한되어 있다. 따라서 요점을 파악하고 해야 할 말을 최대한 빠르게 말하면서도 명확하게 전달해야 한다.

간결성과 명확성이 서로 경쟁 관계에 있는 경우가 많기 때문에 여기서 긴장감을 유지해야 한다. 여러분은 충분히 간결하면서도 명확하게 표현할 수 있는지 판단해야 한다. 복잡한 개념을 간단하게 요약하려면 노력이 필요하다. 17세기 수학자 블레즈 파스칼Blaise Pascal이 "더 짧은 편지를 쓸 수도 있었지만 시간이 없었다."라고 말한 것처럼 말이다.

균형을 잘 맞추려면 하고 싶은 말보다 조금 더 적게 말하고 상대방에게 명확하게 이해했는지 물어봐야 한다. 그러면 상대방은 이미 알고 있는 내용을 인내심을 갖고 듣는 대신 후속 질문을 통해 대화를 진전시킬 수 있다.

게임 디자인 대화에서 테이블에 올려야 할 이슈가 많을 때, 가장 큰 이슈 세 가지를 골라 그것에 대해서만 이야기하는 것이 훌륭한 리더십과 협업 기술을 보여 준다고 누군가 내게 말한 적이 있다. 이렇게 하면 사람들을 압도하지 않고 가장 중요한 사안에 집중할 수 있다. 다른 이슈는 이 큰 이슈들을 먼저 처리한 후에 언제든지 다시 다룰 수 있다.

게임 디자이너는 종종 간결한 프레젠테이션이 어렵다고 느낄 수 있다. 우리의 작업은 흥미롭고 심도 있는 토론에 대해 보상을 주기 때문이다. 하지만 장황한 설명과 길고 지루한 프레젠테이션이 우리의 소중한 게임 개발 시간을 상당히 잡아먹는 것을 직장 생활 중에 많이 봐 왔다. 잠시 멈추고 더 간결하게 말할 수 있는지 생각해 봐야 한다.

❌ 적극적으로 경청하기

경청은 가장 저평가된 커뮤니케이션 기술이다. 적극적으로 경청한다는 것은 다른 사람의 말에 주의를 기울이는 것을 의미한다. 당연해 보일 수도 있지만, 경청을 잘하는 사람들도 자신의 생각 때문에 집중하지 못하는 경우가 있다. 이렇게 집중력이 흐트러진 경우에는 상대방에게 사과하고 놓친 부분을 다시 말해 달라고 요청해야 한다.

적극적 경청의 또 다른 의미는 상대방을 쳐다보고, 가끔 고개를 끄덕이며, 상대방이 말할 때 "음-흠" 또는 "어-흠" 같은 추임새를 넣음으로써 상대방의 말을 잘 듣고 있다는 것을 보여 주는 것이다. 이는 컴퓨터가 인터넷을 통해 통신을 설정하고 유지하는 데 사용하는 '악수 프로토콜'과 같은 것으로, 많은 사람이 대화를 나누면서 자연스럽게 이 동작을 한다. "네, 계속 수신 중입니다."라고 말하는 것이다. 또 같은 말을 사용하여 주제의 수명이 다했을 때 신호를 보낼 수 있다. "어-흠, 네, 알겠습니다."는 다음 주제로 넘어갈 시간이라는 뜻이다.

이런 적극적인 관심 표시가 모든 사람으로부터 자연스럽게 나오는 것은 아니다. 이런 행동이 싫더라도 걱정할 필요는 없다. 다른 방법으로도 상대방이 이해했다는 사실을 확인할 수 있다. 내가 게임 디자인 경력을 쌓는 도중에 배운 이 기법은 오해의 소지를 없애고 시간을 절약하는 데 매우 효과적이다. 미러링 또는 반복이라고 불리는 이 기법의 방식은 매우 간단하다. 상대방의 복잡한 말이나 질문이 끝나면 "내가 제대로 이해했는지 다시 한번 확인해 보겠다."라고 말한 다음 상대방의 말을 들었다고 생각하는 내용을 요약하면 된다. 그러면 상대방이 "거의 다 맞지만..."이라고 말하면서 미처 듣지 못한 작은 세부 사항을 채워 줄 가능성이 높다.

이는 굉장히 단순해 보일 수 있지만 마법처럼 작동한다. 게임 디자인의 복잡성을 논의할 때, 우리가 하고 있는 일에 대한 이해가 부족하면 오해가 생기기 쉽다. 미러링은 굉장히 신기한 효과를 통해 잠재적인 오해를 확실하게 드러내 준다. 나는 이 기법을 사용할 때마다 내가 간과했거나 오해했던 작지만 중요한 디테일을 발견하곤 한다. 종종 이러한 오해는 시간 낭비를 불러일으키는 경우가 많은데, 때로는 끔찍한 결과를 초래할 수도 있다. 그 때문에 미러링을 의사소통 도구의 일부로 활용해야 한다.

다른 모든 작업을 중단하고 상대방의 말에 온전히 집중하면 적극적으로 경청하는 것에 대한 보너스 점수를 받을 수 있다. 멀티태스킹이 일상화되고 휴대전화를 거의 항상 손에 쥐고 있는 요즘은 이렇게 의사소통하는 사람이 매우 줄어들고 있다. 하지만 멀티태스킹으로 인해 주의가 분산되면 작업이 비효율적이고 오류가 발생하기 쉬우며, 의사소통은 비효율적이거나 임팩트 없는 결과를 맞게 된다.

누군가와 전화 통화를 하면서 소셜 미디어를 읽다 보면 상대방의 중요한 말을 놓칠 수 있다. 팀원이 게임 디자인에 대해 중요한 이야기를 하고 있는데 당신이 코딩을 계속하면, 팀원은 당신이 자신의 말을 듣지 못했거나 관심이 없다고 생각하고 책상을 떠날 수 있다. 적극적으로 경청하는 태도는 다른 사람의 말을 소중히 여긴다는 것을 분명하게 보여 주며, 이는 정서적으로도 큰 도움이 되고 존중과 신뢰를 쌓을 수 있다.

명확성, 간결함, 적극적인 경청. 의사소통이 잘못되었을 때나 혼란스럽고 감정이 격해져 문제가 생길 때 이 세 방식으로 돌아가면 이들이 올바른 방향을 제시해 줄 것이다.

샌드위칭

나는 '샌드위칭Sandwiching'이라는 커뮤니케이션 기법을 자주 사용하고 좋아해서 가끔 놀림을 받는 것으로 유명하다. 샌드위칭은 창의적인 작업이나 업무 성과에 대해 건설적인 피드백을 줄 때 사용할 수 있는 강력한 기법이며, 업계와 학계에서 모두 유용하게 사용되어 왔다.

다른 사람에게 피드백을 줄 때 칭찬으로 시작하여 좋아하는 점을 이야기하는 것, 이것이 샌드위치의 첫 번째 빵 조각이다. 공허한 칭찬이 되어서는 안 되고 진정성이 있어야 하므로 실제로 좋아하는 부분을 골라야 한다. 처음에 마음에 드는 것을 찾을 수 없다면 다시 찾아보라. 창의성을 발휘하는 모든 행동에는 칭찬할 만한 점이 있다고 생각한다. 그 사람이 노력을 기울였거나, 중요한 문제가 있음에도 불구하고 사소한 디테일까지 신경 썼을 수 있다.

이 첫 번째 칭찬은 몇 가지 역할을 한다. 첫째, 이는 존중을 표현하는 명확하고 쉬운 방법이다. 존중은 신뢰의 기초이며, 신뢰야말로 업무를 훌륭하게 수행하는 데 필요한 건설적인 비판을 주고받기 위해 우리가 키워야 할 덕목이다.

둘째, 창작자에게는 자신의 게임이나 퍼포먼스에서 어떤 부분이 다른 사람에게 먹혀들었는지 듣는 것이 실제로 유용하다. 잘하고 있는 부분에 대한 칭찬이 없다면 작업에서 무엇이 가치 있는 것인지 확실히 알기 어렵다.

셋째, 칭찬은 지금 일어나는 의사소통 행위에 대한 좋은 감정을 만드는 데 역할을 할 수 있다. 우리가 어떤 작품에 대해, 그리고 이를 비평하는 사람에 대해 좋은 감정을 가지고 있다면 건설적인 비판을 들을 때 상대방의 말을 더 경청할 수 있을 것이다.

나는 피드백을 줄 때 좋아하는 몇 가지를 언급하는 경우가 많은데, 이는 내가 상대방의 작업을 좋아하고 그 능력을 존중한다는 신호를 명확하게 전달할수록 건설적인 비판을 더 깊이 있게 할 수 있다는 것을 알기 때문이다.

샌드위치의 속이 가장 영양가 있고 풍미 있는 부분인 것처럼 '건설적인 비판'은 여러분이 전달해야 할 가장 중요한 정보이다. 이 책에서 우리는 게임 디자인을 반복적인 예술 형식이라 논하고 있는데, 어떤 작품에 대한 건설적인 비판은 이 순환적인 반복의 중요한 부분이다. 어떤 게임을 만들어서 누군가 플레이할 수 있도록 해 주면, 그들은 어떤 식으로든 구두로 건설적인 비판을 하고, 우리는 이를 평가한다. 그리고 그들에게 받은 피드백에 따라 만들었던 내용을 변경하고 다시 플레이 테스트를 진행한다.

따라서 건설적인 비판은 방금 플레이한 게임(또는 다른 사람의 퍼포먼스)에 대해 마음에 들지 않는 부분을 이야기하는 것이지만, 이는 도움이 될 수 있는 방향으로 이루어진다. 비판은 망가뜨리는 것이 아니라 건설해 나가는 것이다. 이를 잘 수행하기 위해서는 건설적인 비판의 단어를 신중하게 선택해야 한다.

12장에서는 좋은 피드백을 주고받는 방법에 대해 좀 더 자세히 살펴볼 것이다. 먼저 건설적인 비판을 하기 위한 세 가지 간단한 원칙을 말하자면, '직접적이고, 구체적이며, 사람이 아닌 작품에 대한 비판'

을 하라는 것이다.

건설적인 비판을 할 때는 직설적으로 해야 한다. '칭찬의 빵'과 '건설적인 비판의 샌드위치 속 재료'를 서로 섞어서는 안 된다. 우회적으로 말하거나 비판을 칭찬으로 위장하려고 해도 안 된다. 비판을 암시하거나 소극적이고 공격적인 프레임을 씌우는 것도 좋지 않다. 용기를 내어 좋지 않다고 생각되는 부분, 마음에 들지 않는 부분, 개선이 필요하다고 생각되는 부분을 바로 말해야 한다. 불친절하거나 공격적인 태도를 취하지 말고, 차분하고 친근한 태도로 동료애를 가지고 말해야 한다. 샌드위칭을 사용하여 칭찬할 시간을 별도로 할애하고 있으므로, 건설적인 비판을 직접적으로 할 권리가 있다.

또한 구체적으로 말해야 한다. "이건 좋지 않아." 또는 "이건 마음에 들지 않아."라고 말하는 것만으로는 충분하지 않다. 왜 좋지 않다고 생각하는지, 왜 마음에 들지 않는지 그 이유를 말해야 한다. "이 점프 메커닉은 좋지 않다."라고 말하는 대신 "이 점프 메커닉은 버튼을 누른 후 플레이어 캐릭터가 지면을 떠날 때까지 눈에 띄게 멈추는 느낌이어서 끈적거리고 반응이 없는 것처럼 보여서 좋지 않다."라고 말해야 한다.

세 번째 원칙 '사람이 아닌 작품을 비판하기'는 내가 너티독 스튜디오의 대표인 에반 웰스Evan Wells에게 배운 원칙이다. 그는 화면을 통해 보고, 스피커를 통해 듣고, 컨트롤러를 통해 느끼는 게임만 비판하고, 우리가 보고 있는 작품을 만든 사람은 절대 비판하지 말라는 간단한 규칙을 세웠다.

사람이 아닌 작품을 비판하는 이 규칙을 따르면 누군가가 낙담하거나 화를 낼 가능성이 줄어들고 모두가 게임의 품질을 개선하는 데 집중할 수 있다. 당연한 말 같지만 "이 게임 메커닉은 좋지 않아."라는 말이 "이 게임 메커닉을 만든 방식이 좋지 않아."라는 말로 와전되기란 의외로 쉽다. 작품에 집중하고 그 작품에서 개선할 수 있는 부분에 집중하면 그 작품을 개발하는 사람을 소외시키지 않으면서도 더 좋은 작품을 위한 실행 가능한 계획을 수립할 수 있다.

칭찬 빵의 첫 번째 조각은 건설적인 비판으로 채웠다면 두 번째 빵 조각은 무엇일까? 이는 샌드위칭을 할 때 또 다른 칭찬할 부분을 찾아 피드백을 마무리하는 것을 뜻한다. 나는 이때 보통 미처 언급하지 못한 부분을 찾으려고 노력하지만, 어떤 점이 좋았는지 상기시키는 것만으로도 충분할 수 있다. 때로는 건설적인 비판에 더해 칭찬할 만한 말이 더 있을 수도 있다. 예를 들어 "점프 컨트롤에 개선해야 할 점이 많기 때문에 이러한 문제가 해결되면 내가 좋아했던 부분인 애니메이션과 음향 효과가 더욱 좋아질 것 같다."라고 말하는 것이다.

특히 건설적인 비판을 게임 개발자가 잘 받아들인 경우, 두 번째 빵 조각은 첫 번째 빵 조각보다 더 얇은 경우가 많으며, 긍정적인 코멘트를 더 짧게 이야기한다. 건설적인 비판에 그들이 감정적인 반응을 보인다면, 나는 마지막에 좀 더 시간을 들여 추가적인 칭찬을 하고 게임 제작자가 내 의견에 응답하거나 자신의 작품을 설명할 기회를 주면서 대화를 이어 나간다. 시간을 내서 그들의 이야기를 들어 보고 나면 이 대화를 통해 게임 제작자가 자신의 작품에 대해 만족감을 느끼고 더 나은 작품을 만들기 위한 실행 가능한 계획을 세울 수 있는 단계에 도달할 수도 있다.

어떤 사람들은 이 기법을 "칭찬 샌드위치"라고 부르기도 하고, 어떤 사람들은 "똥 샌드위치"라고 부르기도 한다. 건설적인 비판을 똥이라고 생각한다는 의미일 수도 있지만, 이는 그들이 '진정한 칭찬을 하지 않고 샌드위칭을 핑계 삼아 불친절하게 대하는 사람'과 마주쳤을 가능성이 더 높다. 그렇지만 여러분은 샌드위칭을 통해 회의론자의 마음을 바꾸고 이 기법이 실제로 효과가 있다는 것을 보여 줄 기회로 활용할 수 있다.

샌드위칭은 좋은 피드백의 전부이자 끝이 아니라 시작 단계에 불과하다. 샌드위칭은 상대방을 잘 모르거나 쉽게 친해지지 못한 경우 등 상대방에 대한 존중과 신뢰가 아직 형성되지 않았을 때 가장 효과적이다.

팀원 간의 존중과 신뢰 구축은 강력한 게임 디자인 실무의 핵심 요소이다. 존중은 서로의 경험, 능력, 가치, 의도를 소중히 여기고 상호 존중한다는 인식을 공유하는 데에서 비롯된다. 신뢰는 다른 사람이 모든 사람의 최선의 이익을 위해 행동하고, 올바른 결정을 내리고, 팀에 관대하면서도 자신의 가치를 추구하며 훌륭한 협력자가 될 수 있다는 것을 알 때 형성된다.

누군가와의 관계가 발전하고 단단해질수록 샌드위치를 끼워 넣을 필요성이 줄어든다. 샌드위치의 빵은 시간이 지남에 따라 점점 얇아져 완전히 사라지고, 차후에는 상대방에게 건설적인 비판을 직접적으로 전달해도 상대방이 잘 받아들일 수 있게 된다. 곧 협업에 대한 강력한 가치로 가득한 팀 문화가 조성되고, 이를 통해 팀이 진정으로 훌륭한 게임을 만들 수 있게 되는 것이다.

존중, 신뢰 및 동의

가장 강력한 팀은 팀원들이 서로를 존중하고, 팀원들 사이에 강한 신뢰 관계가 형성되어 있으며, 모든 사람이 작업에 참여하는 방식에 동의하고 있는 팀이다. 우리는 의사소통 기술을 사용하고, 각자의 의견을 주의 깊게 경청하며, 각자의 세계관을 충분히 고려함으로써 서로를 존중하는 모습을 보여 준다. 모든 사람의 경험과 신념에 가치가 있다는 태도만 있으면 존중을 표현하는 데에는 시간과 주의 외에 다른 비용이 들지 않는다. 우리가 서로를 존중한다는 것은 우리의 업무, 시간, 기술 등을 포함해 우리가 서로를 소중히 여긴다는 것을 의미한다.

서로 존중하는 분위기에서 게임 개발이라는 어려운 일을 함께 하다 보면 신뢰는 자연스럽게 따라온다. 과거에 내가 여러분을 도와주면서 존중하고 여러분의 노력과 행복을 나 자신보다 우선시하는 모습을 보여 줬다면 여러분도 나를 신뢰하게 될 것이다. 그리고 앞으로는 어려운 일을 더 빠르고 효율적으로, 스트레스를 덜 받으며 함께 할 수 있을 것이다. 팀원 간의 신뢰는 함께 하는 매우 복잡한 작업에서 모든 것을 더 원활하게 진행할 수 있도록 해 준다.

동의는 게임 개발 팀을 포함하여 우리 삶의 모든 곳에서 중요하다. 우리는 팀원 모두가 요구하는 바를 명확하게 이해하고 있는지, 그리고 강압 없이 동의했는지 확인해야 한다. 이는 특히 초과 근무 및 보상 문제, 즉 팀에 합류할 때 예상했던 근무 시간만큼 일하고 있는지, 근무 시간에 대한 적절한 보상을 받고 있는지 여부와 관련하여 적용된다. 또한 업무와 관련된 윤리적 문제, 즉 우리가 만들고 있는 게임의 가치에 동의하는지 여부와도 관련이 있다.

존중, 신뢰, 동의의 환경을 구축하고 유지한다면 게임 개발자로서 성공할 수 있는 발판을 마련하는 것이다. 이러한 환경을 조성하려면 소통과 협업을 잘해야 한다. 그런 의미에서 커뮤니케이션은 진정한 게임 디자인 기술이다.

A Playful Production Process

재미있는 게임 제작 프로세스

7장
프로젝트 목표

지금까지 아이데이션 단계에서 '아이디어 목록', '조사 노트', '프로토타입'이라는 세 가지 유형의 결과물을 만들었다. 이 모든 결과물들은 아이데이션 단계가 끝나기 전에 만들어야 할 최종 결과물인 '프로젝트 목표'로 우리를 이끈다.

아이데이션이 끝날 때 프로젝트에 대한 명확한 목표를 설정하고 그 목표에 전념하면 프로젝트의 다음 단계로 나아갈 창의적인 방향을 제시할 수 있으며 전체 개발 과정에 도움을 줄 수 있다. 프로젝트 목표는 '경험 목표'와 '디자인 목표'라는 두 가지 유형으로 나눌 수 있다.

경험 목표

경험 목표Experience Goal라는 개념이 게임 디자인 관련 문헌에 처음으로 소개된 것은 2008년 트레이시 풀러턴의 《게임 디자인 워크숍》 2판에서이다.[1] 트레이시는 "나는 USC 게임 이노베이션 랩에서 사용하고 있는 개발 프로세스를 명확히 하기 위해 경험 목표라는 개념을 추가했다. 왜냐하면 이 개념이 일반적으로 사람들이 게임 디자인 프로세스에 대해 이야기하는 방식(기능 또는 필러 기반)과는 너무 달랐기 때문이다."라고 말한 바 있다.

경험 목표는 플레이어가 경험하기를 원하는 종류의 경험으로, 종종 감정적 경험으로 설명된다. 게임을 플레이하는 데에는 여러 가지 이유가 있지만, 일반적으로 승리의 만족감과 패배의 좌절감, 잠입 게임의 팽팽한 긴장감, 예술적인 실험 게임의 미묘한 우울함, 파티 게임의 즐거운 웃음 등 게임이 주

1 Tracy Fullerton, 《Game Design Workshop: A Playcentric Approach to Creating Innovative Games, 2nd ed》, Morgan Kaufmann/Elsevier, 2008, p.10.

는 감정이 우리가 게임을 하며 시간을 보내는 이유이다.

여러분의 프로젝트 목표가 여러분의 게임 디자인을 통해 어떻게 경험을 만들 것인지 설명할 필요는 없다. 그러나 나중에 살펴보겠지만 여러분의 프로토타입은 여러분이 어떻게 게임을 개발할 것인지에 대해 꽤 괜찮은 아이디어를 줄 수 있을 것이다. '플레이어가 원하는 경험'에 초점을 맞추면 게임 플레이가 무엇인지 또는 무엇이 아닌지 대한 선입견에서 벗어날 수 있다. 이를 통해 재미에 대한 전통적이고 제한적인 아이디어에서 벗어날 수 있으며, 게임 디자인의 넓고 깊은 표현력을 탐구할 수 있다. 나는 아이데이션 단계에서 게임의 경험 목표를 설정하는 것이 게임 디자인에 혁신을 가져오고 예술 형식으로서의 게임을 이해하는 열쇠라고 믿는다.

트레이시 풀러턴, MDA 프레임워크, 그리고 너티독

앞서 언급했듯이 나는 경험 목표에 대한 이러한 관점을 트레이시 풀러턴의 작업에서 얻었다. 트레이시는 《게임 디자인 워크숍》 책의 사이드바 에세이에서 게임 디자이너인 제노바 첸Jenova Chen과 켈리 산티아고Kellee Santiago, 그리고 USC 게임 이노베이션 랩의 학생 팀과 함께 〈클라우드Cloud〉라는 게임에서 작업한 내용을 소개하면서 다음과 같이 말한 바 있다.

> 〈클라우드〉 개발을 시작했을 때 우리의 혁신 디자인 목표는 오직 하나였다. 맑고 화창한 날 잔디밭에 누워 하늘을 가로지르는 구름을 바라볼 때 느껴지는 편안함과 기쁨을 어떻게든 재현해 보자는 것이었다. 누구나 한 번쯤은 구름 위를 날아다니며 구름을 움직이고, 이를 재미있는 동물이나 웃는 얼굴, 막대사탕 등 머릿속에 떠오르는 모양으로 만드는 꿈을 꿔 본 적이 있을 것이다. 이는 게임에서 완전히 새로운 영역처럼 보였다. 위험하면서도 흥미로워 보인 것이다. 그래서 우리는 이를 개발해 보기로 결정했다.[2]

트레이시는 이 에세이를 작성할 당시에는 아직 경험 목표라는 용어를 만들지 않았기 때문에 이를 혁신 목표라고 불렀다. 우리는 이제 〈클라우드〉 팀이 경험 목표를 설정하고 있었음을 알 수 있다. 처음에 그들은 이 편안하고 즐거운 경험을 어떻게 만들어 낼지 몰랐고, 심지어 만들 수 있을지도 몰랐다. 하지만 목표를 설정하고 이를 향한 탐구를 시작함으로써 게임 디자인의 새로운 지평을 향한 대담한 첫걸음을 내디딘 것이다.

이러한 움직임은 게임 산업을 영원히 변화시킨 디자인 철학으로 자리 잡게 된다. 〈클라우드〉 팀의 핵심 멤버들은 이후 댓게임컴퍼니Thatgamecompany를 설립하고 수상 경력에 빛나는 게임 〈플로우Flow〉, 〈플라워Flower〉, 2012년 올해의 게임상을 수상한 〈저니Journey〉를 만들게 된다. 트레이시는 유명 아티스트

2 Tracy Fullerton, 《Game Design Workshop: A Playcentric Approach to Creating Innovative Games, 4th ed》, CRC Press, 2018, p.252.

빌 비올라Bill Viola와 공동 개발한 게임인 〈더 나이트 저니The Night Journey〉부터 헨리 데이비드 소로의 작품과 세계를 유쾌하면서도 시스템적으로 재해석하여 널리 호평을 받은 게임 〈월든Walden: a game〉에 이르기까지 작품 전반에 걸쳐 유사한 경험 목표 설정 기법을 사용했다. 트레이시는 게임으로 할 수 있는 일의 한계를 계속해서 넓히며 작업 프로세스와 예술을 혁신해 왔다.

메커닉, 다이내믹, 미학의 세 가지 개념으로 유명한 MDA 프레임워크 역시 플레이어 경험에 초점을 맞추고 있다. 이 프레임워크는 2004년 로빈 허니크Robin Hunicke, 마크 르블랑Marc LeBlanc, 로버트 주벡Robert Zubek이 쓴 획기적인 논문 〈MDA: 게임 디자인 및 게임 연구에 대한 형식적인 접근 방식MDA: A Formal Approach to Game Design and Game Research〉에서 제안되었으며, 게임 디자인과 게임 분석 양쪽 모두에 많은 도움을 주고 있다.

MDA의 미학은 플레이어가 게임의 규칙에 따라 결정되는 역동적인 시스템에서 게임을 플레이하면서 만들어지는 경험에 대한 미학이다. MDA 저자들의 목표 중 하나는 모호한 '재미'라는 개념을 더 깊이 이해하고 게임이 우리에게 줄 수 있는 경험의 종류에 대한 생각을 확장하는 것이었다.

그림 7.1처럼 경험 목표를 설정하는 것이 너티독 팀이 〈언차티드〉의 세계를 개발한 방식이었다. 〈언차티드: 엘도라도의 보물〉 게임 디렉터인 에이미 헤닉은 리드 콘셉트 아티스트인 샤디 사파디Shaddy Safadi 및 팀과 함께 작업하면서 만들고자 하는 경험의 유형을 간결한 규칙으로 정의하고, 이를 스튜디오의 공개 공간에 전시했다.

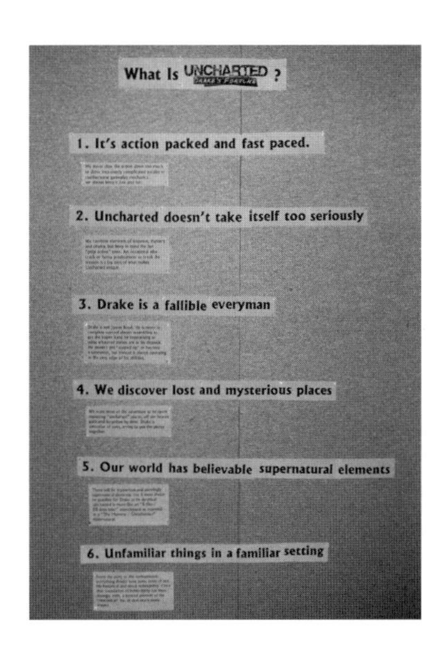

그림 7.1

"〈언차티드〉란 무엇인가?"(너티독, 2006년경). 이 텍스트의 필사본은 **부록 B**에서 확인할 수 있다.

이미지 크레딧: 〈언차티드: 엘도라도의 보물〉TM ©2007 SIE LLC. 〈언차티드: 엘도라도의 보물〉은 소니 인터랙티브 엔터테인먼트의 상표이다. 제작 및 개발: 너티독 LLC.

이 규칙들은 전체 시리즈를 개발하는 동안 우리가 방향을 유지하는 데 도움이 되었다. 나는 이 규칙들을 경험 목표라고 생각하며, 〈언차티드〉 게임을 디자인하는 데 도움이 되었던 방식으로 가능성의 공간을 정의했다.

경험 유형

대부분의 사람들이 경험의 의미를 알고 있지만, 정작 경험이 무엇인지 말하라고 하면 대답하기 어려워한다. 직접 경험(심리학자들이 주관적 경험이라고 부르는 것)의 본질은 의식의 본질과 관련이 있으며, 역사에 걸쳐 철학자들은 이 주제에 대해 당혹스러워하고 놀라워하며 영감을 얻기도 했다.

경험을 한다는 것은 자아에 대한 감각을 갖는 것이며 그 자아에 어떤 일이 일어나는 것이다. 경험은 신체적, 정신적, 감정적, 영적, 종교적, 사회적, 주관적, 또는 가상적이거나 시뮬레이션된 것일 수 있다. 지성과 의식은 생각, 지각, 기억, 감정, 의지, 상상력과 같은 다양한 정신적 경험을 만들어 낸다.[3]

이러한 모든 유형의 경험은 경험 목표로 사용될 때 훌륭하고 흥미로운 게임의 기초가 될 수 있다. 그중 일부는 특히 게임 디자이너에게 유용하다.

생각, 기억, 상상력, 의지

무언가를 생각하고, 알고, 기억하는 것은 각각의 일이 어떤 것인지에 대한 경험을 동반한다. 상상력은 우리에게 계획을 세울 수 있는 능력을 안겨 주고, 의지는 결정을 내리고 행동으로 옮길 수 있는 '의지력'을 안겨 준다. 게임은 이러한 유형의 경험을 중시한다. 예를 들면, 가시를 건드리면 고슴도치 소닉이 고리 아이템을 모두 떨어뜨릴 거라는 것을 알기 때문에 이번에는 버섯 셋을 연속으로 튕겨내야겠다고 생각하는 식이다.

생각, 기억, 상상력, 의지는 게임 경험의 기본 요소이며, 원한다면 플레이어가 무언가를 생각하고, 기억하고, 상상하도록 하는 게임 경험 목표를 설정할 수 있다. 이는 교육용 게임 제작자에게 특히 중요할 수 있다. 물론 전부는 아니지만 플레이어의 결정과 행동이 대부분의 게임 디자인을 주도하기 때문에 의지력은 게임 디자인의 중심에 있다고 할 수 있다. 게임 디자이너는 이를 에이전시[4]와 자율성이라는 측면에서 이야기한다.

---

3 "Experience", Wikipedia, https://en.wikipedia.org/wiki/Experience.

4 역주 에이전시란 '게임 내에서 플레이어의 의지대로 움직일 수 있는 권한'을 뜻합니다. 기존의 문학 작품들과는 달리 게임에는 플레이어가 인터랙션을 통해 게임에 개입할 여지가 있고, 플레이어의 의지대로 서사를 풀어나갈 수 있죠. (물론 그렇지 않고 개발자의 의도대로 진행되는 게임도 많습니다.)

✖ 지각

우리의 지각은 감각의 작동 결과로서 경험하는 것이다. 대부분의 학생들은 시각, 청각, 미각, 후각, 촉각이라는 전통적인 오감에 대해 익히 알고 있지만, 우리 몸의 위치를 파악하는 운동 감각인 고유 수용성 감각에 대해서는 잘 모르고 있을 것이다. 그러나 이는 게임 디자이너에게 중요한 감각이다. 전정 감각인 균형 감각과 가속도 감각도 게임 디자이너에게 중요한데, 특히 몸을 움직여야 하는 게임에서는 더욱 그렇다.

온도와 통증을 관할하는 열감각과 통각 감각은 게임 디자이너가 자주 사용하는 것은 아니지만, 테마파크와 VR의 경험 디자이너는 종종 뜨겁고 차가운 공기를 사용하여 이러한 경험을 강화한다. 2001년 베를린의 컴퓨터슈필박물관Computerspielemuseum(컴퓨터 게임 박물관)에 있는, 틸만 라이프Tilman Reiff와 볼커 모라베Volker Morawe가 만든 유명한 인터랙티브 아트 작품인 〈페인스테이션Painstation〉은 〈퐁Pong〉 유의 게임에서 패배했을 때 통증을 부정적인 강화 요소로 사용한다.

우리 몸에는 배가 고픈지, 목이 마른지, 얼굴이 붉어지는지, 숨이 막히는지, 위나 방광 또는 장이 꽉 찼는지 등을 알려 주는 수많은 내부 감각이 있다. 이러한 모든 감각은 혁신적인 유형의 경험을 찾고 있는 디자이너에게 유용하다.

✖ 감정

게임이 주는 감정적 느낌은 우리를 게임에 몰입하게 하고 게임을 계속하게 하는 원동력이다. 오랜 세월 동안 게임 디자이너들은 게임 역사의 첫 5천 년을 지배한 두 가지 감정, 즉 승리의 기쁨과 패배의 좌절감을 넘어서는 생각을 하지 못했다. 하지만 이러한 감정의 힘을 과소평가해서는 안 된다. 예스퍼 율Jesper Juul이 그의 저서 《실패의 기술The Art of Failure》에서 지적했듯이 게임에서 실패를 경험한다고 하더라도 거기에는 즐거운 감정이 동반된다. 기쁨과 좌절 외에도 놀이의 즐거움, 탐험의 원동력이 되는 호기심, 완성의 만족감 등 다른 감정들이 존재하는 경우가 많다.

오늘날 게임 디자이너는 게임이 플레이어에게 유발할 수 있는 다양한 감정에 관심을 갖고 있다. 그 결과, 다양한 유형의 경험 중에서 감정적 경험이 게임의 경험 목표로 가장 유용하게 활용되는 경우가 많다. 내가 생각할 수 있는 대부분의 예술 형식에서는 생각, 기억, 상상력, 의지, 지각의 경험이 복잡하게 얽혀 위대한 예술이 우리에게서 끌어내는 강력하고 미묘한 감정을 만들어 낸다.

따라서 게임 디자이너는 다양한 감정을 명확하고 정확하게 표현할 수 있는 '감정적 문해력'을 갖추는 것이 매우 중요하다. 하지만 많은 사람에게 이는 생각보다 어려운 일이다. 오랜 세월 동안 많은 문화권에서 감정에 대해 광범위하게 이야기하는 것을 금기시해 왔다. 특히 남성은 종종 이러한 금기의 대상이 되어 왔다.

사람들의 감정적 문해력을 높이기 위해 나는 2015년에 개봉한 픽사의 애니메이션 〈인사이드 아웃 Inside Out〉에 등장하는 다섯 가지 감정인 '기쁨, 슬픔, 두려움, 분노, 혐오'의 캐릭터를 떠올려 보라고 유도한다. 이 캐릭터들은 얼굴 표정과 관련된 감정 연구를 개척한 캘리포니아대학교 샌프란시스코캠퍼스 UC San Francisco(UCSF)의 심리학자 폴 에크먼 Paul Ekman 박사의 연구를 바탕으로 만들어졌다. 에크먼 박사는 연구를 통해 전 세계 다양한 문화권의 사람들이 얼굴에 나타내는 일곱 가지 주요 감정을 밝혀냈는데, 인사이드 아웃 캐릭터의 이름인 다섯 가지 감정과 더불어 '놀라움'과 '경멸'이다.

이 일곱 가지 감정 팔레트는 게임의 감정적 경험 목표를 설정하는 데 도움이 되는 강력한 출발점이 될 수 있다. 스토리 중심 게임에서는 일곱 가지 감정을 모두 불러일으킬 가능성이 높지만, 이 중 몇 가지에만 집중하거나 한 가지에만 집중해서 게임의 전체적인 방향을 설정할 수도 있다.

감정에 대한 더 넓은 관점을 원한다면 알버트 아인슈타인 의과대학의 심리학자 로버트 플루치크 Robert Plutchik 박사의 연구를 참고하면 좋을 것이다.

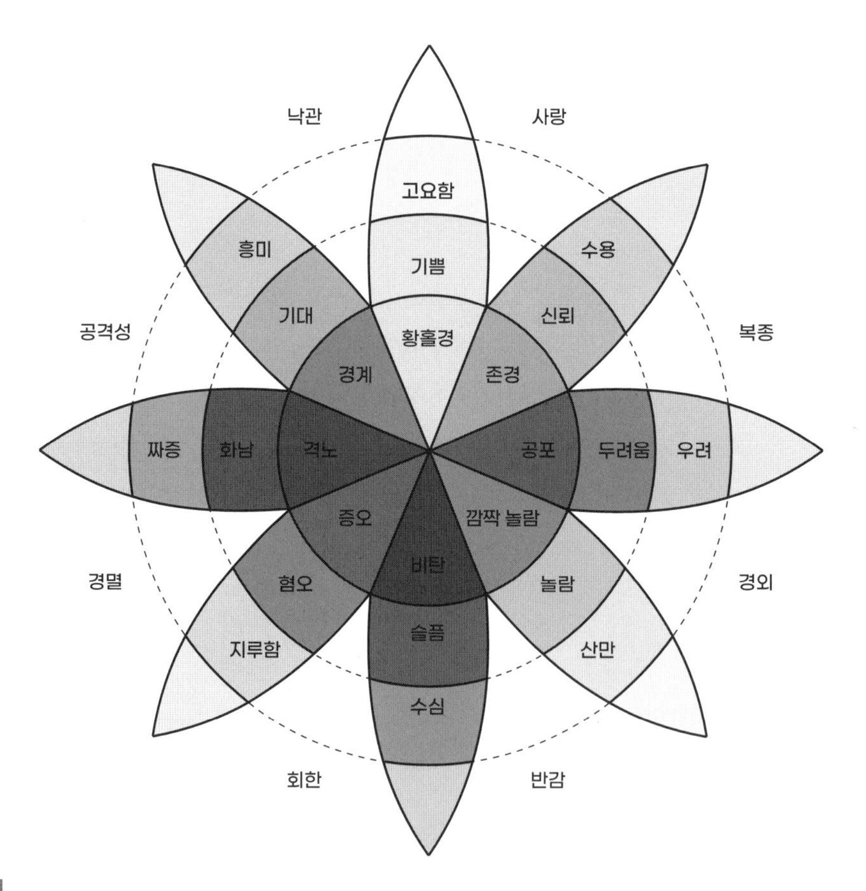

그림 7.2
로버트 플루치크 박사의 "감정의 수레바퀴".
이미지 크레딧: Machine Elf 1735, 위키미디어 커먼즈, 퍼블릭 도메인.

그는 감정 반응에 대한 심리진화학적 분류를 제안했다. 플루치크는 에크만의 주요 감정에 더해 '기대'와 '신뢰'를 추가했으며, 각 그룹마다 다른 수준의 감정 강도를 보여 주었다. 그의 연구는 종종 그림 7.2에 표시된 "감정의 수레바퀴Wheel of Emotions"로 설명된다. 플루치크의 바퀴에서 무작위로 감정을 선택하고 그 감정을 이끌어 내는 작은 게임을 디자인해 보는 것도 좋은 게임 디자인 연습이 될 수 있다.

사회적 및 영적 경험

생각, 기억, 상상력, 의지, 지각의 경험은 거의 모든 유형의 게임에 공통적이며, 감정적 경험은 대부분의 게임 스타일을 주도한다. 그러나 앞서 '경험 유형'에서 언급한 다른 종류의 경험들도 혁신을 원하는 게임 디자이너에게 유용할 수 있다.

사회적 경험은 팀 기반 e스포츠부터 대규모 멀티플레이어 게임에 이르기까지 모든 멀티플레이어 게임 설계의 핵심 요소이다. 영적 및 종교적 경험은 게임 디자이너들이 점점 더 관심을 갖는 주제이다. 초기 게임 이론가 요한 하위징아Johann Huizinga는 놀이터를 종교적 예배 장소와 같은 신성한 공간으로 보았고, 종교 문학의 역사가인 제임스 카스James Carse는 그의 저서 《유한 게임과 무한 게임Finite and Infinite Games》[5]에서 놀이의 영적인 측면에 대해 이야기한 바 있다.[6] 트레이시 풀러턴과 빌 비올라는 게임 〈더 나이트 저니〉에서 이 영역을 탐구했다. 명상, 마음 챙기기, 의식, 황홀한 종교적 상태에 관심이 있는 새로운 게임 디자이너들이 등장하고 있는 것이다.

경험 목표 기록하기

경험 목표는 프로젝트 목표 중 가장 중요한 목표이다. 감정에 초점을 맞추는 것이 좋지만, 자신의 창의적인 의도에 가장 적합한 경험 유형을 선택해야 한다.

다시 한번 강조하지만, 여러분의 게임이 어떻게 플레이어에게 이러한 경험을 제공할 것인지 늘어지게 설명하려고 해서는 안 된다. 핵심 경험 목표를 명확하게 분리하고 집중하여 가능한 한 명확하고 간결한 언어로 설명해야 한다. 경험 목표를 구체적이고 자세하게 설정하고, 각 목표를 한 문장으로 요약해야 한다. 플루치크의 감정의 수레바퀴에 나오는 단어를 사용하는 것도 좋다. 새로운 아이디어를 창출하기 위해 개념을 과감하게 결합하되, 너무 많은 경험을 한 문장에 담는 것은 피해야 한다. 여

5 역주 국내에 번역 출간되었습니다. 《유한 게임과 무한 게임》(마인드빌딩, 2021).

6 Johann Huizinga, 《Homo Ludens: A Study of the Play Element in Culture》, Angelico, 2016.
James Carse, 《Finite and Infinite Games》, Free Press, 2013.

기서 핵심은 명확성과 간결함이다.

"플레이어에게 흥미롭고 재미있는 경험 제공"처럼 너무 느슨하거나 모호한 목표는 포함해서는 안 된다. 이러한 종류의 경험 목표는 너무 일반적이어서 디자인을 성공적으로 이끌지 못한다.

우주를 여행하는 최고의 영웅 되기나 바쁜 병원에서 의사 되기 같이 게임이 플레이어에게 제공하는 롤플레잉 경험 또는 판타지 성취에 대해 이야기하는 것이 유용할 수 있다. 게임 업계에서는 경험 목표를 게임의 '본질 설명', '비전 설명', 'X 설명' 또는 '핵심 판타지' 등으로 표현하기도 한다. 핵심 게임 디자인과 내러티브 요소의 혼합적인 측면에서 게임 경험을 논의하는 것도 유용할 수 있다. 여러분은 아마도 주변 개발자들이 게임의 '필러' 또는 '테마'에 대해 이야기하는 것을 듣게 될 것이다. 이 용어들 모두 다 괜찮다. 게임이 제공하는 경험을 설명하는 방법에는 여러 가지가 있는 법이다. 이를 뭐라고 부르든 경험 목표를 선택하면 게임을 제작하는 데 도움이 된다.

❌ 경험 목표는 프로토타입에 뿌리를 두어야 한다.

아이데이션 초기에 게임 메커닉과 서사적인 주제를 선정하고 어떤 종류의 경험을 만들어 내는지 살펴보는 것도 좋다. 아이데이션 단계에서 가장 좋은 방법은 가장 마음에 드는 프로토타입을 선택하고 프로젝트의 나머지 기간 동안 이 프로토타입이 제공하는 경험을 확대하고 개선하는 데 집중하는 것이다.

경험을 어떻게 창조해야 하는지 모르는 상태에서 아이데이션 마지막에 경험 목표를 설정하는 것은 위험한 일이다. 프로젝트의 성공을 확신하고 싶다면 정제되지 않은 형태일지라도 이미 만들어 놓은 프로토타입 중에서 하나의 경험과 관련된 목표를 설정하는 것이 좋다. 경험에서 얻은 영감을 다음 프로젝트 단계인 프리 프로덕션에서 증폭시키는 작업을 할 수 있다.

디자인 목표

디자인 목표Design Goals는 경험 목표를 보완해 준다. 디자인 목표는 게임이 실행되는 하드웨어, 게임의 장르, 게임 메커닉, 또는 인터페이스 유형과 관련이 있을 수 있다. 또한 사용하려는 내러티브 스타일이나 다루고자 하는 주제, 게임을 통해 달성하고자 하는 목표, 또는 설정하려는 다른 유형의 제약 조건이 있을 수 있다.

아이데이션이 끝날 무렵, 게임에서 꼭 하고 싶다고 100% 확신하는 것이 있다면 디자인 목표 목록에 기록하라. 디자인 목표는 경험 목표와 겹칠 수도 있고 완전히 별개의 목표일 수도 있다.

디자인 목표의 몇 가지 일반적인 범주는 다음과 같다.

- **게임이 실행될 하드웨어**: 게임이 어떤 플랫폼에서 실행되는가? PC 또는 Mac? 모바일 기기? 게임 콘솔? 피트니스 트래커, 스마트 워치, 이어폰? 자율주행차의 콘솔이나 냉장고? 디지털 기술이 우리 주변의 더 많은 사물과 환경에 적용됨에 따라 하드웨어 플랫폼에 대한 선택의 폭은 점점 더 넓어질 것이다. 프로젝트 목표에 따라 하드웨어 플랫폼을 고정할 필요는 없지만, 플랫폼을 정하고 나면 자신감 있게 프로젝트를 진행할 수 있고 나중에 디자인 시간을 절약할 수 있다. 이 디자인 목표는 잠재 고객이나 시장과도 중요한 관계가 있다. 특정 플레이어 그룹에 도달하려면 그들이 어떤 하드웨어 플랫폼에서 게임을 플레이하는지 고려해야 한다.
- **게임 메커닉, 동사, 플레이어 활동**: 상상하고 있는 게임의 플레이 유형에 대해 생각해 보고 디자인 목표에 따라 게임 메커닉, 동사, 플레이어 활동 중 적어도 몇 가지를 적용하는 것을 고려해야 한다.
- **인터페이스 규칙**: 플레이어는 게임을 어떻게 컨트롤하는가? 키보드와 마우스 또는 게임 컨트롤러를 사용하는가? 터치스크린에서 탭, 길게 누르기, 집어 내기, 스와이프 등의 방식으로? 공간에서 몸의 위치나 가상 현실에서 시선의 방향을 감지하는 장치를 사용하는가? 아이데이션 마지막에 한두 가지 인터페이스 규칙을 정해 두면 프로젝트가 좋은 방향으로 나아갈 수 있다.
- **특수한 하드웨어나 소프트웨어**: 여러분은 VR 헤드셋, 모바일용 증강 현실 프레임워크, 또는 매년 alt.ctrl.GDC 페스티벌에서 볼 수 있는 '알트 컨트롤러(특별히 설계된 대체 컨트롤러)' 같은 것을 사용할 수도 있다.
- **게임의 장르**: 구상 중인 게임이 게임 플레이 또는 내러티브 장르에 적합하다면 디자인 목표에 이를 명시해야 한다. 가장 창의적인 작품들은 종종 장르를 뛰어넘어 신선하고 생동감 넘치는 것을 만들어 낸다.
- **게임의 소재**: 말 그대로 게임의 소재는 무엇에 관한 것인가? 그것은 잃어버린 강아지, 대통령 선거, 재결합을 위해 고군분투하는 연인의 이야기일 수 있다.
- **게임의 테마**: 게임의 테마는 게임의 내러티브로 다루는 중심 주제이다. 작성 중인 스토리의 테마를 언제 설정해야 하는지에 대해서는 작가마다 의견이 다르다. 처음부터 테마를 설정하는 사람도 있고, 작업을 진행하면서 테마가 떠오르는 사람도 있다. 〈언차티드 2: 황금도와 사라진 함대〉의 경우, 개발 초기에 우리 게임은 신뢰와 배신에 관한 이야기가 될 것이라고 결정했고, 그 결정이 스토리를 구성하는 데 도움이 되었다. 아이데이션 단계에서 게임의 테마를 결정할 수 있다면 디자인 목표와 함께 설정해야 한다.

- **게임의 아트 디렉션 목표**: 아이데이션이 끝날 무렵에는 게임의 아트 디렉션에 대한 확고한 아이디어가 있을 수 있다. 이는 아마도 이미 수행한 조사나 제작한 프로토타입의 결과일 것이다.
- **게임의 예술적 목표**: 비디오 게임을 예술 형식으로 사용하는 아티스트라면 게임에 대한 몇 가지 예술적 목표를 염두에 두고 있을 수 있다. 자신이 느끼는 감정이나 아이디어를 표현하기 위해 게임을 만들고 있을지도 모른다. 또한 재미있거나 진지한 주제를 다루고 싶을 수도 있고, 이 두 가지가 혼합된 게임을 만들고 싶을 수도 있다. 사회적 또는 정치적 개입에 관심이 있는 아티스트라면, 이는 게임의 영향력 목표와 겹칠 수 있다.
- **게임의 영향력 목표**: 여러분은 세상에 어떤 영향을 미치는 게임을 만들기로 결정할 수 있다. 이러한 종류의 게임을 임팩트 게임, 시리어스 게임, 기능성 게임, 응용 게임 또는 트랜스포메이션 게임이라고도 한다. 게임이 교육적이거나, 플레이어의 건강에 긍정적인 영향을 미치거나, 정치적 이슈에 대한 논쟁을 불러일으키기를 원할 수도 있다. 사브리나 쿨리바Sabrina Culyba의 저서 《트랜스포메이션 프레임워크The Transformational Framework》는 플레이어에게 지속적인 변화를 일으키고자 하는 게임을 디자인하고 평가하고자 하는 사람들에게 귀중한 자료이다.

여기서는 다양한 유형의 디자인 목표를 설명했지만, 아이데이션이 끝날 때 적은 수의 디자인 목표만 설정하는 것이 좋다. 우리가 원하는 것은 게임 개발을 진행하면서 앞으로 나아가야 할 방향을 제시하는 동시에 충분한 운신의 폭을 확보하는 것이다.

기꺼이 지킬 수 있다고 확신하는 몇 가지 디자인 약속을 정해야 한다. 프로젝트 목표로 적어 둔 고유한 목표 조합을 한곳에 모아 보면 다른 사람들이 놓친 게임 디자인 기회를 발견할 수 있다.

경험 목표와 디자인 목표를 종합해 프로젝트 목표 설정

프로젝트 목표는 방향에 대한 약속이다. 프로젝트 목표를 정하고 나면 프로젝트 전체 기간 동안 그 목표를 고수해야 한다. 따라서 목표를 신중하게 선택해야 하는 것이다.

경험 목표와 디자인 목표를 혼합하여 프로젝트 목표를 만드는 방법은 여러분이 결정할 수 있다. 개별 경험 목표와 디자인 목표의 적절한 개수는 팀, 프로젝트 기간, 프로젝트의 맥락(예: 상업용 게임인지 개인 프로젝트인지)에 따라 달라진다. USC 게임 프로그램 수업에서 나는 학생들에게 한두 가지 경험 목표와 몇몇(보통 서너 가지 이하) 디자인 목표를 지정하도록 했다.

우리는 때때로 개발 도중에 발견한 사항에 따라 프로젝트 목표를 변경하기도 하는데, 프리 프로덕션이 끝날 때 프로젝트 목표를 다시 한번 점검하여 수정이 필요한지 확인한다. 하지만 프로젝트 목표가 무엇인지에 대한 생각이 계속 바뀌면 프로젝트는 계속 돌고 돌기만 할 가능성이 높다. 경험 목표와 디자인 목표를 신중하게 선택하면 다음에 진행할 작업에 대한 명확한 방향을 제시할 수 있다. 이는 마치 멀리 있는 등대를 향해 항해하는 것과 같다. 등대를 계속 시야에 두고 항해하면 현재 위치를 파악할 수 있고 길을 잃지 않을 수 있다.

레퍼토리 및 성장

게임을 만들 때는 만들고 싶은 것만 고려할 것이 아니라, 우리가 가진 기술로 무엇을 만들 수 있는지, 즉 우리가 무엇을 만들 수 있는지도 고려해야 한다. 그렇다고 스스로를 밀어붙여서는 안 된다거나 야망을 품지 말라는 말은 아니다.

많은 창작 그룹에는 레퍼토리, 즉 특정 스타일의 작품을 능숙하게 창작하거나 잘 공연할 수 있는 방법을 알고 있는 작품이 있다. 예를 들어, 시카고 셰익스피어 컴퍼니는 윌리엄 셰익스피어의 희곡을 공연하지만 현대적인 무대 세트와 의상을 바탕으로 공연한다.

스코틀랜드의 유명 게임 스튜디오 덴키Denki의 게임 디자이너인 게리 펜Gary Penn은 게임 디자이너와 게임 개발 스튜디오에도 레퍼토리가 있지만 이러한 용어로 이야기하지 않는 경우가 많다고 2010년에 내게 말했다. 예를 들어 너티독의 레퍼토리는 캐릭터 액션 게임으로 구성되어 있고 각각의 게임 시리즈가 크게 다르지만 〈크래시 밴디쿳Crash Bandicoot〉, 〈자크Jak〉 시리즈, 〈언차티드〉, 〈더 라스트 오브 어스The Last of Us〉를 하나로 묶는 공통된 게임 메커닉 및 내러티브 테마가 있다.

예술 작품을 창조하는 것은 어렵고 비디오 게임을 만드는 것은 특히 더 어렵기 때문에 레퍼토리가 중요하다. 2010년 GDC 마이크로토크에서 게리 펜은 "생각하거나 말하거나 쓰지 마라. 그냥 개발하라. 해 버려라. 시각화하라. 프로토타입을 만들어 보라. 개발은 순식간이다. 처음부터 완벽을 목표로 하지 마라. 기회는 준비된 마음을 선호한다. 문제를 예상하라. 리허설하라. 탐색하라. 관점을 확보하라. 정보에 입각한 선택을 하라. 음악가나 배우처럼 레퍼토리를 구축하라. 레퍼토리는 연습하고 재사용할 수 있는 응용 근육이다."라고 말한 바 있다.[7] 잘 운영되는 게임 개발 스튜디오는 이미 알고 있는 레퍼토리를 활용하여 자신의 강점을 살리고, 프로젝트마다 새로운 것을 배우며 그 과정에서 성장한

7 Gary Penn, "GDC Microtalks 2010: Ten Speakers, 200 Slides, Limitless Ideas!", https://www.gdcvault.com/play/1012271/GDC-Microtalks-2010-Ten-Speakers, 17:01.

다. 〈크래시 밴디쿳〉과 〈라스트 오브 어스 파트 2〉는 공통의 DNA를 공유하지만, 너티독은 각 시리즈를 제작하면서 많은 것을 배웠고 각 시리즈마다 비약적인 발전을 이루었다.

게임 개발 팀은 스스로에게 물어봐야 한다. 우리의 레퍼토리는 무엇이며 어떻게 성장하고 싶은가? 우리가 이미 잘하는 것은 무엇이고, 배우거나 개선하고 싶은 점은 무엇인가? 또 무엇을 시도하고 싶은가? 우리는 새로운 게임 장르나 게임 메커닉으로 작업하고 싶을 수 있다. 새로운 내러티브 장르나 새로운 스토리 스타일을 시도하고 싶을 수도 있다. 그리고 새로운 툴과 하드웨어 또는 새로운 소프트웨어, 새로운 잠재 고객층 또는 수익화 계획을 시도하고 싶을 수도 있다.

여기서 가장 간단한 요점은 걷기 전에 뛰려고 하지 말라는 것이다. 성장 분야를 선택할 때 이미 잘 알고 있는 분야와 새롭게 도전할 분야 사이의 균형을 찾기 위해 노력할 수 있다. 균형을 찾으면 위험을 감수하고 새로운 게임 스타일, 메커닉, 스토리에 흥미를 느끼면서도 너무 많은 위험에 노출되지 않도록 할 수 있다.

게임의 잠재 고객 고려하기

어떤 종류의 게임을 만들든 결국 게임을 플레이하게 될 대상에 대해 생각하면 게임을 디자인하는 데 도움이 될 수 있다. 게임을 플레이하고 싶어 하는 잠재 고객을 어떻게 찾고 그들과 소통할지 고민하는 데 시간을 투자하는 것은 대부분의 게임 디자이너에게 도움이 되는 일이다. 프로젝트 목표를 세울 때야말로 게임의 타깃층에 대해 생각해 볼 수 있는 완벽한 순간이다.

"우리 게임의 잠재 고객은 ... 이다." 같은 문장처럼 프로젝트 목표 끝에 몇 단어만 적고 문장을 완성하는 아주 간단한 연습으로 이 작업을 수행할 수 있다. 몇 가지 예를 들 수 있다.

- "우리 게임의 잠재 고객은 지하철에 서서 휴대폰으로 게임을 하는 것을 좋아하고 소셜 미디어에서 재미있는 동영상을 보는 것을 좋아하는 사람이다."
- "우리 게임의 잠재 고객은 3D 소울라이크 액션 게임과 2D 메트로배니아 장르를 좋아하고 두 장르를 함께 즐길 수 있는 하드코어 게이머이다."
- "우리 게임의 잠재 고객은 스도쿠와 제인 오스틴의 소설을 즐기는 사람들로 구성되어 있다."
- "우리 게임의 잠재 고객은 정원을 가꾸는 것을 즐기는, 80세 이상의 사람들이다."

게임을 즐기게 될 사람들의 시각으로 바라보면 우리의 게임을 더욱 흥미롭고 생산적인 방향으로 이끄는 새로운 디자인 아이디어를 얻을 수 있다. 게임에 대해 생각하던 방식에서 무언가 빠진 것이 있거나 고려하던 것이 결국 적합하지 않다는 것을 깨닫게 될 수도 있다.

비즈니스 세계에서는 제품을 원하는 사람들과 연결하는 과정을 마케팅이라고 한다. 나는 커리어 초기에 고객을 고려하고 좋은 마케팅을 하는 것이 게임을 만드는 데 중요한 부분이라는 것을 깨달았다. 이제 게임 디자이너는 시장에 얽매이지 않고도 고객에 대해 생각할 수 있으며, 또 생각해야 한다. 하지만 여러분이 만일 여러분의 게임을 무료로 풀어버리더라도, 나는 사람들이 여러분의 작품을 봐주었으면 하는 바람을 가지고 있다. 게임 제작을 통해 생계를 유지하려는 사람이라면, 어떻게 하면 우리 게임을 하기 위해 지갑을 열 수 있는 사람들과 접촉할 수 있을지 고민해 봐야 한다.

마케팅에 대해 냉소적으로 접근할 필요는 없다고 생각한다. 마케팅은 선입견 때문에 특정 게임을 플레이할 생각조차 하지 않는 사람들에게 다가가는 데 도움이 될 수 있다. 마크 서니는 "게임 홍보에 관심이 없던 많은 청중이 게임을 접하고 사랑에 빠졌을 때 가장 극적인 성공을 거둔다고 생각한다."라고 말했다. 창의적인 마케터는 게임에 대해 좋아할 만한 요소를 보여줌으로써 잠재 고객에게 다가갈 수 있도록 도와준다.

이러한 '잠재 고객'이란 개념은 마케팅 전문가들이 사용하는 간단한 형태의 포지셔닝 문구로, 나는 이것을 동료 짐 헌틀리Jim Huntley에게 배웠다. 짐은 게임 퍼블리셔인 THQ에서 5년을 근무하는 등 다양한 산업 분야에서 20년 이상의 경력을 쌓은 마케팅 및 브랜드 관리 컨설턴트이다. 그는 아이데이션이 끝날 무렵이 '잠재 고객을 구성할 수 있는 그룹, 그들이 좋아하거나 필요로 하는 것, 브랜드 아이덴티티 측면에서 게임을 어떻게 인식하길 원하는지'를 간략하게 설명하는 포지셔닝 전략을 수립하기에 좋은 시기라고 말했다. 포지셔닝 전략 작성에 대한 정보는 온라인에서 찾아보거나 마케팅 전문가에게 문의할 수 있다.

또한 게임의 잠재 고객을 커뮤니티 측면에서 생각해 볼 수 있다. 게임을 중심으로 커뮤니티를 찾고, 소통하고, 긍정적으로 육성하는 것이다. 커뮤니티 관리는 이제 게임 업계에서 성숙된 분야이며 충분히 존중받고 있다. 커뮤니티 관리는 마케팅, 소셜 미디어, 온라인 중재, 게임 개발의 교차 지점에 존재한다. 게임이 '박스형 제품'에서 활발하게 참여하는 커뮤니티가 있는 '라이브 서비스'로 변화함에 따라 커뮤니티 관리자의 역할은 더욱 중요해지고 있으며, 플레이어에게는 게임 자체의 경험으로까지 확장되고 있다.

인구 통계, 심리 통계 및 시장 규모를 사용하여 게임의 잠재 고객에 대해 자세히 알아볼 수 있다. 이에 대한 자세한 내용은 이 책 원서의 웹사이트 playfulproductionprocess.com에서 확인할 수 있다. 또한 게임의 잠재 고객을 상상할 때 "특정 게임, 영화, TV 프로그램, 책, 만화를 좋아하는 사람들에게 어필할 수 있을 것이다."라는 식으로 유사한 대상을 고려해 보는 것도 좋다. 많은 창작자가 새로운 작품을 연구할 때 선행 기술을 고려하는 방식으로 이를 수행한다.

아이데이션이 끝나면 게임의 잠재적인 청중을 상상하는 것만으로도 충분할 때가 있다. 실제로 청중을 찾고 대화하는 것은 나중에 할 수 있다. 개발 과정에서 "우리 게임의 잠재 고객은 ... 이다."라는 문장을 완성할 때마다 여러분은 게임에 대해 더 많이 알게 되고 플레이 테스터가 게임의 어떤 점을 좋아했는지 알게 될 것이다. 그리고 작업은 더 수월하게 진행될 것이다.

게임을 성공적으로 출시하기 위해 게임 개발과 병행하여 수행해야 하는 모든 마케팅 작업에 대한 책이 있다. 조엘 드레스킨Joel Dreskin의 《인디 게임 마케팅 실용 가이드A Practical Guide to Indie Game Marketing》와 피터 자카리아슨Peter Zackariasson과 미콜라이 다이멕Mikolaj Dymek이 쓴 《비디오 게임 마케팅Video Game Marketing》도 좋은 참고서이다.

전문 게임 플랫폼 개발자 되기

디자인 목표 중 하나가 소니, 마이크로소프트, 닌텐도와 같은 플랫폼 보유자가 만든 콘솔용 게임을 만들거나 애플 생태계의 모바일 플랫폼에 출시하는 것이라면 개발 프로세스를 시작할 때 해당 플랫폼의 개발자가 되기 위해 신청해야 한다. 콘솔 게임을 개발하려면 개발 및 디버깅 목적으로 컴퓨터에 연결할 수 있는 콘솔 하드웨어 버전인 특수 개발 키트가 필요하다. 그러므로 개발자와 플랫폼 홀더 간의 관계는 개발자가 해당 플랫폼에 대한 개발을 신청하고 필요한 '개발 키트'를 받을 때 시작된다.

아이데이션이 끝나는 시점이 이를 위한 계획을 시작하기에 좋은 시기이며, 승인을 받는 과정이 길고 복잡할 수 있다는 점을 염두에 두어야 한다. 세부 사항은 플랫폼마다 다르므로 플랫폼의 개발자로 승인받기 위해 무엇을 해야 하는지 정확히 알아내기 위해 많은 조사를 해야 한다. 플랫폼 소유자는 이러한 신청 절차를 친숙하게 만들기 위해 열심히 노력해 왔지만, 여러분이 생각하는 것보다 일찍 시작하는 것이 좋다.

개발자로 승인받으려면 출시하려는 게임에 대한 제안서와 팀에 대한 몇 가지 정보를 제출해야 한다. 승인을 받으면 개발 키트, 기술 문서, 출시 승인과 퍼블리싱 과정에 대한 정보 등 플랫폼 개발에 필요한 리소스에 액세스할 수 있다. 34장에서 특수 게임 플랫폼에 대한 주제를 살펴볼 것이다. 플랫폼 보유사로부터 하드웨어용 개발에 대해 배운 내용을 이 책에서 설명하는 프로세스에 적용하면 원하는 플랫폼에 게임을 출시할 수 있을 것이다.

프로젝트 목표 수립에 대한 조언

프로젝트 목표에 대해 신중하게 생각하고 프로토타입을 만들며 배운 것을 따르도록 노력해야 한다. 성공적인 프로토타입을 무시해서는 안 된다! 프로토타입에서 플레이어가 긍정적인 반응을 보인 부분이 원래의 아이디어에서 벗어나더라도 이를 따르는 것이 좋은 경우가 많다. 여러분은 좋은 반응을 얻은 프로토타입을 만들었고, 이를 우연히 발견했더라도 이 새로운 방향은 여러분에게 진정한 부분이기 때문이다.

프로젝트 목표를 정하는 데 어려움을 겪고 있다면 초기 브레인스토밍과 조사 단계로 돌아가 볼 필요가 있다. 처음에 떠오른 아이디어는 몇 가지 프로토타입을 제작하고 나면 다른 모습을 보이는 경우가 많다. 이때 프로젝트 목표의 대략적인 초안을 작성한 다음 팀과 상사, 동료와 친구, 교수와 동급생에게 피드백을 요청해야 한다. 프로젝트 목표를 한두 번 이상 반복해서 수정하는 것은 만들고자 하는 게임에 대한 명확한 개념에 도달하는 좋은 방법이다.

프로젝트 목표를 설정할 때 비즈니스 파트너와 협업해야 할 수도 있다. 게임 디자이너 스스로 자금을 조달하거나 학생 팀에 속해 있지 않는 한 게임 디자이너가 완전한 독립성을 갖는 경우는 거의 없다. 최고의 협업 기술을 발휘하여, 게임에 돈을 지불하는 사람들이 흥분할 수 있고 여러분도 흥분할 수 있는 프로젝트 목표를 세워야 한다.

프로젝트의 목표를 설정하는 것은 게임 팀 리더십의 중요한 책임이다. 모든 사람이 게임 프로젝트 목표에 기여하는 데 목소리를 내면 좋겠지만, '푸른 하늘 사고방식과 조사에서 흥미로운 점을 파악하고, 상충되는 것처럼 보이는 아이디어를 모두가 공감할 수 있는 새로운 아이디어로 통합하며, 프로토타입에서 무엇이 효과가 있는지 파악하는 데 도움을 주는 것'은 팀 리더십이 해야 할 역할이다. 또한 프로젝트 목표를 실현하는 과정에서 팀이 난관을 헤쳐 나갈 방법을 찾고 미리 설정해 둔 창의적인 방향에 집중할 수 있도록 돕는 것도 리더십의 역할이다. 마크 서니는 이렇게 말했다. "훌륭한 크리에이티브 디렉터(또는 게임 디렉터)는 팀에 끊임없이 자극을 주며 팀을 특별한 방향으로 몰아간다."

프로젝트 목표는 프로젝트 전반에 걸쳐 여러분을 이끌어 줄 것이지만, 지나치게 몰두할 필요는 없다. 프리 프로덕션이 끝나면 이를 다시 한번 점검하여 수정이 필요한지 확인해야 한다. 결정을 내린 후에도 유연한 접근 방식을 유지할 수 있다. 이제 프로젝트의 아이디에이션 단계가 거의 끝나가니 다음 장에서 이를 마무리하겠다.

A Playful Production Process

재미있는 게임 제작 프로세스

8장
아이데이션 마무리

아이데이션 단계의 초기에는 자유로운 탐색을 통해 푸른 하늘 사고방식, 조사, 프로토타이핑을 하는 데 중점을 두어야 한다. 그리고 중간쯤 되면 가장 마음에 드는 아이디어와 가장 큰 프로토타이핑 성공을 거둔 아이디어를 중심으로 방향을 잡기 시작해야 한다. 곧 방향을 설정해야 할 때이므로 유망한 것들은 뒤로 미뤄 두는 것이 좋다. 아이데이션 단계가 끝날 무렵에는 어떤 아이디어가 가장 마음에 드는지, 어떤 프로토타입이 우리 게임의 나아갈 길을 보여 줬는지 선택해야 한다.

아이데이션 단계는 얼마나 오래 지속되어야 하나?

내가 일했던 스튜디오들에서는 공식적인 아이데이션 단계가 없었지만, 그래도 그중 하나인 너티독에서는 늦여름에 이전 게임을 출시하고 1월 겨울 방학이 끝나고 돌아오기까지 보통 3~4개월 정도 비공식적인 아이데이션을 거쳤다.

비교적 부담 없는 분위기에서 연구 개발Research and Development(R&D)을 할 수 있는 기회가 주어졌다. 다양한 분야의 사람들이 각자의 아이디어로 자유롭게 놀 수 있는 시간을 가졌고, 이는 새로운 도구와 기술을 시도해 볼 수 있는 좋은 시간이었다. 이때는 게임을 출시하면서 당장은 필요 없지만 다음 게임에서 유용하게 사용할 수 있는 좋은 아이디어를 많이 얻게 되고, 추후 다음 게임의 디렉터들이 핵심 아이디어를 구상하기 시작하면 팀 내 다른 사람들도 빠르게 그 작업에 참여하게 된다.

〈언차티드 2〉와 〈언차티드 3〉는 2년짜리 프로젝트였는데, 전체 프로젝트 일정의 약 15퍼센트를 아이데이션에 투자한 것으로 추정된다. USC의 내 강의에서도 학생들에게 거의 같은 비율의 시간을 아이데이션에 할애하도록 한다. 프로젝트에 얼마나 많은 아이데이션 시간을 할애하는 것이 적절한지는 각자에게 달려 있다. 시간적 여유가 있다면, 특히 진정으로 혁신적인 일을 하려고 한다면 아이데이션 단계에 더 많은 시간을 할애하는 것이 좋을 수 있다.

그렇지만 나는 아이데이션 단계를 타임박스화하는 것을 추천한다. 아이디어를 떠올릴 수 있는 시간을 제한하고 고정해야 한다는 뜻이다. 시간이 마냥 흘러가게 두어서는 안 된다. 시간 제한은 집중력을 유지하는 데 도움이 되고 프로젝트 시작에 활력을 불어넣어 줄 것이다. 타임박스에 대해서는 11장에서 더 자세히 설명할 예정이다.

프로토타이핑에 대한 마지막 조언

프로토타입을 최대한 많이 만들어야 한다. 장난감을 이용한 연극 놀이나 물리적 프로토타입을 사용하여 최대한 깊고, 빠르고, 급진적으로 아이디어를 폭넓게 사용해야 하며, 빠르게 디지털 프로토타이핑에 집중해야 한다. 직접 만들고, 빌드하고, 제작하고, 지속적으로 플레이 테스트를 진행하면서 최대한 다양한 각도에서 브레인스토밍한 아이디어를 탐색해 봐야 한다.

이제 막 게임 디자인 실습을 시작하고 더 많은 지침이 필요하다면 트레이시 풀러턴의 책《게임 디자인 워크숍》에서 종이 프로토타이핑과 디지털 프로토타이핑에 대해 자세히 알아볼 수 있다.[1]

이어서 2부 프리 프로덕션에서는 아이데이션 단계에서 만든 물리적 프로토타입과 디지털 프로토타입을 어떻게 활용할 수 있는지 자세히 설명할 것이다.

1 Tracy Fullerton, 《Game Design Workshop: A Playcentric Approach to Creating Innovative Games, 4th ed》, CRC Press, 2018.

아이디에이션 결과물 요약

그림 8.1은 게임 프로젝트의 아이디에이션 단계에서 만들어지는 결과물의 제작 기한을 간략히 보여 주며, 이를 통해 진행 상황을 파악할 수 있다.

결과물	기한
푸른 하늘 사고 결과	아이디에이션의 시작 단계 (필요에 따라 아이디에이션 전체)
조사 노트	아이디에이션 전체
프로토타입	아이디에이션 전체
프로젝트 목표	아이디에이션의 마무리 단계

그림 8.1

2부

프리 프로덕션

- 행동을 통한 디자인

9장 개발 과정 통제력 확보하기 / 10장 버티컬 슬라이스란 무엇인가? /
11장 버티컬 슬라이스 만들기 / 12장 플레이 테스트 / 13장 동심원적 개발 /
14장 프리 프로덕션 결과물-버티컬 슬라이스 / 15장 크런치 방지 /
16장 게임 디자이너를 위한 스토리 구조 / 17장 프리 프로덕션 결과물 - 게임 디자인 매크로 /
18장 게임 디자인 매크로 차트 작성 / 19장 스케줄링 / 20장 마일스톤 리뷰 /
21장 프리 프로덕션의 도전

A Playful Production Process

재미있는 게임 제작 프로세스

9장
개발 과정 통제력 확보하기

> 디자인 과정에 대한 통제력을 제대로 확보하면 디자인 과정에 대한 통제력을 잃는 것처럼 느껴지는 경향이 있다.
>
> - 매튜 프레더릭Matthew Frederick, 《건축학교에서 배운 101가지101 Things I Learned in Architecture School》[1]

내가 처음 작업한 오리지널 게임인 세가 제네시스(또는 세가 메가 드라이브)용 게임 〈틴헤드Tinhead〉는 프로젝트 단계가 단 하나밖에 없었다. 제작 단계가 전부였다는 것이다. 솔직히 그렇게 불렀는지도 잘 모르겠지만, 그게 바로 그 단계였다. 우리는 게임 제작을 시작해서 게임을 완성할 때까지 일했다. 게임 개발에 6개월이 걸릴 거라고 예상했는데 18개월이 걸려서야 겨우 완성했다. 그것도 게임을 완성하기 위해 밤과 주말을 반납하며 정신없이 달린 결과였다. 안타깝게도 이것은 내 커리어에서 겪게 될 수많은 크런치 중 첫 번째 크런치가 된 것이다.

그로부터 몇 년 후, 내 게임 디자인 경력에서 처음으로 마주한 '프로젝트 단계가 두 개 이상'인 프로젝트는 〈소울 리버Soul Reaver〉였다. 이 프로젝트는 〈언차티드〉 게임 디렉터이자 크리에이티브 디렉터인 에이미 헤닉과의 수많은 협업 중 첫 번째 프로젝트이기도 했다.

영화 개발에 관한 책을 읽은 후 영감을 받아 우리는 프리 프로덕션이라는 계획 기간을 통해 〈소울 리버〉를 더 잘 통제하려고 했다. 프리 프로덕션 기간 동안 콘셉트 아트와 테스트 레벨을 만들고, 종이와 프로토타입으로 게임 디자인을 계획하는 등 많은 준비를 했다. 하지만 게임의 전반적인 스케줄에 어려움을 겪었는데, 프리 프로덕션 단계에서 프로젝트가 순조롭게 진행되도록 도와줄 몇 가지

---

1 역주 국내에 번역 출간되었습니다. 《건축학교에서 배운 101가지》(동녘, 2008).

핵심 요소를 놓쳤기 때문이다. 결국 우리는 프리 프로덕션이 게임 프로젝트에서 가장 중요한 단계이며, 프리 프로덕션 단계가 잘 진행되어야 프로젝트가 성공할 수 있다는 사실을 깨달았다.

조립 라인과 워터폴 모델

헨리 포드Henry Ford는 올즈모빌로 유명한 랜섬 엘리 올즈Ransom Eli Olds의 아이디어를 바탕으로 움직이는 조립 라인(때로는 생산 라인이라고도 불림)을 발명하여 자동차 산업 생산에 혁명을 일으켰다. 엔지니어가 자동차에 대한 계획을 세우고, 조립 라인에서 섀시부터 시작하여 엔진, 연료 탱크, 바퀴, 차체 등 자동차를 완성하는 데 필요한 모든 것을 단계적으로 추가하여 각 자동차를 제작한 것이다.

시간이 지나면서 조립 라인의 아이디어는 1950년대 중반에 등장한 소프트웨어 설계 접근 방식인 '워터폴 모델Waterfall Model'을 통해 컴퓨터 과학의 세계에서 표현되었다(물론 '워터폴'이라는 용어 자체는 1970년대까지 등장하지 않았다). 워터폴의 기본 개념은 조립 라인의 개념과 동일하다. 설계자와 엔지니어는 신중하게 생각한 후에 구축할 소프트웨어에 대한 포괄적인 사양을 작성한다. 그런 다음 사양을 구현하기 위한 계획을 세운다. 두 문서는 소프트웨어 엔지니어 팀에 전달되고, 엔지니어 팀은 주어진 지침에 따라 단계적으로 완성된 프로그램을 하나씩 만들어 나간다.

1980년대 후반부터 게임 프로젝트 관리를 맡은 사람들은 시간, 인력, 비용 측면에서 프로젝트를 통제하기 위해 필사적으로 노력하면서 비즈니스 소프트웨어 개발 분야에서 널리 사용되는 워터폴 개발 방법을 찾았다. 1980년대 게임계의 '침실 개발자', 즉 당시 인디 게임 개발자들은 대부분 매우 젊었고 예술적 형식을 발명하느라 바빴다. 그들은 자유롭고 직관적으로 일했지만, 종종 기능 장애를 일으켰고, 몇 달 동안 하루도 쉬지 않은 채 깨어 있는 시간 내내 일하면서 프로젝트를 완수하기 위해 무리하게 밀어붙였다. 프로젝트가 제시간에 고품질로 완성되는 경우도 있었지만, 시간과 예산을 크게 초과하거나 아예 완료되지 않는 경우도 많았다. 많은 경우 프로젝트에 과도한 시간과 노력을 쏟아부은 제작자들의 정신적, 육체적 건강이 산산조각 나기도 했다.

따라서 당시의 게임 제작자들이 포괄적인 게임 디자인 문서, 모든 것을 미리 정의하고 에셋과 작업 목록으로 전환할 수 있는 거대한 모놀리식Monolithic 사양을 꿈꾸기 시작해 자동차나 세탁기처럼 조립 라인에서 필요한 시간, 비용, 인원을 미리 정해 놓고 게임을 제작할 수 있게 된 것은 어쩌면 당연한 일이었다.

하지만 이는 꿈같은 일이다. 대부분의 비디오 게임에서 워터폴 방식은, 적어도 게임 제작 초기 단계에서는 효과가 없다. 물론 프로젝트의 풀 프로덕션 단계에서는 예측 가능한 예산과 스케줄이 매우 중요하지만, 워터폴 접근 방식에 담긴 좋은 기획 의도는 설계하려는 게임의 좋은 점을 발견하는 프로세스의 불확실성에 의해 종종 도둑맞는다.

새로운 무언가를 만들기

이미 잘 알고 있는 잘 정립된 게임 메커닉을 사용하여 안정적인 패턴으로 게임을 제작하는 경우 워터폴 모델의 요소는 효과적일 수 있다. 하지만 새로운 것을 시도하는 데 어려움을 겪고 있다면 어떨까? 게임의 모든 요소가 어떻게 조화를 이룰지 아직 확실하지 않을 때, 즉 어떤 부분이 잘 작동하고 증폭이 필요한지 판단하기 어려운 경우나, 어떤 부분이 잘 작동하지 않는데 이를 보강해야 할지 아니면 게임에서 완전히 제거해야 할지 판단하기 어려운 경우라면 어떻게 해야 할까?

나는 게임을 만드는 올바른 방법은 화가가 그림을 그리는 방법과 공통점이 많다고 생각한다. 예비 스케치를 하고, 독창적인 아이디어를 확장하고, 책에 코를 박고 조사를 하고 나서야 결국 캔버스를 들고 목탄으로 스케치를 그릴 준비가 된 것이다. 그런 다음 스케치 위에 유화 물감을 사용하여 그림을 완성해 낸다. 때로는 절반 정도 진행되었을 때 그림이 독자적인 생명을 얻고 예상하지 못한 새로운 방향으로 우리를 이끌기도 한다.

우리는 이미 아이데이션 단계에서 비디오 게임 제작의 조사와 스케치 부분에 대해 살펴봤다. 이제 프로토타입의 목탄 스케치를 넘어, 게임 프로젝트의 프리 프로덕션 단계에서 반복적인 디자인 과정을 사용해 이를 유화 물감으로 구체화하는 개발 과정을 살펴보겠다.

프리 프로덕션 중 기획

좋은 기획은 창의성을 발휘하는 대부분의 작업에서 성공에 기여한다. 하지만 게임 디자인은 수많은 에셋, 코드 조각, 다른 움직이는 요소 등과 관련된 셀 수 없이 많은 의사 결정 과정으로 구성된다. 이 모든 것을 다 나열하고 모든 우발 상황에 대비할 수는 없다. 좋은 계획이 반드시 더 많은 계획과 동일하지는 않다. 게임 디자이너는 어떻게 하면 '자신이 이해하고 있는 게임 디자인'과 '현실적이면서도 실현 가능한 프로젝트 계획' 사이에서 성공을 도모할 수 있는 충분한 계획을 세울 수 있을까?

프리 프로덕션은 어떤 게임을 만들고 어떻게 프로젝트를 관리할지, 즉 게임의 디자인과 제작을 계획하는 단계이다. 하지만 계획은 우리가 숙고하고 논의하는 동안 소중한 개발 시간을 빼앗아 가고, 결정을 망설이고 번복하게 하는 함정이 될 수 있다. 나중에 필요하지 않은 것으로 밝혀진 세부 사항을 상상하는 데 몰두하거나, 상상을 초월하지만 필수적인 것으로 판명될 사항을 완전히 간과하게 되기도 한다.

게임 디자이너들이 사랑하는 책인 《건축학교에서 배운 101가지》의 저자이자 건축가인 매튜 프레더릭은 이렇게 말한다.

> 디자인 과정은 종종 구조적이고 체계적이지만 기계적인 과정이 아니다. 기계적인 과정은 결과가 미리 정해져 있지만, 창의적인 과정은 이전에 존재하지 않았던 것을 만들어 내기 위해 노력한다. 진정으로 창의적이라는 것은 과정을 이끌 책임이 있음에도 불구하고 자신이 어디로 가고 있는지 모른다는 것을 의미한다. 이를 위해서는 기존의 권한 제어와는 다른 것이 필요하며, 느슨한 벨벳 끈이 도움이 될 가능성이 높다.[2]

이 훌륭한 조언은 이 책 전체의 정신에 매우 부합하며, 기획에 관해 이야기할 때 매우 유익한 정보다. 게임 디자이너는 계획을 세워야 한다. 그런데 너무 많은 계획과 너무 적은 계획을 세우는 것 사이에서 어떻게 균형을 찾을 수 있을까? 나는 이 질문에 대한 해답을 너티독 스튜디오에서 일하던 중에 내 친구이자 멘토인 마크 서니로부터 얻었다.

마크 서니와 방법론

마크 서니는 1980년대 초 열일곱 살의 나이에 아타리Atari에 입사하여 경력을 시작한 게임 디자이너이자 개발자, 경영인이다. 미니어처 골프, 레이싱 게임, M. C. 에셔M. C. Escher로부터 영감을 받은 그는 매우 혁신적인 아케이드 게임인 〈마블 매드니스Marble Madness〉를 디자인하고 공동 프로그래밍했다. 그 후 마크는 일본 세가에서 근무하며 세가 마스터 시스템과 세가 제네시스용 게임을 개발했고, 미국으로 돌아와 세가 기술 연구소를 설립하고 〈소닉 더 헤지혹 2Sonic the Hedgehog 2〉의 프로젝트 리더가 되었다. 이후에는 유니버설 인터랙티브 스튜디오Universal Interactive Studios의 부사장을 거쳐 사장이 되었다.

유니버설 인터랙티브에서 마크는 제이슨 루빈Jason Rubin과 앤디 개빈Andy Gavin이라는 젊은 게임 개발자 둘을 만났는데, 그들은 이미 고등학교 시절에 JAM Games라는 게임 스튜디오를 설립한 바 있었다. (처음에는 "제이슨과 앤디 매직Jason and Andy Magic"의 줄임말인 JAM Games라는 이름을 사용했지만 얼마 지나지 않아 회사 이름을 너티독으로 바꿨다.)

2 Matthew Frederick, 《101 Things I Learned in Architecture School》, The MIT Press, 2007, p.81.

마크는 제이슨과 앤디의 재능을 알아보았다. 그들은 이미 이전에 〈키프 더 시프Keef the Thief〉, 〈링스 오브 파워Rings of Power〉 등 다수의 성공적인 디지털 게임을 개발한 경력이 있었다. 너티독은 마크와 협력하여 첫 번째 글로벌 히트작인 〈크래시 밴디쿳〉을 만들었고, 마크는 건강한 개발 프로세스를 도입하여 향후 너티독, 인솜니악 게임즈 및 기타 여러 팀과 함께 훌륭한 게임들을 만들었다.

게임 임원으로는 이례적으로 마크는 게임 레벨과 메커닉을 만들고 개발 프로세스를 안내하는 등 개발자로서의 실무 경험을 쌓았으며, 〈언차티드〉 시리즈 작업에도 많은 도움을 주었다. 또한 현재 소니 인터랙티브 엔터테인먼트의 시니어 컨설턴트로 일하고 있는 마크는 플레이스테이션4와 플레이스테이션5의 리드 아키텍트이기도 했다.

2002년 라스베가스에서 열린 D.I.C.E. 서밋에서 마크 서니는 게임 업계에 조용한 혁명을 일으킨 역사적인 강연을 했다. "방법론Method"이라는 제목의 이 강연은 게임 디자인에 대한 지혜, 모범 사례, 적절한 비평, 기획에 대한 조언의 원천이 되었다.[3] 이 강연은 더 나은 방식으로 훌륭한 게임을 만들기 위한 과정을 명확하게 제시한다. 모든 게임 개발자와 게임 전공자는 이 강연을 한 번쯤은 시청해야 한다.

방법론은 마크와 그의 동료인 게임 디자이너이자 교육자인 마이클 'MJ' 존Michael 'MJ' John이 게임 스튜디오와의 협업에서 모범 사례를 관찰하면서 체계화한 게임 제작 접근 방식이다. 방법론에서 제안한 몇 가지 사항은 급진적이고 심지어 이단적인 것이었는데, 마크가 프리 프로덕션은 스케줄을 잡을 수 없고 제대로 작동하지도 않는다고 주장할 때 강당에 있던 게임 디렉터와 비즈니스 리더들의 탄식과 웃음, 박수 소리가 들렸다.

마크가 방법론 강연을 한 2002년은 애자일 얼라이언스가 "소프트웨어 개발을 위한 애자일 선언문"을 발표한 지 불과 1년밖에 되지 않았던 해였다는 점이 흥미롭다.[4] 훌륭한 소프트웨어를 만들기 위한 '느슨하지만 구조화된' 접근 방식을 권장한다는 점에서 방법론과 애자일 사이에는 많은 철학적인 유사점이 있다. 따라서 이후의 장에서 살펴볼 것처럼 이 두 가지는 쉽게 결합할 수 있다.

프리 프로덕션의 가치

나는 프리 프로덕션이 가장 중요한 프로젝트 단계라고 생각한다. 마크 서니도 그의 강연에서 프로젝트에 문제가 생긴다면 그것은 대부분 프리 프로덕션이 부적절하게 수행되었거나 아예 그것을 생략

3 Mark Cerny, "D.I.C.E. Summit 2002", https://www.youtube.com/watch?v=QOAW9ioWAvE.

4 Ken Schwaber, "Manifesto for Agile Software Development", 2001, https://agilemanifesto.org/.

했기 때문이라고 했다. "게임 개발에서 발생하는 실수의 80%는 프리 프로덕션 단계에서 수행했거나 수행하지 않은 작업의 직접적인 결과라고 생각한다."[5] 계속해서 마크는 이렇게 말했다. "프리 프로덕션에는 대규모 팀이 필요하지는 않지만, 최고의 인력과 가장 높은 급여를 받는 직원이 필요하다. 이 핵심 팀은 게임의 중요한 모든 것을 결정하며, 제작에서 팀 리더가 될 가능성이 높다. 따라서 가능한 한 최고의 인력을 조기에 확보해야 한다."[6]

우리는 게임의 가장 핵심적인 측면의 일부는 생각을 통해 해결하지만, 대부분은 '실천'을 통해 해결해야 한다. 아이데이션에서와 마찬가지로 그것은 아이디어를 발전시키는 데 도움이 되는 것을 만드는 것이다. 방법론의 철학과 관행에 대해 이 책에서 여러 번 설명하겠지만, 이번에는 프리 프로덕션 단계에서 무엇을 할 것인지에 대한 핵심을 짚어 보겠다. 이어지는 장들에서 '버티컬 슬라이스', '게임 디자인 매크로', '스케줄'이라는 세 가지 핵심 결과물을 살펴볼 것이다.

---

5 Mark Cerny, "D.I.C.E. Summit 2002", https://www.youtube.com/watch?v=QOAW9ioWAvE, 3:40.

6 Mark Cerny, "D.I.C.E. Summit 2002", https://www.youtube.com/watch?v=QOAW9ioWAvE, 6:26.

10장
버티컬 슬라이스란 무엇인가?

버티컬 슬라이스Vertical Slice라는 개념은 지난 15여 년간 게임 업계에서 널리 알려졌으며, 이는 매우 가치 있는 개념이다. 간단히 말해 버티컬 슬라이스는 게임의 '고품질 데모'이다.

버티컬 슬라이스는 게임 디자인, 그래픽, 사운드 디자인, 컨트롤 방식, 시각 효과 및 모든 요소가 완성된 것으로 간주할 수 있을 정도로 높은 품질로 다듬어진 상태를 말한다. 버티컬 슬라이스는 중요한 모든 요소를 포함하고 있기 때문에 버티컬 슬라이스라고 부른다. 스펀지, 휘핑 크림, 라즈베리 잼, 초콜릿 가나슈가 번갈아 가며 층층이 쌓여 있는 케이크를 상상해 보라. 케이크의 한 조각만 먹어도 각 재료의 풍미가 어우러져 독특한 미각적 경험을 선사한다. 케이크의 맛을 알기 위해 케이크를 통째로 다 먹지 않아도 되는 것이다.

비디오 게임의 버티컬 슬라이스에는 전체 게임 경험에 필수적인 대부분의 핵심 피처(기능), 에셋, 내러티브 샘플이 포함되어 있다. 이는 게임 디자인의 단면 스냅샷이며, 어떤 종류의 게임을 만들 계획인지 플레이 가능한 형태로 보여 준다.

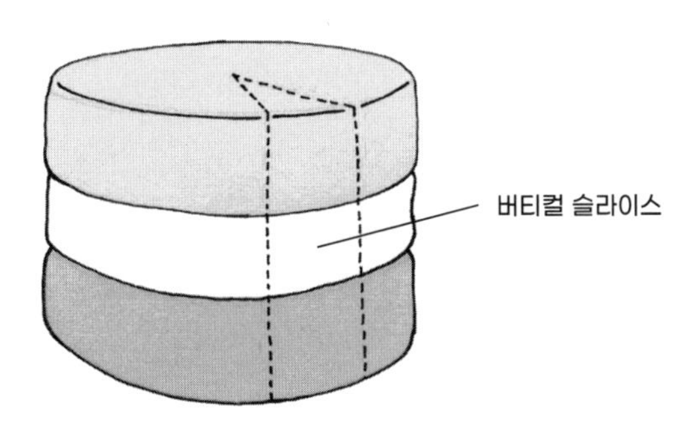

그림 10.1
버티컬 슬라이스.

핵심 루프

제이미 그리세머Jaime Griesemer가 〈헤일로Halo〉 시리즈 게임 플레이의 근간이 되는 '30초의 재미'[1]라는 유명한 개념에서 설명한 것처럼 많은 게임이 '반복되는 패턴'을 중심으로 만들어진다. 예컨대 싱글 플레이어 게임에는 반복되는 플레이어 활동 패턴이 있으며, 이 패턴을 계속 반복하게 된다. '한 지역에 들어가서 적과 전리품이 어디에 있는지 확인하고 엄폐한다. 적을 조준하여 하나씩 쓰러뜨린다. 출구에 도달할 때까지 맵을 돌아다니다 새로운 지역으로 들어가면 기본 패턴의 플레이어 활동이 다시 시작된다.'

하지만 그렇다고 해서 〈헤일로〉나 잘 디자인된 모든 게임이 반복적이라는 의미는 아니다. 2011년 엔가젯과의 인터뷰에서 제이미는 이렇게 말했다,

> 그 30초의 재미를 다양한 환경과 무기, 탈 것, 적, 다양한 조합으로 플레이하는 것, 때로는 서로 싸우고 있는 적을 상대로 싸워야 하는 것에 대해 나는 이야기했다. 〈헤일로〉에서는 30초 동안 같은 상황이 반복되지 않으며 임무마다 상황이 계속 바뀐다.[2]

게임 디자이너는 이를 게임의 "핵심 루프Core Loop"라고 부르기도 한다. 이 기본 반복 패턴 위에 게임 디자이너와 플레이어 간의 협업을 통해 끝없는 변주가 이루어진다. 디자이너는 끊임없이 변화하는 게임 요소의 조합을 제시하고 플레이어는 다양한 방식으로 게임의 각 부분에 자유롭게 접근할 수 있다.

버티컬 슬라이스에는 게임의 핵심 루프를 나타내는 부분이 하나 이상 포함되며, 이것은 플레이어가 게임을 플레이하는 동안 대부분의 시간을 보내게 될 경험의 유형을 보여 준다.

게임 스타일에 따라 이 핵심 루프는 〈언차티드〉와 같은 캐릭터 액션 게임에서는 '달리기/점프/오르기'가 될 수도 있고, 도시 건설 게임에서는 '유형 선택/지역 선택/건설'이 될 수도 있다. 〈테트리스Tetris〉에서는 '왼쪽으로 이동/오른쪽으로 이동/회전/드롭'과 같이 순간적인 컨트롤이 많을 수도 있고, 〈스타크래프트StarCraft〉에서는 '유닛 선택/발령 명령'과 같이 액션과는 거리가 먼 곳에 위치할 수도 있다.

이미 알고 있겠지만 이러한 핵심 루프의 데모를 만들려면 다양한 게임 메커닉, 입력 방법, 게임 오브젝트 및 에셋을 만들어야 한다. 캐릭터 액션 게임은 '달리기/점프/오르기'뿐만 아니라 달리고, 뛰어넘

---

1 **역주** '30초의 재미'란 제이미 그리세머가 2002년 GDC 강연에서 제시한 개념으로, 처음 30초 동안 매력적이고 즐거운 게임 플레이 경험을 창출하고 나서 이러한 재미가 똑같은 패턴으로 반복되지 않고 새로움을 준다면 플레이어는 계속해서 게임을 플레이할 것이라는 이론이다. 실제로 〈헤일로〉는 30초 단위로 〈헤일로〉 AI와 레벨 디자인을 통해 전투 패턴을 다양화하고 있다.

2 Ludwig Kietzmann, "Half-Minute Halo: An Interview with Jaime Griesemer", Engadget, 2011. 07. 14., https://www.engadget.com/2011/07/14/half-minute-halo-an-interview-with-jaime-griesemer/.

고, 올라갈 수 있는 오브젝트가 필요하며, 시뮬레이션 게임, 실시간 전략 게임, 멀티플레이어 온라인 배틀 아레나의 경우에는 제작, 제어, 전투를 위한 오브젝트가 필요하다. 또한 내러티브 게임에서는 대화할 캐릭터, 방문해야 할 장소, 일어날 이벤트가 필요하다. 게임 플레이를 제대로 이해하려면 메커닉에서 발생할 수 있는 가장 흥미로운 순간을 살펴봐야 한다.

특수 시퀀스

버티컬 슬라이스에서는 게임 내 특별한 시퀀스를 대표하는 무언가를 보여 줘야 한다. 이는 현대 게임에서는 매우 어려울 수 있는데, 그 이유는 비디오 게임에는 놀라울 정도로 많은 특수 사례 미션과 일회성 순간이 등장하기 때문이다.

내가 너티독에 입사하기 훨씬 전에 만들어진 〈크래쉬 밴디쿳〉의 버티컬 슬라이스에는 두 개의 레벨(환경을 의미하는 게임 디자인 용어)이 있었다. 한 레벨에서는 크래쉬가 구덩이를 뛰어넘고, 상자를 부수어 그 안에 있는 웜파 열매를 수집하고, 적에게 돌진하여 적을 쓰러뜨리는 '횡스크롤Side-Scrolling' 게임 플레이를 보여 주었다. 그리고 다른 레벨에서는 크래쉬가 거대한 바위에 쫓기며 공포에 질린 표정으로 카메라를 향해 달려가는 특별한 게임 플레이 시퀀스 중 하나를 선보였다.

하나의 버티컬 슬라이스로서 합쳐진, 이 플레이 가능한 두 개의 레벨은 너티독과 퍼블리셔인 유니버설 인터랙티브, 그리고 이 프로젝트에 참여한 모든 사람에게 전체 게임에서 무엇을 기대할 수 있는지 알려 주었다.

세 가지 C

버티컬 슬라이스가 게임 디자인을 파악하는 데 어떻게 도움이 되는지 살펴보는 또 다른 방법이 있다. 바로 캐릭터Character, 카메라Camera, 컨트롤Control이라는 비디오 게임의 '세 가지 C'를 고려하는 것이다.

캐릭터

우리는 게임의 주요 플레이어 캐릭터가 누구인지 또는 무엇일지 결정해야 한다. 어떻게 생겼고 어떤 소리를 낼까? 어떻게 움직일까? 플레이어가 게임에서 사용할 게임 동사는 어떻게 표현할까? 플레이어 캐릭터가 게임에 어떤 내러티브를 형성하는 감정적 특성을 가져올까? (최고의 비디오 게임 중에는 '플레이어 캐릭터'를 쉽게 식별할 만한 요소가 없는 경우도 있다. 이에 대해서는 잠시 후에 자세히 설명하겠다.)

플레이어 캐릭터는 게임 세계에서 플레이어의 행동을 구현하는 아바타이다. 게임 디자이너는 이 캐릭터를 "플레이어"라고 부르기도 하지만, 디자인 논의에서 고려하고 이야기해야 할 또 다른 플레이어, 즉 게임 컨트롤러를 잡고 키보드를 치거나 마우스를 조작하는 사람(아이디어와 감정, 계획과 오해로 가득 찬 '사람')이 있다는 점을 주의해야 한다. 게임 속 '플레이어'가 인간 플레이어인지 아니면 게임 속 캐릭터인지 명확하게 구분해 두면 게임 디자이너로서 더 많은 능력을 발휘할 수 있다.

많은 디지털 게임에는 플레이어 캐릭터가 하나 이상 존재하며, 그 수가 많은 게임도 있다. 〈퐁〉, 〈테트리스〉, 〈심시티SimCity〉, 〈스타크래프트〉 등 플레이어 캐릭터가 없는 것처럼 보이는 게임은 보통 '플레이어 캐릭터임을 유추할 만한 무언가'를 찾기 위해 멀리 둘러볼 필요가 없다. 〈퐁〉의 패들이나 〈테트리스〉의 테트로미노가 그 예가 될 수 있다. 또는 〈심시티〉의 커서, 구역 선택, 빌드 옵션이나 〈스타크래프트〉의 유닛과 건물을 선택하는 커서와 그 기능일 수도 있다. 시청각 요소의 조합이 무엇이든 플레이어가 순간순간 가장 직접적으로 제어할 수 있는 것은 플레이어 캐릭터로 간주해야 하며, 버티컬 슬라이스를 구축하여 플레이어 캐릭터가 무엇을 할 것인지 파악해야 한다.

❸ 카메라

게임 카메라는 초보 게임 디자이너가 논의하기 어렵고, 그 복잡성과 뉘앙스를 모두 설명하기 어려운 주제이다. "눈에서 멀어지면 마음에서도 멀어진다."라는 말처럼, 우리는 렌즈를 통해 게임을 바라보면서 게임과 너무 밀접한 동일화를 경험하기 때문에 게임을 플레이하는 동안 카메라가 하는 모든 일을 인식하지 못할 수도 있다. 게임마다 카메라에 대한 고려 사항이 근본적으로 다르다.

- **1인칭 카메라**: 1인칭 게임은 플레이어 캐릭터의 눈을 통해 바라보고 마우스로 시점의 방향을 제어하는 등 단순한 케이스이다. 하지만 1인칭 카메라를 코딩해 본 사람이라면, 심지어 미리 만들어진 설정을 변경해 본 사람이라면 그렇게 간단하지 않다는 것을 알게 될 것이다. 마우스 움직임과 시점의 방향 사이의 비례 관계, 플레이어 캐릭터의 발걸음에 따라 움직이는 카메라의 움직임, 카메라 시점의 시야각 등 다양한 요소가 이 "단순한" 사례를 구성한다.
- **3인칭 카메라**: 더 복잡한 경우는 3인칭 카메라가 게임 플레이에서 멀리 떨어진 곳에 배치되는 경우로, 패미컴 시절 〈슈퍼 마리오 브라더스Super Mario Bros〉 같은 2D 횡스크롤 게임, 〈바스티온Bastion〉이나 오리지널 〈스타크래프트〉 같은 2D 아이소메트릭 게임, 〈위쳐 3: 와일드헌트The Witcher 3: Wild Hunt〉 같은 3D 캐릭터 액션 게임, 〈시티즈: 스카이라인Cities: Skylines〉 같은 3D 도시 건설 게임 등이 이에 해당한다. 이 카메라는 〈슈퍼 마리오 브라더스〉, 〈바스티온〉, 〈위쳐 3〉에서 플레이어 캐릭터를 추적하기 위해 움직이거나, 〈스타크래프트〉와 〈시티즈: 스카이라인〉에서 플레이어가 직접 제어하는 것에 따라 움직인다.

이 두 가지 옵션 모두 정교함이 필요하다. 예를 들어 횡스크롤 액션 게임에서는 플레이어 캐릭터가 카메라를 움직이지 않고도 움직일 수 있는 제한된 자유 이동 영역인 '댄스 박스'를 설정하여 훨씬 부드러운 카메라 동작을 구현할 수 있다. 이태이 케렌Itay Keren의 2015 GDC 강연 및 가마수트라 기사 "뒤로 스크롤: 사이드 스크롤러에서 카메라의 이론과 실제"는 2D 액션 게임이 완벽한 카메라를 찾기 위해 시도한 다양한 접근 방식에 대한 훌륭한 논의를 제공한다.[3]

〈위쳐 3〉나 〈언차티드〉 같은 3D 캐릭터 액션 게임의 3인칭 카메라는 매우 복잡한 사례를 제공한다. 여기서 카메라는 마치 카메라 드론처럼 플레이어 캐릭터에 가깝게 배치되어 진행 상황을 면밀히 따라간다. 카메라는 보통 플레이어가 엄지손가락으로 직접 제어할 수 있으며, 종종 설정 메뉴 속에 있어서 보이지 않는 트리거 볼륨을 통해서도 제어할 수 있다. 이러한 트리거 볼륨은 플레이어 캐릭터를 화면에 유지하면서 가장 관련성이 높고, 가장 흥미롭고, 가장 아름다운 부분을 보여 주기 위해 카메라를 특정 고도, 방향, 피치 각도로 이동시킨다. 때로는 컷을 통해 카메라를 특정 위치로 이동시키기도 한다.

여기에는 카메라의 동작을 결정하는 크고 복잡한 알고리즘이 있으며, 이러한 설정으로 인해 발생하는 많은 동작은 플레이어가 카메라 앞에서 싸우는 듯한 느낌을 줄 수 있어야 한다. 제대로 설정하지 않으면 장편 영화나 TV에서 보던 우아하고 활기찬 카메라 움직임과는 정반대로 카메라의 움직임이 삐걱거리거나 느리게 느껴질 수 있다.

3D 캐릭터 액션 게임에는 환경과 관련된 여러 가지 카메라 문제가 숨어 있다. 플레이어 캐릭터가 벽을 등지고 있거나 기둥 뒤로 가 버리면 어떻게 될까? 카메라는 일반적으로 벽 안쪽으로 들어갈 수 없거나 게임 그래픽의 '외부'를 보여 주어 컴퓨터 그래픽 세계의 환상을 깨고 플레이어의 '불신의 유예Suspension of Disbelief'[4]를 깨뜨리게 된다. 카메라를 더 가까이 이동하거나 회전하면 해결책을 찾을 수 있지만, 카메라를 너무 가까이 이동하면 플레이어 캐릭터의 머리 뒤쪽만 보이거나 플레이어가 다른 곳을 보고 싶을 때 카메라를 움직여 새로운 방향을 가리키는 등 여러 가지 문제가 발생할 수 있다.

첫 번째 3D 캐릭터 액션 게임의 프리 프로덕션을 준비할 수 있도록 이러한 문제를 언급했지만, 이는 충분히 해결할 수 있는 문제이다. 우리가 사랑하는 게임의 재능 있는 개발자들은 이러한 문제에 대한 훌륭하고 우아한 해결책이 많다는 것을 여러 번 보여 주었다. 시간과 노력이 필요할 뿐이다.

---

3 Itay Keren, "Scroll Back: The Theory and Practice of Cameras in Side-Scrollers", Gamasutra, 2015. 05. 11., https://gamasutra.com/blogs/ItayKeren/20150511/243083/Scroll_Back_The_Theory_and_Practice_of_Cameras_in_SideScrollers.php.

4 **역주** 불신의 유예란 서사 작품을 볼 때 독자가 판타지 같이 현실에 존재하지 않는 세계관이 등장하더라도 그 세계관을 불신하지 않고 일단 믿어본다는 것을 의미한다.

따라서 버티컬 슬라이스를 완성할 때쯤에 버티컬 슬라이스가 게임 디자인에 대한 필수 정보를 알려주는 역할을 제대로 수행하려면 게임 카메라의 작동 방식에 대해 많은 것을 알고 있어야 한다.

✖ 컨트롤

컨트롤은 플레이어가 게임과 인터랙션해 자신의 의사를 표현하는 선택을 하는 메커닉이다. 게임의 컨트롤을 결정하는 것은 부분적으로는 '어떤 버튼을 누르고, 마우스를 움직이고, 엄지손가락 제스처를 취하면 게임에서 어떤 동작이 발생할지 결정하는 것'과 관련이 있지만, 사실 그 이상의 의미가 있다.

플레이어가 게임 컨트롤을 조작할 때 사용하는 에이전시는 게임 디자이너가 고려해야 할 매우 중요한 또 다른 루프의 일부이다. 이는 플레이어와 게임의 하드웨어 및 소프트웨어가 모두 관련된 루프이다. 여기서는 컨트롤러로 콘솔 게임을 플레이하는 사람을 예로 들어 보겠다. 다른 루프와 마찬가지로 우리는 그것이 어디에서 시작되는지 살펴볼 수 있지만, 여기서는 게임이 화면과 스피커를 통해 출력하는 이미지와 사운드에 대한 플레이어의 지각Perception부터 시작하겠다.

플레이어의 지각은 보고 듣는 것에 대한 생각과 감정, 다음에 무엇을 해야 할지에 대한 의사 결정 과정으로 이어지며, 이 모든 과정을 "인지Cognition"라고 부를 수 있다. 그런 인지 후에 플레이어는 행동을 취한다. 버튼을 누르거나 컨트롤러 위에서 엄지손가락을 움직이는 것이 그 예이다.

게임 콘솔은 이러한 입력을 받아 게임이 지속적으로 수행하는 연산에 반영한다. 게임 콘솔은 그 순간에 무슨 일이 일어났는지 판단하여 화면과 스피커로 새로운 출력을 전송하고, 루프가 다시 시작된다.

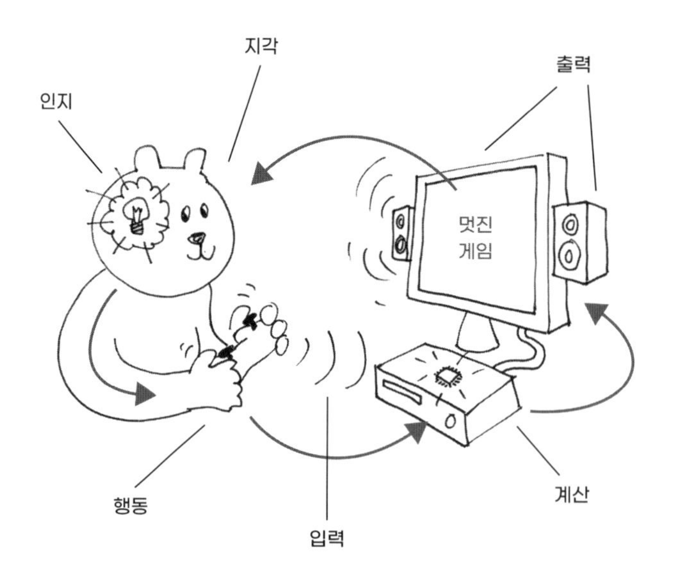

그림 10.2
지각-인지-행동-입력-계산-출력 루프.

플레이어의 선택은 게임에 대한 이해, 게임 내 시스템에 대한 플레이어의 사고 모델, 특정 행동을 취했을 때 일어날 것으로 예상되는 상황에 기반한다는 점에서 컨트롤은 게임의 모든 요소에 녹아 있다고 볼 수 있다. 그래픽과 사운드를 통해 게임의 현재 상태가 재현되는 방식에서부터 플레이어가 게임에서 무엇을 할 수 있는지 시행착오를 통해 배운 것, 플레이어가 게임에서 달성하기를 바라는 목표와 그 목표를 달성하면 플레이어에게 어떤 보상이 주어지는지 등 컨트롤에 대한 질문은 게임 디자인 곳곳에 산재해 있으며, 이는 단순히 어떤 버튼이 어떤 기능을 하는지에 관한 것만은 아니다.

게임 디자이너 스티브 스윙크는《게임 감각》에서 심리학 개념인 '지각 영역Perceptual Field'에 대해 설명하면서 한 걸음 더 나아가 이러한 생각을 발전시켰다. 스윙크는 심리학자 도널드 스니그Donald Snygg와 아서 콤스Arthur Combs의 아이디어를 인용하며 다음과 같이 말했다.

> 지각 영역이라는 개념은 지각이 우리의 태도, 생각, 아이디어, 환상, 심지어 오해를 포함한 모든 이전 경험을 배경으로 수행된다는 것이다. 즉 우리는 이전에 있었던 것과 분리해서 사물을 인식하지 않는다. 오히려 우리는 필터를 통해, 배경을 바탕으로, 그리고 세상에 대한 우리 자신의 개인적인 비전의 구조 안에서 모든 것을 경험한다.[5]

'플레이어가 풍부하고 만족스러운 방식으로 참여할 수 있는 게임'을 디자인하는 방법을 고민할 때 이 점이 매우 흥미롭고 도움이 된다. 이는 플레이어로서 우리가 게임을 하며 개인적, 문화적, 심지어 정치적인 것을 많이 동원한다는 사실을 상기시켜 준다.

각 게임마다 컨트롤 디자인에 대한 구체적인 고려 사항이 있다. 플레이어가 쉽게 발견하고 사용할 수 있고, 게임 내 반응으로 플레이어의 행동을 즉시 인식할 수 있는 컨트롤을 만드는 데 중점을 두어야 한다. 22장에서 간략하게 설명할 개념인 '게임 감각'과 '재미'에 대해 생각해 보면 좋을 것이다. 다른 게임에서 사용하는 컨트롤 관습에 대해 생각해 볼 필요가 있다. 그것이 바로 여러분이 원하는 것이라면, 이러한 관습은 플레이어가 게임을 더 쉽게 익히는 데 도움이 될 수 있다. 또한 장애가 있는 플레이어를 위한 접근성을 고려해야 한다.

버티컬 슬라이스를 만들면서 게임 컨트롤 디자인을 반복하여 적용하면 '사용하기 쉽고 재미있으며 흥미로운 방식으로 도전할 수 있는 게임', 즉 표현력이 풍부하고 의미 있고 흥미진진한 게임을 만들 수 있다.

캐릭터, 카메라, 컨트롤이라는 세 가지 C가 바로 그것이다. 우리는 프리 프로덕션 단계에서 플레이어 캐릭터와 캐릭터의 핵심 능력, 게임의 핵심 메커닉을 잘 다듬은 버티컬 슬라이스를 만들어, 우리가

5 Steve Swink, 《Game Feel: A Game Designer's Guide to Virtual Sensation》, Morgan Kaufmann/Elsevier, 2008, p.50.

만드는 게임의 3C를 잘 파악해야 한다.

샘플 레벨과 블록메시 디자인 과정

버티컬 슬라이스에는 게임의 샘플 레벨(환경)이 하나 이상 포함되어 있어, 플레이할 수 있는 공간을 확보하고 완성된 게임이 어떤 형태이고 사운드가 어떤지 파악할 수 있다.

대부분의 게임 레벨 디자인은 종이나 화이트보드에서 작업하는 것으로 시작된다. 너티독에서는 '레벨의 게임 플레이와 스토리 비트에 대한 아이디어'와 '레벨이 달성해야 할 목표'에 대해 논의하는 것으로 시작했다. 그런 다음 그림 10.3과 같이 레벨에 대해 상상하는 게임 플레이의 순서를 대략적인 순서도로 스케치한다.

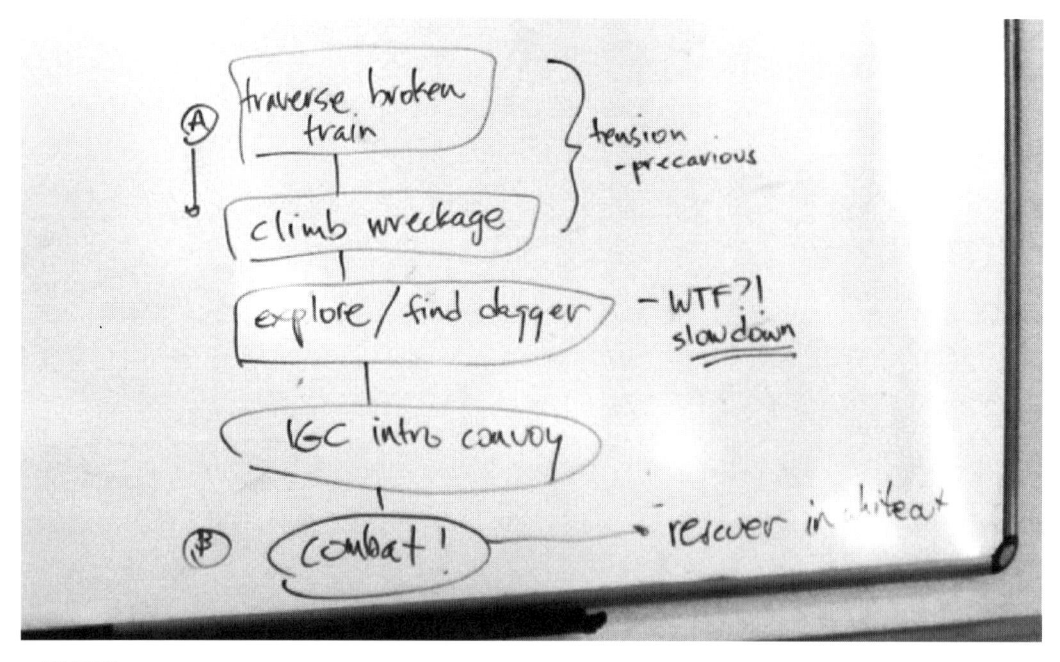

그림 10.3
<언차티드 2: 황금도와 사라진 함대>의 전반부 게임 플레이와 스토리 순서를 스케치한 화이트보드 순서도.
이미지 크레딧: <언차티드 2: 황금도와 사라진 함대>TM ©2009 SIE LLC. <언차티드 2: 황금도와 사라진 함대>는 소니 인터랙티브 엔터테인먼트 LLC의 상표이다. 제작 및 개발: 너티독 LLC.

이 순서도를 사용하여 그림 10.4와 같이 하향식 평면도 및 필요한 경우 사이드 뷰 형태의 입면도로 레벨에 대한 몇 가지 느슨한 다이어그램을 만들 수 있다.

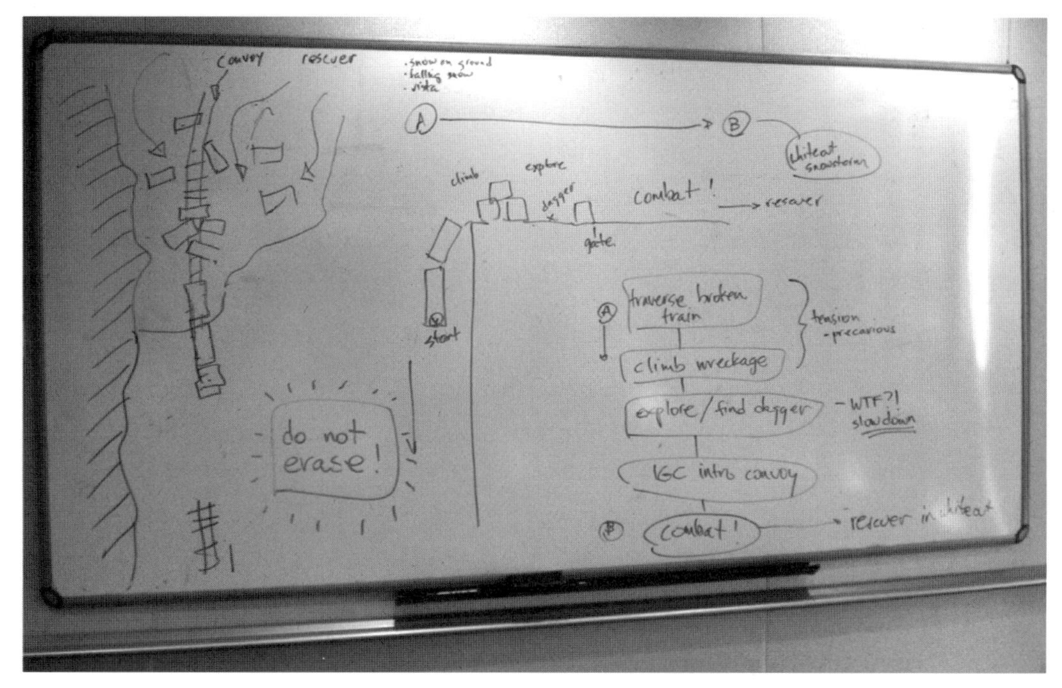

그림 10.4

<언차티드 2: 황금도와 사라진 함대>의 전반부를 위한 플로차트에서 대략적인 레벨 레이아웃으로 이동하는 과정을 평면도와 입면도로 보여 주는 화이트보드 다이어그램.

이미지 크레딧: ©2009 SIE LLC/<언차티드 2: 황금도와 사라진 함대>™. 제작 및 개발: 너티독 LLC.

나는 초기 프로젝트에서는 종이나 어도비 일러스트레이터로 레벨의 세부 건축 계획을 세우는 데 많은 시간을 할애했다. 너티독에서 레벨 디자인 과정이 성숙해지면서 세부적인 종이 레이아웃에 소요되는 시간을 줄이기 시작했고, 느슨한 화이트보드 스케치에서 블록메시 레벨 레이아웃 과정으로 빠르게 전환했다.

블록아웃, 화이트박스 또는 그레이박스 레벨 디자인이라고도 하는 '블록메시Blockmesh'는 저해상도 3차원 입체이다. 블록메시는 일반적으로 렌더링 가능한 '보이는 지오메트리'와 충돌판정에 사용되는 '보이지 않는 지오메트리'라는 두 가지 유형으로 나뉜다. 디자이너는 이 두 가지 유형의 지오메트리를 사용하여 가장 기본적인 형태의 레벨을 빠르고 쉽게 스케치할 수 있다. 이 단계에서 게임 디자이너가 아티스트, 프로그래머, 애니메이터, 오디오 디자이너 및 레벨 디자인에 기여할 다른 모든 사람과 협업할 수 있으면 가장 좋다.

시간이 지남에 따라 블록메시는 레벨의 디자인을 개선하기 위해 연속적인 반복 패스를 통해 다듬어진다. 어느 시점에서 아티스트는 그림 10.5와 같이 레벨에 윤곽을 잡기 위한 거친 스케치를 시작으로 레벨의 시각적 외형을 개발하기 시작하고, 그다음에는 완성된 아트를 연속적으로 패스를 통해 완성한다. 디자이너, 아티스트, 그리고 다른 모든 사람들은 레벨이 완성될 때까지 계속해서 협업하며 각자의 기술을 빌려 레벨을 개선한다.

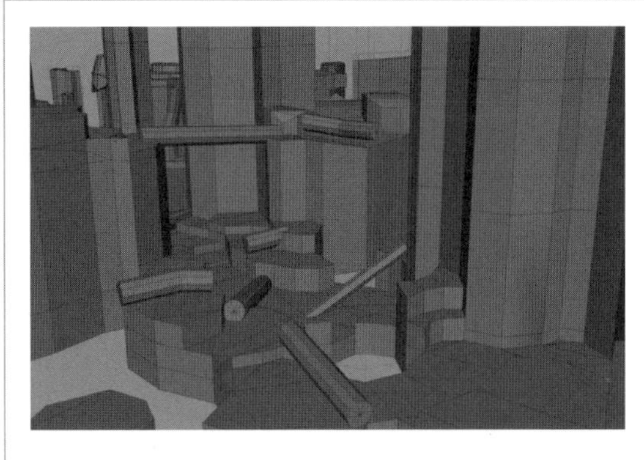

(a) 게임 디자이너는 블록메시 레벨 레이아웃을 생성하고 플레이 테스트, 메모, 변경 등의 반복적인 과정을 통해 이를 다듬기 시작한다.

(b) 아티스트 또는 게임 디자이너가 레벨의 샘플 부분을 스케치하여 블록메시가 완성된 게임에서 어떻게 보일지 시각화하기 시작한다.

(c) 블록메시가 충분히 잘 개발되었다고 판단되면 아티스트는 눈에 보이는 로우 폴리곤 모델의 렌더링 가능한 지오메트리 패스로 시작한다. 게임 디자이너는 보이지 않는 충돌판정 입체를 계속 유지하여 게임을 플레이할 수 있도록 하고, 팀이 문제를 해결하고 디자인을 다듬으면서 반복적인 과정을 계속 진행한다.

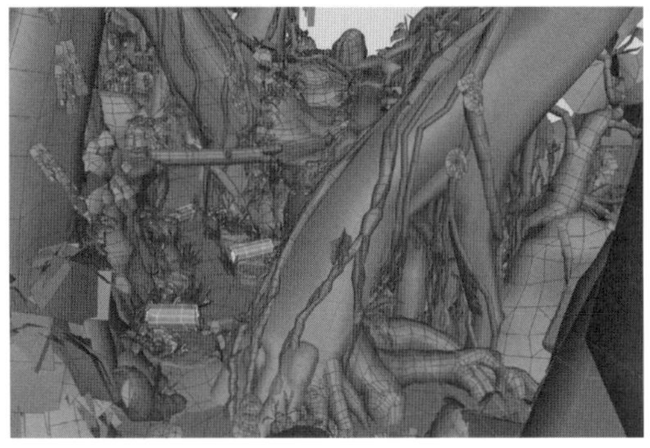

(d) 아티스트는 더 세부적인 작업을 연속적으로 진행하면서 렌더링 가능한 아트워크를 더 세밀한 지오메트리로 마무리한다. 아티스트는 레벨에 텍스처를 추가할 텍스처 아티스트와 협업하여 미리 계획을 세운다.

(e) 텍스처 아티스트, 조명 아티스트, 시각 효과 아티스트는 해당 분야의 기술을 사용하여 레벨을 완성한다. 3D 아티스트, 게임 디자이너 등은 계속해서 문제를 해결하고 디자인을 다듬는다.

그림 10.5
레벨 디자인 및 아트 제작의 블록메시(블록아웃, 화이트박스 또는 그레이박스라고도 함) 과정이다.
이미지 크레딧: 에릭 팬길리난Erick Pangilinan 및 ©2009 SIE LLC/<언차티드 2: 황금도와 사라진 함대>™. 제작 및 개발: 너티독 LLC.

블록메시를 색상으로 구분하여 '오를 수 있는 가장자리'나 '물'과 같은 중요한 요소를 표시하기도 한다. 이 과정에 관심이 있다면 2017년 너티독의 게임 디자이너 마이클 바클레이Michael Barclay가 블록메시를 기념하기 위해 시작한 영감을 주는 트위터 해시태그 #blocktober를 꼭 살펴봐야 한다(그림 10.6).

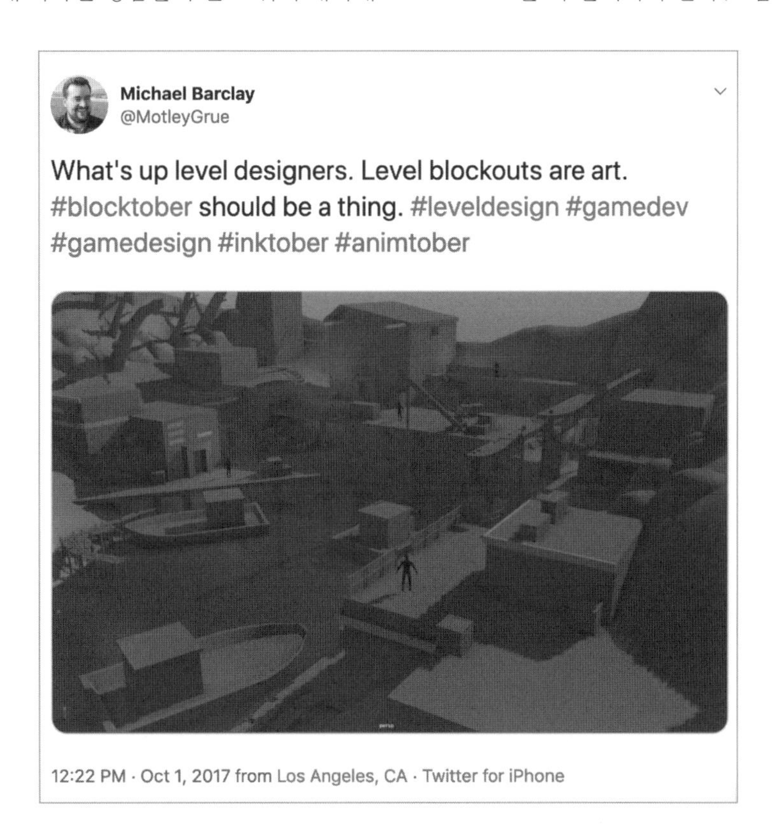

그림 10.6
#blocktober 해시태그의 시초가 된 마이클 바클레이의 트위터 게시물.

마이클에 의하면 "레벨 블록아웃은 예술"이기 때문이다.[6]

2D 게임을 위한 3D 블록메시 레벨 디자인과 유사한 과정이 있는데, 이는 게임 엔진의 레벨 에디터에서 간단한 프리미티브를 사용하여 레벨을 스케치하는 것이다. 정확한 방법은 게임 스타일과 엔진에 따라 다르지만 기본 원칙은 동일하다. 플레이 가능한 레벨을 빠르고 거칠게 반복을 통해 다듬는 것이다.

블록메시 디자인 과정을 사용하여 샘플 레벨을 빌드하는 것은 많은 게임에서 버티컬 슬라이스를 제작하는 데 중요한 부분이지만, 절차적 레벨 생성과 같은 다른 레벨 디자인 방법도 적절할 수 있다.

레벨 디자인에 대한 이러한 간단한 팁 외에도 다음 리소스를 추천한다.

- GDC 볼트 홈페이지 gdcvault.com에서 "레벨 디자인 워크숍Level Design Workshop"을 검색하면 GDC 레벨 디자인 워크숍에서 진행되었던 레벨 디자인에 관한 좋은 강연을 많이 찾아볼 수 있다.
- 크리스토퍼 W. 토튼Christopher W. Totten의 저서 《레벨 디자인에 대한 건축학적 접근법An Architectural Approach to Level Design》은 이 주제를 수준 높고 포괄적으로 다루고 있다.
- 스콧 로저스Scott Rogers의 《레벨 업! 훌륭한 비디오 게임 디자인 가이드Level Up! The Guide to Great Video Game Design》에는 레벨 디자인에 대한 훌륭한 장면이 많이 있다.
- 매튜 프레더릭의 《건축학교에서 배운 101가지》에는 건축가를 대상으로 하는 많은 지혜가 담겨 있지만 이는 레벨 디자이너에게도 유용하다.
- 너티독의 리드 게임 디자이너 에밀리아 샤츠Emilia Schatz의 "비디오 게임의 환경 언어 정의"라는 글은 꼭 읽어 보기 바란다.[7] 에밀리아는 통찰력이 뛰어난 게임 디자이너로, 그녀가 쓴 훌륭한 이 글은 레벨 디자인 사고를 일반적인 게임 디자인 철학과 잘 조화시킨다.

버티컬 슬라이스 샘플 레벨의 크기와 품질

버티컬 슬라이스에 포함된 샘플 레벨의 크기는 궁극적으로 게임 디자이너에게 달려 있지만, 게임의 이해관계자(예: 프로듀서 또는 재무 담당자)는 특정 크기의 레벨을 요구할 수 있다. 샘플 레벨은 완성

6 Michael Barclay (@MotleyGrue), "What's Up Level Designers", Twitter, 2017. 10. 01., https://twitter.com/MotleyGrue/status/914571356888371201.

7 Emilia Schatz, "Defining Environment Language for Video Games", 80 Level, 2017. 06. 27., https://80.lv/articles/defining-environment-language-for-video-games/.

된 게임이 어떻게 플레이될지 파악할 수 있을 만큼 충분히 길어야 한다.

상업용 게임 팀이라면 샘플 레벨의 모든 요소(아트, 애니메이션, 디자인, 코드, 사운드, 음악 등)를 완성된 게임에서 볼 수 있을 만큼 완성도 있게 다듬어 버티컬 슬라이스를 진짜 출시할 수 있는 수준까지 만들 것이다.[8]

하지만 학생 팀을 포함한 많은 소규모 팀의 경우 프리 프로덕션이 끝날 때까지 단 하나의 레벨도 디자인할 수 없거나 '아트 업'할 수 없는 경우가 많다. 바로 이 지점에서 '아름다운 코너'라는 개념이 등장한다.

아름다운 코너

아름다운 코너란 간단히 말해 플레이어 컴퓨터의 한 화면을 가득 채울 수 있을 정도의 레벨의 일부분으로, 완성된 게임에서 볼 수 있을 정도로 아트와 오디오가 다듬어진 것을 뜻한다. 아름다운 코너는 게임의 작은 코너를 아름답게 만든 것이다. 또는 만일 여러분의 게임이 전통적인 아름다움의 개념에 부합하지 않는 경우, 이는 작업되고, 세련되게 다음어지고, 조탁된 것이다.

3D 게임에서는 두 개 이상의 벽이 바닥 및 천장과 교차하는 공간의 구석으로 카메라를 향하게 할 수 있다. 카메라의 '절두체 뷰View Frustum'[9]는 시야각, 화면비, 뎁스 컬링 설정에 따라 카메라의 시점에서 볼 수 있는 쐐기 모양의 공간이다. 카메라 절두체 내부의 아름다운 구석에 보이는 모든 것이 멋지게 보여야 한다. 여기에는 배경뿐만 아니라 존재하는 오브젝트도 포함된다. 완성된 게임에서 움직일 수 있는 모든 사물에 아름답게 애니메이션을 부여해야 하고, 모든 사운드가 훌륭해야 한다. 게임 디자인 과정의 어떤 단계에서도 사운드 디자인을 간과해서는 안 된다.

카메라를 아름다운 코너에서 몇 도만 돌려도 레벨의 나머지 부분을 구성하는 디테일이 낮은 블록메시를 볼 수 있다. 하지만 카메라를 아름다운 코너로 향하게 하면 완성된 게임이 어떤 모습일지 생생하게 시각화할 수 있다.

그림 10.7에 이에 대한 예시를 그려 두었다.

---

8 게임 개발자와 다른 유형의 창작자들은 종종 '출시Shipping'와 '출시 가능Shippable'에 대해 이야기한다. 출시는 대중이 게임을 이용할 수 있도록 게임을 출시하거나 퍼블리싱하는 것을 의미하며, 출시 가능은 출시할 수 있을 만큼 좋은 상태라는 뜻이다. 이 단어는 소프트웨어를 물리적 미디어에 담아 상자에 넣어 먼 곳으로 배송하던 시대에서 유래했다.

9 역주 바닥과 평행하게 윗부분이 잘린 피라미드처럼 생긴 오브젝트.

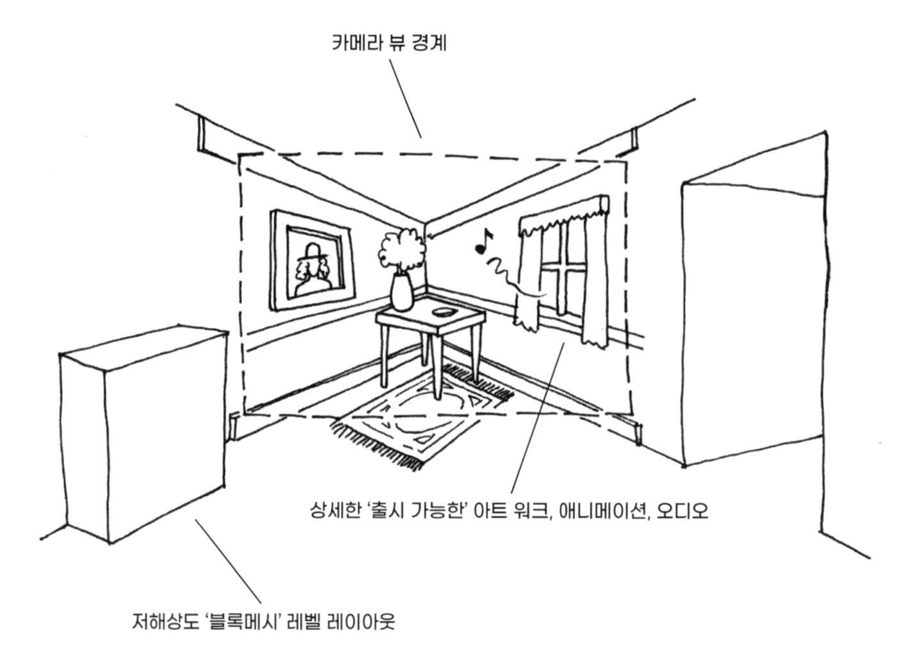

그림 10.7
완성된 게임 레벨이 어떻게 보일지 시각화할 수 있는 '아름다운 코너'.

횡스크롤, 탑다운, 아이소메트릭 게임 등 2D 게임 디자인에도 아름다운 코너 개념을 사용할 수 있다. 다시 말하지만 우리는 '플레이어 캐릭터'와 '카메라'를 화면의 모든 요소가 멋지게 보이고 들리는 곳에 배치할 수 있어야 한다. 아름다운 코너의 개념은 비디지털 게임이나 게임의 일부에도 적용될 수 있다. 보드 게임이나 카드 게임의 일부를 다듬을 수도 있고, 참신하거나 혁신적인 제어 인터페이스를 갖춘 '알트 컨트롤러' 게임의 일부를 다듬을 수도 있다.

나는 게임 업계 어딘가에서 이 아름다운 코너라는 개념을 접했지만, 누가 이 개념을 만들었는지 알 수는 없다. (이 용어는 역사적으로 가정의 제단을 묘사하는 데 사용되었다.)[10] 이 개념은 소규모 팀과 학생들이 버티컬 슬라이스를 만들 때 매우 유용하다. 아름다운 코너를 사용한다면 버티컬 슬라이스의 레벨 대부분이 블록메시로 되어 있어 출시가 불가능하더라도 버티컬 슬라이스를 사용하여 핵심 메커닉을 이해할 수 있다. 버티컬 슬라이스의 아름다운 코너에서는 최종적인 비주얼 아트, 애니메이션, 오디오 에셋으로 완성된 게임 레벨의 모습과 사운드가 어떻게 될지 보여 준다.

나중에 살펴보겠지만, 아름다운 코너나 출시 가능한 샘플 레벨을 만드는 등 버티컬 슬라이스를 출시 가능한 수준의 품질로 만들기 위해 수행해야 하는 작업은 여러 가지 방식으로 게임 개발 과정에 도움이 될 것이다.

10 "Icon Corner", Wikipedia, https://en.wikipedia.org/wiki/Icon_corner.

버티컬 슬라이스의 도전과 보상

버티컬 슬라이스를 제작하는 것은 어려운 작업일 수 있다. 버티컬 슬라이스 제작은 너무 벅찬 작업이어서 많은 사람이 대형 상업용 비디오 게임을 위한 진짜 버티컬 슬라이스를 제작하는 것이 가능한지 의심할 정도이다. '핵심'이라고 할 수 있는 게임 요소의 수와 오늘날 게임에서 볼 수 있는 높은 제작 가치의 표준에 맞게 에셋을 만들고 다듬는 데 걸리는 엄청난 시간 때문에 버티컬 슬라이스의 도전은 해가 갈수록 더욱 어려워지고 있다.

실제로 첫 번째 〈언차티드〉 게임에서 겪었던 여러 가지 제작상의 어려움으로 인해 우리는 실제 버티컬 슬라이스를 만들지 못했다. 그 대신 기술 데모, 핵심 아트, 애니매틱스, 대략적인 플레이 가능 레벨을 잘라낸 콘셉트 영상을 제작했는데, 이 영상은 실제 버티컬 슬라이스와 같은 방식으로 게임 디자인을 설명하는 데 도움이 되었다.

아름다운 코너, 보조 콘셉트 영상 및 기타 프레젠테이션 자료를 사용하여 버티컬 슬라이스를 시각화하는 등 유연한 사고를 유지한다면 버티컬 슬라이스는 실현 가능한 목표가 되고 나머지 게임을 만드는 데 큰 도움이 된다.

버티컬 슬라이스를 만든다는 것은 게임 디자인에서 다음 단계로 넘어가야 한다는 것을 의미한다. 앞서 설명했듯이 아이디어를 실행에 옮기는 것은 어려운 일이다. 결정을 내리기에는 항상 너무 이른 것 같고, 결정을 내리기 전에 항상 다시 생각하게 된다. 하지만 프리 프로덕션 단계에서 우리가 만드는 디자인에 대한 약속들은 나머지 프로젝트 기간 동안 게임 제작이 순조롭게 진행될 수 있도록 해 준다. 그렇기 때문에 우리는 용기를 내어 결정하는 방법을 배워야 한다.

만들면서 디자인하는 것은 내가 아는 한 게임을 디자인하고 개발하는 가장 좋은 방법이다. 버티컬 슬라이스를 만들어서 우리 자신과 다른 사람들에게 우리가 무언가를 하고 있다는 것을 보여 줄 때의 만족감은 팀의 사기를 높이는 데 큰 도움이 된다. 다음 장에서는 이 훌륭한 버티컬 슬라이스를 어떻게 만들어야 하는지 자세히 살펴보겠다.

A Playful Production Process

재미있는 게임 제작 프로세스

11장
버티컬 슬라이스 만들기

자, 그래서 우리는 버티컬 슬라이스를 만들기로 결정했다. 어떻게 이것을 만들어야 할까? 지금까지 이 책에서 '반복'에 대해 많이 이야기했기 때문에 버티컬 슬라이스를 만들기 위해서도 반복적인 디자인 프로세스를 사용한다는 사실은 놀랍지 않을 것이다.

경험이 없는 게임 개발자는 우리가 게임을 이런 식으로 만든다고 생각할 수 있다.

초기 아이디어 → 디자인 → 개발 → 게임 완성?

9장에서 설명한 구식 '워터폴' 기법처럼 조립 라인에서 제작하는 것 말이다. 그들은 훌륭한 게임을 만들기 위해서는 게임을 만들고 수정하고 또 수정해야 한다는 사실을 이해하지 못한다. 이것이 바로 그들이 시간이 부족한 이유이다.

실제로 게임이 만들어지는 방식은 다음과 같다.

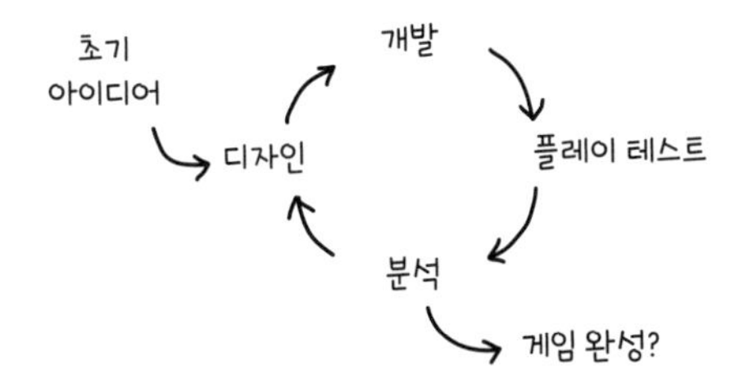

반복적인 게임 디자인은 독창적인 아이디어를 바탕으로 디자인을 구상하고, 그 아이디어를 바탕으로 플레이 가능한 무언가를 개발(제작)하고, 만든 것을 플레이 테스트하고, 플레이 테스트 결과를 분석하고, 디자인을 수정하고, 새로운 것을 제작하는 과정을 되풀이하며 결국 게임 제작이 완료될 때까지 계속된다.

반복적인 디자인은 루프 속에서 이루어진다. 하지만 어떻게 하면 돌고 도는 반복을 멈출 수 있을까? 그것이 바로 프로젝트 목표가 중요한 이유이다. 분석 단계에서 게임이 설정한 경험 목표를 달성하고 있다는 것을 확인할 수 있다면 올바른 방향으로 나아가고 있다는 것을 알 수 있다. 그렇지 않다면 다음 디자인 작업을 통해 다시 정상 궤도에 오를 수 있다. 이렇게 하면 목적 없이 여러 가지를 시도하는 것을 방지하고 목표를 향해 나아갈 수 있는 것이다.

프로토타입으로 작업하기

마크 서니는 2002년에 열린 D.I.C.E. 토론에서 '퍼블리싱 가능한 최초의 플레이 가능한publishable first playable' 버전에 대해 설명하면서 이 용어를 "버티컬 슬라이스"라고 불렀다. 마크는 아이데이션 단계부터 프로토타입으로 시작해야 한다고 말한다.

> 프로토타입을 만들면서 얼마나 많은 것을 배우는지는 굳이 설명하지 않아도 알 수 있다. 특히 우리 팀은 수많은 프로토타입을 연속적으로 만들고 있다. 이러한 프로토타입을 만들기 시작하기 전에 시간을 지체하지 않는 것이 중요하다. 현재 여러분이 가지고 있는 조각을 통해 아무리 초라하더라도 최선을 다해 만들어야 한다. 프로토타입을 통해 배우는 것이니까. … 이러한 프로토타입은 결국 게임 레벨과 구분할 수 없는 수준에 이르게 된다. … 각 프로토타입은 아트워크, 게임 메커닉 및 기술을 결합하여 게임의 전체 레벨을 보여 준다.[1]

따라서 아이데이션에서 만든 프로토타입을 가지고 '프로젝트 목표'라는 새로운 렌즈를 통해 바라보고 계속 반복함으로써 버티컬 슬라이스를 만들 수 있다. 가장 강력한 단일 프로토타입을 사용하거나 두 개 이상의 프로토타입을 결합하여 새로운 것을 만들 수도 있다.

이전 프로토타입보다 프로젝트 목표에 더 잘 부합하는 새로운 프로토타입으로 다시 시작할 수도 있지만, 5장에서 언급했듯이 현명하지 못한 방법일 수도 있다. 어쨌든 이것은 여러분의 선택이다. 나는 여러분이 프로젝트에 가장 적합한 결정을 내릴 것이라고 믿는다.

게임에서 초기 시퀀스를 만들되, 아직 초반은 만들지 마라

프로토타입에서 게임의 핵심을 나타내는 버티컬 슬라이스를 만들다 보면 완성된 게임의 초기 시퀀

1 Mark Cerny, "D.I.C.E. Summit 2002", https://www.youtube.com/watch?v=QOAW9ioWAvE, 7:21.

스를 만들게 될 것이다. 게임의 기본은 대개 게임 초반에 명확하게 드러나기 때문에 이는 자연스러운 발전이다.

하지만 게임의 시작부터 버티컬 슬라이스로 디자인해서는 안 된다. 플레이어가 게임에 도달할 때쯤이면 게임의 기본 사항과 내러티브를 익혔다고 가정하고 게임으로 조금 앞으로 나아갈 수 있는 권한을 부여하라. 이렇게 하면 게임의 핵심을 더 효과적이고 쉽게 파악하는 데 도움이 된다. 12장에서 설명하는 '컨트롤 치트 시트'를 사용하여 플레이 테스터를 게임에 참여시킬 수 있다.

이러한 사고의 철학에 대한 자세한 내용은 22장의 "게임을 어떤 순서로 만들어야 할까?" 절에서 확인할 수 있다.

게임의 핵심 요소에 대한 반복 작업

프로토타이핑할 때와 마찬가지로 게임 메커닉, 동사, 플레이어 활동을 구성하는 작은 세트에 집중해 버티컬 슬라이스를 구축하기 시작해야 하며, 이 버티컬 슬라이스는 우리가 상상하는 게임의 핵심을 형성할 것이다. 프로토타입을 제작하는 동안 개발 접근 방식이 다소 엉성했다면, 이제는 앞으로 나아가기 전에 모든 것을 단단히 다져야 할 때이다.

게임 플레이, 그래픽, 오디오, 컨트롤, 인터페이스, 사용성 등 모든 요소를 탄탄하게 만들어야 한다. 이 버티컬 슬라이스는 재미있게 플레이할 수 있고, 배우기 쉬우며, 버그가 없어야 한다. 폴리싱하면서 문제를 해결해 나가야 하는데 이에 대해서는 13장에서 자세히 설명하겠다.

앞서 인용문에서 마크 서니가 강조한 연속적인 프로토타입에 주목해야 한다. 이는 결국 버티컬 슬라이스가 될 것을 만들었다가 버리는 과정을 여러 번 반복한다는 의미이다. 마크는 강연에서 최종적으로 만족할 만한 버티컬 슬라이스가 나오기까지 약 네 가지 버전의 버티컬 슬라이스를 버리게 될 것이라고 말했다. 그는 최근 나에게 "다섯 번째 버티컬 슬라이스는 너티독이 〈크래쉬 밴디쿳〉을 통해 달성하고자 하는 바를 성공적으로 보여 줬고, 이를 완성한 후 바로 제작에 돌입했다. 앤디 개빈과 제이슨 루빈이 인내심을 갖고 한 번에 5~6주씩 여러 번 반복 작업을 해 준 것에 대해 찬사를 보낸다."라고 했다.

프리 프로덕션 기간이 몇 주밖에 없다면 버티컬 슬라이스를 다섯 번 반복할 시간은 없겠지만, 적어도 한 번은 다시 시작해야 할 것이다. 내가 작업한 모든 게임의 레벨은 개발 과정에서 적어도 한 번 이상은 버려졌다가 다시 시작되었는데, 이것이 바로 게임 개발의 특성이다. 디자인 및 기술적인 발견, 팀 리더의 노트, 플레이 테스트 피드백 등 처음부터 다시 시작하는 이유는 여러 가지가 있다.

일반적인 게임 개발 관행은 작업물을 "일찍 그리고 자주" 저장하여 작업물을 잃어버리지 않도록 하는 것이다. 필요한 경우 역추적할 수 있도록 버전 번호를 늘리며 연속적으로 저장해야 한다. 이미 버전 관리 시스템(컴퓨터 파일의 변경 사항을 관리하는 데 사용되는 도구)을 사용하고 있다면 커밋을 자주 수행하라. 필요한 경우 이전 버전으로 돌아갈 수 있는 온라인 저장 서비스에 저장할 수도 있다. 작업을 잃어버려서 다시 시작해야 하는 상황이 발생하더라도 걱정할 필요는 없다. 잃어버린 것을 두 번째로 다시 만드는 데 걸리는 시간은 처음보다 훨씬 단축될 것이다.

버티컬 슬라이스를 작업하는 동안, 그리고 실제로 전체 개발 과정을 진행하는 동안 지속적으로 게임을 플레이 테스트해야 한다. 다음 장에서 이에 대해 자세히 살펴보겠다.

게임 엔진 및 하드웨어 플랫폼에 커밋하기

프리 프로덕션의 어느 시점(빠를수록 좋음)에 게임을 제작하는 데 사용할 '게임 엔진'과 게임을 실행할 '운영 체제 및 하드웨어 플랫폼'에 대해 확고한 결정을 내려야 한다. 프리 프로덕션 초기에는 아무 게임 엔진이나 사용하여 버티컬 슬라이스를 제작할 수도 있다. 하지만 게임 엔진과 플랫폼에 대한 결정은 사용하는 툴부터 고려 중인 오디오에 이르기까지 게임 제작과 관련된 많은 요소에 영향을 미치므로 결정을 미루지 않아야 한다.

게임을 출시하기 전에 인증 과정을 통과해야 하는 게임 콘솔과 같은 하드웨어 플랫폼을 선택해야 하는 경우 인증 요건을 숙지하는 것에 익숙해지는 편이 좋다. 이에 대한 자세한 내용은 34장에서 확인할 수 있다.

좋은 하우스키핑 실천하기

'하우스키핑Housekeeping'은 소프트웨어 개발자들이 코드 베이스와 프로젝트 폴더를 깔끔하고 체계적으로 관리하고 유지하는 일련의 관행을 설명할 때 사용하는 고풍스러운 용어이다. 프로젝트의 규모가 커지고 복잡해지면 나중에 더 쉽게 작업할 수 있도록 하기 위해 이렇게 한다.

다음은 프로젝트 폴더를 관리하기 좋은 방법이다.

- 파일을 폴더 계층 구조로 정리하고 유사한 항목끼리 묶어 저장하면 파일을 더 쉽게 찾을 수 있다.
- 폴더가 너무 많은 항목으로 가득 차서 파일 목록을 빠르게 읽기 어려울 때(보통 10개 정도) 하위 폴더를 사용하라.

이 책 원서의 웹사이트 playfulproductionprocess.com에서 관리 시작점으로 사용할 수 있는 간단한 프로젝트 폴더 계층 구조를 찾을 수 있다.

또한 다음과 같이 코드 관리를 하면 좋다.

- 한동안 코드를 보지 않았거나 다른 사람이 작업해야 할 때를 고려해 쉽게 읽고 이해할 수 있는 방식으로 코드를 구성하고 주석을 달아야 한다.
- 너무 길지 않으면서도 설명이 가능한 변수 이름을 선택하라.
- 변수 이름을 더 읽기 쉽게 만들려면 '카멜케이스camelCase'[2]를 사용하라.
- 변수에 대한 추가 정보를 제공하기 위해 팀에서 정한 이름 지정 규칙Naming Convention을 따라라. 예를 들어 범위가 로컬인 변수를 표시하려면 _leadingUnderscore를 사용한다.

기타 좋은 하우스키핑 관행에는 다음이 포함된다.

- 필요한 경우 문서와 목록으로 작업 내용을 문서화하여 다른 방법으로는 놓칠 수 있는 중요한 정보를 캡처하라.
- 버전 관리 시스템을 사용하여 팀원 간에 공유하고 필요한 경우 이전 버전으로 롤백하는 데 사용할 수 있는 코드 및 에셋의 온라인 리포지토리를 만들어라.

모든 팀에는 과거의 경험을 바탕으로 시간이 지남에 따라 개선된 자체적인 모범 하우스키핑 관행이 있다. 아이데이션 단계에서 좋은 하우스키핑 관행을 사용하지 않았다면 게임의 안정적인 기반을 마련하고 진행 속도를 높이기 위해 늦어도 프리 프로덕션 단계에서는 시작해야 한다.

이제 더 이상 게임의 프로토타입이나 테스트 버전으로 작업하는 것이 아니다. 에셋, 폴더 또는 스크립트를 "tempSomething"이라고 부르지 마라. 출시 게임의 플레이어 캐릭터 오브젝트를 "playerTest"라고 부르는 프로젝트를 얼마나 많이 보았는지 셀 수 없을 정도이다. 게임에 들어가는 엔티티는 계속 남아서 진화하는 경향이 있다. 일반적으로 이름을 변경하는 것은 번거로운 일이며, 변경하면 게임이 망가질 수도 있다. 이제 버티컬 슬라이스가 실제 프로젝트가 되므로 그에 맞게 이름을 선택해야 한다.

---

2 역주 단어의 중간에 띄어쓰기나 표기 없이 대문자를 사용하는 방법.

디버그 함수 추가 시작하기

프리 프로덕션은 게임을 효율적으로 개발하는 데 도움이 되는 디버그 함수를 추가하기에 좋은 시기이다. 디버그 함수는 특별한 화면 메뉴, 치트 키 조합 또는 프롬프트에 입력하는 명령의 형태로 제공될 수 있다. 디버그 함수는 일반적으로 게임 개발자만 액세스할 수 있으며 게임을 빌드할 때 유용한 작업을 수행할 수 있다. 여기에는 원하는 레벨로 순간 이동하거나, 플레이어 캐릭터를 데미지를 입지 않는 무적 상태로 만들거나, 일반적으로 플레이어에게 숨겨져 있는 게임 요소에 대한 숫자 및 상태 기반 정보를 표시하는 등의 기능이 포함될 수 있다.

많은 디자이너가 게임에 추가하는 첫 번째 디버그 함수는 리셋 키 조합이다. 버티컬 슬라이스를 플레이 테스트할 때 게임이 특정 상태에서 멈추거나 플레이어가 끝까지 도달하여 다시 시작하고 싶어 하는 경우가 종종 있다. 게임을 닫았다가 다시 시작해야 하는 수고로움, 귀중한 시간 낭비를 피하기 위해 개발자는 치트 키를 눌러 게임을 재설정해 새로 시작한 게임 버전과 동일한 상태로 만들 수 있다. 키보드에서 'R'과 '='를 동시에 누르는 등 플레이어가 실수로 누를 가능성이 낮은 애매한 키 조합, 또는 게임패드 버튼 조합을 선택해야 한다.

조기 실패, 빠른 실패, 빈번한 실패

실패는 반복적인 과정에서 피할 수 없는 부분이다. 우리가 시도하는 많은 일들이 잘 풀리지 않을 것이다. 이는 실패가 나쁘지 않다는 것을 의미하며, 우리는 마음가짐을 적절히 조정해야 한다. 시도한 일이 실패하면 다시 일어나서 다시 시도해야 한다.

반복적인 산업 디자인 기법 중 하나인 빠른 프로토타이핑의 세계에서 유래한 "일찍 실패하고, 빠르게 실패하고, 자주 실패하라."라는 말을 들어 봤을 것이다. 이 신조는 우리가 프로세스 초기에 무언가를 만들기 시작하고, 우리가 만들고 있는 것의 '딜 브레이커Deal Breaker'[3] 문제가 무엇인지 가능한 한 빨리 파악하도록 장려한다. 그러면 큰 문제가 없는 무언가를 만들기 위해 가능한 한 다양한 시도를 할 수 있는 시간이 더 많아진다.

이는 이 책의 디자인 반복과 지속적인 플레이 테스트에 대한 철학과도 잘 맞다. 누군가에게 플레이 테스트를 하기 전에 한두 시간 이상 작업하지 않도록 하라.

3 역주 양측이 입장 차이를 좁히지 못해 전체 제작 과정을 망치게 되는 핵심 사항.

동일한 물리적 공간에서, 또는 온라인에서 함께 작업하기

팀으로 작업하는 경우 가능하면 팀원과 같은 물리적 공간에서 함께 작업하거나 화상 회의, 음성 통화 또는 인스턴트 메시징을 사용하여 온라인으로 함께 작업하라. 게임을 디자인할 때 동시에 함께 작업하면 모든 것이 더 원활하게 진행된다. 많은 팀이 전 세계에 분산되어 있기 때문에 모든 팀원이 같은 물리적 공간에 있을 수는 없지만, 조금의 실시간 코워킹이라도 자주 그리고 정기적으로 이루어진다면 게임 프로젝트의 원활한 진행에 상당히 긍정적인 영향을 미칠 수 있다.

이는 부분적으로 실용적인 측면도 있다. 동시에 함께 작업할 때 매우 복잡한 게임 개발 과정에 대해 더 쉽고 빠르게 효과적으로 소통하며 문제에 대해 빠르게 논의할 수 있기 때문이다. 하지만 이는 감정 및 팀 사기와도 관련이 있다. 이메일을 통해 비동기적으로 소통할 때는 다른 사람이 어떻게 지내는지 알기 어렵다. 우리가 한 말이 상대방을 긴장하게 만들었나? 우리가 팀원을 존중하고 신뢰한다는 것을 알 수 있도록 커뮤니케이션 방식을 개선해야 할까?

효과적인 협업을 계속하려면 사소한 오해와 잘못된 의사소통이 더 큰 문제로 이어지는 것을 반드시 방지해야 한다. 동일한 물리적 공간이나 온라인에서 동시에 작업하는 것이 훌륭한 게임을 만드는 데 꼭 필요한 팀 사기를 높이는 가장 좋은 방법이다.

디자인 자료 저장 및 분류

모든 디자인 과정에서는 문서, 이미지, 동영상, 원본 게임 에셋 등 대량의 디자인 자료가 생성되며, 이 중 상당수는 완성된 게임에서 사용되지 않는다. 게임 제작 작업을 진행하면서 만든 모든 자료를 저장하고 분류해야 한다.

작업할 때 약간의 노력이 더 필요하다. 사용하지 않는 디자인 자료를 여기저기 흩어 놓고 이름도 제대로 정하지 않은 임의의 폴더에 버리고 싶은 유혹에 빠지기 쉽다. 하지만 엔진의 프로젝트 폴더를 잘 정리하는 것처럼 디자인 자료도 잘 정리해야 한다. 이 책 원서의 웹사이트 playfulproductionprocess.com에서 디자인 자료의 폴더 계층 구조 예시를 찾을 수 있다.

매일 또는 매주 끝날 때마다 잠시 시간을 내어 디자인 자료를 올바른 폴더에 분류하고, 나중에 무언가를 검색할 때 쉽게 이해할 수 있도록 파일 이름을 잘 선택해 두는 게 좋다. 그러면 나중에 따로 보관해 두었던 게임 디자인을 찾거나 소셜 미디어 캠페인에 사용할 수 있는 미사용된 콘셉트 아트를 검색하는 등 디자인 자료가 필요할 때마다 쉽게 찾을 수 있다.

프로젝트 목표에 따라 안내받기

프리 프로덕션을 시작할 때 프로젝트 목표는 방금 적어 놓은 것이기 때문에 머릿속에 생생하게 남아 있다. 하지만 버티컬 슬라이스 제작에 몰두하다 보면 프로젝트 목표는 금세 기억에서 사라질 수 있다. 따라서 목표를 인쇄하여 작업 공간의 벽 어딘가에 붙여 두면 기억에 오래 남을 수 있다.

버티컬 슬라이스를 작업할 때 프로젝트 목표, 특히 경험 목표가 디자인을 안내하고 집중할 수 있도록 하라. 추가하는 각 요소가 만들고자 하는 경험을 지원하는가, 아니면 방해하는가? 이런 질문을 하면 방향을 잡는 데 도움이 될 수 있다.

프로젝트 목표를 수정해야 할 때

버티컬 슬라이스로 작업하다 보면 때로는 새로운 방향으로 나아갈 수도 있다. 프로젝트 목표와 정확히 일치하지는 않지만 모두가 좋아하는 요소의 조합을 우연히 발견할 수도 있다. 이것으로 인해 팀 안팎의 플레이 테스터들은 플레이 테스트가 끝나도 게임을 멈추고 싶지 않아 하며 개발 팀도 우리가 만드는 것에 대해 흥분한다.

이 시기는 프로젝트 목표를 발견한 내용에 부합하도록 수정하는 것을 고려해야 할 때이다. 트레이시 풀러턴은 "나는 이를 목표 설정 또는 연마라고 부르는데, 반복을 통해 목표를 더 잘 이해하게 되면 목표를 바꾸는 것이 아니라 목표를 연마하여 목표의 본질에 도달하게 된다. 목표를 달성할 수 있는 지점까지 목표를 다듬는 것은 실제로 목표를 '달성'하는 데 있어 매우 중요한 부분이라고 생각한다."라고 말한다.[4]

물론 여기에는 약간의 위험이 따른다. 방향을 계속 바꾸다 보면 결국 제자리걸음을 하게 될 수도 있으니 신중하게 생각해야 한다. 프로젝트 목표를 계속 조금씩 변경하기보다는 새로운 방향을 명확하게 설정하고 디자인-구현-플레이 테스트-분석의 반복 주기를 통해 나온 게임과 일치하도록 변경하라. 그리고 그 목표를 고수하라.

---

4 개인적인 대화, 2020. 05. 25.

버티컬 슬라이스를 구축하여 수행하는 작업

이제 버티컬 슬라이스를 만들면 어떤 이점이 있는지 살펴보겠다. 버티컬 슬라이스를 구축하면 네 가지 중요한 작업을 수행하게 된다.

빌드에 의한 디자인

9장에서는 게임 개발의 초창기와 게임 프로젝트 관리에 '워터폴' 모델을 사용하려는 시도에 대해 이야기했다. 이 모델에서 게임 디자이너는 게임을 최대한 자세하게 상상한 다음 그것을 복잡하고 상세하게 설명하는 방대한 게임 디자인 문서를 작성하도록 요청받았다.

종이 문서는 두께가 몇 인치나 되는 경우가 많았고, 팀원 중 누구라도 이 문서를 읽는 것은 매우 어려웠다. 문서에는 많은 고민이 담겨 있었을지 모르지만, 게임 제작을 시작한 지 며칠 만에 더 나은(그리고 이전에는 상상하지 못했던) 방향으로 디자인을 이끌어 갈 수 있는 발견이 이루어져 그간의 노력이 모두 물거품이 되곤 했다.

오늘날 게임은 처음에는 아이데이션에서 프로토타입을 만들고, 지금은 버티컬 슬라이스를 만드는 등 반복적으로 플레이할 수 있는 것을 만드는 방식으로 설계된다. 우리는 플레이 테스트, 평가, 변경을 통해 잘 작동하는 부분은 강화하고 그렇지 않은 부분은 축소하거나 제거한다. 캐릭터, 카메라, 컨트롤이라는 '3C'에 대해 생각하면서 각 C가 게임에 어떻게 적용될지 확신할 수 있다. 아이디어를 세상에 내놓고 햇빛을 비추자 서서히 게임이 눈앞에 나타나기 시작했다.

아이디어를 전달할 수 있는 무언가 만들기

프로젝트 과정 전반에 걸쳐, 특히 프리 프로덕션 단계에서 게임의 새로운 디자인에 대해 소통하는 것은 매우 중요하다. 버티컬 슬라이스를 만들면 디자인을 전달하는 데 도움이 된다.

게임 개발 팀 내에서는 팀 리더부터 막내 신입사원까지 게임 개발에 참여할 모든 사람에게 디자인의 핵심 기능을 전달해야 한다. 모든 사람이 우리가 만들고 있는 게임을 이해하여 프로젝트에 효과적으로 기여할 수 있도록 해야 하는 것이다. 또한 팀 외부의 사람들에게도 우리가 만들고 있는 내용을 전달할 수 있어야 한다. 개발 초기에는 직속 상사, 스튜디오 책임자, 프로젝트에 자금을 지원하는 퍼블리셔, 회사의 투자자 등 프로젝트의 이해관계자가 그 대상이 될 수 있다.

팀원들은 자신의 소중한 시간을 투자할 이 프로젝트에 대해 만족감을 느껴야 하고, 프로젝트의 이해관계자들은 이 프로젝트에 대한 믿음이 있어야 지지를 보낼 수 있다. 누군가가 집어 들고 플레이할 수 있는 버티컬 슬라이스는 게임 디자인 아이디어를 그 어떤 게임 디자인 문서보다 빠르고 효율적이며 진실되게 전달한다. 게임이 얼마나 멋진지 보여 주는 '플레이 가능한 초기 버전'만큼 사람들을 게임에 흥분하게 만드는 것은 없다.

도구와 기술에 대해 알아보기

게임 디자인을 파악하면서 게임에 사용할 도구와 기술도 파악해야 한다. 지금은 훌륭한 상용 게임 엔진이 있어 예전보다 훨씬 쉬워졌지만 그래도 여전히 도구와 기술에 대한 견고하고 세부적인 계획을 세우는 가장 좋은 방법은 처음부터 무엇이 잘 작동하고 무엇이 더 많은 노력이 필요한지 확인하기 위해 버티컬 슬라이스를 만드는 것이다. 게임에 필요한 특별한 기술을 구현하기 위해 미들웨어를 구입해야 할 수도 있다. 아니면 특별한 툴을 처음부터 새로 만들어야 할지도 모른다.

게임에 적용될 모든 기술 혁신을 프리 프로덕션 단계에서 파악할 필요는 없지만 툴과 기술의 핵심은 파악해야 한다. 문제를 피하거나 예상할 수 있는 것이 많을수록 좋다.

작업에 걸리는 시간과 팀에 필요한 사람에 대한 정보 수집하기

버티컬 슬라이스에는 좋은 수준으로 다듬어야 할 요소가 많이 있다. 즉, 만들면서 (a) 팀에서 작업에 걸리는 시간과 (b) 만족할 만한 수준의 품질에 도달하기 위해 평균적으로 몇 번의 반복 주기를 거쳐야 하는지에 대한 구체적인 정보를 수집할 수 있다. 이 정보는 풀 프로덕션 스케줄을 잡을 때 매우 유용하다. 온라인에서 제공되는 다양한 무료 시간 추적 도구 중 하나를 사용하여 작업에 소요된 시간과 해당 시간이 사용된 지점을 확인할 수 있다.

버티컬 슬라이스의 각 개별 엔티티를 만드는 데 걸리는 시간을 정확히 추적하는 것은 합리적이지 않으므로 너무 세부적인 사항에 얽매이지 않도록 해야 한다. 한두 시간 단위로 시간을 추적하기 시작하면 얼마나 빨리 작업하는지 파악하는 데 도움이 된다. 게임 개발에는 인내와 끈기가 필요하며, 게임 개발의 모든 작업은 처음에 생각했던 것보다 훨씬 더 오래 걸린다. 과거에는 쉽게 해냈던 작업 유형에서도 해결하기 어려운 문제가 갑자기 발생할 수 있다. 맥스Max와 닉 포크먼Nick Folkman의 팟캐스트 Script Lock에서 크리에이티브 디렉터이자 작가인 멜 맥커브리Mel MacCoubrey가 지적했듯이 게임에서 "소방 모자와 창작 모자는 같은 모자"[5]이므로 팀의 진행 속도에 대한 현실적인 그림을 구축하는 것은 여러분의 책임이다.

---

5 Jon Paquette and Mel MacCoubrey, Script Lock, ep. 46, 2019. 02. 18., https://scriptlock.simplecast.com/episodes/ep-46-jon-paquette-mel-maccoubrey.

버티컬 슬라이스를 만들면 게임 개발의 전통적인 각 분야(아트, 엔지니어링, 애니메이션, 오디오 등)에서 얼마나 많은 인력과 전문가의 도움이 필요한지 파악하는 데에도 도움이 된다.

5장에서는 게임에서 작업하는 모든 사람의 크레딧 목록과 함께 사용 중인 모든 서드파티 에셋에 대한 저작권 표시 목록을 작성해야 한다고 말해 줬다. 버티컬 슬라이스 작업을 할 때 이 두 가지 작업을 계속해야 한다.

프리 프로덕션은 관습적으로 스케줄되어서는 안 된다

마크 서니는 D.I.C.E. 2002 강연에서 "게임 제작을 계획하고 스케줄을 잡는 것이 가능하다는 생각은 신화"라고 선언하여 청중들로부터 박수를 받았다.[6]

숙련된 게임 개발자라면 누구나 게임 개발 분야에서 창의성이라는 것이 마치 말을 타는 것과 같다는 것을 알고 있다. 창의력은 우리를 이리저리 끌고 다니며 게임 플레이, 스토리, 개발 방법의 현실을 발견하는 과정에서 항상 예상치 못한 새로운 방향으로 우리를 이끈다. 이것이 바로 창의성의 아름다움이며, 모든 개발 경험을 디자인 프로세스, 게임, 그리고 우리 자신에 대해 새로운 것을 배울 수 있는 독특한 여정으로 만드는 원동력이다.

마크 서니가 게임 제작을 계획하고 스케줄을 잡을 수 없다고 말한 것은 프로젝트의 어떤 부분도 스케줄을 잡지 않겠다는 뜻이 아니다. 마크와 긴밀하게 일해 온 나는 마크가 게임 프로젝트의 풀 프로덕션 단계에서의 스케줄링을 얼마나 중요하게 생각하는지 잘 알고 있다. 그는 단지 프리 프로덕션 단계에서 우리가 만들 게임의 기본 틀을 짜는 동안에는 작업 목록과 마일스톤에 따라 프로젝트를 진행할 수 없다고 설명하는 것일 뿐이다.

버티컬 슬라이스를 제작하며 디자인할 때, 마치 아르키메데스가 목욕물이 올라가는 것을 알아차린 것처럼 실제 작업을 통해 게임 디자인에 대한 이론적인 부분을 마침내 이해하게 되는 유레카의 순간이 찾아온다. 많은 사람이 이 깨달음의 순간에 도달하는 가장 좋은 방법은 자유롭고 직관적으로 작업하는 것이라고 생각하지만, 이 순간에 도달하는 데 시간이 얼마나 걸릴지 정해 둘 수는 없는 법이다. 마크 서니는 강연에서 이를 프리 프로덕션의 "필수적인 혼돈"이라고 부르며, 혼돈을 허용하지 않으면 제대로 작동하지 않는다고 말한다.

6 Mark Cerny, "D.I.C.E. Summit 2002", https://www.youtube.com/watch?v=QOAW9ioWAvE, 3:40.

물론 모든 디자이너는 프리 프로덕션 과정에서 반복적인 디자인 루프와 같은 일종의 구조화된 과정을 사용하겠지만, 팀에 맞는 적절한 혼돈의 정도를 찾기 위해 자신에게 적합한 방법을 사용해야 한다. 다만 느슨하고 적응할 수 있는 상태를 유지하기 위해 최선을 다하라.

타임박스

프리 프로덕션을 기존 방식대로 스케줄에 맞추기는 어렵지만 그렇다고 해서 무한정 진행해도 된다는 의미는 아니다. 타임박싱Timeboxing은 애자일 개발에서 많이 사용되는 프로젝트 관리의 잘 알려진 개념이다. 타임박스를 사용하면 작업에 정해진 시간을 부여할 수 있다. 시간이 부족해지기 시작하면 타임박스의 길이가 고정되어 있기 때문에 작업 중인 작업의 범위를 줄여야 한다. 생각할 시간이 주어진 후 결정을 내리기 위해 행동해야 한다는 점에서 스피드 체스와도 유사하다.

제약 조건Constraint은 디자이너의 가장 친한 친구이다. 제약 조건은 창의성을 끌어내기 때문이다. 제약은 해결해야 할 구체적인 문제를 제시하고 일상적인 작업 방식에서 벗어나 생각하게 만든다. 제약 조건은 도전의 형태로 시작점을 제공함으로써 '백지 상태' 문제를 극복하는 데 도움이 될 수 있으며, 동기를 부여하고 집중력을 끌어올릴 수 있다. 타임박스는 시간을 제한하는 것이기 때문에 미루는 습관을 없애는 데 도움이 된다. 타임박스는 행동을 유도하여 게임 디자인에 대해 더욱 구체적인 결정을 내릴 수 있도록 도와준다. 실제로 정해진 시간 안에 작업을 완료하는 것은 프로젝트에 필요한 자금을 확보하고 마일스톤을 달성하는 데 중요하다.

타임박스의 요령은 한눈팔지 않고 모든 것을 마무리해야 할 때를 파악하는 것이다. 우리 모두는 자신이 만들고 있는 무언가를 계속 만지작거릴 수 있으며, 특히 그것을 만드는 것이 즐겁다면 더욱 그럴 것이다. 하지만 더 이상 다듬는 것이 아니라 더 많은 변경을 해야 할 때가 오기 마련이다. 레오나르도 다빈치의 격언 중 "예술은 완성되는 것이 아니라 버려지는 것일 뿐이다."라는 말이 우리가 명심해야 할 좋은 격언이다. 창작자라면 누구나 자신의 작품이 충분히 좋은지 판단해야 한다. 게임 디자이너는 종종 플레이 테스터에게 의견을 구할 수 있으며, 경험이 쌓이면 어떤 작업이 완료되었는지 더 쉽게 알 수 있다.

때때로 타임박스 기간이 막바지에 다다랐을 때 작업이 끝나지 않았거나 아직 충분하지 않은 경우가 있다. 바로 이때가 공동 작업자 및 이해관계자와 논의할 때이다. 달성하고자 하는 목표가 무엇인지, 얼마나 많은 시간이 걸릴 것으로 예상되는지, 계획을 변경하여 더 적은 것을 달성하거나 다른 것을 달성해야 하는지 등에 대해 이야기하라.

소프트웨어 개발자는 달성 가능한 것들의 목록을 프로젝트의 범위Scope라고 부르며, 이 책에서는 프로젝트 범위, 범위 재설정 및 스코프 크립에 대해 이야기할 것이다. 물론 범위와 관련된 논의는 타임박스의 마지막 부분에 도달하기 전에 하는 것이 좋다. 대부분의 게임 디자이너는 경험이 쌓이면서 타임박스 기간이 끝나는 마일스톤에 가까워질수록 즉석에서 범위를 조정하는 데 점점 더 익숙해진다.

범위를 생각하는 한 가지 방법이 있다. 1938년에 제작된 스크루볼 코미디 영화 〈브링 업 베이비Bringing Up Baby〉는 〈언차티드: 엘도라도의 보물〉 디자인에 큰 영향을 미친 것으로 유명하다. 게임 디렉터 에이미 헤닉은 〈언차티드〉 속 캐릭터인 엘레나 피셔와 네이선 드레이크를 만들 때 이 영화 속의 캐서린 헵번Katherine Hepburn과 캐리 그랜트Cary Grant가 주고받는 빠른 농담에서 영감을 얻었다. 〈브링 업 베이비〉의 감독인 하워드 호크스Howard Hawks는 무엇이 위대한 영화를 만드는지 정의해 달라는 질문을 받은 적이 있다. 이에 대한 그의 대답은 "나쁜 장면 없이 멋진 장면 세 개"였다.

게임도 마찬가지이다. 플레이어는 우리가 시간이 없어서 게임에 넣지 않은 요소는 놓칠 수 있지만 좋게 만들 시간이 부족해서 나쁘게 디자인된 요소는 알아차린다는 것을 게임 업계 경력 초기에 배웠다. 게임 디자이너는 시스템 사상가이므로 작은 규칙 모음이 거대하고 매혹적인 '가능성의 공간(게임을 플레이할 때 일어날 수 있는 모든 다양한 일의 추상적 공간)'을 만들 수 있다는 것을 잘 알고 있다. 따라서 시간이 부족해지기 시작하면 게임에 모든 것을 넣으려고 애쓰지 말고 디자인에서 몇 가지를 걷어내고, 현재 가지고 있는 것으로만 작업하고, 존재하는 부분들이 더 체계적으로 흥미로운 방식으로 인터랙션하도록 만들어야 한다. 여러분은 오랜 시간 동안 검증된 글쓰기에 관한 조언을 바탕으로 "작품에 대한 애정을 죽여야" 하며, 아무리 중요한 아이디어라도 게임에 어울리지 않는다면 과감히 버려야 할 수도 있다.

버티컬 슬라이스에서 타임박스 작업을 할 때 프리 프로덕션이 끝날 때까지 모든 것을 완료할 필요는 없다는 점을 기억해야 한다. 마크 서니는 "해결하기 어려워 보이는 모든 문제를 '해결한' 날짜를 정할 수는 없다."라고 말한다.[7]

디자인의 핵심에 집중하고 기술과 판단력을 발휘하여 이후 풀 프로덕션(프리 프로덕션 다음으로 진행되는 프로젝트 단계)에서 해결할 수 있는 문제를 파악해야 한다.

타임박스를 사용하면 미루는 나쁜 습관을 버리고 아이디어를 실행으로 옮기는 데 도움이 된다. 프리 프로덕션뿐만 아니라 각 프로젝트 단계마다 타임박스를 작성하면 적시에 올바른 결정을 내리고 프로젝트를 진행하는 데 큰 도움이 된다. 여러분의 게임 디자인 교수가 나처럼 과제를 설정해 준다면

7 Mark Cerny, "D.I.C.E. Summit 2002", https://www.youtube.com/watch?v=QOAW9ioWAvE, 5:23.

더 쉽게 할 수 있지만, 프로 팀에 소속되어 있다면 프로듀서가 제 시간에 작업을 완료하도록 책임을 부여하는 것이 얼마나 중요한지 기억할 필요가 있다.

~ * ~

버티컬 슬라이스를 만드는 동안 팀과 자신에게 친절해야 한다. 프리 프로덕션이 쉬울 때도 있지만 어려울 때도 있다. 개인의 지성, 감성, 포부, 예술 등 다양한 요소가 작용하는, 제작을 통한 디자인은 어렵다. 여러분과 여러분의 팀이 멘토, 친구, 동료 전문가로부터 필요하고 마땅히 받아야 할 도움과 지원을 받을 수 있도록 하라.

훌륭한 게임 디자인이 반드시 타고난 천재성이나 뛰어난 기술력에서 나오는 것은 아니라는 점을 기억하라. 대개는 결정을 내리고, 경험 목표를 달성하는 방법에 대해 유연하게 생각하며, 플레이어의 성공 요인을 주의 깊게 관찰하는 데에서 비롯된다. 사소해 보이는 성공을 간과하지 마라. 플레이어의 아주 작은 긍정적인 반응이라도 그것을 포착하고 더 많은 디자인 작업을 통해 증폭시키면 진정으로 훌륭하고 깊은 감동을 주며 기억에 남는 게임을 만들 수 있다.

이 어려운 과정을 헤쳐 나가는 동안 서로 인내심을 유지하라. 서로의 노력을 격려하고 어려움을 함께 헤쳐 나간다면, 여러분도 저와 같은 방식으로 버티컬 슬라이스를 더 건강한 게임 제작 프로세스의 필수 도구이자 디자인, 공예, 예술의 조화를 구현하는 것으로 인식하게 될 것이다.

~ * ~

다음 장에서는 너티독에서 사용한 프로세스에서 영감을 얻은 엄격한 플레이 테스트 방법을 살펴보겠다. 이것은 버티컬 슬라이스를 제작하는 데 사용되는 반복적인 디자인 과정에서 최상의 결과를 얻을 수 있도록 도와줄 것이다.

12장
플레이 테스트

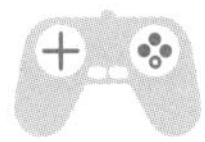

플레이 테스트는 즐거운 제작 프로세스의 핵심이다. 이미 5장에서 플레이 테스트에 대한 몇 가지 간단한 가이드라인을 제공했다. 이 장에서는 프로젝트의 전 과정에서 사용할 수 있는 건강한 플레이 테스트 방법을 살펴보고 24장과 25장에서 논의할 '공식적인' 플레이 테스트 과정의 토대를 마련할 것이다.

물론 구현할 때는 직접 플레이 테스트를 해야 한다. 대부분의 게임 개발자는 작업하면서 게임을 실행하여 게임의 모양, 사운드, 플레이를 확인하는 플레이 테스트를 자동으로 수행한다. 또한 팀원, 친구, 지나가는 사람 등 다른 사람과 함께 정기적으로 간단한 플레이 테스트를 수행하여 게임이 다른 사람들에게 의도한 대로 잘 전달되는지 확인하는 것도 좋다.

나는 '착륙Landing'이라는 용어를 좋아하는데, 어디선가 이 용어를 주워들었다. 모든 분야의 창작자들은 다른 사람들이 자신의 작품을 받아들이는 방식에 대해 이야기할 때 이 용어를 사용한다. 무언가가 착륙하면 경험을 만들어 낸다. 내 게임이 여러분에게 잘 착륙하면 게임을 즐기고, 게임의 작동 방식을 파악하고, 점차 실력이 향상되거나 흥미를 느끼고, 더 많이 플레이하고 싶어지는 등의 경험을 할 수 있다. 나는 여러분이 지금 좋아하거나 감사해할 경험을 하고 있다고 가정해 본다. 만약 내 게임이 여러분에게 잘 착륙하지 못했다면, 게임을 그만두고 싶을 수도 있다. 게임이 이해가 안 돼서 답답하거나, 게임을 이해했다고 생각하지만 잘못 알고 있을 수도 있다. 게임이 너무 어려워서 더 잘하기 위해 필요한 기술을 키울 방법이 보이지 않을 수도 있다. 취향에 맞지 않거나 원치 않는 감정을 느끼게 할 수도 있다. 이처럼 넓고 깊은 주관적 경험의 영역이 바로 플레이 테스트를 진행할 때 고려하는 사항 중 하나이다.

게임 디자이너 타냐 X. 쇼트Tanya X. Short는 시스템의 '가독성Legibility'에 대해 이야기한다. 대부분의 게임은 규칙, 리소스, 절차, 관계로 구성된 시스템으로, 게임 시스템을 이해하려면 가독성이 뛰어나야 하며 그 의미가 명확하게 표현되어야 한다. "가독성이란 플레이어가 게임이 가르치려는 새로운 언어를 해독할 수 있어야 한다는 의미이다."[1] 게임의 가독성은 우리가 플레이 테스트를 진행할 때 확인하는 또 다른 요소이다.

디자이너 모델, 시스템 이미지 및 사용자 모델

나는 '디자이너 모델', '시스템 이미지', '사용자 모델'이라는 개념을 사용하여 게임의 가독성에 대해 생각하는 것을 좋아한다. 이 개념은 사용성 디자이너이자 심리학자인 도널드 노먼Donald A. Norman의 영향력 있는 저서인 《디자인과 인간심리The Design of Everyday Things》[2]에서 따온 것이다. 이 책은 사람들이 시스템을 인식하고 인터랙션하는 방식에 대한 인사이트를 제공해 게임 디자이너와 인터랙션 디자이너에게 많은 사랑을 받고 있다.

노먼의 생각에 따르면 **디자이너 모델**은 디자이너가 머릿속에서 게임(또는 다른 종류의 인터랙티브 시스템)을 보는 방식으로, 이는 "제품의 모양, 느낌, 작동에 대한 디자이너의 개념"이다.[3]

시스템 이미지는 게임이 실제로 플레이어에게 표시되는 방식으로, 이는 "구축된 물리적 구조(문서 포함)에서 도출할 수 있는 것"이다.[4] 디자이너는 이 이미지가 자신의 모델과 비슷하기를 바라지만, 특히 실제 디자인 초기 반복 작업에서는 상당히 다를 수 있다.

마지막으로 **사용자 모델**은 게임을 플레이하는 사람의 머릿속에서 일어나는 일로, "제품 및 시스템 이미지와의 인터랙션을 통해 개발되는 것"이다.[5] 그러나 사용자는 자신의 경험, 편견, 시스템 이미지가 보여 주는 것을 해석하는 능력(스티브 스윙크가 《게임 감각》에서 말하는 '지각 영역')을 가지고 있다.[6] 이로 인해 사용자 모델과 시스템 이미지 사이에 이해의 간극이 생길 수 있다. 그리고 시스템 이미지가 디자이너 모델과 일치하지 않는다면 사용자 모델은 마치 '전화' 게임에서 메시지가 왜곡되는 것처럼 디자이너 모델과 더욱 멀어질 수 있다. 도널드 노먼이 "디자이너는 사용자 모델이 자신의 모델과 동일하기를 기대하지만, 사용자와 직접 소통할 수 없기 때문에 커뮤니케이션 부담을 시스템 이

---

1 Tanya X. Short, "How and When to Make Your Procedurality Player-Legible", Game UX Summit 2018, https://www.youtube.com/watch?v=r6rTMGFXktl.

2 역주 국내에 번역 출간되었습니다. 《디자인과 인간심리》(학지사, 2016).

3 Don Norman, 《The Design of Everyday Things, Rev. ed》, Basic Books, 2013, p.32.

4 Don Norman, 《The Design of Everyday Things, Rev. ed》, Basic Books, 2013, p.32.

5 Don Norman, 《The Design of Everyday Things, Rev. ed》, Basic Books, 2013, p.32.

6 Steve Swink, 《Game Feel: A Game Designer's Guide to Virtual Sensation》, Morgan Kaufmann/Elsevier, 2008, p.50.

미지에 떠넘기게 된다."라고 이야기한 것처럼 말이다.[7]

숙련된 게임 디자이너는 게임 플레이어와 효과적으로 소통하는 것이 얼마나 어려운지 이미 알고 있기에 처음 이 이야기를 들었을 때 충격을 받는 경우가 많다. 게임과 스토리의 개념과 메커닉은 복잡하고 추상적인 경우가 많으며, 이를 플레이어에게 신뢰할 수 있는 방식으로 전달하는 것은 매우 어렵다. 우리가 사용하는 간접적인 커뮤니케이션 방법으로 인해 상황은 더욱 어려워진다.

이러한 문제를 해결하기 위해 시스템의 모양, 요소의 모양과 색상, 시스템이 하는 일, 텍스트나 음성을 통해 명시적으로 말하는 내용, 설정한 훈련 순서 등 여러 채널을 통해 동일한 개념을 플레이어에게 한 번에 전달해야 하는 경우가 많다. 게임을 플레이하는 모든 사람이 정보를 얻을 수 있을 때까지 중복 커뮤니케이션(한 번에 여러 채널을 통해 동일한 내용을 전달하는 것)을 통해 전달하는 정보를 계층화해야 한다.

어포던스 및 기표

노먼은 시스템 이미지가 '어포던스'와 '기표'를 통해 사용자에게 전달되는 방식을 설명한다. 어포던스는 심리학자 제임스 J. 깁슨James J. Gibson이 저서 《시각적 지각에 대한 생태학적 접근The Ecological Approach to Visual Perception》에서 설명한 '동물이 환경을 이용하는 방식'과 관련된 이론에서 유래한 개념이다. 노먼은 이 아이디어를 '어떤 행동이 가능한지 정의'하는 **어포던스**Affordances 이론과 '사람들이 그러한 가능성을 발견하는 방법을 명시'하는 **기표**Signifiers 이론으로 구체화했다.[8] 기표는 무엇을 할 수 있는지 명시해 놓은 지각 가능한 기호이다.

어포던스와 기표의 대표적인 예는 '한 방향으로만 열리고 다른 방향으로 열리지 않는 문'이다. 잘 디자인된 문은 측면에 손잡이가 달려 있는데, 이는 여러분 쪽으로 당겨서 열어야만 한다. 밀어야 하는 반대쪽에서는 밀기 좋도록 금속판이 부착되어 있다. 손잡이와 금속판의 기표는 문을 여는 방향뿐만 아니라 문의 어포던스를 전달한다.

사람들은 종종 이 두 가지 개념을 '어포던스'라는 이름으로 함께 사용하지만, 어포던스와 기표를 별개의 개념으로 인식하는 것이 중요하다. 비디오 게임에는 레벨의 특정 위치에 5초 이상 가만히 서 있으면 자동으로 즉시 레벨의 다른 위치로 이동하는 기능이 있을 수 있다. 이 기능 역시 이를 사용하면

---

7 Don Norman, 《The Design of Everyday Things, Rev. ed》, Basic Books, 2013, p.32.

8 Don Norman, 《The Design of Everyday Things, Rev. ed》, Basic Books, 2013, p.xv.

어떤 결과로 이어지는 메커닉이기 때문에 어포던스에 해당된다. 하지만 그 장소가 해당 레벨에서 어떤 형식으로든 표시되어 있지 않다면, 이는 매우 이상한 기능이 되어 버릴 것이다. 우연이 아니면 이 자동 이동 지점을 찾을 방법이 없고, 아무런 설명도 없이 레벨의 다른 곳에 있는 자신을 발견하면 혼란스러울 테니 말이다. 어딘가에 있다는 것은 알지만 그곳이 어디인지 모른다면 지루한 시행착오 과정을 거쳐 찾을 수 있을지도 모른다. 이는 기능이라기보다는 버그처럼 보일 수 있는 것이다.

하지만 이 자동 이동 지점에 플랫폼을 배치하고, 그 플랫폼에 발광하는 바닥 패널이 있어 그 위에 서면 저절로 조용히 윙윙거리다가 내가 그 위에 서 있으면 패널에 "5, 4, 3 ..."이라는 숫자가 카운트다운되고, 플레이어 캐릭터 주위에 빛이 나타나고, 새로운 위치로 이동할 때 천둥이 치는 듯한 효과음이 들리면 이는 텔레포터를 디자인한 것이다. 플랫폼, 빛나는 패널, 음향 효과와 시각 효과, 카운트다운 등의 기표가 어포던스의 기능을 명확하게 전달한다. 어포던스는 양쪽 케이스 모두 기능적으로 동일하다. 어포던스는 게임 메커닉 차원에서는 쓸모없는 것을 게임 디자이너의 입장에서 우리가 관습적으로 사용하는 것으로 바꾸어 주는 기표이다.

가독성과 경험을 위한 플레이 테스트

플레이 테스트를 통해 비교적 객관적인 가독성 문제를 어떻게 조사할 수 있을지 여러분이 상상해 보면 좋을 것이다. 사람들이 플레이하는 것을 지켜보는 것만으로도 디자이너 모델, 시스템 이미지, 사용자 모델, 기표를 통해 어포던스가 소통하는 방식 등에 단절된 부분이 있는지 살펴볼 수 있다. 후속 질문을 통해 플레이 테스터의 이해도를 더 세밀하게 파악할 수 있다.

또한 플레이 테스트를 통해 사람들이 게임을 플레이할 때 어떤 경험을 하는지 조사할 수 있다. 이 과정은 훨씬 더 주관적이기 때문에 다소 복잡할 수 있지만 사람들이 게임을 플레이하는 것을 지켜보고 나중에 대화하는 것과 같은 기법을 사용하여 많은 것을 배울 수 있다. 게임의 '가독성'과 '경험'이라는 두 가지 측면에서 게임이 사람들에게 어떻게 받아들여지는지 살펴보기 위해 플레이 테스트 과정을 안내하는 데 도움이 되는 몇 가지 최고의 사례를 보여 줄 것이다.

플레이 테스트를 위한 모범 사례

나는 게임 업계에 종사하는 동안 멘토와 독서를 통해 배운 내용을 바탕으로 하여 스튜디오에서 잘 작동하는 플레이 테스트를 위한 모범 사례를 개발했다. 플레이 테스트를 위한 모범 사례는 게임과 상황에 따라 달라지지만, 이러한 기본 규칙은 유연하고 적응력이 뛰어나며 대부분의 상황에 적합하다. 이제 바로 들어가 보도록 하자.

✖ 테스트 전과 테스트 도중 플레이 테스터와의 대화 최소화하기

플레이 테스트를 시작하기 전에 플레이 테스터에게 인사를 건네고 자리에 앉아 플레이할 준비를 하도록 초대하는 등 예의를 갖춰야 한다. 그 이후에는 최소한의 대화만 나눠야 한다. 플레이 테스터가 게임을 시작하기 전이나 게임을 플레이하는 동안에는 절대로 게임에 대한 어떠한 정보도 알려 주어서는 안 된다. 어떤 대가를 치르더라도 게임에 대한 피드백에 편견을 심어 줄 수 있는 정보를 실수로 제공하는 일은 절대 피해야 한다.

✖ 플레이 테스터와 디자이너 모두 헤드폰 사용하기

플레이 테스트를 지켜볼 때 여러분은 플레이 테스터가 보고 있는 걸 함께 보는 것뿐만 아니라 그들이 듣는 것도 함께 들어야 한다. 게임의 오디오는 비주얼만큼이나 중요하며 플레이어의 감정을 형성하는 데 큰 역할을 한다.

한 번에 여러 게임을 테스트하는 공간에서 게임 디자이너가 플레이 테스터의 소리를 확실하게 들을 수 있는 유일한 방법은 플레이 테스터와 디자이너 두 사람 모두 게임에 연결된 헤드폰을 착용하는 것이다. 간단한 방법은 스테레오 오디오 스플리터를 사용하여 여러 쌍의 헤드폰을 연결하고, 보통 플레이 테스터의 바로 뒤에 앉아 있는 디자이너를 위해 오디오 연장 케이블을 사용하는 것이다. 무선 헤드폰 기술을 사용하면 비용이 더 많이 들지만 훨씬 더 쉽고 간편하게 전달할 수 있다.

✖ 필요한 경우, 컨트롤 치트 시트 준비하기

잘 설계된 게임은 일반적으로 조작 메커닉을 한 번에 하나씩 소개하고 플레이어가 각 메커닉을 연습하게 함으로써 플레이어에게 조작 방법을 가르친다. 하지만 개발 초기 게임에는 이러한 교육이 포함되지 않는 경우가 많다. 일부 디자이너는 게임의 컨트롤을 구두로만 설명하여 플레이 테스트 과정에 가변성과 편견이 개입될 여지를 남긴다. 숙련된 게임 디자이너는 컨트롤 체계를 알려 주는 컨트롤 치트 시트를 모든 플레이 테스터에게 보여 주어 빠르게 객관적인 결과를 도출한다(그림 12.1 참조). 이 컨트롤 치트 시트는 플레이 테스트를 시작할 때 한 번만 보여 주거나 지속적으로 참조할 수 있도록 테이블 근처에 놓아둘 수 있다. 다시 말하지만, 목표는 플레이 테스트가 끝날 때까지 플레이 테스터와 전혀 대화하지 않는 것이다.

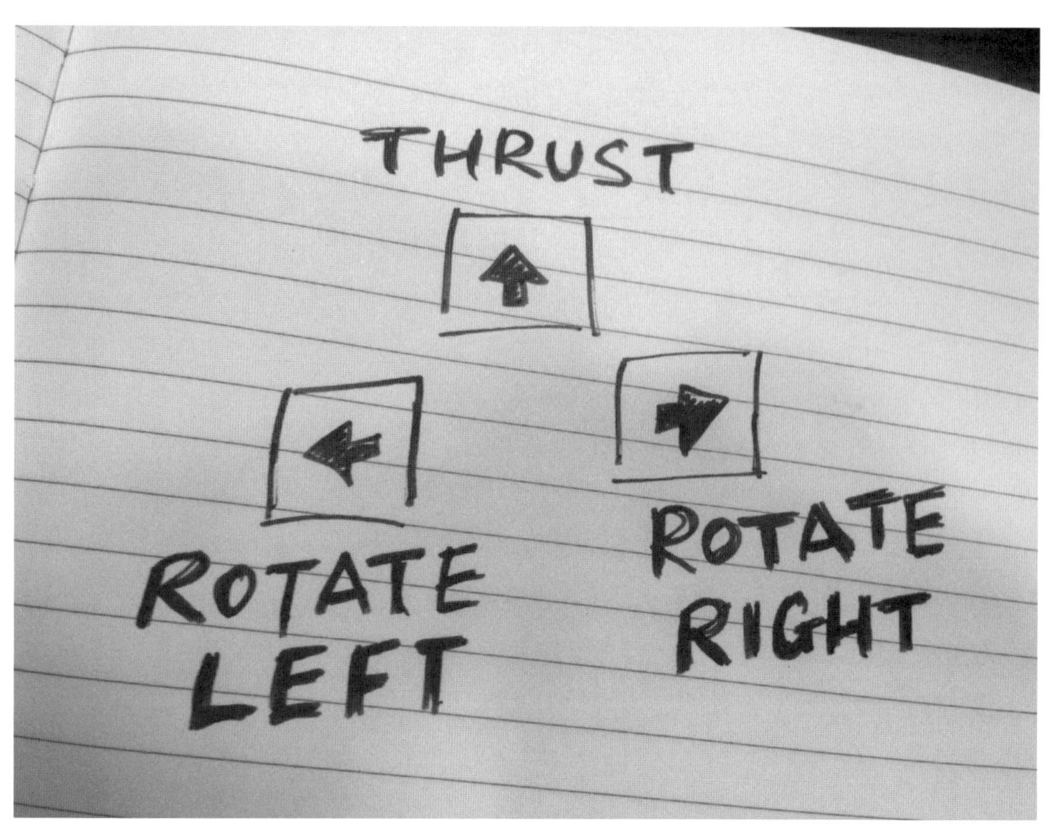

그림 12.1
컨트롤 치트 시트.

알려진 게임 플레이 문제나 기능적 문제와 관련해 플레이어를 도울 수 있는 서면 힌트 준비하기

테스트 중인 게임에서 플레이어로부터 좋은 피드백을 받는 데 방해가 되는 문제가 발생하는 경우가 종종 있다. 플레이 테스트 직전에 레벨을 재구성했는데, 눈에 잘 띄어야 할 출입구가 실수로 그림자 속에 숨겨져 있을 수도 있다. (〈언차티드〉에서는 이런 일이 자주 발생했다.) 플레이 테스터가 지시를 받아야만 진행할 수 있는 버그가 있을 수도 있다. 이때는 서면 힌트를 사용해야 한다(그림 12.2 참조).

플레이 테스터가 알려진 문제를 해결하는 데 필요한 정보를 적어 두었다가 적절한 타이밍에 말하지 않고 이 서면 힌트를 보여 주면 된다. 컨트롤 치트 시트와 마찬가지로 모든 플레이어에게 정확히 동일한 정보를 제공하므로 플레이 테스트를 균일하게 진행할 수 있다. 하지만 주의할 점은 이 방법은 플레이어가 막힐 것이 확실하고 스스로 해결 방법을 찾을 수 없는 긴급 상황에서만 사용해야 한다는 것이다.

그림 12.2
서면으로 작성된 '힌트'.

✖ 플레이 테스터에게 큰 소리로 생각하고 느끼도록 제안하기

게임을 플레이 테스트할 때 '소리 내어 생각하기(게임을 플레이하면서 떠오르는 생각과 인식을 이야기하는 것)'는 플레이 테스터가 게임 디자이너에게 디자이너가 보는 것만으로는 얻을 수 없는 경험에 대한 정보를 제공할 수 있는 좋은 방법이다. 플레이 테스터가 느끼는 감정에 대해 이야기함으로써 '소리 내어 느낌을 표현하는 것'도 같은 역할을 한다. 어떤 사람은 다른 사람보다 이 방법을 더 잘해낸다. 디자이너는 플레이 테스터에게 큰 소리로 생각하고 느끼도록 요청하고 플레이를 시작하도록 해야 한다. 플레이 테스터가 게임을 하면서 말을 하지 않는다면 디자이너는 그들에게 말을 하라고 한 번만 더 제안한 다음 그냥 내버려 두면 된다. 플레이 테스터의 말을 듣는 것만큼이나 그들을 주의 깊게 관찰하는 것만으로도 많은 것을 배울 수 있다. 관찰하다 보면 대부분의 사람이 게임에 온 신경이 집중되는 격렬한 게임 플레이 시퀀스에서는 말을 잘 하지 못한다는 것을 알게 될 것이다.

게임 디자이너는 큰 소리로 생각하고 느끼는 기술을 연습해야 한다. 이러한 능력은 팀 동료 및 다른 전문가들과 협업할 때 매우 강력한 능력이 된다. 사용자가 게임의 디자이너에게 그 게임 제목 화면을 보고 듣는 동안 느끼는 감정과 아이디어에 대해 자세히 이야기하는 것으로 시작하면, 게임을 플레이하기 시작했을 때 그 게임이 사용자에게 어떻게 '착륙'할지에 대해 매우 풍부하고 완전한 그림을 그릴 수 있는 틀을 마련할 수 있다.

✖ 적절한 경우, 콘텐츠 경고 사용하기

콘텐츠 경고는 우리가 좋아하는 모든 종류의 작품을 자유롭게 만들 수 있게 해 주고, 우리가 만들고 있는 작품을 보는 데 동의하는 사람들에게만 보여 줄 수 있게 해 준다는 점에서 가치가 있다. 게임이 어린이 문화와 역사적으로 연관되어 있기 때문에 게임 디자이너들은 때때로 소위 '성인용 주제'를 다루는 것을 꺼려했다. 하지만 비디오 게임은 성숙한 엔터테인먼트 매체이자 예술 형식으로서 모든 종류의 주제를 바라보는 데 전적으로 적절한 방법이다. 플레이 테스트를 시작할 때 영화의 연령 등급과 같은 역할을 하는 콘텐츠 경고를 사용하면 사람들이 피하고 싶은 콘텐츠 유형이 있음을 알릴 수 있다. 온라인에서 "콘텐츠 경고Content Warning"를 검색하면 어떤 종류의 콘텐츠에 경고를 사용할지, 경고를 전달하는 방법에 대한 자세한 정보를 확인할 수 있다.

✖ 플레이 테스터의 게임 경험 관찰하기

플레이 테스터가 게임에서 무엇을 하는지 자세히 관찰해야 한다. 그들의 반응과 행동에 주목하라. 게임에서 할 수 있는 것과 할 수 없는 것에 대해 플레이 테스터들은 무엇을 이해하고 또 무엇을 이해하지 못하나? 그들은 무엇을 하려고 하고 무엇을 하지 않으려고 하나? 어떤 감정을 보이는가?

✖ 플레이 테스터의 행동과 말을 관찰하고 모두 기록하기

플레이 테스터를 지켜보면서 관찰한 내용을 최대한 자세하게 기록해야 한다. 게임에서 무엇을 하는지, 무엇을 생각하고 느끼는지, 그들이 자신의 생각과 감정에 대해 말하는 모든 것을 기록할 필요가 있다. 우리 중 많은 사람이, 특히 젊은이들은 기억이 컴퓨터의 하드 드라이브처럼 오류가 없는 총체적 기억 장치라고 생각한다. 사실 심리학자와 인지 과학자들이 여러 차례 증명했듯이 기억은 오류 가능성이 매우 높으며 감정에 의해 크게 좌우된다. 플레이 테스트 세션과 게임에 대해 느끼는 감정에 따라 플레이어의 행동에 대한 기억이 크게 왜곡될 수 있다. 그렇기 때문에 플레이 테스트 중에 눈에 띄는 모든 것을 기록해야 한다. 플레이 테스터를 관찰한 후 처음 몇 분 안에 한 페이지를 메모로 가득 채우고, 테스터가 하는 모든 세부 사항을 기록하기 위해 최대한 빨리 글을 쓰거나 타이핑해야 한다. 좋은 점이나 문제점을 발견할 때마다, 좋은 점이나 문제점이 발생할 때마다 한 번씩 기록해야 한다. 그러면 플레이 테스트가 끝난 후 노트를 검토할 때 게임의 가장 좋은 점과 가장 큰 문제점이 눈에 띄게 드러날 것이고, 게임에서 실제로 무엇이 잘 작동하는지, 무엇을 먼저 수정해야 하는지 알 수 있다.

✖ 플레이 테스터를 전혀 돕지 않기

이는 플레이 테스트의 가장 기본적인 원칙 중 하나이며, 숙련된 게임 디자이너도 지키기 어려워하는 원칙 중 하나이다. 개발이 한창 진행 중인 게임을 플레이하는 것을 지켜보면서 아무런 도움을 주지 못한다면 매우 괴로울 수 있다. 플레이 테스터는 여러분이 만든 게임의 문제점에 부딪히거나, 메커닉과 스토리를 잘못 이해하거나, 진행에 어려움을 겪거나, 아예 게임을 멈추게 될 것이다. 게임 디자이너라면 테스트 중에 어떤 식으로든 플레이 테스터를 돕고 싶은 유혹을 뿌리치고 침묵을 지켜야 한다. 그렇게 플레이 테스터가 고군분투하는 모습을 보면서 느끼는 고통을 다음 디자인 반복 작업에서 수정할 수 있는 동기로 전환하는 방법을 배워야 한다. 플레이 테스터가 게임을 플레이하는 동안 질문을 하거나 도움을 요청하는 경우, 정중하지만 단호하게 사과하고 도와줄 수 없으니 계속 혼자서 게임을 진행해야 한다고 말해야 한다. 이렇게 해야만 게임이 사람들에게 어떻게 받아들여지고 있는지 명확하게 확인할 수 있다. 서면 힌트나 도우미를 사용하는 경우는 예외로 인정된다.

✖ 시간을 주시하기

플레이 테스터와 게임에 무슨 일이 일어나고 있는지 제대로 인지하기 위해서는 플레이 테스트 중 시간의 경과를 계속 파악해야 한다. 지표 데이터를 수집하지 않는 경우(26장 참조), 플레이어가 게임을 진행하면서 얼마나 많은 시간이 지났는지 기록해 두어야 한다. 첫 번째 레벨과 두 번째 레벨을 통과하는 데 얼마나 걸렸나? 플레이 테스트의 상황에 따라 각 테스트의 시간이 제한될 수 있다. 플레이 테스터가 반드시 확인해야 하는 레벨이 있다면 시간을 주시하는 것이 좋다. 또한 테스트가 끝난 후 질문할 수 있는 시간을 확보해야 한다.

✖ 플레이 테스트가 끝난 뒤, 종료 인터뷰 실시하기

플레이 시간이 끝나면 플레이 테스터에게 '종료 인터뷰'라는 과정을 안내한다. 이 대화의 형식은 항상 여러분에게 달려 있지만, 몇 가지 일반적인 가이드라인이 도움이 될 것이다. 먼저 플레이 테스터에게 관심 있는 게임의 특정 측면에 초점을 맞춘 개방형 질문을 한다. 예/아니오 또는 숫자로 짧고 간단하게 대답할 수 있는 질문은 피해야 한다. 비디오 게임 프로젝트 디렉터이자 아티스트인 마크 태터솔Marc Tattersall은 플레이 테스터에게 물어볼 수 있는 다섯 가지 훌륭한 개방형 질문 목록을 만들었으며, 이 목록은 게임 업계 커뮤니티 사이트인 가마수트라에서 알리사 맥알룬Alissa McAloon이 소개한 바 있다.

- 가장 기억에 남는 순간이나 인터랙션은 무엇인가?
- 가장 마음에 들지 않았던 순간이나 인터랙션은 무엇인가?

- 언제 가장 영리하다고 느꼈나?
- 하고 싶었지만 게임에서 허용되지 않았던 일이 있었나?
- 요술 지팡이가 있다면 게임에서 또는 경험의 모든 측면을 바꿀 수 있을까? 바꾸고 싶은 것은 무엇인가? 예산과 시간은 무제한이다.[9]

이러한 질문은 게임 디자인의 몇 가지 중요한 측면의 핵심으로 바로 연결된다. 좋은 이유든 나쁜 이유든 플레이어의 기억에 남는 것은 무엇인가? 언제 플레이어가 자신의 에이전시가 표현되었거나 또는 표현의 자유가 제한되었고 느끼는가? 플레이어가 간과하고 있는 창의적인 아이디어에는 어떤 것이 있나? 이 질문을 모델로 삼아 어떤 개방형 질문을 할 것인가?

종료 인터뷰 중에 플레이 테스터의 동의를 얻어 메모하거나 대화를 녹음하여 플레이 테스터가 말하는 모든 내용을 캡처해야 한다. 플레이 테스터와의 대화가 진행되면서 특정 의견을 제시하도록 유도하지 말고, 플레이 테스터가 흥미롭지만 잘 이해가 되지 않는 의견을 제시하면 후속 조치를 취하여 더 많은 정보를 얻으려고 노력해야 한다.

게임 디자이너이자 프로듀서인 앨런 당은 어린이용 게임 플레이 테스트에 대해 이렇게 조언한다. "어린이에게 질문을 할 때, 어린이는 어른을 기쁘게 하고 싶어 하며 부정적인 반응을 원하지 않는 경향이 있기 때문에 테스트가 어려울 수 있다. 이를 극복하는 한 가지 방법은 아이들에게 이 게임을 친구나 같은 또래의 사람에게 어떻게 설명할지, 또는 다른 사람이 어떻게 생각할지 물어보는 것이다."[10]

✖ 게임을 설명하지 않기

종료 인터뷰에서 많은 게임 디자이너는 플레이 테스터에게 게임의 작동 방식, 스토리라인의 의미, 플레이어가 오해한 내용 등 게임을 설명하고 싶은 강력한 충동에 사로잡히게 된다. 이런 유혹을 뿌리쳐라. 더 나은 피드백을 얻기 위해 디자인이 어떻게 작동하도록 의도했는지 몇 가지 세부 사항을 채우려고 할 수도 있다(언젠가는 그럴 때가 올 것이다). 문제는 플레이 테스터의 머릿속이 게임을 플레이하면서 얻지 못한 개념과 질문으로 가득 차고, 경험에 대한 인상이 흐려진다는 것이다. 플레이 테스터가 게임을 이해하지 못했다는 것은 중요하지 않다. 중요한 것은 도널드 노먼의 표현을 빌리자면, 그들의 '사용자 모델'이 여러분의 '디자이너 모델' 및 '시스템 이미지'와 어떻게 다른지 이해하여 다음 반복 작업에서 게임 디자인을 개선할 수 있다는 것이다.

---

9 Alissa McAloon, "5 Questions You Should Be Asking Playtesters to Get Meaningful Feedback", Gamasutra, 2016. 10. 10., https://www.gamasutra.com/view/news/283044/5_questions_you_should_be_asking_playtesters_to_get_meaningful_feedback.php.

10 개인적인 대화, 2020. 05. 10.

❸ 낙심하지 않기

플레이 테스트는 종종 디자이너들에게 매우 감정적인 과정이다. 창작자들은 일반적으로 자신이 만드는 것에 많은 것을 투자한다. 그래서 우리는 우리가 만든 무언가를 다른 사람들에게 보여 줄 때 사람들이 그 게임을 어떻게 받아들였는지 확인하기도 전에 지레 발가벗겨진 것처럼 느끼고 불안해하거나 심지어 패닉에 빠질 수도 있다. 여러 플레이 테스터로부터 받는 상반된 피드백에 압도되어 디자인의 미로에서 길을 잃은 듯한 느낌을 받을 수도 있다. 잘 다듬어지고 잘 작동하는 게임을 테스트할 때에도 이러한 어려운 감정은 강력할 수 있다. 하물며 새롭고 문제가 가득한 게임을 테스트할 때는 얼마나 더 거칠고 지저분하고 복잡해질지 상상해 보라. 플레이 테스트 중에 떠오르는 감정을 제대로 처리하지 못하면 파괴적인 결과를 초래할 수 있다. 포기하고 게임을 버린 채 새로운 것을 시작하고 싶어질 수도, 심지어 게임 디자인이라는 업 자체를 완전히 그만두고 싶어질 수도 있다.

이에 대처하는 한 가지 좋은 방법은 자신의 감정을 예상하고 자신에게 맞는 방식으로 대처할 준비를 하는 것이다. 감정적 거리를 두기 위해 자신이 게임의 디자이너가 아닐 수도 있다는 사실을 스스로에게 상기시킬 수도 있다. 플레이 테스터에게 어려운 감정을 표현하는 것은 결코 옳지 않지만, 감정을 억누르기보다는 건강한 표현 방법을 찾는 것이 더 낫다고 생각한다. 나는 게임 디자이너 그룹이 플레이 테스트가 끝난 후 서로에게 감정적 도움을 주도록 권장한다. 필요한 경우 불평하고 투덜대며 플레이 테스트가 원하는 대로 진행되지 않은 것에 대한 좌절감이나 슬픔을 표현할 수 있다. 불쾌하거나 비열하지 않고 개인에게 초점을 맞추지 않는 등 해롭지 않은 방식으로 표현하면 감정이 현재에 머무르지 않고 과거로 넘어가는 데 도움이 될 수 있다. 감정을 정리한 후에는 플레이 테스트 중에 작성한 메모를 검토해야 한다. 게임에서 무엇이 효과가 있고 무엇이 효과가 없는지에 대한 지식을 얻을 필요가 있다. 자신에게 솔직하고 프로젝트의 성공과 실패를 모두 인정해야 한다. 문제를 해결하기 위한 계획을 세우고 다음 플레이 테스트에서는 더 나은 결과가 나올 것이라고 믿는 것이 좋다. 거의 항상 그렇다. 이와 관련해서는 매튜 프레더릭이 《건축학교에서 배운 101가지》에서 제공하는 조언을 참고할 필요가 있다.

> 인내심을 가지고 디자인 과정에 참여하라. 한순간에 쏟아지는 영감에 의존하여 창의적인 과정을 묘사하는 대중적인 묘사를 모방하지 마라. 복잡한 문제를 한 번에 또는 일주일 안에 해결하려고 하지 마라. 불확실성을 받아들여라. 창작 과정의 대부분에 수반되는 상실감을 정상적인 것으로 인식하라.[11]

이 모범 사례 목록이 여러분의 게임 플레이 테스트에 도움이 되길 바란다. '이것들을 가이드라인이나 규칙으로 취급해야 하는가?'라고 물을지도 모르지만, 나는 그것들이 규칙으로 사용하고 엄격하게 따

11 Matthew Frederick, 《101 Things I Learned in Architecture School》, The MIT Press, 2007, p.81.

를 만큼 중요하다고 생각한다. 단, 규칙이라는 것은 본디 깨지도록 만들어졌기 때문에 그 유용성보다 오래 지속되어서는 안 된다는 점을 기억해야 한다.

정기적 플레이 테스트 실행

상상할 수 있는 거의 모든 유형의 게임 디자인 과정에서 '게임을 해 본 적이 없는 사람'이나 '한동안 게임을 하지 않은 사람'을 대상으로 정기적인 플레이 테스트를 진행하는 것이 중요하다. 전문적인 맥락에서 이러한 플레이 테스트는 팀원 사이의 테스트, 친구 및 가족 플레이 테스트, 게임 팬 커뮤니티 회원과 함께하는 얼리 액세스 플레이 테스트 등 다양한 형태로 진행될 수 있으며, 우리의 상상력은 한계가 없다. 창의적인 작품을 만드는 데 중점을 두는 학업 환경에서는 거의 매주 수업 시간에 플레이 테스트를 진행하거나 수업 시간 외에 학생들에게 매주 플레이 테스트를 하도록 하는 것이 적절하다고 생각한다. 플레이 테스트를 게임 디자인 관행의 일부로 뿌리내리려면 노력이 필요하며, 교사는 학생들이 이러한 건강한 습관을 기를 수 있게 도울 수 있다.

마크 서니는 게임이 사람들에게 보통 어떻게 받아들여지고 있는지 파악하는 데에는 플레이 테스터 7명 정도만 있으면 충분하다고 말한 적이 있는데, 주마다 이 정도 수의 사람에게 접근하는 것은 어렵지 않은 일일 것이다. 아이데이션의 프로토타입, 프리 프로덕션의 버티컬 슬라이스, 풀 프로덕션의 일부 빌드 단계에 있는 게임 등 프로젝트의 각 단계에 있는 모든 것을 테스트해야 한다. 각 단계에서 플레이 테스트를 통해 얻을 수 있는 다양한 유형의 디자인 인사이트에 대해 알아볼 필요가 있다.

프로젝트가 진행되는 동안 정기적으로 플레이 테스트를 진행하면 좋은 플레이 테스트 관행이 팀원 모두에게 깊이 뿌리내리게 되고, 풀 프로덕션 단계에서 공식 플레이 테스트를 진행할 준비가 되었을 때 추가적으로 사용해야 하는 툴이 부담스럽지 않고 테스트가 원활하게 진행될 수 있다.

플레이 테스트 피드백 평가

플레이 테스트의 결과를 이해하는 것은 어려울 수 있으며, 그 과정에 접근하는 방식에 신중을 기해야 한다. 기억은 감정에 의해 왜곡되기 때문에 기억만으로 플레이 테스트 피드백을 일관성 있게 평가하는 것은 거의 불가능하다. 그렇기 때문에 플레이 테스트와 종료 인터뷰 중에 많은 노트를 작성하여 관찰한 내용을 객관적으로 기록하는 것이 중요하다.

내 노트를 검토하는 과정에서 나는 많은 것들이 다음 세 가지 범주 중 하나에 쉽게 속한다는 사실을 발견했다.

1. **고장: 반드시 수정해야 할 사항.** 이는 플레이어가 원하는 경험을 하지 못하게 하는 디자인 또는 구현상의 문제이다. 수정 사항들은 대체적으로 매우 명백하다.
2. **질문: 수정할 수도 있는 사항.** 이는 적어도 의도한 대로 작동하지 않을 수 있으며 추가 조사가 필요한 사항이다. 이러한 문제는 디자인(디자이너 모델), 게임(시스템 이미지), 또는 플레이어의 게임 이해도(사용자 모델)에 있을 수 있다. 아직 해결책이 명확하지 않기 때문에 이러한 문제를 더 면밀히 살펴봐야 한다.
3. **제안: 새로운 아이디어.** 플레이 테스트 중에는 많은 새로운 아이디어가 떠오르며, 게임 디자인에 도움이 될 수도 있고 우리가 달성하려는 목표와 전혀 무관한 아이디어일 수도 있다. 제안에 대해 토론하고 일부는 수용하고 일부는 거부함으로써 게임 디자인을 개선할 수 있다.

노트를 검토하고 분류했으면 프로젝트 목표를 적었던 문서를 열어 보라. 각 노트에 대해 다음과 같이 자문해 보면 좋다. '이 피드백에 따라 조치를 취하는 것이 프로젝트 목표, 특히 경험 목표를 달성하는 데 도움이 될까?' 이 질문은 질문과 제안 카테고리의 노트를 평가할 때 특히 유용하다. 종료 인터뷰에서 플레이 테스터에게 개방형 질문을 하면 숨겨진 문제의 본질을 파악할 수 있는 경우가 많다.

플레이 테스터가 (큰 소리로 생각하든 종료 인터뷰에서 말하든) 게임에 대해 말하는 것은 매우 중요하지만 오해의 소지가 있을 수 있다는 점을 기억해야 한다. 플레이어는 자신이 왜 특정 방식으로 행동했는지 오해할 수 있는데, 이는 게임의 어떤 요소를 플레이어가 잘못 이해한 것일 수도 있다. 그렇기 때문에 플레이어의 플레이를 그저 지켜보는 것은 중요하다. 훌륭한 게임 디자이너는 플레이어의 말과 행동을 잘 갈무리하여 게임이 잘 작동되고 있는 상황인지 아닌지 정확하게 파악한다.

그러나 플레이 테스트에서 누군가가 게임을 플레이하는 데 어려움을 겪을 때 함정에 빠지지 않도록 주의하라. "그들은 게임을 제대로 플레이하지 못한다."라고 말해서는 안 된다. 이런 말을 하는 것은 디지털 게임 디자인과 게임 디자이너의 책임을 근본적으로 이해하지 못한 것이다. 잘 디자인된 디지털 게임은 때로는 노골적으로 튜토리얼을 통해, 그리고 때로는 플레이어가 직접 조작하고 발견하게 함으로써 은밀하게 플레이어에게 게임 스스로를 가르친다. 모든 게임은 인터랙션을 통해 플레이어가 게임의 제약 내에서 자신의 주체성을 표현할 수 있도록 한다. 플레이어가 즐거운 시간을 보내지 못한다면 이는 디자인 때문이거나 게임이 해당 플레이어에게 적합하지 않기 때문이다.

또한 그들이 이해하지 못한다는 것을 이유로 플레이 테스트 피드백을 무시하고 싶은 충동을 억제해야 한다. 그 대신 그들이 왜 게임을 이해하지 못하는지 이해하려고 노력해야 한다. 플레이 테스터가 원하는 경험을 하지 못하도록 방해하는 요소는 무엇일까? 게임에 문제가 있는 것일까? 아니면 플레이어에게 문제가 있는 것일까? 후자라면 모든 게임이 모든 사람을 위한 것은 아니며, 그건 모든 예술과 엔터테인먼트도 마찬가지라는 걸 기억해야 한다. 너무 성급하게 "그들은 게임을 이해하지 못한다."라고 말하는 것은 실수이다. 플레이 테스터의 피드백을 무시하기 전에 피드백에서 배울 수 있는 모든 것을 배웠는지 확인해야 한다.

플레이 테스트 피드백을 평가할 때 가장 중요한 규칙은 '방어적인 태도를 취하고 싶은 충동을 억제'하는 것이다. 누군가가 비판적인 말을 하거나 비판처럼 들리는 말을 하면 감정이 격해진다. 마음속으로 "말도 안 돼!"라고 외치고, 그 말이 왜 말도 안 되는지 그 이유를 머릿속으로 나열하기 시작한다. 그 이유가 이성적이라고 생각하지만 나중에 보면 얼마나 감정에 치우쳤는지 알 수 있다.

방어적인 태도를 취하는 순간을 알아차리고 마음을 가라앉힌 다음 참여해야 한다. 피드백에 대해 어느 정도 거리를 두면 비판을 더욱 이성적으로 평가하는 데 도움이 될 수 있다. 방어적인 상태에서 문제에 대해 이야기하려고 하면 곧 토론이 아닌 논쟁에 휘말릴 수 있다.

합리적인 비판이든 아니든 비판에 대해 방어적인 태도를 취하는 것은 직업적, 창의적인 삶에서 개인적인 삶에 이르기까지 수많은 인간적인 노력에 대한 저주에 해당된다. 이는 관계에 해를 끼칠 수 있으며, 프로젝트에서 협업하는 사람들에게 심각한 문제가 된다. 또한 방어적인 태도는 건설적인 비판이 제공하는 지혜, 즉 게임을 훌륭하게 만드는 데 도움이 되는 지혜에 대한 접근을 거부한다.

건설적이지 않은 비판, 즉 내 작업을 깎아내리거나 폄하하는 비난에는 절대로 참여해서는 안 된다. 파괴적인 비판을 피하고 6장에서 논의한 것처럼 도움이 되고 유용한 건설적인 비판을 다른 곳에서 찾아보는 것이 좋다.

내가 플레이 테스트 피드백을 평가할 때 가장 유용하다고 생각하는 것은 내 게임을 잘 아는 다른 사람과 함께 토론하는 것이다. 팀원, 동료 또는 멘토가 그 대상이 될 수도 있다. '논쟁의 여지가 있거나 문제가 있거나 혼란스러운 피드백'이 존재한다면 또 다른 의견을 듣는 것만으로도 그 피드백이 시간을 더 투자할 가치가 있는지, 아니면 안심하고 무시해도 되는지 바로 명확해질 때가 많다.

✖ 플레이 테스트 피드백 평가 체크리스트

✔ 보고 듣는다.

✔ 모든 내용을 기록한다.

✔ 피드백을 진지하게 받아들여 방어적인 태도를 취하지 말고 너무 빨리 무시해서는 안 된다.

✔ 피드백을 (1) 반드시 수정해야 할 사항, (2) 수정할 수도 있는 사항, (3) 새로운 아이디어로 분류할 수 있다.

✔ '반드시 수정해야 할 사항'에 대한 계획을 세운다.
✔ '수정할 수도 있는 사항'을 조사하고 '새로운 아이디어'를 평가하여 프로젝트 목표와 대조한다.
✔ 게임 플레이에서 플레이어가 한 행동을 참고하여 플레이어의 말을 가이드로 삼고 주의 깊게 해석한다.
✔ 공동 작업자와 피드백에 대해 토론한다.

"나는 ~을 좋아한다. 나는 ~을 바란다. 만약에 ~라면?"

'나는 ~을 좋아한다. 나는 ~을 바란다. 만약에 ~라면?I Like, I Wish, What If...?'은 디자인 및 컨설팅 회사인 IDEO에서 개발한 효과적인 피드백 제공 기법으로, 6장에서 설명한 '샌드위칭'과 관련이 있다. 나는 게임 디자이너이자 연구원인 데니스 라미레즈Dennis Ramirez에게 이 기법을 배웠는데, 이 기법은 USC 게임 프로그램의 필수 요소이다. 디자이너는 서로의 작품을 플레이 테스트할 때 이 기법을 사용할 수 있으며, 게임 개발 과정나 팀원 간의 관계에 대한 토론을 포함하여 거의 모든 주제에 대해 효과적으로 소통할 수 있다.

'나는 ~을 좋아한다. 나는 ~을 바란다. 만약에 ~라면?' 기법은 설명이 거의 필요 없을 정도로 간단하다. 게임을 플레이 테스트하거나 디자인 문서를 살펴보는 등 창의적인 작업을 검토한 후 '나는 ~을 좋아한다. 나는 ~을 바란다. 만약에 ~라면?'이라는 문구를 사용하여 피드백을 구성한다. 예를 들어 "이 캐릭터의 점프가 공중에서 잘 제어되는 게임 감각이 마음에 든다. 점프 버튼을 눌렀을 때 조금 더 빨리 공중으로 올라갔으면 좋겠다. 점프 애니메이션의 시작 부분을 줄이거나 제거하면 어떨까?"와 같은 식이다.

먼저 '나는 ~을 좋아한다.'를 통해 작품에 대해 마음에 드는 점을 제시한다. 샌드위칭에서와 마찬가지로 이것은 소통의 채널을 열고 존중과 신뢰의 기반을 구축한다. 샌드위칭을 할 때와 마찬가지로, 우리가 진정으로 좋아하는 것을 선택하고 그것에 대해 생각해 보는 시간을 가져야 대화 상대방이 우리가 진정으로 상대를 존중하고 그들의 작업에 감사해한다는 것을 알 수 있다. 디자이너가 자신의 디자인에서 무엇이 효과가 있는지 듣는 것도 유용하다.

그런 다음 '나는 ~을 바란다.'를 통해 검토 중인 작품에 대해 달라졌으면 하는 점을 말함으로써 건설적인 비판의 장을 열기 시작한다. '나는 ~을 바란다.'는 그 코멘트가 한 사람의 개인적 의견임을 표명하는 동시에 작품에 대한 감상에 뿌리를 둔 욕구를 보여 주며, 그렇기 때문에 나는 이게 꽤 영리한 표현이라고 생각한다. 의견이 제시되고 있다는 것을 이해하면 방어적인 태도를 취할 가능성이 줄어든다. '나는 ~을 바란다.'는 '더 나아지길 바란다.'라는 긍정적인 표현으로, 디자이너가 지속적이고 반복적인 작업을 할 때 유용하다.

마지막으로, '만약에 ~라면?'을 통해 소원을 이룰 수 있는 아이디어를 제시함으로써 건설적인 비판을 할 수 있는 기회를 갖는다. 문제에 대한 해결책을 제안하거나 다른 디자인 방향을 제안할 수 있다. '만약에 ~라면?'이라고 말하며 디자이너에게 자신의 아이디어 중 하나를 제안하는 것은 관대한 행동이며, 존중과 감사의 마음을 강조하는 것이다. 디자이너가 우리의 아이디어를 받아들여 향후 반복 작업에서 시도해 볼 수도 있다. 디자이너가 바로 받아들이지는 않겠지만 올바른 솔루션으로 입증된 또 다른 아이디어를 얻을 수도 있다. 아니면 다른 디자인 목표나 게임 메커닉과 상충된다는 이유로 거부할 수도 있다.

결과가 어떻든, '만약에 ~라면?'이라는 질문은 특정 피드백을 마무리하는 좋은 방법이며, 피드백을 받는 디자이너의 답변을 매우 자연스럽게 유도하기 때문에 작업에 대한 대화의 여지를 열어 준다.

이 기법을 개발한 디자인 에이전시 IDEO는 커뮤니케이션이 디자인 과정의 핵심 요소이며, 게임 디자인이 좋은 결과를 거두려면 커뮤니케이션을 잘해야 한다는 사실을 강조하고 있다. 스탠포드 디자인 스쿨 부트캠프 부트레그Bootcamp Bootleg의 저자들은 이렇게 말한다.

> 디자이너는 디자인 작업 중에 개인적인 커뮤니케이션, 특히 피드백에 의존한다. 사용자에게 솔루션 콘셉트에 대한 피드백을 요청하고, 개발 중인 디자인 프레임워크에 대해 동료 디자이너에게 피드백을 구한다. 프로젝트 외부에서는 동료 디자이너들이 팀으로서 어떻게 협력하고 있는지 소통해야 한다. 피드백은 '나(I)'로 시작하는 문장을 사용하는 것이 좋다. 예를 들어, "당신은 내 말을 하나도 듣지 않아요." 대신 "나는 가끔 당신이 내 말을 듣지 않는 것처럼 느껴져요."라고 말하는 것이 좋다. 특히, '나는 ~을 좋아한다. 나는 ~을 바란다. 만약에 ~라면?'은 열린 피드백을 장려하는 간단한 도구이다.[12]

'나는 ~을 좋아한다. 나는 ~을 바란다. 만약에 ~라면?'을 사용해 보고 자신에게 어떤 효과가 있는지 확인해 보는 게 좋다. 이는 더 효과적인 커뮤니케이터가 되고 팀에서 존중과 신뢰의 환경을 조성하는 데 도움이 되는 간단하지만 정교한 도구이다.

---

12 Thomas Both and Dave Baggeroer, "Design Thinking Bootcamp Bootleg", accessed 2020. 12. 10., https://dschool.stanford.edu/resources/the-bootcamp-bootleg.

디자이너와 아티스트를 위한 플레이 테스트

예술과 디자인의 구분은 흥미로운 문제이다. 많은 창의적인 사람들이 디자이너이자 예술가이기도 하며, 디자인의 유용성과 예술의 범주를 넘나드는 경계는 모호하거나 아예 존재하지 않는다. 예를 들어 아름답게 디자인된 서체는 분명 예술 작품으로 간주할 가치가 있으며, 많은 현대 미술관에서 디자인 컬렉션을 소장하고 있다.

'이것은 내 작품이다. 설명하거나 정당화할 필요가 없다.'라는 태도를 취하는 것이 예술 작품 창작에 필요한 자세이다. 하지만 현대의 예술가들은 자신의 작품이 사람들에게 전달되는 방식에 점점 더 많은 관심을 보이고 있다. 디자인과 예술이 사회적 옹호, 정치적 행동주의, 윤리적 개입에 점점 더 많이 관여하고 있다. 디자인 평론가 앨리스 로스톤Alice Rawsthorn은 자신의 저서인 《태도로서의 디자인Design as an Attitude》에서 통합성을 "바람직한 디자인을 추구하기 위해 타협할 수 없는 요소"라고 강조한다. 그녀는 "디자인 프로젝트의 개발, 테스트, 제조부터 유통, 판매, 마케팅에 이르기까지 모든 측면의 윤리적 또는 생태학적 영향에 대해 불편함을 느낄 이유가 있다면 우리는 그 프로젝트가 바람직하다고 생각하지 않을 것이다."라고 말한 바 있다.[13] 나아가 예술은 정의롭지 못한 것을 부각시키고 더욱더 공평한 미래를 제시함으로써 세상에 긍정적인 변화를 일으킬 수 있는 기회를 제공한다.

흥미롭고 예술적인 게임을 디자인하든, 사회적인 영향력과 관계된 주제로 게임을 디자인하든, 플레이 테스트는 게임 디자인 프로세스의 일부로서 큰 유용성을 지니고 있다는 점을 분명히 알아야 한다. 하지만 플레이 테스트를 포함해 이 책에서 설명하는 방법들이 게임 디자이너, 인터랙션 디자이너, UX 디자이너에게만 유용하지는 않았으면 한다. 모든 종류의 아티스트에게도 마찬가지로 유용하며, 아티스트와 관객 간의 더 깊은 연결을 촉진하여 더욱 풍성하고 완전한 창작 활동으로 이어질 수 있기를 바란다.

---

13 Alice Rawsthorn, 《Design as an Attitude》, JRP | Ringier, 2018, p.123.

A Playful Production Process

재미있는 게임 제작 프로세스

13장
동심원적 개발

우주는 왜 계층적으로 구성되어 있는가 - 우화

옛날 호라와 템푸스라는 두 명의 시계 장인이 있었다. 두 사람 모두 훌륭한 시계를 만들었고 많은 고객이 그들의 매장을 찾았고 새로운 주문 전화가 끊이질 않았다. 그러나 몇 년이 흘러 템푸스는 점점 가난해졌고 호라는 더 큰 번영을 누리게 되었다. 그것은 호라가 계층Hierarchy의 원리를 발견했기 때문이었다.

호라와 템푸스가 만든 시계는 각각 약 천 개의 부품으로 구성되었다. 템푸스는 시계를 부분적으로 조립하다가 전화를 받느라 시계를 내려놓아야 할 때 시계의 모든 부품이 흩어지는 식으로 조립했다. 그래서 전화를 끊고 다시 조립할 때 처음부터 다시 시작해야 했다. 고객들의 전화가 많아질수록 템푸스는 시계를 완성할 수 있는 충분한 시간을 확보하기가 점점 더 어려워졌다.

호라의 시계는 템푸스의 시계만큼이나 복잡했지만, 각각 약 10개의 요소로 구성된 안정적인 하위 부품을 조합했다. 그런 다음 이 하위 부품 열 개를 더 큰 부품으로 조립하고, 이 부품 열 개가 전체 시계를 구성했다. 호라는 전화를 받기 위해 부분적으로 완성된 시계를 내려놓아야 할 때마다 작업의 일부만 잃어버렸다. 그래서 그녀는 템푸스보다 훨씬 더 빠르고 효율적으로 시계를 만들 수 있었다.

복잡한 시스템은 안정적인 중간 형태가 있을 때만 단순한 시스템에서 진화할 수 있다. 그 결과 복잡한 형태는 자연스럽게 계층적 형태를 띠게 된다. 이것이 자연이 우리에게 제시하는 시스템에서 계층 구조가 매우 흔한 이유를 설명할 수 있다. 가능한 모든 복잡한 형태 중에서 계층 구조는 진화할 시간을 가진 유일한 형태이다.[1]

1 Herbert A. Simon, 《The Sciences of the Artificial》, MIT Press, 1969., paraphrased by Donella H. Meadows and Diana Wright, 《Thinking in Systems: A Primer》, Chelsea Green Publishing, 2008, p.83.

동심원적 개발이란 무엇인가?

'동심원적 개발Concentric Development'은 대부분의 게임 개발자가 직면하는 여러 가지 어려운 문제에 대한 해결책을 찾는 데 도움이 되는 게임 개발 전략이다. 우리에게는 '게임을 만들기 위해 구현하고 싶은 것들' 목록이 있다. 그런데...

- 어떤 순서로 게임을 개발해야 하나?
- 이 목록이 과연 게임을 훌륭하게 만드는 데 필요한 올바른 목록일까?
- 이 게임 중 몇몇은 생각했던 것보다 제작에 시간이 훨씬 더 오래 걸린다면 어떻게 될까? (게임 개발에서 우리가 만드는 것의 대부분은 숨어 있는 가정, 잘못된 요소들, 기술의 한계, 도구의 한계 또는 병에 걸려 일주일을 결근하는 것과 같은 예상치 못한 시간 제한 등으로 인해 시간이 생각보다 훨씬 더 오래 걸린다.)
- 플레이 테스트나 다른 피드백을 기반으로 주요한 변경 사항을 적용해야 하는 경우 어떻게 되나?
- 게임은 결국 완성되는가? 시간이 부족한 경우에 모든 조각이 일관된 전체로 짜여질 수 있을까?

나는 2002년경 당시 크리스털 다이내믹스의 스튜디오 책임자였던 존 스피날레John Spinale와 대화를 나누던 중 '동심원적 개발'이라는 용어를 처음 들었다. 존은 현재 재즈 벤처 파트너스의 관리 파트너이자 공동 창립자로 가장 잘 알려져 있으며, 미디어 및 엔터테인먼트 기술 분야의 투자자이자 기업가로서의 경력을 가지고 있다.

어느 날 존과 나는 게임 제작에 대한 건강한 접근 방식과 게임의 핵심 요소를 먼저 구축한 다음 외연을 확장하는 것이 얼마나 효과적인지에 대해 논의하고 있었다. 나는 내가 만났던 많은 유능한 팀들이 이 방식을 모범 사례로 삼고 있는 것을 보았고, 존은 이를 동심원적 개발이라고 부르겠다고 자청했다. 내가 너티독에 합류했을 때, 그들도 이런 방식으로 수년간 일해 왔다는 사실을 알게 되었다.

동심원적인 방식으로 게임을 개발한다는 것은 무엇을 의미할까? 기본적인 정의부터 살펴보자면, 동심원적이라는 것은 중심에서 시작하여 그 중심을 둘러싸고 지지하는 요소로 확장해 나가는 것을 의미한다.

그림 13.1과 같이 외벽, 해자, 바리케이드의 연속된 층으로 둘러싸인, 통치자와 재물이 숨겨져 있는 성의 가장 중심에 있는 구조물인 성채를 생각해 보면 된다. 동심원적으로 개발할 때는 성채를 먼저 건설하여 성채를 둘러싸고 있는 것들이 지원할 만한 가치가 있는 것인지 확인해야 한다. 이는 게임의 기본 요소를 먼저 만들고 완성될 때까지 작업한다는 것을 의미하며, 이러한 기본적인 게임 요소를 개발자는 게임의 기본 메커닉이라고 부르기도 한다.

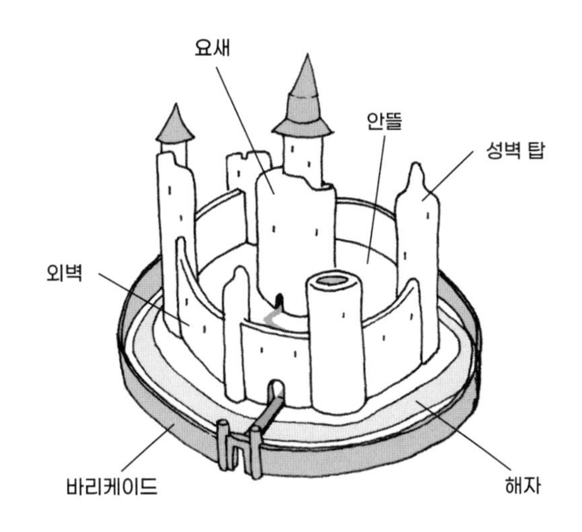

그림 13.1
성의 동심원적 구조.

완료될 때까지 기본 메커닉을 먼저 구현하라

게임의 주요 메커닉을 10장에서 설명한 핵심 루프를 구성하는 게임 요소로 생각하고 싶을 수 있다. 하지만 동심원적 개발에 대해 이야기할 때는 핵심 루프에 포함된 요소보다 더 작은 요소 집합을 고려하고 게임에서 가장 기본적인 한두 가지 메커닉에 집중하는 것이 유용하다.

플레이어가 직접 제어하는 플레이어 캐릭터가 있는 게임은 '캐릭터', '카메라', **'움직임과 관련된 컨트롤'**이라는 세 가지 C만 있으면 주요 메커닉을 잘 파악할 수 있다. 이는 다음과 같은 예가 될 수 있다.

- 1인칭 게임에서 움직임과 카메라를 제어.
- 횡스크롤 포인트 앤 클릭 어드벤처에서 플레이어 캐릭터와 카메라를 이동시키는 알고리즘.
- 3인칭 액션 게임에서 플레이어 캐릭터와 카메라를 움직이기 위한 컨트롤.

플레이어 캐릭터가 없는 게임의 경우, 나는 보통 플레이어가 직접 인터랙션하는 메커닉을 살펴보고 게임의 주요 메커닉을 결정한다. 예를 들면 다음과 같다.

- 실시간 전략 게임에서 맵에서 카메라 뷰를 이동하고 간단한 클릭 한 번으로 인터랙션할 수 있는 메커닉을 제공.
- 퍼즐 게임에서 가장 일반적으로 사용되는 단일 인터랙션.
- 텍스트 어드벤처에서 텍스트 파서Text Parser의 기초.

제작 중인 게임의 주요 메커닉을 결정하는 것은 디자이너에게 달려 있다. 게임 플레이를 위해 탄탄한 토대를 제공할 수 있다고 생각되는 것을 선택하면 된다. 일반적으로 주요 메커닉을 파악하는 것은 그리 어렵지 않다.

예를 들어, 〈테트리스〉에서는 화면 하단에 멈출 때까지 떨어지는 테트로미노와 이를 좌우로 움직이고 시계 방향과 시계 반대 방향으로 회전하는 기능이 주요 메커닉이다. 또한 〈심시티〉에서 도로 타일, 건물 타일 또는 구역 구역을 배치하는 기능이, 〈심즈The Sims〉에서 한 명의 심이 방을 돌아다니며 환경의 물체와 인터랙션하는 것이 주요 메커닉이 될 수 있다. 〈댄스 댄스 레볼루션Dance Dance Revolution〉의 경우, 메인 게임 루프에서 가장 단순한 부분인 트랙을 따라 내려오는 비트와 그 비트가 화면 하단에 도달할 때 패드를 밟거나 버튼을 누르는 기능에 불과할 수 있다.

동심원적 개발 철학의 핵심은 프로토타입을 제작할 때처럼 이러한 기본 메커닉을 그냥 끼워 맞추지 않는다는 생각이다. 그 대신 우리는 이러한 기본 메커닉이 완성되고 다듬어질 때까지 시간을 들여 작업한다. 즉 완성된 아트, 애니메이션, 음향 효과, 시각 효과를 만들고 이를 좋은 게임 디자인 및 코드와 함께 엮어 내는 것이다.

플레이어 캐릭터가 등장하는 게임은 캐릭터, 카메라, 움직임을 위한 컨트롤을 게임에 구현하기 위해 해야 할 것이 많다. 2D 게임의 경우 캐릭터를 디자인하고 대기 및 움직임을 위한 애니메이션 프레임을 만들어야 한다. 3D 게임의 경우 플레이어 캐릭터의 모델을 만들고, 텍스처를 입히고, 리깅하고, 휴식 상태와 걷거나 뛰는 애니메이션을 만들어야 한다. 입력이 게임 내 움직임으로 이어지도록 게임 컨트롤을 연결하고 카메라 제어 알고리즘을 만들어야 한다. 플레이어 캐릭터가 없는 게임에서도 아트 및 애니메이션 에셋을 만들고 컨트롤과 카메라에 맞게 설정하는 작업을 해야 한다는 건 마찬가지이다.

하지만 우리가 집중적으로 개발한다고 해도 아직 끝난 것은 아니다. 주요 메커닉을 위한 사운드 디자인과 시각 효과 디자인도 완성해야 한다. 플레이어 캐릭터가 등장하는 게임의 경우 발자국 소리를 위한 오디오를 추가하고, 발자국 소리로 인해 먼지가 날리는 등의 시각 효과도 추가해야 한다. 캐릭터의 일부가 빛을 발산하는 경우 캐릭터와 함께 움직이는 광원을 설정해야 한다. 캐릭터 모델의 피부나 옷의 일부가 특이하거나 독특한 모양이라면 캐릭터 모델에 특수 셰이더가 필요할 수 있다.

또한 주요 메커닉에 대한 약간의 맥락도 구축해야 한다. 플레이어 캐릭터가 있는 게임의 경우 이러한 맥락들은 대체로 일반적으로 서 있거나 걸어 다닐 수 있는 공간이다. 이 목적을 위해 블록메시(화이트박스/그레이박스/블록아웃) 테스트 레벨을 만들 수 있다. 시간이 있다면 게임이 출시될 때 게임의 작은 부분을 대표하는 배경 그래픽을 만들고 10장에서 설명한 '아름다운 코너'를 만드는 것이 좋다.

다시 말하지만, 동심원적 개발 방식을 사용하면 1차 메커닉이 어느 정도 완성될 때까지 2차 메커닉을 구현하지 않으며, 소수의 1차 메커닉을 출시할 수 있을 정도로 완성될 때까지 디자인을 반복하여 컨트롤, 애니메이션, 게임 감각을 개선한다. 2차 메커닉은 탄탄한 기반이 있어야 하며, 아직 완성되지 않은 1차 메커닉을 기반으로 하면 제대로 평가받을 수 없다. 각 메커닉을 다듬는 데 시간이 오래 걸릴수록 불확실성이 커지고 전체적인 디자인의 안정성이 떨어진다. 게임 디자이너 조지 코코리스 George Kokoris가 말한 것처럼, 1차 메커닉이 제대로 완성되기 전에 2차 메커닉을 구현하는 것은 "시멘트가 마르기 전에 벽을 쌓는 것과 같다."라고 할 수 있다.

1차 메커닉 구현을 마치면 동심원적인 메커닉 계층 구조를 통해 2차 메커닉을 구현하고 반복한 다음 3차 메커닉을 구현하는 방식으로 작업할 수 있다.

2차 메커닉 및 3차 메커닉 구현하기

나는 보조 메커닉이 게임에서 가장 중요한 플레이어 활동이나 동사들이라고 생각한다. 이들은 종종 게임의 핵심 루프를 완성하는 동사이다. 플레이어 캐릭터가 있는 게임의 경우 가장 일반적으로 이러한 예들이 있다.

- 횡단하는 게임에서 점프와 오르기.
- 전투를 소재로 한 게임의 주요 전투 액션.
- 내러티브 게임에서 다른 캐릭터와 대화하기.

플레이어 캐릭터가 없는 게임의 경우는 다음과 같다.

- 실시간 전략 게임에서 건물과 유닛을 선택하고 생성하기.
- 퍼즐 게임에서 레벨을 완료할 수 있게 하는 메커닉.
- 텍스트 어드벤처에서 텍스트 파서 및 텍스트 프레젠테이션의 발전된 측면.

우리는 각 보조 메커닉에 관련된 모든 아트, 애니메이션, 오디오 디자인, 시각 효과, 컨트롤, 알고리즘을 구현하고 반복하여 완성함으로써 바로 출시할 수 있는 수준으로 완성도를 끌어올린다. 이러한 방식으로 각 보조 메커닉이 모두 완성될 때까지 한 번에 하나씩 작업한다. 그래야만 3차 메커닉을 구현하고 반복하는 단계로 넘어갈 수 있다.

이러한 3차 메커닉은 게임 메커닉의 '다음 레이어 아웃'을 구성한다. 보통 어떤 식으로든 1차 및 2차 메커닉에 의존하며 게임 디자인을 구체화한다. 구현해야 할 메커닉의 목록은 매우 길 것이다. 플레이어 캐릭터가 등장하는 게임의 경우 적과 아군 캐릭터, 도구와 무기, 스위치와 문, 보물과 함정 등 플레이어가 월드에서 인터랙션할 수 있는 모든 요소와 관련이 있다. 게임 디자인에 따라 게임 메커닉의 계층 구조를 4단계, 5단계, 6단계로 만들 수 있으며, 각 계층은 상위 계층의 메커닉에 따라 달라진다.

이를 게임 디자인에 도움이 되는 한도 내에서만 사용해야 한다. 계층적 사고는 단순하고 심지어 억압적이라고 당연히 의심할 수 있으며, 일부 게임의 메커닉에는 계층적 구조가 없을 수도 있고 이는 여전히 모듈식일 가능성이 높다. 목표는 게임의 메커닉을 합리적인 순서로 구현하고, 게임의 기초를 제공할 수 있는 것부터 차근차근 완성도를 높여 나가는 것이다.

동심원적 개발 및 디자인 파라미터

우리가 플레이하는 많은 게임에는 게임 디자이너가 레벨을 잘 계획하기 위해 사용하는 공간(때로는 시간)의 보이지 않는 격자와 같은 일종의 디자인 파라미터가 게임 디자인에 내장되어 있다. 예를 들어 플레이어 캐릭터의 키는 얼마나 될까? 수평 및 수직으로 얼마나 멀리 점프할 수 있을까? 주먹을 던지거나 손을 뻗어 레버를 당길 때 앞으로 얼마나 멀리 뻗을 수 있을까?

2D 또는 3D 플랫폼 게임에서 레벨 내 플랫폼의 배치는 플레이어 캐릭터가 점프할 수 있는 거리와 중요한 관계가 있다. 플랫폼을 너무 멀리 배치하면 플레이어가 한 플랫폼에서 다음 플랫폼으로 점프할 수 없다. 게임 디자이너는 레벨을 배치하는 데 오랜 시간을 소비하다가 플레이어 캐릭터가 얼마나 멀리 점프할 수 있게 설정할지에 대해 마음이 바뀌는 경우가 있다. 아마도 그들은 플레이어 캐릭터가 좀 더 초능력적으로 보이도록 하기 위해 점프의 높이와 수평 거리를 늘리도록 결정했을 것이다. 그러면 갑자기 플레이어는 이전에는 접근이 불가능했던 장소로 쉽게 점프할 수 있고, 세심하게 설계된 게임 플레이의 전체 구간을 건너뛸 수 있게 되고, 디자이너는 레벨 레이아웃이라는 거대한 작업부터 다시 시작해야 한다.

흔히 발생하는 이 문제는 동심원적 개발의 필요성을 명확하게 보여 준다. 게임 메커닉의 디자인 파라미터, 즉 기본 속성을 결정하는 측정값은 게임의 최종 레벨을 제작하기 전에 단단히 고정해야 한다. 동심원적 개발을 사용하면 너무 앞서 나가기 전에 게임 디자인의 이러한 중요한 측면을 파악하는 데 도움이 된다.

테스트 레벨

프리 프로덕션 단계에서 블록메시 테스트 레벨을 생성하여 게임의 디자인 파라미터를 조정하고 메커닉을 점검할 수 있다. 팀원 누구나 테스트 레벨에서 달리고, 점프하고, 기어오르면서 메커닉을 시험해 보고 작업 중인 내용을 다듬을 수 있다.

〈언차티드〉 시리즈 같은 캐릭터 액션 비디오 게임의 횡단 메커닉 테스트 레벨에는 상자, 경사로, 잡을 수 있는 난간, 로프가 포함된다. 이러한 요소는 게임에서 가능한 공간적 관계를 보여 주는 그리드에 배치된다. 예를 들어, 점프할 수 있는 상자를 배치하고 그 사이에 1.5m, 2m, 2.5m, 3m 등의 간격을 두는 식이다. 다른 유형의 게임 메커닉과 다른 장르의 게임에 대한 테스트 레벨을 상상할 수 있다.

이러한 테스트 레벨은 버티컬 슬라이스를 작업할 때 게임의 디자인 파라미터를 미세 조정하고 확인하는 실험실이나 체육관으로 사용할 수 있다. 또한 게임 메커닉(22장에서 설명)의 게임 감각과 재미 요소를 작업할 때도 사용할 수 있다. 이는 다양한 요소 배열의 재미와 난이도를 결정하는 데 도움이 된다. 중요한 것은 코드 어딘가에서 문제가 발생하여 우리가 모르는 사이에 디자인 파라미터가 약간 변경되는 경우(예: 플레이어 캐릭터가 6미터가 아닌 6.1미터의 간격을 뛰어넘을 수 있게 되어 게임이 중단되는 경우)를 감지하는 데에도 도움이 된다는 것이다.

작업 중에도 계속 폴리싱하기

영화와 연극의 세계에서 '제작 가치'는 무대, 세트 및 외관에 지출된 비용 측면에서 작품의 품질을 의미한다. 물론 나는 단순히 돈보다는 이런 것들에 쏟는 정성이 더 중요하다고 주장하고 싶다. 게임에도 제작 가치라는 용어를 적용하여 그래픽과 오디오 디자인의 품질, 시각 효과와 조명, 심지어 덜컹거리며 진동하는 컨트롤러나 휴대폰의 햅틱 디자인에 대해 이야기할 수 있다. 프로토타입을 제작할 때는 일반적으로 제작 가치가 크게 중요하지 않지만, 버티컬 슬라이스에서는 제작 가치가 중요하다. 버티컬 슬라이스에서 좋은 제작 가치를 얻는 빠른 길은 집중적으로 작업하며 모든 것을 단계적으로 완성하고 폴리싱하여 1차에서 2차, 3차 역학으로 작업하면서 이를 연마하는 것이다.

전설적인 UCLA 농구 감독인 존 우든John Wooden은 이렇게 말했다. "제대로 할 시간이 없다면 다시 할 시간은 있겠는가?"[2]

2 "The Wizard's Wisdom: 'Woodenisms'", ESPN, 2010. 06 .04., https://www.espn.com/mens-college-basketball/news/story?id=5249709.

기본값 사용 안 함

버티컬 슬라이스를 작업할 때는 동심원적 개발을 사용하여 처음부터 모든 것이 잘 보이도록 만들어야 한다. 빛과 사운드를 사용하여 시간, 장소, 분위기를 연상시키는 감각을 만들어 봐야 한다는 것이다. 게임 엔진에서 제공하는 기본값을 단 몇 초 만에 사용자가 의도적으로 선택한 것으로 변경할 수 있다면 게임의 어떤 요소도 기본값으로 설정하지 마라. 특히 스카이박스나 카메라 배경 설정, 주변 조명 설정을 기본값으로 두곤 하는데 그러지 말아야 한다.

훌륭한 디자이너는 기본값을 사용하지 않는다. 그들은 기본값을 빠르게 변경하여 제작 중인 세계에 기여하고, 컨텍스트를 구축하고, 정보를 전달하고, 인터랙션할 수 있는 기회를 제공한다.

폴리싱은 펑크가 될 수 있다

'폴리싱된' 또는 '출시 가능한'이란 수식어가 반드시 '매끄러운', '높은 충실도', '밋밋한' 또는 '지루한'이라는 수식어와 같을 거라고 생각하는 것은 실수이다. 나는 게임 업계가 스타일보다 포토리얼리즘에 의존하는 것에 대해 비판적이었다. 다행히도 상황은 더 나은 방향으로 변화하고 있으며 오늘날 비디오 게임의 시각적 미학에서 훨씬 더 많은 변형, 스타일화 및 실험이 이루어지고 있다. 아름다움과 흥미는 고사양 컴퓨팅 성능에서 나오는 것이 아니라, 어떤 툴을 사용하든 아름답고 흥미로운 것을 표현하는 데에서 비롯된다.

내 정의에 따르면 폴리싱된 게임은 반짝이거나 깔끔하게 보일 필요가 없다. 거칠고, 느슨하고, 마모되고, 결함이 있거나, 흐릿하거나, 변색되어도 괜찮다. 내 세대 사람들은 이를 "펑크 미학"이라고 부른다. 주류 미학을 거부함으로써 예술적, 사회적, 정치적 발언을 하는 스타일에 자신만의 이름을 붙일 수 있다. 나는 펑크 스타일이 여전히 폴리싱될 수 있다고 믿는다. 여기에는 '작업된', '제작된', '툴을 사용한'이라는 용어가 더 어울릴지도 모른다.

오랜 시간 동안 사람이나 기계의 손을 거쳐 체계적인 과정을 반복하여 만들어진 예술품은 이름을 붙이기는 어렵지만 쉽게 알아볼 수 있는 특별한 품질을 가지고 있다. 여기에는 깊이와 흥미가 있다. 정성이 들어가서 다른 사람의 관심을 끌고 붙잡아 두는 것이다. 따라서 아트와 오디오의 첫 번째 구현을 넘어 두 번째, 세 번째 또는 네 번째 반복으로 나아가야 한다. 이때가 바로 중요한 순간이다.

동심원적 개발, 모듈화 및 시스템

동심원적 개발을 할 때 모듈 방식으로 게임을 빌드한다는 사실을 여러분은 이미 알고 있을 것이다. 모듈은 더 크거나 더 복잡한 시스템의 구성 요소이다. 게임의 엔티티와 규칙, 게임이 작성되는 코드 등 대부분의 비디오 게임은 모듈화되어 있다. 게임 디자이너, 프로그래머, 건축가라면 모두 알다시피 최종 결과물의 모듈성을 존중하여 창작 과정을 조정할 수 있을수록 창작 과정이 더 효율적이고, 항상 그런 것은 아니지만 결과물도 대개 더 좋아진다.

디테일이 게임의 성공 여부를 결정하는 데 많은 영향을 미치기 때문에 나는 모든 디테일이 구현되지 않은 상태에서 디지털 게임이나 인터랙티브 미디어를 제대로 평가할 수 없다고 생각한다. 산업 디자이너 레이와 찰스 임스의 조언 "디테일은 디테일이 아니다. 디테일이 제품을 만든다."를 기억하라.[3] 좋은 게임의 느낌과 재미를 만들기 위해 들어가는 모든 세부적인 작업에 대해 생각해 보라. 모든 디자인이 그렇듯이 게임 디자인에서도 모든 디테일이 중요하며, 이는 관객의 작품에 대한 이해와 인식, 감상에 영향을 미친다. 부정적인 영향을 미치는 사소한 디테일 하나가 전체 경험을 망칠 수 있다. "얼마나 많은 똥이 수프에 들어가도 괜찮겠어?"라는 말은 이 아이디어의 한 가지 다채로운(그리고 심하게 징그러운) 예이다.

모듈 방식으로 빌드할 때의 이점은 이 장의 시작 부분에서 언급했던 두 명의 시계 제작자 우화를 통해 명확히 알 수 있다. 모듈로 빌드하면 프로젝트의 안정적인 중간 형태를 만들 수 있으므로 만든 내용이 제대로 작동하는지 확인하기 위해 끝까지 기다릴 필요 없이 게임의 작은 부분을 테스트하고 반복하는 등의 작업을 조기에 수행할 수 있다.

게임 디자이너이자 교육자인 마이클 셀러스Michael Sellers는 그의 저서 《시스템으로 풀어 보는 게임 디자인Advanced Game Design》[4]에서 게임 디자인에서 모듈성의 중요성을 이해하기 위한 추가적인 맥락을 제시한다. 그는 '안정적이지만 항상 변화하는 것'을 의미하는 메타안정성의 개념을 소개한다. 그는 "메타안정성Metastable은 일반적으로 시간이 지나도 안정적인 형태로 존재하지만, 그럼에도 불구하고 하위 수준의 조직에서는 항상 변화한다."라고 한다.[5] 마이클은 이어서 이렇게 말한다.

> 시너지라는 단어는 '함께 일한다'라는 뜻이다. 그것은 원래 "개별적으로 분리된 부분의 행동으로는 예측할

---

3 Daniel Ostroff, "The Details Are Not the Details", Eames Office, 2014. 09. 08., https://www.eamesoffice.com/blog/the-details-are-not-the-details.

4 역주 국내에 번역 출간되었습니다. 《시스템으로 풀어 보는 게임 디자인》(에이콘출판사, 2022).

5 Michael Sellers, 《Advanced Game Design: A Systems Approach》, Addison-Wesley Professional, 2017, p.42.

수 없는 전체 시스템의 행동"이라고 설명한 벅민스터 풀러Buckminster Fuller에 의해 현대적으로 사용되기 시작했다(풀러 1975). 이것은 메타안정성을 설명하는 또 다른 방법으로, 하위 수준의 조직에서 부품의 조합으로 인해 새로운 것이 발생하여 종종 부품 자체에서 찾을 수 없는 속성을 초래하는 메타안정성을 설명하는 또 다른 방법이다.

시스템은 고유한 속성을 가진 메타안정적인 것이며, 그 안에 다른 하위 수준의 메타안정성을 포함한다는 생각은 시스템 사고와 게임 디자인 모두에서 이해해야 할 핵심 사항 중 하나이다.[6]

여기서 한 가지 핵심 아이디어는 "전체 시스템의 동작은 개별적인 부분의 동작으로는 예측할 수 없다."라는 벅민스터 풀러의 관찰이다. 게임의 모듈을 연결할 때 게임 디자인에 새로운 패턴이 나타나곤 하는데, 이는 종종 갑작스럽게 발생한다. 이러면 문제가 발생할 수 있다. 이것저것 조합했을 때 바람직하지 않은 결과가 나올 줄은 우리가 몰랐기 때문이다! 이러한 예상치 못한 문제를 보통 "버그", "디자인 문제", "편법"이라고 부르며, 이 책의 나머지 부분에서는 이 세 가지에 대해 모두 이야기할 것이다.

하지만 이러한 예상치 못한 행동은 창의적인 기회의 원천이 되기도 한다. 게임 디자인이 잘 안 되는 것 같더라도 사소한 것 하나만 바꾸면 게임이 달라질 수 있다. 때로는 버그처럼 보였던 것이 게임 최고의 기능이 될 수도 있다. 디자이너가 상상하지 못한 재미있고 흥미로운 상황을 플레이어가 게임의 가능성 공간을 탐색하면서 발견하는 '즉흥적인 게임 플레이'가 가장 좋은 사례이다.

반복, 평가 및 안정성

반복은 게임 디자인에서 중요하지만 종종 어렵다. 천천히 신중하게 진행하지 않으면 반복 사이클에서 길을 잃기 쉽다. 조지 코코리스는 "테스트하고 반복할 때 가장 중요한 것은 각 테스트 케이스에서 움직이는 부분의 수를 줄일수록 변경 사항의 인과 관계를 더 잘 파악할 수 있다는 것이다."라고 말한다.[7]

모듈 방식으로 빌드하면 프로젝트 전반에 걸쳐 일정한 간격으로 휴식을 취하면서 프로젝트의 진행 상황을 일시 중지하고 평가할 수 있다. 또한 게임 디자이너 마크 윌헬름Marc Wilhelm이 말한 것처럼 다음과 같은 점을 고려해야 한다. "중간 규모 이상의, 특히 대규모 산업 규모의 팀에서는 모듈 방식으로

6 Michael Sellers, 《Advanced Game Design: A Systems Approach》, Addison-Wesley Professional, 2017, p.43., quoting R. Buckminster Fuller and E. J. Applewhite, 《Synergetics: Explorations in the Geometry of Thinking》, Macmillan, 1975, p.3.

7 개인적인 대화.

작업하면 '기능 팀'이 업무를 분담하여 더 집중적으로 작업하고 덜 부담스러운 결과물에 기여할 수 있다는 점을 고려해야 한다. 이는 주인의식을 높여 개인의 업무에 대한 헌신과 자부심, 프로젝트에 대한 기여도를 높일 수 있다."

가장 효과적으로 작업하려면 스튜디오에서 매일 진행하는 플레이 테스트, 일반 대중을 대상으로 하는 공식 플레이 테스트, 프로젝트 이해관계자 및 재정 후원자를 대상으로 하는 프레젠테이션 등 프로젝트의 모든 단계에서 게임의 모든 것을 준비하고 평가할 수 있어야 한다. 게임의 모든 모듈을 평가할 수 있으려면 모든 서브모듈이 안정적이고 정상적으로 작동해야 한다. 이는 애자일 개발 방식과 매우 밀접하게 맞닿아 있다. 게임 개발자이자 프로듀서인 앨런 당은 "모든 단계에서 평가할 수 있어야 변경 사항을 구현하거나 우선순위를 변경하여 게임을 개선하고 모든 사람의 비전에 부합하는 게임을 만들 수 있다."라고 말한다.[8]

시간 관리에 도움이 되는 동심원적 개발

동심원적인 모듈 방식으로 빌드하면 프로젝트의 전반적인 시간 경과를 더 잘 파악할 수 있다. 알파 또는 베타 마일스톤에 도달한 게임 디자이너는 풀 프로덕션 과정 중 프로젝트의 범위를 축소한 상태에서 게임의 모듈을 완전하고 일관된 전체로 조정해야 하는 어려움에 직면하는 경우가 많다. 대부분의 프로젝트에서 재조정은 피할 수 없는 일이며, 결국 시간이 부족해지면 게임에서 무언가를 잘라내야 한다.

모든 스마트한 개발자에게 중요한 질문은 다음과 같다. 언제쯤 시간이 부족하다는 것을 깨닫게 될까? 그 깨달음에 대응할 시간이 남아 있을까? 집중해서 일하면 일이 잘 풀리지 않고 있으며 시간이 얼마 남지 않았다는 걸 더 빨리 깨닫는 데 도움이 된다. 시계 제작자는 시계의 하위 모듈을 버릴 수 없지만, 그와 달리 게임은 쉽게 모양을 만들거나 제조할 수 있다는 점에서 놀랍도록 유연하다. 게임의 기본을 구현하는 데 전체 프로젝트 일정의 절반이 예상치 못하게 소요되었다는 사실을 무시하더라도 전체 게임에서 무엇을 포함하거나 제외할지, 그리고 마지막에 모든 것을 하나로 모으기 위해 디자인의 초점을 어떻게 전환할지 현명하게 생각할 시간이 남아 있다.

동심원적 모듈 방식으로 빌드하면 게임의 특정 모듈이 작동하지 않는 시점을 더 일찍, 더 명확하게 파악할 수 있어 11장에서 언급한 신속한 프로토타이핑 신조인 "일찍 실패하고, 빠르게 실패하고, 자

8 개인적인 대화.

주 실패하라."를 실현할 수 있다. 상호 연결된 전체가 아니라 모듈 단위로 생각하면 실패하거나 그다지 중요하지 않은 부분을 가능한 한 빨리 버릴 수 있다. 이는 에드 캣멀과 에이미 월리스가 픽사의 제작 과정에 대한 저서 《창의성을 지휘하라》에서 설명한 픽사 감독 앤드류 스탠튼Andrew Stanton(〈토이 스토리Toy Story〉, 〈벅스 라이프A Bug's Life〉, 〈니모를 찾아서Finding Nemo〉 감독 및 각본 참여)의 생각과 일맥상통하는 부분이다.

> 앤드류는 사람들이 가능한 한 빨리 틀릴 필요가 있다는 말을 좋아한다. 전투에서 두 개의 언덕이 있는데 어느 언덕을 공격해야 할지 잘 모르겠다면 서둘러 선택하는 것이 올바른 행동이라고 그는 말한다. 공격한 게 엉뚱한 언덕이라는 것을 알게 되면 돌아서서 다른 언덕을 공격하면 된다. 이 시나리오에서 허용되지 않는 유일한 행동 방침은 언덕 사이를 달리는 것이다.[9]

"엉뚱한 언덕을 공격"하여 결국 일부 작업을 버려야 하는 상황이 발생하더라도 동심원적 개발은 비생산적으로 아무것도 배우지 못한 것에 매달리는 대신 프로젝트에 대한 사실을 밝혀내어 생산적인 방식으로 진행하도록 보장한다.

동심원적 개발로의 전환

아이데이션 단계에서 우리는 보통 거칠고 엉성하게, 빠르고 더럽게 작업하며 프로토타입을 만들어 게임에 대한 아이디어의 실제 사례를 제시한다. 아이데이션 단계에서는 게임의 데모를 만드는 것이 아니라 개별 아이디어를 테스트하는 것임을 강조했다.

하지만 이 책에서 설명하는 재미있는 게임 제작 프로세스에서는 아이데이션이 완료되고 프리 프로덕션 단계가 시작되면 동심원적 개발로 전환하게 되는데, 이는 어려운 전환이 될 수 있다. 거의 하룻밤 사이에 사고방식과 실질적인 접근 방식을 모두 바꿔야 하기 때문이다.

전환을 쉽게 하기 위해 할 수 있는 한 가지 방법은 아이데이션이 끝날 무렵에 만드는 마지막 몇 개의 프로토타입을 조금 더 다듬는 것이다. 이것은 종종 아주 자연스럽게 일어난다. 아이데이션 프로토타입 중 하나는 보통 다른 프로토타입보다 더 성공적일 것이다. 이 프로토타입을 다듬고 다른 성공적 프로토타입에서 요소를 가져오는 것은 버티컬 슬라이스로 집중적으로 작업하는 데 매우 매끄러운 전환을 제공할 수 있다.

---

9 Ed Catmull and Amy Wallace, 《Creativity, Inc.: Overcoming the Unseen Forces That Stand in the Way of True Inspiration》, Random House, 2014, p.97.

동심원적 개발과 버티컬 슬라이스

이제 여러분이 동심원적 개발이 프리 프로덕션의 마지막 단계인 버티컬 슬라이스가 끝날 때까지 전반적인 진행 상황을 어떻게 지원하는지 명확하게 알 수 있기를 바란다. 이런 방식으로 작업하면 항상 완성도 높은(또는 거의 완성된) 기능으로 구성된 게임을 플레이할 수 있고, 비주얼과 사운드가 훌륭하며, 쉽게 플레이 테스트할 수 있다.

버티컬 슬라이스를 완성하기로 계획한 날짜가 다 되었는데 모든 메커닉이 아직 반쯤 조립되어 있고 모양과 소리도 완성되지 않았으며 제대로 작동하지 않는다면, 우리는 마일스톤을 놓치고 엉망진창인 상태에서 좋은 것을 만들기 위해 고군분투하게 될 것이다. 집중적으로 작업하면 버티컬 슬라이스 마감일에 맞춰 지금까지 만든 모든 것이 잘 작동할 것이며, 풀 프로덕션으로 넘어갈 때 작업할 수 있는 탄탄한 토대를 마련할 수 있다.

처음 세 개의 〈언차티드〉 시리즈 게임을 제작할 때도 이와 같은 방식으로 제작했다. 우리는 구현하고 싶은 기능의 목록을 작성하는 것부터 시작하여 버티컬 슬라이스를 만들기 시작했다. 어떤 기능은 빠르게 완성되었고, 어떤 기능은 예상보다 시간이 더 걸렸다. 프리 프로덕션이 끝날 무렵에는 시간 부족으로 몇 가지 아이디어를 포기해야 했다. 하지만 집중적으로 작업했기 때문에 우리가 만든 모든 것이 모여서 좋은 게임의 기초가 되었다. 사용하지 않은 아이디어는 정신 속의 뒷주머니에 넣어 두었다가 다음 프로젝트에 적용하는 경우가 많았다.

이런 식으로 동심원적 개발은 마지막에 모든 것을 서두르는, 스트레스가 많은 과정을 거치지 않아도 된다. 스트레스가 적다는 것은 우리 팀 개발자들의 신체적, 정신적 건강이 더 좋아진다는 것을 의미하며, 최종적으로 게임이 출시되었을 때 품질이 우수할 가능성이 훨씬 더 높다는 것을 뜻하기도 한다.

동심원적 개발은 프리 프로덕션에만 유용한 것이 아니다. 프리 프로덕션 다음 단계인 풀 프로덕션 단계에서도 유용하며, 게임의 '기능이 완성'되는 알파 마일스톤과 '콘텐츠가 완성'되는 베타 마일스톤을 향해 나아가는 데 도움이 된다. 이러한 마일스톤에 대해서는 이후 장에서 자세히 설명하겠다.

동심원적 개발과 애자일

2002년, 내가 존 스피날레와 대화를 나눴을 때만 해도 동심원적 개발은 게임 개발 업계에서 급진적인 아이디어였다. "대충 만들어서 작동만 시키고, 거칠고 미완성된 상태로 두자!"라는 빠른 프로토타이핑의 유산(아이데이션에서는 가치 있는 철학) 때문에 사람들은 프리 프로덕션 단계에서 이러한 접근 방식으로 전환하는 것의 가치를 이해하기가 어려웠다.

하지만 이 접근 방식을 항상 동심원적 개발이라고 부르지는 않지만(이런 식으로 일하지만 따로 용어를 칭하지 않는 경우가 많음), 점점 더 많은 개발자가 이 접근 방식을 사용하고 있으며, 마크 서니의 방법론이나 애자일 같은 개발 접근 방식이 등장한 이후 훨씬 더 널리 채택되고 있다.

애자일 소프트웨어 개발은 전 세계의 많은 게임 및 소프트웨어 개발자가 사용하고 있기 때문에 여러분이 이미 알고 있을 수도 있다. 애자일 개발은 방법론과 마찬가지로 소프트웨어 구축에 대한 '워터폴' 접근 방식으로 구현된 조립식 아이디어에 대한 점진적인 반응이었다. 이는 1970~1980년대의 신속한 애플리케이션 개발과 1990년대의 합리적 통합 과정과 같은 다른 과정을 통해 등장했다.[10] 애자일은 개발 팀과 프로젝트 이해관계자 간의 협업을 통해 구축 중인 소프트웨어의 설계와 최상의 구축 방법에 대한 결정이 시간이 지남에 따라 점차 진화하는 소프트웨어 개발 접근 방식이다.

애자일은 소프트웨어 개발에 접근하는 효과적이고 창의적인 방법이다. "애자일은 적응형 계획, 진화적 개발, 조기 배포, 지속적인 개선을 지지하며 변화에 신속하고 유연하게 대응하도록 장려한다."[11]

"애자일 소프트웨어 개발을 위한 선언문"에 요약된 대로 애자일은 다음을 강조한다.

과정 및 도구보다 개인 및 인터랙션

포괄적인 문서보다 작업 소프트웨어

계약 협상보다 고객

협업 계획에 따른 변경에 대응[12]

애자일 개발자를 위한 경험 법칙은 애자일보다 더 오래된 속담인 "변화를 위기가 아닌 기회로 대하라."로 요약할 수 있다.

애자일의 철학에는 모듈성이 내재되어 있다. 팀은 가장 중요한 기능과 콘텐츠 모듈을 선택하여 스프린트 기간 동안 집중적으로 작업한 후 프로젝트의 전체 과정을 중단하고 잘된 점과 그렇지 않은 점에 비추어 재평가한다.

---

10 "Rapid Application Development", Wikipedia, https://en.wikipedia.org/wiki/Rapid_applica tion_development. "Rational Unified Process", Wikipedia, https://en.wikipedia.org/wiki/Rational _Unified_Process.

11 "Agile Software Development", Wikipedia, https://en.wikipedia.org/wiki/Agile_software_development.

12 Ken Schwaber et al., "Manifesto for Agile Software Development", 2001, https://agilemanifesto.org.

미완료 작업량 최대화하기

동심원적 개발은 여러분이 오늘 화면에서 본 것처럼 게임 디자인에 가장 중요한 것이 무엇인지에 대해 지속적으로 토론하게 하는데, 이는 매우 애자일적인 관점이다. 이는 프로젝트 개선에 도움이 될 뿐만 아니라 통제되지 않은 과도한 업무량을 최소화하고 스트레스 없이 프로젝트를 진행할 수 있도록 도와준다. USC 게임 프로그램의 동료이자 인터랙션 디자이너이자 교육자인 마가렛 모서Margaret Moser는 "우선순위를 자주 재검토하는 것이야말로 미완료 작업의 양을 최대화하는 방법(내가 가장 좋아하는 애자일 원칙)이다."라고 말한 바 있다.[13]

여기서 마가렛이 설명하는 것은 애자일 선언문의 열두 가지 원칙 중 하나인 "단순성, 즉 미완료 작업의 양을 최대화하는 기술이 필수적이다."에서 비롯된 것이다. '미완료 작업'이라는 개념은 까다로운 것이다. 우리는 실제로 하는 일의 양을 최소화하고 싶지 않은가? 여기서 말하는 것은 프로젝트 목표, 특히 경험 목표 측면에서 게임에 무언가를 추가해서 나타난 것에 계속 집중해야 한다는 것이다. 또한 어떤 작업이 프로젝트 목표에 기여하는 바가 없는지도 계속 파악해야 한다. 만일 그 작업이 아무것도 더하지 않는다면 그 작업을 하지 말아야 한다. 이는 애자일의 한 측면으로, "더 열심히 일하지 말고 더 똑똑하게 일하라."로 요약할 수 있다.

프로젝트 목표와 경험 목표를 정기적으로 참조하면 만들려는 경험에 기여하지 않거나 불필요한 작업은 하지 않아도 된다는 것을 깨닫게 되기 때문에 미완료 작업의 수를 최대화할 수 있다. 경험 목표를 염두에 두고 정기적으로 게임을 플레이 테스트하면 각 기능이나 콘텐츠를 게임에 적용하자마자 평가하고 이를 유지할지 아니면 버릴지 결정할 수 있는 좋은 근거를 마련할 수 있다.

불필요한 '미완료 작업'을 최대화하면 수많은 불필요한 작업을 덱에서 정리하고 다음 날 작업을 위해 휴식을 취하거나 친구, 파트너 또는 자녀와 시간을 보내는 데 집중할 수 있다. 행복하고 만족스러운 삶을 영위하는 데 투자하는 시간과 그로 인한 신체적, 정신적 건강은 전반적인 게임 디자인 실무의 중요한 부분이기도 하다.

동심원적 개발의 속도

집중적으로 작업할 때는 다소 느리게 진행해야 하므로 처음에는 답답하게 느껴질 수 있다. 지루한 기

13 개인적인 대화.

본 메커닉에 대한 세부적인 작업을 많이 하고 있는 동안 흥미진진한 보조 메커닉으로 플레이를 시작하고 싶기 때문이다. 기본 메커닉은 매우 기본적이므로 반드시 작동할 것이다!

하지만 이렇게 강제적으로 느리게 만들면 (어쩌면 반직관적으로) 기본 메커닉과 디테일을 모두 끝내야 한다는 긴박감이 더 커져서 일반적으로 흥미롭고 재미있는 다른 메커닉에 도달할 수 있다. 따라서 집중적으로 작업할 때 주요 메커닉의 중요하지 않은 측면에 시간을 낭비할 가능성이 줄어들고, 좋은 메커닉을 만드는 데 적절한 시간을 할애할 가능성이 높아진다.

~ ❈ ~

팀 단위로 작업하는 경우 동심원적 개발과 모듈식 구축은 커뮤니케이션과 정보 공유에 추가적인 노력이 필요하다. 팀원들과 함께 현재 진행 중인 작업을 평가하고, 다음 작업을 누가 수행할지 결정하고, 진행에 방해가 되는 장애물을 논의해야 한다. 이러한 커뮤니케이션의 중요성은 스탠드업 미팅(22장에서 설명)과 같은 관행을 통해 애자일 개발에 내재되어 있다. 게임 제작 과정에 대해 지속적으로 논의하는 것도 중요하다. 때로는 게임이 어떻게 만들어지고 있는지가 중요한 것이 아니라 과정이 어떻게 만들어지고 있는지가 더 중요하다. 앨런 당은 "모범 사례나 개발, 효율을 높이는 방법 등에 대해 논의하는 것은 애자일의 핵심 원칙 중 하나이다."라고 상기시켜 주었다.

'동심원적 개발과 그에 수반되는 지속적인 범위 지정 과정'으로 인해 개발 도중에 프로젝트의 새로운 범위를 반영하여 세부 사항을 변경하기 위해 계약을 재협상해야 할 수도 있다는 사실을 여러분은 알고 있을 것이다. 일부 기능을 제공하기로 퍼블리셔와 합의한 후에 여러분이 그 모든 기능을 제공할 수 없다는 사실을 알게 된다면 곤란한 상황에 처할 수 있다. 다행히도 애자일의 부상 덕분에 현명한 게임 퍼블리셔들은 '기능은 많지만 버그가 많고 디자인이 다듬어지지 않은' 게임보다는 '혁신적이고 통합된 플레이 가능한 메커닉을 갖춘 세련된' 게임이 더 재미있고 더 잘 팔린다는 것을 점점 더 깨닫고 있다. 퍼블리셔가 이런 진취적인 태도를 가지고 있기를 바라며, 계약에 어느 정도의 유연성을 확보하기 위해 노력해야 한다. 이 문제로 어려움을 겪는다면 고급 프로젝트 관리 및 계약 관련 조언을 구해야 한다.

동심원적 개발은 규모가 크든 작든, 몇 년이 걸리든 몇 시간이 걸리든 모든 종류의 프로젝트에 사용할 수 있다. 동심원적 개발은 제작 시간이 정해져 있는 경우에 적합하며, 프로젝트 타임라인이 개방형일 때도 잘 작동한다. 이 방법을 사용하면 개발 과정을 더 잘 제어할 수 있고, 스트레스를 덜 받으며 더 높은 품질과 혁신성을 갖춘 게임과 인터랙티브 미디어를 제작할 수 있다.

14장
프리 프로덕션 결과물 - 버티컬 슬라이스

'버티컬 슬라이스'를 결과물이라고 간주해 보자. (결과물은 개발 과정의 일부로 개발자가 제공해야 하는 것을 의미한다는 점을 기억하자.) 버티컬 슬라이스는 프로젝트의 프리 프로덕션 단계가 끝날 때 제출해야 하는 세 가지 주요 결과물 중 하나이며, 다른 두 가지 결과물은 '게임 디자인 매크로'와 '스케줄'이다. 버티컬 슬라이스와 게임 디자인 매크로를 종합하면 프로젝트의 풀 프로덕션 단계에 대한 스케줄을 구성할 수 있다. 우리의 재미있는 게임 제작 프로세스에서는, 버티컬 슬라이스를 확보하기 전까지는 프리 프로덕션이 시작되었다고 할 수 없다.

버티컬 슬라이스 빌드 전달하기

우리는 빌드를 생성하여 버티컬 슬라이스를 제공한다(5장 참조). 버티컬 슬라이스를 전달할 때는 주요 버그 및 기타 기술적 문제가 비교적 별로 없어야 한다. 버티컬 슬라이스를 다듬는 것은 게임 디자인 및 제작 가치를 넘어 게임의 안정성까지 확장되어야 한다. 물론 버티컬 슬라이스에 버그가 아예 없을 거라고 기대하는 사람은 아무도 없지만, 중요한 협업자나 이해관계자 그룹에게 데모를 시연하는 동안 반복적으로 충돌이 발생한다면 당황스러울 것이다. 따라서 버티컬 슬라이스를 작업할 때 시간을 할애하여 코드를 건강하고 잘 작동하도록 유지해야 하며, 이는 방금 논의한 동심원적 개발과도 일치한다.

게임에서 사용되지 않지만 프로젝트 폴더에 있는 불필요한 에셋은 빌드에서 제외하여 크기를 최소화해야 한다. 이 작업은 때때로 달성하기 어렵고 엔진의 새로운 기술적 측면을 배워야 할 수도 있지만, 좋은 게임 제작 프로세스의 특징인 최적화 지향적 사고방식으로 전환하는 데 도움이 되므로 버티컬 슬라이스가 마감될 때까지 이 작업을 수행하는 것이 좋다. 이것은 곧 빌드 크기를 최소화하는 것이 매우 중요한 프로젝트 막바지에 배울 것이 하나 줄어든다는 의미이기도 하다.

다른 자료로 버티컬 슬라이스 지원하기

동심원적 개발을 사용하여 버티컬 슬라이스를 만든 경우 플레이하는 데 시간이 오래 걸리지 않을 수 있지만, 문제없다. 양보다는 질이 더 중요하다. 현재성, 플레이 가능성, 폴리싱이 모두 완료되어 게임의 핵심 요소가 모두 포함된 이상적인 버티컬 슬라이스를 만드는 것은 매우 어렵다. 게임 디자인 범위 때문이든 시간이 부족해서든 콘셉트 아트, 동영상, 문서와 같은 다른 자료로 버티컬 슬라이스를 지원할 수 있다. 버티컬 슬라이스에서 빠진 필수 요소를 어떻게 표현하는지 쉽게 이해할 수 있도록 버티컬 슬라이스와 함께 이를 깔끔한 패키지로 제공하라. 이는 명확하게 전달하고 좋은 인상을 남기고자 하는 프로페셔널리즘의 연습이 될 것이다.

버티컬 슬라이스 생성에서 스코프 알아보기

프리 프로덕션 단계에서 빌드하는 데 걸리는 시간에 대해 배운 내용을 무시하는 것은 현명하지 못한 일이다. 타임박스형 프리 프로덕션 단계(11장 참조)에서 게임의 핵심을 제작해 보면 프로젝트의 범위를 살펴볼 수 있는 첫 번째 중요한 기회를 얻을 수 있다. 게임 전체에 얼마를 버티컬 슬라이스로 만들 계획인가? 만족할 만한 수준의 품질에 도달하는 데 몇 번의 반복이 필요한지에 대해 방금 배운 내용은 현실적이라고 할 수 있는가? 이미 디자인에서 몇 가지를 줄이고 게임의 핵심 요소를 사용하여 혁신적이고 새로운 방식으로 프로젝트 목표를 실현하는 데 집중해야 할 때인가?

이어지는 몇 장에서는 풀 프로덕션 단계에서 기간 내에 게임을 제작할 수 있는 현실적인 계획을 세우는 방법을 살펴볼 것이다.

버티컬 슬라이스 플레이 테스트

버티컬 슬라이스를 제공했으면 이제 플레이 테스트를 할 차례이다. 12장에서 설명한 가이드라인과 기법을 사용하여 최소 7명과 함께 플레이 테스트를 진행하라. 플레이 세션과 종료 인터뷰에 대한 관찰을 바탕으로 노트를 작성하여 플레이 테스트에서 가능한 한 모든 정보를 수집한 다음, 피드백을 평가하고 이를 바탕으로 디자인을 반복해야 한다.

게임 제목과 초기 핵심 아트 집중 테스트

프리 프로덕션의 끝자락은 게임의 잠재 고객과 어떻게 연결할 수 있을지 알아보는 작업을 더 진행하기 좋은 시기이다. 포커스 그룹 테스트를 실행하여 게임에 적합한 제목이 무엇인지 조사하고 첫 번째 핵심 아트의 프로토타입에 대한 피드백을 받는 것만으로도 이 작업을 수행할 수 있다. (핵심 아트란 게임에 대한 많은 정보를 전달하고 마케팅에 사용되는 단일 이미지이다.) 이 작업을 하고 싶다면 이 책 원서의 웹사이트인 playfulproductionprocess.com에서 자세한 지침을 확인할 수 있다.

잘했다! 여러분은 이제 게임 디자인을 정의하는 데 가장 중요한 요소 중 하나인 버티컬 슬라이스를 제공했거나 제공하는 중이다. 다음 장에서는 프리 프로덕션이 끝날 때 제출해야 하는 결과물에 대한 논의에서 잠시 벗어나 대부분의 게임 개발자가 커리어의 어느 시점에 직면하게 되는 심각한 이슈인 크런치 문제에 관해 이야기해 보려고 한다.

A Playful Production Process

재미있는 게임 제작 프로세스

15장
크런치 방지

여러분도 알다시피 '크런치Crunch'는 게임 개발자가 프로젝트 기간 동안 주요 마일스톤을 달성하거나 프로젝트를 완료하기 위해 연장 근무를 할 때 사용하는 용어이다. 밤늦게까지 일하는 경우가 많으며 일주일에 6일 또는 7일을 일하기도 한다. 때로는 몇 주 동안만 크런치를 시작했지만 결국 한 번에 몇 달 또는 몇 년 내내 크런치를 진행하기도 한다.

자랑스럽지는 않지만 게임 업계에 종사하는 동안 나는 수많은 크런치에 참여했고, 크런치가 가져올 수 있는 피해를 직접 목격했다. 장시간의 크런치는 개인, 팀, 조직의 건강에 매우 해롭다. 게임 개발자의 신체적, 정신적 건강을 해칠 수 있으며, 팀의 사기를 떨어뜨리고 소통을 중단하여 결국 분열을 초래할 수 있다. 장기적으로는 스튜디오와 회사를 파괴할 수도 있다.

오해해서는 안 된다. 나는 열심히 일하는 것을 좋아하고, 대부분의 훌륭한 작품을 만들기 위해서는 어느 정도의 추가 노력이 필요하다고 믿는다. 하지만 '일을 완수하거나 높은 품질 기준을 달성하기 위해 스스로를 더 몰아붙이는 건강한 시기'와 게임 업계의 크런치를 특징짓는 '통제되지 않은 과로' 사이에는 차이가 있다. 나는 크런치란 제대로 작동하지 않는 게임 디자인 프로세스에서 종종 나타나는 증상이라고 생각한다. 이 책은 게임 개발자가 게임의 우수성을 극대화하면서 통제되지 않은 과로를 최소화하는 데 도움이 되도록 설계되었다.

게임 제작 과정에서 프로젝트 단계와 마일스톤을 사용하여 게임의 범위를 관리하면 크런치 문제를 부분적으로 해결할 수 있다. 다음 두 장에서는 '게임 디자인 매크로'라는 것을 사용하여 프로젝트를 잘 계획하는 방법을 살펴볼 것이다. 또 다른 부분적인 해결책은 프로젝트를 진행하면서 우리가 작업에 임하는 태도이며, 이번 장에서 이에 대해 논의할 것이다.

프로젝트를 시작할 때 많은 사람이 정규직 직원의 40여 시간이나 학생의 전공 수업 프로젝트에 투입할 수 있는 수십 시간 등 일주일의 모든 시간을 온전히 쏟겠다는 좋은 다짐과 함께 프로젝트를 시작한다. 우리는 시간을 최대한 활용하는 데 집중하지만, 어떤 이유에서든 프로젝트를 시작할 때 시간이 무한하다고 생각하는 환상 때문에 느긋하게 시작하고 싶은 유혹에 빠져 매시간을 생산적으로 보내는 데 집중하지 못한다. 또한, 무엇을 만들지 아직 많이 정해지지 않은 상태에서는 프로젝트의 긴박감을 느끼기 어렵다.

그런 다음 프로젝트의 절반쯤 되면 업계에서 "오, 이런!Oh, Shit!"이라고 부르는 순간에 도달한다(그림 15.1). 이 시점은 프로젝트에 남은 시간이 지나간 시간보다 적다는 것을 깨닫는 순간이다. 이때 우리는 더 열심히 일하기 시작한다.

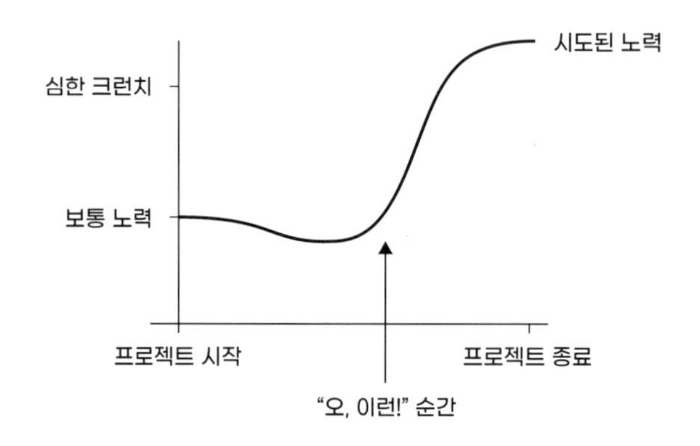

그림 15.1
많은 일반적인 게임 프로젝트에서 개발자가 시도한 노력.

열정은 있지만 경험이 부족한 게임 개발자가 프로젝트를 어떻게 관리해야 할지 모른다면, 계획한 모든 기능과 콘텐츠를 게임에 적용하는 데 필요한 시간을 벌기 위해 필사적으로 노력하며 계속 열심히 일하게 된다. 그러다가 어느새 우리는 매일 밤 자정까지, 그리고 주말에도 열심히 일하게 되는 것이다.

아마 당분간은 이 상태를 유지할 수 있을 것이다. 그러나 연구 결과에 따르면 장시간 근무 시 생산성이 급격히 떨어지는 것으로 나타났다. "주당 50시간 근무 후 직원 생산성은 급격히 떨어지고 55시간 후에는 절벽 아래로 떨어지며, 70시간 근무하는 직원은 55시간 일하는 사람보다 생산성이 더 떨어진다."[1]

수면 부족은 상황을 악화시킨다. 피곤한 사람은 직면한 문제에 대한 해결책을 찾지 못하고, 고치는 데 시간이 꽤 걸리는 실수를 저지르며, 프로젝트의 큰 그림에서 중요하지 않은 일에 주의가 산만해지는 등 인지 능력이 저하된다. 하버드 비즈니스 리뷰에 실린 훌륭한 기사에서 사라 그린 카마이클Sarah Green Carmichael은 연구 결과를 인용하며 "우리 대부분은 생각보다 쉽게 지친다. 밤에 5~6시간만 수면을

1 Bob Sullivan, "Memo to Work Martyrs: Long Hours Make You Less Productive", CNBC, 2015. 01. 26., https://www.cnbc.com/2015/01/26/working-more-than-50-hours-makes-you-less-productive.html.

취해도 피로감을 느끼지 않는 건 인구의 1~3%밖에 되지 않는다. 게다가 자신이 잠을 적게 자도 된다고 생각하는 엘리트들 중 실제로 그런 사람은 100명 중 5명에 불과하다."[2]

따라서 크런치족은 열심히 일하려고 노력하지만 곧 자멸하게 된다. 생산성이 아주 잠깐 급상승하지만 그 이후로 대부분의 사람들의 실제 성취도는 정규 근무 시간을 그대로 유지했을 때의 수준 이하로 떨어진다(그림 15.2).

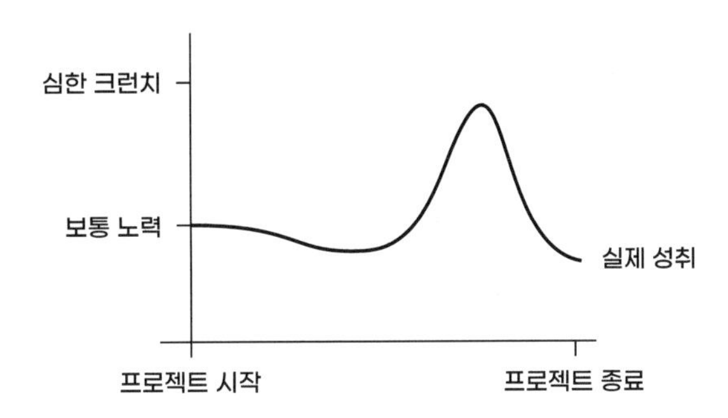

그림 15.2
많은 전형적인 게임 프로젝트에서 실제 개발자가 달성한 성과이다.

여기에 더 나은 작업 방식이 있다. 프로젝트의 시작부터 꾸준히 노력하고, 마지막에 급하게 하는 게 아니라 중간에 가장 열심히 일할 수 있도록 서서히 속도를 높인다면 작업을 통제할 수 있게 된다. 프로젝트가 우리에게 특별한 것이라면 일반적인 업무 환경보다 더 열심히 일할 수도 있다. 하지만 계획을 제대로 세운다면 평상시의 약 125% 이상으로 과하게 일할 필요가 없으며 주당 55시간 이상 근무의 생산성 절벽에서 떨어지지 않을 것이다.

프로젝트의 범위를 통제할 수 있다면 크런치가 가져오는 손해를 극복할 수 있다. 여기에는 자제력이 필요하다. 게임 제작의 현실 때문에 복잡하기는 하지만 프로젝트 범위 통제를 목표로 설정하는 것만으로도 팀과 개인의 건강에 도움이 될 수 있다. 프로젝트 후반부에 엄청난 노력을 쏟는 것보다 평소보다 조금 더 열심히 통제되고 지속적인 방식으로 일하는 것이 전반적인 생산성을 높이는 데 도움이 된다는 것을 절실히 느낀다. 〈토끼와 거북이〉 우화처럼 느리고 꾸준한 것이 경주에서 이기는 것일지도 모른다.

또한 프로젝트 초반에 느슨해지지 않으면서 프로젝트 중간의 1/3 지점쯤에 최대한 열심히 일한 다음, 후반으로 갈수록 다시 조금씩 노력을 줄여 나간다면 게임을 출시할 때쯤 게임이 완전히 망가지지

2 Sarah Green Carmichael, "The Research Is Clear: Long Hours Backfire for People and for Companies", Harvard Business Review, 2015. 08. 19., https://hbr.org/2015/08/the-research-is-clear-long-hours-backfire-for-people-and-for-companies.

는 않을 것이다. 게임을 출시하는 데에는 디자인 문제를 해결하고, 버그를 수정하고, 기술적 문제를 극복하는 등 매우 어렵고 복잡한 작업이 수반된다. 프로젝트가 끝날 무렵에는 비교적 신선하고 충분한 휴식을 취한 상태로 이를 완료해야 한다.

그림 15.3은 이상적인 경로를 보여 준다. 하지만 실제로는 미루고 싶은 유혹을 이겨내기가 쉽지 않다.

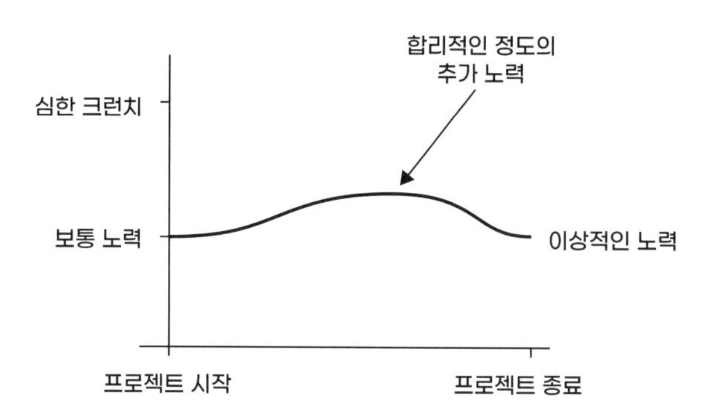

그림 15.3
개발자가 추가 노력을 들이지 않아도 되는 더 좋은 방법.

그림 15.4에서는 프로젝트가 진행됨에 따라 많은 사람들이 취하게 될 경로를 볼 수 있다. 마일스톤에 가까워질수록 노력을 늘리고 마일스톤을 통과하면 휴식이 필요한 것은 당연한 일이다.

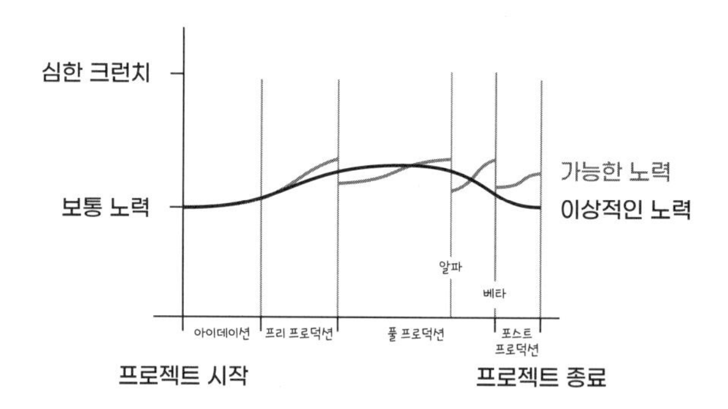

그림 15.4
개발자가 더 건강한 방식으로 일하기 위해 노력할 때 가능한 노력 경로는 재미있는 제작 프로세스의 주요 마일스톤와 관련이 있다.

대부분의 사람들이 크런치라고 생각하는 엄청난 노력의 시도와 그에 따른 번아웃보다는 합리적인 정도로 추가되는 '가능성 있는 노력'이 훨씬 낫다는 데 여러분이 동의해 줬으면 한다.

요약하자면, 아이데이션 단계에서는 점차적으로 노력을 늘리고, 좋은 추진력을 가지고 프리 프로덕션에 들어가며, 차분하지만 확실한 긴박감을 유지하는 것이 좋다. 알파 단계까지 이 상태를 유지하도록 노력해야 한다. 그 후 모든 것이 순조롭게 진행되고 프로젝트의 범위를 계속 통제할 수 있다면 각 마일스톤에 도달하면서 단계적으로 노력을 줄일 수 있다. 결승선을 무사히 통과할 수 있다고 장담할 수는 없지만, 어쨌든 게임을 완성하고 제출하고 홍보할 수 있는 에너지가 남아 있어야 한다.

~ * ~

지난 10년 동안 많은 개선이 이루어졌지만, 게임 업계는 여전히 크런치라는 어려운 문제를 안고 있다. 크런치의 아드레날린과 흥분, 그리고 마지막에 놀라운 무언가를 만들어 냈다는 기쁨은 중독성이 매우 강하다. 다른 중독과 마찬가지로 크런치 중독은 신체적, 정신적 건강에 부정적인 영향을 미치고, 친밀한 관계를 경직시키며, 부모가 자녀의 중요한 순간에 함께하지 못하게 하고, 궁극적으로는 어렵게 얻은 지혜와 전문성을 모두 가지고서 게임 업계를 떠나는 끔찍한 대가를 치르게 만든다.

크런치는 다양한 형태로 나타나며 대부분 피해를 준다. 그중 최악의 상황은 프로젝트의 최종 마일스톤이 반복적으로 연기되는 '목적 변경' 문제이다. 모든 것을 다 끝내지 못할 것이 분명할 때 프로젝트에 더 많은 시간을 주는 식의 프로젝트 관리 전략은 프로젝트 종료 시점에서 작업을 마치기 위한 자연스러운 대응이다. 문제는 팀원들이 스스로 속도를 조절할 수 없다는 사실이다. 마일스톤을 달성하기 위해 열심히 일하지만 마일스톤은 점점 더 멀어지고, 우리는 마일스톤을 달성하기 위해 더 열심히 일한다. 목표가 또다시 멀어지면 우리는 피로와 노력의 악순환에 갇히게 된다. 지치다 보면 실수와 잘못된 결정이 늘어나게 되고, 결국 프로젝트는 더욱더 늦어지게 된다. 이는 악순환의 고리이며, 많은 게임 업계가 위기에 처한 근본적인 원인이다.

하지만 희망은 있다. 타임박스를 사용하고 개발 과정에서 프로젝트의 범위를 조기에 그리고 자주 확인함으로써 목적 변경 문제를 극복할 수 있다. 앨런 당이 상기시켜 주었듯이, 우리는 예상 소요 시간이 틀렸을 때 이를 인정하고 가능한 한 빨리 범위를 조정해야 한다. 이 책에서 설명하는 기술과 방법은 모든 형태의 크런치를 피하는 데 도움이 되도록 설계되었으며, 애자일 방법론도 같은 목표를 달성하는 데 도움이 된다.

성별, 인종, 사회경제적 배경 등으로 인해 평생 누려온 특권적인 위치에서 일할 때 크런치에 반대하거나 크런치가 수반되는 업무 스타일을 거부하기가 더 쉽다는 사실을 인정하고 싶다. 소외된 사람들은 이 크런치에 대한 특권을 누리지 못한 사람들과 같은 보상을 받기 위해 두 배나 더 열심히 일해야 하는 경우가 많다. 그렇기 때문에 나는 크런치에 대해 목소리를 내고 변화를 일으키기 위해 노력하는 것이 내 의무라고 생각한다.

크런치는 게임 업계에만 국한된 문제가 아니다. 기술 업계와 엔터테인먼트 업계, 기타 산업, 의학, 정부 등 다양한 분야에서 크런치 현상을 발견할 수 있다. 크런치 문제에 접근하는 가장 좋은 방법은 우리 삶에 대해 철학적으로 생각하는 것이다. 우리가 원하는 것은 무엇인가? 무엇이 우리를 행복하게 하는가? 무엇이 우리를 건강하게 만드는가? 어떻게 하면 해를 끼치지 않으면서도 세상과 우리 자신을 이롭게 할 수 있을까?

나는 모든 일에서 균형이 중요하다고 생각하며, 훌륭한 예술 작품을 만들기 위해서는 노력도 필요하지만 예술 작품이 의미를 가지려면 다양한 삶의 경험이 바탕이 되어야 한다고 생각한다. 일이 내 삶에 큰 의미를 주었지만, 내 삶에는 일보다 더 많은 것이 있다. 지치지 않고 열심히 일하면서 자신과 주변 사람들에게 해를 끼치지 않고 탁월함을 달성할 수 있도록 인생의 적절한 균형을 찾는 데 전념해야 한다.

나는 게임 업계의 크런치 문제가 최악에 치달았을 때 그곳에 몸담고 있었다. 그리고 사람들이 이 문제에 대해 논의하고 해결 방법을 찾기 시작하면서 상황이 나아지기 시작하는 것을 보았다. 팀원, 동료, 친구들과 함께 크런치에 대해 이야기하고, 사람들을 지치게 하지 않으면서도 훌륭한 게임을 만들 수 있는 더 나은 지속 가능한 개발 관행을 채택함으로써 미래의 크런치를 줄이는 데 기여할 수 있다.

16장
게임 디자이너를 위한 스토리 구조

> 스토리텔링이란 변화에 대한 연구이다.
> - 어빙 벨라테체Irving Belateche[1]

나는 게임과 스토리의 관계에 매료되었다. 내 커리어에서 나는 주로 〈언차티드〉나 〈소울 리버〉 같은 스토리텔링 게임 프로젝트에서 일했다. 내가 좋아하지 않는 스토리텔링이나 플레이를 만난 적이 없었고, 1991년 게임 업계에 입사했을 때 새로운 예술 형식으로서 게임 디자인에 대한 흥미의 일부는 〈원숭이 섬의 비밀The Secret of Monkey Island〉의 리얼리티부터 〈스타트렉Star Trek〉 홀로덱의 판타지에 이르기까지 인터랙티브 스토리텔링의 가능성과 잠재력에 집중되어 있었다.

모든 게임에 스토리가 있거나 스토리가 필요한 것은 아니다. 하지만 대부분의 게임에는 일종의 내러티브 형태나 아크 구조가 있다. 만일 여러분이 인간의 뇌는 이야기를 통해 세상을 이해한다는 사실을 인정한다면 말이다. 우리는 일부 사건이 무작위로 보일지라도 정신적으로 사건을 원인과 결과 순서로 정렬한다. 이러한 관점에서 보면 체스 한 판과 농구 경기는 모두 내러티브적인 측면을 가지고 있다.

다음 장에서는 게임 디자인 매크로를 사용하여 게임 디자인을 기획하는 과정에 대해 설명할 것이다. 게임의 내러티브 형태를 고려하는 것은 이러한 기획을 시작하는 데 유용한 방법이므로 이 장에서는 스토리와 게임에 대한 우리의 관점을 조정하기 위해 몇 가지 스토리 구조의 기본 사항을 살펴볼 것이다.

---

1 Irving Belateche, "Film Script Analysis: Back to the Future", class lecture, John Wells Division of Writing for Screen & Television, USC School of Cinematic Arts, Los Angeles, 2018. 06. 11.

아리스토텔레스의 《시학》

그리스 철학자 아리스토텔레스는 기원전 384년부터 322년까지 살았다. 기원전 335년경 그는 극장에서 일어나는 드라마틱한 공연에 관한 《시학Poetics》을 썼다. 이 책은 극 이론의 가장 초기에 알려진 작품으로, 서양에서는 1,000년 이상 잊혀져 있다가 12세기 스페인 출신의 무슬림 철학자 이븐 러쉬드Ibn Rushd에 의해 번역되어 다시 소개되었다.

아리스토텔레스는 《시학》에서 이야기는 먼저 어떤 입장을 진술하고, 그 입장을 탐구한 다음 결론에 도달하여 부분 간의 인과 관계를 통해 '총체적이고 전체적인 행동의 표현'을 만들어 낸다고 썼다. 간단히 말해, "총체적이라는 것은 시작, 중간, 끝이 있는 어떤 것이다."[2]

아리스토텔레스에게 있어서 이야기의 주인공은 어떤 문제에 직면하는데, 그는 이를 "플롯"이라고 표현했다. 그는 이야기를 복잡성과 해결의 두 단계로 나눈다. 복잡화 단계에서 주인공은 문제에 대해 배우거나 문제가 나타나는 것을 지켜본다. 그런 다음 해결 단계에서는 주인공이 문제를 다루려고 노력하여 궁극적인 결과를 이끌어 낸다.

아리스토텔레스 《시학》의 3막 구조는 현대의 많은 시나리오와 소설의 3막 구조와 잘 맞아떨어진다. 시작에 해당하는 1막은 등장인물과 세계를 소개하며 스토리를 설정하고, 중간인 2막은 보통 1막보다 두 배 정도 길며 스토리가 전개되면서 복잡해지는 과정을 보여 준다. 마지막인 3막은 가장 짧은 막으로 스토리의 클라이맥스와 결말을 보여 주는 경우가 많다. 2시간짜리 장편 영화도 3막의 구조를 가질 수 있지만, 1시간짜리 텔레비전 시리즈 에피소드도 마찬가지이다. 또한 10분짜리 단편 영화도 3막으로 구성될 수 있다.

시작과 끝이라는 단순한 구조는 수천 년 동안 우리가 즐겨 온 경쟁적인 게임이나 최신 싱글 플레이어 디지털 게임(그리고 이 두 극단에 있는 대부분의 게임)의 스토리텔링 '캠페인' 모드에 직접 적용될 수 있다. 게임은 팀이 킥오프를 하거나 플레이어 캐릭터가 여정을 떠날 때 시작된다. 그리고 게임 중반부에는 팀이 주도권을 잡기 위해 경쟁하거나 플레이어 캐릭터가 여정을 진행하면서 상황이 점점 복잡해진다. 게임이 중단되지 않는 한, 모든 게임은 시간이 다 되어 한 팀이 승리하거나 플레이어 캐릭터가 퀘스트의 끝에 도달하면 적어도 현재로서는 종료된다.

---

2 Aristotle, 《Poetics》, Translated by Anthony Kenny, Oxford University Press, 2013, p.26.

프레이탁의 피라미드

1863년 독일의 극작가이자 소설가인 구스타프 프레이탁Gustav Freytag은 《드라마의 기법Technik des Dramas》[3] 이라는 책을 저술했는데, 여기에서 그는 드라마 구조에 대한 5부 이론을 제시했다. 그의 이론과 함께 제공되는 도표는 드라마와 영화를 공부하는 사람들에게 친숙하며 프레이탁의 피라미드로 알려져 있다(그림 16.1).

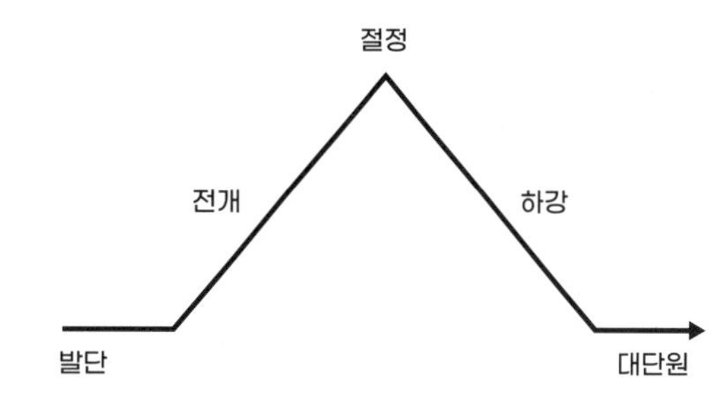

그림 16.1
프레이탁의 피라미드.

프레이탁의 이론은 아리스토텔레스의 세 부분으로 구성된 구조를 기반으로 하고 있으며, 우리에게 몇 가지 추가 장비를 제공한다. 프레이탁에게 이야기는 다섯 부분으로 구성된다.

1. **발단**Exposition: 이야기의 세계와 주인공을 설명하거나 설정하는 설명 또는 도입부이다. 스토리의 시간과 장소가 설정되고 분위기나 톤이 정해지는 단계이다.
2. **전개**Rising Action: 스토리의 복잡한 전개가 일어난다. 다음 부분을 신중하게 설정하기 위해 이벤트가 논리적으로 흘러가야 하기 때문에 이 부분은 스토리에서 매우 중요한 부분이다.
3. **절정**Climax: 고조되는 액션은 클라이맥스와 함께 절정에 달하며, 모든 복잡한 상황이 정점에 달해 캐릭터의 운명이 근본적으로 바뀌는 전환점을 제공한다.
4. **하강**Falling Action: 클라이맥스가 끝나면 하강 액션이 이어지며, 여기서 클라이맥스의 결과가 펼쳐진다. 하강 액션은 종종 최종 결과가 불확실해 보이는 마지막 긴장감의 순간을 포함한다.
5. **대단원**Denouement **또는 파국**Catastrophe: 마지막으로 우리는 이야기의 사건으로 인해 이야기의 세계가 어떻게 지속적인 변화를 겪었는지 확인하는 대단원 또는 파국에 도달한다. 배우들은 이러한 변화에 익숙해지기 시작하고, 이는 카타르시스를 불러일으켜 스토리가 진행되는 동안 관객에게 쌓였던 긴장과 불안이 감정적으로 해소되는 결과를 낳는다.

3 역주 국내에 번역 출간되었습니다. 《드라마의 기법》(청록출판사, 2002).

아리스토텔레스의 《시학》과 마찬가지로 프레이탁의 5부 구조는 많은 스토리가 쓰여지고 구전된 방식과 잘 맞아떨어진다. 셰익스피어의 희곡은 대부분 5막으로 구성되어 있다. 또한 텔레비전 프로듀서이자 대본 편집자인 존 요크John Yorke는 그의 저서 《영화 드라마의 숲속으로Into the Woods》[4]에서 5막 분석이 게임을 포함한 모든 극적 형식의 이야기에 유용하다고 주장한 바 있다.

게임 구조는 스토리 구조를 반영한다

아리스토텔레스와 프레이탁이 강조한 시작, 중간, 끝의 중요성은 게임 디자인 렌즈를 통해 스토리 구조를 논의할 때 좋은 출발점이 된다. 엘렌 럽튼Ellen Lupton이 그의 저서 《디자인은 스토리텔링이다Design Is Storytelling》[5]에서 지적했듯이, 우리 모두는 필연적으로 시작, 중간, 끝이 있는 우리 자신의 삶에서 이 기본적인 구조를 인식하고 있다.[6]

잘 디자인된 게임은 흥분, 감동, 절망의 순간이 있고 긴장감이 고조되고 카타르시스가 느껴지는 패턴이 있는 드라마틱한 게임임에 틀림없다. 또한 많은 비디오 게임은 미션이나 퀘스트를 중심으로 구성되며, 모든 게임에는 반드시 시작, 중간, 끝이 있다.

처음에 플레이어 캐릭터는 비플레이어 캐릭터Nonplayer Character(NPC)로부터 명시적인 미션을 받거나, 눈에 띄는 열쇠 구멍이 있는 잠긴 문으로부터 암묵적인 미션을 받기도 한다(프레이탁의 용어로는 '발단').

플레이어는 플레이어 캐릭터를 통해 게임 세계로 출발하여 임무를 완수할 수 있는 사물이나 정보를 찾고, 장애물이 발생하면 이를 극복해야 한다(전개).

결국 미션을 완수하는 데 필요한 것을 얻기 위해 몬스터를 물리치거나 문제를 해결해야 한다(절정).

때로는 퀘스트를 부여한 NPC에게 돌아가거나 열쇠가 필요한 문으로 돌아가야 하고, 많은 몬스터의 기습 공격을 받거나 바위가 길을 막아 새로운 길을 찾아야 하는 등의 이벤트가 계속 펼쳐진다(하강).

그리고 마침내 임무가 완료된다(대단원). NPC가 귀중한 장신구를 건네주거나 문이 열리면서 새로운 퀘스트로 나아갈 수 있는 길이 열린다.

4 역주 국내에 번역 출간되었습니다. 《영화 드라마의 숲속으로》(뒤란, 2022).

5 역주 국내에 번역 출간되었습니다. 《디자인은 스토리텔링이다》(비즈앤비즈, 2019).

6 Ellen Lupton, 《Design Is Storytelling》, Cooper Hewitt, Smithsonian Design Museum, 2017, p.21.

스토리와 게임 플레이는 프랙탈이다

따라서 스토리는 3막 또는 5막으로 나눌 수 있다. 마찬가지로 막들은 몇몇 시퀀스로 나눌 수 있다. 영화감독, 프로듀서, 시나리오 작가이자 USC 영화예술 학교의 학장이었던 프랭크 다니엘Frank Daniel은 한 편의 영화를 1막 2개, 2막 4개, 3막 2개 같이 총 8개의 시퀀스로 구성하는 '시퀀스 구조Sequence Structure' 방식의 시나리오 작법을 가르치는 것으로 유명하다.

프랭크 다니엘에게 시나리오 작법을 배운 폴 조셉 굴리노Paul Joseph Gulino는 그의 저서 《시나리오 시퀀스로 풀어라Screenwriting》[7]에서 "일반적인 2시간짜리 영화는 시퀀스(8~15분 분량의 세그먼트)로 구성되는데, 이는 큰 영화 안에 더 짧은 영화가 만들어지는 내부 구조를 가지고 있다. 각 시퀀스에는 영화 전체와 마찬가지로 주인공, 긴장감, 상승하는 액션, 결말이 있다. 시퀀스와 독립된 15분짜리 영화의 차이점은 시퀀스에서 제기된 갈등과 문제가 시퀀스 내에서 부분적으로만 해결되고, 해결되면 새로운 문제가 발생하여 후속 시퀀스의 주제가 되는 경우가 많다는 점이다."[8] 트레이시 풀러턴의 말을 빌리자면 다음과 같은 것이다. "하나의 시퀀스는 극적인 질문을 던지고 그에 대한 답을 제시하지만, 그 질문이 반드시 해결되는 것은 아니다. 형사가 그 사건을 맡게 될까? 그녀는 살인 현장에서 단서를 찾을 수 있을까?"[9]

시퀀스는 여러 장면으로 나눌 수 있으며, 각 장면은 일반적으로 별도의 장소에서 진행되거나 특정 캐릭터에 초점을 맞출 수 있다. 시퀀스와 마찬가지로 장면Scene은 캐릭터가 전개되는 사건과 캐릭터 서로에게 행동하고 반응하면서 변화를 겪는 모습을 보여 주는 일종의 독립된 스토리이다.

하지만 장면은 스토리에서 극적인 액션의 가장 작은 단위가 아니며, 장면은 여러 개의 비트로 나눌 수 있다. 비트Beat는 연극과 영화 제작에서 사용되는 개념으로, 드라마가 전개되는 타이밍과 부분적으로 관련이 있지만 사건, 결정, 발견 또는 두 등장인물 간의 교류를 의미하기도 한다. 비트는 순간순간에 기초하여 스토리를 진행한다.

장면과 비트를 생각할 때 장면이나 비트에 들어오고 나갈 때 캐릭터의 '감정의 가치'를 생각하면 유용할 수 있다. 감정의 가치Emotional Valence는 심리학에서 감정의 상승 또는 하락을 논의할 때 사용되는 용어이다. 분노, 슬픔, 두려움과 같은 감정은 음의 가치를 가지며 기쁨은 양의 가치를 가진다. 한 장면이나 비트에는 일반적으로 특정 감정적 가치를 가진 캐릭터(예: 한 명은 행복하고 다른 한 명은 슬픔)

7 역주 국내에 번역 출간되었습니다. 《시나리오 시퀀스로 풀어라》(팬덤북스, 2020).

8 Paul Joseph Gulino, 《Screenwriting: The Sequence Approach》, Continuum, 2004, p.2.

9 개인적인 대화, 2020. 05. 25.

가 등장하고, 서로 부딪히며 감정적 인터랙션을 하는 과정에서 슬펐던 캐릭터가 행복해지거나 그 반대의 경우도 마찬가지로 발생할 수 있다. 어떤 장면에서 캐릭터가 등장할 때와 같은 감정의 가치를 유지한다면 그 장면은 스토리에 도움이 되지 않을 수 있다.

즉, 스토리-막-시퀀스-장면-비트 순서로 구성된다. 아리스토텔레스와 프레이탁이 설명하는 전체 이야기의 형태가 이야기의 하위 부분과 그 하위 부분의 비트 수준까지 적용된다는 것은 분명해 보인다. 한 장면의 각 비트에는 복잡하게 얽히고 풀리는 패턴, 호출과 응답의 상승과 하강 패턴이 있다. 이러한 기복이 있는 패턴은 우리가 난로의 불꽃이나 해안의 파도에 매료되는 것처럼 매 순간, 매시간 흥미를 유지한다.

이런 식으로 스토리는 부분과 부분의 모양이 전체 구조와 유사한 구조를 설명하는 수학적 개념인 프랙탈이라고 볼 수 있다. 액션이 스토리 전체에서 상승과 하강을 반복하듯이 각 막, 시퀀스, 장면, 비트에서도 상승과 하강을 반복한다(그림 16.2). (이 아이디어는 멜라니 앤 필립스Melanie Anne Phillips와 크리스 헌틀리Chris Huntley가 1990년대에 개발한 스토리 구조의 프로그램 '드라마티카Dramatica' 모델에서 유래한 것으로 추정된다.)[10]

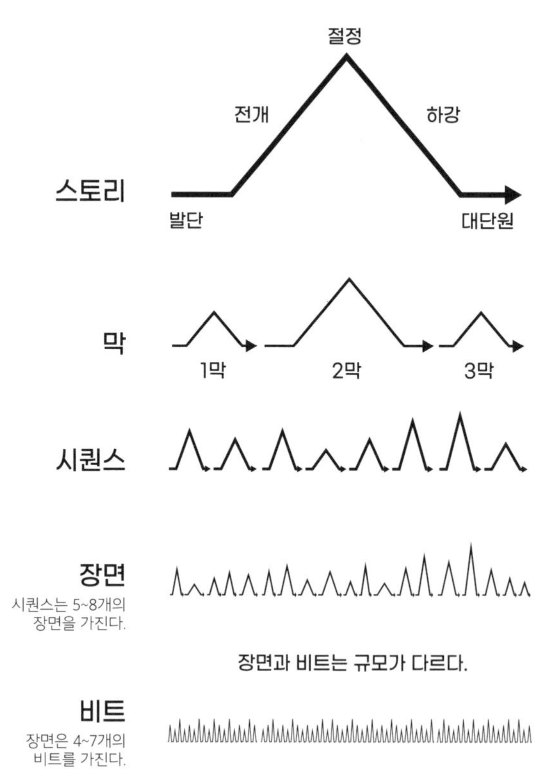

그림 16.2
장편 영화 스토리의 프랙탈 구조.

10 Melanie Anne Phillips and Chris Huntley, 《Dramatica: A New Theory of Story》, Screenplay Systems, 2004.

약간의 상상력만 발휘하면 게임의 구조도 프랙탈적이라는 것을 알 수 있다. 방금 게임 미션이 프레이탁의 피라미드와 동일한 구조를 가지고 있다는 것을 살펴보았다. 이제 전체 미션의 하위 섹션 또는 한 단계 더 하위 섹션에서 동일한 상승 및 하강 패턴을 상상할 수 있는데, 이는 10장에서 이야기한 〈헤일로〉라는 게임에 적용된 제이미 그리세머의 '30초의 재미' 개념을 연상시키는 방식이다.

제이미의 30초의 재미 개념은 다양한 개별 게임의 플레이 비트를 설명해 준다. 새로운 레벨에 진입하여 엄폐물 뒤에 몸을 숨기거나 적과 싸우면서 엄폐물 사이를 오가며 파워업을 수집하는 것 모두 비트에 해당된다. 이러한 각 비트는 상승과 하강을 반복하며 게임의 각 부분과 전체 게임 진행에 합산된다.

우리는 이러한 프랙탈 패턴을 경쟁 게임과 스포츠에서도 쉽게 볼 수 있는데, 이는 전후반전과 쿼터, 세트와 매치, 라운드와 시리즈를 중심으로 구조화된다. 프랙탈 개념을 사용하여 경쟁적인 디지털 게임과 스포츠의 '메타', 즉 전술, 전략, 선수 또는 팀 관계의 메타 게임에까지 도달할 수도 있다. 스토리 구조를 살펴보면 어디에서나 게임 디자인에 대한 생각에 도움이 되는 상응 관계를 찾을 수 있다.

스토리의 구성 요소

이제 스토리 구조의 기본 사항을 살펴보았으니, 우리가 알고 있고 사랑하는 대부분의 스토리를 구성하는 구성 요소에 대해 조금 더 깊게 살펴볼 차례이다.

대부분의 이야기에는 현실적이고 감정적인 관점에서 우리와 밀접하게 연관되어 있는 영웅, 즉 이야기의 **주인공**이 있다. 스토리텔러는 우리가 이야기의 주인공과 공감하도록 하기 위해 **공감과 동정**의 기법을 사용하며, 그 기법은 수없이 많고 다양하다. 영화 제작자는 얼굴 표정을 클로즈업하고 감성적인 음악을 사용하여 우리와 주인공 사이에 감정적 다리를 놓는다. 소설가는 종종 주인공 내면의 목소리를 사용한다. 게임 디자이너는 플레이어 캐릭터 주인공과 감정적으로 가까워지는 방법을 자유롭게 선택할 수 있지만, 얼굴 클로즈업과 내면의 독백은 디자인에 우아하게 통합하기 어려운 경우가 많기 때문에 많은 노력을 기울여야 한다. 수많은 훌륭한 스토리에는 한 명 이상의 주인공이 등장하며, 일부 비디오 게임에는 플레이어 캐릭터가 두 명 이상 등장한다.

대부분의 스토리에는 스토리를 이끌어 가는 **주요 긴장감**이나 **핵심 갈등**을 조성하기 위해 무언가를 하는 적군, 즉 **적대자**가 존재한다. 많은 게임에서 플레이어는 반드시 쓰러뜨려야 하는 적과 대치하지만, 핵심 갈등은 반드시 사람이나 괴물인 게 아니라 시간과의 싸움과 같은 세상의 상황일 수도 있다. 주된 긴장감은 스토리와 게임 플레이 모두에 매우 긍정적인 영향을 미쳐 플레이어의 마음을 집중시키고 흥미를 유발할 수 있다.

갈등과 스토리텔링의 관계는 뜨거운 감자가 될 수 있다. 작가 어슐러 르 귄Ursula K. Le Guin은 "모더니스트 글쓰기 매뉴얼은 종종 스토리와 갈등을 혼동한다. 이러한 환원주의는 공격성과 경쟁을 부풀리는 동시에 다른 행동 옵션에 대한 무지를 조장하는 문화를 반영한다. (중략) 갈등은 행동의 한 종류이다. 관계 맺기, 찾기, 잃기, 견디기, 발견하기, 이별하기, 변화하기 등 인간의 삶에는 똑같이 중요한 다른 행동도 있다."라고 썼다.[11] 이 행동 목록은 게임 플레이의 새로운 지평을 개척하고자 하는 모든 게임 디자이너에게 선물이 될 것이다.

나는 스토리텔링에서 갈등의 역할이 지나치게 강조되어 부담을 가져온다는 데 동의한다. 하지만 스토리텔링에서 갈등을 강조하지 않으려는 사람들은 다른 방식으로 청중의 관심을 끌고 흥미를 유발하기 위해 매우 열심히 노력해야 한다고 생각한다.

이야기의 줄거리는 주인공이 갈망하는 무언가에 의해 제공되는 경우가 많으며, 일부 스토리텔러는 이를 **외적 욕구** 또는 **욕망**이라고 부른다. 주인공이 **인생의 꿈**이라는 큰 맥락을 배경으로 그 꿈을 이루기 위해 취하는 단계에서는 스토리를 진행하면서 스토리의 본문을 구성하는 흥미로운 캐릭터와 시나리오를 만나게 해 준다. 목표를 달성하기 위해 노력하는 과정에서 주인공은 보통 자신의 성격, 한계, 개인적인 성장과 관련된, 눈에 보이지도 않고 이름 붙이기도 어려운 무언가로 인해 고전한다. 일부 스토리텔러는 이를 **내적 욕구** 또는 **결핍**이라고 부르며, 주인공이 성장하고, 무언가를 극복하고, 새로운 사람이 되고자 하는 이 숨겨진 욕구를 다루는 방식에 스토리의 진정한 의미가 담겨 있는 경우가 많다.

이야기의 첫 번째 부분에서는 보통 주인공이 **평범한 세상**의 **현상 유지** 속에서 집에 있는 모습을 볼 수 있다. 그러다가 주인공을 이야기 속으로 끌어들이는 어떤 사건이 발생하는데, 이를 **선동 사건**이라고 한다. 주인공은 처음에는 저항할 수도 있지만, 결국에는 새롭거나 도전적인 상황과 **인물들**을 만나게 되는 **여정**을 시작하게 되고, 그 여정을 통해 우리가 흥미롭게 보고 들을 수 있는 방식으로 움직이고 공감하게 된다. 물론 외적 욕망에 도달하기 위해 여정을 떠나지만, 여정을 진행하면서 다양한 방식으로 내적 욕망을 시험하거나 활성화하여 새롭고 흥미로운 방향으로 여정을 돌리기도 한다. 스토리텔러는 **예고**와 같은 기법을 사용하여 앞으로 일어날 일에 대해 알려 주고, **씨뿌리기와 거두기**를 통해 스토리를 따라가도록 유도한다. **반전**을 통해 우리를 놀라게 하고 **폭로**를 통해 우리를 만족시킬 것이다.

11 Ursula K. Le Guin, 《Steering The Craft: A Twenty-First-Century Guide to Sailing the Sea of Story》, Mariner Books, 2015, p.146.

때때로 **빨간 청어**를 사용하여 주의를 돌리거나 **맥거핀**을 사용하여 스토리의 자극과 연속성을 만들 수 있다.

많은 이야기에서 주인공의 상황은 결국 **위기**에 도달한다. 모든 것을 잃은 것 같고 주인공의 외적 욕망은 결코 달성할 수 없는 것처럼 보이다. 그러나 종종 이 순간 주인공의 내적 욕망과 관련된 개인적인 성장이 전면에 부각되고, 주인공의 행동으로 인해 **클라이맥스**에 도달하게 된다. 우리는 이 극적인 강렬함의 시점에 모든 것이 정점에 도달하는 것을 보고 상황이 어떻게 전개될지 알게 된다. 주인공의 여정의 최종 결과는 **결말**에 나타나며, 이는 주인공의 삶과 그들이 사는 세상에 영향을 미친다.

스토리 구조에 대한 이 간략한 요약은 다양한 출처의 용어를 사용했으며, 그중 많은 용어를 내 동료인 어빙 벨라테체와 잭 엡스 주니어Jack Epps Jr.에게 빚지고 있다. 스토리 구조에 대해 읽고 사용할 수 있는 접근 방식은 여러 가지가 있다. 그중 가장 유명한 것은 조셉 캠벨Joseph Campbell의 저서 《천의 얼굴을 가진 영웅The Hero with a Thousand Faces》[12]에서 시작하여 크리스토퍼 보글러Christopher Vogler가 《신화, 영웅 그리고 시나리오 쓰기The Writer's Journey》[13]에서 대중화시킨 영웅의 여정일 것이다. 영웅의 여정은 많은 게임의 퀘스트 기반 구조에 쉽게 동화되기 때문에 게임 디자이너가 시작하기에 좋은 스토리 구조이다. 영웅의 여정을 미숙하게 사용하면 '구세주 신화'가 몰래 뒤섞여 문제점이 가득한 진부하고 뻔한 스토리가 될 수 있다는 점에 유의해야 한다. 하지만 잘만 활용하면 댓게임컴퍼니의 〈저니〉와 같은 훌륭한 작품으로 이어질 수도 있다.

블레이크 스나이더Blake Snyder의 《세이브 더 캣!Save the Cat!》[14]은 스토리 구성에 대한 좋은 초보자용 가이드이며, 잭 엡스의 《시나리오 쓰기란 퇴고하는 것이다Screenwriting Is Rewriting》는 퇴고를 위한 좋은 책이다. 이 책들은 좋은 글쓰기의 반복적 특성에 대해 많은 것을 가르쳐 줄 것이다. 스토리 구조와 글쓰기에 관한 더 많은 훌륭한 책은 직접 검색을 통해 찾아볼 수 있다. 여러 스토리 구조 전문가들이 사용하는 다양한 용어를 확인하려면 온라인에서 찾을 수 있는 잉그리드 순드버그Ingrid Sundberg의 '아치형 플롯 구조Arch Plot Structure'를 참조하면 좋다. 여기에는 위에서 설명한 요소를 지칭하는 데 사용되는 다양한 이름과 그 출처를 명확하게 보여 주는 도표가 포함되어 있다.[15]

이러한 스토리텔링의 기본 원칙이 어디에서 나온 것인지 회의적인 생각이 들 수도 있다. 많은 훌륭한 스토리텔러는 스토리 구조에 대한 논의에 신경 쓰지 않는다. 그들은 그저 앉아서 글을 쓰기 시작하

---

12 **역주** 국내에 번역 출간되었습니다. 《천의 얼굴을 가진 영웅》(민음사, 2018).

13 **역주** 국내에 번역 출간되었습니다. 《신화, 영웅 그리고 시나리오 쓰기》(비즈앤비즈, 2013).

14 **역주** 국내에 번역 출간되었습니다. 《Save the Cat!》(비즈앤비즈, 2014).

15 Ingrid Sundberg, "What Is Arch Plot and Classic Design?", 2013. 06. 05., https://ingridsundberg.com/2013/06/05/what-is-arch-plot-and-classic-design/.

고, 인물과 사건을 명확하고 흥미롭게 묘사하고, 가상의 인물에게 감정을 느끼게 하고, 웃거나 울게 하고, 전개되는 이야기에 계속 집중하게 만드는 능력에 의존한다.

하지만 게임 디자이너가 게임 플레이와 스토리의 상승과 하강을 성공적으로 조화시키려면 스토리의 구조에 대한 기본적인 이해가 필요하다고 생각한다. 앞에서 설명한 구성 요소는 게임 디자인 및 스토리텔링 연습을 위한 출발점을 제공한다. 모든 스토리텔러와 마찬가지로 여러분도 자유롭게 선택하고, 조합하고, 새로운 것을 시도할 수 있다. 다음과 같이 검증된 패턴을 따르면 스토리텔링 기술을 더 빠르게 발전시킬 수 있으며, 또는 아직 고려하지 않았던 새로운 방법으로 플레이어를 사로잡을 수 있는 놀라운 방법을 발견할 수도 있다.

게임 내 스토리를 개선하는 방법

스토리텔링 기법과 게임 내러티브 디자인에 관한 책은 많다. 여러분은 이런 것들로 작가, 스토리텔러, 내러티브 디자이너로서 자신의 기술을 연마하기 위해 노력해야 한다. 하지만 짧은 시간 안에 게임의 스토리를 개선하기 위해 할 수 있는 가장 좋은 방법은 작가와 협업하는 것이다.

성공적인 창작물 작성 경험이 없다면 나를 포함한 많은 게임 디자이너가 저지른 자만심의 실수를 범하지 말고 전문가의 도움 없이 게임을 작성하려고 해서는 안 된다. 좋은 글을 쓰는 것은 엄청나게 어렵다. 심리 치료사의 통찰력, 사회학자의 디테일 지향성, 시인의 서정성, 스탠드업 코미디언의 농담 작문 능력이 필요하다. 전 세계 어디에서 살든 한 명의 훌륭한 작가뿐만 아니라 대화에 대한 좋은 귀(내 경험상 글을 쓰기가 어려운 이유 중 하나), 비디오 게임에 대한 애정, 월세를 낼 수 있는 사람들로 구성된 커뮤니티 전체가 주변에 있을 가능성이 높다.

예전에는 게임 디자인을 이해하거나 게임 디자인을 배울 수 있는 작가를 찾기가 어려웠다. 요즘에는 많은 사람이 비디오 게임을 즐기고 사랑하면서 자랐기 때문에 이 두 가지가 훨씬 쉬워졌다. 특정 게임의 작동 방식, 요구 사항, 창의적인 과정에 대한 이해를 돕기 위해 작가와 함께 작업하는 데 시간을 할애해야 한다. 하지만 일반적으로 이러한 시간 투자는 훌륭한 캐릭터, 줄거리, 대사뿐만 아니라 새로운 게임 디자인 아이디어를 얻는 데에도 큰 도움이 된다.

작가 섭외는 프로젝트 초기에 하는 것이 가장 이상적이다. 작가가 디자인 팀에 더 많이 포함되고 전체 디자인 과정에 통합될수록 팀원 모두와 결과물인 게임에 더 좋은 결과를 가져올 수 있다. 기존 게임 디자인에 스토리를 추가한 게임이 좋은 결과를 내는 경우는 드물다. 그렇다고 해서 개발 후반부에야 작가를 찾았다고 해서 당황할 필요는 없다. 훌륭한 작가는 마법을 부릴 수 있으며, '송곳 패스Punch Up Pass' 한 번만으로도 게임 대사를 다듬는 것이 완전히 달라질 수 있다.

여러분은 전체 게임 개발 과정에서 한 명 또는 여러 명의 작가와 함께 작업할 것으로 예상해야 한다. 작가가 매우 바쁠 때도 있고 할 일이 거의 없을 때도 있을 것이다. 개발 중인 게임의 종류에 따라 프로젝트가 완료되기 훨씬 전에 작가의 작업이 끝나는 경우도 있다. 하지만 내 게임 개발 경험에 따르면 환경 내러티브(레벨의 포스터나 광고판의 텍스트 또는 게임 내 오브젝트의 쓰인 것들), 인터페이스 디자인(수집 가능한 오브젝트의 이름과 묘사적인 '맛깔난 텍스트'), 게임 외부에 있지만 플레이어의 경험과 관련된 자료(개발 블로그 항목 및 소셜 미디어 게시물, 광고 문구, 트레일러 음성 대사 등)에서 새로운 글쓰기 작업이 개발 내내 항상 등장한다.

가장 중요한 것은 게임 작가에게 창의적인 결정을 내릴 수 있는 권한을 부여해야 한다는 것이다. 팀에서 영향력을 행사할 수 없는 게임 작가는 항상 다른 사람에 의해 현명한 결정이 짓밟히기 마련이며, 이는 게임 플레이와 스토리가 잘 어울리지 않는 게임으로 이어진다. 게임 디렉터는 맹목적이거나 무조건적인 지원이 아니라 '플레이어의 경험에 근본적인 영향을 미치기 때문에 팀원 모두가 작가의 작업을 존중해야 한다는 것을 알 수 있는 방식'으로 지원해야 한다.

의심스러운 경우

스토리텔링은 복잡한 작업이다. 어떤 사람들은 평생을 스토리텔링에 바치기도 한다. 게임 디자이너는 스토리에 전혀 관심이 없을 수도 있지만, 그것은 괜찮다. 게임 디자인은 매우 광범위한 문화적 형태이며 모든 게임에 스토리가 필요한 것은 아니다.

하지만 나는 우리의 뇌가 일상적인 기능의 대부분을 통해 내러티브를 생성함으로써 우리 삶을 이해한다고 생각한다. 게임에는 스토리가 없더라도 분명 어떤 종류의 내러티브가 있다. 체스에는 스토리가 없지만 기사가 말 모양을 하고 있다는 사실 자체가 내러티브 요소이고, 두 플레이어 또는 두 팀 간의 밀고 당김이 내러티브 형태를 띠고 있다.

따라서 게임의 내러티브 구조를 고려할 때 아리스토텔레스를 참고하고, 확실하지 않은 경우 게임(및 게임의 모든 부분)에 좋은 시작, 중간, 끝을 부여하면 좋을 것이다. 뻔하게 들릴지 모르지만 내가 플레이하는 게임들(그리고 내가 만든 게임 중 일부) 중 스토리의 시작과 중간은 훌륭하지만 결말이 약한 경우가 얼마나 많은지 알면 놀랄 것이다. 시작과 중간만 있고 끝이 없는 경쟁 게임은 만들지 않을 것이므로(실험적인 게임 디자인을 위한 좋은 자극제처럼 들리지만), 스토리텔링 게임에도 같은 원칙을 적용해야 한다.

그렇다고 해서 훌륭한 스토리가 반드시 깔끔하게 해결되는 결말을 가져야 한다는 것은 아니다. 궁극적으로 어떤 일이 일어날지 관객이 스스로 결론을 내릴 수 있는 스토리의 열린 결말은 결과에 대해 의심의 여지가 없는 닫힌 결말만큼이나 흥미롭고 만족스러울 수 있다. 다만, 플레이어가 게임을 플레이한 시간을 존중하면서 앞의 내용에 맞는 방식으로 게임을 종료해야 한다.

다음 장에서는 '게임 디자인 매크로'라는 일종의 경량 게임 디자인 문서를 사용하여 게임 플레이와 스토리의 상승 및 하강 패턴을 계획하는 방법을 살펴보겠다. 그런 다음 우리는 이 매크로를 사용하여 '풀 프로덕션'이라는 단계에서의 게임 제작 스케줄을 잡을 수 있다.

17장
프리 프로덕션 결과물 - 게임 디자인 매크로

게임 디자인 문서는 게임의 계획된 디자인에 대한 기록이다. 게임 산업 초창기에는 게임 디자인 문서가 게임 디자인의 원천으로서 매우 중요하게 여겨졌다. 게임 디자이너들은 다른 팀원들이 게임 개발 작업을 시작하기도 전에 방대한 게임 디자인 문서를 작성하는 데 많은 시간을 할애했다. 이 종이를 읽는 사람은 거의 없었고, 개발 과정에서 게임의 실체가 드러나면 결국 버려지곤 했다. 요즘에는 일반적으로 게임을 설계할 때 버티컬 슬라이스를 만들고 디자이너가 진행하면서 필요한 만큼만 문서를 작성한다. 이 방식이 훨씬 더 효과적이다.

게임 디자인 문서는 필요하며 또 중요하다. 특히 프리 프로덕션 단계에서는 다음 단계인 풀 프로덕션에 대한 계획을 세워야 한다. 여기서의 과제는 너무 많지 않으면서도 충분한 디테일이 있는 게임 디자인 문서를 작성하는 것이다. 이 장에서는 마크 서니의 게임 디자인 매크로 개념과 디자이너가 게임 범위를 파악하는 데 매크로를 어떻게 사용할 수 있는지 살펴보려고 한다.

풀 프로덕션을 위한 지도 만들기

> 나는 현명하게도 스토리에 맞게 만들기 위해 지도부터 시작했다. (중략) 땅에 관한 다른 방법이 있다면 그것은 융합과 혼란과 불가능이라고 할 수 있다.
>
> - J. R. R. 톨킨, 《J. R. R. 톨킨의 편지 선집The Letters of J. R. R. Tolkien》, p.177.

톨킨은 장대한 판타지의 배경이 되는 중간계의 지도를 먼저 구상하면서 "거리에 대한 세심한 주의"

를 기울여 《반지의 제왕The Lord of the Rings》을 집필했다.[1] 반지를 모르도르에 돌려보내기 위한 여정은 사람, 동물, 사물, 정보가 얼마나 빠르게 이동할 수 있는지에 따라 달라진다. 톨킨은 집필을 시작하기 전에 지도를 미리 그려 놓음으로써 이야기의 중요한 요소인 거리를 확실하게 파악할 수 있었고, 복잡하고 고도로 구조화된 이야기를 만들 수 있었다.

영국 제도 전체에 대한 개요 지도를 생각해 보라. 대도시와 대도시, 일부 산과 숲, 고속도로와 주요 도로는 볼 수 있지만 빅벤이나 에든버러 성, 내가 자란 글로스터셔 북부의 작은 마을은 볼 수 없다. 하지만 이 지도를 사용하여 영국 전역의 여행을 계획할 수 있으며, 여행의 세부 사항을 진행하면서 파악할 수 있다.

게임 디자인 매크로는 풀 프로덕션 과정을 탐색하는 데 사용할 수 있는 게임 디자인의 개요 맵이다. 게임 디자인 매크로를 사용하면 훌륭하고 세련된 완성도 높은 게임이라는 목표를 향한 최적의 경로를 찾을 수 있다. 매크로는 창의력을 발휘할 수 있도록 안내해 주며 빙빙 돌지 않도록 도와준다.

게임 디자인 매크로를 사용하는 이유는 무엇인가?

게임 디자인 매크로Game Design Macro는 간결하게 정리된 게임 디자인 문서이며, 이는 게임 디자인에 대한 개요를 나타내는 아이디어 매트릭스이다. 게임의 모든 중요한 측면을 간결하게 나열하여 프로젝트 진행에 필요한 충분한 정보를 제공하며, 게임을 작업하는 동안 발견물들이 생겨나면서 변경되기 쉽기 때문에 세부적인 내용은 다루지 않는다. 우리는 게임 디자인 매크로를 통해 게임의 레벨이나 위치의 수, 캐릭터 수, 주요 오브젝트 유형 수 등 프로젝트의 중요한 정량적 측면을 한눈에 파악할 수 있어야 한다.

게임 디자인 매크로의 개념은 마크 서니가 2002년 D.I.C.E 강연에서 "방법론"이라고 명명한 디지털 게임 개발 접근 방식에 대해 설명한 데에서 유래했다.

> 이 방법론에서는 기존의 디자인 문서가 완전히 폐기된다. 그 대신 디자인은 매크로 디자인과 마이크로 디자인으로 나뉜다. 매크로 디자인은 5페이지 분량의 문서로, 게임에 맞는 프레임워크를 제공하며 프리 프로덕션이 끝날 때 결과물로 제공된다. 그리고 마이크로 디자인은 게임의 실제 모습이며 제작 중에 즉석에서 만들어진다. 이 두 가지를 분리하면 일관성 있고 재미있게 플레이할 수 있는 창의적인 게임을 만들 수 있다.

1 J. R. R. Tolkien, 《The Letters of J. R. R. Tolkien》, Houghton Mifflin, 1981, p.177.

> 매크로 디자인은 프리 프로덕션이 끝날 때가 되어서야 완성된다. 마이크로 디자인은 프로덕션 과정 중에 창조된다. (중략) 이 방법론은 게임 개발에서 가장 위험한 신화 중 하나에서 비롯된 결과이다. "초기 비전이 명확할수록 좋다."[2]

마크는 게임 개발을 시작하기 전에 수백 페이지에 달하는 게임 디자인 문서를 작성해야 한다는 생각에 대해 비판을 이어간다. 그는 게임 개발을 시작하기 위해 이 문서가 그냥 필요하지 않은 정도가 아니라 절대 필요하지 않다고 말한다. 그런 문서를 작성하는 것은 자원 낭비일 뿐 아니라 실제보다 더 많은 것을 알고 있다고 착각하게 만든다. 그리고 마크 서니는 "아무리 훌륭한 게임 디자인 문서라도 장담하건대, 그 어떤 플레이어도 게임 디자인 문서를 즐기지 않을 것이다."라고 말한다.[3]

하지만 무턱대고 제작에 돌입할 수는 없으니 몇 가지 문서를 만들어야 한다. 우리에게는 지도가 필요하다. 게임 디자인 매크로는 우리가 버티컬 슬라이스를 만들 때 발견한 내용을 기반으로 하며, 여기에는 본격적인 게임 프로덕션에 들어가기 위해 필요한 디자인 정보와 디자인 결정 사항들이 포함되어 있다.

마크 서니는 게임 디자인 매크로의 아이디어가 〈크래쉬 밴디쿳 2: 코텍스의 역습Crash Bandicoot 2: Cortex Strikes Back〉을 위해 고안되었다고 말했다. 나는 개발 종료 시점까지 참여했던 프로젝트인 〈자크 3〉를 위해 작성된 매크로를 연구하면서 게임 디자인 매크로에 대해 자세히 배웠다. 그 후 〈자크 X: 컴뱃 레이싱〉과 내가 작업한 세 개의 〈언차티드〉 게임 모두의 리드 게임 디자이너로서 매크로에 기여했다. 너티독, 인솜니악 게임즈 등 이 기법을 사용하는 다른 스튜디오에서 만든 게임의 좋은 품질이 게임 디자인 매크로의 유용성을 명확하게 보여 준다고 생각한다.[4]

게임 디자인 매크로와 프로젝트 목표

게임 디자인 매크로는 우리가 7장에서 논의한 '프로젝트 목표'와 중요한 관계가 있다. 매크로는 프로젝트 목표에서 설정한 경험 목표와 디자인 목표를 확장하고 이를 더 자세하게 정의한 것으로 간주할 수 있다.

때로는 프리 프로덕션 도중에 프로젝트 목표가 변경될 수 있다. 버티컬 슬라이스 작업에서 나온 게

2 Mark Cerny, "D.I.C.E. Summit 2002", https://www.youtube.com/watch?v=QOAW9ioWAvE, 28:51.

3 Mark Cerny, "D.I.C.E. Summit 2002", https://www.youtube.com/watch?v=QOAW9ioWAvE, 28:58.

4 Ted Price, "Postmortem: Insomniac Games' Ratchet & Clank", Gamasutra, 2003. 06. 13., https://www.gamasutra.com/view/feature/131251/postmortem_insomniac_games_.php.

임이 프로젝트 목표와 정확히 일치하지는 않지만 새로운 방향을 따르고 싶을 만큼 충분히 매력적이기 때문에 이런 일이 발생할 수 있다. 이런 경우에는 게임 디자인 매크로 작업을 시작하기 전에 프로젝트 목표를 수정하는 것이 중요하다. 새로운 프로젝트 목표를 확정하려면 늦어도 프리 프로덕션이 끝날 때까지 매크로를 완성해야 한다. 우리는 풀 프로덕션에 돌입할 때 프로젝트 목표와 게임 디자인 매크로가 잘 맞아떨어지도록 하여 일관된 비전을 유지하고자 한다.

게임 디자인 매크로의 두 부분

마크 서니는 D.I.C.E. 강연에서 게임 디자인 매크로가 두 부분으로 구성되어 있다고 설명한다. 첫 번째 파트는 게임의 핵심 요소를 요약한 짧은 '게임 디자인 개요'로, 이는 게임 플레이의 기본 요소인 '게임의 가장 중요한 특수 메커닉'과 '게임 플롯'에 대한 간략한 개요를 다룬다.

매크로의 두 번째 부분은 '매크로 차트'로, 게임의 레벨과 각 레벨에서 일어나는 액션, 활동, 스토리 비트를 단계별로 분류한 스프레드시트나 표이다. 이 두 번째 부분은 일반적으로 더 많은 디자인 작업이 필요하며, 너티독에서는 매크로 차트와 게임 디자인 매크로라는 용어가 거의 동의어처럼 쓰였다.

게임 디자인 개요

전문 게임 개발 팀은 버티컬 슬라이스를 만드는 도중이나 그 이후에 게임 디자인 개요 문서를 작성해야 한다. 다시 말하지만, 프로젝트 규모에 따라 5페이지에서 20페이지 사이의 비교적 짧은 문서여야 한다. 이 문서에는 게임에서 가장 중요한 게임 디자인 및 내러티브 요소에 대한 소개와 함께 게임 방향의 다른 중요한 측면이 포함되어야 한다.

'게임 디자인 개요Game Design Overview'는 10장에서 설명한 캐릭터, 카메라, 컨트롤의 '3C'를 설명하고 게임의 주요 게임 메커닉, 동사, 플레이어 활동에 대해 설명해야 한다. 이러한 요소가 있는 게임의 경우 (스토리가 있다면) 게임 플롯에 대한 개요와 함께 게임 내 중요한 캐릭터를 소개해야 한다. 게임의 아트 연출, 사운드 디자인, 음악, 그래픽 디자인을 보여 주거나 설명해야 하며 게임의 톤과 분위기를 설정해야 한다.

게임 디자인 개요는 게임 디자인 매크로의 중요한 부분이며, 팀의 창의적인 리더십이 팀원, 프로젝트 이해관계자에게 아이디어를 표현하는 데 도움이 된다. 따라서 게임 디자인 개요는 버티컬 슬라이스에 표시된 디자인 요소에 대한 일종의 사회적 계약을 나타낸다.

(나는 15주 한 학기 수업에서 학생들에게 게임 디자인 개요를 작성하게 하지 않는다. 3C, 핵심 게임 플레이, 게임의 방향성은 버티컬 슬라이스를 통해 쉽게 보고, 듣고, 플레이할 수 있으며, 게임 개발의 가장 치열한 단계 중 하나가 될 수 있는 시기에 학생들에게 바쁜 일을 시키고 싶지 않기 때문이다. 하지만 내 수업이 1년 가득 채워 진행된다면 분명 학생들에게 명확하고 설득력 있는 게임 디자인 문서를 작성하고 게임의 방향을 설정하는 연습으로 게임 디자인 개요 문서를 작성하게 할 것이다.)

게임 디자인 매크로 차트

'게임 디자인 매크로 차트Game Design Macro Chart'는 게임의 경험 흐름을 자세히 생각하고 스프레드시트에 기록하는 방식으로 만들어진다. 게임 디자인 매크로를 만드는 데 있어 가장 어려운 부분이자 가장 중요한 부분이기도 하다. 매크로 차트는 게임에서 어떤 일이 벌어질지 합의하는 데 도움이 되며, 프로젝트의 범위를 통제하는 데 중요한 단계이다.

게임 디자인 매크로 차트는 10개 이상의 스프레드시트 열로 구성되며, 게임을 충분히 자세히 설명하는 데 필요한 만큼의 행으로 구성된다.

이 스프레드시트에서 설명해야 하는 것은, 마크 서니의 말을 빌리자면 "어떤 종류의 게임 플레이가 게임에서 어디로 이동하는지"이다. 또한 "사용하려는 모든 메커닉이 이 차트에 포함되어야 한다."라는 점에 유의해야 한다. 게임 디자인 매크로를 만들 때 우리가 목표로 하는 것은 "계획된 게임의 다양성, 게임의 범위, 게임의 높은 수준의 구조에 대한 지식"이다.[5]

스프레드시트의 세로축은 시간을 나타내며, 게임의 시작 부분이 맨 위에 있고 게임의 끝 부분이 맨 아래에 있다. (이 장의 뒷부분에서 매크로를 사용하여 비선형 게임을 처리하는 방법에 대해 설명한다.) 스프레드시트의 가로축에 있는 열은 게임 각 부분의 디자인에 중요한 정보를 나열하는 데 사용된다.

〈언차티드 2: 황금도와 사라진 함대〉의 게임 디자인 매크로는 약 70행 분량의 스프레드시트로, 우리가 1년 반 후에 출시할 게임의 구조를 5~10% 이내로 거의 정확하게 보여 줬다. 따라서 매크로 차트는 프리 프로덕션 단계에서 작성된 수백 페이지 분량의 게임 디자인 문서보다 더 설득력이 있다. 중

5 Mark Cerny, "D.I.C.E. Summit 2002", https://www.youtube.com/watch?v=QOAW9ioWAvE, 31:54.

요한 세부 사항을 제자리에 고정하면서도 추상화 수준이 충분하기 때문에 나중에 변경되는 디자인 요소를 고안하는 데 시간을 낭비하지 않아도 된다.

게임 디자인 매크로 차트의 행과 열

게임 디자인 매크로 차트를 좀 더 자세히 분석해 보겠다. 마크 서니가 D.I.C.E. 강연에서 예시로 든 것부터 시작하겠다.

각 행은 레벨 중 하나를 설명한다. 관련 정보는 게임마다 다르지만, (가능한 경우) 레벨의 로케일, 3D 레벨인지 2D 레벨인지, 어떤 '이국적인' 게임 플레이가 포함되어 있는지, 레벨에 들어가기 위해 플레이어가 수집해야 하는 것은 무엇인지 등이 있다. 마지막으로 레벨에서 수집할 수 있는 오브젝트가 포함된다.

마크의 예는 게임 규모가 작았던 시절에 나온 것이다. 오늘날 게임 디자인 매크로 차트의 한 행은 레벨의 작은 부분만 설명할 수 있다. 하지만 마크는 매크로의 각 행에 대해 생각할 수 있는 좋은 출발점을 제시한다.

각 행은 다음 사항을 설명할 수 있어야 한다.

- 해당 부분의 게임 환경.
- 환경의 오브젝트와 캐릭터.
- 그곳에서 진행되는 게임 플레이 유형.
- 플레이어가 해야 하거나 할 수 있는 일.

내러티브 요소가 있는 게임의 경우 스토리 관점에서 어떤 일이 일어나는지 행에 설명해야 한다.

모든 게임은 다르다. USC에 합류했을 때 나는 게임 디자인 매크로를 게임 디자인 문서화를 위한 더 나은 방법으로 학생들에게 제공하고 싶다는 생각을 했다. 하지만 처음에는 망설여졌다. 매크로를 내가 작업했던 캐릭터 액션 스토리텔링 게임뿐만 아니라 다양한 종류의 게임을 설명하는 데 사용할 수 있을까?

다행히도 나는 이 질문에 대한 답이 '그렇다'라는 것을 발견했다. 거의 모든 유형의 게임 디자인은 프리 프로덕션이 끝날 때 스프레드시트에 요약해 두는 것이 도움이 된다. 게임 디자인 매크로 차트를 만드는 것은 게임의 구조를 검토하고 범위를 파악할 수 있는 좋은 방법이다.

게임 디자인 매크로 차트 템플릿

그림 17.1은 게임 디자인 매크로 차트 작성을 시작하는 데 도움이 되는 템플릿이다. 이 템플릿은 각 열에 제목이 있는 스프레드시트일 뿐이다. 게임을 설명하는 데 필요한 만큼 행을 추가하면 된다.

위치/시퀀스 이름	시간/날씨/분위기	이벤트에 대한 간략한 설명	플레이어 메커닉	플레이어 목표	디자인 목표	감정적 비트	만난 캐릭터 (적 포함)	발견된 개체	다른 필요한 에셋	오디오 노트	시각 효과 노트

그림 17.1
게임 디자인 매크로 차트 템플릿.

게임 스타일에 따라 다른 게임 디자인 매크로 차트 제목이 필요할 수 있지만, 이 세트는 좋은 출발점이 될 수 있다. 필요에 따라 자유롭게 제목을 만들 수 있다. 다음은 플레이어 목표, 디자인 목표, 감정적 비트를 제외한 대부분의 열에 대한 설명이다. 플레이어 목표, 디자인 목표, 감정적 비트는 마지막에 별도의 섹션에서 자세히 설명하겠다.

위치/시퀀스 이름

가장 왼쪽 열은 행의 이벤트가 발생하는 위치를 설명하여 이 행의 제목을 지정한다. 예를 들어 '오래된 우물 바닥' 또는 '에어록 내부'가 될 수 있다. 위치가 없거나 게임 플레이 이벤트가 엄격하게 위치와 연결되지 않는 게임을 상상할 수 있으므로 이 제목에 '시퀀스 이름'이라는 대안을 제시한다.

시간/날씨/분위기

새벽, 아침, 오후, 해질녘, 밤인가? 날씨가 화창한가, 무더운가, 폭풍우가 몰아치는가? 그렇지 않다면 이 행의 분위기는 어떤가? 이 열은 게임의 색상 팔레트와 분위기 진행을 계획하기 위해 '색상 스크립트'를 만드는 아트 디렉터에게 유용하다.

⊗ 이벤트에 대한 간략한 설명

게임 플레이와 스토리 관점에서 간단히 설명하면 어떤 일이 벌어질까? 여기서는 이 행의 다른 열에서 보충할 아주 간략한 개요를 설명한다.

⊗ 플레이어 메커닉

이 부분에서 플레이어가 사용할 수 있는 메커닉에는 어떤 것이 있는가? 플레이어가 모든 메커닉을 사용할 것이라고 예상하지 않더라도 사용할 수 있는 모든 섹션에 대해 나열해야 한다. 플레이어 메커닉을 나열하는 것은 플레이어가 무엇을 배웠고 무엇을 할 수 있는지 상기시키는 역할을 한다. 또한 게임에서 해당 부분에 대한 디자인 기회를 제안할 수도 있다.

색상 코딩이나 글자를 굵게 표시하여 새로운 메커닉이 도입되는 시기를 표시해야 한다. 새로운 메커닉을 별도의 열에 나열할 수도 있다. 게임에서 이 부분이 새로운 것을 도입하고 연습하는 데 시간을 할애해야 하는지 여부를 확인하는 데 매우 유용하다. 일부 게임에서는 게임 메커닉이 도입된 후 제거되는 경우가 있는데, 이 경우에도 여기에 표시할 수 있다.

게임이 오랜 시간에 걸쳐 멀티 플레이어 캐릭터의 이동이 진행되는 경우, 이 열에 어떤 플레이어 캐릭터를 사용 중인지 표시하거나 해당 정보를 별도의 열로 분리할 수 있다.

⊗ 만난 캐릭터(적 포함)

이 부분에서 플레이어는 어떤 캐릭터를 만나게 되는가? 적도 캐릭터라는 점을 기억해야 한다! 〈언차티드〉에서 그랬던 것처럼, 아군 또는 중립적인 NPC와 적을 두세 개의 열로 나누면 도움이 될 것이다.

⊗ 발견된 개체

이 부분에서는 어떤 물건을 찾을 수 있나? 잠금 해제할 수 있는 문? 열쇠와 스위치? 동전이 들어 있는 깨지기 쉬운 항아리? 탄력 있는 플랫폼? 신비한 두루마리? 음성 메시지를 재생하는 휴대폰? 퍼즐 아이템, 파워업, 무기, 갑옷, 물약, 장신구는 편지, 책, 오디오 녹음 등 내러티브가 전달되는 모든 물건과 함께 여기에 나열해야 한다.

⊗ 다른 필요한 에셋

여기서 에셋Asset이란 게임의 이 부분을 완성하는 데 필요한 비주얼 아트, 애니메이션, 오디오 및 햅틱(컨트롤러 진동) 디자인 요소를 의미한다. 에셋은 미적 가치만을 위해 존재하거나 배경에 있는 경우가 많다. 제작하는 데 시간이 조금이라도 소요되는 경우 여기에 나열하라.

⊗ 오디오 노트

게임 디자이너는 종종 게임의 사운드 디자인을 이른 시기에 생각하지 못하는데 이는 큰 실수이다. 우리는 처음부터 사운드 디자인에 대해 고민함으로써 최고의 게임을 만든다. 이 열을 포함시킨 것은 다음과 같은 오디오 요구 사항을 고려하도록 유도하기 위한 것이다. 게임을 매크로 수준에서 자세히 살펴볼 수 있다. 게임에 음악이 있는가, 아니면 주변 소리만 있는가? 사운드 효과 중 특별히 제작하기 어렵거나 시간이 많이 걸리는 것이 있나? 사운드트랙이 적응형인가? (게임 플레이의 이벤트에 따라 변경되나?)

여기에 음악 및 사운드 디자인 작업의 규모와 범위를 표시할 수 있는 충분한 노트를 작성하라. 사운드 디자이너나 작곡가와 함께 게임을 진행하는 과정을 사운드 또는 음악에 대한 '스팟팅Spotting'이라고 하므로 오디오 인재와 협업할 기회를 포착하고 매크로를 작성하는 데 도움이 되는 버티컬 슬라이스를 미리 파악하라.

⊗ 시각 효과 노트

마찬가지로 게임 디자이너는 게임에 포함할 시각 효과에 대해 충분히 일찍 생각하지 못하는 경우가 많다. 시각 효과는 제작에 많은 시간이 소요될 수 있으므로 게임 디자인 매크로에 게임의 각 부분에 대한 주요 시각 효과만이라도 나열해 두어야 한다.

플레이어 목표, 디자인 목표, 감정적 비트

나는 친구인 에이미 헤닉의 캐릭터 액션 게임 디자인 아이디어에 영향을 받아 게임 디자인의 계층적 특성을 생각해 볼 수 있도록 이러한 열 제목을 만들었다.

⊗ 플레이어 목표

게임을 플레이하는 사람은 게임이 알려 주는 내용, 하고 싶은 일, 게임 작동 방식에 대한 이해, 다른 유사한 게임에서 경험한 것 등을 바탕으로 게임 내에서 스스로 목표를 설정한다. 이러한 자기 목표 설정 과정을 미하이 칙센트미하이Mihaly Csikszentmihalyi는 《몰입Flow》[6]에서 "자기도취Autolelism"라고 설명하며, 이를 끈기, 호기심, 긍정성, 경험에 대한 개방성, 학습 의지와 연관시킨다.[7] (칙센트미하이는 운동

---

6 역주 국내에 번역 출간되었습니다. 《몰입 flow》(한울림, 2004).

7 Mihaly Csikszentmihalyi, 《Flow: The Psychology of Optimal Experience》, Harper Perennial Modern Classics, 2008, p.67.

선수, 외과의사, 게임 플레이어에게서 발견되는 고도로 집중된 정신 상태인 '몰입[Flow]'이라는 개념으로 게임 디자이너에게 잘 알려진 심리학자이다.)

간단히 말해, 게임의 각 부분에 대한 플레이어 목표는 컨트롤러를 잡은 플레이어가 (a) 하고 싶거나 (b) 해야 할 일이라고 생각하는 일이다. 인간 심리에 대한 이해와 함께 모든 창의적인 수단을 동원하여 플레이어가 스스로 설정할 목표를 최대한 예측해야 한다. 애자일의 사용자 스토리 또는 사용자 경험(UX) 디자인의 사용자 여정이라는 개념에 익숙하다면, 플레이어 목표는 이 두 가지를 모두 포괄하는 개념이다.

훌륭한 게임 디자이너는 플레이어가 처음 게임에 접근했을 때 무엇을 할 수 있는지, 어떻게 해야 하는지 전혀 모른다는 사실을 놓치지 않는다. 플레이어는 게임에서 제공하는 아주 희미한 정보에 기반해 몇 가지 선입견을 가지고 게임에 접근하여 성급하게 결론을 내릴 수 있다. 하지만 플레이어가 이 게임이 무엇을 담고 있고 어떻게 플레이할 수 있는지에 대한 이해를 형성하는 것은 디자이너의 몫이다. 플레이어는 컨트롤을 실험해 보고 게임 환경을 관찰하면서 곧 게임을 이해하기 시작한다.

애나 앤스로피[Anna Anthropy]와 나오미 클라크[Naomi Clark]는 그들의 저서 《게임 디자인 특강[Game Design Vocabulary]》[8]에서 〈슈퍼 마리오 브라더스〉의 '월드 1-1' 레벨에 대해 설명하면서 이에 대한 좋은 예를 제시한다. 이들은 좋은 게임 디자인이 게임의 메커닉과 요소를 단순히 플레이를 통해 가르칠 수 있는 방법에 대해 이야기하면서 다음과 같이 말한다.

> 1985년 출시된 〈슈퍼 마리오 브라더스〉는 튜토리얼이 필요 없었다. 이 게임은 플레이어가 게임을 플레이하고, 바꾸고, 다시 플레이하는 것을 지켜보면서 얻은 디자인, 전달력 있는 시각적 어휘, 플레이어 심리에 대한 이해를 바탕으로 플레이어가 게임의 기본을 이해할 수 있도록 안내했다. 첫 화면은 플레이어가 알아야 할 모든 것을 알려 준다. 마리오는 빈 화면의 왼쪽에서 오른쪽을 바라보며 시작한다. 떠다니며 빛나는 보상 물체와 느리지만 위협적인 몬스터(마리오와 반대 방향으로 걸어가도록 설정)는 플레이어가 점프할 동기를 부여해 준다.[9]

플레이어는 게임을 계속하면서 점점 더 많은 목표를 설정하고, 그 과정에서 새로운 것을 발견하고 기술을 배우게 된다. 레벨의 특정 장소로 이동하거나, 물건을 수집하거나, 문을 열기 위한 열쇠를 찾아야 한다고 결정할 수도 있다. 디자이너의 역할은 플레이어가 목표를 설정할 때 플레이어의 경험을 안내하는 것이다. '플레이어 목표'에 플레이어가 이 부분의 목표(또는 가능한 목표)로 이해했으면 하는

---

8 역주 국내에 번역 출간되었습니다. 《게임 디자인 특강》(에이콘출판사, 2015).

9 Anna Anthropy and Naomi Clark, 《A Game Design Vocabulary: Exploring the Foundational Principles Behind Good Game Design》, Addison-Wesley Professional, 2014, p.5.

내용을 작성한다. 플레이 테스트 중에 플레이어가 스스로 목표를 설정하거나 설정하지 않는 방식을 추적하고 그에 따라 디자인을 조정할 수 있다. (여기서 12장에서 설명한 디자이너 모델, 시스템 이미지, 사용자 모델을 떠올리는 것이 도움이 될 수 있다.)

게임 디자이너는 플레이어에게 명시적인 목표를 설정할 수 있다. 레벨이 시작될 때 말풍선으로 "타이머가 다 떨어지기 전에 별 100개를 모아 결승선에 도착하라!"라고 알려 줄 수 있다. 또는 플레이어가 진행하기 위해 무엇을 해야 하는지 스스로 해결하도록 할 수도 있다. 이 경우 플레이어가 게임의 목표를 이해하도록 유도하는 방법(그리고 그 정도)을 결정해야 한다.

디자인 목표

게임 디자이너는 단순히 플레이어가 목표를 설정하게 하는 것 외에도 게임의 일부분을 통해 다른 목표를 달성하고자 하는 경우가 많다. 플레이어에게 무언가를 가르치거나, 이미 배운 것을 연습할 기회를 주거나, 실력을 테스트하거나, 퍼즐을 풀게 하고 싶을 수 있다. 게임 스토리에 새로운 캐릭터를 도입하거나, 기존 캐릭터 간의 관계를 발전시키거나, 중요한 플롯 포인트가 되는 이벤트를 보여 주고 싶을 수도 있다. 더 복잡한 다른 목표가 있을 수도 있다.

게임의 각 부분에 대한 디자인 목표는 디자이너가 해당 부분에서 실질적으로 달성하고자 하는 목표이다. 예를 들어 플레이어를 '점프' 메커닉으로 안내할 수도 있고, 보스를 물리치기 위해 기존 능력을 사용하는 새로운 방법을 발견하게 하는 것처럼 복잡할 수도 있다. (〈젤다Zelda〉 게임에서 이런 방식을 많이 사용한다.)

때로는 플레이어의 목표와 게임 디자이너의 목표가 간단한 방식으로 일치하기도 한다. "타이머가 다 떨어지기 전에 레벨 끝까지 가서 별 100개를 모아서 재미있게 플레이하라!" 같은 단순한 목표일 때도 있다. 하지만 플레이어가 원하는 것과 디자이너가 원하는 것 사이의 인터랙션은 더 복잡할 때가 많으며, 잠시 후에 살펴보겠지만 디자이너에게 훌륭한 창의적 기회를 창출할 수 있다.

따라서 '디자인 목표'에 게임 디자이너가 이 부분에서 달성하고자 하는 목표를 작성한다. 플레이 테스트 중에 이 목표를 얼마나 잘 달성했는지 추적할 수 있다. 도입하고 싶었던 새로운 메커닉을 플레이어에게 가르쳤는가? 플레이어가 친근한 NPC에게 호감을 느끼도록 했나? 플레이어가 스스로 설정하기를 원하는 목표를 설정했는가?

감정적 비트

누군가가 게임의 한 부분을 플레이할 때, 그는 그 부분에 대한 주관적인 경험을 하게 된다. 프로젝트의 아이데이션이 끝날 때 게임의 전반적인 경험 목표를 어떻게 설정했는지 다시 생각해 봐야 한다. 7장에서는 생각, 기억, 상상력, 의지, 지각, 감정의 측면에서 경험에 대해 이야기했는데, 특히 감정에 중점을 두었다. 우리는 이제 게임의 각 부분에 수반되는 '감정적 비트'를 결정할 때 감정에 더욱 집중하려고 한다. 감정적 비트를 일련의 하위 경험 목표라고 생각하면 된다.

게임의 각 부분에는 플레이어가 게임을 플레이하는 동안 감정적, 지적 경험을 형성할 수 있는 기회가 있다. 일반적으로 감정에 집중하는 것이 가장 좋으므로 게임 디자인 매크로 차트의 이 열의 제목은 '감정적 비트'이다. 스토리 또는 내러티브 요소가 있는 게임의 경우, 플레이어가 게임을 진행하면서 느끼는 감정의 전개가 매우 중요하다. 게임의 매 순간마다 플레이어는 행복하거나 흥분하거나, 외롭거나 슬프거나, 로버트 플루치크 박사의 '감정의 수레바퀴(그림 7.2)'에 나오는 어떤 감정이든 느낄 수 있다.

(감정을 넘어 다른 유형의 경험에 대해 생각하는 것이 유용하다면 그렇게 하는 것도 괜찮다. 게임이 기억에 남는 방식으로 새로운 아이디어를 전달할 수도 있다. 게임의 실제 교육적 활용은 엄청나다. 플레이어에게 주황색에 대한 생생한 새로운 감상이나 ASMR 동영상을 통해 사람들이 느끼는 오싹함 등 순전히 지각적인 경험을 제공할 수도 있다. 비감정적인 유형의 경험에 초점을 맞추고 싶다면 '지각적 비트' 또는 '개념적 비트'와 같은 적절한 열을 추가하는 것이 좋다.)

일련의 감정적 경험을 계획하는 것은 모든 스토리텔러에게 핵심적인 기술이며, 점점 더 게임 디자이너에게도 중요해지고 있는 기술이다. 매튜 룬Matthew Luhn은 작가이자 전직 픽사 스토리텔러로, 〈언차티드 2〉를 제작하는 동안 너티독의 팀원들이 스토리텔링 능력을 향상하기 위해 그의 워크숍에 참석했다. 매튜는 저서 《픽사 스토리텔링The Best Story Wins》[10]에서 도파민을 생성하는 업비트와 옥시토신을 방출하는 다운비트의 대조적인 패턴이 어떻게 강력한 감정 효과를 창출할 수 있는지 설명한다. 그는 시작 5분 만에 많은 관객의 눈시울을 붉힌 픽사의 영화 〈업〉의 도입부를 예로 들었다. 매튜는 이 시퀀스가 감동을 주는 이유는 부분적으로는 행복하고 슬픈 순간이 빠르게 이어지는 패턴 때문이라고 말한다. "스토리에서 슬픈 순간과 행복한 순간을 나란히 배치하면 사람들의 마음과 정신에 놀이동산 놀이기구를 만들어 준다. 기복, 긴장감과 해방감으로 관객을 좌석에 앉아 있게 하는 스토리를 만들 수 있다."[11] 게임 플레이의 기복이 어떻게 플레이어를 훌륭한 게임의 흐름에 사로잡히게 하는지는 쉽게 알 수 있다.

---

10 역주 국내에 번역 출간되었습니다. 《픽사 스토리텔링》(현대지성, 2022).

11 Matthew Luhn, 《The Best Story Wins: How to Leverage Hollywood Storytelling in Business and Beyond》, Morgan James Publishing, 2018, p.xxv.

심리학 및 개인적인 경험에 따르면 가장 강력한 감정적 경험은 시간이 지남에 따라 형성된다. 오랜 친구, 부모님 또는 오랜 기간 함께한 파트너에 대해 느끼는 깊은 사랑과 이 중 한 사람을 잃었을 때 느낄 수 있는 깊은 슬픔을 생각해 보아라. 인생의 우연은 감정의 높낮이를 만들어 내지만, 훌륭한 영화나 게임이 끝날 때 느끼는 엄청난 감정적 보상은 우연히 일어나는 것이 아니라 영화 제작자나 디자이너가 한 비트 한 비트를 움직여 만들어 낸 것이다. 제시 셸Jesse Schell의 훌륭한 저서 《아트 오브 게임 디자인The Art of Game Design》[12]의 16장에서는 디자이너, 아티스트, 엔터테이너가 '흥미도 곡선Interest Curves'을 사용하여 매력적인 경험의 시퀀스를 계획하는 방법에 대해 설명한다.[13]

우리가 프로젝트 목표로 설정한 지속적인 감정적 경험은 대조되는 감정의 패턴으로 구성된다. 한 가지 감정에 대한 이야기를 전달하려면 여러 가지 감정을 사용해야 한다는 점을 사람들이 종종 간과한다. 슬픈 이야기라고 해서 모두 슬플 수는 없다. 그 과정에서 행복을 경험하지 않으면 슬픔을 깊이 있게 느끼지 못하기 때문이다.

따라서 게임 디자인 매크로에서 '감정적 비트' 열은 디자이너가 게임에서 플레이어가 해당 시점에 어떤 감정을 느끼기를 원하는지 설명한다. 게임 디자이너는 감정을 형성하는 데 많은 기법을 사용한다. 그중 가장 강력한 기법 중 하나는 사운드 디자인(음악 작곡 포함)이지만 게임 작문, 컬러 팔레트, 시각적 위치, 조명, 캐릭터 디자인, 그리고 게임 메커닉도 모두 플레이어의 감정을 형성하는 데 중요한 역할을 한다.

물론 우리가 모든 사람의 감정을 완벽하고 예측 가능하게 형성할 수 있다고 생각하는 것은 잘못된 생각이다. 우리 각자는 개인적인 방식으로 예술 작품에 감정적으로 반응한다. 예술가가 형성하는 감정을 둘러싼 가능성과 모호함은 예술을 위대하게 만드는 요소 중 하나이다. 이것이 뛰어난 예술 작품을 접할 때마다 신선하고 새롭게 느껴지는 이유이며, 시간이 지남에 따라 예술 작품에 대해 다양한 감정적 반응을 보일 수 있는 이유이기도 하다.

게임 디자인 매크로 차트에서 게임의 각 감정적 비트를 명확하게 표현하면 디자이너가 더 나은, 그리고 더 감정적으로 영향력 있는 게임을 만드는 데 도움이 된다. 또한 게임 플레이와 내러티브의 렌즈를 통해 바라본 플레이어의 주관적인 관점에서 게임의 구조를 생각하게 함으로써 매크로 수준의 기획에도 도움이 된다.

---

12 역주 국내에 번역 출간되었습니다. 《The art of game design》(홍릉과학출판사, 2022).

13 Jesse Schell, 《The Art of Game Design: A Book of Lenses, 3rd ed》, CRC Press, 2019, p.297.

플레이어 목표, 디자인 목표, 감정적 비트의 관계 예시

(a) 플레이어가 스스로 인식하거나 설정하는 목표, (b) 게임 디자이너가 게임의 일부에 대해 갖는 목표, (c) 게임이 플레이어에게 만들어 내는 감정적 경험 사이의 복잡한 관계는 게임 디자인 예술의 핵심 부분이다. 플레이어 목표, 디자인 목표, 감정적 비트 사이의 관계를 보여 주는 예를 살펴보겠다.

〈언차티드 2: 황금도와 사라진 함대〉의 도입부에서 주인공 네이선 드레이크는 얼어붙은 히말라야 산맥의 절벽 가장자리에 매달려 있는 난파된 열차 칸에서 깨어나게 된다. 플레이어는 짧은 시네마틱을 통해 드레이크를 소개받고, 그가 부상을 입은 것을 보게 된다. 고통에 휩싸인 그의 얼굴이 클로즈업되어 플레이어의 동정심을 불러일으키기에 충분하다.

잠시 후 드레이크는 자리에서 굴러떨어져 수직으로 매달린 기차 칸에서 100피트 아래로 떨어지고, 뒤틀린 난간을 간신히 붙잡고 고통스럽게 튕겨져 나와 기차 바닥에 매달려 있다. 이제 플레이어가 드레이크의 처지를 이해했으니 이 난감한 상황에서 벗어날 수 있도록 도와주었으면 좋겠다. 이렇게 하면 자연스럽게 **플레이어 목표**가 설정된다. 플레이어는 드레이크가 내려갈 길이 없다는 것을 명확하게 알 수 있다. 드레이크가 떨어질 수도 있는 아래쪽은 너무 깊기 때문이다. 탈출할 수 있는 유일한 방법은 위로 올라가는 것뿐이다.

전부는 아니지만 많은 비디오 게임 플레이어가 컨트롤러의 왼쪽 엄지 스틱을 자연스럽게 꺾으면서 드레이크가 움직이기 시작한다. 난간의 디자인은 그가 왼쪽으로만 움직일 수 있음을 암시하며, 그렇게 할 때 그는 모퉁이를 돌아 움직인다. 이제 플레이어는 시각적 디자인을 통해 드레이크가 위로 올라갈 수 있음을 다시 한번 확인할 수 있다. 플레이어는 스스로 설정한 목표를 달성하기 시작한다.

물론 **디자인 목표** 중 하나는 플레이어가 드레이크를 안전하게 구출하는 것이었다. 하지만 더 큰 디자인 목표는 플레이어에게 게임의 핵심 메커닉을 가르치는 것이었다. 플레이어가 드레이크를 도와 폐허가 된 기차 칸을 올라가는 과정에서 화면의 안내에 따라 기차 칸 위로, 주변으로, 기차 칸을 통과하는 일련의 동작을 신중하게 진행하면서 드레이크의 다양한 등반, 점프, 휘두르기 능력을 활성화하는 새로운 버튼 누르는 과정을 소개한다. 플레이어는 게임의 나머지 부분에서 이러한 능력을 사용하게 되며, 이것이 플레이어가 이러한 것들을 처음으로 배우게 되는 과정이라 볼 수 있다.

즉 우리의 디자인 목표는 플레이어에게 튜토리얼을 제공하는 것이다. 많은 비디오 게임이 튜토리얼 레벨로 시작하는데, 여기서 무슨 큰 문제가 있는지 궁금할 수 있다. 이 시퀀스의 기교는 이 부분의 **감정적 비트**와 함께 제공된다. 드레이크가 등반하는 동안 파편 덩어리가 그의 앞을 지나가고, 매달려 있는 동안 기차 좌석이 흔들리고, 매달려 있던 파이프가 예상치 못한 방향으로 흔들리는 등 예상치 못한 재앙에 가까운 일들이 일어난다. 이 모든 것이 놀라움, 두려움, 흥분을 불러일으키고, 플레이어의 긴장감을 고조시키며 업과 다운의 패턴으로 이어진다. 이성적인 머릿속으로는 주인공이 해낼 수 있다는 것을 알더라도 장면을 극적으로 연출함으로써 감정적인 머릿속은 이를 의심하도록 속일 수 있으며, 우리 마음 한 구석에서는 다음에 무슨 일이 일어날지 궁금해진다. 이것이 바로 스토리텔링이 작동하는 방식이다.

'드레이크를 안전하게 데려가자.'라는 플레이어 목표와 '플레이어에게 게임의 핵심 횡단 메커닉을 가르치자.'라는 디자인 목표, 그리고 '놀라움과 공포'라는 감정적 비트를 결합하여 플레이어가 학습하고 있다는 걸 느끼지 못한 채 게임에 빠져들게 하고 무언가를 배울 수 있는 튜토리얼 레벨을 만들었다.

〈언차티드 2〉를 시작할 때 플레이어는 보통 자신이 흥미진진한 모험의 한가운데로 뛰어들었다고 생각한다. 디자이너가 방금 무엇을 가르쳤는지, 그 지식을 게임 후반부에 어떻게 사용할지 생각하지 않을 수 있다. 디자이너는 플레이어가 게임을 실제로 시작하기 전에 튜토리얼 시퀀스를 지나치게 많이 진행하여 플레이어를 소외시킬 위험을 감수해서는 안 된다.

모든 게임에는 새로운 플레이어를 우아하고 재미있게 가르칠 수 있는 이런 기회가 있으며, 게임 전체에 걸쳐 멋진 순간을 만들 수 있는 확장된 가능성은 무궁무진하다. 게임의 각 부분에 대한 이해와 계획을 플레이어 목표, 디자인 목표, 감정적 비트를 고려하여 세분화하면 게임에서 무엇을 하려는지 더 깊이 이해할 수 있고, 독특한 게임 플레이와 스토리텔링 경험을 만드는 기발하고 새로운 방법을 고안할 수 있다.

게임 디자인 매크로의 장점

긴 게임 디자인 문서 대신 게임 디자인 매크로를 작성하면 크게 두 가지 이점이 있다. 첫 번째는 게임 디자인 아이디어를 전달할 수 있다는 점이고, 두 번째는 프로젝트의 풀 프로덕션 단계 스케줄을 수립하는 데 도움이 된다는 점이다.

커뮤니케이션으로서의 게임 디자인 매크로

내가 입사 초기에 작성해야 했던 수백 페이지 분량의 문서는 팀원들에게 환영받지 못하고 책상 위에 먼지만 쌓인 채 읽히지 않았다. 하지만 내가 작성한 게임 디자인 매크로는 팀원 대부분이 항상 기대하며 그 안에 담긴 정보를 꼼꼼히 살펴보곤 했다. 왜 이런 큰 차이가 있을까?

게임 디자인 매크로는 가독성이 뛰어나다. 읽기 쉬운 짧은 텍스트 섹션으로 잘 작성되고 명확하게 배치된 매크로는 최상위 수준의 세부 정보를 한눈에 파악할 수 있고, 한 번 더 보면 핵심 정보가 눈에 띄며, 자세히 읽으면 중요한 세부 정보를 쉽게 찾을 수 있다.

매크로 차트에서 셀을 색상으로 구분하고, 특정 키워드를 굵은 글씨 및 기울임꼴로 표시하고, 열 너비를 신중하게 조정하고, 스프레드시트의 맨 위 행을 고정(화면 상단에서 스크롤되지 않도록)하는 등의 정보 디자인 기법을 사용하면 매크로를 읽기 쉽게 만들 수 있다.

인솜니악 게임즈의 디렉터이자 디자이너인 브라이언 올게이어가 저서 《비디오 게임 연출》에서 설명한 것과 같은 플로차트를 사용하면 매크로를 더욱 명확하고 읽기 쉽게 만들 수 있다.[14] 브라이언은 "구조 제공하기: 매크로 문서로 프로젝트를 순조롭게 진행하는 방법"이라는 제목의 블로그 게시물에서 매크로 문서로 프로젝트를 순조롭게 진행하는 방법을 설명하면서 〈라쳇 앤 클랭크 퓨처: 시간의 균열Ratchet & Clank Future: A Crack in Time〉의 디자인 사례를 통해 스프레드시트 기반 게임 디자인 매크로 차트를 보완하는 기법을 설명한다. 콘셉트 아트와 스크린샷을 사용하여 '비주얼 매크로'를 개발하는 방법과 앞서 언급했듯이 매크로를 사용하여 "경험 전반의 색상 팔레트, 분위기, 감정을 매핑하는 데 사용되는 이미지"인 컬러 스크립트를 만드는 방법을 보여 준다.[15]

매크로의 게임 디자인 개요 부분은 선임 프로듀서, 스튜디오 경영진, 퍼블리셔 및 기타 재정 후원자와 같은 이해관계자에게 프로젝트를 소개할 때 매우 유용하다. 또한 내부적으로 개발 팀에게 프로젝트를 프레젠테이션할 때도 유용하다.

매크로의 스프레드시트 기반 매크로 차트 부분은 자신이 만들 게임의 구조와 콘텐츠에 대해 알고 싶어 하는 게임 개발 팀에게 특히 유용하다. 게임에는 어떤 캐릭터가 등장하는가? 게임은 어떤 위치에서 진행되는가? 게임에는 어떤 종류의 게임 플레이가 포함되며 스토리는 어떻게 전개되는가? 최대 수백 명으로 구성된 대규모 개발 팀에서는 이러한 정보를 필요한 모든 사람에게 전달하기가 어려울 수 있지만, 게임 디자인 매크로 차트를 사용하면 단 20분만 읽어도 이러한 중요한 질문에 대한 답을 얻을 수 있다.

게임 디자인 정보를 매크로 형식으로 제시하면 콘텐츠뿐만 아니라 게임의 계획된 시퀀스를 더 쉽게 이해할 수 있다.

---

14 Brian Allgeier, 《Directing Video Games: 101 Tips for Creative Leaders》, Illusion Road, 2017, p.33.

15 Brian Allgeier, "Provide Structure: How Macro Documents Keep a Project on Course", Directing Video Games, 2017. 08. 10., http://www.directingvideogames.com/2017/08/01/provide-structure.

마크 서니의 말처럼 매크로 차트를 사용하면 더 쉽게 확인할 수 있다.

> 특정 유형의 모든 게임 플레이가 마지막이나 시작 부분에 묶여 있는가? 능력과 동작이 원활하게 도입되고 소개되고 있는가? 레벨 진입 장벽이 적절하게 작용하는가?[16]

게임 디자인 매크로는 게임 디자인 아이디어를 전달하는 데 큰 힘을 발휘한다. 처음에는 프리 프로덕션 단계에서 게임 디자인을 반복적으로 수정하면서 전반적인 게임 디자인에 대한 피드백을 요청하는 데 사용할 수 있다. 나중에 프리 프로덕션이 끝나고 게임 디자인이 확정되면 매크로를 사용하여 우리가 내린 디자인 결정을 전달할 수 있다. 잠시 후에 이 아이디어에 대해 다시 설명하겠다.

✖ 스케줄링 보조 도구로서의 게임 디자인 매크로

프로젝트의 프리 프로덕션 단계는 자유 형식의 시간으로, 일률적으로 스케줄을 잡을 수 없다. 하지만 모든 작업을 제시간에 완료하려면 프로젝트의 풀 프로덕션 단계에 대한 스케줄이 필요하다. 게임 디자인 매크로는 프리 프로덕션 단계에서 얻은 경험과 함께 이러한 스케줄을 세우는 데 훌륭한 출발점이 된다. 이것은 매크로 목록이므로 수많은 작은 에셋을 일일이 나열하는 데 시간을 낭비하지 않고도 충분한 세부 사항을 담은 스케줄을 찾을 수 있어야 한다.

프리 프로덕션 과정에서 매크로를 작성하는 동안 버티컬 슬라이스를 구축하고, 무언가를 만들고, 완료되었다고 할 수 있을 만큼 충분히 좋아질 때까지 반복하는 데 시간을 소비한다. 11장에서 설명했듯이, 이는 우리 팀이 무언가를 만드는 데 걸리는 시간과 만족할 만한 수준의 품질에 도달하는 데 걸리는 반복 주기에 대한 정보를 수집할 수 있다는 것을 의미한다. 프리 프로덕션 중 시간을 추적하여 이러한 정보를 수집하면 풀 프로덕션 스케줄을 수립하는 데 도움이 된다. 19장에서는 '스케줄링' 기법에 대해 자세히 설명하겠다.

게임 디자인 매크로의 정석

게임 디자인 매크로는 프리 프로덕션이 끝날 때 전달되며, 프로젝트 규모와 콘텐츠 및 구조 상한선에 대한 게임 팀의 크리에이티브 리더십의 최종적인 약속을 나타낸다. 프리 프로덕션이 끝난 후에는 게임 디자인 매크로에 중요한 기능이나 콘텐츠를 추가해서는 안 된다. 추가하려면 다른 부분을 제거해야만 한다.

---

16 Mark Cerny, "D.I.C.E. Summit 2002", https://www.youtube.com/watch?v=QOAW9ioWAvE, 32:53.

즉, 게임 디자인 매크로는 개발자가 새로운 아이디어에 흥분하여 풀 프로덕션 과정에서 그것을 게임 디자인에 추가하는 오래된 게임 개발 문제인 '스코프 크립Scope Creep'을 방지할 수 있는 훌륭한 방법이다. '피처 크립Feature Creep'으로 알려진 스코프 크립 유형은 프로젝트를 통제할 수 없는 방식으로 확장하여 때때로 프로젝트를 완료하지 못하게 만들 수 있다. 피처 크립에 대해서는 28장에서 다시 살펴보겠다.

풀 프로덕션 과정에서 디자인을 변경할 수 없다는 말은 아니다. 풀 프로덕션 과정에서 유연하게 사고할 수 있는 방법은 나중에 살펴볼 것이다. 하지만 게임 디자인이라는 큰 틀을 진지하게 받아들이고, 그 틀이 정해져 있다는 사실을 상기함으로써 프로젝트를 통제할 수 있는 중요한 발걸음을 내딛게 된다. 프리 프로덕션이 끝나고 나면 항상 새로운 아이디어가 떠오르지만, 디자인이 크게 실패하지 않는 한 현재 가지고 있는 것을 고수하는 가운데 멋진 디자인을 만들기 위해 노력해야 한다. 새로운 아이디어는 다음 프로젝트를 위해 남겨 둘 수 있다.

또한 매크로는 매크로적인 방식으로만 디자인을 지정하기 때문에 '마이크로' 디자인을 하는 개발자가 창의력을 발휘할 수 있는 여지 역시 여전히 많다. 물론 매크로의 제약이 있긴 하지만, 훌륭한 디자이너라면 누구나 알다시피 제약은 창의성을 막는 것이 아니라 오히려 창의성을 자극한다. 마크 서니는 이렇게 말한 바 있다.

> 프리 프로덕션이 아무리 훌륭했더라도 프로덕션에서는 여전히 배울 점이 있다. 특정 기술, 카메라, 게임 플레이는 다른 기술보다 더 잘 작동할 수 있다. 따라서 매크로 디자인을 위반하지 않는 한, 경험의 연속성이나 일관성을 깨뜨리지 않을 것이라는 확신을 가지고 프로덕션 과정에서 게임의 최신 기술을 발전시킬 수 있다.[17]

프리 프로덕션이 끝난 후에는 아주 특별한 상황을 제외하고는 매크로에 아무것도 추가해서는 안 되지만, 스케줄에 큰 영향을 주지 않아야 하므로 항목을 제거하거나 이동할 수 있다. 게임 요소의 순서를 변경하는 것만으로도 게임 디자인 문제에 대한 창의적인 해결책을 찾거나 스토리를 개선할 방법을 찾을 수 있다. 메디아 레스In Medias Res로 구성된 〈언차티드 2: 황금도와 사라진 함대〉 오프닝 장면에 등장하는 열차 사고 시퀀스는 게임 이벤트의 중간에 시간순으로 진행되지만, 프리 프로덕션이 끝난 후에야 게임 디자인 매크로 차트의 시작 부분으로 이동했다.[18]

---

17 Mark Cerny, "D.I.C.E. Summit 2002", https://www.youtube.com/watch?v=QOAW9ioWAvE, 35:55.

18 메디아 레스(in medias res, 고전 라틴어로 사물의 한가운데라는 뜻)란 서사적인 작품의 전반부는 플롯의 한가운데에서 시작된다는 뜻이다. (중략) 이러한 노출 방식은 대화, 회상 또는 과거 사건에 대한 설명을 통해 우회적이고 점진적으로 채워지게 된다., "In Medias Res", Wikipedia, https://en.wikipedia.org/wiki/In_medias_res.

게임 디자인 매크로는 게임 디자인 바이블인가?

게임 개발자가 '게임 디자인 바이블'에 대해 이야기하는 것을 가끔 듣게 되는데, 그들이 한 말을 여러분이 잘 이해했는지 주의해서 확인해야 한다. 구식이고 너무 방대해서 유용하지 않은 게임 디자인 문서에 대해 이야기하고 있을 수 있다. 아니면 게임 디자인 개요 또는 매크로 차트를 포함한 두 부분으로 구성된 매크로 전체를 언급하는 것일 수도 있다.

또한 게임 디자인 매크로를 영화, 텔레비전, 만화책, 소설의 세계에서 사용되는 '작가 가이드' 또는 '스토리 바이블'과 혼동하지 않도록 주의하라. 이는 방대한 가상의 세계관의 정설, 전설, 톤을 설명하는 대규모 세계관 구축 문서이다. 진 로든베리Gene Roddenberry가 시리즈 제작을 준비하면서 작성한 "스타트렉: 차세대 작가/감독 가이드"가 유명한 예이다.[19]

스토리 바이블은 지적 재산권 프랜차이즈 기획에 필수적이며 스토리, 캐릭터, 월드를 요약한다는 점에서 게임 디자인 개요와 공통점이 있지만, 그 규모와 범위가 단일 게임 프로젝트를 기획하는 데 사용되는 집중적인 디자인 매크로와는 상당히 다르다. 즉, 새로운 대형 엔터테인먼트 프랜차이즈 제작의 일부인 게임을 개발하는 경우라면 당연히 여러분과 동료들은 계획 중인 새로운 세계에 대한 스토리 바이블을 만들어야 한다.

게임에 대한 포괄적인 계획을 수립해야 하는 방대한 작업 때문에 지금 당장은 겁이 날 수도 있다. 다음 장에서는 게임 디자인 매크로 차트 작성을 시작하는 데 사용할 수 있는 몇 가지 쉽고 실용적인 기법을 살펴보겠다.

19 Gene Roddenberry, "Star Trek: The Next Generation Writers'/Directors' Guide", 1987. 09. 08., https://www.roddenberry.com/media/vault/TNG-WritersDirectorsGuide.pdf.

A Playful Production Process

재미있는 게임 제작 프로세스

18장
게임 디자인 매크로 차트 작성

이전 장에서는 게임 디자인 매크로의 스프레드시트 부분인 게임 디자인 매크로 차트에 들어가는 항목에 대해 설명했다. 어쩌면 앞장의 내용을 읽고 막막함을 느꼈을 수도 있다. 게임을 위한 이 거대하고 매크로적인 계획을 어떻게 시작해야 할까? 어디서부터 시작해야 할까?

걱정할 필요는 없다. 먼저 에이미 헤닉이 너티독에서 개발한 기법에 대해 설명한 다음, 아이데이션에서 수행한 작업으로 다시 연결해 줄 것이다. 그러면 곧 게임 디자인 매크로 차트의 뼈대가 드러나기 시작할 것이다.

에이미와 우리 공동 작업자 그룹이 〈언차티드 2〉와 〈언차티드 3〉의 길고 복잡한 게임 디자인 매크로를 조립하는 과정은 소박한 인덱스 카드 뭉치에서 시작되었다. 에이미는 장소, 캐릭터, 게임 플레이 세트피스, 스토리 비트에 대한 아이디어 목록을 보고 색인 카드에 각 아이디어를 적고, 명확하게 구분하기 위해 분홍색 카드는 장소, 파란색 카드는 이벤트 등으로 색을 구분했다.

우리는 책상 위에 카드를 펼쳐 놓고 섞기 시작했고, 무너지는 다리 시퀀스와 히말라야 수도원, 부패한 언론인과 전쟁으로 폐허가 된 도시 등 좋은 조합을 찾기 시작했다. 얼마 지나지 않아 특별히 잘 어울릴 것 같은 아이디어가 떠올랐고, 우리는 이를 에이미의 사무실에 있는 코르크 보드에 붙여 놓았다(그림 18.1 참조). 점차 게임의 시퀀스들이 모이기 시작했고, 충분한 생각과 토론을 거쳐 매크로의 전체 행위가 등장했다.

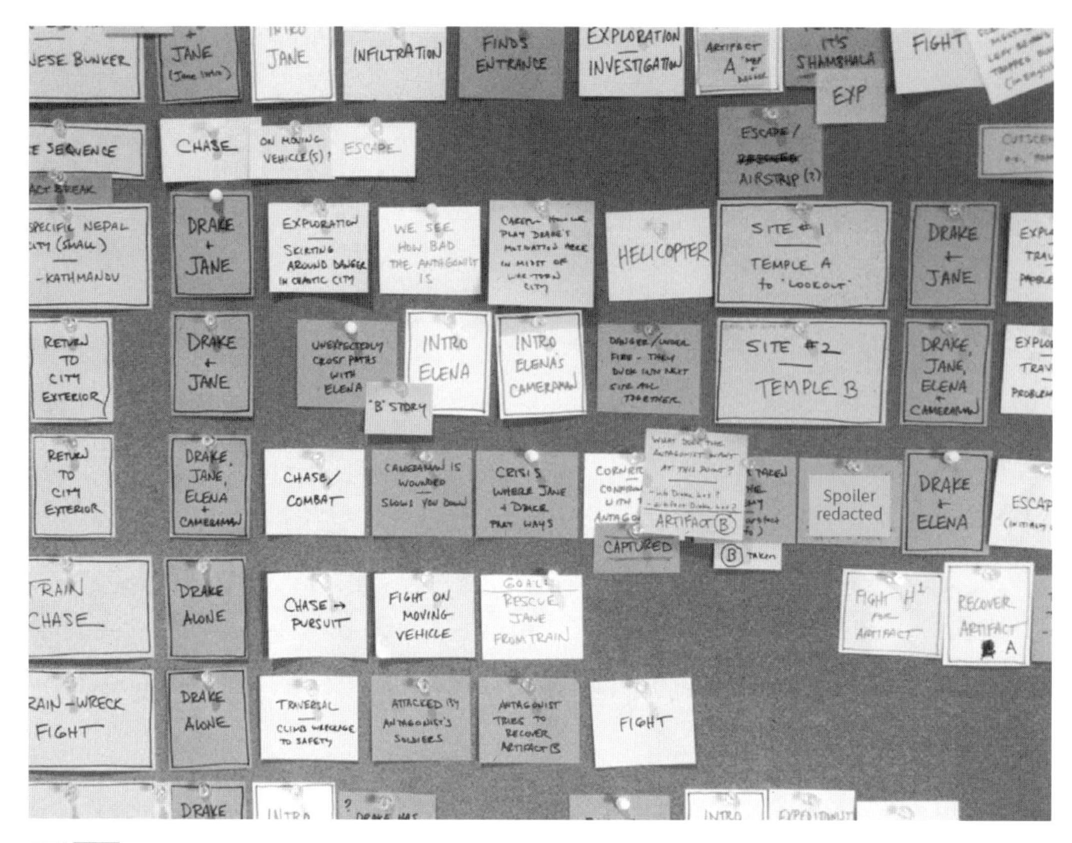

그림 18.1

〈언차티드 2: 황금도와 사라진 함대〉 게임 디자인 매크로 차트로 이어진 코르크 보드 인덱스 카드 기획. 클로에 프레이저는 이 개발 단계에서 "제인"으로 불렸다.

이미지 크레딧: ©2009 SIE LLC/〈언차티드 2: 황금도와 사라진 함대〉™. 제작 및 개발: 너티독 LLC.

아이디어를 정리하고 재배치하는 이 유쾌하고 촉각적인 방법과 에이미와 팀의 게임 디자인 및 스토리텔링에 대한 지식이 결합되어 결국 전체 게임의 계획을 세울 수 있었다. 자신 있는 시퀀스가 코르크 보드에 떠오르자마자 매크로 차트 스프레드시트에 기록했다. 결국 게임 디자인 매크로 차트(그림 18.2 참조)가 완성되었고, 이해관계자에게 전달할 준비가 되었다.

먼저 너티독의 분야별 리더와 팀원들에게 이 계획을 보여 주고 피드백을 받았다. 이 사람들은 과정에 아이디어를 제공했고 이 원대한 계획을 실행에 옮길 사람들이었기 때문에 그들의 의견을 듣는 것이 중요했다. 그런 다음 몇 가지 수정을 거친 후 '프리 프로덕션 종료' 마일스톤 리뷰 과정의 일환으로 이를 소니 인터랙티브 엔터테인먼트(너티독의 모회사)의 프로듀서 및 총괄 프로듀서에게 보냈다.

UNCHARTED 2 Macro Design

LEVELS	LOOK DESCRIPTION	TIME OF DAY/ MOOD	ALLY-NPC	ENEMY MODELS	MACRO GAMEPLAY	MACRO FLOW	GAMEPLAY THE ME (FOCUS)	NON-PLAYABLE VEHICLES	CINEMATIC GAMEPLAY SEQUENCES	Vistas
Train Wreck										
Train-wreck-1	Train Wreckage, Dangling cars	Snowy, Transitioning to White out	Bloodied Warm-weather Drake		Stay alive - injured	Highly scripted moments of Injured Drake traversing injured through wreckage.	Highly scripted - traversal L1 + R1 Lock sequence		Exploding Tanker - Washing machine sequence	x
Museum										
Museum-1	Istanbul, Turkey Museum	Night	Drake-1 Flynn-1 Chloe-1 (cut Only)	Museum Guards	Infiltrate - Stealth - Co - op	Co-op w/Flynn to infiltrate the museum. Helping him steal/decipher an artifact there	Train Traversal L1 + R1Tranquilizer guns Intro Stealth Attacks Cover as Stealth			x
Museum-2	Roman Sewers Below the Museum	Night	Flynn-1	Museum Guards	Escape	Flynn dicks you over, Run from the authorities through an ancient sewernetwork. Flynnprevents you from escaping - BUSTED!				
Dig										
Dig-1	Lush, Wet Jungle/Swamp Lazaravic's dig & campsite structures	Dawn - misty (rainy)	Chloe-2 Sully	Laz Diggers Laz Army HOT Lazaravic Flynn-2	Sabotage - Infilitrate - Fight	Enter Laz dig sight w/Chloe & Sully on radio. Start causing trouble for guards & workers	Train Traversal Train Shooting Introduce Stealth Attacks Cover as Stealth Forced Melee			x
Dig-2	Lush, Wet Jungle/Swamp Lazaravic's dig & campsite structures	Dawn - misty (rainy)	Chloe-2 Sully	Laz Diggers Laz Army HOT Lazaravic Flynn-2	Sabotage - Infilitrate - Fight	Explosions - Chaos distracts pulls Laz away from "treasure" - Gives Drake clue to find Dagger	Forced Melee Basic Gunplay IntroTraversal Gunplay Grenades			
Dig-3	Follow a stream up a mountainside.	Dawn - misty (rainy)	Chloe-2 Sully	Laz Diggers Laz Army HOT Lazaravic-1 Flynn-2 MP'sDeadCrew	Sabotage - Infilitrate - Fight	Get to higher ground after scoping Laz's tent - towards mountain in wide world. Stumble onto a temple				
Warzone										
war-1-market	Nepalese city broken & burning	High Noon -War-torn & smokey		Laz Army HOT Freedom Fighters	Explore Traverse Minor Gunfights	Basic Gunplay Traversal Gunplay	Basic Gunplay Traversal Gunplay	Helicopter		x
war-2-streets	Nepalese city broken & burning	High Noon - War-torn & smokey	Chloe-2	Laz Army HOT Freedom Fighters	Explore Traverse Minor Gunfights	Basic Gunplay Traversal Gunplay	Basic Gunplay Traversal Gunplay	Helicopter		x
war-3-inside war-4-highrise	Nepalese city broken & burning	High Noon - War-torn & smokey	Chloe-2	Laz Army HOT Freedom Fighters	Explore Traverse Minor Gunfights	Basic Gunplay Traversal Gunplay Get to higher ground (hotel)	Basic Gunplay Traversal Gunplay	Helicopter		x
city	Nepalese city broken & burning	High Noon - War-torn & smokey	Chloe-2	Laz Army HOT Freedom Fighters	Explore Traverse Minor Gunfights	Skirt close to Laz Army	Basic Gunplay Traversal Gunplay	Helicopter		x
city-2	New area unlocked of City	High Noon - War-torn & smokey	Chloe Elena-1 Cameraman	Laz Army HOT Freedom Fighters	Traverse Major Fight	Basic Gunplay Traversal Gunplay	Basic Gunplay Traversal Gunplay	Helicopter		
temple	Temple complex built in the middle of the city	mysterious	Chloe Elena-1 Cameraman	Laz Army HOT Freedom Fighters Dead Expeditions	Explore Problem Solve Escape	Portable Objectsuse for fending off bugs w/Fire Water Currents	Portable Object suse for fending off bugs w/Fire Water Currents		Collapsing statue	
city third pass	City + Train Yard	high tension	Elena-1	Laz Army HOT Freedom Fighters	Escape/Fight Chase					

PLAYER MECHANICS

LEVELS	Free Climb/Dyno	Wall Jump	Free Ropes	Pendulum	Monkey Bars	Monkey Swing	Balance Beams	Carry Objects Heavy	Carry Objects Light	Traversal Gunplay v.1	Forced Melee	Puzzle	Stealth	Swim	Moving Objects	Push Objects	Bino culars
Train-wreck-1	x																
Museum-1	x			x	x	x	x			x	x		x		x		
Museum-2	x									x	x		x		x		
Dig-1	x									x	x		x	x			x
Dig-2	x				x	x	x		x	x			x	x	x		
Dig-3																	
war-1-market	x	x			x	x	x			x			x				x
war-2-streets	x	x			x	x	x			x			x				x
war-3-inside war-4-highrise	x	x			x	x	x			x			x				x
city	x	x			x	x	x			x			x				x
city-2	x	x					x			x			x				
temple	x	x		x	x	x	x	x	x			x		x	x		
city third pass		x					x			x							

WEAPONS

LEVELS	Tranq-gun	Pistol-semi-a	Pistol-semi-b	Pistol-full-a	Pistol-revolver-a	Pistol-revolver-b	SMG-a	SMG-b	Assault-Rifle-a	Assault-Rifle-b	Shotgun 1	Shotgun 2	Sniper-Rifle	Cross bow	Grenades	RPG	Rocket Launcher	Turret 1	Pillbox Turret	Mobile Turret
Train-wreck-1																				
Museum-1	x																			
Museum-2	x																			
Dig-1	x	x																		
Dig-2		x							x						x					
Dig-3		x							x						x					
war-1-market		x							x						x					
war-2-streets		x							x						x					
war-3-inside war-4-highrise		x							x						x					
city		x							x						x					
city-2		x							x		x				x	x	x			
temple		x							x		x				x					
city third pass		x							x		x				x					

ENEMIES

LEVELS	Museum Guards	Light	Medium	Armored	Shotgunner	Sniper	Shield	RPG	Heavy	SLA Easy	SLA Hard
Train-wreck-1											
Museum-1	x										
Museum-2	x										
Dig-1		x									
Dig-2		x									
Dig-3		x									
war-1-market		x									
war-2-streets		x					x				
war-3-inside war-4-highrise		x									
city		x									
city-2		x	x								
temple		x	x								
city third pass		x	x								

그림 18.2

<언차티드 2: 황금도와 사라진 함대> 게임 디자인 매크로 차트의 일부(**부록 C** 참조).

이미지 크레딧: ©2009 SIE LLC/<언차티드 2: 황금도와 사라진 함대>TM. 제작 및 개발: 너티독 LLC.

이 인덱스 카드 방법을 사용하거나 디지털 문서에 비슷한 작업을 할 수 있다. 아이데이션 단계에서 스프레드시트에 작성했던 아이디어 목록을 기억하는가? 이 목록은 게임 디자인 매크로를 구성할 때 시작하기에 적합한 곳이다. 위치, 게임 플레이, 스토리 이벤트, 캐릭터에 대한 아이디어를 복사하여 붙여 넣고, 잘 어울리는 조합을 찾아 조합해 보라. 곧 게임 디자인 매크로 차트의 행에 아이디어를 조합할 수 있게 될 것이다.

매크로 차트의 세분성

매크로 차트의 세분성은 차트의 세부 수준을 나타낸다. 모든 게임 디자이너는 매크로 차트의 세분성을 결정해야 하며, 충분히 상세하지만 너무 상세하지 않도록 해야 한다.

짧은 게임일수록 더 자세한 매크로 차트를 사용할 수 있으며, 긴 게임일수록 더 낮은 수준의 세부 정보가 필요하다. 매크로 차트에 정확히 어떤 수준의 세부 정보를 사용할지는 여러분에게 달려 있지만, 나중에 변경될 수 있는 세부 정보에 얽매일 필요는 없다.

예를 들어, 〈언차티드 2〉와 〈언차티드 3〉의 매크로 차트에서 각 행은 약 10~15분의 게임 플레이를 반복한다. 이와 대조적으로, 내 수업에서는 학생들이 10분짜리 게임을 만들고 있다면 매크로 차트의 각 행은 약 30초에서 1분 정도의 게임 플레이를 나타낸다. 학생들이 더 크고 긴 게임을 디자인할 때보다 조금 더 세밀하게 계획을 세울 수 있는 유용한 디자인 연습이다.

매크로 차트를 작성할 때 사용할 수 있는 좋은 경험 법칙은 스프레드시트의 같은 행에 너무 많은 이벤트를 쌓아 두지 않는 것이다. 매크로에서 개별 이벤트를 가능한 한 별도의 행으로 분리하라. 특정 셀에 짧은 단락을 작성했다면 해당 행을 두 개 이상의 행으로 나눠야 한다는 신호일 수 있다.

매크로 차트를 간결하게 유지하기 위해 최선을 다해야 한다. 브라이언 올게이어는 이렇게 조언한다. "매크로 디자인은 높은 수준을 유지하고 스토리 스크립트나 디자인 문서와 같은 지원 문서에 더 자세한 정보를 남겨 두어야 한다. 팀원들이 쉽게 참조하고 게임 요소가 어떻게 구성되어 있는지 빠르게 이해할 수 있어야 한다."[1]

---

1 Brian Allgeier, "Provide Structure: How Macro Documents Keep a Project on Course", Directing Video Games, 2017. 08. 10., http://www.directingvideogames.com/2017/08/01/provide-structure.

게임 디자인 매크로 차트 시퀀싱하기

게임 디자인 매크로 차트를 작성하면 게임 플레이 이벤트의 순서, 내러티브 이벤트의 순서, 장소(레벨, 게임 플레이와 내러티브가 모두 이루어지는 공간)의 순서 등 세 가지 측면에서 게임의 흐름을 계획할 수 있다.

게임 플레이 시퀀싱

게임 플레이 이벤트의 순서를 고려할 때 시작하기 좋은 곳은 게임 메커닉이 도입되는 순서와 플레이어가 이를 학습하는 방식이다. 여기서 창의적인 아이디어가 바로 떠오른다. 캐릭터가 달리고 점프할 수 있다고 가정해 보자. 대부분의 게임은 플레이어에게 점프보다는 달리기를 먼저 가르친다. 그런데 어떻게든 플레이어에게 점프하는 것을 먼저 알려 주고 나서 달리기를 가르치는 식으로 순서를 바꾸면 더 신선하고 흥미롭게 느껴질까?

우리는 게임 메커닉을 소개할 때 이를 설정에 결합하여 플레이어가 게임을 진행하는 동안 흥미를 유지할 수 있는 다양한 게임 플레이를 만들어 낸다. 설정은 플레이어의 흥미를 유발할 수 있도록 배열된 게임 요소의 모음이며, 게임 플레이의 논리적 단위이다. 아주 간단한 설정은 스파이크가 몇 개 있는 구덩이일 수 있다. 구덩이에 빠지면 레벨이 다시 시작되고, 구덩이를 뛰어넘으면 게임을 진행할 수 있다. 더 복잡한 설정으로는 적을 태운 플랫폼이 위아래로 움직이고, 앞쪽 경로에 독이 묻은 다트가 발사된다. 점프하고, 적을 물리치고, 독으로 된 다트를 피하고, 앞으로 나아갈 수 있도록 신중하게 움직여야 한다.

그림 18.3에 표시된 〈슈퍼 마리오 브라더스〉 월드 1-1의 맨 처음에 아주 멋지게 디자인된 설정을 보면 설정이 무엇인지 명확하게 이해할 수 있다.

이러한 게임 플레이 요소의 특징적인 배열 방식은 너무 위험하지 않으면서도 도전할 수 있는 유쾌한 상황을 만들어 낸다. 애나 앤스로피와 나오미 클라크가 《게임 디자인 특강》에서 설명한 것처럼, 〈슈퍼 마리오 브라더스〉의 이러한 설정은 플레이어에게 자연스럽고 자유로운 형식과 재미로 학습할 수 있는 기회를 제공한다.[2]

---

2 Anna Anthropy and Naomi Clark, 《A Game Design Vocabulary: Exploring the Foundational Principles Behind Good Game Design》, Addison-Wesley Professional, 2014, p.17.

그림 18.3
〈슈퍼 마리오 브라더스〉 월드 1-1의 초반 설정.
이미지 크레딧: 닌텐도.

플레이어는 아래에서 '물음표' 블록이나 '벽돌' 블록에 부딪혀 어떤 일이 일어나는지 알아볼 수 있다. 버섯을 모으면 버섯이 커지고 힘이 더 강해진다. 옆에서 굼바 몬스터에 부딪혀 약간의 피해를 입히거나 튕겨서 파괴할 수도 있다. 이는 디자이너가 신중하게 조정한 요소의 배치는 캐릭터의 능력과 관련된 디자인 파라미터와 관계가 있다. 그 공간은 너무 좁거나 너무 개방적이지도 않기 때문에 얼마나 길고, 높고, 빠르게 점프할 수 있는지 등 캐릭터의 능력과 관련이 있는 것이다. 달리기와 점프를 언제 어디서 하느냐에 따라 여러분은 우아하게 상황을 헤쳐 나가거나 곤경에 처할 수도 있다.

디자이너는 시간이 지남에 따라 게임 플레이의 난이도를 점진적으로 높이거나 낮추는 일련의 연속적인 설정을 만들어 게임 디자이너가 일반적으로 사용하는 '상승 톱니바퀴Rising Sawtooth' 패턴을 만든다. 이는 어니스트 아담스Ernest Adams가 그의 저서 《게임 디자인의 기초Fundamentals of Game Design》에서 다음과 같이 설명한 패턴이다. "각 게임 레벨은 이전 레벨이 끝났을 때보다 약간 낮은 난이도로 시작하고, 각 레벨이 진행되는 동안 난이도를 높인다. (중략) 이러한 톱니 모양은 게임을 진행하는 동안 좋은 페이싱을 만들어 낸다."[3]

게임 디자이너가 가끔 저지르는 실수는 설정의 난이도를 너무 빨리 높이는 것이다. 디자이너는 게임 디자인 요소에 너무 익숙하고 게임을 플레이하는 데 능숙하기 때문에 플레이어가 감당할 수 있는 수준을 넘어서는 복잡한 설정으로 뛰어드는 경향이 있다. 게임 디자인 매크로 차트를 사용한 체계적인

3 Ernest Adams, 《Fundamentals of Game Design, 3rd ed》, New Riders, 2013, p.424.

계획은 이러한 경향에 대응하는 좋은 방법이며, 새로운 플레이어와 정기적으로 플레이 테스트를 하면 난이도를 정확하게 측정하고 있는지 확인할 수 있다.

게임 플레이 시퀀싱에 대한 다른 고려 사항도 있다. 게임에 보스가 존재하며, 보스는 어떻게 사용되는가? 다른 특별한 게임 플레이 시퀀스가 게임에 어떻게 들어맞는가? 플레이어가 오픈 월드를 자유롭게 이동할 수 있는가, 아니면 선형적인 경로로 제한되어 있는가? 플레이어 캐릭터가 미션을 수락할 수 있다면 한 번에 하나만 선택하고 수락할 수 있는가, 아니면 여러 개의 미션을 수행할 수 있는가? 플레이어 캐릭터가 돈이나 경험치와 같은 자원을 획득할 수 있다면 언제든지 사용할 수 있는가, 아니면 게임의 중요한 순간에만 사용할 수 있는가? 게임 디자인 매크로 차트를 작성할 때 이러한 중요한 질문에 대한 답을 생각해 보기 바란다.

시퀀싱 내러티브

내러티브는 게임 시퀀싱을 고려할 때 시작하기에 좋은 또 다른 방법이다. 마크 서니는 D.I.C.E. 강연에서 매크로 차트에 대해 이렇게 말한 바 있다. "변경할 생각이 없는 탄탄한 스토리가 있어야 한다."[4] 게임 디자인 매크로가 게임 스토리를 계획하는 데 중요한 역할을 한다는 이 생각은 게임 스토리가 점점 더 복잡해지고 감정이 풍부해지면서 너티독에서 점점 더 중요하게 취급되었다.

스토리Story와 내러티브Narrative라는 단어는 비슷한 의미를 가지고 있지만 사람에 따라 다른 방식으로 해석된다. 나는 게임에 대해 이야기할 때 유용하다고 생각하는 나만의 정의가 있다. 나에게 내러티브는 어떤 식으로든 연결되어 있고, 어딘가에서 시작하여 다른 곳에서 끝나는 순서로 제시된 사건에 대한 보고서이다. 내러티브는 무엇을 할 것인지에 대한 정보를 제공한다. 이와 대조적으로, 스토리는 일반적으로 한 명 또는 몇 명의 등장인물을 따라가며 그 등장인물에게 일어나는 일에 의미나 주제가 내포되어 있는, 특히 강한 일관성을 가진 내러티브 시퀀스이다. 스토리는 의미 있는 곳에서 시작하여 더 의미 있는 곳에서 끝난다. 전체적으로 볼 때 스토리는 내러티브가 전달하지 못하는 방식으로 무언가를 전달한다.

따라서 나에게 스토리는 내러티브의 하위 집합이다. 내러티브는 더 느슨하고 스토리는 더 구체적이다. 나에게는 거의 모든 것이 내러티브이다. 왜냐하면 우리 마음은 내러티브를 만드는 메커니즘이기 때문이다. 따라서 오후에 있었던 일이나 지난 온라인 게임 세션에서 있었던 일에 대한 이야기를 들려줄 수도 있지만, 별다른 스토리가 아닐 수도 있다. 캐릭터, 어조, 주제, 의미 있는 드라마, 특정한 결론을 통해 내러티브를 다듬으면 그것이 스토리가 된다.

---

4 Mark Cerny, "D.I.C.E. Summit 2002", https://www.youtube.com/watch?v=QOAW9ioWAvE, 33:47.

특히 문학 이론, 극작법, 내러티브 디자인과 같은 특정 기술 분야에 대한 교육을 받았다면 스토리와 내러티브에 대한 정의가 나와 다를 수 있다. 어떤 용어를 선택하든, 게임 디자이너는 '내러티브'가 일련의 사건으로 구성된 것인지, 아니면 소설이나 영화에서 볼 수 있는 전통적인 스토리 같은 것인지 구분할 수 있으면 유용하다.

전통적인 스토리 방식이 아닌 게임의 게임 디자인 매크로 차트에서 내러티브를 순서대로 배치할 때, 게임의 내러티브는 매크로의 게임 플레이 이벤트 설명에 내포되어 있다. 매크로 차트를 읽는 것은 게임 플레이를 통해 전개되는 게임의 내러티브를 읽는 것과 같다. 게임의 많은 내러티브가 플레이어 목표, 디자인 목표, 감정적 비트 열에 포함되어 있다.

전통적인 유형의 스토리가 있는 게임의 경우, 먼저 플레이어 캐릭터와 세계, 한두 가지 주요 관계를 소개해야 한다. 플레이어 캐릭터의 동기, 필요, 목표, 게임을 통해 여정을 진행해야 하는 이유, 그리고 그 과정에서 흥미를 유발할 몇 가지 적대 세력을 설정할 수 있다. 또는 〈디어 에스더Dear Esther〉 같은 게임에서처럼 플레이어가 산문시의 조각을 발견하게 하거나 〈프로테우스Proteus〉에서처럼 음악적 경험을 발견하게 하는 등 다른 방식으로 스토리에 대한 흥미를 유발할 수도 있다. 16장에서 논의했듯이 모든 흥미로운 스토리가 갈등을 중심으로 전개될 필요는 없다. 만날 캐릭터, 가야 할 장소, 스토리를 새로운 방향으로 이끄는 플롯 포인트를 소개할 수 있다. 결국에는 이벤트가 클라이맥스에 도달하고, 해결되고, 대단원을 통해 스토리를 마무리해야 한다.

게임에 스토리가 있든 없든, 16장에서 설명한 아리스토텔레스의 《시학》이나 프레이탁의 피라미드와 같은 상승-하강, 시작-중간-끝 구조를 생각해 보면 좋다. 이러한 간단한 드라마 모델은 게임 경험에 구조를 부여하는 데 도움이 될 것이다.

나와 같은 내러티브 게임 디자이너는 "게임 플레이 아이디어와 스토리 아이디어 중 어느 것이 먼저인가?"라는 질문을 자주 받는다. 내 대답은 둘 중 어느 것이 먼저일 수 있지만, 중요한 것은 스토리와 그에 수반되는 게임 플레이가 잘 어울리느냐, 아니면 그 반대의 경우도 마찬가지냐는 것이다. 나는 게임 플레이와 스토리의 관계를 마치 두 아이가 줄넘기를 할 때 첫 번째 아이가 두 번째 아이 위로 뛰어오르고, 두 번째 아이가 첫 번째 아이 위로 뛰어오르는 식으로 계속 이어진다고 생각한다.

게임 플레이의 모든 순간, 심지어 좌우로 이동하는 법을 배우는 것과 같은 아주 단순한 순간에도 내러티브의 기회가 있다. 마찬가지로 모든 스토리 비트는 게임 플레이의 일부 요소와 일치하는 것을 찾을 수 있다. 이러한 창의적인 기회를 낭비해서는 안 된다. 게임 플레이와 스토리가 긴밀하게 일치하는 것이 바로 게임 스토리텔링의 마법이며, 이를 적절히 배치하면 플레이와 내러티브를 조화롭고 공감을 불러일으키는 끈으로 긴밀하게 엮을 수 있다.

✖ 시퀀싱 장소

대부분의 게임에서 시퀀스를 구성할 때는 게임 플레이와 스토리의 이벤트가 일어나는 장소를 고려해야 한다. 비디오 게임의 레벨 디자인은 매혹적인 예술이다. 잘 디자인된 레벨은 그 안에서 일어날, 또는 일어날 수 있는 이벤트를 공간적으로 구체화한 것이다.

레벨과 하위 레벨이 어떻게 연결되는지 생각해 봐야 한다. 많은 훌륭한 게임 레벨은 좁은 길로 연결된 열린 공간으로 구성되어 있는데, 여러분의 게임도 그런 구조를 가지고 있는가? 게임의 각 부분은 얼마나 크거나 긴가? 게임에는 총 몇 개의 장소가 있으며, 전체적으로 어떻게 연결되어 있는가? 선형적인 순서로 연결되어 있는가, 분기되어 있는가, 아니면 허브를 중심으로 배열되어 있는가? 보스와 기타 특별한 게임 플레이 시퀀스는 어디에 등장하는가?

게임이 진행되는 장소를 만드는 일은 팀에서 가장 노동 집약적인(따라서 비용이 많이 드는) 작업 중 하나일 것이다. 게임 디자인 매크로 차트를 사용하여 게임에서 방문할 장소를 계획하는 것은 게임의 범위를 통제하는 데 중요한 단계이다. 또한 게임 내 여러 시퀀스에서 동일한 장소를 재사용할 수 있는 방법을 고려하면 비용이 많이 드는 환경 에셋을 최대한 활용하여 효율적으로 작업하고 창의적인 결정을 내리는 데 도움이 될 수 있다.

트레이시 풀러턴은 다음과 같이 말한 바 있다. "클라이맥스 순간을 위해 기존 환경을 재조명하는 것이 완전히 새로운 환경을 만드는 것보다 더 극적인 결정이 될 수 있다."[5]

✖ 시퀀싱의 대비와 연속성

게임 플레이, 내러티브, 게임 내 장소의 순서를 정할 때는 대비와 연속성을 고려해야 한다. 한 요소에서 다음 요소로 이어지는 좋은 흐름의 연속성을 원하지만, 플레이어의 흥미를 끌 수 있는 다양성을 만들려면 대비도 필요하다.

긴장감 넘치는 액션과 함께 편안한 탐험의 시퀀스를 따라가 보라. 또한 등장인물에 대한 극적인 폭로를 통해 호감이 가거나 재미있는 캐릭터의 설정을 따라가 보고, 넓게 펼쳐진 공간과 좁은 통로로 이루어진 미로를 대조해 보라. 이러한 대조를 통해 플레이어의 경험은 인터랙션과 의미가 풍부한 여정처럼 느껴지도록 변조된다. 많음-적음-많음, 부드러움-거침-부드러움, 능동-수동-능동의 패턴은 시퀀싱을 위한 훌륭한 기초가 된다.

대조에 대한 아이디어는 〈언차티드〉 시리즈에서 게임 플레이와 스토리를 통합하는 데 사용한 브루

---

5 개인적인 대화, 2020. 05. 25.

스 블록Bruce Block의 훌륭한 저서 《비주얼 스토리The Visual Story》[6]에서 일부 차용했다.[7]

매크로 차트 완성하기

매크로 차트에는 **프론트엔드**와 모든 **메뉴 및 인터페이스**를 비롯한 게임의 모든 부분이 포함되어야 한다. 여기에는 게임의 **제목 화면**, 팀의 애니메이션 **로고**, 퍼블리셔, 크리에이티브 파트너, 기술 라이선스 제공자 또는 대학 프로그램의 이름을 표시하기 위해 포함하려는 여타의 '범퍼(로고)'가 포함된다. 여기에는 일시 **중지 화면**, **옵션 화면**, **로딩 화면** 및 포함하려는 모든 **'게임 오버' 화면**, 또한 게임 **크레딧**을 표시하는 화면이나 시퀀스도 포함된다.

다시 한번 강조하자면, 이 모든 것이 '게임 디자인 매크로 차트'에 포함되어야 한다. 간과하기 쉬운 게임의 필수적인 부분을 모두 만드는 데 얼마나 많은 시간이 걸릴지 깨닫고 깜짝 놀라는 경우가 있다. 프로젝트가 끝날 무렵보다는 프리 프로덕션이 끝날 무렵, 게임을 완성하는 데 필요한 모든 것을 계획하고 제작할 시간이 남아 있을 때 이러한 사실을 깨닫는 것이 좋다.

마이크로 디자인

우리가 하고 있는 이 매크로 디자인 작업은 나중에 게임을 구축하기 위해 해야 할 모든 세부 작업인 마이크로 디자인과 대조된다. 마이크로 디자인은 매크로 디자인에서 마련한 프레임워크를 기반으로 한다. 대규모 팀이라면 이 작업은 게임 디자이너가 다른 분야의 장인들과 협력하여 수행하지만 소규모 팀이라면 직접 진행해야 한다.

마이크로 디자인은 보통 매크로에서 한 줄을 가져와 레벨 레이아웃, 오브젝트 배치, 적 묘사 및 행동, 퍼즐 디자인, 내러티브 메커닉에 대한 세부 사항을 확장하는 방식으로 진행된다. 1990년대와 2000년대에는 내가 함께 일했던 팀에서 종이나 어도비 일러스트레이터로 상세한 레벨 레이아웃 맵을 만들어 이 작업을 수행했지만, 오늘날에는 화이트보드에 간단한 시퀀스 계획을 세운 다음 플레이스홀더 게임 플레이 요소를 사용하여 툴에서 직접 블록메시(화이트박스/그레이박스/블록아웃) 레벨을 빌드

---

6 역주 국내에 번역 출간되었습니다. 《비주얼 스토리》(커뮤니케이션북스, 2010).

7 Bruce Block, 《The Visual Story: Creating the Visual Structure of Film, TV, and Digital Media》, Routledge, 2020, p.234.

하는 것이 더 일반적이다. 더 자세한 게임 디자인 지원 문서는 보통 플로차트와 목록 형식이며, 필요에 따라 만들 수 있다.

마이크로 디자인은 일반적으로 시간에 딱 맞춰 제작되므로 나중에 변경될 세부 사항을 개발하는 데 시간을 낭비하지 않는다. 시간에 딱 맞춘다는 것이 팀에 무엇을 의미하느냐는 팀원에게 달려 있다. 일반적으로 마이크로 디자인 팀은 어떤 이유로 인해 마이크로 디자인 팀이 느려지는 경우 팀의 다른 부분에 병목 현상을 일으키지 않도록 마이크로 디자인을 충분히 앞당기고자 한다.

비선형 게임과 게임 디자인 매크로 차트

이제 비선형 게임을 위한 게임 디자인 매크로 차트 생성에 대해 알아볼 차례이다. 스프레드시트의 2차원 공간은 A에서 B, C로 단방향 순서로 진행되는 선형 게임을 계획하는 데 적합하지만, 매크로 차트는 A에서 B 또는 C로 이어지는 분기 게임이나 B, C 또는 A의 순서로 진행될 수 있는 오픈월드 게임을 계획하는 데에도 사용할 수 있다.

나는 내 수업에서 학생들이 매크로를 다양한 유형의 게임 진행 방식에 맞게 적용하는 것을 보고 매우 기뻤다. 매크로의 장점은 2차원 공간에서 요소를 그리드화하여 페이지에 간결하게 나열하고 요소 간의 관계를 표시할 수 있다는 점이다.

A에서 B 또는 C로 이어지는 분기 구조의 게임의 경우, 다양한 분기를 하나씩 나열하고 서로 어떻게 연결되는지 표시하는 방법을 찾으면 쉽다. 물론 각 분기의 콘텐츠는 선형 게임과 마찬가지로 설명할 수 있다.

오픈월드 구조의 게임에서 레벨 A, B, C를 순서와 상관없이 만날 수 있는 경우, 매크로 차트에서 정리할 수 있는 논리적인 그룹이 일반적으로 존재한다. 매크로 차트를 두 부분으로 나누는 것도 좋은 방법이다. 첫 번째 부분에는 게임 메커닉과 인터랙션하는 오브젝트 목록이 포함된다. 두 번째 부분에는 장소 목록과 해당 장소에 포함된 오브젝트가 포함된다. 매크로의 두 부분을 연관시키면 플레이어 캐릭터가 특정 능력을 얻었을 때 월드가 플레이어에게 열리는 방식을 반영할 수 있다.

전체론적 게임 기획

플레이어 캐릭터가 게임을 진행하면서 획득하는 능력치를 통해 게임 세계의 일부가 개방되는 오픈월드 액션 어드벤처 게임은 프리 프로덕션 과정에서 특별한 도전 과제를 안게 된다. 게임 디자인의 모든 부분이 다른 모든 부분과 연결되어 있기 때문에 이러한 게임을 '전체론적Holistic' 게임이라고도 한다. 메트로배니아 게임이나 대부분의 <젤다> 시리즈 게임은 전체론적 게임이다.

전체론적 게임에 대한 게임 디자인 매크로 차트를 작성하는 것은 프리 프로덕션 단계에서 훨씬 더 많은 게임의 마이크로 디자인을 완성해야 하기 때문에 상당한 어려움이 따른다. 마크 서니는 "후반 레벨 구성이 이전 레벨에서 학습한 능력에 크게 의존하는 경우(예: 활공 메커닉 또는 폭발물을 사용 방법 학습) 디자이너는 서로 적절하게 상호 연관된 레벨이나 영역을 만들기 위해 많은 정보가 필요하다."라고 말했다.[8]

13장에서 설명한 디자인 파라미터의 작은 변경(예: 횡단 액션에서 플레이어 캐릭터가 이동할 거리)으로 인해 나중에 엄청난 양의 레벨 레이아웃 재작업이 필요하지 않도록 모든 능력을 레벨 레이아웃 전에 세부적으로 디자인해야 한다. 소규모 프로젝트의 경우 일반적으로 문제가 되지 않지만, 대규모 게임의 경우 프로젝트의 프리 프로덕션 단계를 적절히 연장하여 레벨 디자인 팀이 디자인 중인 메커닉의 퀄리티와 완성도를 확신하고 풀 프로덕션 단계로 들어갈 수 있도록 해야 한다.

게임 디자인 매크로 예시

게임 디자인 매크로 차트 예시를 제공해 달라는 요청을 자주 받는데, 내가 공유할 수 있는 권한을 확보한 차트는 이 책 원서의 웹사이트 playfulproductionprocess.com에서 확인할 수 있다.

~ * ~

게임 디자인 매크로에 대한 아이디어가 마음에 들었기를 바란다. 매크로는 화려하거나 세상을 뒤흔들 게임 디자인 콘셉트는 아니지만 실용적이고 현실적이다. 사람들은 종종 너티독의 게임을 훌륭하게 만드는 비결이 무엇인지 궁금해한다. 그 비결 중 하나는 바로 게임 디자인 매크로이다.

좋은 게임 디자인 매크로를 만들려면 많은 생각과 노력, 경험이 필요하다. 내가 너티독에서 일할 때, <더 라스트 오브 어스>를 만드는 팀원 중 일부는 8개월 동안 회의실로 사라졌다가 결국 그림 18.4에 보이는 인덱스 카드로 가득 찬 코르크 판을 들고 나타났다. <더 라스트 오브 어스>에 익숙하다면 이 이미지에서 매크로 구조를 확인할 수 있을 것이다. 개발 팀은 게임에 들어갈 모든 세부 사항을 상상할

8 Mark Cerny, "D.I.C.E. Summit 2002", https://www.youtube.com/watch?v=QOAW9ioWAvE, 34:55.

수는 없었지만, 게임 플레이 경험을 임팩트 있게 만들어 줄 매크로 시퀀스를 생각해 낼 수 있었다.

그림 18.4
런던 빅토리아 앤 앨버트 뮤지엄의 '비디오 게임' 전시회에서 너티독의 〈더 라스트 오브 어스〉를 위한 코르크 보드 매크로 기획. 이미지 크레딧: 〈더 라스트 오브 어스〉™ ©2013, 2014 SIE LLC. 〈더 라스트 오브 어스〉는 소니 인터랙티브 엔터테인먼트 LLC의 상표이다. 제작 및 개발: 너티독 LLC.

프리 프로덕션 단계에서 게임 전체에 대한 계획을 세우는 것은 무리한 요구처럼 보일 수 있지만, 최선을 다해 시도해 봐야 한다. 본능을 믿고, 아이데이션 단계에서 가장 마음에 들었던 아이디어에 집중해야 하며, 매크로를 완벽하게 만들려고 애쓸 필요가 없다. 중요한 것은 풀 프로덕션 스케줄을 잘 소화할 수 있을 만큼 세부적인 계획을 세우되 창의력을 발휘할 수 있는 여지를 남겨 두는 것이다. 지나치게 생각하지 마라. 불완전한 계획이 아예 계획이 없는 것보다 훨씬 낫다. 직감을 믿고 매크로를 스프레드시트에 적어 두어야 한다.

프로젝트의 프리 프로덕션 단계가 끝나기 얼마 전에 게임 디자인 마이크로의 초안을 작성하는 것을 목표로 해야 한다. 이렇게 하면 길이와 품질에 대한 피드백을 받고 최소 한 번, 가급적이면 두 번의 라운드에 대한 시간을 확보할 수 있다. 디자인 동료와 멘토의 외부 피드백은 주어진 시간 내에 가능한 최고의 게임 디자인 매크로를 만드는 데 도움이 된다.

매크로 차트에서 게임 플레이나 스토리가 잘 흐르지 않는 부분, 차트의 한 행에 너무 많은 다른 일이 일어나는 부분, 매크로에서 불분명한 부분 등 문제점에 대한 피드백을 받아 보는 것이 좋다.

특히 프로젝트의 범위에 대한 피드백을 받으려고 노력해야 한다. **게임 디자인 매크로 차트를 작성하는 순간은 게임 프로젝트의 범위를 통제할 수 있는 중요한 기회이다.** 게임 개발자가 프로젝트 범위를 잘못 설정하는 경우는 매우 드물다. 특히 경험이 부족한 개발자는 게임 개발에 얼마나 오랜 시간이 걸리는지, 개발 과정에서 얼마나 많은 문제와 장애물에 직면하게 될지 아직 이해하지 못하기 때문에 범위를 과도하게 설정하는 경향이 있다. 숙련된 개발자는 계획한 게임 디자인이 개발 기간에 맞는지 직관적으로 파악할 수 있다. 경험이 풍부한 동료 및 멘토와 상의하여 프리 프로덕션이 끝날 때까지 프로젝트의 범위가 통제되고 있는지 확인하기 위해 최선을 다해야 한다.

게임의 품질과 게임 경험의 길이 사이의 긴장은 모든 유형의 게임 개발자가 끊임없이 고민하는 문제이며, 우리가 항상 논의해야 하는 주제이다. 나는 플레이어가 한 번만 플레이할 수 있는 저질의 긴 게임 플레이보다 반복해서 플레이하는 것이 흥미로운 짧은 경험을 원한다고 믿는다. 물론 그 진위 여부는 해당 플레이어에 따라 다르며, 특정 플레이어 커뮤니티의 가치와 선호도를 이해하는 것도 게임 디자이너가 해야 할 일 중 하나이다.

하룻밤 사이에 훌륭한 게임 디자인 매크로를 만드는 법을 배울 수는 없지만, 작은 프로젝트부터 시작하여 매크로 기술을 연마할 수 있다. 게임 디자이너로 성장하고 만들고 싶은 게임 스타일의 디자인 기회와 함정을 알게 되면 게임 디자인 매크로를 작성하는 것이 점점 더 쉬워질 것이며, 결국에는 이 연습을 가장 중요한 부분 중 하나로 여기게 될 것이다.

19장 스케줄링

우리 프로젝트의 프리 프로덕션 단계는 스케줄이 빡빡하지 않았다. 우리는 게임의 버티컬 슬라이스를 직접 만들고, 플레이 테스트하고, 반복하며 이성과 직관을 혼합하여 게임 디자인의 뛰어난 핵심을 완성해 왔다. 이제 기어를 전환할 때이다. 게임 작업 시간이 한정되어 있으므로 프로젝트 스케줄을 계획하여 프로젝트에 들어갈 내용을 추적해야 한다.

그렇다고 해서 즐겁고 자유롭게 일하던 방식이 갑자기 관료적인 관리 시스템 아래서 고군분투하는 방식으로 바뀐다는 의미는 아니다. 창의성을 너무 경직된 틀에 가두려고 하면 창의성은 사라질 것이다. 하지만 전체 게임을 제작하는, 프로젝트의 풀 프로덕션 단계에 돌입할 때 시간이 부족하지 않을 것이라는 확신을 가질 수 있는 방법을 찾아야 한다. 이 장에서 살펴볼 두 가지 기본 게임 스케줄링 방법은 두 가지 장점을 모두 제공한다. 먼저 간단하지만 효과적인 스케줄링 방법을 살펴본 다음 내가 가장 좋아하는 고급 방법인 '번다운 차트'에 대해 설명하겠다.

이 방법들은 작업을 시간 단위로 측정된 작업으로 나누기 때문에 팀원 수가 상대적으로 적은 짧은 프로젝트에 가장 적합하다. 작업을 너무 세밀하게 분류하는 것은 팀원이 많은 대규모의 장기 프로젝트에서는 실용적이지 않을 수 있으며, 관료주의가 너무 심해질 수 있다. 일부 게임 스튜디오에서는 작업을 며칠 또는 몇 주 단위로 세분화하여 스케줄을 잡기도 한다. 프로젝트에 가장 적합한 방법을 결정해야 한다.

게임 디자이너와 프로듀서로서 이제 막 초급을 넘어서거나 이미 중급 수준에 도달하여 기술을 연마하고 싶다면 다음과 같은 방법을 시도해 볼 것을 권장한다. 프로젝트를 2주에서 4주 단위로 스프린트로 나누면 더 긴 프로젝트에도 사용할 수 있다. '스프린트Sprint'는 애자일 개발에서 사용되는 개념으로, 팀이 비교적 짧은 시간 동안 집중된 목표 세트를 향해 작업한 후 다시 모여 진행 상황을 평가하는 방식이다.

간단한 스케줄링

먼저 아주 간단한 스케줄링 방법을 살펴보겠다. 게임 디자인 매크로 차트를 작성했으므로 이제 게임에 들어가는 모든 중요한 사항을 설명하는 문서가 생겼다. 매크로는 게임에 대한 청사진을 제공할 뿐만 아니라 프로젝트의 풀 프로덕션 단계를 계획하는 데 완벽한 출발점이 된다. 이제 해야 할 일이 얼마나 많은지 알았으니 그 일을 할 수 있는 시간도 알아야 한다.

게임 제작에 얼마나 많은 인시가 드는가?

전문 게임 개발자는 프로젝트를 완성해야 하며, 스스로 자금을 조달하든 다른 사람이 자금을 조달하든 시간과 비용에 엄격하게 제한을 받는다.

게임을 완성할 시간이 부족하다는 것은 게임 개발자가 직면하는 가장 큰 문제이다. 프로젝트 종료 시점이 가까워질수록 게임의 완성도가 떨어지거나 만족스럽지 않은 경우, 더 많은 시간과 비용을 들여 게임을 제대로 완성할지 아니면 품질이나 길이를 희생하고 더 빨리 끝낼지 선택해야 한다.

막바지에 시간이 부족하다는 사실을 깨닫기보다는 과정 초기에 범위를 초과했다는 사실을 알게 된다면 이 문제를 더 나은 방식으로 해결할 수 있다. 프로젝트 목표부터 콘셉트 중심 개발, 버티컬 슬라이스, 게임 디자인 매크로 차트에 이르기까지 이 책에서 다룬 거의 모든 도구는 이 목표를 지향한다. 범위를 초과했다는 사실을 빨리 파악할수록 리소스를 더 빨리 재할당하고 게임 범위를 다시 조정하여 완성된 게임의 완성도와 품질을 높일 수 있다.

게임 개발자가 사용할 수 있는 핵심 리소스는 '인시Person-Hour'이다. 인시란 게임 개발에 투입되는 한 사람의 집중력을 측정하는 단위이다. 돈으로 다른 사람의 인건비를 지불할 수도 있기 때문에 돈과 인시를 동일시할 수 있다. 특히 자신의 시간과 시간을 소중히 여기는 데 익숙하지 않다면 자신의 시간을 금전적으로 가치 있는 것으로 보는 것이 좋다. 사람들이 자신의 시간에 대해 적절한 보상을 받는 것은 중요하다.

따라서 프리 프로덕션이 끝나면 풀 프로덕션 기간 동안 게임을 제작할 수 있는 인시가 얼마나 되는지 계산해 봐야 한다. 간단한 계산을 통해 이를 파악할 수 있다. 먼저 프로젝트가 효과적으로 완성되고 다듬을 준비가 되었을 때 베타 마일스톤에 도달하기 위해 풀 프로덕션에 몇 주를 투자할지 결정한다. 프로젝트에 몇 명의 팀원이 있는지, 그리고 각 팀원이 일주일에 평균적으로 어느 정도의 인시를 프로젝트에 투입할지 알아야 한다. 이를 파악하고 나면 다음을 수행할 수 있다.

N = 팀원 수

P = 각 팀원이 평균 주당 근무하는 인시

W = 프리 프로덕션이 끝나는 시점부터 풀 프로덕션이 끝나는 시점까지의 주 수

프로젝트가 프리 프로덕션이 끝날 때부터 풀 프로덕션이 끝날 때까지 사용할 수 있는 인시(시간) T는 다음 공식을 사용해 계산할 수 있다.

$T = N \times P \times W$

따라서 2명으로 구성된 팀(N=2)의 경우, 각 팀원은 일주일에 10시간씩(P=10) 프로젝트에 참여하고, 프리 프로덕션이 끝나는 시점부터 풀 프로덕션이 끝나는 시점까지 6주(W=6) 동안 작업하기로 결정한다.

$T = 2 \times 10 \times 6 = 120$인시

팀원마다 매주 작업 가능한 시간이 다른 경우 계산을 조정해야 하지만 이 역시 여전히 매우 간단하다. 2인으로 구성된 팀에서 한 팀원이 주당 8시간, 다른 팀원이 주당 10시간씩 일할 수 있고 프리 프로덕션이 끝날 때까지 6주가 남았다면 다음과 같이 계산할 수 있다.

$T = (8+10) \times 6 = 108$인시

인시의 양은 게임이 대략적인 범위 내에 있는지 파악할 수 있는 구체적인 출발점을 제공한다. 이 계산을 하는 것만으로도 많은 사람이 눈을 뜨게 되며, 무한한 시간이라는 착각에 사로잡혀 일하는 사람들에게는 매우 중요한 근거가 된다. 잠시 후에 살펴보겠지만, 풀 프로덕션 과정에서 해야 할 모든 일을 나열하기 시작하면 이 인시는 그 과정을 모두 잠식하게 된다.

이제 대략적으로 사용할 수 있는 인시의 양을 알았으므로 게임 디자인 매크로 차트에 나열된 모든 작업을 수행하기 위해 필요한 인시의 양을 계산할 수 있다.

가장 간단한 스케줄

나는 간단한 게임 스케줄링 방법을 선호한다. 게임 제작은 복잡한 업무이고, 해야 할 일과 소요 시간 등 현실은 매우 빠르게 변한다. 간단한 스케줄은 많은 관료주의에 얽매이지 않고도 우리가 대략적인

범위 내에 있는지 알 수 있게 해 준다.

가장 간단한 스케줄은 게임을 완성하기 위해 풀 프로덕션 기간 동안 완료해야 하는 작업을 스프레드시트에 간단하게 나열하는 것부터 시작한다. 내가 찾은 가장 좋은 방법은 게임에 들어갈 오브젝트와 캐릭터, 게임을 구성할 환경, 게임 디자인 매크로 차트에서 언급하는 게임의 다른 모든 부분을 나열하는 것이다. 매크로 차트에서 다른 스프레드시트로 복사하여 붙여 넣기만 하면 이 목록을 간단하게 만들 수 있다.

게임 내 오브젝트, 캐릭터, 환경과 관련이 없지만 주간 기획 회의에 소요되는 시간, 게임 내 대사 스크립트 작성, 플레이 테스트 구성 및 실행과 같이 풀 프로덕션 과정에서 완료해야 하는 다른 작업을 간단한 스케줄에 추가하는 것도 중요하다.

게임 제작에 필요한 작업을 나열하기 시작하면 목록을 얼마나 세분화해야 하는지, 즉 얼마나 세부적으로 작성해야 하는지 고민하기 쉽다. 내 조언은 각각의 작업 완료 시간을 사용하는 것이다. 이에 대해서는 잠시 후에 자세히 설명하겠다.

각 작업에 대한 간단한 스케줄 정보

이제 스프레드시트에 작업 목록이 생겼으므로 각 작업에 몇 가지 정보를 추가하여 간단한 스케줄에 한 걸음 더 다가갈 수 있다.

그림 19.1과 같이 스프레드시트에 네 개의 열 머리글을 추가한다. 작업 목록 위에 '작업'이라는 레이블을 추가하고 다음 열에는 '우선순위'라는 레이블을 추가한다. 또 그 옆쪽으로 '예상 시간', '팀원 배정'이라는 레이블들을 추가한다.

작업	우선순위	예상 시간	팀원 배정
게임 오브젝트 A - 모델	1	4	사비에르
게임 오브젝트 A - 텍스처	1	4	이베트
게임 오브젝트 A - 프로그래밍	1	8	이베트
게임 오브젝트 A - 애니메이션	2	4	사비에르
게임 오브젝트 A - 사운드 디자인	2	2	이베트
게임 오브젝트 A - 시각 효과	3	1	사비에르

그림 19.1
간단한 스케줄의 시작.

✖ 우선순위

먼저 각 작업의 우선순위를 설정한다. 우선순위는 3단계로 설정하는 것이 좋다. 어떤 상황에서도 게임에서 절대 빼놓을 수 없는 가장 중요한 것은 우선순위가 가장 높은 **우선순위 1**로 설정해야 한다. 예를 들어 캐릭터 액션 게임의 경우 플레이어 캐릭터 모델, 횡단 애니메이션, 오디오 및 시각 효과, 가장 기본적인 컨트롤 코드, 가장 단순하고 중요한 환경 아트가 여기에 해당한다.

게임에는 필요하지만 어느 정도 줄일 수 있는 요소는 **우선순위 2**이다. 여기에 플레이어 캐릭터가 세상과 인터랙션할 때 사용하는 '집다', '던지다', '말하다' 등의 동사와 같은 부차적인 요소를 넣는다. 또한 플레이어 캐릭터가 인터랙션할 가장 기본적인 오브젝트도 나열하는데 수집할 동전, 대화할 캐릭터, 쓰러뜨려야 할 적 등이 그 예이다. 환경 아트에서 다음으로 중요한 부분도 여기에 나열하고, 오디오 및 시각 효과 컴포넌트도 나열하는 것을 잊지 말아야 한다.

어떤 상황에서는 잘라낼 수 있는 것들을 **우선순위 3**으로 설정해야 한다. 있으면 좋지만 게임에 꼭 필요하지는 않은 게임 동사, 오브젝트와 환경 아트의 다양성, 원하지만 없어도 괜찮은 보너스 레벨이 여기에 해당된다.

많은 게임 디자이너는 자신이 하는 일 중 어느 하나라도 우선순위가 밀리는 일이라고 생각하기가 매우 어렵다. 우리가 만든 게임 디자인은 상상 속에서 완벽한 결정체처럼 서로 맞물려 있으며, 모든 부분이 똑같이 중요해 보이고 어느 하나도 다른 부분 없이는 존재할 수 없다. 어떻게 어떤 작업을 우선순위 2, 3으로 설정할 수 있을까?

첫 번째 스케줄을 짜는 동안 지금 작업의 우선순위를 설정할 수 있다면, 나중에 프로젝트의 범위를 위해 예산을 삭감해야 할 때 무엇을 하지 않아도 되는지 더 명확하게 파악할 수 있을 것이다. 나는 이 우선순위 설정을 프로젝트 범위를 놓고 내가 나 자신과 함께 플레이하는 일종의 전략 게임이라고 생각하고 있다.

나는 이 게임에 내가 생각하는 모든 것을 넣을 수 있기를 바란다. 하지만 나는 게임 디자이너로서 나 자신을 충분히 믿으며, 여러분도 마찬가지일 것이다. 만약 내가 무언가를 잘라내야 한다면, 내가 원하는 디자인 요소를 사용하여 게임을 훌륭하게 만들 수 있는 방법을 찾을 수 있을 것이다. 나는 게임이 완성된 상태로 탄생하는 것이 아니라 더하고 빼고 다듬는 반복적인 과정을 통해 완성된다는 것을 알게 될 정도로 많은 게임이 개발되는 것을 봐 왔다. 그러니 잠시 시간을 내어 게임에 꼭 필요한 요소와 필요 없는 요소가 무엇인지 생각해 볼 필요가 있다. 스토리를 전달하기 위해 모든 레벨이나 캐릭터가 꼭 필요한가? 단 하나의 적 유형만으로 게임을 재미있게 만들 수 있다면 어떨까?

물론 작업의 우선순위를 설정하면 어떤 순서로 작업을 처리해야 할지도 알 수 있다. 우선순위 1번 작업을 먼저 완료하고 나서 우선순위 2번 작업을 완료한 다음 우선순위 3번 작업을 완료해야 한다. 동심원적 개발에 대한 논의를 떠올려 보면 우선순위를 설정하는 데 도움이 될 것이다. 나는 우선순위 1번 과제 40%, 우선순위 2번 과제 30%, 우선순위 3번 과제 30% 정도로 완성된 목록에서 균형을 맞추려고 노력한다. 그러기 위해서는 동심원적인 순서로 작업을 수행해야 하고 무엇을 줄여야 할지 충분히 생각해야 한다.

(스프레드시트의 SUMIF 함수를 사용해 각 우선순위에 몇 시간 분량의 작업이 있는지 계산할 수 있다. 방법은 여러분의 스프레드시트 문서를 참조하면 된다. 알아내는 데 몇 분 정도 걸리겠지만 SUMIF는 배우기 쉽고 유용한 기능이다.)

걱정할 필요는 없다. 대부분의 상황에서는 우선순위 1번과 우선순위 2번 과제를 모두 완료하고 우선순위 3번 과제도 대부분 완료할 수 있다. 하지만 직감으로 적절한 크기의 게임 디자인을 상상해 보았으나 아직 그 범위 내에 있는지 알 수 없을 수도 있다. 이를 파악할 수 있도록 도와주겠다.

❸ 예상 시간

예상 시간 열에는 각 작업을 완료하는 데 걸리는 시간에 대한 최선의 추측을 전체 시간으로 나열해야 한다. 이 열의 숫자를 더하면 풀 프로덕션 기간 동안 총 몇 시간의 작업을 수행할 계획인지 알 수 있다. 이 숫자가 풀 프로덕션을 위해 팀에서 사용할 수 있는 총 인시보다 크다면 문제가 있다는 뜻이다.

게임 제작에 필요한 작업을 완료하는 데 걸리는 시간을 예측하기는 매우 어렵다. 특히 새로운 게임 엔진이나 새로운 하드웨어 플랫폼에서 처음으로 이러한 유형의 작업을 수행하는 경우에는 두 배로 어렵다. 게임 프로젝트의 관리에 난항을 겪는 이유는 바로 이 때문이다. 작업 시간 예측의 어려움은 곧 트리플 A 및 인디 스튜디오의 크런치의 원인이 되고, 이로 인해 프로젝트가 늦어지고 휴가가 취소되곤 한다. 통제되지 않는 과로로 인해 게임 개발자들의 신체적, 정신적 건강이 손상되고 있기에 이는 아주 끔찍하고 골치 아픈 문제다.

하지만 간단하고 영리한 스케줄링 트릭을 통해 도움을 받을 수 있다. 예상 소요 시간 안에서 1, 2, 4, 8이라는 숫자로 제한하는 것, 즉 작업에 1시간, 2시간, 4시간 또는 8시간을 할당하는 것이다. 90분이나 7시간은 허용되지 않으며, 1시간, 2시간, 4시간 또는 8시간만 가능하다.

나는 게임 디자이너이자 교육자, 작가인 제레미 깁슨 본드Jeremy Gibson Bond에게 이 '번다운 차트' 기법을 배웠다. 제레미는 사람들이 긴 작업보다 짧은 작업의 길이를 정확하게 예측하는 데 더 능숙하다고 설명해 주었다. 게임 개발 작업의 기간이 길어질수록 완료하는 데 걸리는 시간을 정확하게 추측하는 능력이 떨어진다.

왜 1시간이 가장 짧은 작업 길이인가? 이는 목록의 세분성을 조절하기 위한 것이다. 5분짜리 작업이라고 확신하는 작업이 많다면 그 작업들을 하나의 1시간짜리 작업 아래에 그룹화하여 스케줄에 적어두면 된다. 이렇게 하면 작업 목록이 너무 길어 읽기 어려워지는 일을 방지할 수 있다.

30분이면 될 것 같은데 이전에 해 본 적이 없는 유형의 더 큰 작업은 어떨까? 스케줄에 1시간을 할애해 보라. 비디오 게임을 제작해 본 적이 있다면 알겠지만, 빠르고 쉬울 것 같은 작업도 예상치 못한 문제로 인해 해결에 30분을 할애하는 경우가 많기 때문에 완료하는 데 예상보다 두 배의 시간이 걸리는 경우가 많다.

8시간은 간단한 스케줄에서 허용되는 가장 긴 작업이다. 스케줄에 불확실성을 가져올 수 있으므로 8시간짜리 작업은 스케줄에 넣는 횟수를 제한하는 것이 좋다. 어떤 작업이 8시간이 걸릴 것 같지만 실제로는 그 절반이 걸리거나 두 배로 늘어날 수도 있다. 8시간 안에 작업을 완료할 수 있다고 완전히 확신하는 경우에만 8시간 작업을 사용해야 한다. 기계적으로 반복적이고 창의적인 사고나 문제 해결이 많이 필요하지 않은 작업이나 8시간이 지나면 타임박스에 넣어 효과적으로 마무리할 수 있는 작업이 좋은 후보이다.

긴 작업은 더 짧은 작업으로 나누는 것이 가장 좋다. 16시간이 걸릴 것 같은 하나의 작업이 있다면 8시간씩 두 개의 작업, 4시간씩 네 개의 작업, 또는 2시간씩 여덟 개의 작업으로 나눈다.

1, 2, 4, 8 제약 조건을 사용하면 예상 시간 내에 완료할 수 있다고 확신할 수 있는 작업들로 스케줄을 작성하는 데 도움이 된다. 또한 작업을 너무 많이 나열하거나 너무 적게 나열하지 않고도 작업을 나열하는 방식에 적절한 수준의 세분성을 부여하게 된다.

✖ 팀원 배정

이 열을 사용하여 각 작업을 수행할 팀원을 계획하라. 각 작업을 수행할 수 있는 기술을 가진 사람을 기준으로 작업을 할당해야 하지만, 누가 게임의 각 부분을 만드는 데 흥미를 느끼는지도 고려해야 한다. 내가 너티독에서 근무하는 동안 스튜디오 대표인 에반 웰스는 항상 훈련 리더에게 가능한 한 열정을 가진 사람에게 작업을 할당하라고 늘 강조했다. 내게 있어서 팀원 개개인의 열정이 결과물의 우수성으로 직결된다는 것은 분명한 사실이다.

다시 한번 말하지만, 스프레드시트의 SUMIF 기능을 사용하여 각 팀원에게 할당된 작업 시간을 계속 집계할 수 있다. 물론 각 팀원이 기여할 수 있는 시간에 따라 공정하게 업무를 나누도록 노력해야 한다. 팀원 개개인이 매주 다른 팀원보다 더 많이 일하거나 더 적게 일하기로 결정하더라도 이에 대해 사전에 합의하여 공동의 책임에 대해 합의하고 잘 협의한다면 괜찮다. 각자의 생활 환경과 맡은 다른 책임에 따라 사람마다 기여도가 다를 수 있다.

간단한 스케줄로 범위 지정

이제 목표를 달성할 수 있는지, 프로젝트가 범위 내에 있는지 확인하는 데 필요한 모든 정보를 얻었다. 프리 프로덕션이 끝날 때부터 풀 프로덕션이 끝날 때까지 프로젝트에 투입할 수 있는 인시(T)를 이미 계산해 두었다.

이제 스프레드시트의 합계 함수를 사용하여 간단한 스케줄의 예상 시간 열에 있는 모든 시간을 합산하여 전체 생산 기간 동안 현재 계획된 작업량을 계산할 수 있다. 이 숫자를 W(업무용)라고 부르겠다.

업무가 시간보다 많으면 프로젝트 범위가 초과되어 문제가 생긴다! 업무보다 시간이 더 많으면 괜찮다.

W > T이면 범위를 벗어난 것이다!
W <= T이면 범위 내에 있다.

물론 이 방법은 최선의 추측을 제공하며, W가 T의 110% 미만이면 여전히 범위 내에 있을 수 있다. 하지만 W가 T보다 훨씬 크면 범위를 벗어난 것으로 확신할 수 있다. 팀원을 더 영입하거나 풀 프로덕션 기간을 늘려서 T를 늘리거나, 게임에서 일부 기능과 콘텐츠를 삭제하여 작업 수를 줄이고 W를 줄여야 한다. 즉, 게임 디자인 매크로 차트로 돌아가서 무엇을 빼고 할 수 있는지 확인해야 한다.

W가 T보다 훨씬 작으면 게임에 더 많은 것을 포함할 시간이 있거나 여분의 시간을 다듬는 데 사용할 수 있다. 하지만 사람들이 처음 스케줄을 짤 때 W가 T보다 크거나 때로는 훨씬 더 큰 경우가 훨씬 더 흔하며, 이 경우 게임의 범위를 줄여야 한다. 때로는 간단한 결정으로 범위를 다시 조정할 수 있다. 한 레벨을 잘라내고 그 일부를 전략적으로 다른 레벨로 옮기는 것만으로도 충분할 수 있다. 그렇게 쉬울 때가 있는가 하면 때로는 게임 디자인 매크로 차트에서 계획을 재작업하는 일이 더 어려울 수도 있다.

바로 이것이 프로젝트 범위 설정의 핵심이다. 이 과정에는 이견이 있을 수 없다. 게임 디자인 매크로 차트가 아무리 마음에 든다 해도, 간단한 스케줄에 따라 모든 게임을 만들 시간이 없다고 판단되면 더 나은 계획을 찾아야 한다.

현실을 부정하면서 살거나, 초과 근무를 계획하거나, 예상보다 일이 더 빨리 진행되기를 바라는 것은 현명하지 못하다. 현실을 부정하며 사는 것은 명백히 비합리적이다. 경험이 많은 게임 개발자라면 누구나 알고 있듯이 일이 예상보다 더 빨리 진행되기를 바라는 것은 비현실적이다. 초과 근무를 계획하는 것은 더 복잡하지만 자칫하면 15장에서 설명한 '크런치'로 이어지기 쉽다.

장시간 근무를 통해 프로젝트의 범위를 넓힐 계획이라면, 사람들이 연속적으로 장시간 근무할 수 있는 주 수는 매우 제한되어 있으며 생산성 저하와 체력 소진이 빠르게 이어진다는 점을 명심하라. 15장에서 언급했던 하버드 비즈니스 리뷰에 실린 글에서 사라 그린 카마이클은 연구를 바탕으로 다음과 같이 말한다. "일을 즐기고 자발적으로 장시간 일하더라도 피곤하면 실수할 가능성이 더 높다. (중략) 너무 열심히 일하면 더 큰 그림을 보지 못하게 된다. 연구에 따르면 지칠수록 잡초 속에서 길을 잃는 경향이 더 커진다고 한다. (중략) 과로의 이야기는 말 그대로 수익이 줄어드는 이야기이다. 계속 과로하면 점점 더 의미 없는 일에 더 멍청하게 일하게 된다."[1]

프로젝트의 범위를 잘 정해야 하는 또 다른 이유는 미래의 불확실성, 그리고 모든 프로젝트가 건강 악화, 가족 돌발 상황, 소프트웨어 라이선스 만료, 하드웨어 고장 등 예기치 못한 사건으로 인해 며칠 또는 몇 주 동안 손해를 보기 때문이다. 결정적으로, 프로젝트의 중요한 마지막 3분의 1에 이르러 마지막 몇 가지 중요한 디자인 결정과 함께 게임의 모든 요소를 통합하려고 할 때, 크런치족처럼 지치고 성질이 나빠지고 의욕이 저하되어서는 안 된다. 신체적,·정신적으로 건강한 상태로 프로젝트의 마지막에 도착해야 올바른 결정을 내리고 게임을 잘 만들 수 있다.

아이러니하게도 사람들이 열정에 이끌려 자신의 시간보다 더 큰 범위의 게임을 만들려고 하면 결국 형편없는 게임을 만들거나 아예 게임을 만들지 않게 되는 경우가 많다. 범위 설정은 종종 간단한 선택으로 귀결된다. 아무도 플레이하고 싶지 않아 하고 쉽게 잊히는 큰 게임을 만들거나, 사람들이 좋아하고 기억하며 반복해서 플레이할 수 있는 작은 게임을 만들 수 있다.

간단한 스케줄을 사용하여 프로젝트 추적하기

그림 19.2에 표시된 것처럼 목록에서 작업을 체크하기만 하면 풀 프로덕션을 진행하면서 프로젝트를 추적할 수 있는 간단한 스케줄을 만들 수 있다. 작업을 완료할 때마다 스프레드시트에서 취소선 서식을 사용하여 목록에서 해당 행을 지워라.

1 Sarah Green Carmichael, "The Research Is Clear: Long Hours Backfire for People and for Companies", Harvard Business Review, 2015. 08. 19., https://hbr.org/2015/08/the-research-is-clear-long-hours-backfire-for-people-and-for-companies.

작업	우선순위	예상 시간	팀원 배정
~~게임 오브젝트 A - 모델~~	~~1~~	~~0~~	~~사비에르~~
~~게임 오브젝트 A - 텍스처~~	~~1~~	~~0~~	~~이베트~~
~~게임 오브젝트 A - 프로그래밍~~	~~1~~	~~0~~	~~이베트~~
게임 오브젝트 A - 애니메이션	2	4	사비에르
게임 오브젝트 A - 사운드 디자인	2	2	이베트
게임 오브젝트 A - 시각 효과	3	1	사비에르

그림 19.2
간단한 스케줄에서 완료된 작업을 제거.

또한 완료된 작업에 대해 예상 시간을 0으로 변경하면 각 우선순위, 팀원 및 전체에 남은 총 시간에 대해 SUM 및 SUMIF를 사용하여 수행한 모든 계산이 업데이트된다.

하지만 이렇게 간단한 방법으로 진행 상황을 추적하는 것은 위험할 수 있다. 어떤 주에는 예상보다 일이 잘 풀려서 예정보다 앞서 나갈 수도 있다. 다른 주에는 일이 더디게 진행되어 뒤처질 수도 있다. 전반적으로 앞서고 있는지 뒤처지고 있는지 파악하는 데 도움이 되는 도구가 있다면 좋지 않을까? 여기에 번다운 차트라는 좋은 도구가 있다.

번다운 차트

켄 슈와버Ken Schwaber는 애자일 개발 프레임워크인 스크럼을 공식화하는 데 도움을 준 소프트웨어 개발자이자 제품 관리자이다. 켄은 스크럼 팀이 프로젝트 진행 과정을 예측하는 데 도움이 되는 스케줄링 도구로 '번다운 차트Burndown Chart'를 발명했으며, 2000년에 자신의 웹사이트에 처음으로 설명했다.[2]

USC 게임 프로그램에서 강의하는 동안 나는 번다운 차트가 100개가 넘는 프로젝트를 성공적으로 완료하는 데 도움이 되는 것을 보았다. 야심찬 게임 개발자들이 몇 주 동안 그래프의 한 줄을 보는 것만으로도 지치지 않고 꿈을 실현하는 것을 지켜보았다.

번다운 차트는 (a) 게임이 완성되기까지 남은 작업량, (b) 평균적으로 얼마나 빨리 작업을 완료하고 있는지, (c) 시간이 부족할지 여부를 그래픽으로 표현해 준다. 따라서 비디오 게임을 제작하는 복잡

2 Ken Schwaber, "What Is a Burndown Chart?", Agile Alliance, accessed 2020. 12. 12., https://www.agilealliance.org/glossary/burndown-chart/.

한 창작 과정의 불확실성과 미지의 영역에서 프로젝트 범위를 파악하는 데 매우 유용하다.

번다운 차트를 처음부터 설정하는 것은 어려울 수 있지만, 이 책 원서의 웹사이트 playfulproduction process.com을 비롯한 온라인에서 많은 예제와 템플릿을 찾을 수 있다. 많은 온라인 프로젝트 관리 도구가 자동 번다운 차트 시스템을 제공하므로 번다운 차트를 훨씬 쉽게 사용할 수 있다.

❸ 번다운 차트 사용

번다운 차트는 일반적으로 프로젝트 작업에 대한 데이터를 입력하는 '스프레드시트 또는 표'와 마일스톤 달성 가능성을 한 눈에 볼 수 있는 '인포그래픽'이라는 두 부분으로 구성된다.

프로젝트 작업에 대한 데이터를 입력하는 것은 이전 섹션에서 간단한 스케줄을 만든 것과 매우 유사하다. 스프레드시트나 표에 해당 프로젝트 단계 또는 스프린트에서 완료해야 하는 작업 목록을 작성한다. (프로젝트 단계가 4주보다 긴 경우에는 더 짧은 스프린트로 나눌 수 있다.) 간단한 스케줄에 대해 설명한 것과 동일한 기준을 사용하여 각 작업에 우선순위를 부여하고, 우선순위 1, 2, 3 작업이 대략 균등하게 나뉘도록 한다. 각 작업을 완료하는 데 소요될 것으로 예상되는 시간을 추정하고 1, 2, 4 또는 8의 값으로만 작업 길이를 할당한다. 각 팀원에게 각 작업을 할당하여 각 팀원이 이 스프린트 동안 프로젝트에 투입할 수 있는 시간에 맞춰 공정하게 작업을 배분한다. 대부분의 번다운 차트는 각 우선순위에 따라 각 팀원에게 할당된 작업 시간이 몇 시간인지 보여 준다.

번다운 차트는 스프린트 시작 예정 날짜를 알 수 있도록 설정되어 있다. 그림 19.3의 예에서 스프린트는 7월 20일(여덟 번째 행에서 이 날짜를 볼 수 있음)에 시작될 예정이다. 이 번다운 차트는 7월 20일부터 8월 2일까지 2주간의 스프린트에 대해 설정되어 있다.

	닉네임	합계 (작업자별)	우선순위	합계 (우선순위별)	
		43		43	31
사비에르	X	21	1	18	6
이베트	Y	22	2	14	14
			3	11	11

피처 & 콘텐츠	우선순위	예상 시간	팀원 배정		7/20	7/21	7/22	7/23	7/24	7/25	7/26	7/27	7/28	7/29	7/30	7/31	8/1	8/2		남은 작업 시간
피처 예시 1	1	4	Y		4	0	0	0	0	0	0	0	0	0	0	0	0	0		0
콘텐츠 예시 1	1	4	Y		4	4	2	2	2	2	2	2	2	2	2	2	2	2		2
피처 예시 2	1	2	X		2	0	0	0	0	0	0	0	0	0	0	0	0	0		0
콘텐츠 예시 2	1	8	X		8	8	4	4	4	4	4	4	4	4	4	4	4	4		4
피처 예시 3	2	4	X		4	4	4	4	4	4	4	4	4	4	4	4	4	4		4
콘텐츠 예시 3	2	4	Y		4	4	4	4	4	4	4	4	4	4	4	4	4	4		4
피처 예시 4	2	4	Y		4	4	4	4	4	4	4	4	4	4	4	4	4	4		4
콘텐츠 예시 4	2	2	X		2	2	2	2	2	2	2	2	2	2	2	2	2	2		2
피처 예시 5	3	4	Y		4	4	4	4	4	4	4	4	4	4	4	4	4	4		4
콘텐츠 예시 5	3	1	X		1	1	1	1	1	1	1	1	1	1	1	1	1	1		1
피처 예시 6	3	4	X		4	4	4	4	4	4	4	4	4	4	4	4	4	4		4
콘텐츠 예시 6	3	2	Y		2	2	2	2	2	2	2	2	2	2	2	2	2	2		2

그림 19.3

번다운 차트 스프레드시트 예시.

이미지 크레딧: 제레미 깁슨 본드, 리차드 르마샹, 피터 브린슨Peter Brinson, 아론 체니Aaron Cheney.

스프린트를 진행하면서 번다운 차트를 업데이트하여 나열된 각 작업을 완료하기 위해 남은 작업의 양을 표시한다. 이 작업은 날짜를 따라가며 오늘 날짜에 해당하는 열을 찾아서 수행한다(다시, 그림 19.3의 예시에서 여덟 번째 행). 이 번다운 차트는 매일 업데이트할 수 있도록 설정되어 있으며, 7월 21일과 22일에만 업데이트되었다.

오늘 날짜의 열의 아래로 내려가면서 가장 왼쪽 열에 나열된 각 작업을 살펴본다. 해당 작업에 대해 몇 가지 작업을 수행했는데 이제 원래 예상보다 남은 시간이 더 적다고 생각되면 해당 작업과 같은 행과 오늘 날짜에 해당하는 열에 남은 시간에 대한 새로운 최선의 추측을 입력한다. 어떤 사람들은 남은 시간을 업데이트할 때 1, 2, 4, 8 제한을 고수하고, 어떤 사람들은 제한을 풀어 정수를 사용하기로 선택한다. 작업이 완료되면 스프레드시트에서 해당 셀에 0을 입력한다.

번다운 차트의 뛰어난 기능이 바로 여기에서 발휘된다. 번다운 차트는 이번 주에 얼마나 많은 작업을 수행했는지는 신경 쓰지 않고 남은 작업의 양에만 신경을 쓴다. 너무 열심히 일해서 소진되는 것을 방지하기 위해 매주 얼마나 많은 작업을 했는지 기록하지 말라는 것은 아니다. 단지 번다운 차트는 그런 기록을 보관할 수 있는 곳이 아닐 뿐이다.

인포그래픽

오늘 날짜에 대한 스프레드시트를 업데이트했으면 번다운 차트의 다른 부분을 살펴볼 준비가 되었다. 이 차트는 스프린트가 끝나기 전에 모든 작업을 완료할 수 있는지 또는 뒤처졌는지 여부를 파악하는 데 도움이 되는 인포그래픽이다. 번다운 차트 인포그래픽은 일반적으로 그림 19.4와 같은 모양이다. 이것은 그림 19.3의 스프레드시트에 대한 인포그래픽으로, 몇 가지 주요 정보를 보여 준다.

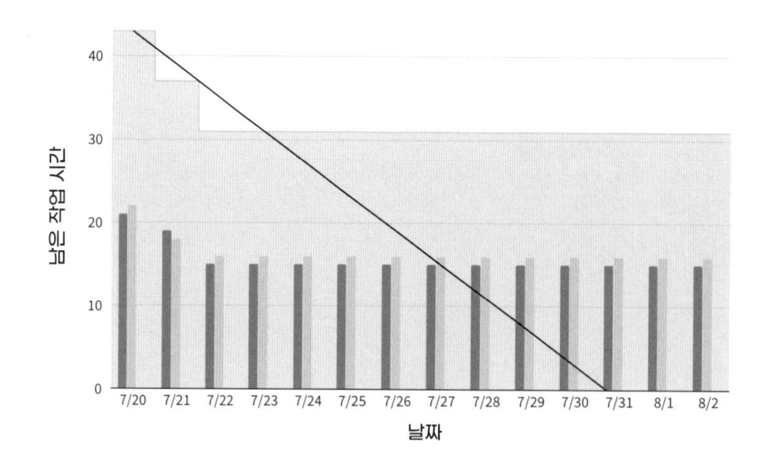

그림 19.4
번다운 차트 인포그래픽 예시.
이미지 크레딧: 제레미 깁슨 본드, 리차드 르마샹, 피터 브린슨, 아론 체니.

이 예에서는 배경에 옅은 회색 영역이 있고 세로 막대 그룹이 나란히 있으며 대각선이 있다. 가로축은 하단에 앞서 본 것과 동일한 날짜로 레이블이 지정되어 있는 것을 볼 수 있다. 세로축은 번다운 차트에서 모든 작업을 완료하기까지 남은 작업 시간을 나타낸다. 그림 19.5는 인포그래픽을 좀 더 자세히 살펴본 것으로, 이번에는 몇 가지 설명 레이블이 추가되었다.

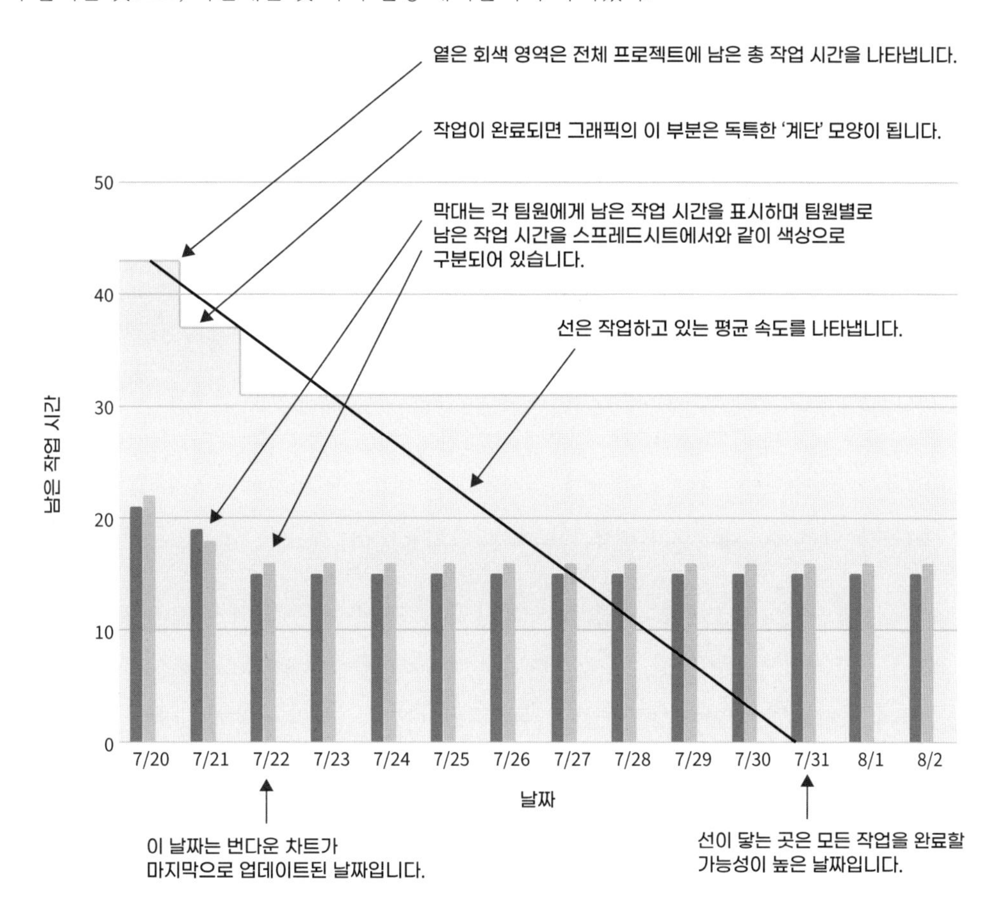

그림 19.5
주석이 달린 번다운 차트 인포그래픽 예시.
이미지 크레딧: 제레미 깁슨 본드, 리차드 르마샹, 피터 브린슨, 아론 체니.

막대에는 각 팀원에게 할당된 총 작업 시간이 표시된다. (이 예에서는 팀원이 두 명뿐이다.) 오른쪽 가로축을 따라 이동하면 작업이 진행 중 또는 완료로 표시되어 막대가 점점 짧아지는 것을 볼 수 있다.

회색 배경은 남은 총 작업 시간을 나타낸다. 가로축을 따라 특정 지점에서의 높이는 팀원들의 막대 높이를 모두 합친 것과 같다. 프로젝트를 진행하면서 작업을 완료로 표시하면 회색 배경이 그래프에서 계단 패턴으로 아래쪽과 오른쪽으로 이동한다. 결국 모든 작업을 완료하면 팀원의 막대와 회색 배경의 계단이 바닥에 도달하게 되고, 세로축인 남은 작업 시간 축은 0이 된다.

이제 인포그래픽에서 가장 중요한 부분인 대각선에 대해 이야기해 보겠다. 이 선은 남은 작업량과 비교하여 우리가 작업하는 속도를 표현한 것이다. 이 선이 가로축에 도달해 세로축이 0이 되는 지점은 번다운 차트에서 모든 작업을 완료할 것으로 예상되는 날짜를 나타낸다.

이런 하강 구조에 대해 잠시 설명해 주겠다. 번다운 차트는 오늘 날짜를 참조하는 수식을 통해 시간이 얼마나 지났는지 알 수 있으며, 지금까지 완료한 작업의 총량을 알 수 있다. 또한 남은 작업량도 알 수 있다. 따라서 차트는 미래를 예측하는 계산을 통해 지금까지 해 온 작업 속도와 거의 같은 속도로 계속 작업할 경우 언제까지 모든 작업을 완료할 수 있는지 보여 줄 수 있다. 이 차트는 작업량이 많았던 좋은 주와 작업량이 적었던 느린 주의 평균을 산출한다. 선이 그래프 하단에 닿는 날짜를 보면 언제 완료될지 꽤 잘 짐작할 수 있다.

즉, 스프린트 또는 프로젝트의 전체 단계를 진행하면서 평균적으로 예정보다 늦어지고 있는지 또는 예정보다 앞서고 있는지 지속적으로 알 수 있다. 그런 다음 프로젝트 범위에 대해 정보에 입각한 결정을 내릴 수 있다. 범위를 더 줄여야 할까? (이때 각 작업에 대해 설정한 우선순위가 매우 유용해진다.) 팀에 더 많은 인력을 투입해야 할까? 모든 작업을 좋은 수준으로 완성할 수 있는 시간을 확보하기 위해 나중이 아닌 조기에 조치를 취할 수 있는 다른 단계가 있나?

그림 19.6에서는 그림 19.4 및 19.5에서 며칠이 더 지난 후의 모습을 볼 수 있다. 두 팀원 모두 더 많은 작업을 완료했지만 작업 속도는 상당히 느려졌다. 회색 뒷면의 계단이 오른쪽으로 갈수록 훨씬 얕아지는 것을 볼 수 있다. 각 팀원이 예상치 못한 문제에 직면하여 각 작업이 예상보다 훨씬 오래 걸렸거나, 다른 일로 인해 프로젝트에 많은 시간을 할애하지 못했을 수도 있다.

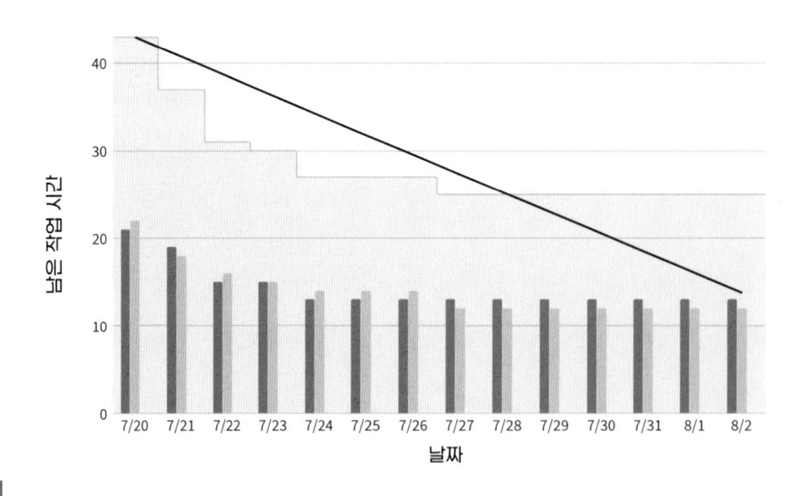

그림 19.6
며칠 후 같은 번다운 차트 인포그래픽 예시.
이미지 크레딧: 제레미 깁슨 본드, 리차드 르마샹, 피터 브린슨, 아론 체니.

이제 선이 더 이상 인포그래픽 하단에 닿지 않는다. 즉, 이 스프린트 기간 동안 완료해야 하는 모든 작업이 완료되지 않을 가능성이 높다는 뜻이다. 인포그래픽의 오른쪽에 선이 닿는 지점의 세로축을 살펴보면, 팀이 평균 연령과 같은 속도로 계속 작업할 경우 스프린트 마지막 날인 8월 2일에는 약 12시간의 작업 시간이 남아 있음을 알 수 있다.

이제 이 팀은 프로젝트를 다시 정상 궤도에 올려놓을 계획을 세워야 한다. 이 팀의 프로젝트는 현재 이 스프린트의 범위를 초과했기 때문에 스프린트에서 일부 작업을 줄여야 할 가능성이 높다. 물론 혹시라도 작업 속도가 증가하지 않을지 며칠 더 기다려 볼 수는 있다. 이어지는 몇 가지 작업에 걸리는 시간을 과대평가했을 경우 그들의 평균 작업 속도가 다시 증가할 수도 있다는 말이다. 하지만 그럼에도 불구하고 그들은 다시 정상 궤도에 오르기 위해 무엇을 줄일 수 있는지 계획을 세우기 시작해야 한다.

잘라낼 수 있는 항목 결정

거의 모든 게임 프로젝트는 풀 프로덕션 과정에서 범위 지정 문제에 직면한다. 게임의 범위를 맞추기 위해 기능과 콘텐츠를 줄이는 것은 모든 게임 디자이너가 배워야 하는 핵심 기술이다. 무엇을 잘라낼지 결정할 때 우선순위가 낮은 작업을 가장 먼저 고려한다. 우선순위를 정할 때 우리는 게임 디자인에 대해 생각한 후, 무엇을 빼고 할 수 있는지 파악하기 시작했다. (프로젝트를 어떻게 구성했는지에 따라 게임에서 완전히 제거할 수도 있고, 현재 스프린트에서 제거한 후 다음 스프린트에 포함할 수도 있다는 점에 유의해야 한다.)

하지만 우선순위가 낮은 모든 작업을 쉽게 잘라낼 수 있는 것은 아니다. 물론 어떤 작업은 다른 작업보다 더 쉽게 잘라낼 수 있을 테지만 말이다. 상대적으로 우선순위가 낮은 작업 중 일부는 게임의 다른 부분과의 관계로 인해 게임 디자인에 확고하게 자리 잡을 수도 있고, 이와 다르게 전체 디자인과 독립적인 작업도 있을 수 있다. 마크 서니는 최근에 내게 이렇게 말한 바 있다. “여기서 중요한 것은 어떤 부분을 제거할 수 있고 어떤 부분을 제거할 수 없는지 파악하는 것이다. 내러티브나 캐릭터 진행에 로케일Locale이 필요한 경우 제거할 수 없으므로 프로젝트 상태를 지속적으로 검토하고 유지해야 할 부분을 파악하여 디자인을 조정하는 것이 매우 중요하다. 이렇게 하면 개발 후반에도 게임에 해를 끼치지 않고 조정할 수 있다.” 모든 유형의 게임에는 쉽게 잘라낼 수 있는 부분과 반드시 유지해야 하는 부분에 대한 고려 사항이 있으며, 게임 디자인 실무 경험이 늘어갈수록 이를 구분하는 능력이 향상될 것이다.

번다운 차트에서 스케줄 변경하기

현재 스프린트(번다운 차트에서 다루는 프로젝트 기간)에 대한 범위가 초과되었다는 것을 깨닫고 무엇을 줄일지 결정한 후에는 차트에서 단축된 작업을 제거해야 한다. 가장 좋은 방법은 스프레드시트에서 취소선 서식을 사용하여 작업을 표시하고 예상 시간을 0으로 줄이는 것이다. (일부 번다운 차트에서는 행을 삭제하면 차트가 깨지는데, 나는 잘라낸 작업을 볼 수 있어야 하므로 취소선을 사용하면 된다.) 이렇게 하면 번다운 차트의 계산에서 작업이 제거되고 스프린트가 끝나기 전에 해야 할 작업이 줄어들기 때문에 선이 왼쪽으로 더 내려가게 된다.

작업에 필요한 시간을 지나치게 과소평가했거나 예상치 못한 새로운 작업을 해야만 작업을 진행할 수 있다는 사실을 발견한 경우, 선택의 여지가 있다. 일반적으로 스프린트 도중에 번다운 차트에 작업을 추가하거나 예상 소요 시간 수치를 늘리는 것은 계산이 흐트러질 수 있으므로 좋지 않다. 다시 정상 궤도에 오를 수 있도록 다른 작업을 충분히 줄이고, 자신이 과소 평가했던 작업을 완료할 때까지 해당 시간을 0으로 설정하고 작업을 계속할 수도 있다. 하지만 이렇게 하면 끝이 보이지 않는다. 일반적으로 주말에 더 나은 작업 목록과 더 나은 예상치를 가지고 새로운 스프린트를 시작하는 것이 좋다.

번다운 차트는 준비된 계산 장치이다. 미래를 확실히 알 수 있는 방법은 아니지만, 게임을 완성하기 위해 작업할 때 일어날 수 있는 일에 대해 더 나은 정보를 얻을 수 있는 매우 강력한 도구이다. 필자 경험상 게임 개발자는(필자 포함!) 작업이 언제 완료될지 예측하는 데 능숙하지 않는다. 번다운 차트 안에 숨어 있는 수학은 진행 상황을 파악하는 데 큰 도움이 된다. 특히 비교적 짧은 프로젝트나 단기간의 작업 스케줄을 잡을 때 번다운 차트만큼 효과적인 스케줄링 방법을 찾지 못했다.

이 예제에 사용된 번다운 차트의 원본을 개발하고 이 유용한 도구의 사용법을 알려 준 제레미 깁슨 본드에게 감사를 보낸다. 번다운 차트 사용에 대한 자세한 내용은 그의 훌륭한 저서인 《유니티와 C#으로 배우는 게임 개발 교과서Introduction to Game Design, Prototyping, and Development》[3]에서 확인할 수 있다.[4] (이 책의 서문은 필자가 썼다!)

---

3 역주 국내에는 1판이 번역 출간되었습니다. 《유니티와 C#으로 배우는 게임 개발 교과서》(위키북스, 2015).

4 Jeremy Gibson Bond, 《Introduction to Game Design, Prototyping, and Development: From Concept to Playable Game with Unity and C#, 2ed ed》, Addison-Wesley Professional, 2022, p.227.

신뢰와 존중의 분위기를 조성하는 번다운 차트

제작 방식과 스케줄링 도구는 때때로 억압적으로 느껴질 수 있다. 개인적으로 나는 내 성과가 매정하게 감시당하고 있다고 느끼면 절대로 최선을 다할 수 없다. 훌륭한 프로젝트 관리자는 개별 개발자가 자신감을 갖고 일할 수 있도록 돕는 방식으로 팀을 운영하며, 개발자가 신뢰와 존중을 받지 못하게 하는 시스템을 구축하지 않는다.

번다운 차트는 얼마나 많은 작업을 수행했는지가 아니라 남은 작업량만 기록하기 때문에 팀원들이 매주 얼마나 많은 시간을 투입하고 있는지 확인하는 데에는 전혀 도움이 되지 않는다. 팀의 리더가 팀원 중 누군가가 프로젝트에 대한 약속을 지키지 않는다고 느낀다면 이는 어떻게든 해결해야 할 특별한 문제이다. 하지만 대부분의 게임 개발자는 선의가 있고 성실하며 창의적인 작업에 흥미를 가지고 있다.

사람을 최대한 활용하는 방법은 사람을 신뢰하고 존중하는 태도를 보여줌으로써 그 신뢰를 보여 주는 것이다. 별다른 진전이 없는 것처럼 보이더라도 매주 시간을 투자했다고 믿는 것은 존중을 보여주는 것이다. 번다운 차트는 팀 내 개발자를 존중하고 결과적으로 신뢰를 쌓을 수 있는 스케줄링 도구이다.

~ ❉ ~

여기서는 프로젝트 스케줄을 잡는 두 가지 방법을 소개해 줬는데, 하나는 간단한 방법이고 다른 하나는 좀 더 복잡한 방법이다. 이제 막 시간을 더 잘 관리해야 하는 과제에 익숙해지기 시작하고 프로젝트 범위를 책임감 있게 설정하는 방법을 배우는 창의적인 사람에게는 이 간단한 방법이 좋은 출발점이 될 수 있다.

이 장에서 설명한 기본 사항을 숙지한 후에는 디지털 게임 프로젝트 스케줄링에 대해 더 많은 것을 배울 수 있다. 대규모 팀의 전문 프로듀서는 복잡한 스케줄링 시스템을 사용하는 경우가 많으므로 작업 간의 종속관계를 추적하는 데 사용되는 '간트 차트Gantt Chart'에 대해 알아볼 수 있다. 클린턴 키스Clinton Keith가 쓴 《애자일 게임 개발Agile Game Development》이나 헤더 맥스웰 챈들러Heather Maxwell Chandler가 쓴 《게임 제작 툴박스The Game Production Toolbox》 같은 책에서 프로젝트 스케줄링에 대한 고급 아이디어를 찾을 수 있다.

또한 아사나Asana, 베이스캠프Basecamp, 핵앤플랜HacknPlan, 지라 소프트웨어Jira Software, 먼데이Monday, 트렐로Trello와 같은 소프트웨어 프로젝트 관리 패키지에 포함된 스케줄링 도구도 살펴볼 수 있다. 메러디스 홀Meredith Hall은 "게임 개발을 위한 프로젝트 관리 도구 선택하기"란 글에서 이러한 도구와 그 외 다양한 도구에 대해 설명했다.[5] 또 여러분은 opensource.com 홈페이지에 리스트된 "애자일 팀을 위한 7가지 오픈 소스 프로젝트 관리 도구"와 같은 저가 또는 무료 프로젝트 관리 도구도 온라인에서 찾을 수 있다.[6]

나는 프로듀서와 프로젝트 관리자뿐만 아니라 게임 개발 팀의 모든 사람이 팀의 시간 관리에 참여해야 한다고 믿고 있다. 게임을 만드는 데 걸리는 시간은 유쾌하고 반복적인 창의적인 과정과 불가분의 관계에 있다. 모두가 사려 깊게 앞을 내다보는 데 참여한다면 함께 프로젝트 목표를 달성하는 방식으로 프로젝트를 운영할 수 있을 것이다.

어떤 스케줄링 방법을 채택하든 여러분의 행운을 빈다. 프로젝트가 언제 범위를 초과하는지 가능한 한 빨리 파악하고 풀 프로덕션을 진행하면서 범위를 계속 주시해야 한다. 신뢰와 존중으로 가득 찬 팀 문화를 가지고 가능한 한 관료주의를 최소화하면서 프로젝트의 현실을 추적하는 방법을 지향해야 한다. 그렇게 하면 팀원들이 각자의 업무를 잘 수행할 수 있도록 돕는 것, 즉 유능한 프로듀서의 핵심적인 업무 책임을 다하는 것이다.

---

5 Meredith Hall, "Choosing a Project Management Tool for Game Development", Gamasutra, 2018. 06. 29., https://www.gamasutra.com/blogs/MeredithHall/20180629/321013/Choosing_A_Project_Management_Tool_For_Game_Development.php.

6 "Top 7 Open Source Project Management Tools for Agile Teams", Opensource.com, 2020. 01. 13., https://opensource.com/article/18/2/agile-project-management-tools.

20장
마일스톤 리뷰

게임 문화는 비디오 게임을 제작하고 즐기는 모든 단계에서 리뷰 커뮤니티라고 부르는 것으로 가득하다. 전문 게임 리뷰어는 게임 구매자의 구매 결정에 정보를 제공하는 리뷰를 게시하고, 게임 플레이어는 리뷰 연합 및 게임 배포 사이트에 사용자 리뷰를 게시한다. 소셜 미디어 유명인은 비디오 스트림에서 실시간으로 게임을 플레이하면서 게임에 대해 이야기한다. 퍼블리셔는 비용을 지불하고 개발한 게임 프로젝트를 검토하며, 퍼블리셔와 기타 이해관계자가 개발 팀에 피드백을 제공하는 방법에는 여러 가지가 있다. 게임 개발 팀은 진행 중인 프로젝트에 대한 내부 검토를 진행한다. 이 책 전체에서 논의한 디자인-개발-플레이 테스트-분석-디자인의 반복적인 사이클에는 검토 과정이 포함되어 있다. (그것은 '분석' 파트이다.) 예를 들어, 23장에서 설명할 것처럼 팀의 모든 구성원은 게임의 각 부분을 구축하면서 자신의 작업을 지속적으로 검토한다.

이 장에서는 프로젝트 전반의 주요 마일스톤에서 이루어지는 프로젝트 전체 검토에 초점을 맞출 것이다. 게임 개발 팀(또는 팀의 가장 선임 멤버를 포함한 특정 팀원)과 팀 외부의 사람들이 함께 모여 게임을 살펴보고 방향에 대한 조언을 제공하는 리뷰 유형을 살펴보겠다.

마일스톤 리뷰 실행 시기

재미있는 게임 제작 프로세스에서는 다음과 같은 주요 시점에 마일스톤 리뷰가 이루어진다.

- 프리 프로덕션 종료.
- 알파 마일스톤.
- 베타 마일스톤.

이러한 마일스톤은 작업을 잠시 멈추고 종합적으로 검토할 수 있는 좋은 시점을 제공한다. 버티컬 슬라이스, 게임 디자인 매크로, 스케줄이라는 결과물이 도착하는 '프리 프로덕션이 끝나는 시점'이야말로 완성된 게임을 살펴볼 수 있는 좋은 시기이다. 강력한 디자인이 완성되어 앞으로 나아가고 있는지, 아니면 게임의 핵심 디자인에 아직 보완해야 할 부분이 있는지 알 수 있는 경우가 많다. 다음 장에서 알파 및 베타 단계에 대해 살펴보겠다. 프로젝트가 완료되고 나서는 프로젝트 후 리뷰라는 특별한 종류의 검토도 있는데, 이에 대해서는 36장에서 살펴볼 것이다.

각 마일스톤 사이에 몇 주 이상의 기간이 있는 장기 프로젝트의 경우, 이러한 마일스톤 사이에 추가 검토를 진행해야 한다. 내 경험상 게임 개발 팀은 보통 3~4개월마다 프로젝트 전반을 검토하여 일이 제대로 진행되고 있는지 확인하는 것이 도움이 된다. 게임 출시 후에도 플레이어 커뮤니티의 반응과 패치 및 업데이트를 통해 게임 디자인이 계속 발전함에 따라 마일스톤 리뷰 회의를 계속 개최하여 논의해야 하는 경우도 있다.

내부 및 외부 마일스톤 리뷰

이 장에서는 팀 외부의 사람들이 게임에 대한 의견을 제시하는 외부 마일스톤 리뷰 회의에 초점을 맞추겠지만, 주요 마일스톤이 있을 때마다 팀 전체가 모여 프로젝트에 대해 서로 논의해야 한다. 내부 마일스톤 리뷰 회의를 통해 팀은 게임과 개발 과정에서 무엇이 잘 작동하고 있는지, 어떤 문제를 해결해야 하는지에 대한 추가적인 합의와 명확성을 얻을 수 있다. 또한 각 개인 또는 그룹은 게임에 대한 팀원의 관점을 더 깊이 이해하게 된다.

팀의 규모가 너무 커서 모든 사람이 참석한 가운데 내부 검토를 진행하기 어려운 경우, 분야별 회의(예술 그룹, 엔지니어링 그룹 등)와 모든 분야의 구성원들로 구성된 융합적인 그룹을 통해 여러 차례 회의를 진행할 수 있다. 한 분야에 집중하는 '심도 있는 전문성'과 여러 분야를 아우르는 시너지 효과를 낼 수 있는 '협업적 사고방식'은 각 단계에서 매우 유용하다.

마일스톤 리뷰 진행

마일스톤 리뷰를 진행하려면 개발 팀, 그리고 특히 경영진의 준비가 필요하다. 프로젝트가 잘 진행되고 있다면 각 마일스톤을 충족하기 위해 수행한 작업이 검토에 필요한 작업과 자연스럽게 일치하게 된다. 검토를 위해 작업을 발표할 사람들에게 약간의 추가 작업이 필요하겠지만, 그 정도는 크지 않을 수도 있다.

마일스톤 리뷰는 검토를 위한 시간을 따로 마련하는 것으로 시작된다. 짧은 게임은 15분에서 20분 정도면 충분하지만 큰 게임은 하루 종일 걸릴 수도 있다. 비디오와 오디오가 좋은 편안한 회의실이나 강의실을 선택하고, 물을 준비해야 한다. 리뷰에서는 많은 이야기를 나누게 되기 때문에 입이 마를 수 있다. 그런 다음 개발 팀(또는 리더)이 작업물을 발표할 준비를 한다. 개발 팀이 무엇을 준비해야 하는지는 잠시 후에 살펴보겠다.

다음으로 작업을 검토할 사람들을 모아 그룹을 구성해야 한다. 이 리뷰 그룹은 게임의 새로운 디자인에서 무엇이 잘 작동하고 무엇이 그렇지 않은지에 대한 조언을 제공한다. 게임 업계에서는 마일스톤 리뷰 그룹이 거의 전적으로 프로젝트 이해관계자, 즉 게임 제작에 돈을 투자하는 사람들로 구성되는 경우가 많다. 이에 대해서는 이 장의 "프로젝트 이해관계자에게 프레젠테이션하기" 절에서 자세히 살펴보겠다.

마일스톤 리뷰 회의에는 보통 스튜디오의 책임자가 참석하며, 다른 경영진과 스튜디오 주변의 다른 개발자들도 참석한다. 스튜디오 외부에서 이사회 멤버나 컨설턴트를 데려올 수도 있다. 게임을 검토하는 사람이 게임 제작 프로세스를 잘 알고 있는 게임 개발자일 때 검토 과정이 가장 효과적이다. 여러 게임을 개발 중인 수업의 경우 팀의 동료, 강사 및 학생 조교가 훌륭한 리뷰 그룹 구성원이 될 수 있다.

마일스톤 리뷰 날짜와 시간이 되면 모두가 모여 검토 과정이 시작된다. 일반적인 마일스톤 리뷰 회의는 다음과 같은 방식으로 진행된다.

1. 개발자가 게임을 간략하게 소개하고 프로젝트의 진행 상황을 요약한다.
2. 리뷰 그룹 앞에서 게임을 시연하거나 플레이 테스트한다.
3. 필요한 경우 리뷰 그룹의 선임 멤버가 노트(피드백)를 작성하는 과정에서 주도적으로 참여한다.
4. 다른 리뷰 그룹 멤버들도 게임에 대한 의견을 제시하며 노트를 작성한다. 그룹들 사이에 활발한 대화가 이어질 수 있다.
5. 검토에 할당된 시간이 끝나면 게임 개발자는 그룹에게 피드백에 대한 감사의 인사를 전한다.
6. 분기별 비즈니스 회의나 게임 개발 수업과 같이 여러 프로젝트를 검토하는 환경에서는 다음 프로젝트로 넘어간다.

이 과정에 대해 좀 더 자세히 살펴보겠다.

1. 개발자가 게임을 간략하게 소개하고 프로젝트의 진행 상황을 요약한다.

a 팀은 일반적으로 프레젠테이션 슬라이드를 사용하여 게임을 효과적으로 소개할 것이다.

b 현재 이름으로 프로젝트를 소개한다. 작업 제목만 있는 경우에는 그렇게 말하면 된다.

c 팀은 게임의 타깃 고객이 누구라고 생각하는지 설명한다. 7장에서 만든 간단한 포지셔닝 문구인 '우리 게임의 잠재 고객은 ...이다.'를 사용할 수 있다.

d 팀은 현재 프로젝트의 상태를 간략하게 설명한다. 최근에 완료된 주요 작업이나 그날 발표할 내용에 대해 설명할 수 있다. 해당 작업이 마일스톤에 도달한 경우, 마일스톤의 요구 사항을 충족했는지 또는 초과했는지를 설명한다. 그리고 마일스톤에 도달하지 못한 경우에는 부족한 부분을 말한다.

e 리뷰 그룹에서 발견할 수 있는 큰 문제를 포함하여 게임의 알려진 모든 문제를 설명한다. 문제의 성격에 따라 리뷰 그룹이 조언을 제공할지, 아니면 알려진 문제에 시간을 낭비하지 않을지 결정하는 데 도움이 될 수 있다.

f 필요한 경우 리뷰 그룹으로부터 어떤 종류의 피드백을 받는 것이 유용한지 알려 준다.

g 가능한 한 빨리 게임을 살펴보고자 이 리뷰의 초기 프레젠테이션 부분은 최대한 짧게 작성했다.

2. 리뷰 그룹 앞에서 게임을 시연하거나 플레이 테스트한다.

a 게임과 게임 상태에 따라 게임 팀이 직접 게임을 플레이하여 보여 주거나, 플레이 테스터를 요청하여 리뷰 그룹 앞에서 게임을 플레이할 수 있도록 한다.

b 게임이 비교적 초기 단계에 있고 새로운 플레이어가 발견할 수 있는 알려진 문제가 있을 때 시연하는 것이 좋다. 또한 팀에서 리뷰 그룹이 확인하고자 하는 콘텐츠가 많을 때 게임을 시연하는 것이 좋다.

c 때때로 게임에는 발표자가 경험을 '스포일러'할까봐 밝히기를 꺼려하는 깜짝 결말이 있을 수 있다. 게임의 최종 시청자인 플레이어는 스포일러로부터 보호받아야 하지만 리뷰 그룹은 그렇지 않아야 한다. 리뷰단은 도움을 주기 위해 존재하며, 좋은 분석을 제공하기 위해 게임 구조에 대한 모든 것을 알아야 한다.

d 게임을 처음 본 리뷰 그룹은 끝까지 의견을 유보할 수 있다. 그러나 리뷰 그룹이 연속적인 리뷰 회의를 통해 특정 게임에 익숙해지면 게임이 시연되는 동안 '실시간으로' 의견을 제시하기 시작할 수 있다.

e 이러한 종류의 실시간 코멘트는 다른 유형의 게임보다 일부 게임 유형에 더 적합하다. 실시간 코멘트가 다른 리뷰 그룹 구성원이 게임을 받아들이는 방식에 영향을 미칠 수 있는 경우(예: 특히 긴장감 넘치거나 감정적인 게임)에는 게임이 표시될 때까지 코멘트를 보류하는 것이 가장 좋다.

3. 필요한 경우 리뷰 그룹의 선임 멤버가 노트(피드백)를 작성하는 과정에서 주도적으로 참여한다.

a 스튜디오에서는 스튜디오 사장이나 디자인 디렉터와 같이 팀원이 아닌 가장 상급자가 먼저 노트를 작성할 수 있다. 강의실 환경에서는 강사가 같은 방식으로 노트할 수도 있다. 이는 토론의 분위기를 조성하거나 적어도 선임 멤버가 보기에 특별히 논의할 가치가 있는 주요 이슈를 즉시 파악하는 데 유용할 수 있다.

b 이 순간은 시니어 리뷰 그룹 멤버가 6장에서 언급한 '샌드위칭'과 12장에서 언급한 '나는 ~을 좋아한다. 나는 ~을 바란다. 만약에 ~라면?'을 사용하여 디자이너에 대한 신뢰와 그들의 작업에 대한 존중, 동료적이고 건설적인 비판의 분위기를 조성할 수 있다.

c 선임 멤버는 비교적 짧게 발언하되, 자신이 생각하는 주요 이슈를 중심으로 발언해야 한다. 목표는 가능한 한 빨리 다른 리뷰 그룹 멤버들 간에 대화와 토론의 장을 열어 두는 것이다.

4. 다른 리뷰 그룹 멤버들도 게임에 대한 의견을 제시하며 노트를 작성한다. 그룹들 사이에 활발한 대화가 이어질 수 있다.

a 리뷰 그룹 구성원은 자발적으로 발언을 시작하거나 게임 팀 또는 회의를 주도하는 사람이 손을 들어 요청할 수 있다.

b 게임에 대한 대화는 종종 매우 자연스럽게 전개된다. 리뷰 그룹 구성원은 서로의 의견을 바탕으로 의견을 나누기도 하고 때로는 서로의 의견에 동의하지 않을 수도 있다. 리뷰 그룹 구성원들이 서로 동의하지 않을 때, 그리고 정중하고 서로를 존중하는 토론이 이어질 때 게임에서 발견한 문제를 깊이 파고드는 것은 매우 생산적일 수 있다.

c 발표 팀원 중 한 명이 리뷰 그룹의 의견을 캡처하기 위해 노트를 작성(또는 리뷰 그룹의 허가를 받아 오디오 또는 비디오 녹음)한다.

d 개발자는 리뷰 그룹이 특별히 논의하고 싶은 게임 부분을 다시 보여 줄 수 있다. 게임이 짧은 경우 전체 내용을 다시 보여 줄 수도 있다. 이를 통해 게임의 특정 부분 또는 해당 부분에 대한 심도 있는 토론을 유도할 수 있다.

e 토론을 통해 게임 디자이너는 리뷰 그룹이 바라보는 작품의 강점과 약점을 빠르게 파악할 수 있다. 또한 다른 사람들이 각기 다른 방식으로 게임을 바라보는 측면이 있는지 파악할 수 있다.

5. 검토에 할당된 시간이 끝나면 게임 개발자는 그룹에게 피드백에 대한 감사 인사를 전한다.

a 게임 개발자가 리뷰 그룹의 시간, 관심, 전문 지식에 감사를 표하는 것은 일반적인 예의이다.

b 이 행위는 또한 세션을 잘 마무리하고 리뷰 그룹이 다음번에도 게임을 살펴볼 수 있도록 암묵적인 다리를 놓는 역할을 한다.

6. **분기별 비즈니스 회의나 게임 개발 수업과 같이 여러 프로젝트를 검토하는 환경에서는 다음 프로젝트로 넘어간다.**

   a 내 수업에서 우리는 공정성을 위해 프로젝트별로 검토할 수 있는 시간을 균등하게 배분한다. 어떤 게임은 다른 게임보다 시간이 더 오래 걸리는 경우가 있는데, 이 경우에는 케이스별로 처리한다.

   b 개발 팀과 리뷰 그룹 멤버는 시간이 다 되었지만 더 유용한 대화가 있는 경우 회의 밖에서 서로 후속 조치를 취할 수 있다.

   c 일반적으로 개발이 진행됨에 따라 각 게임을 살펴보는 시간이 늘어난다.

      i 프리 프로덕션이 끝나면 15분 동안 각 게임을 살펴본다. 우리가 살펴보는 버티컬 슬라이스는 종종 매우 짧아서 플레이하는 데 2~3분밖에 걸리지 않을 수 있다. 따라서 토론할 시간이 충분히 남는다.

      ii 알파 및 베타 단계에서는 각 게임을 살펴보는 시간이 점차 길어져 최소 30분으로 늘어났다.

픽사 브레인트러스트

이 과정 또는 이를 약간 변형한 과정은 대부분의 마일스톤 리뷰 유형에 적합하다. 이 과정은 부분적으로 에드 캣멀과 에이미 월리스가 《창의성을 지휘하라》에서 논의한 브레인트러스트 과정에서 영감을 얻었다. 이 방법의 변형은 전 세계의 크리에이티브 커뮤니티에서 찾아볼 수 있다.[1]

픽사 브레인트러스트의 흥미롭고 중요한 점은 검토 대상인 창작자에게 직접적인 권한이 없다는 점이다. 브레인트러스트는 서로 다른 프로젝트의 감독, 스토리텔러, 아티스트가 모여 진행 중인 작품을 공동의 방식으로 검토하는 동료 리뷰 그룹으로, 조치를 취해야 하는 지적 사항을 제시할 권한이 없다. 주어진 피드백을 경청하고 이를 어떻게 처리할지 결정하는 것은 팀의 몫이다.

동시에 작업을 검토하는 크리에이티브 담당자는 확인된 문제를 해결해야 할 책임이 있다. 연속된 마일스톤 회의에서 동일한 문제가 반복해서 제기된다면 이는 프로젝트에 더 큰 문제가 있다는 적신호이며, 결국 프로젝트를 취소하거나 리더십을 변경하여 해결해야 할 수도 있다.

《창의성을 지휘하라》에서는 브레인트러스트에 대해 "브레인트러스트의 가장 중요한 특징은 구성원

---

1 Ed Catmull and Amy Wallace, 《Creativity, Inc.: Overcoming the Unseen Forces That Stand in the Way of True Inspiration》, Random House, 2014, p.86.

이 감정적이거나 방어적인 태도를 취하지 않고도 영화의 감정적 비트를 분석할 수 있는 능력"이라고 언급한다.[2]

> 브레인트러스트의 구조 덕분에 결함이 명백하거나 수정이 필요하다는 말을 들었을 때의 고통이 최소화된다. 누구도 영화 제작자에게 직급을 매기거나 무엇을 하라고 지시하지 않기 때문에 감독이 방어적인 태도를 취하는 경우는 거의 없다. 영화 제작자가 아닌 영화 자체가 현미경 아래에 있다. 여러분은 여러분의 아이디어가 아니다. 여러분이 자신의 아이디어와 스스로를 너무 밀접하게 동일시하면 그 아이디어가 도전을 받을 때 불쾌감을 느끼게 된다. 건강한 피드백 시스템을 구축하려면 방정식에서 권력 역학을 제거해야 한다. 즉, 사람이 아닌 문제에 집중할 수 있도록 해야 한다.[3]

스튜디오 사장이나 퍼블리셔가 특정 기능이나 콘텐츠를 원하고 이를 얻지 못하면 화를 낼 수 있는 게임 팀의 권력 역학 관계로 인해 마일스톤 리뷰에서 좋은 피드백을 받지 못하는 경우가 너무 많다. 특히 상업적인 맥락에서 게임 팀의 리더십은 이 장의 "프로젝트 이해관계자에게 프레젠테이션하기" 절에서 설명하는 것처럼 이러한 유형의 리뷰를 처리해야 하는 경우가 많다.

따라서 게임을 검토하는 과정에 픽사 브레인트러스트의 사고방식을 더 많이 도입할수록 더 좋은 결과를 얻을 수 있다. 리뷰 과정에서 권력 투쟁을 제거하면 게임의 객관적인 품질과 프로젝트 목표를 달성하거나 달성하지 못하는 방식에 집중할 수 있다.

무엇이 좋은 노트를 만드는가?

노트는 피드백의 일종으로, 다양한 창작 분야에서 이 용어가 사용되고 있다. 비디오 게임, 시나리오, 그림 등 여러분의 작품에 대해 내가 줄 수 있는 노트는 현재 진행 중인 작업에 대한 인식, 생각, 감정, 이론에 대한 내 의견이며, 여러분이 이를 유용하게 사용하길 바란다. 내가 여러분의 동료인지, 상사인지, 친구인지에 따라 내 노트는 특정한 취향이나 강도를 가질 수 있다. 훌륭한 게임 디자이너는 게임을 개선하는 데 도움이 되는 좋은 노트를 항상 찾고 있다.

마일스톤 리뷰 그룹은 게임에서 본 거의 모든 것에 대해 많은 노트를 남긴다. 마음에 드는 점을 언급할 수도 있고, 명확하지 않은 부분에 대해 질문하거나 좋은 점을 더 좋게 만들기 위한 제안을 할 수도

2 Ed Catmull and Amy Wallace, 《Creativity, Inc.: Overcoming the Unseen Forces That Stand in the Way of True Inspiration》, Random House, 2014, p.70.

3 Ed Catmull and Amy Wallace, 《Creativity, Inc.: Overcoming the Unseen Forces That Stand in the Way of True Inspiration》, Random House, 2014, p.93.

있다. 아니면 게임의 약점이나 문제점을 지적할 수도 있다. 어떤 노트는 작업을 개선할 수 있는 방법에 대한 통찰력으로 가득 차 있어 도움이 되지만, 어떤 노트는 그렇지 않다. 그렇다면 무엇이 좋은 노트를 만들까?

❸ 직접성

첫째, 노트는 직접적이어야 한다. 유용한 정보를 정직하게 전달해야 한다. 샌드위칭이나 '나는 ~을 좋아한다. 나는 ~을 바란다. 만약에 ~라면?'은 모두 친절하고 정중한 방식으로 노트를 구성하는 훌륭한 기법이다. 단, 구구절절 늘어놓지 말고 하고 싶은 말의 핵심을 전해야 한다.

대부분의 사람들은 정직을 소중히 여기고 정직해지기를 열망한다. 하지만 솔직함Honesty에는 어려움이 따른다. 다른 사람이 내 생각을 듣고 어떻게 반응할지 확신할 수 없고, 솔직하게 말하는 것은 잔인할 수 있다. 상처를 주거나, 분노를 유발하거나, 의욕을 떨어뜨릴 수 있다. 나도 한때는 강박적으로, 그리고 반사적으로 솔직해져야 한다고 느낀 적이 있었지만, 그것은 본인에게나 다른 사람에게 큰 도움이 되지 않는 경우가 많았다.

나는 여전히 내가 보는 진실을 단도직입적으로 말하고 싶었지만 시간이 지남에 따라 신중하게 단어를 선택하고, 관련된 모든 사람들에 대한 연민에 초점을 맞추고, 해야 할 말을 할 적절한 순간을 선택하는 등 더 나은 방식으로 솔직해지는 법을 찾게 되었다. 예를 들어 민감한 주제에 대해 누군가와 개인적으로 이야기하는 것이 중요할 때도 있다. 《창의성을 지휘하라》에서는 이를 '솔직함Candor'이라는 용어로 언급한다.[4]

전체주의적이고 솔직하면서도 잔인한 방식에서 친절하고 사려 깊은 직설적인 방식으로 접근 방식을 바꾸면서 나의 말은 다른 사람들에게 훨씬 더 유용해졌고, 나 자신에게도 도움이 되었다. 이제 나는 상대방이 잘 받아들일 수 있는 방식으로 직설적으로 소통하는 데 훨씬 더 능숙해졌다. 재치 있는 직접성에 초점을 맞춰 소통한다면 노트를 작성할 때나 일상생활에서 큰 실수를 하지 않을 것이다.

❸ 건설적이고 시의적절한 비판

노트가 유용하려면 건설적이고 시의적절해야 한다. 《창의성을 지휘하라》의 저자들은 이에 대한 몇 가지 생각을 아주 명확하게 제시하고 있다.

> 좋은 노트는 무엇이 잘못되었는지, 무엇이 누락되었는지, 무엇이 명확하지 않은지, 무엇이 이해되지 않는지

4 Ed Catmull and Amy Wallace, 《Creativity, Inc.: Overcoming the Unseen Forces That Stand in the Way of True Inspiration》, Random House, 2014, p.86.

> 를 알려 준다. 좋은 노트는 문제를 해결하기에는 너무 늦지 않은 시점에 적시에 제공된다. 좋은 노트는 요구를 하지 않으며 제안된 수정 사항을 포함할 필요도 없다. 하지만 수정 제안이 있다면 이는 잠재적인 해결책을 설명하기 위한 것이지 정답을 미리 적어 두기 위한 것이 아니다. 무엇보다도 좋은 노트는 구체적이어야 한다. "지루해서 몸부림치고 있어요."는 좋은 노트가 아니다.[5]

이 짧은 문단에는 많은 지혜가 담겨 있다. 이제 그 내용을 살펴보자.

"좋은 노트는 무엇이 잘못되었는지, 무엇이 누락되었는지, 무엇이 명확하지 않은지, 무엇이 이해되지 않는지 알려 준다." 마일스톤 리뷰 그룹은 검토 중인 게임에서 자신은 볼 수 있지만 개발자는 볼 수 없는 문제점을 찾는다. 게임이 너무 빨리 어려워지거나 충분히 어려워지지 않거나, 플레이어에게 게임 플레이 방법을 배울 기회를 제공하지 않는 등 무언가 잘못되었거나 누락된 부분이 있을 수 있다. 게임 디자인에서 문제는 명확성 부족과 관련이 있는 경우가 많다. 게임 시스템이 어떻게 작동하는지, 해당 리소스가 무엇을 하는지, 이 캐릭터가 누구인지 이해할 수 없는 것이다. 게임이 디자이너가 의도한 감정적 경험을 만들어 내지 못할 수도 있는데, 가령 디자이너가 죽도록 진지하게 보이길 원했는데 의도치 않게 재미있게 느껴지는 경우가 그렇다.

보다시피 이러한 문제들은 대부분 디자이너의 의도에 따라 달라진다. 리뷰 그룹 회원들은 종종 노트를 작성하기 전에 디자이너의 의도에 대해 물어본다. 디자이너의 의도가 적절할 때도 있고 그렇지 않을 때도 있다. 디자이너가 의도와 상관없이 노트를 듣는 것이 현명한 상황을 상상할 수 있다.

"좋은 노트는 문제를 해결하기에는 너무 늦지 않은 시점에 적시에 제공된다." 프로젝트의 막바지에 가까워질수록 노트 제공의 이러한 측면이 더욱 중요해진다. 모든 문제가 해결된 초기 마일스톤 리뷰 단계에서는 이 점을 고려하지 않는다. 프로젝트의 디자인 기초가 튼튼하기를 원하기 때문에 리뷰 그룹이 보는 거의 모든 이슈에 대해 버티컬 슬라이스 관점에서 이야기하는 것이 중요하다. 하지만 '알파 마일스톤(28장 참조)' 이후에는 더 이상 기능을 추가할 수 없고 '베타 마일스톤(31장 참조)' 이후에는 콘텐츠를 추가할 수 없으므로 리뷰 그룹의 노트는 이러한 제작 현실을 염두에 두어야 한다.

"좋은 노트는 요구를 하지 않으며 제안된 수정 사항을 포함할 필요도 없다. 하지만 수정 제안이 있다면 이는 잠재적인 해결책을 설명하기 위한 것이지 정답을 미리 적어 두기 위한 것이 아니다." 어떤 사람들은 비판이 건설적이기 위해서는 문제에 대한 해결책을 제시해야 한다고 생각한다. 하지만 때로는 문제를 파악하는 것만으로도 충분할 수 있다. 픽사의 브레인트러스트 리뷰 그룹은 권한이 없으며 누구에게도 무엇을 하라고 지시하지 않는다. 《창의성을 지휘하라》에서는 바로 이 점이 브레인트러스트가 잘 작동하

5 Ed Catmull and Amy Wallace, 《Creativity, Inc.: Overcoming the Unseen Forces That Stand in the Way of True Inspiration》, Random House, 2014, p.103.

는 이유라고 말한다. 모든 유형의 아티스트에게 가장 유용한 것은 자신의 작업을 마주하고 있는 아티스트에게 무엇이 작동하지 않는지 이해시키는 것이다. 이를 통해 문제 해결을 위한 소통의 공간이 열리고, 결국 올바른 해결책을 찾을 때까지 반복할 수 있다.

"무엇보다도 좋은 노트는 구체적이어야 한다. '지루해서 몸부림치고 있어요.'는 좋은 노트가 아니다." 나는 이 원칙을 너티독 시절부터 잘 알고 있었는데, 그때는 항상 화면에서 보고, 스피커를 통해 듣고, 손에 든 컨트롤러를 통해 느낀 것에 초점을 맞춰 피드백을 하려고 노력했다. 추상화하거나 일반화하지 않고 게임 디자인에 대해서만 비판하고 디자이너에 대해서는 비판하지 않는 것이 게임 디자인 논의를 발전시킬 수 있는 가장 건설적인 방법이다.

《창의성을 지휘하라》는 앤드류 스탠튼 감독의 말을 인용해 좋은 지적과 건설적인 비판을 요약했다.

> 비판과 건설적인 비판에는 차이가 있다. 후자의 경우 여러분은 비판하는 동시에 구조화를 시도하는 것이다. 여러분은 해체하면서 구축하는 것이고, 방금 찢어 낸 것에서 새로운 조각을 만들어 작업하는 것이다. 그 자체가 하나의 예술 형식이다. 나는 항상 '어떻게 하면 저 아이가 숙제를 다시 하고 싶게 만들 수 있을까?'와 같이 받는 사람에게 영감을 줄 수 있는 노트를 작성해야 한다고 생각한다. 그러니까, 선생님처럼 행동해야 한다는 것이다. 때로는 50가지 다른 방식으로 문제에 대해 이야기하다가 '아, 나도 해 보고 싶다.'라고 생각하는 것처럼 눈에 띄는 한 문장을 발견할 때까지 이야기한다.[6]

마일스톤 리뷰에서 발표하는 게임 개발자는 무엇을 해야 하나?

12장에서 논의했듯이, 우리의 기억은 일반적으로 결함이 있고 감정에 강하게 물들어 있다. 따라서 게임을 발표하는 개발자는 모든 게임 디자이너가 피드백을 받을 때 모든 상황에서 해야 할 일, 즉 피드백을 기록하는 일을 해야 한다. (또는 리뷰 그룹의 허가를 받아 녹음하는 것도 좋다.) 마일스톤 리뷰 중에 받은 모든 노트를 기록해 두면 나중에 팀의 게임 디자이너들이 리뷰 그룹의 건설적인 비판에 어떻게 대응할지 논의할 때 쉽게 분석할 수 있다.

게임 디자이너는 게임을 발표할 때 방어적인 태도를 취하지 않도록 노력해야 한다. 피드백을 받는 것은 감정적인 과정일 수 있지만, 흥분하여 자신의 작품을 방어하기 위해 논쟁을 시작하는 것은 결코 도움이 되지 않는다. 디자이너는 자신의 작품에 대한 비평이 진행되는 동안 항상 감정을 냉정하게 유

6 Ed Catmull and Amy Wallace, 《Creativity, Inc.: Overcoming the Unseen Forces That Stand in the Way of True Inspiration》, Random House, 2014, p.103.

지해야 하며, 논쟁을 벌이는 대신 피드백에 대한 설명을 요청해야 한다.

토론 시간은 나중에 팀이 리뷰 그룹의 피드백에 어떻게 대응할지 고민하는 시간이다. 발표하는 디자이너가 회의 중에 너무 많은 논쟁을 벌이면 양질의 노트를 많이 받을 수 있는 귀중한 시간을 낭비하게 된다. 리뷰 그룹 구성원이 피드백을 구체화하는 데 도움을 주기 위해 게임 디자이너가 게임 내 무언가를 설명하는 것이 적절하고 유용한 순간이 있다. 나는 사람들이 노트의 요점을 파악할 수 있을 정도로만 설명할 것을 권장한다.

프로젝트 이해관계자에게 프레젠테이션하기

지금까지 설명한 픽사 브레인트러스트 스타일의 마일스톤 리뷰는 신뢰할 수 있는 동료를 초대하여 게임에 대한 관점을 제시할 수 있는 팀이나 학생들이 같은 반 친구의 게임에 대해 건설적인 비판을 제공하는 게임 디자인 수업에서 매우 효과적이다. 하지만 이 장에서 몇 번 언급했듯이 게임 업계에서 마일스톤 리뷰는 프로젝트의 이해관계자(프로젝트에 자금을 지원하는 사람들)가 게임을 진행 중인 작업으로 검토할 때 매우 흔하게 이루어진다. 과거에는 게임 프로젝트 이해관계자는 보통 게임 퍼블리셔였다. 오늘날에는 게임 산업이 성장하고 다양해짐에 따라 다양한 금융 및 크리에이티브 기관에서도 게임 프로젝트에 자금을 지원하게 되었다.

마일스톤 리뷰 회의에서 이해관계자는 게임의 완성도를 향한 진행 상황을 확인하거나, 지난 마일스톤 리뷰 이후 게임 디자인의 방향에 대해 우려할 수 있다. 이해관계자의 전략 계획이나 리더십에 변화가 있었을 수도 있고, 게임이나 시장성에 대해 새로운 질문이 있을 수도 있다. 마일스톤 리뷰 결과에 따라 게임에 대한 향후 자금 지원과 스튜디오에서 일하는 사람들의 생계가 좌우될 수 있으며, 검토 결과가 좋지 않으면 마일스톤 지급이 지연되거나 예산이 삭감되거나 프로젝트가 취소될 수도 있다. 오프라인에서 게임 스튜디오를 운영하는 데 드는 간접비 때문에 마일스톤 지급이 한 번만 지연되어도 현금 보유량이 많지 않은 스튜디오는 파산하거나 문을 닫을 수 있다.

프로젝트 이해관계자를 대상으로 하는 마일스톤 리뷰 회의는 브레인트러스트 스타일의 검토와는 다른 역학 관계가 있다. 따라서 개발 팀의 리더십은 지금까지 팀이 내린 디자인 결정을 설명하거나 정당화해야 할 수도 있다. 마일스톤 리뷰 회의의 명확한 의제를 설정하면 회의가 순조롭게 진행되고 회의 중에 예상치 못한 돌발 상황이 발생하지 않도록 하는 데 유용할 수 있다. 또한 양측 경영진 간에 사전 검토 토론을 하는 것도 도움이 될 수 있다. 그리고 플레이 테스트에서 게임이 받은 긍정적인 피드백에 대한 경험적 데이터를 가져오는 것도 개발자가 게임을 가장 잘 보여 줄 수 있도록 도와준다.

프로젝트 이해관계자와의 마일스톤 리뷰 회의에서 일어날 수 있는 모든 일에 대한 자세한 논의는 이 책의 범위를 벗어난다. 프로젝트 이해관계자에게 마일스톤 리뷰 프레젠테이션을 할 때 발생하는 모든 갈등의 핵심 플레이어는 강력한 협상 기술, 탁월한 비즈니스 통찰력, 계약법에 대한 폭넓은 지식이 있어야 모두에게 최상의 결과를 창출하는 방식으로 상황을 파악할 수 있다.

신뢰와 존중을 바탕으로 개발 팀과 이해관계자 간의 관계를 발전시키기 위해 더 많은 노력을 기울일수록 마일스톤 리뷰 과정이 더 잘 진행될 수 있다. 건강한 관계는 소중하고 발전하는 데 시간이 걸리기 때문에 개발자와 퍼블리셔는 프로젝트에서 프로젝트까지 서로 협력하는 경우가 많다. 게임 개발자라면 공정한 거래로 정평이 나 있고 거래하는 게임 개발사를 반대하기보다는 지지하는 것으로 알려진 이해관계자로부터 여러분의 프로젝트에 대한 재정적 지원을 구해야 한다. 터무니없는 이유로 마일스톤 지급을 보류하거나 거부한 실적이 있는 퍼블리셔는 철저하게 피해야 한다. 이러한 관행은 사업 진실성에 대한 간단한 '냄새 테스트'이다. 또한 게임 개발자는 마일스톤 결과물에 대해 지나치게 약속하지 않도록 하여 마일스톤 리뷰 시 비즈니스 파트너에게 부정확한 인상을 심어 주지 않도록 해야 한다.

프로젝트의 이해관계자에게 마일스톤 리뷰 프레젠테이션을 할 때 어려움에 직면하면 주저하지 말고 경험이 풍부한 게임 업계 구성원에게 가서 전문가의 조언을 구하라. 멘토와 이사회 멤버는 어려운 상황이 발생했을 때 기꺼이 도움을 줄 수 있다.

마일스톤 리뷰 과정의 정서적 측면

다른 사람들에게 우리의 작품을 발표할 때는 많은 것이 걸려 있는 것처럼 느껴질 수 있으며, 게임의 향후 펀딩이 마일스톤 리뷰에 달려 있다면 실제로 많은 것이 걸려 있을 수 있다. 완성되지 않았거나 문제가 있는 작품을 다른 사람에게 보여 주는 것은 우리가 만드는 창의적인 작품과의 관계와 재정적 위험 때문에 감정적으로 노출될 수 있다.

따라서 마일스톤 리뷰 과정의 감정적인 측면에 대해 잠시 생각해 볼 필요가 있다. 먼저, 마일스톤 리뷰를 하면서 느끼는 감정은 현실이라는 점을 인정하고 싶다. 그런 감정을 그냥 참거나, 억누르거나, 견뎌내라고 말하고 싶지 않다. 내 경험상 그렇게 하면 감정이 응고되고 발효되어 힘을 얻을 수 있는 숨겨진 장소로 밀어 낼 뿐이다. 억눌린 감정은 언젠가 불쑥 튀어나와 부적절한 순간에 놀랍도록 불쾌한 감정을 안겨줄 것이다.

개발 과정에서 감정을 억누르는 것이 아니라 게임 디자인 작업에 부정적인 영향을 미치지 않도록 관리하는 것이 도움이 된다. 분노나 두려움과 같은 강한 감정을 통제되지 않은 방식으로 표현하면 공동 작업자 그룹에 피해를 줄 수 있지만, 팀원에게 자신의 감정을 완전히 숨겨야 한다고 느낄 필요는 없다. 팀원들은 여러분이 화가 났을 때 이를 알아차릴 것이니, 여러분은 감정을 조절하기 위해 할 수 있는 일을 해야 한다. 분노나 두려움을 표출하는 것이 어려운 감정을 해소하는 데 도움이 된다면, 팀원들과 어느 정도 거리를 둘 수 있는 적절한 시간과 장소를 찾아서 표출하는 것이 좋다. 여러분의 직장 밖에서 만나는 친구나 가족들로부터 이러한 종류의 지지를 받을 수 있으며, 이를 통해 기분이 한층 나아지고 게임에 집중할 준비가 되면 다시 업무에 복귀할 수 있다.

내가 몸담았던 팀에서 나는 항상 우리 모두가 훌륭한 게임을 만들기 위해 함께 일하고 있다는 사실을 기억하는 것을 중요하게 생각했다. 팀원 간의 강력한 협업 관계를 구축하는 방식으로 일하는 것은 게임 디자인에서 탁월한 성과를 낼 수 있는 확실한 방법이며, 자신을 존중하고 신뢰하는 동료들 사이에서 최적의 역량을 발휘하며 일하고 있다는 느낌만큼 만족스러운 것은 없다. 만일 우리가 이와 같은 열린 자세로 의견을 받아들이고 제공된 아이디어에 감사하는 태도를 유지한다면 이러한 좋은 느낌은 마일스톤 리뷰 그룹의 구성원으로 확대될 수 있다.

~ ❈ ~

마일스톤 리뷰는 신뢰, 존중, 공감을 바탕으로 이루어질 때 가장 효과적이다. 리뷰를 받는 게임 개발자와 리뷰를 하는 그룹 간에 신뢰가 쌓일수록 더 좋은 결과를 얻을 수 있다. 일부 리뷰 과정은 잔인하거나 심지어 교활할 수도 있다. 창작 예술 분야에서 눈물을 흘리게 하는 비평 세션에 대해 들어 봤을 것이다. 내 경험상 그런 과정은 건설적인 경우가 거의 없다. 비평가로서 우리는 친절하고, 존중하고, 지지하는 태도를 취해야 한다. 예술을 만드는 것은 충분히 힘든 일이며, 우리는 비평을 충분히 들을 수 있을 만한 방식으로 제시해야 한다. 나는 교수 생활을 하면서 디자인이 개선될 수 있도록 내 아이디어를 전달하는 방법을 배워야 했지만, 내 피드백을 들어야 하는 사람이 방어적인 태도의 벽에 가로막히지 않도록 말과 타이밍도 신중하게 선택해야 했다.

게임 디자이너와 개발자로서 우리는 작품을 개선하기 위해 작품을 깊이 들여다볼 필요가 있으며, 이는 우리가 듣기 어려운 의견에 노출되는 것을 의미할 수도 있다. 겸손과 자존심 사이의 긴장은 모든 창작자에게 중요한 문제이다. 창의적으로 흥미로운 작품을 만들기 위해서는 자아, 즉 관점이 필요하지만, 뛰어난 작품을 만들기 위해서는 겸손하고 새로운 아이디어, 기회 및 솔루션에 대해 열린 자세를 유지해야 한다.

동등한 관점에서 권력 역학 관계를 벗어나려는 노력에도 불구하고, 마일스톤 리뷰 과정은 자주 명시적으로 또는 암묵적으로 위계적일 수 있다. 스튜디오 책임자나 교수가 자신의 역할에 따른 권위나 연배가 높거나 카리스마가 있거나 인기 있는 리뷰 그룹 멤버가 가진 권력을 무시하는 것은 순진한 생각일 수 있다. 또한, 소외된 커뮤니티의 사람들은 특권을 가진 사람들과 근본적으로 다른 방식으로 비평을 받을 수 있으므로 사회적 형평성에 대한 문제도 고려해야 한다. 모든 크리에이티브 커뮤니티와 리뷰 그룹은 이 문제를 해결하기 위한 자신만의 방법을 찾아야 할 것이다. 존중, 신뢰, 동의라는 기본 원칙으로 돌아가는 것이 도움이 될 수 있다.

인디 게임부터 트리플 A 게임까지 오늘날의 게임 디자이너는 정기적으로 친구나 동료에게 연락하여 게임 빌드를 보내거나 그들을 스튜디오로 초대해 피드백을 받는다. 게임에 금전적, 감정적, 사회적 이해관계가 없는 게임 디자인 전문가로부터 게임에 대한 많은 정보를 바탕으로 한 피드백을 받는 것은 게임 디자이너에게 매우 유익한 일이다.

리뷰 그룹에 속한 개인이 개발자를 알게 되고 상호 존중과 신뢰가 쌓이면 리뷰 그룹은 게임 개발 팀이 활용할 수 있는 가장 강력한 리소스 중 하나가 된다. 프로젝트 기간 내내, 특히 프로젝트의 각 주요 마일스톤에 도달할 때 이 귀중한 피드백을 받을 수 있는 기회를 놓치지 말아야 한다.

21장
프리 프로덕션의 도전

프로젝트의 프리 프로덕션 단계는 우리에게 중요한 과제를 제공한다. 프리 프로덕션이 끝나면 '버티컬 슬라이스', '게임 디자인 매크로', '스케줄'이라는 세 가지 큰 결과물이 완성된다. 보통 전체 프로젝트 기간의 3분의 1 정도로 비교적 짧은 시간 내에 제작해야 하며, 그 기간 동안 게임에 대한 중요한 결정을 많이 내려야 한다.

하지만 아이데이션과 프리 프로덕션 단계를 함께 고려하면 이 의사 결정 과정으로 가는 좋은 진입로를 만들 수 있다. 15장에서 논의했듯이 프로젝트 중간에 가장 열심히 작업하는 것이 가장 좋다. 프리 프로덕션의 마지막 단계에 도달하는 데 필요한 노력의 증가는 아이데이션과 프리 프로덕션을 거치면서 점진적으로 추진력을 높이는 것과 매우 자연스럽게 연결된다.

대부분의 창의적인 프로젝트는 작업을 진행하면서 탄력을 받는다. 더 많은 작업을 수행할수록 아이디어에 더욱 몰입하게 되고, 함께 작업하는 디자인 요소를 더 잘 이해하게 된다. 제작 계획이 점점 더 명확해지고, 도구와 작업 경로에 익숙해지며, 팀원들과 효과적으로 소통하는 방법도 터득하게 된다. 어떤 창의적인 작업자들은 추진력에 사로잡혀 프로젝트가 범위 내에 있는지 파악하는 것을 잊어버리기도 한다. 그렇기 때문에 매크로와 스케줄을 만들고, 프로젝트의 절반에 도달하기 전에 이 작업을 수행하여 아직 시간이 많이 남았을 때 시간을 계획하는 것이 적절하다.

이 책 후반부에서 프로젝트의 풀 프로덕션 단계에 대해 설명할 때 살펴보겠지만, 프리 프로덕션이 끝날 때 매크로와 스케줄을 작성하더라도 확고한 최종 계획으로 정착하는 데에는 시간이 조금 걸릴 수 있다. 따라서 게임 디자인 매크로를 작성하는 데 어려움을 겪거나 그것을 관료적이고 융통성이 없으며 다루기 힘든 일이라고 오해해서는 안 된다. 실제 제작 과정에서는 여전히 조정할 수 있는 여지가 있다.

디자인에 전념하기

나는 서로의 아이디어를 건설적으로 바탕으로 디자인을 발전시키는 '예, 그리고' 스타일의 커뮤니케이션과 디자인 협업을 좋아한다. 나는 모든 창의적인 인터랙션과 프로젝트의 모든 단계에서 할 수 있을 때마다 '예, 그리고'라고 말하려고 노력한다.

하지만 게임 디자인뿐만 아니라 모든 분야의 디자이너는 과정에서 일부러 '아니오'라고 말해야 하는 경우가 많다. 디자이너는 아이디어에 치명적인 결함이 있을 때 이를 알아차릴 수 있어야 한다. 특정 디자인 아이디어를 접할 때 다양한 관점에서 아이디어를 검토하고 그 아이디어가 작동하지 않는 명백한 이유를 파악하는 것은 디자인 과정에서 피할 수 없는 부분이다. 두 디자인 요소 간의 인터랙션이 우리가 만들고자 하는 경험을 훼손할 수도 있다. VR에서 벽에 부딪히거나 휴대폰을 보다가 교통사고가 날 뻔하는 등 물리적으로 안전하지 않은 상황을 디자인이 만들어 낼 수도 있다. 특정 디자인 접근 방식이 시간이나 비용 측면에서 너무 비쌀 수도 있다.

우리는 큰 문제가 없을 것 같은 디자인 아이디어를 찾아야 한다. 물론 막상 작업을 시작하면 여전히 문제를 발견할 가능성이 높지만, 괜찮아 보이는 아이디어로 시작한다면 적어도 좋은 방향으로 나아가고 있는 것이다. 따라서 프리 프로덕션을 시작할 때 게임 디자인에 대해 '아니오'라는 말을 많이 할 수 있다. 물론 의견 충돌의 이유가 취향의 차이, 권력을 잡으려는 시도, 반대 의견이 아니라 이성과 합리성에 근거한 것인지 확인해야 한다.

프리 프로덕션의 중간쯤 되면 게임 디자인에 대해 의견 충돌보다는 합의점을 더 많이 도출해야 하며, 아이디어를 거부하기보다는 아이디어를 수용하는 모드로 전환해야 한다. 이를 위한 좋은 방법은 서로 다른 것처럼 보이는 개념을 잘 어울리는 새로운 아이디어로 종합하는 것이다. 디자이너라면 누구나 더 많은 정보를 얻고 생각할 시간이 더 많아질 때까지 최종 결정을 미루고 싶어 하는 자연스러운 경향이 있다. 하지만 그렇다고 해서 더 나은 디자이너가 되는 것은 아니다.

우리는 신뢰할 수 있는 몇 가지 확실한 결정을 내린 다음 그 결정을 실행에 옮기고, 그 토대 위에 더 많은 아이디어에 전념함으로써 더 나은 디자이너가 된다. 실수가 있더라도 적어도 우리는 바퀴를 돌리는 것이 아니라 디자인을 하고 있다.

프리 프로덕션이 잘 진행되지 않을 경우 프로젝트 취소하기

마크 서니의 D.I.C.E. 강연에서 그는 프리 프로덕션 단계의 어렵지만 중요한 측면인 '프리 프로덕션이 잘 진행되지 않을 경우 프로젝트를 취소하는 것'에 대해 이야기한다. 이 방법론에서 프리 프로덕션은 그린라이트 과정으로 마무리되는데, 이 단계에서 프리 프로덕션의 결과물인 버티컬 슬라이스와 매크로가 프로젝트의 이해관계자, 즉 프로젝트 완성을 위해 자금을 투입할 사람들에게 제시된다. 제시된 내용을 평가하고 이 게임이 시장에서 성공할 수 있는 게임인지 결정하는 것은 이해관계자의 몫이다.

이해관계자가 프로젝트가 성공할 것이라고 판단하면 프로젝트에 추가 자금이 지급되고 풀 프로덕션으로 넘어갈 수 있다. 이해관계자가 프로젝트의 성공을 의심할 만한 이유가 있는 경우, 개발 팀에 이해관계자가 우려하는 문제를 해결할 수 있는 시간과 자금이 더 주어지거나, 아니면 프로젝트가 취소되고 팀은 다른 작업을 진행하게 된다.

버티컬 슬라이스를 만드는 데에는 상당한 비용이 든다. 2002년에 마크 서니는 프리 프로덕션 비용이 백만 달러에 달할 것으로 예상했지만, 오늘날에는 그보다 훨씬 더 많은 비용이 들 수 있다. 마크는 승인을 받지 못할 수도 있는 프로젝트를 위해 프리 프로덕션에 많은 비용을 지출하는 것이 많은 돈을 날리기 위한 면허처럼 들릴 수 있다는 점을 인정하지만, 이 과정이 중요하고 궁극적으로 비용을 절감할 수 있는 부분이라는 점을 강조한다.

> 프리 프로덕션 단계에서 비용 효율성이 떨어지면 실제 게임 제작에 있어서는 오히려 비용 효율성이 높아질 수 있다. 만약 게임이 성공하지 못한다면 백만 달러만 날린 것이기 때문이다. 훨씬 더 많은 비용을 날릴 수도 있다.[1]

이 글을 쓰는 시점에서 상업용 비디오 게임을 개발하는 데에는 5백만 달러에서 1억 5천만 달러가 소요될 수 있으며, 그에 상응하는 마케팅 비용이 추가로 소요될 수 있다. 대작 게임의 개발 및 마케팅 예산의 일부를 버티컬 슬라이스 제작에 투자하여 좋은 게임을 만들 수 있는지 여부를 증명하는 것이 게임을 시장에 출시하고 실패하는 것보다 얼마나 더 나은가? 익숙하고 검증된 접근 방식에 의존하는 대신 위험하지만 흥미진진한 새로운 게임 스타일과 스토리 주제를 탐구할 수 있었다. 다행히도 퍼블리셔들이 이러한 사고방식으로 돌아서고 있는 것 같지만 아직 갈 길은 멀었다.

물론 이러한 승인 여부가 결정되는 과정은 개발자에게 실망과 좌절감을 안겨줄 수 있다. 프로젝트에 열과 성을 다했는데 거절당하는 것은 분명 힘든 일이다. 마크 서니는 프로젝트가 승인되지 않은 팀을

---

1 Mark Cerny, "D.I.C.E. Summit 2002", https://www.youtube.com/watch?v=QOAW9ioWAvE, 6:26.

위한 몇 가지 해결책을 제시하며 오해의 소지를 없애는 방법을 알려 준다.

> "프로젝트가 취소되었다는 것은 관리가 잘못되었거나 팀이 잘못되었다는 신호다."라는 말은 사실 꼭 그렇지도 않다. 취소된 프로젝트는 때때로 매우 자랑스러운 일이기도 하다. 팀의 재능과 상관없이 매력적인 첫 번째 플레이 가능한 버티컬 슬라이스에 도달할 수 없다면 프로젝트를 종료하고 다음 단계로 넘어가야 한다. 여러분은 방금 수백만 달러와 팀의 1년을 절약한 것이다.[2]

마크가 여기서 보여 준 개발 팀의 시간에 대한 존중은 존경할 만한 일이며, 게임 제작과 관련된 문화에서 종종 간과되는 측면이다. 게임 개발자든 게임 플레이어든, 게임 마케터든 게임 사업가든 서로의 시간을 존중하는 것은 궁극적으로 신뢰 증진과 더 나은 게임이라는 측면에서 모두에게 이익이 된다.

풀 프로덕션으로 전환

이제 (a) 버티컬 슬라이스를 사용하여 탄탄한 코어를 갖춘 게임 디자인을 만들고 (b) 게임 디자인 매크로와 스케줄을 사용하여 프로젝트의 범위를 제어하기 시작했으므로 풀 프로덕션 단계에 들어갈 준비가 되었다.

다음으로 이어지는 3부에서는 프리 프로덕션에서 풀 프로덕션으로 전환할 때 어떻게 기어를 전환하는지 살펴볼 것이다. 스탠드업 미팅에 대해 설명할 것인데, 이는 팀이 함께 작업하면서 서로의 의견을 조율할 수 있는 간단한 기법이다. 플레이 테스트 과정을 더욱 공식화하여 우리가 만들고 있는 게임이 제대로 만들어지고 있다는 확신을 가질 수 있는 방법을 논의하고, 플레이어의 경험과 게임 디자인에 대한 심층적인 인사이트를 제공하는 도구를 구축하는 게임 지표에 대해 설명할 것이다. 그런 다음 프로젝트를 완성하는 데 도움이 될 두 가지 중요한 마일스톤인 알파와 베타 마일스톤에 대해 설명할 것이다.

2 Mark Cerny, "D.I.C.E. Summit 2002", https://www.youtube.com/watch?v=QOAW9ioWAvE, 26:48.

프리 프로덕션 결과물 요약

그림 21.1은 게임 프로젝트의 프리 프로덕션 단계에서 완료해야 하는 결과물에 대한 간략한 요약을 보여 준다.

결과물	기한
게임 디자인 매크로 - 초안	프리 프로덕션이 끝나기 전. 몇 차례 반복 작업을 할 수 있을 만큼 충분한 시간이다.
버티컬 슬라이스	프리 프로덕션이 거의 끝나가지만 매크로의 최종 초안이 완성되기 전이므로 매크로가 완성되었을 때 게임 핵심의 디자인을 명확하게 이해할 수 있다.
게임 디자인 매크로 - 최종 초안	프리 프로덕션이 거의 끝날 때까지이다.
스케줄	프리 프로덕션이 끝나는 시점, 즉 스케줄의 기반이 되는 매크로 최종 초안이 완성된 후이다.

그림 21.1

3부

풀 프로덕션

- 제작과 발견

22장 풀 프로덕션 단계의 특징 / 23장 테스트의 종류 /
24장 공식 플레이 테스트 준비 / 25장 공식 플레이 테스트 진행하기 /
26장 게임 지표 / 27장 알파 단계와 버그 추적 /
28장 알파 마일스톤 / 29장 스텁하기 /
30장 우리 게임의 잠재 고객에게 도달하기 /31장 베타 마일스톤

A Playful Production Process

재미있는 게임 제작 프로세스

22장
풀 프로덕션 단계의 특징

게임 프로젝트에서 풀 프로덕션 단계는 게임을 본격적으로 제작하는 시점이다. 풀 프로덕션 단계에는 '알파 마일스톤'과 '베타 마일스톤'이라는 두 가지 주요 마일스톤이 있다. 각 마일스톤에는 같은 이름의 단계가 선행된다. 알파 단계는 알파 마일스톤으로, 베타 단계는 베타 마일스톤으로 이어진다.

알파 마일스톤은 일반적으로 풀 프로덕션의 약 3분의 2 시점에 위치하며, 흥미롭게도 프랙탈 방식처럼 전체 프로젝트에서도 3분의 2 시점 즈음에 위치한다. 베타 마일스톤은 우리의 재미있는 게임 제작 프로세스에서 풀 프로덕션 단계의 종료를 의미한다(그림 22.1 참조). 알파와 베타에 대해서는 이번 장의 뒷부분에서 자세히 설명할 것이고, 각 마일스톤에 대해서는 이 책 후반부에 별도의 장을 두어 다룰 것이다.

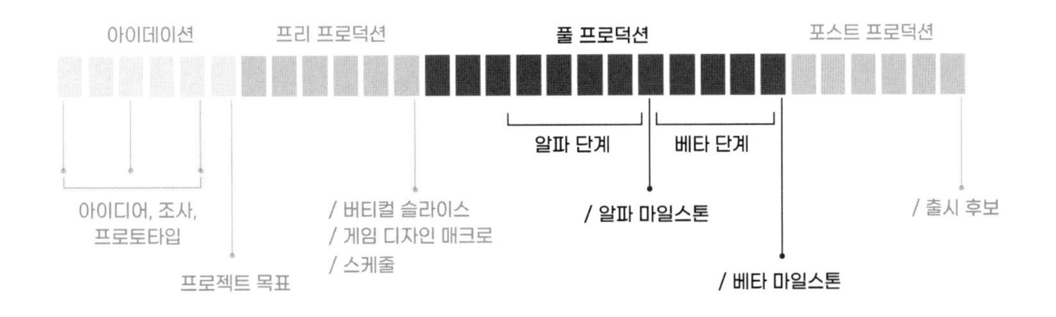

그림 22.1
풀 프로덕션 단계와 마일스톤들.
이미지 크레딧: 가브리엘라 푸리 R. 곰즈, 매티 로젠, 리차드 르마샹.

버티컬 슬라이스 및 게임 디자인 매크로 제시하기

일반적으로 풀 프로덕션 단계는 팀이 만든 버티컬 슬라이스, 게임 디자인 매크로 및 스케줄을 제시하며 시작한다. 상황에 따라 팀 리더는 피드백을 받고 정식 프로덕션에 들어갈 수 있는 승인을 받기 위해 프로젝트의 이해관계자(총괄 프로듀서, 퍼블리셔 또는 기타 재정적 후원자)에게 이러한 결과물을 이미 제시했을 수 있다. 전체 팀 규모에 따라 결과물을 팀에게 다시 제시하여 모든 팀원이 풀 프로덕션이 시작되기 전 같은 그림을 그릴 수 있도록 하는 것이 좋다.

작업물을 전체 팀에게 공유하는 것은 풀 프로덕션을 시작하는 좋은 방법이다. 그러면 우리가 프로젝트의 첫 두 단계에서 꽤 많은 것들을 달성했다는 것을 알 수 있다. 팀원 모두가 만들고 있는 게임에 대해 함께 이해할 수 있으며, 이미 잘 작동하고 있는 것과 더 많은 주의가 필요한 것이 무엇인지 알 수 있다. 이제 게임의 나머지 부분을 구현하고 재미있는 게임 제작 프로세스의 특징인 플레이 테스트 및 디자인 리뷰에 참여할 준비가 되었다.

작업 목록 검토하기

프리 프로덕션 단계는 자유분방하고 비교적 느슨하게 관리된 시간 동안 작업물을 직관적으로 만들어 보며 결정하는 시간이었다. 풀 프로덕션 단계는 다르다. 9장에서 이야기했던 조립 라인을 기억하는가? 풀 프로덕션은 좀 더 그에 가깝다. 게임 디자인 매크로와 스케줄 덕분에, 우리는 이제 우리 게임을 만들기 위해 필요한 작업 목록을 가지고 있고, 바로 작업을 시작할 수 있다. 우리는 단계적으로 게임의 메커닉, 캐릭터, 레벨을 제작하며 게임이 완성될 때까지 목록을 체크해 갈 것이다.

하지만 그렇다고 두뇌의 스위치를 전환하고 무턱대고 계획만 따라가서는 안 된다. 우리는 게임의 디자인에 계속 깊게 관여하고 촉각을 세우고 있어야 한다. 게임은 총체적인 시스템이다. 추가하거나 삭제하는 모든 작은 요소들이 게임 전체에 영향을 미친다. 게임 디자인 매크로는 특정 디자인에 대한 약속이며, 완전히 정확히는 아닐지라도 이를 따라야 한다. 게임 디자인에 관해서는 자신감 있게 진행할 수 있을 만큼 충분한 결정을 내렸지만, 그 결정들은 매크로 디자인 결정일 뿐이다. 게임에 들어가는 세부적인 마이크로 디자인 작업을 하며 게임을 구체화시킬 여지가 아직 충분히 있다.

풀 프로덕션 중간에 게임에 대한 생각을 바꿔도 된다고 허락하는 것이 아니다. 풀 프로덕션 단계에서 매크로 디자인을 많이 변경하면, 게임은 제대로 만들어지지 않을 수 있다. 여러분은 초원에서 나비를 이리저리 쫓아다니는 강아지처럼 될 것이다. 그런 강아지처럼 되는 것이 즐거울 수도 있겠지만, 풀 프로덕션을 하는 동안 우리는 곧 잡힐 듯한 원반을 향해 힘차게 돌진하는 개가 되어야 한다.

가끔은 풀 프로덕션을 거치며 매크로에 적은 내용을 새롭게 재발견할 수도 있다. 어쩌면 매크로를 적을 때는 그 영향을 제대로 알지 못했던, 어떤 디자인적 지혜를 얻을 수도 있다. 또는 풀 프로덕션 과정에서 게임의 전체 플레이어 경험을 바꿔버리지만 지금까지의 설계에서 벗어나지 않고 오히려 향상시키는 발견을 할 수도 있다. 이 현상에 대해서는 뒤의 "풀 프로덕션 도중 위험을 감수해야 하는 경우" 절에서 살펴볼 것이다.

프리 프로덕션에서 풀 프로덕션으로 기어 전환하기

작업 방식을 갑자기 바꾸는 것은 어려울 수 있으며, 프리 프로덕션과 풀 프로덕션 사이의 태도 변화는 적응하는 데 시간이 걸릴 수 있다. 작업 목록을 통해 일을 할 때 일하는 습관이 어떻게 바뀌는지 주목하라. 즉석에서 의사 결정 내리기를 좋아하는 직관에 의지하는 개발자라면, 약간의 노력이 필요할 수 있다. 어떻게 작업 목록에서 진행 상황을 체크하는지 같은, 자신의 작업 프로세스의 간단한 측면을 고려해 보는 것도 도움이 될 수 있다. 매일 같은 시각에 작업 목록을 체크할 수도, 작업을 끝낼 때마다 할 수도, 또는 그보다 더 자주 할 수도 있을 것이다.

풀 프로덕션이 시작될 때 흔히 일어나는 공통된 한 가지 사항은 게임 디자인 매크로 차트(스프레드시트의 매크로 부분)에 추가적인 보완이 필요하다는 점이다. 이것은 내가 지금까지 작업해 온 거의 모든 프로젝트에 해당되었다. 나는 이것이 프리 프로덕션 단계를 실패했다는 것을 의미한다고 생각하며 스트레스를 받곤 했다. 하지만 이제는 프리 프로덕션에서 풀 프로덕션으로 기어를 전환하는 과정으로 그저 받아들인다. 게임 디자인 매크로를 높은 품질로 끌어올리기 위해서는 좀 더 많은 정성과 관심이 필요하다는 것을 인정하고 최대한 빨리 대응하려고 한다. 여러분의 매크로에 보완이 필요할지 추가적인 조언을 얻기 위해 마일스톤 리뷰 피드백을 활용하라.

하지만, 게임의 나머지 부분을 제작해야 할 때 매크로 차트만 만지작거리는 함정은 피해야 한다. "완벽한 것은 좋은 것의 적이다."라는 속담이 있다. 성공한 창작자가 되기 위한 열쇠 중 하나는 '한 작업에 대해 충분한 작업을 수행하고 나서 다른 작업으로 넘어가야 할 때를 아는 법'을 배우는 것이다.

프로젝트 목표 확인하기

게임 디자인 매크로를 해석하기 위해 누군가에게 물어봐야 하거나, 디자인 문제를 해결하려고 할 때 막힌 적이 있다면 '프로젝트 목표'를 다시 참고하라. 경험 목표와 디자인 목표는 거의 항상 해결책을 향해 안내해 줄 것이다. 내 경험에 비추어 볼 때, 목표가 원래 구상에서 완전히 벗어나는 프로젝트는 거의 대부분 좋은 결과를 얻지 못한다. 원래 계획한 대로 나아가는 것이 대부분의 디자인 프로세스에서 바람직한 방향이다. 그러나 '프로젝트 목표에서 벗어나는 것'과 '만드는 게임에 대해 알아가면서 목표를 구체화하며 조정해 가는 것'에는 차이가 있다. 전자는 비생산적인 반면, 후자는 디자인 프로세스의 핵심이다.

11장에서, 트레이시 풀러턴은 플레이 테스트와 반복 개발을 통해 우리 게임의 디자인에 대한 발견을 하면서 프로젝트 목표를 연마하는 일의 중요성에 대해 이야기했다. 트레이시는 "(프로젝트) 목표를 고정하고 게임의 현 상태에 비추어 다시 돌아보지 않는 것은 … (개발을) 방해하는 융통성 없는 프로세스이다. … 작업을 통해 점점 게임이 모습을 갖추기 시작하면, 원래 정했던 목표의 본질을 더 명확하게 밝혀 주고 보여 준다. 어떤 생각을 따라 작업하며 문장이나 단락을 다시 쓰는 것처럼, 경험 목표를 연마하면 게임 제작 프로세스에 점점 더 집중할 수 있다."라고 말했다.

11장에서 트레이시는 '프로젝트 목표를 달성 가능하도록 유지하는 것'이 프로젝트 목표의 유용성을 높이는 데 중요한 부분이라고 말했다. 풀 프로덕션의 시작은 우리가 지금까지 발견한 것들과 일치하도록 프로젝트 목표를 정교하게 연마할 좋은 기회이다. 프로젝트 목표를 최신으로 유지하면, 향후 디자인 작업에 가이드가 필요할 때 여전히 좋은 조언을 얻을 수 있다.

스탠드업 미팅

작업의 정기적인 부분으로 스탠드업 회의를 진행하고 있지 않다면, 풀 프로덕션 단계는 이를 시작하기 좋은 시기이다. 스탠드업 미팅은 프로젝트를 원활하게 진행하기 위해 팀원들이 각자의 책임, 목표, 진행도 및 문제에 대해 정기적으로 나눌 수 있도록 설계된 그룹 기반의 커뮤니케이션 활동이다.

스탠드업 미팅은 애자일 소프트웨어 개발의 세계 어디에나 있는 중요한 미팅으로, 아침 점호 미팅, 데일리 스크럼 또는 데일리 미팅이라고 불리기도 한다. 회의는 짧게 하기 위해 선 채로 한다. 사람들은 자연스레 다시 앉고 싶어 하기 때문에, 이는 모든 사람이 회의에서 간결하게 요점만 말하도록 해주는 영리한 장치이다. 회의는 모든 팀원이 답변해야 하는 다음 세 가지 질문을 중심으로 진행된다.

• 마지막으로 만난 이후로 무슨 일을 했는가?
• 다음 회의 전까지 어떤 작업을 할 예정인가?
• 어떤 문제가 앞으로 나아가기를 가로막고 있는가?

팀원들은 누가 무엇을 하고 있는지 까먹기 쉽다. 사람들은 각자 작업할 내용에 대해 생각이 바뀌거나, 다른 길로 빠지거나, 해결해야 할 문제에 부딪힌다. 방금 한 일과 앞으로 할 일을 체크하는 것은 팀의 명확성을 높이는 데 도움이 된다.

세 번째 질문인 '어떤 문제에 직면해 있는가?'는 세 가지 질문 중 가장 중요한 질문이다. 장애물 또는 방해 요소라고도 하는, 작업을 완료하는 데 직면한 문제를 빠르고 정확하게 요약할 때, 우리는 적어도 다음과 같은 세 가지 일을 한다.

1. 문제가 있음을 파악한다.
2. 누군가에게 큰 소리로 설명하여 문제의 본질을 조금 더 명확히 알 수 있다.
3. 그 문제에 대해 도움을 받을 기회를 만든다.

다시 말하지만, 아주 작은 팀이라도 진행을 가로막고 있는 문제들에 대해 지속적으로 논의하지 못하기 쉽다. 사람들은 스스로 문제를 해결할 수 있어야 한다고 생각하고 도움을 요청하기를 꺼려하며 어려움을 겪는 경향이 있다. 스탠드업 미팅은 우리가 직면하고 있는 문제를 털어놓도록 강요한다. 그룹의 누군가가 자신이 도울 수 있다고 생각하면 그렇게 하겠다고 제안하고 스탠드업 미팅이 끝난 후에도 논의를 계속할 것이다.

프로 팀에서는 일반적으로 매일 스탠드업 미팅을 연다. 전통적으로 미팅은 매일 같은 시간과 같은 장소에서, 하루가 시작되는 무렵에 열리는데, 이는 지속적인 토론과 업데이트의 규칙적이고 꾸준한 리듬을 촉진해 준다. 환경이 어떻든 간에 가능한 한 자주 스탠드업 미팅을 열고, 모든 팀원이 참석하지 않더라도 미팅을 진행해야 한다는 점에 유의하라.

스탠드업 미팅은 팀원들의 생각을 맞추는 데 늘 유용하며, 프로젝트 시작부터 끝까지 실행하는 것이 좋다. 스탠드업 미팅에 대한 자세한 내용은 이 책 원서의 웹사이트 playfulproductionprocess.com에서 확인할 수 있다. 제대로 동작한다면, 스탠드업 미팅은 서로 하고 있는 일에 대해 명확하게 소통하고, 모두의 노력을 인정하고, 어려움을 헤쳐 나가도록 서로 도우며 팀원 간 존중, 신뢰, 동의하는 분위기를 조성해 준다. 이는 우리의 프로세스에 대한 추가적인 논의를 위한 토대를 마련해 주고, 팀원들이 앞으로 함께 노력하면서 나아가야 할 길에 대해 안정감을 가지게 해 주는 데 도움이 된다. 이 간단하면서도 시간을 효율적으로 쓰는 방법을 꾸준히 실천하면 팀의 공동체 의식을 강화해 줄 것이다.

풀 프로덕션의 마일스톤

풀 프로덕션에는 알파와 베타 두 가지 주요 마일스톤이 있다. 이후 장들에서 자세히 살펴보겠지만, 지금 미리 살펴보는 것도 좋겠다.

알파 마일스톤에서, 우리 게임은 모든 기능이 동작할 때 '기능적으로 완성'될 것이다. 게임에서 어떤 기능을 수행하는 모든 요소는 알파까지 어떤 형태로든 구현되어야 한다. 플레이어 캐릭터와 다른 캐릭터들의 능력, 메커닉과 핵심 게임 루프, 세계 속 사물의 기본적인 행동, 인터페이스와 옵션 같은 이 게임 고유의 요소들을 구현하는 것은 특히 중요하다. 여기에 더불어 우리는 알파 단계에서 게임의 모든 레벨을 어떤 식으로든 플레이할 수 있게 하는, 너티독에서 도입한 방식을 사용할 것이다.

알파 마일스톤이 다가올수록 우리는 동심원적 개발에서 벗어나며, 임시 콘텐츠를 넣어 게임을 제작하기 시작할 것이다. 알파 마일스톤은 우리 게임을 플레이하고 싶어 할 만한 사람들을 찾는 계획을 세우고 연락하기 좋은 시점이다. 이에 대해서는 29장, 30장에서 다룰 것이다.

베타 마일스톤에서, 우리 게임은 모든 요소가 제자리에 들어갔을 때 '콘텐츠적으로 완성'될 것이다. 모든 아트, 애니메이션, 오디오 에셋은 최소한 1차 통과 수준의 품질로 선보여야 하며, 게임의 모든 부분이 개발되고 동작해야 한다. 게임에 버그가 있고 밸런스 문제가 있을 수 있지만, 베타에서 콘텐츠를 고정함으로써 목표를 고정하고 다듬는 작업에 집중할 수 있게 된다.

고등학교 때 연극을 해 본 적이 있다면, 알파를 배우들이 적절한 시간에 적절한 장소에 있고 조명과 사운드 신호를 주는 '기술 리허설'로 생각할 수 있을 것이다. 그리고 베타는 약간 투박할지라도 연기와 그 외의 것들을 모두 점검하는 '드레스 리허설'로 생각할 수 있다. 이런 리허설을 통해 미흡한 부분을 보완하고 첫날 밤 관객을 위해 모든 것을 완벽하게 준비할 수 있다.

알파와 베타 마일스톤은 게임을 최종적으로 완성하고 출시 전 철저하게 테스트하는 프로젝트의 최종 출시 후보 마일스톤으로 가는 길 위의 표지판이다.

게임을 어떤 순서로 만들어야 할까?

프리 프로덕션이 끝나고 풀 프로덕션이 시작되면, 게임의 어떤 부분을 만들지 결정해야 한다. 우리는 지금 막 게임을 대표하는 일부분을 버티컬 슬라이스로 만들었다. 이를 다듬은 버전은 종종 게임의 시작 부분으로 사용된다. 이제 우리는 다음에 게임의 시작, 중간, 끝을 작업할지를 결정해야 한다. 내 경험에 따르면, 게임을 비슷한 길이의 네 부분으로 나눈 막 구조를 사용하는 것이 좋다.

1. 1막, 시작
2. 2막의 전반부, 중간
3. 2막의 후반부, 중간
4. 3막, 끝

그러고 나서 다음 순서로 게임을 제작한다(그림 22.2).

1. 2막의 전반부
2. 1막
3. 3막
4. 2막의 후반부

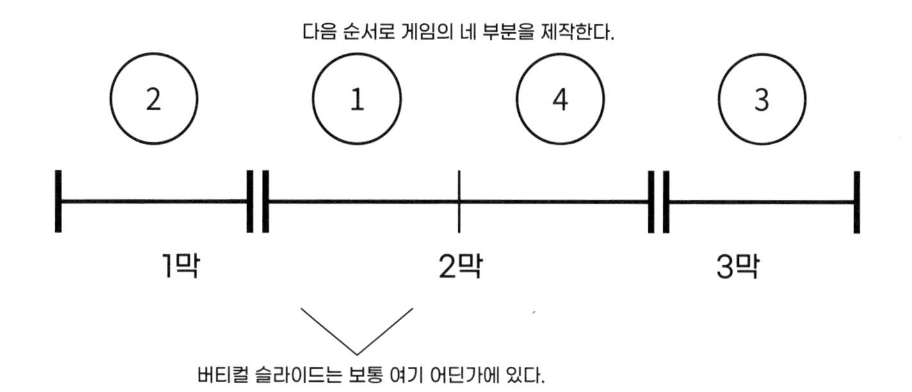

그림 22.2
막 구조를 사용한 게임 제작 순서.

1막을 먼저 제작하는 것은 거의 성공하기 어렵다. (이에 대해서는 11장에서 다뤘다.) 게임 시작 부분은 플레이 방법을 가르쳐 주고 게임의 내러티브와 톤을 설정하는 등 복잡한 작업이 많다. 또한 새로운 플레이어의 관심을 끌고 붙잡아두기 위해서는 이 부분이 환상적으로 훌륭해야 한다. 버티컬 슬라이스(많은 변경 없이 최종 게임에서 사용할 수 있을 만큼 완성도 높게 만든 것)에서 시작해 2막의 전반부 나머지 부분을 제작하면 핵심 루프와 보조 게임 플레이 루프, 중요한 내러티브 요소 등 게임의 기본 요소를 파악할 수 있을 것이다. 하지만 아직 플레이어를 게임에 어떻게 안착시킬지 너무 걱정할 필요는 없다. 버티컬 슬라이스에서 보여 준 것 이상으로 게임의 핵심을 파악했다면, 새로운 플레이어의 관심을 완벽하게 사로잡을 수 있는 훌륭한 오프닝 시퀀스를 제작할 준비가 되었을 것이다.

프로젝드가 끝날 때까지 게임의 끝인 3막에 필요한 작업을 남겨 두고 싶은 유혹이 항상 있지만 내 경험에 따르면 그것은 실수이다. 끝은 시작만큼이나 중요하다. 이는 극적인 관점에서 볼 때 더욱 그러하다. 게임의 끝을 마지막까지 방치하면 시간이 부족하여 만족스럽지 못한, 다듬어지지 않은 결말을 만들 위험이 있다. 물론 모든 유형의 게임에 엔딩이 있는 것은 아니지만 많은 게임에는 일종의 결론이나 해소되는 부분이 있다. 나는 모든 플레이어가 게임의 끝까지 도달하는 것은 아니기 때문에 게임의 끝이 그다지 중요하지 않다고 생각하는 게임 디자이너를 만난 적이 있다. 하지만 이는 꽤나 냉소적인 것 같다. 나는 게임 디자이너로서 모든 플레이어를 존중하고 배려해야 한다고 생각한다. 플레이어 중 한 명이라도 내 게임의 끝에 도달한다면, 뭔가 끝내주는 것을 플레이할 수 있기를 바란다.

내 경험상 2막의 후반부는 길이와 내용 측면에서 가장 유연하고 구체화하기 쉽다. 이때가 바로 게임 전반부에 소개한 모든 게임 플레이와 스토리 요소들이 합쳐지거나 축소되는 선형적, 또는 서사적인 게임 경험이 이루어지는 부분이다. 일반적으로 얼마나 많은 시간이 남았느냐에 따라 게임의 이 부분은 콘서티나[1]처럼 늘리거나 줄일 기회가 있다. 게임의 결말 부분을 그 전 부분을 작업하기 전에 이미 완성해 놓았다면 우리는 목적지를 염두에 두게 되고, 이러한 제약은 디자이너에게 매우 유용할 수 있다. 나는 이것이 간단한 작업이라고 말하고 싶지는 않다. 특정한 결말에 도달하기 위해 '중간의 후반부'를 만드는 것은 여러분이 프로젝트에서 하는 가장 까다로운 디자인 작업 중 일부일 수 있다. 그리고 모든 게임은 저마다 고유한 도전거리가 있을 것이다.

물론 여기에 반드시 지켜야 할 규칙은 없다. 영화 제작자는 종종 순서 없이 영화를 촬영하고 조립하는데, 무언가를 비순차적으로 제작하는 일은 다른 요소 간의 상호 의존성 때문에 독특한 도전거리와 기회를 제공한다. 이런 종속성을 처리하는 능력은 게임 디자이너로서 신장시켜야 할 능력 중 하나이다.

게임 감각과 생동감

풀 프로덕션의 시작은 게임의 느낌과 프로젝트의 완성도를 확인하기에 좋은 시기이다. '게임 감각 Game Feel'이란 "단순한 컨트롤의 즐거움, 숙달감과 서투른 느낌, 가상 물체와 인터랙션하는 촉각적인 느낌"을 말한다.[2] 이것은 비디오 게임 디자인의 중요한 측면이지만 스티브 스윙크의 획기적인 책인 《게임 감각》이 나오기 전에는 논의하기 어려웠다. 스티브는 게임의 '유동적', '반응형' 또는 '느슨한' 느낌을 주는 요소를 매우 명확하게 분석하고 게임의 느낌을 좋게 만드는 실시간 제어, 시뮬레이션된

1 역주 작은 아코디언같이 생긴 악기.

2 Steve Swink, 《Game Feel: A Game Designer's Guide to Virtual Sensation》, Morgan Kaufmann/Elsevier, 2008, p.10.

공간 및 시청각 표현의 요소를 설명한다.

내가 알기로 '생동감Juiciness'은 카네기멜론 ETC의 실험적인 게임 플레이 프로젝트의 구성원인 카일 그레이Kyle Gray, 카일 가블러Kyle Gabler, 샬린 쇼단Shalin Shodhan 및 매트 쿠치치Matt Kucic가 2005년 가마수트라 에세이 "7일 이내에 게임 프로토타입을 만드는 방법"에서 처음 사용한 개념이다. 그들에 따르면 생동감이란 "지속적이고 풍부한 사용자 피드백"을 말한다.

> 생동감 넘치는 게임 요소는 만지면 튀어 오르고 흔들리고 물방울이 튀며 약간의 소리가 난다. 생동감 넘치는 게임은 최소한의 사용자 입력에 대한 수많은 연속적인 리액션으로 당신이 하는 모든 것에 반응한다. 이는 플레이어가 강력하고 세상을 통제할 수 있다고 느끼게 해 주며, 인터랙션별로 플레이어가 어떻게 하고 있는지 지속적으로 알려줌으로써 게임의 규칙을 통해 플레이어를 안내해 준다.[3]

애니메이션, 사운드 디자인, 시각 효과 및 인터랙션 디자인을 통해 만들어지는 생동감은 플레이어에게 풍부한 경험을 제공하고, 입력을 강조하고, 반응성을 높여주며, 감각적인 즐거움을 주는 식으로 게임 감각에 영향을 미치며, 이로써 더 많은 인터랙션을 하도록 유도한다. 생동감의 원칙과 실행, 그리고 게임 디자인에 적용에 관해서는 마틴 요나손Martin Jonasson과 페트리 푸르호Petri Purho가 GDC 유럽 2012 인디 게임 서밋 토크인 "Juice It or Lose It"에서 멋지게 설명했다.[4]

동심원적 개발은 개발 도중 세부 사항에 주의를 기울일 수 있게 해줌으로써 게임 감각과 생동감을 살리는 데 도움이 된다. 그러나 토끼굴 속으로 빠지지 않도록 주의하라. 조심하지 않으면 게임 감각과 생동감 구현에 너무 많은 시간을 소모하기 쉽다. 지금 단계에서 어느 정도면 게임이 충분히 괜찮은 것인지 인식하는 법을 배워라.

풀 프로덕션의 초점

풀 프로덕션 단계에서는 12장에서 이야기했던, 타냐 X. 쇼트가 게임의 "가독성"이라고 부르는 것에 초점을 맞추는 것이 좋다.[5] 보고 듣는 것만으로도 사람들이 우리 게임을 이해할 수 있는가? 컨트롤을

---

3 Kyle Gray, Kyle Gabler, Shalin Shodhan, and Matt Kucic, "How to Prototype a Game in under 7 Days", Gamasutra, 2005. 10. 26., https://www.gamasutra.com/view/feature/130848/how_to_prototype_a_game_in_under_7_.php.

4 Martin Jonasson and Petri Purho, "Juice It or Lose It", GDC Vault, 2012, https://www.gdcvault.com/play/1016487/Juice-It-or-Lose.

5 Tanya X. Short, "How and When to Make Your Procedurality Player-Legible", 2018. 12. 21., https://www.youtube.com/watch?v=r6rTMGFXktl.

실험하는 것만으로 게임 방법을 알아낼 수 있는가? 게임 플레이와 스토리상 중요한 게임의 개념을 파악하는가? 이런 태도는 게임 디자인의 여러 측면을 다듬는 데 도움이 된다. 모든 훌륭한 디자인이 그러하듯이, 이는 여러 채널을 통해 플레이어와 명확하게 소통하는 게임을 만드는 데 도움이 될 것이다.

잘 디자인된 전화기나 의자에서 형태와 기능의 조화를 생각해 보면, 잘 설계된 비디오 게임에도 그와 동일한 원칙이 적용된다. 12장에서 논의한 것처럼 우리는 보고, 듣고, 만져 보며 의미를 수집하고 사물을 사용하는 방법을 터득한다. 이런 관점은 사용자 경험 디자이너처럼 생각하는 데 도움이 되며, 게임 디자이너에게 늘 유용한 접근 방법이다. 다음 몇 장에서 이러한 종류의 접근 방식을 자세히 살펴볼 것이다.

풀 프로덕션에 들어가면 계속해서 동심원적 개발 방법을 사용해야 한다. 게임 플레이와 시각적, 오디오 및 촉각적 디자인, 사용성 등 제작 퀄리티 측면에서도 지속적으로 완성도를 높일 수 있는 방식으로 게임을 만들어야 한다. 게임이 항상 원활하게 플레이되고 컨트롤이나 사용성 문제가 없도록 최선을 다해야 한다. 가독성에 초점을 맞추면 게임 시작을 위한 재미있고 효과적인 튜토리얼 시퀀스를 미리 계획하는 데 도움이 된다. 17장에서 논의한 것처럼, 이 시퀀스는 매우 흥미롭고 잘 디자인되어 여기서 플레이어는 자신이 무언가를 배우고 있는 상태라는 것을 알지 못할 것이다.

풀 프로덕션 도중이라도 프로젝트의 디테일한 마이크로 디자인 작업을 하고 팀 외부 사람들과 지속적으로 플레이 테스트를 하며 반복적으로 디자인을 개선하면서 일찍, 빨리, 자주 실패하는 접근도 계속할 수 있다. 다른 사람에게 플레이 테스트를 거치지 않고 너무 많은 작업을 진행하지 마라. 이렇게 하면 디자인 방향을 약간씩 조정할 수 있는 기회가 무수히 많이 생길 것이다. 그럼으로써 프로젝트 목표와 경험 목표를 향해 나아가는 동시에 경로에 있는 어떤 장애물도 피할 수 있다. 다시 말하지만, 막힐 때마다 프로젝트 목표를 돌아봐라. 경험 목표에 다시 초점을 맞추면 문제에 대한 답은 이미 나와 있을 것이다.

풀 프로덕션 도중 위험을 감수해야 하는 경우

앞서 말했듯이, 때때로 만들 수 있는 최고의 게임을 만들기 위해 게임 디자인 매크로에서 벗어나야 할 수도 있다. 〈언차티드〉 시리즈의 첫 번째 게임인 〈언차티드: 엘도라도의 보물〉 제작 프로세스 중에 이와 관련된 예가 있다. 우리의 조준[Aiming] 메커니즘은 제대로 동작하지 않았고, 게임 디자이너(현재는 게임 디렉터)인 닐 드럭만[Neil Druckmann]은 우리가 사용하던 3인칭 자동 조준 시스템과 1인칭 슈팅 게임에서 사용되는 더욱 의도적인 조준 시스템 사이의 격차를 해소할 아이디어를 생각해 냈다. 한창 풀 프로덕션이 진행되는 도중, 알파 마일스톤을 불과 몇 달 앞둔 시점에서 우리는 새로운 조준 시스템의 프로토타입을 만들었고, 그 결과는 매우 만족스러웠다.

이 한 가지 게임 디자인 변화는 지대한 영향을 미쳤다. 갑자기 〈언차티드: 엘도라도의 보물〉에서 적과의 전투가 활기를 띠었다. 조금 더 힘들기는 했지만, 그다지 어렵지 않았고, 늘 쓰러뜨리려는 적을 똑바로 바라봐야 했기 때문에 더욱 극적으로 느껴졌다. 일대다보다 일대일 상황이 많아지면서 전투는 더 가깝게 느껴졌다.

무엇보다 좋은 점은, 변화가 게임을 망가뜨리지 않았다는 것이다. 풀 프로덕션 도중 게임 디자인을 크게 변경하는 것은 언제나 위험이 따른다. 레벨 레이아웃을 다시 재작업해야 할까? 이런 변화 때문에 게임의 어떤 다른 시스템을 변경해야 할까? 이로 인해 귀중한 풀 프로덕션 시간을 소모하는 추가적인 변경 사항이 발생하는 도미노 효과가 발생하지 않을까? 이 자동 조준에서 어깨너머 수동 조준으로의 변화는 대부분의 경우 레벨 레이아웃을 망가뜨리지 않았고, 다른 게임 시스템에 나쁜 영향을 미치지 않았다. 이것은 프리 프로덕션 이후에도 게임이 완성되지 않았을 때, 가끔은 풀 프로덕션 도중에도 위험을 감수해야 한다는 것을 보여 주는 완벽한 예였다.

나는 다른 게임 디자이너들로부터 종종 그들의 게임 디자인이 개발이 거의 끝나가지만 완전히 탄탄해지지 않았을 때 한 가지 주요 요소를 추가, 제어, 또는 수정하면서 게임이 획기적으로 재미있어진 사례를 들었다. 자크 게이지Zach Gage는 이것이 초이스 프로비저닝 Inc.Choice Provisions Inc.의 주사위 기반 전략 게임 〈타르시스Tharsis〉에서도 발생했다고 말했다.[6] 라이언 스미스Ryan Smith는 플레이스테이션4용 〈스파이더맨Spider-Man〉의 거미줄 슈팅 메커니즘에서도 같은 일이 일어났다고 말했다.[7] 이 일화들은 게임을 제작할 때 작업 목록을 체계적으로 따라가야 하지만, 한편으로는 게임의 디자인을 개선하기 위해 급진적인 변화를 줄 수 있는 기회에 대해서도 늘 주의를 기울이고 있어야 한다는 가르침을 준다.

하지만 조심해야 한다. 〈언차티드: 엘도라도의 보물〉의 경우, 이것이 풀 프로덕션 도중 게임의 메커닉에 대한 유일한 주요 변경 사항이었다. 우리가 이런 크고 늦은 변경을 너무 많이 하려고 했다면, 우리 게임은 분명 제대로 완성되지 못했을 것이다. 이것은 손에 한두 장만 있는 와일드카드라고 생각해야 한다. 특별한 경우를 위해 아껴 두고 너무 충동적으로 사용하지 말아야 한다.

---

6 The Spelunky Showlike, "Episode 8: Designing Tharsis with Zach Gage", 2018. 12. 20., https://thespelunkyshowlike.libsyn.com/08-designing-tharsis-with-zach-gage.

7 Ryan Smith, "The 2019 GDC Microtalks", 2019. 10. 28., https://www.youtube.com/watch?v=66skmNruafI.

~ ❈ ~

아이데이션 단계가 놀이 시간이고 프리 프로덕션 단계가 스프린트라면, 풀 프로덕션은 더 긴 달리기 경주, 또는 마라톤과 같다고 생각한다. 우리는 더 이상 최고 속도로 돌진할 수 없다. 만약 그런다면 빠르게 지쳐 버릴 것이다. 우리는 리듬을 타고 일관적이고 체계적으로 일을 해야 한다. 그래야 프로젝트의 마지막 단계에서 마주치게 될 장애물을 뛰어넘을 수 있는 에너지가 남아 있을 것이다.

우리 앞을 가로막는 장애물이 없는지 항상 눈을 크게 뜨고 살펴야 한다. 작은 걸림돌도 우리를 넘어지게 할 수 있다. 그리고 게임 제작이 거의 완료되는 동안에도 게임 디자인이 크게 향상될 수 있는 지름길 또는 보너스와 같은 기회가 있는지 계속 예의주시해야 한다. 다음 장에서는 훌륭한 게임을 제작하는 길에서 벗어나지 않고 장애물과 기회를 알아차리는 데 도움이 되는 공식 플레이 테스트 프로세스를 살펴볼 것이다.

23장
테스트의 종류

이 책 전체에서 논의한 것처럼 '플레이 테스트'는 건강한 게임 디자인 및 개발 실무에서 중심적인 역할을 한다. 그러나 테스트에는 게임 팀이 다양한 개발 단계에서 사용하는 다양한 유형이 있다. 이를 범주 및 하위 범주로 정리하면 다음과 같다.

- 비공식 플레이 테스트
  - 혼자 하는 비공식 플레이 테스트
  - 팀원들과의 비공식 플레이 테스트
  - 디자인 동료와의 비공식 플레이 테스트
- 디자인 프로세스 테스트
  - 공식 플레이 테스트
  - 사용자 테스트
  - 포커스 테스트
- 품질 보증 테스트
- 자동화된 테스트
- 공개 테스트

이것들을 하나씩 살펴보자.

비공식 플레이 테스트

비공식 플레이 테스트는 우리 개발자가 게임을 디자인하고 개발할 때 스스로 수행하는 플레이 테스트이다. 일반적으로 비공식 플레이 테스트에서는 공식 플레이 테스트의 특징인 '엄격하게 통제된 상황' 없이 책상에서 일상적으로 대화를 나눈다.

혼자 하는 비공식 플레이 테스트

나는 게임의 어떤 부분을 작업하면서 이따금 게임을 실행하고 내가 만들고 있는 것을 확인한다. 게임을 하며 방금 구현한 것을 확인하고 게임 플레이, 컨트롤, 그래픽, 사운드 및 디자인의 다른 모든 측면을 평가한다. 게임의 전반적인 경험의 감을 느껴 보려 하거나 작은 세부 사항에 집중하기도 한다. 이것은 기본적이고 유서 깊은 플레이 테스트 방법이다.

하지만 이는 문제에 취약하다. 이런 식으로 게임의 난이도를 조정하는 것은 거의 불가능하다. 게임을 개발하는 과정에서 나(디자이너)는 아마도 다른 사람보다 훨씬 더 오랫동안 게임을 플레이하게 될 것이며, 반복을 통해 연마된 기술과 게임 작동 방식에 대한 내부자적 관점을 갖춘 일종의 '슈퍼 플레이어'가 될 것이다. 이로 인해 가독성(사람들이 게임 메커니즘이나 스토리를 이해하는 것이 얼마나 쉬운지)과 같은 다른 요소와 함께 게임의 난이도를 제대로 평가하기가 매우 어렵게 된다.

게임 디자이너는 이러한 장애물을 어느 정도 극복하는 방법을 배울 수 있다. 영감을 주는 디자이너 미야모토 시게루Shigeru Miyamoto는 뛰어난 게임 디자인 능력을 가지고 있는데, 그중 하나는 매일 아침 그가 작업 중인 게임을 마치 전에 본 적이 없는 것처럼 접근할 수 있는 능력이라고 한다. 이를 위해서는 엄청난 정신 훈련이 필요하지만 성공한다면 프로젝트에 긍정적인 영향을 미친다. 모든 분야에 적용 가능한 아주 좋은 디자인 방법은 무언가를 처음 접하는 사람의 입장이 되어 보는 것이다. 이러한 마음 습관을 기르면 비공식 플레이 테스트를 스스로 수행하는 데 도움이 될 것이다.

팀원들과의 비공식 플레이 테스트

게임을 만들며 새로운 시선이 필요할 때, 자연스럽게 비공식 플레이 테스트를 요청할 수 있는 사람은 바로 옆에 앉아 있는 사람이다. 대부분의 훌륭한 게임 스튜디오에서는 모든 사람이 팀원이 만든 게임을 플레이하는 데 시간을 보내는 것이 용인된다. 공식 플레이 테스트와는 다르게, 게임을 플레이하면서 대화를 주고받으며 게임에 대해 이야기한다. 팀 동료와의 비공식 플레이 테스트에서는 개별 게임 디자이너의 '큰 소리로 생각하는' 능력이 전면에 나타난다. 이처럼 피드백을 주는 데에는 6장의 샌드위칭 기법과 12장의 '나는 ~을 좋아한다. 나는 ~을 바란다. 만약에 ~라면?' 같은 기본적인 의사소통 기술도 필요할 것이다.

디자이너로서 내 작업을 동료에게 테스트를 부탁할 때, 나는 방어적인 태도를 취하고 싶은 충동을 억제해야 한다. 경청하는 기술을 사용하여 누군가가 내 게임에 대해 말하는 솔직한 의견을 들어야 하며, 절대로 "그가 이해하지 못한다."라거나 "제대로 플레이하지 않고 있다."라고 말해서는 안 된다. 사람들의 지적을 해석하여 내 디자인 문제의 진정한 원인을 찾아내는 능력을 반드시 길러야 한다. 다양한 사람들과 함께 테스트하면 이러한 해석 과정에 도움이 될 수 있다.

디자인 동료와의 비공식 플레이 테스트

디자인 동료란 게임 디자이너 경험이 있는 사람을 의미하며, 아마도 당신과 같은 관심사와 감성을 공유하는 사람일 것이다. 그들에게 연락해서 당신의 게임을 해 보게 하라. 이러한 방식의 플레이 테스트는 어떤 디자인 문제에 봉착했을 때 특히 유용하다. 당신의 디자인 동료는 공정한 눈으로 당신의 게임을 바라보고 조언을 줄 수 있다.

디자인 프로세스 테스트

나는 다음 세 가지 유형의 테스트를 "디자인 프로세스 테스트"라고 부른다. 이는 게임을 최대한 좋게 만들기 위해 사용하는 디자인 프로세스와 관련이 있기 때문이다. 전문 스튜디오에서도 이 세 가지 유형의 테스트 간에 중복되거나 혼동되는 부분이 있을 수 있지만, 나는 이들 간의 차이점을 구분하는 것이 좋다고 생각한다.

공식 플레이 테스트

디자이너가 엄격하게 통제된 조건에서 자신의 게임을 한 번도 플레이해 본 적이 없는 사람들의 경험을 관찰하는 방식으로, 플레이어가 집에서 새 게임을 플레이하는 경험을 재현하는 플레이 테스트 유형이다. 디자이너들은 이 새로운 플레이어들이 게임을 어떻게 받아들이는지 보려고 노력한다. 게임 방법을 배울 수 있는가? 게임 플레이를 즐기는가? 게임이 디자이너가 만들고자 했던 경험을 제공하는가? 플레이어가 원하는 경험을 하지 못하게 하는 어떤 종류의 게임 디자인 문제가 있는가?

이러한 종류의 플레이 테스트는 모든 복잡한 인적 변수 내에서 가능한 한 최대한 객관적으로 진행된다. 공식 플레이 테스트는 너티독에서 많이 사용되며, 나 또한 스튜디오에서 8년 동안 대부분 게임의 공식 플레이 테스트 프로세스에 밀접하게 관여했다. 24장과 25장에서 공식 플레이 테스트에 대해 더 많이 이야기할 것이다.

사용자 테스트

이것은 게임 디자이너가 '사용성'과 'UX'의 세계에서 물려받은 테스트 유형이다. 사용자 테스트는 인터페이스 설계 및 사용에 중점을 둔다(그 이상으로 확장되기도 함). 소프트웨어 엔지니어링에서 사용성은 "특정 소비자가 정량적인 목표를 달성하기 위해 소프트웨어를 얼마나 효율적으로, 만족스럽게 사용할 수 있는지"를 말한다.[1]

어떤 면에서, 비디오 게임의 모든 것은 인터페이스이다. 메뉴와 헤드업 디스플레이뿐만 아니라 캐릭터 디자인, 게임 세계의 카메라 뷰, 컨트롤 방식 같은 '세 가지 C' 모두 정보를 전달하고, 인터랙션 방식을 형성하며, 경험을 만들어 낸다.

24장과 25장에서 살펴볼 공식 플레이 테스트를 설명하기 위해 사용자 테스트라는 용어를 자주 사용하는 것은 놀라운 일이 아니다. 우리가 사용하는 공식 플레이 테스트 프로세스는 부분적으로 사용성의 세계와 인간-컴퓨터 인터랙션(HCI)의 학문 영역에서 파생되었다. 많은 게임 스튜디오는 공식 플레이 테스트를 실행하기 위해 HCI 배경을 가진 사람들을 고용하고, 많은 학교의 게임 프로그램에는 사용성에 관한 수업 또는 교수진이 있다. USC 게임 프로그램 명예 교수인 데니스 윅슨Dennis Wixon은 마이크로소프트 게임 스튜디오Microsoft Game Studios에서 《Wired》지가 "새로운 플레이 과학"이라고 부르는 분야를 개척하는 데 큰 기여를 했다.[2] 데니스와 그의 동료들이 게임 디자인을 개선하기 위해 사용했던 과학적이고 엄격한 디자인 프로세스는 우리가 너티독에서 한 공식 플레이 테스트 작업에 많은 영감을 주었다.

하지만 사용자 테스트와 공식 플레이 테스트를 혼동하는 것은 실수라고 생각한다. 다음 장에서 살펴보겠지만 공식 플레이 테스트는 디자이너가 직감이나 예술적 감각에 따라 결정을 내려야 하는 다소 주관적인 실무이다. 반대로 사용자 테스트는 휴리스틱을 적용하고 객관적인 방식으로 결과를 측정함으로써 특정 설계 결과를 달성할 수 있는 매우 엄격하고 철저하며 명백히 과학적인 실무이다.

포커스 테스트

혼란스럽게도 일부 게임 스튜디오는 공식 플레이 테스트 또는 사용자 테스트 프로세스를 "포커스 테스트"라고 부를 수도 있다. 그러나 포커스 테스트는 공식 플레이 테스트나 사용자 테스트와는 매우 다르다. 포커스 테스트는 고객과 관계를 형성하고 고객을 만족시키는 비즈니스 프로세스인 마케팅이라는 전문적이고 학문적인 분야의 일부이다.

포커스 테스트는 제품, 서비스, 개념 또는 광고의 '잠재 고객'을 나타낸 심리학적/인구 통계학적 정보

---

1 "Usability", Wikipedia, https://en.wikipedia.org/wiki/Usability.

2 Clive Thompson, "Halo 3: How Microsoft Labs Invented a New Science of Play", Wired, 2007. 08. 21., https://www.wired.com/2007/08/ff-halo-2/.

를 기반으로 일반 대중 중에서 구성원을 선택하는 포커스 그룹을 소집하여 실행된다. 포커스 그룹 구성원은 일반적으로 테스트 시간에 대해 보수를 받는다. 포커스 그룹 미팅은 특별 훈련을 받은 연구원이 주도하며 통제된 조건에서 구성원들에게 신중하게 고안된 질문을 한다. 그룹 간의 대화가 장려되기도 하며, 그룹의 응답이 녹음된다. 그들은 테스트 대상에 대한 자신의 인식, 의견, 신념 및 태도에 대해 이야기한다. 테스트 결과는 나중에 연구원이 분석하고 프로젝트의 이해관계자가 논의한다.

포커스 테스트는 우리의 게임 아이디어가 잠재 고객에게 잘 먹힐지 확인하고 싶은 시점인 게임 개발 초기에 가치가 있을 수 있다. 이는 우리 게임의 예산이 매우 크고 돈을 현명하게 투자하고 있는지 확인하고 싶을 때 특히나 가치가 있다. 사용자 연구원이자 게임 디자이너인 케빈 키커Kevin Keeker는 트레이시 풀러턴의 《게임 디자인 워크숍》 속의 에세이 "포커스 그룹 최대한 활용하기"에서 포커스 테스트의 효과적인 활용에 대한 훌륭한 조언을 많이 제공한다.[3]

품질 보증 테스트

모든 게임 스튜디오에서 테스트 분야의 선구자는 간단히 테스트라고도 하는 품질 보증Quality Assurance(QA) 부서이다. QA는 고도로 숙련된 전문 분야이며 게임 개발에서 가장 성숙한 프로세스 중 하나이다. QA 테스터의 임무는 먼저 버그, 즉 플레이어의 경험에 부정적인 영향을 미치는 기술적 문제와 콘텐츠 문제를 찾는 것이다. 이러한 버그는 게임에서 일련의 특수한 상황이 이어지거나 일반적이지 않은 요소들이 조합될 때만 발생하기 때문에 찾기 어려울 수 있다. QA 테스터는 개별 개발자가 할 수 없는 방식으로 게임의 광대한 가능성의 공간을 탐색할 수 있다. 그럼으로써 QA는 우리가 좋아하는 게임을 만들 수 있게 해 준다.

QA는 게임을 테스트하는 방법과 찾고 있는 문제의 종류를 설명하는 테스트 계획에 따라 게임을 테스트한다. QA가 문제를 발견하면 버그 데이터베이스에 문제를 문서화하여 게임의 다른 개발자와 공유한다. QA 관리자는 누가 버그를 수정할 것인지 검토하여 각 분야의 책임자(리드 아티스트, 리드 프로그래머 등)에게 버그를 전달한다. 엔지니어가 수정해야 하는 코드의 문제일 수도 있고, 게임 디자이너의 디자인 문제일 수도 있고, 아티스트가 수정해야 하는 잘못 매핑된 텍스처일 수도 있다.

다음으로 각 분야의 책임자는 버그를 수정하는 그룹의 개별 개발자에게 버그를 전달하고, 변경 사항

3 Tracy Fullerton, 《Game Design Workshop: A Playcentric Approach to Creating Innovative Games, 4th ed》, CRC Press, 2018, p.191.

을 팀의 버전 관리 시스템에 올리고, 각 버그를 수정된 것으로 표시한다. (버그를 고칠 수 없거나, 보고된 버그를 찾을 수 없거나, 버그라는 데 동의하지 않는 경우, 버그에 의견을 적절하게 표시할 수 있으며 추가적인 검토를 위해 전달한다.) "수정됨"으로 표시된 버그는 다음 빌드에서 QA 부서에서 '회귀Regress' 테스트를 하여, 문제가 실제로 사라졌는지 다시 확인한다.

버그 데이터베이스는 결국 모든 팀원의 삶에 중요한 부분이 되며, 각 개발자는 하루 중 많은 시간을 버그 데이터베이스에 보고된 문제를 수정하는 데 보내게 된다. QA 테스터는 단지 버그를 잡고 수정을 확인하는 사람 이상의 역할을 한다. 그들은 게임 디자인과 관련된 뛰어난 지혜를 가지고 있으며, 게임이 플레이어에게 제공하는 경험에 대한 훌륭한 통찰력을 쌓고 있다. 직업으로서 게임 QA에 끌리는 사람들은 일반적으로 게임에 대해 매우 열정적이고 폭넓은 지식을 가지고 있다. 그들은 종종 뛰어난 게임 디자인 감성을 가진 분석가이며 훌륭한 아이디어로 가득 차 있다. 나는 항상 내 스튜디오에서 QA 부서의 사람들에게 존중을 표하고, 그들의 일에 대해 물어보고, 그들로부터 배우기를 강조했다.

QA는 개발 분야이며 QA에서 일하는 사람들은 게임 개발자이다. (4장에서 설명했듯이) 게임에 손을 대는 모든 사람이 디자이너라는 이 책의 철학에 따라, QA에서 일하는 사람도 게임 디자이너라는 점을 기억해야 한다. 우리는 가능한 한 최고의 게임을 만들기 위해 디자인 및 제작 프로세스의 모든 단계에 QA를 초대하여 긴밀하고 효과적으로 협력해야 한다.

자동화된 테스트

전산학이 만들어진 이후부터 소프트웨어 개발자들은 작성한 코드를 자동으로 테스트하는 메커니즘을 만들어 왔다. 다른 소프트웨어를 빠르고 효율적으로 테스트하기 위해 만들어진 특수 소프트웨어는 인간이 하는 반복적인 작업을 오류 없이 수행하거나, 인간이 하기 어려운 테스트를 수행한다.

단위 테스트, 통합 테스트 및 서버 부하 테스트는 모듈과 코드 및 데이터 그룹이 올바르게 작동하는지 테스트하는 자동화된 테스트의 대표적인 예이다. 게임의 자동화된 테스트는 컨트롤러, 키보드와 마우스, 또는 터치스크린을 통해 게임에 대한 사람의 입력을 시뮬레이션할 수 있다. 자동화된 테스트는 프로그래밍 인터페이스를 사용하여 입력 시스템을 아예 건너뛰고 코드 및 콘텐츠와 직접 통신할 수도 있다.

자동화된 테스트는 이제 게임 프로그래머의 도구에서 중요한 부분으로 받아들여진다. 내가 너티독에 있는 동안 스튜디오의 유능한 엔지니어링 팀은 '스모크 테스트(신뢰 테스트, 온전성 테스트, 빌드 확인 테스트라고도 함)'를 사용하여 야간에 진행한 빌드에 메모리 누수나 레벨 로딩 관련 문제가 없는지 확인하기 시작했다. 이를 통해 QA 부서는 매일 아침 기본적인 문제가 없는 빌드를 테스트할 수 있었다.

게임 개발이 인간 중심의 예술 분야라는 점을 감안할 때 자동화된 테스트가 인간의 테스트를 완전히 대체할 가능성은 낮지만 코드가 특정 종류의 문제와 오류를 인간보다 더 빠르고 철저하게 확인할 수 있다는 생각은 타당하다. 컴퓨터는 세부적이고, 지루하며, 반복적인 작업을 완벽하고 정밀하게 수행하는 데 능숙하기 때문이다. 기계 학습Machine Learning이 음성 인식 및 이미지 조작과 같은 분야에서 우리 삶을 마술처럼 변화시키기 시작한 것처럼, 새로운 방식으로 게임을 테스트하는 데에도 도움이 될 것으로 기대한다.

공개 테스트

공개 테스트는 게임이 완전히 완성되기 전에 일종의 제한적인 형태로 게임을 공개하여 진행하는 테스트이다. 여기에는 공개 베타 테스트, 얼리 액세스 테스트, 글로벌 출시 전에 소규모 테스트 시장에 게임을 출시하는 것이 포함된다.

베타 마일스톤에 도달한 후 게임이 완전히 완성되기까지 몇 주 또는 몇 달 남은 시점의 공개 베타 테스트에서 게임 개발자 또는 퍼블리셔는 일반 대중이 게임을 다운로드하고 플레이할 수 있게 해 준다. (공개 베타에서는 전체 게임을 출시하지 않고 일부 데모 수준만 출시하는 것이 일반적이다.)

개발자는 공개 베타 테스트에서 다양한 종류의 피드백을 받는다. 서버 부하 테스트 결과를 통해 서버가 수천 또는 수십만 명의 플레이어가 게임을 다운로드하고 플레이하는 부하를 동시에 처리할 수 있는지 다시 확인할 수 있다. 그리고 개발자는 게임에서 플레이어의 활동에 대한 지표 데이터를 수집하여 게임 디자인이 의도한 대로 작동하는지 확인할 수 있다. 또한 프레임 속도 또는 랙과 관련된 성능 문제 및 보안 문제를 찾을 수 있는데, 초기 사용자는 종종 자신의 점수를 해킹할 수 있는지 확인하기 위해 게임의 보안 허점을 찾곤 한다. 이와 더불어 개발자는 공식 플레이 테스트에서와 마찬가지로 설문지나 인터뷰를 통해 공개 베타 테스터로부터 게임 경험에 대한 직접적인 피드백을 받을 수도 있다.

얼리 액세스 테스트에서는 기능적 또는 콘텐츠적으로 완성되기 전에 게임을 출시하고 판매까지 할 수도 있다. 이러한 방법은 이제 전문적인 게임 디자인의 세계에서 일반적이다. 스팀 얼리 액세스 판매나 Itch.io 같은 플랫폼을 통해, 게임 개발자는 소셜 미디어를 사용하여 플레이어를 그 어느 때보다 더 큰 규모로, 더 빠르고 쉽게 디자인 및 개발 프로세스에 참여시킬 수 있다. 공개 테스트는 게임에 대한 커뮤니티를 구축하고 기대감을 모으는 데 도움이 될 수 있다.

지금까지 여러 가지 유형의 테스트를 살펴보았다. 다음 두 장에서는 게임 디자이너가 디자인 프로세스를 순조롭게 진행하는 데 유용한 도구를 제공하는 '공식 플레이 테스트'에 대해 좀 더 자세히 살펴보려고 한다.

24장
공식 플레이 테스트 준비

우리의 재미있는 게임 제작 프로세스를 시작할 때, 아이데이션 및 프리 프로덕션 단계에서 게임을 디자인하고 제작하는 접근 방식은 매우 자유롭고 예술적이고, 적시에 올바른 결정을 내릴 수 있을 정도로만 구조화되어 있었다. 이제 풀 프로덕션에 들어갔다고 해서 직관적으로 작업하는 것을 멈추지는 않지만, 우리가 계획한 매크로와 스케줄에 따라 더욱더 합리적인 방식으로 전환해야 한다.

우리는 이제 게임이 기능적으로 완성(모든 주요 메커니즘이 게임 어딘가에 구현된 상태)되는 단계인 '알파'와 콘텐츠적으로 완성(모든 요소가 게임에 들어가 있고, 포스트 프로덕션 중 다듬을 준비가 되어 있는 상태)되는 단계인 '베타'의 주요 마일스톤을 향해 나아가고 있다. 이 단계에서 우리가 주관성에서 객관성으로, 직관성에서 합리성으로의 전환을 얼마나 잘 하고 있는지 어떻게 알 수 있을까? 공식 플레이 테스트가 이에 도움이 될 수 있다.

너티독의 공식 플레이 테스트

나는 플레이 테스트에 대한 열정을 가지고 너티독에 합류했으며, 이미 스튜디오에서 여러 공식 플레이 테스트 실무에 도입하는 데 도움을 준 에반 웰스 및 마크 서니와 함께 일하게 되어 기뻤다. 설립된 이후로 너티독(그리고 모회사인 소니 인터랙티브 엔터테인먼트)은 대부분 온라인 광고를 통해 일반 대중을 모집하고, 스튜디오로 데려오고, 제작 중인 게임을 플레이하기 위해 비용을 지불하는 공식 플레이 테스트를 운영해 왔다. 이 플레이 테스터들은 어떤 게임을 할 것인지, 테스트할 게임을 누가 제작하는지 미리 알 수 없다. 우리는 긍정적이든 부정적이든 아무런 편견 없이 사람들이 우리의 게임을 접하기를 원했다.

내가 너티독에 있는 동안 우리는 제3자 에이전트와 함께 일했고, 그들은 광고에 응답한 모든 사람이 제공한 정보를 검토하여 각 공식 플레이 테스트에 10명의 플레이 테스터를 제공해 줬다. 플레이 테스터의 게임 경험과 인구통계학적 정보는, 우리 게임에 관심을 가질 것이라고 생각되는 연령, 성별, 게임 이력 등을 반영했다. 많은 게임 개발자와 마찬가지로 우리는 이러한 사람들을 휴지처럼 한 번만 사용할 수 있다는 의미로 "크리넥스" 플레이 테스터라고 부른다. 공식 플레이 테스트에서 현재 상태에서 게임이 어떻게 받아들여지는지 정확하게 알기 위해서는 이전에 이 게임을 해 본 적이 없는 사람들이 필요하다.

내가 〈자크 3〉의 완성을 돕기 위해 너티독에 합류했을 때, 전체 프로젝트 프로세스에서 4~5번의 플레이 테스트를 했다. 그리고 내가 너티독에서 작업한 마지막 게임인 〈언차티드 3〉의 경우, 프로젝트 종료 약 6개월 전부터 일주일에 한 번 꼴로 총 21번의 테스트를 실행했다. 우리는 사내의 전용 플레이 테스트 룸에서 공식 플레이 테스트를 진행했다. 테스트 룸의 한쪽 벽에는 10개의 플레이 테스트 스테이션이 줄지어 있었다. 각 스테이션에는 TV, 테스트 중인 게임 빌드가 포함되어 있고 네트워크로 연결된 플레이스테이션, TV에 연결된 한 쌍의 헤드폰이 있어서 각 플레이어는 자신의 게임의 소리만 들을 수 있었다. 플레이 테스트가 진행되는 동안 게임 디자이너는 방 반대편에 앉아 플레이 테스터가 플레이하는 것을 지켜보았다. 오늘날 너티독에는 플레이 테스터와 플레이 테스터를 지켜보는 디자이너를 분리하는 단방향 거울이 있는 전용 플레이 테스트실이 있다. 이는 사용자 연구를 위해 만들어진 '관찰실'의 공통적인 특징이다.

〈언차티드 3〉의 플레이 테스트에서, 우리는 테스터가 플레이하는 게임의 비디오를 우리의 네트워크에 캡처해 주는 네트워크 디지털 비디오 레코더를 사용했다. 나중에 이 비디오를 검토하여 게임에서 특정 플레이어의 동작을 자세히 살펴볼 수 있었다. 우리는 게임의 특정 부분에서 어떤 문제적인 패턴을 발견했을 때, 또는 특정 플레이어가 게임의 한 부분에 오랫동안 갇히는 것과 같은 문제에 직면했을 때 무슨 일이 일어나고 있는지 파악하기 위해 이를 활용했다. (이러한 방법론은 사용자 테스트에 종사하는 인간-컴퓨터 인터랙션 연구원들이 발명했으며, 게임 산업에 도입되기 전에 얼마 동안 사용되었다.) 오늘날 너티독은 얼굴과 손 등 플레이 테스터의 전반적인 자세도 비디오로 녹화한다. 이런 영상 자료들은 게임 플레이 비디오 자료와 함께 재생되어 플레이어가 게임의 각 순간에 무엇을 하고, 어떻게 느끼고 있는지에 대해 확장된 감각을 제공해 준다. 비디오는 플레이 테스트에서 무슨 일이 일어나고 있는지 관심이 있는 스튜디오의 모든 사람의 데스크톱으로 스트리밍될 수 있다.

실수로라도 플레이어가 서로의 게임을 볼 수 없도록 스테이션 사이에 스크린을 설치했다. 옆 사람이 당신보다 게임에서 훨씬 앞서 있다면 옆 사람이 퍼즐을 풀거나, 특정 방식으로 무기를 사용하거나, 심지어 난간 위로 올라가는 것을 보는 것만으로도 당신의 플레이와 진행 능력에 영향을 미칠 수 있다.

우리는 플레이어들에게 플레이 테스트 중에 말을 하지 말라고 요청했고, 가능한 한 과학적이기를 원했기 때문에 무자비할 정도로 절대 도움을 주지 않았다. 플레이어가 플레이할 때 게임은 게임 플레이 세션에 대한 특정 정보를 기록하고 이를 네트워크의 데이터베이스에 기록한다. 이것은 지표 데이터라고 부르며, 26장에서 논의할 것이다.

플레이 테스트가 끝나면 플레이 테스터에게 그들의 경험에 대한 설문지를 작성하게 하고, 종료 인터뷰를 실시하여 나중에 참고할 수 있도록 녹음했다. 설문조사에서 얻은 수치 정보(정량적 데이터)는 테스트마다 플레이어의 게임에 대한 인식의 변화를 추적하는 데 도움이 되었다. 우리는 거의 항상 느리지만 점진적인 개선을 확인할 수 있었고, 이는 게임이 점점 나아지고 있다는 사실을 알려 주어 제작 과정 중에 제정신을 유지하는 데 도움이 되었다. 우리는 또한 종료 인터뷰에서 다소 덜 객관적이지만 흥미로운 게임 디자인 관점(정성적 데이터)을 얻곤 했다. 지표 데이터는 게임이 얼마나 플레이하기 용이한지에 대한 훨씬 더 객관적인 정보를 제공했다.

이 장의 나머지 부분과 다음 두 장에서는 게임이 가능한 한 가장 좋은 상태에 있는지 확인하는 데 사용할 수 있는 '공식 플레이 테스트' 프로세스를 소개하고, 이에 대해 자세히 설명하려고 한다.

모두를 위한 공식 플레이 테스트 방법

5장에서는 플레이 테스트에 도움이 되는 몇 가지 지침을 제시했다. 우리는 12장에서 이러한 지침을 확장하고 강화하여 프로젝트 프로세스 전반에 걸쳐 사용할 엄격한 플레이 테스트 방법을 제공했다.

일반적으로 게임 제작의 특정 시점, 주로 알파 마일스톤 직전에 도달하면 게임에 대한 명확한 정보를 제공할 수 있는 훨씬 더 엄격한 형태의 플레이 테스트로 전환하는 것이 중요하다. 우리는 게임 디자인 과정에서 필요한 최종적인 수정을 할 수 있도록 게임에 대한 객관적인 사실과 주관적인 관점을 모두 알고 싶어 한다. 이러한 디자인 변경 사항을 시간을 가지고 추적하여, 직전의 수정 사항이 게임을 악화시키는 것이 아니라 개선하는지 확인할 수 있다. 이 프로세스를 공식 플레이 테스트라고 부르며, 우리 게임이 우리가 원하는 방식으로 플레이어에게 받아들여진다는 확신을 얻기 위해 사용할 수 있다. 그리하여 직관적인 제작에서 객관적인 평가로의 전환을 완료하고 게임 출시를 준비할 수 있다.

정기적인 공식 플레이 테스트가 게임 개발 프로세스의 중요한 부분이 되면, 작은 디자인 문제를 체계적인 방식으로 처리할 수 있으므로 더 중요한 게임 디자인 문제를 다룰 시간이 생긴다. 마크 서니는 최근 나에게 이렇게 설명했다. "정기적으로 플레이 테스트를 하도록 제작 프로세스가 확립되면, 팀 내외부에서의 대화는 더 이상 '플레이어가 XYZ를 이해할까?' 또는 '여기의 난이도가 적절할까?' 또는 'L1을 누른 다음 동그라미 버튼을 누르는 것이 충분히 직관적일까?' 따위가 아니게 된다. 이것들은 시간을 많이 잡아먹는 주제일 수 있지만 플레이 테스트를 통해 신속하게 해결할 수 있다는 것을 알고 있으므로, 이제 이런 세부 사항이 아니라 게임의 더 큰 구조적 문제(예: 플레이어가 플레이어 캐릭터와 충분한 공감을 형성하고 있는가?)에 시간을 할애할 수 있다."

이제 12장에서 설명한 플레이 테스트 프로세스에 몇 가지 추가 지침을 더할 차례이다. 새로운 지침은 아래 목록에서 **굵게 표시**되어 있다.

- **버그 및 주요 게임 플레이에 문제가 없는 탄탄한 게임 테스트 빌드 준비하기.**
- **공식 플레이 테스트 스크립트를 사용하기.**
- **원하는 경우, 사전 테스트 설문조사를 하기.**
- 플레이 테스터와 디자이너 모두 헤드폰 사용하기.
- 필요한 경우, 컨트롤 치트 시트 준비하기.
- 알려진 게임 플레이 문제나 기능적 문제와 관련해 플레이어를 도울 수 있는 서면 힌트 준비하기.
- 플레이 테스터에게 큰 소리로 생각하고 느끼도록 제안하기.
- 적절한 경우, 콘텐츠 경고 사용하기.
- 플레이 테스트 시작하기.
- 플레이 테스터의 게임 경험 관찰하기.
- 플레이 테스터의 행동과 말을 관찰하고 모두 기록하기.
- 플레이 테스터를 전혀 돕지 않기.
- **원하는 경우, (플레이 테스터의 동의하에) 플레이 테스트 세션 동안 게임과 플레이 테스터의 오디오 및 비디오를 녹음하기.**
- **원격 분석을 사용하여 플레이 테스트 세션에 대한 지표 데이터를 캡처하기.**
- **시간 잘 지키기: 설문조사와 종료 인터뷰를 위한 시간 필요.**
- **테스트 후, 대화를 시작하기 전에 플레이 테스터에게 공식 플레이 테스트 설문조사를 하기.**
- **설문조사 후 준비된 종료 인터뷰 질문을 하기.**
- **종료 인터뷰 답변을 적거나 녹음하기.**
- 게임을 설명하지 않기.
- 낙심하지 않기.

보다시피 우리는 이미 게임 개발 프로세스 전반에 걸쳐 공식 플레이 테스트 프로세스를 사용해 왔다! 이것은 좋은 신호이다. 이는 우리가 플레이 테스트에 대한 접근 방식을 엄격하게 유지해 왔으며 다음 작업 단계를 위한 견고한 기반을 제공했다는 것을 의미한다. 세 가지 새로운 도구인 스크립트, 설문지, 준비된 종료 인터뷰 질문에 중점을 둔 이 새로운 지침들을 살펴보자.

✖ 버그 및 주요 게임 플레이에 문제가 없는 탄탄한 게임 테스트 빌드 준비하기

플레이 테스트 훨씬 전, 일반적으로 최소 3일 전에 우리는 플레이 테스트를 막는 이슈가 전혀 없는, 안정적이고 탄탄한 빌드를 준비해야 한다. 경험이 적은 게임 개발자는 종종 이 준비 단계에서 큰 '문제'에 맞닥뜨린다. 개발자는 종종 플레이 테스트 직전까지 게임을 계속 변경하고 싶은 유혹을 받는다. 그러면 게임을 중단시키는 문제가 발생하여 게임을 테스트할 수 없게 되고, 플레이 테스트를 준비하는 데 들인 모든 시간, 돈, 노력이 수포로 돌아간다. 따라서 플레이 테스트에 앞서 안정적이고 탄탄한 게임 빌드를 만들고 주요 이슈를 확인하는 것은 필수적이다. 개발자가 플레이 테스트를 앞두고 게임에 약간의 변경을 가하려는 경우, 이전에 준비하고 확인한 안정적이고 탄탄한 빌드를 '안전 빌드'로 둔다. 그리고 최신 변경 사항으로 인해 플레이 테스트를 중지시키는 문제가 발생할 경우를 대비하여, 테스트 당일에 설치 및 사용할 준비를 해 둔다.

✖ 공식 플레이 테스트 스크립트를 사용하기

일반적으로, 공식 플레이 테스트나 사용자 조사 환경에서는 테스트를 실행하는 사람이 서면 스크립트를 사용하여 각 플레이 테스터에게 정확히 무엇을 말할지 결정한다. 따라야 할 스크립트가 있다는 것은 모든 플레이 테스터가 정확히 동일한 정보를 받는다는 것을 의미한다. 이에 대한 자세한 내용은 아래에서 확인할 수 있다.

✖ 원하는 경우, 사전 테스트 설문조사를 하기

일부 연구원은 테스트 전후의 데이터를 비교하고 각 플레이 테스터에 대한 기준을 설정하기 위해, 사전 테스트 설문조사를 한다. 예를 들어 테스트 후 감정 상태가 다른지 확인하기 위해 플레이 테스터에게 기분이 어떤지 물어볼 수 있다. 사전 테스트 설문조사를 하는 경우, 이에 대해 말할 내용을 플레이 테스트 스크립트에 작성해야 한다.

✖ 원하는 경우, (플레이 테스터의 동의하에) 플레이 테스트 세션 동안 게임과 플레이 테스터의 오디오 및 비디오를 녹음하기

게임이 실행되는 동안 플레이 테스터의 오디오 및 비디오와 함께 게임의 오디오 및 비디오를 캡처할 수 있는 소프트웨어 패키지를 사용할 수 있다. 플레이 테스터의 영상은 노트북에 내장된 카메라나 다른 카메라를 통해 녹화할 수 있다. 개인 정보를 침해하지 않도록 오디오 및 비디오로 기록하기 전에 플레이 테스터의 동의를 얻어야 한다. 가능하다면 이 방법으로 플레이 테스트 세션을 기록하는 것이 좋다. 하지만 이렇게 할 수 없더라도 걱정하지 마라. 관찰하고 메모하는 것만으로도 좋은 정보를 많이 얻을 수 있다.

⊗ 원격 분석을 사용하여 플레이 테스트 세션에 대한 지표 데이터를 캡처하기

게임에서 플레이어가 게임에서 무엇을 하는지, 게임의 각 부분을 완료하는 데 걸리는 시간 등에 대한 정보를 캡처하는 코드를 게임에 심어 둔다. 이에 대해서는 26장에서 자세히 이야기하겠다.

⊗ 시간 잘 지키기: 설문조사와 종료 인터뷰를 위한 시간 필요

우리는 12장에서 플레이 테스트 중에 시간을 주시하는 것에 대해 이야기했다. 이제 그렇게 해야 하는 이유가 하나 더 생겼다. 공식 플레이 테스트에서는, 테스트가 끝나기 전 플레이어가 플레이를 마친 후 설문조사를 하고 종료 인터뷰를 수행해야 한다.

⊗ 테스트 후, 대화를 시작하기 전에 플레이 테스터에게 공식 플레이 테스트 설문조사를 하기

플레이 테스터가 플레이를 마치는 즉시, 경험에 대해 묻기 전에 설문지를 제공하여 작성하도록 한다. 이 설문지는 그들의 경험에 대해 통제된 방식으로 질문할 것이다. 설문조사는 심리학자가 개발한 기술을 사용해 질문을 구성하여 최대한 객관적인 답변을 얻을 수 있도록 할 것이다.

⊗ 설문조사 후 준비된 종료 인터뷰 질문을 하기

우리는 플레이 테스트 프로세스 내내 종료 인터뷰를 했으며, 12장에서는 시작점으로 사용하기 좋은 '마크 태터솔의 다섯 가지 개방형 인터뷰 질문'을 제공했다.[1] 공식 플레이 테스트를 시작할 때쯤이면 일반적으로 종료 인터뷰 과정에서 조사하고 싶은 몇 가지 특정 이슈들이 있다. 최적의 결과를 얻으려면 미리 물어볼 질문을 준비하고 검토한 후 모든 플레이 테스터에게 물어봐야 한다.

⊗ 종료 인터뷰 답변을 적거나 녹음하기

종료 인터뷰에서 플레이 테스터가 말하는 내용은 종종 게임 디자인에 대한 지혜와 통찰력으로 가득 차 있지만, 우리의 기억에는 오류가 있고 감정에 의해 편향되기 쉽다. 플레이 테스터가 말한 내용 중 일부는 기억하지만, 종종 당신을 기쁘거나 우울하게 한 것만 기억할 수 있다. 사람들이 우리 게임에

---

1 Alissa McAloon, "5 Questions You Should Be Asking Playtesters to Get Meaningful Feedback", Gamasutra, 2016. 10. 10., https://www.gamasutra.com/view/news/283044/5_questions_you _should_be_asking_playtesters_to_get_meaningful_feedback.php.

반응하는 미묘한 표현을 전체적으로 파악하려면, 그들이 말하는 모든 것을 기록해야 한다. 나중에 검토하고 텍스트로 전사할 수 있도록 메모를 작성하거나 종료 인터뷰를 오디오 또는 비디오로 녹음한다. (전사 서비스, 특히 자동화 서비스는 점점 더 저렴해지고 있다.)

이제 새로운 가이드라인을 마련했으므로 공식 플레이 테스트 스크립트, 공식 플레이 테스트 조사, 종료 인터뷰 질문 등 우리가 사용할 도구를 만드는 방법을 알아보겠다.

공식 플레이 테스트 스크립트 준비하기

공식 플레이 테스트의 스크립트는 테스트를 실행하는 사람이 플레이 테스트의 각 단계에서 말할 내용을 명시한다. 공식 플레이 테스트 스크립트는 일반적으로 다음과 같이 진행된다.

- 플레이 테스터에게 인사한다. "안녕하세요, 플레이 테스트에 오신 것을 환영합니다! 오늘 함께해 주셔서 감사합니다."
- 앉으라고 권한다. "여기 앉으세요."
- 컨트롤 치트 시트를 사용한다면, 그것을 플레이 테스터에게 보여 준다. "게임의 조작 방법은 이 시트를 참조해 주세요."
- 플레이 테스터에게 그들의 기량을 테스트하는 것이 아니라 게임을 테스트하는 것이니 어떻게든 자연스럽게 플레이해도 괜찮다고 말한다. (이를 위해 자신만의 스크립트를 작성하고 아래의 모든 항목을 작성하라.)
- 플레이 테스트 중 테스트 진행자는 플레이 테스터에게 어떤 도움도 줄 수 없다고 말한다.
- 플레이 테스터에게 적절한 콘텐츠 경고를 제공하여 원치 않은 유형의 콘텐츠가 있음을 알린다.
- 플레이 테스터에게 적절한 건강 경고를 제공한다. 예를 들어, 번쩍이는 이미지나 강한 명암 대비 패턴으로 인한 감광성 간질 경고, 또는 특정 유형의 가상 현실 게임에 대한 멀미 경고가 있다.
- 플레이 테스트 중에 촬영 또는 녹화를 할 경우, 플레이 테스터에게 이에 동의하는 방법을 알려 준다.
- 게임을 준비하는 방법(예: 헤드폰을 착용하고 컨트롤러를 집기)을 알려 준다.
- 모든 것이 준비되면 게임을 시작하라고 말한다.
- 스크립트에는 '플레이 테스터가 도움을 요청하는 경우에 해야 할 말'에 대한 내용이 포함되어야 하며, 그 내용은 테스트 진행자가 플레이 테스터를 도울 수 없음을 정중하게 상기시켜야 한다.
- 이에 대한 예외는 플레이어가 게임에서 알려진 문제를 해결하는 데 도움이 되도록 서면 힌트 또는 도우미가 사용되는 경우이다. 개발 팀은 플레이 테스트 전에 서면 힌트를 언제 사용할지 결정해야

한다. 게임의 특정 부분에 도달할 때마다 코디네이터가 모든 플레이 테스터에게 제공할 수도 있고, 플레이 테스터에게 문제가 발생할 경우에만 제공할 수도 있고, 플레이 테스터가 도움을 요청할 때만 제공할 수도 있다. 이 중 가장 적합한 것은 문제의 유형에 따라 다르다. 힌트 또는 도우미가 사용되는 시기와 사용될 때 말할 내용은 미리 스크립트에 작성해 놓아야 한다.

- 스크립트는 플레이 테스터에게 게임에 대한 다른 정보를 알려 주지 않아야 한다.
- 게임 플레이 시간이 끝나면 스크립트를 사용하여 플레이어에게 플레이를 중지하도록 요청한다.
- 플레이 테스터에게 공식 플레이 테스트 설문조사를 작성하도록 요청한다.
- 종료 인터뷰는 일반적으로 정확하게 정해진 스크립트를 따라 시작하지만 인터뷰가 진행됨에 따라 점점 스크립트를 벗어날 수 있다. 이에 대해서는 아래에서 다룰 것이다.
- 종료 인터뷰가 끝나면 '플레이 테스터에게 감사의 말 전하기' 같은, 덜 중요하지만 플레이 테스트가 끝날 때 하고 싶은 것들에 대해서도 스크립트에 빠짐없이 메모한다.

스크립트를 작성한 후에는 소리 내어 읽으며 흐름이 잘 맞는지 확인하고 적절하게 변경한다.

공식 플레이 테스트 설문조사 준비하기

플레이 테스트 직후, 어떤 이야기를 하기 전에 플레이 테스터에게 설문지를 작성하도록 한다. 나는 너티독에 있을 때 소니 인터랙티브 엔터테인먼트의 훌륭한 프로듀서인 내 친구 샘 톰슨Sam Thompson이 제공한 설문지 양식을 사용하여, 공식 플레이 테스트를 위한 설문지를 만드는 방법을 배웠다.

발명가이자 미국 사회 심리학자 렌시스 리커트Rensis Likert, 1903-1981의 이름을 딴 '리커트 척도 조사'를 나에게 소개한 사람은 바로 샘이었다. 리커트 척도 설문조사는 사람들의 각 질문에 대한 이해도를 객관적으로 측정할 수 있는 방식으로, 주관적인 것에 대한 사람들의 태도와 감정을 측정하는 데 사용된다. 리커트 척도 질문은 일반적으로 사회 과학에서 마케팅 및 고객 만족도, 또는 기타 태도와 관련된 연구 프로젝트를 수행할 때 사용된다. 우리는 먼저 다음과 같은 긍정적인 진술을 구성하여, 개별적인 리커트 척도 질문을 만든다.

"게임의 **그래픽 품질**이 마음에 든다.I like the **QUALITY** of the **GRAPHICS** in this game."

이것은 매우 직관적인 진술이다. 질문의 가장 중요한 부분은 대문자(또는 볼드체)로 표시하여 독자에게 눈에 띄게 한다. 이 질문은 게임의 **그래픽 품질**에 대해 어떻게 생각하는지 묻는 것임이 매우 분명하다. 하지만 이 질문 자체에 대한 약간의 전문 지식이 필요하다. 독자는 게임의 어떤 부분이 '그래픽'

이라고 불리는지 이해해야 하고, 그 품질에 대한 의견을 형성할 수 있는 근거가 있어야 한다. 당신의 디자인 타깃이자 플레이 테스트를 하는 청중이 잘 이해하는 개념을 사용했는지 확인하라.

그러면 질문에 답하는 사람에게 일반적으로 다음과 같은 방식으로 선택 목록이 제공된다.

1	2	3	4	5
전혀 동의하지 않음	동의하지 않음	동의하지도, 동의하지 않지도 않음	동의함	매우 동의함

대답하는 사람은 단순히 진술에 대해 자신의 느낌과 가장 일치하는 단어 위의 숫자를 선택한다.

설문조사의 맨 처음, 각 플레이 테스터의 이름(또는 어떤 이유로 익명으로 진행될 경우, 다른 고유한 식별자)을 적도록 요청하여, 설문조사 결과를 플레이 테스트 도중에 수집하는 플레이어 경험과 해당 플레이어에 대한 다른 정보와 연관시킬 수 있도록 한다.

연령이나 성별과 같은 플레이어의 다른 인구 통계적 데이터를 요청할 수도 있다. (성별에 대해 묻는다면 성별은 이분법적이 아니라 스펙트럼이라는 점을 기억하라!) 나는 연령, 성별, 민족과 같은 전통적인 인구 통계학적 데이터는 '플레이 테스터가 어떤 유형의 게임 및 기타 미디어를 즐기는지' 같은 심리적인 데이터보다 덜 유용하다고 생각한다. 플레이어에게 인구통계학적 및 심리적 정보를 요청하는 경우 설문조사가 끝날 때 요청하라. 이렇게 하면 플레이 테스터에 관련된 암묵적인 고정관념과 편견을 피하는 데 도움이 된다.[2]

너티독에서는 일반적으로 공식 플레이 테스트 세션이 끝날 때 이와 같은 설문지를 사용하여 10개에서 30개 사이의 질문을 한다. 리커트 척도 설문조사의 좋은 점 중 하나는 사람들이 일반적으로 설문조사를 빨리 작성한다는 것이다. 질문이 표현된 방식(긍정적인 진술에 대한 동의 또는 비동의) 덕분에 사람들은 일반적으로 질문을 보자마자 어떻게 대답할지 알게 된다.

공식 플레이 테스트 설문지를 만들 때 템플릿을 스타터 키트로 사용하는 것이 좋다. 다음 몇 페이지에 걸쳐 설문지 템플릿을 찾을 수 있으며, 이 책 원서의 웹사이트 playfulproductionprocess.com에서 더 많은 템플릿을 찾을 수 있다. 게임에 맞게 질문을 변경하고, 가능한 한 긍정적인 진술을 유지하고, 각 질문을 핵심 키워드를 대문자(영문의 경우)로 굵게 표시하라.

2 "Implicit Stereotype", Wikipedia, https://en.wikipedia.org/wiki/Implicit_stereotype.

〈**게임명**〉

플레이 테스트 설문
〈플레이 테스트 날짜〉

이름: ____

다음 설문지의 각 진술 또는 질문을 주의 깊게 읽고 척도의 숫자에 동그라미를 쳐서 피드백을 제공해 주세요..

예를 들어, 어떤 진술에 대해 얼마나 강하게 동의하는지 또는 동의하지 않는지를 표시해야 합니다. 숫자는 다음과 같이 해석합니다.

1: 나는 이 진술에 전혀 동의하지 않는다.
2: 나는 이 진술에 동의하지 않는다.
3: 나는 이 진술에 동의하지도 반대하지도 않는다.
4: 나는 이 진술에 동의한다.
5: 나는 이 진술에 매우 동의한다.

아래 예는 당신이 진술에 "동의"하는 경우 어떻게 응답해야 하는지 보여 줍니다.

이 게임의 **그래픽 품질**이 마음에 들었다.

1	2	3	4	5
전혀 동의하지 않음	동의하지 않음	동의하지도, 동의하지 않지도 않음	동의함	매우 동의함

단어가 아닌 **숫자에 동그라미 표시**를 하세요.
시작할 준비가 되면 페이지를 넘기세요.

1. 이 게임의 **그래픽 품질**이 마음에 들었다.

1	2	3	4	5
전혀 동의하지 않음	동의하지 않음	동의하지도, 동의하지 않지도 않음	동의함	매우 동의함

2. 이 게임의 **게임 플레이**가 매우 **즐거웠다**.

1	2	3	4	5
전혀 동의하지 않음	동의하지 않음	동의하지도, 동의하지 않지도 않음	동의함	매우 동의함

3. 전반적으로 **컨트롤**이 조작하기 **쉽다고** 느꼈다.

1	2	3	4	5
전혀 동의하지 않음	동의하지 않음	동의하지도, 동의하지 않지도 않음	동의함	매우 동의함

4. 게임의 **전반적인** 난이도를 **평가**해 주세요.

1	2	3	4	5
너무 쉬움	쉬움	보통	어려움	너무 어려움

5. 전반적으로 위에서 평가한 **난이도** 수준에서 플레이하는 것이 **즐거웠다.**

1	2	3	4	5
전혀 동의하지 않음	동의하지 않음	동의하지도, 동의하지 않지도 않음	동의함	매우 동의함

6. 게임의 **컨트롤**이 **배우기 쉽다고** 생각했다.

1	2	3	4	5
전혀 동의하지 않음	동의하지 않음	동의하지도, 동의하지 않지도 않음	동의함	매우 동의함

7. **카메라**는 항상 **게임 플레이**를 가장 잘 **지원**하는 방식으로 작동했다.

1	2	3	4	5
전혀 동의하지 않음	동의하지 않음	동의하지도, 동의하지 않지도 않음	동의함	매우 동의함

8. 전반적으로 게임의 **마법 시스템**이 **재미있었다.**

1	2	3	4	5
전혀 동의하지 않음	동의하지 않음	동의하지도, 동의하지 않지도 않음	동의함	매우 동의함

9. 전반적으로 게임의 **스토리**가 **재미있었다.**

1	2	3	4	5
전혀 동의하지 않음	동의하지 않음	동의하지도, 동의하지 않지도 않음	동의함	매우 동의함

10. 전반적으로 **유니콘 고양이**가 **끝내준다고** 생각했다.

1	2	3	4	5
전혀 동의하지 않음	동의하지 않음	동의하지도, 동의하지 않지도 않음	동의함	매우 동의함

나이: ________________________________

좋아하는 게임: ________________________________

좋아하는 TV 프로그램: ________________________________

좋아하는 영화: ________________________________

좋아하는 책: ________________________________

당신에 대해 알려 주고 싶은 기타 사항: ________________________________

질문에 답변해 주셔서 감사합니다!

감독관에게 완료했다고 알려 주세요.
플레이 테스트에 참여해 주셔서 감사합니다!

〈게임명〉 플레이 테스트 설문조사

그림 24.1
공식 플레이 테스트 설문지 예시.

템플릿의 질문 4의 경우, 다른 질문에 있는 "전혀 동의하지 않음"에서 "매우 동의함"의 패턴을 깨는 것을 볼 수 있다. 대신 플레이 테스터에게 게임의 난이도를 "너무 쉬움"에서 "너무 어려움"으로 평가하도록 요청한다. 특정 질문을 하는 것이 너무 복잡하다면 설문조사의 패턴을 깨는 몇 가지 질문을 넣어도 된다. 그러나 이러한 방식으로 패턴을 깨뜨리는 질문을 너무 많이 포함하지 말아야 한다. 그렇지 않으면 덜 객관적인 설문조사가 될 위험이 있다.

설문지는 인쇄하여 플레이 테스터가 연필이나 펜으로 작성하거나 디지털 방식으로 제공할 수 있다. 인터넷에서 "온라인 리커트 척도 설문조사Online Likert Scale Survey"를 검색하면 컴퓨터나 모바일 장치를 사용하여 플레이 테스터의 응답을 수집할 수 있는 많은 도구를 찾을 수 있다.

종료 인터뷰 준비하기

플레이 테스터가 설문조사를 완료하면 종료 인터뷰를 실시한다. 너티독의 공식 플레이 테스트 프로세스의 일환으로 우리는 모든 플레이 테스터(또는 모든 플레이 테스터 그룹, 자세한 내용은 잠시 후 설명)에게 물어볼 우선순위가 있는 질문 목록을 만들었다.

종료 인터뷰는 공식 플레이 테스트 프로세스에서 어려운 부분이 될 수 있다. 대화를 통해 게임에 대해 받는 피드백은 해석하기 매우 어려울 수 있기 때문이다. 우리는 일반적으로 해결하려는 디자인 문제와 관련된 명확한 정보를 얻으려고 하지만 종료 인터뷰에서 받는 정보는 명확함과는 거리가 멀 수 있다.

너티독의 공식 플레이 테스트에서 우리는 동시에 10명을 대상으로 게임을 테스트했다. 그 당시에는 플레이 테스트가 끝날 때 각 플레이 테스터를 개별적으로 인터뷰할 수 있는 자원이 없었기 때문에 우리는 하나의 큰 그룹(또는 때로는 두 개의 작은 그룹)에서 인터뷰했다. 하지만 이렇게 하면 그룹 토론에서 작용하는 사회적 및 심리적 요인으로 인해, 우리가 받는 피드백에 추가적인 복잡성이 생겼다. 우리는 종종 사람들이 그룹에서 가장 카리스마 있고, 강력하며, 솔직한 구성원에게 동의하는 경향이 있음을 발견했다. 그것은 자연스러운 일이며 '사회적 바람직성 편향'으로 알려진 현상의 일부이다. 사람들은 다른 사람들에게 호의적으로 보이는 답변을 하려는 경향이 있다.[3]

바로 이 사회적 바람직성 편향 때문에, 팀 외부의 누군가가 종료 인터뷰를 진행하도록 하는 것이 가장 좋다. 게임 디자이너인 당신이 플레이 테스터와 직접 이야기하는데 그들이 방금 플레이한 게임을 당신이 만들었다는 것을 알고 있거나 의심하는 경우, 그들은 당신의 게임에 대한 생각과 느낌에 대해 솔직하게 이야기하지 않을 것이다. 그렇기 때문에 전문적인 유저 조사 담당자가 플레이 테스트를 진행하는 것이 좋다.

3 "Social-Desirability Bias", Wikipedia, https://en.wikipedia.org/wiki/Social_desirability_bias.

가능할 때마다 일대일 또는 최대 4명으로 구성된 소규모 그룹에서 종료 인터뷰를 진행하여, 각 플레이 테스터에게 게임이 어떻게 도달했는지 더 명확하게 파악하는 것이 좋다. 실질적인 이유로, 때때로 개발 팀원이 자신의 게임에 대한 플레이 테스트와 종료 인터뷰를 진행해야 한다. 플레이 테스터가 사용자와 직접 대화할 때 사회적 바람직성 편향이 작용한다는 점을 명심하고, 이에 따라 우리가 얻는 정보에 적절하게 낮은 가중치를 줘야 한다. 이런 상황은 가능한 한 피해야 한다. 예를 들어, 수업 중 플레이 테스트를 한다면 게임을 서로 바꿔서 내가 내 것이 아닌 게임의 플레이 테스트를 진행하고, 반 친구 중 한 명이 내 게임에 대한 플레이 테스트를 진행하도록 할 수 있다.

종료 인터뷰 질문 목록을 작성할 때, 받은 답변을 어떻게 기록할지도 결정해야 한다. 충분히 빨리 쓰거나 타이핑할 수 있다면 노트나 모바일 장치에 메모를 할 수도 있다. 전문적인 환경에서, 종료 인터뷰를 조용한 곳에서 진행할 수 있다면, 질문에 대한 플레이 테스터의 구두 응답을 오디오 또는 비디오로 녹음한다. 물론 오디오나 비디오를 녹음하려는 경우에는 플레이 테스트 전에 기록 장비를 준비, 설정 및 테스트하는 몇 가지 추가적인 준비가 필요하다. 다시 말하지만, 오디오나 비디오로 기록하기 전에 플레이 테스터의 동의를 얻어야 한다.

종료 인터뷰 질문 구상하기

종료 인터뷰의 복잡성으로 인해, 좋은 질문과 함께 잘 준비하여 인터뷰에 들어가는 것이 필수적이다. 12장에서 제공한 '마크 태터솔의 다섯 가지 개방형 인터뷰 질문'은 일반적으로 게임 디자인이 완료되지 않은 개발 초기에 가장 효과적이다. 알파 마일스톤에 도달할 때쯤이면 우리는 이미 마크의 질문에 대한 답을 알고 있다는 확신을 가지고 있어야 한다. 그리고 게임에 대해 더 날카로운(그러나 여전히 개방형인) 질문을 하고, 알고 있지만 더 탐구하고 싶거나 아직 모르는 문제들을 드러내며 게임이 의도대로 작동하는지 확인해야 한다.

렌시스 리커트는 리커트 척도뿐만 아니라 1930년대 개방형 인터뷰, 그리고 연구자가 개방형 질문으로 시작하여 점점 더 좁게 초점을 맞춘 질문으로 이동하는 '깔때기 기법Funneling Technique'을 개발했다.[4] 이것은 플레이어가 게임을 어떻게 경험했는지에 대한 세부 사항을 깊게 파헤치기 위해 숙련된 종료 인터뷰관이 사용할 수 있는 일종의 고급 기술이다.

따라서, 넓고 깊은 방식으로 게임 경험을 탐색하는 데 도움이 될 만한 신중하게 준비된 개방형 질문

4 "Rensis Likert", Wikipedia, https://en.wikipedia.org/wiki/Rensis_Likert.

목록을 가지고 종료 인터뷰에 임하는 것이 좋다. 개방형 질문은 단순한 예 또는 아니오가 아니라 플레이 테스터의 광범위한 답변을 요구하는 질문임을 기억하라. 나는 보통 5~10개의 질문 목록을 준비하는데 이는 인터뷰 시간에 따라 더 많을 수도 있다. 내 질문은 내가 확신이 없거나 더 알고 싶은 영역에 초점을 맞추고, 연속적인 질문은 특정 영역에 대해 더 깊이 파고든다. 플레이 테스터가 이전 질문에 특정 답변을 한 경우에만 묻는 조건부 질문을 만들 수 있다.

나는 질문을 가능한 한 분명하고 구체적으로 만든다. 모호하거나 막연한 개념이 너무 많은 질문은 하지 않으려고 노력한다. 각 질문을 하나의 짧은 문장으로 요약하고 명확성과 간결성에 중점을 둔다. 플레이 테스터가 내 질문을 명확하게 이해하지 못하면, 그들의 답변을 해석하기 어려울 것이다. 각 질문은 짧은 대화의 시작이다. 나는 플레이 테스터가 대답할 때, 그들의 답변이 내게 유용하도록 이끌어 내기 위한 후속 질문(순간적으로 떠오르는 질문일 수도 있음)을 할 수 있는 권한을 스스로에게 부여한다.

다음은 당신만의 목록을 작성할 때 도움이 될 만한 종료 인터뷰 질문의 몇 가지 예이다.

- (게임의 특정 시퀀스를 플레이할 때) 기분이 어땠나요?
- 게임에서 어떤 액션을 수행하는(예: 문 잠금 해제) 방법을 설명해 주세요.
- 게임의 일부(예: 경험치 시스템)가 어떻게 작동하는지 설명해 주세요.
- 게임 캐릭터에 대해 말해 주세요. 그들은 누구이며, 그들에 대해 어떻게 느끼나요?
- 게임에서 혼란스럽거나 길을 잃었다고 느꼈던 부분에 대해 알려 주세요.

플레이 테스트는 테스트 중인 게임의 디자이너에게 지적으로나 감정적으로 강렬한 경험이 될 수 있다. 창작자는 창작 과정의 어떤 단계에서든 길을 잃거나 혼란스러워하기 쉽다. 플레이 테스트 중에, 특히 기대나 생각대로 되지 않은 경우에 그럴 가능성이 높다. 각 플레이 테스터에게 공통된 일련의 질문을 함으로써, 우리는 게임에서 우리가 관심을 가지고 집중하고 있는 것에 대한 많은 정보를 얻고 플레이 테스트를 떠날 수 있다.

게임의 제목, 핵심 아트, 로고 디자인을 포커스 테스트하기

알파 마일스톤 즈음에 시작되는 공식 플레이 테스트는 우리 게임의 제목, 핵심 아트 및 로고 디자인을 다시 체크해 볼 수 있는 좋은 기회이다. 이 책 원서의 웹사이트 playfulproductionprocess.com에 설명되어 있는 테크닉을 사용하여 종료 인터뷰 중에 세 가지 모두에 대한 포커스 테스트를 할 수 있다.

공식 플레이 테스트 당일의 준비

정확히 어떻게 공식 플레이 테스트를 진행할지는 당신의 상황에 따라 달라진다. 당신이 전문 게임 개발 팀인지, 재미로 게임을 만드는지, 학교에서 게임 개발을 공부하는지, 게임을 테스트할 장소가 있는지 여부와 해당 장소가 어디에 있는지, 게임을 실행하기 위해 특수 장비 또는 환경이 필요한지 여부, 게임을 테스트하는 데 얼마만큼의 시간이 필요한지에 따라 다르다.

플레이 테스트 당일 적절하게 준비하기 위해 상황에 대한 실질적인 세부 사항을 생각해야 한다. 테스트할 준비가 된 게임과 이를 테스트해 줄 플레이 테스터와 함께 적절한 시간에 적절한 장소에 도착해야 한다. 빠뜨리는 것이 없도록 공식 플레이 테스트의 모든 세부 사항을 책임질 사람을 팀에서 지정하기를 권장한다.

공식 플레이 테스트를 진행하는 사람은 일을 진행하기 위해 시계를 주시해야 하므로, 플레이 테스터가 사용하는 컴퓨터나 장치 외에 별도의 시계를 가지고 플레이 테스트에 들어가서 정기적으로 시간을 확인해야 한다. 관찰하는 사람 또한 특정 이벤트가 발생하는 시간을 기록해야 하기 때문에 시계가 필요하다.

플레이 테스트를 준비하려면 이 체크리스트에서 필요한 모든 것들이 있는지 확인하라.

✔ 테스트할 게임의 버그 및 주요 게임 플레이에 문제가 없는 탄탄한 빌드.
✔ 특수 하드웨어가 필요한 게임을 실행할 컴퓨터 또는 장치(예: 게임 컨트롤러 또는 VR 헤드셋).
✔ 컨트롤러 및 VR 헤드셋 청소용 물티슈.
✔ 플레이 테스터와 관찰자가 모두 볼 수 있을 만큼 큰 화면.
✔ 플레이 테스터용 헤드폰.
✔ 플레이 테스트 관찰자가 게임을 들을 수 있는 방법(예: 헤드폰, 스테레오 오디오 분배기와 연장 케이블).
✔ 플레이 테스트 중 관찰하는 내용을 기록할 방법(종이 공책, 펜, 또는 디지털 장치).
✔ 원하는 경우, 화면/플레이어 얼굴과 손의 오디오 및 비디오를 기록하는 방법.
✔ 플레이 테스트 스크립트의 종이 또는 디지털 사본.
✔ (사용하는 경우) 컨트롤 치트 시트 사본.
✔ (사용하는 경우) 알려진 게임 플레이 문제 또는 기능적 문제를 맞닥뜨린 플레이어를 돕기 위한 서면 힌트의 사본.
✔ 설문조사 종이 또는 디지털 사본.

✔ 서면 조사를 위한 펜 또는 연필.

✔ 종료 인터뷰 질문 종이 또는 디지털 사본.

✔ 종료 인터뷰 답변을 기록할 방법.

✔ 시계.

이제 필요한 모든 것이 준비되었으므로 플레이 테스트를 진행할 준비가 되었다.

A Playful Production Process

재미있는 게임 제작 프로세스

25장
공식 플레이 테스트 진행하기

비공식 환경에서의 공식 플레이 테스트

이상적으로는, 자연스러운 플레이 세션을 위해 설계된 환경, 플레이어와 그들의 화면을 보여 주는 오디오-비디오 피드, 중앙 서버로 지표 데이터를 전송하는 게임 등 사용성 테스트를 위해 특화된 환경에서 모든 공식 플레이 테스트를 진행하는 것이 좋을 것이다.

그러나 여러 게임을 동시에 테스트하고 있는 회의실이나 강의실처럼 대단히 비공식적이고, 붐비고, 시끄러운 환경에서도 다음 지침을 사용하면 공식 플레이 테스트의 정수를 얻을 수 있다. 이에 대해서는 12장 "플레이 테스트", 24장 "공식 플레이 테스트 준비", 그리고 이번 장에서 설명한다.

플레이 테스터를 대할 때 게임에 대한 '특권적인' 지식(특별한 사전 지식 또는 비밀 정보)을 실수로 흘리지 않도록 주의를 기울이면, 우리는 그들 주위에 '객관성의 방울'을 만들 수 있다. 그러면 과학적으로 제어되는 사용성 테스트 환경에서처럼 플레이 테스터로부터 게임에 대한 명확하고 품질 높은 피드백을 많이 얻을 수 있다.

플레이 테스터 찾기

공식 플레이 테스트를 위해 "크리넥스" 플레이 테스터를 찾는 것은 게임 스튜디오나 게임을 플레이하고 디자이너를 돕고 싶어 하는 사람들로 가득 찬 게임학과에서 어려울 수 있다. 플레이 테스터를 구하는 적절한 방법은 여러분의 팀의 상황에 따라 다르다. 전문 회사나 예산이 있는 학술 연구 프로젝트에서 테스트를 진행하고 있어 플레이 테스터에게 돈을 지불할 수 있다면 그렇게 하라. 나는 노동

이 즐겁더라도 사람들은 이에 대한 보상을 받아야 한다고 생각한다. 예산이 매우 적다면 출시될 때 게임의 사본을 주거나, 플레이 테스트 당일 음식을 제공하는 것으로 대신할 수도 있다.

게임 프로그램에서 공식 플레이 테스트의 플레이 테스터가 되는 것은 예비 디자이너에게 좋은 학습 경험이라는 주장이 있다. 모든 게임 디자이너는 전문적인 연습의 기본 요소로서 큰 소리로 생각하는 기술을 배양해야 하며, 당신이 게임에 갇혀 도움을 요청하는데 게임 디자이너가 이를 거부하는 경험은 당신이 디자이너가 될 차례가 되었을 때 값진 기억이 될 수 있다.

나는 수업 중의 공식 플레이 테스트에 크리넥스 플레이 테스터를 초대하기 위해 다양한 방법을 사용했다. 포스터와 메일링 리스트 공지를 통해 우리 대학 커뮤니티의 사람들을 초대하고, 게임을 테스트할 학생들에게 각자 한두 명의 친구를 초대해 달라고 요청했다. 온라인 양식을 사용하여 플레이 테스트에 등록하도록 요청하면 사람들은 더 열심히 참여하는 경향이 있고, 플레이 테스트 전후에 간식을 제공하면 사람들이 더 많이 참여할 수 있다. 학생이 친구를 데려올 때는 친구가 만든 게임을 플레이 테스트하게 하지 않으려고 노력한다. 이렇게 하면 친구는 실망할 수도 있지만, 그렇지 않으면 사회적 바람직성 편향이 너무 크게 작용할 것이라고 생각한다.

플레이 테스터가 특정 연령 미만인 경우(해당 지역의 법률에 따라 다름) 부모 또는 보호자가 동의서에 서명해야 한다는 점을 기억하라. 이와 관련된 해당 지역의 법적 요건을 제대로 조사하여 플레이 테스트 전에 미리 준비하라.

장소 찾기, 시간 정하기, 플레이 테스트 코디네이터 결정하기

팀의 상황에 적합한 플레이 테스트 장소를 찾는다. 프로 팀이라면 회의실이나 업무 공간의 공용 공간을 사용할 수 있다. 학생 팀이라면 교실이나 휴게실을 사용할 수 있을 것이다. 게임을 제작하는 동호회나 단체의 회원이라면 공유 공간을 이용할 수 있을 것이다. 코워킹 스페이스에서는 회의실을 대여할 수 있다. 대부분의 디지털 게임을 플레이 테스트하려면 테이블이나 책상과 의자가 있는 장소가 필요하다. 플레이 테스터와 플레이 테스트를 진행하는 사람 모두를 위한 의자가 충분한지 확인하고, 식수와 화장실을 이용할 수 있는 장소인지 확인하라.

필요한 시간은 게임의 길이, 테스트하려는 시간, 사용 가능한 스테이션 수(이 장의 "장소 준비하기" 절 참조), 플레이 테스터 수에 따라 달라진다. 공식 플레이 테스트의 목표는 최소 7명, 가급적 10명의 플레이 테스터가 게임을 플레이할 수 있도록 하고, 이들에게 게임 전체(또는 대부분)를 플레이할 수 있는 충분한 시간을 제공하는 것이다.

'플레이 테스트를 감독하고, 제대로 실행되는지 확인하고, 플레이 테스터와 대화'할 사람을 결정해야 하는데, 이런 사람을 "플레이 테스트 코디네이터"라고 부른다. 코디네이터는 개발 팀원이 아닌 다른 사람이 맡는 것이 가장 좋지만 여건이 안 되는 경우 팀원이 이 역할을 맡을 수 있다. 대규모 플레이 테스트의 경우 여러 명의 코디네이터가 장소 및 시설 관리, 플레이 테스터와의 대화, 테스트에 대한 관찰, 필요 시 개입 등의 업무를 분담해야 할 수 있다.

대부분의 공식 플레이 테스트는 7단계로 진행된다.

1. 장소 준비하기
2. 플레이 테스터 도착
3. 플레이 테스트 시작 직전
4. 플레이 세션
5. 디브리핑 세션
6. 플레이 테스트 후 정리
7. 플레이 테스트 결과 분석

장소 준비하기

시간, 장소, 플레이 테스터를 정했으면 플레이 테스트를 준비할 수 있도록 해당 장소에 일찍 도착해야 한다. 24장 마지막에 있는 "공식 플레이 테스트 당일의 준비" 절의 체크 목록을 참고하여 준비한 모든 것을 가져가라.

테스트할 게임의 소프트웨어 사본을 실행하는 각 개별 하드웨어를 스테이션(또는 좌석)이라고 한다. 상황과 리소스에 따라 스테이션이 하나만 있을 수도 있고 여러 개가 있을 수도 있다. 예를 들어 게임이 싱글플레이어 게임 또는 온라인 멀티플레이어 게임이고 스테이션이 5개인 경우, 5명의 플레이 테스터와 동시에 테스트할 수 있다. 게임이 2인 로컬 멀티플레이어 게임인 경우 5개의 스테이션에 10명의 플레이 테스터가 필요하다.

여러 스테이션에서 동시에 동일한 게임을 테스트하는 경우, 플레이 테스터가 옆 스테이션의 화면을 볼 수 없도록 스테이션 사이에 칸막이를 설치하라. 골판지 상자나 폼코어 보드로 저렴하고 쉽게 칸막이를 만들 수 있다.

플레이 테스트 스테이션을 하나 이상 설정하고 모든 준비 사항을 확인하라. 시간이 다소 걸리므로 플레이 테스터가 도착하기 훨씬 전에 설정을 시작하라.

- 테스트할 게임의 안정적이고 정상적인 버전을 설치한다. 최근에 변경한 사항이 있다면 이전에 주요 문제를 점검한 안전 빌드도 설치한다.
- 화면과 스피커가 제대로 작동하는지 확인한다.
- 특수 하드웨어(예: 게임 컨트롤러 또는 VR 헤드셋)가 올바르게 작동하는지 확인한다.
- 게임이 문제없이 실행되는지 확인하고 문제가 발견되면 안전 빌드를 사용하거나 다른 적절한 조치를 취한다.
- 26장에서는 게임에서 플레이어의 행동에 대해 게임에서 수집하는 지표 데이터에 대해 설명한다. 게임 지표 시스템을 사용하는 경우 제대로 작동하는지 확인한다.
- 칸막이를 사용하는 경우 각 스테이션에서 인접한 화면이 보이지 않는지 확인한다.
- 플레이 테스트를 시청하며 들을 방법을 확인한다.
- 노트 필기 방법이 편리하고 제대로 작동하는지 확인한다. (디지털 장치가 충전되어 있고 전원이 켜져 있는지, 종이 노트에 빈 페이지가 있는지, 펜의 잉크도 떨어지지 않았는지!)
- 오디오 및 비디오 녹화 장비나 소프트웨어가 충전되어 있고 올바르게 작동하는지 확인한다.
- 종이 설문조사를 사용하는 경우 펜이나 연필과 함께 설문조사를 배포할 준비가 되었는지 확인한다.
- 종료 인터뷰 질문이 준비되어 있는지 확인한다.
- 각 플레이 테스터가 앉을 자리 앞 테이블에 컨트롤 치트 시트(12장 참조)를 놓는다.
- 게임의 알려진 문제(12장 참조)로 인해 서면 힌트나 도우미를 사용할 계획이라면 각 플레이 테스터가 특정 시간에만 볼 수 있도록 눈에 띄지 않는 곳에 배치한다. 그렇지 않은 경우에는 각 플레이 테스터가 앉을 자리 앞 테이블 위에 놓아둔다.
- 시계가 정확한 시간을 표시하고 플레이 테스트 내내 쉽게 볼 수 있는지 확인한다.

플레이 테스터 도착

플레이 테스터가 도착하면 코디네이터는 사전 테스트 스크립트를 사용하여 이들을 맞이하고 와 주셔서 감사하다는 인사를 전해야 한다. 식수와 화장실을 이용할 수 있는 편안한 대기 장소를 제공한다. 사전 테스트 설문지를 사용하려는 경우, 플레이 테스터에게 설문지를 제공하여 작성하도록 한다.

사전 테스트 스크립트를 사용해 플레이 테스터에게 플레이 테스트 성공에 중요한 정보(콘텐츠 경고, 건강 경고, 비디오 녹화에 대한 안내 등)를 제공한다. 플레이 테스트 가이드라인에 따라 스크립트에 명시된 것 이상으로 플레이 테스터와 인터랙션하는 것을 최소화하되, 예의를 지키고 스크립트를 벗어나야 하는 경우 편견을 불러일으킬 수 있는 정보를 제공하지 않도록 말하기 전에 잠시 생각한 후 말한다.

플레이 테스트 시작 직전

코디네이터는 각 플레이 테스터를 플레이할 스테이션으로 안내하고 적응할 수 있도록 도와야 한다. 여전히 스크립트를 따르면서 플레이를 준비하는 데 필요한 도움을 제공한다. 컨트롤 치트 시트를 사용하는 경우 각 플레이 테스터에게 치트 시트를 보여 준다. 필요한 경우 '큰 소리로 생각'해 보라고 요청한다. 플레이 테스터가 플레이할 게임에 대해 스크립트에 없는 내용은 전혀 알려 주지 마라.

플레이 테스터 중 한 명이 다른 테스터보다 스테이션에서 더 오래 기다리지 않도록 한다. 각 플레이 테스터가 제목 화면을 보는 시간을 포함하여 게임에 대한 동일한 인상을 받아야 한다. 플레이 테스터와 코디네이터가 모두 준비되면 코디네이터가 플레이 테스터에게 게임을 시작하도록 요청하고 플레이 테스트가 시작된다.

플레이 세션

공식 플레이 테스트의 첫 번째 부분을 플레이 세션이라고 하며, 이는 플레이 테스터가 게임을 플레이하는 부분이다. 코디네이터와 플레이 테스트를 참관하는 모든 사람은 플레이 세션이 시작되는 시간을 기록해 두어야 한다.

플레이 세션이 진행되는 동안 각 플레이 테스터에게 테스트 기기를 맡기고, 스스로 게임을 플레이할 수 있도록 해야 한다. 플레이 테스트 가이드라인에 따라, 코디네이터와 다른 참관인은 (a) 각 플레이 테스터가 게임에서 하는 일과 (b) 그들이 생각하고 느끼는 것에 대해 말하는 모든 것을 관찰해야 한다. 플레이 테스트가 오디오와 비디오로 녹화되는 경우에도 참관자는 메모를 통해 가능한 한 많은 정보를 수집해야 한다.

종이 노트를 사용하는 경우, 여백에 별과 원을 그려서 '실행 항목'을 만들고 추가 논의를 위해 문제에 주석을 단다. 스프레드시트나 문서에 입력할 때는 굵은 글씨체와 이탤릭체를 사용하여 동일한 작업을 수행한다. 일반적으로 플레이 테스트 녹화 소프트웨어 제품을 사용하면 개발자가 비디오 섹션에 메모로 태그를 지정하여 매우 빠르고 쉽게 문제 로그를 작성할 수 있다. 공식 플레이 테스트를 하는 동안 나는 거의 로봇처럼 보이는 모든 것을 메모하면서 나중에 노트를 검토할 때 게임의 문제점이 바로 눈에 들어오도록 만들려고 노력한다.

코디네이터는 플레이 테스터가 도움을 요청하더라도 플레이 테스터를 전혀 도와주지 않아야 한다. 플레이 테스터가 도움을 요청하는 경우 코디네이터는 사과하고 스크립트에 따라 어떠한 도움도 줄 수 없음을 상기시켜 줘야 한다. 적절한 경우 스크립트에 따라 준비한 서면 힌트나 도우미를 사용한다.

코디네이터는 시간을 주시해야 한다. 플레이 테스트의 두 번째 부분인 디브리핑 세션이 끝날 때 설문조사와 종료 인터뷰 질문을 사용할 수 있는 충분한 시간이 남아 있어야 한다. 이는 플레이 테스터가 게임의 모든 내용을 보기 전에 플레이 세션을 종료하는 것을 의미할 수 있으며, 필요한 경우 코디네이터는 그렇게 해야 한다.

플레이 세션 중에 가끔 문제가 발생할 수 있다. 하드웨어가 오작동하거나 플레이 테스터가 방해가 되는 방식으로 행동할 수 있다. 플레이 테스트를 잘 준비할수록 더 원활하게 진행될 수 있지만, 문제가 발생하더라도 스트레스를 받지 마라. 공식 플레이 테스트에 필요한 마음가짐은 연극 제작에 필요한 마음가짐과 매우 유사하다. 일이 잘못되었을 때 상황을 극복하고 최선을 다해 상황을 개선해야 한다. 어떤 식으로든 나쁜 상황에서도 항상 최선을 다할 수 있으며, 이는 게임 개발의 전 과정에서 지켜야 할 좋은 태도이다.

디브리핑 세션

플레이 테스트 세션이 끝나면 각 플레이 테스터가 설문조사를 작성하고 종료 인터뷰에 참여하는 디브리핑 세션이 진행된다.

스크립트에 따라 플레이 세션이 끝나는 순간 각 플레이 테스터에게 설문조사를 주고 바로 작성하도록 한다. 플레이 테스터가 설문조사를 완료하기 전에는 정중하게 설문조사를 작성해 달라고 요청하는 것 외에 다른 말을 하지 마라. 플레이 테스터의 게임에 대한 즉각적이고 생생한 인상을 포착하는 것이 목표이다. 우리는 플레이 테스터가 게임을 플레이할 때와 같은 마음가짐으로 설문조사를 작성하여 게임에 대한 생각과 느낌을 직접적으로 파악할 수 있기를 바란다. 플레이 테스트에서 게임의 제목, 핵심 아트, 로고 디자인 등을 포커스 테스트하는 경우, 플레이 테스터가 설문조사를 완료한 직후 종료 인터뷰 전에 하라.

포커스 테스트를 성공적으로 완료하기 위해 플레이 테스터와 대화해야 할 수도 있다. 하지만 다시 한번 강조하는데, 플레이 테스터와의 대화는 최소화해야 한다. 당신은 플레이 테스터의 의견을 듣고자 하는 것이므로 실수로라도 자신의 의견을 소개하여 편견을 심어 주고 싶지 않을 것이다.

이제 종료 인터뷰를 진행할 차례이다. 종료 인터뷰를 일대일로 진행하는 것이 바람직한지, 아니면 그룹으로 진행하는 것이 더 실용적인지는 팀의 상황과 자원에 따라 달라진다. 때로는 플레이 테스터, 또는 플레이 테스터 그룹을 조용하고 녹음 장비가 설치된 다른 장소로 이동하여 종료 인터뷰를 진행하기도 한다.

플레이 테스터에게 준비한 개방형 질문을 던지고, 플레이어의 의견을 듣고, 답변을 적거나 녹음하라. 플레이어가 관심 있는 주제에 집중할 수 있도록 설계된 일련의 질문이 있다면 이를 활용하라. 플레이 테스터가 흥미롭지만 예상치 못한 주제에 대해 이야기하기 시작하면 후속 질문을 던져 대화를 더욱 유도하라. 플레이 테스터가 말을 꺼내지 않는다면 같은 질문의 다른 표현으로 플레이어의 의견을 끌어내거나 다음 질문으로 넘어가라. 모든 사람이 종료 인터뷰에 쉽게 참여하는 것은 아니므로 할 말이 많지 않은 플레이 테스터를 몰아붙이지 마라.

결국 종료 인터뷰가 완료되거나 인터뷰 장소에서의 시간이 부족하게 된다. 후자가 더 일반적인데, 게임에 대한 흥미로운 대화는 무한정 이어질 수 있다! 이제 각 플레이 테스터에게 감사를 표하고 게임 디자인을 개선하는 데 얼마나 도움이 되었는지 이야기할 시간이다. 계약의 일부로 제공하기로 결정한 선물이 있다면 전달하거나 지급하라. 보수를 지급하는 경우, 이들을 다시 세상으로 보내기 전에 작성해야 할 서류가 있을 수 있다.

플레이 테스트 후 정리

플레이 테스터가 떠난 후에는 플레이 테스트 장소를 정리할 일이 남았다. 설문지를 수거하여 안전한 곳에 보관하라. 메모를 한 모든 사람은 메모를 안전한 곳에 보관해야 하며, 부모 동의서 등 기타 중요한 문서도 안전하게 보관해야 한다. 게임 지표 시스템(26장 참조)을 사용하는 경우, 지표 데이터를 한데 모아 플레이 테스트가 끝난 후 즉시 백업해야 한다. 플레이 테스트는 시간, 비용, 노력 측면에서 많은 비용이 드니 결과를 잃어버려서는 안 된다.

플레이 테스트에 개발 팀이 함께했다면 테스트에 대한 생각과 느낌을 공유하면서 잠시 긴장을 풀고 정리하는 시간을 갖는 것이 좋다. 플레이 테스트 직후의 회의실 분위기는 마치 공연의 막이 내린 후 무대 뒤처럼 약간 어수선한 경우가 많다. 팀은 지쳐 있을 수도 있고, 테스트가 끝났다는 사실에 안도하면서도 성취감에 기뻐할 수도 있다. 일이 잘 풀려 기뻐할 수도 있고, 특히 어려운 피드백을 받아 기분이 좋지 않은 팀도 있을 수 있다. 단 몇 분이라도 서로 대화를 나누면 다시 현실로 돌아올 수 있다. 기분이 상하는 건 어쩔 수 없지만 낙담할 필요는 없으며, 어려운 피드백을 받으면서 더 나은 게임을 만들기 위해 필요한 것을 배울 수 있다는 사실을 서로에게 상기시킬 수 있는 기회이다.

플레이 테스트 결과 분석

공식 플레이 테스트를 통해 분석할 데이터가 너무 많아서 어디서부터 시작해야 할지 알기 어려울 수 있다. 여러분은 다음과 같은 데이터를 확보했다.

- 완료된 설문조사.
- 플레이 세션 관찰 노트(및 가능한 경우, 비디오).
- 종료 인터뷰 노트.
- 포커스 테스트 결과.
- 지표 데이터(수집한 경우).

공식 플레이 테스트 설문조사 결과 분석하기

공식 플레이 테스트가 끝나고 결과를 평가하기 시작할 때 가장 먼저 하는 일은 설문조사에서 받은 데이터를 살펴보는 것이다. 플레이 테스터가 제공한 답변에는 게임에 대한 생각과 감정에 대한 많은 정보가 담겨 있다. 어떻게 하면 이 데이터를 빠르고 효과적으로 분석하여 우리 게임이 사람들에게 어떻게 받아들여지고 있는지에 대한 그림을 그릴 수 있을까? 사실, 스프레드시트를 사용하면 매우 쉽다.

이 책 원서의 웹사이트 playfulproductionprocess.com에서 찾을 수 있는 그림 25.1의 템플릿으로 시작하겠다. 이 템플릿에는 10명의 플레이 테스터의 설문조사 데이터를 입력할 수 있는 공간과 24장에서 사용한 것과 동일한 샘플 질문이 있다. 이 템플릿에는 연령 열이 있는데, 플레이 테스터로부터 수집한 인구통계학적 또는 심리학적 정보에 대한 열을 추가할 수도 있다.

<게임명> 플레이 테스트												
<플레이 테스트 날짜>												
			이 게임의 그래픽 품질이 마음에 들었다.	이 게임의 플레이가 매우 즐거웠다.	전반적으로 컨트롤이 조작하기 쉽다고 느꼈다.	게임의 전반적인 난이도를 평가해 주세요.	전반적으로 위에서 평가한 난이도 수준에서 플레이하는 것이 즐거웠다.	게임의 컨트롤이 배우기 쉽다고 생각했다.	카메라는 항상 게임 플레이를 가장 잘 지원하는 방식으로 작동했다.	전반적으로 게임의 마법 시스템이 재미있었다.	전반적으로 게임의 스토리가 재미있었다.	전반적으로 유니콘 고양이가 끝내준다고 생각했다.
플레이 테스터 #	**이름**	**나이**	**Q1**	**Q2**	**Q3**	**Q4**	**Q5**	**Q6**	**Q7**	**Q8**	**Q9**	**Q10**
1	Person 1											
2	Person 2											
3	Person 3											
4	Person 4											
5	Person 5											
6	Person 6											
7	Person 7											
8	Person 8											
9	Person 9											
10	Person 10											
	그룹 평균		=AVERAGE(D6:D15)	=AVERAGE(E6:E15)	=AVERAGE(F6:F15)	=AVERAGE(G6:G15)	=AVERAGE(H6:H15)	=AVERAGE(I6:I15)	=AVERAGE(J6:J15)	=AVERAGE(K6:K15)	=AVERAGE(L6:L15)	=AVERAGE(M6:M15)
	그룹 중앙값		=MEDIAN(D6:D15)	=MEDIAN(E6:E15)	=MEDIAN(F6:F15)	=MEDIAN(G6:G15)	=MEDIAN(H6:H15)	=MEDIAN(I6:I15)	=MEDIAN(J6:J15)	=MEDIAN(K6:K15)	=MEDIAN(L6:L15)	=MEDIAN(M6:M15)
	지난 테스트의 평균											
	마지막 테스트의 중앙값											
	마지막 테스트의 평균 델타		=D16-D18	=E16-E18	=F16-F18	=G16-G18	=H16-H18	=I16-I18	=J16-J18	=K16-K18	=L16-L18	=M16-M18
	마지막 테스트의 중앙값 델타		=D17-D19	=E17-E19	=F17-F19	=G17-G19	=H17-H19	=I17-I19	=J17-J19	=K17-K19	=L17-L19	=M17-M19
	답안 키											
	1 = 전혀 동의하지 않음											
	2 = 동의하지 않음											
	3 = 동의하지도, 동의하지 않지도 않음											
	4 = 동의함											
	5 = 매우 동의함											
	(다음을 제외하고)											
	4. 게임의 전반적인 난이도를 평가해 주세요.											
	1 = 너무 쉬움											
	2 = 쉬움											
	3 = 평균											
	4 = 어려움											
	5 = 너무 어려움											

그림 25.1

공식 플레이 테스트 설문조사 데이터 스프레드시트 템플릿.

<게임명> 플레이 테스트

<플레이 테스트 날짜>

			이 게임의 그래픽 품질이 마음에 들었다.	이 게임의 플레이가 매우 즐거웠다.	전반적으로 컨트롤이 조작하기 쉽다고 느꼈다.	게임의 전반적인 난이도를 평가해 주세요.	전반적으로 위에서 평가한 난이도 수준에서 플레이하는 것이 즐거웠다.	게임의 컨트롤이 배우기 쉽다고 생각했다.	카메라는 항상 게임 플레이를 가장 잘 지원하는 방식으로 작동했다.	전반적으로 게임의 마법 시스템이 재미있었다.	전반적으로 게임의 스토리가 재미있었다.	전반적으로 유니콘 고양이가 끝내준다고 생각했다.
플레이 테스터 #	**이름**	**나이**	**Q1**	**Q2**	**Q3**	**Q4**	**Q5**	**Q6**	**Q7**	**Q8**	**Q9**	**Q10**
1	Scott	21	3	3	2	4	2	3	3	4	3	4
2	Ethel	24	4	5	4	3	3	5	5	4	5	4
3	Dusty	23	4	5	5	4	3	5	5	5	5	3
4	Rosy	31	5	4	5	3	4	4	5	4	5	3
5	Mabelle	54	5	4	3	4	2	4	5	5	4	3
6	Wilber	42	4	4	4	3	4	5	5	3	4	5
7	Margaret	17	4	5	4	3	2	4	4	4	4	3
8	Clyde	밝히고 싶지 않음	2	1	1	4	1	2	1	5	3	1
9	Quentin	27	5	3	4	5	3	4	5	4	3	3
10	Leona	33	3	5	1	5	1	5	5	4	4	3
	그룹 평균		3.90	3.90	3.30	3.80	2.50	4.10	4.30	4.20	4.00	3.20
	그룹 중앙값		4.00	4.00	4.00	4.00	2.50	4.00	5.00	4.00	4.00	3.00
	지난 테스트의 평균		4.25	3.5	3.5	3.42	2.83	4.33	4.67	3.25	3.75	2.92
	마지막 테스트의 중앙값		4	3	3	3	2.5	4	5	3.5	4	3
	마지막 테스트의 평균 델타		-0.35	0.40	-0.20	0.38	-0.33	-0.23	-0.37	0.95	0.25	0.28
	마지막 테스트의 중앙값 델타		0.00	1.00	1.00	1.00	0.00	0.00	0.00	0.50	0.00	0.00

답안 키
1 = 전혀 동의하지 않음
2 = 동의하지 않음
3 = 동의하지도, 동의하지 않지도 않음
4 = 동의함
5 = 매우 동의함

(다음을 제외하고)
4. 게임의 전반적인 난이도를 평가해 주세요.
1 = 너무 쉬움
2 = 쉬움
3 = 평균
4 = 어려움
5 = 너무 어려움

그림 25.2
몇 가지 예시 데이터가 입력된 공식 플레이 테스트 설문조사 데이터 스프레드시트.

설문조사를 종이로 작성했든 온라인 양식으로 작성했든, 완료된 설문조사의 정보를 이 스프레드시트로 전송하고 각 플레이 테스터의 행과 각 질문의 열에 해당하는 셀에 플레이 테스터가 선택한 숫자를 입력하는 것은 빠르고 쉬운 데이터 입력 작업이다. 천천히 신중하게 진행해도 보통 10분 정도밖에 걸리지 않는다. 물론 이 과정을 자동화하는 도구를 작성할 수도 있고, 온라인에서 시간을 절약할 수 있는 유료 설문조사 도구를 찾을 수도 있다.

그림 25.2에서 몇 가지 예시 데이터가 연결된 공식 플레이 테스트 데이터 스프레드시트를 확인할 수 있다.

그룹 평균 및 그룹 중앙값이라고 표시된 행의 수식은 테스트에 참여한 모든 플레이 테스터의 답변에서 도출된 각 문제의 평균Average(평균Mean) 및 중앙Median값을 계산한다. 평균값은 단순히 모든 플레이어의 답변의 총합을 플레이어 수로 나눈 값이다. 중앙값은 모든 플레이어의 답변 중 상위 절반과 하위 절반을 구분하는 숫자로, 평균보다 '중간' 답변이 무엇인지 더 잘 파악할 수 있는 경우가 있다. 모든 데이터를 스프레드시트에 입력한 후에는 그룹 평균과 그룹 중앙값 행만 봐도 플레이 테스터들이 우리 게임에 대해 그룹별로 어떻게 생각했는지 파악할 수 있다. 물론 대부분의 질문에서 숫자가 높을수록 플레이어가 게임의 해당 측면을 더 좋아한다는 의미이다.

지속적인 플레이 테스트와 집중적인 개발을 통해 신중하게 설계된 게임은 일반적으로 첫 번째 플레이 테스트에서 각 문항에 대해 3~5점 사이의 점수를 받는다. 만약 그렇지 않다면, 그 시점까지 개발 과정에서 주요 문제를 발견하지 못했거나 처리하지 못했을 수 있다. 특정 질문에서 게임 점수가 낮다면 디자이너는 스스로에게 물어봐야 한다. 여기에 진짜 문제가 있는가? 예외적인 현상인가? 의도한 결과인가?

플레이 테스터의 부정적인 반응을 이끌어 내기 위해 의도적으로 고안된 게임(아마도 예술 게임이나 '시리어스' 게임)을 상상해 볼 수 있다. 낮은 점수가 디자이너의 의도에 부합하는 것이라면 낮은 점수를 무시하거나 심지어 환영할 수도 있다. 우리가 원하는 것은 의외성Surprises이다. 가령 '이상한 메인 메커니즘이 마음에 들지 않거나 스토리를 이해하지 못할 거라고 생각했는데 이해한 경우' 같은 좋은 의외성이 있는가 하면 '아트나 사운드 디자인이 훌륭하다고 생각했는데 플레이 테스터가 평균이라고 생각하는 경우' 같은 나쁜 의외성도 있다.

공식 플레이 테스트는 몇 주 또는 몇 달에 걸쳐 여러 번 실시하는 것이 가장 효과적이다. 데이터 스프레드시트에는 이전 플레이 테스트에서 그룹 평균 및 그룹 중앙값에 대해 얻은 결과를 복사할 수 있는, '지난 테스트의 평균' 및 '지난 테스트의 중앙값'이라는 레이블이 붙은 행이 있다. 지난 테스트의 평균 델타 및 지난 테스트 중앙값 델타 행에는 현재 점수에서 이전 점수를 빼는 공식이 있다. 스프레드시트에서 조건부 서식을 적용하고 색상을 사용하여 특정 문제의 점수가 상승, 하락 또는 동일하게 유지되었는지 강조 표시할 수 있다.

물론 우리는 보통 시간이 지남에 따라 점수가 올라가는 것을 원한다. 〈언차티드〉 게임을 개발하면서 플레이 테스트를 거듭할 때마다 게임을 완성하고 다듬으면서 게임 플레이, 그래픽, 오디오 디자인 등의 항목에서 점수가 조금씩 변화하는 것을 볼 수 있었다. 게임 플레이에 대한 평균 점수가 4.3점에서 4.4점으로 상승하는 데 그쳤더라도, 최근의 변화가 게임 경험에 해를 끼치는 것이 아니라 긍정적인 영향을 미쳤다고 확신할 수 있었다. 게임 디자인이라는 주관적인 예술 제작 프로세스에서 이런 종류의 지속적이고 점진적인 공식 플레이 테스트는 불안감을 매우 덜어 준다.

❸ 플레이 세션 관찰 노트 및 비디오 분석하기

12장에서는 플레이 테스트와 종료 인터뷰를 통해 얻은 피드백을 분석하는 방법에 대해 많은 조언을 했었다. 이 모든 조언은 공식 플레이 테스트에도 여전히 적용된다. 특히, 종료 인터뷰의 피드백을 (1) 반드시 수정해야 할 사항, (2) 수정할 수도 있는 사항, (3) 새로운 아이디어로 분류할 수 있는지 고려하고 그에 따라 목록을 작성하라. 공식 플레이 테스트를 진행할 때는 탐색 단계가 끝나고 게임을 완성하는 데 집중하는 단계이므로 너무 많은 새로운 아이디어를 쫓지 않도록 유의해야 한다. 게임을 좋은 방향으로 변화시킬 수 있는 발견이 아직 없다는 말은 아니지만, 문제를 찾고 수정하는 데 집중해야 한다.

나는 대부분의 게임에서 누군가의 플레이를 지켜보는 것만으로도 게임을 개선하는 데 필요한 거의 모든 것을 알 수 있다고 생각한다. 게임 내 행동, 몸짓, 때로는 얼굴 표정에서 플레이어의 정신 상태에 대한 복잡한 정보를 쉽게 파악할 수 있다. 플레이 테스터가 게임에서 취하는 행동을 통해, 플레이어가 무엇을 할 수 있고 무엇을 해야 하는지 이해하고 있는지 알 수 있다. 게임을 통해 배운 개념을 새로운 방식으로 조합하여 흥미를 느끼는지 확인할 수 있다. 아이가 앉아 있는 자세와 감탄사만 봐도 흥미가 있는지, 지루한지, 답답한지 알 수 있는 경우가 많다. 플레이 세션 관찰 노트와 기타 모든 녹화 자료에는 이러한 정보가 포함되어 있다.

〈언차티드〉와 같은 캐릭터 액션 게임에서는 플레이어가 무언가를 보지 못하거나 목표를 잊어버렸을 때 쉽게 알 수 있다. 플레이어가 인터랙션해야 하는 오브젝트를 반복해서 지나친다면, 오브젝트가 보이지 않거나 배경의 일부처럼 보인다는 확실한 신호이다. 퍼즐을 풀어야 하는 오브젝트에 가끔 다가가서 잠시 사용한 후 오랫동안 그대로 두는 경우, 플레이어가 오브젝트를 볼 수는 있지만 중요하게 생각하지 않는다는 것을 알 수 있다.

플레이 테스트를 할 때는 본 것에 대한 기억을 되새기는 것 외에도 시간을 내어 메모한 내용을 검토하는 것이 중요하다. 앞서 설명한 것처럼 기억은 감정에 의해 쉽게 영향을 받기 때문에 사소한 것이 중요한 것으로 판명될 수도 있다. 플레이 테스트 후 노트를 검토할 때 "플레이어가 레벨 밖으로 나가는 문을 찾지 못함" 또는 "플레이어가 이미 모든 스위치를 다 눌렀다고 생각함"과 같이, 같은 내용을 반복해서 적는 패턴을 찾으면 해결해야 할 중요한 문제가 있음을 알 수 있다. 나는 노트를 (1) 반드시 수정해야 할 사항, (2) 수정할 수도 있는 사항, (3) 새로운 아이디어 목록으로 옮겨서 나중에 팀과 함께 검토한다.

플레이 세션 비디오와 지표 데이터는 노트를 검토할 때 유용하며, 플레이 테스터가 직면했던 문제에 대해 더 큰 통찰력을 얻을 수 있다. 플레이어가 어떤 행동을 했을 때 세심하게 노트를 적었다면, 동영상을 통해 특정 플레이 테스터가 게임의 특정 부분을 플레이할 때 어떤 행동을 했는지 정확히 확인할 수 있다(그러지 않으면 몇 시간 분량의 동영상 중에서 중요한 순간을 찾기가 어려울 수 있음). 26장에서 살펴볼 것처럼, 지표 데이터를 사용하면 시간이 흐름에 따라 플레이어가 개별적으로 또는 그룹으로 어떻게 플레이하는지 파악할 수 있다.

✖ 종료 인터뷰 결과 분석하기

다음으로 종료 인터뷰 결과를 분석한다. 종료 인터뷰의 일부 또는 전부에 참석하지 못한 경우, 사람들이 우리 게임에 대해 어떤 말을 했는지 알고 싶을 것이다. 온라인 서비스를 이용해 출구조사 오디오를 텍스트로 변환하면 검토와 활용이 더 쉬워진다. 플레이 테스트에 참여한 모든 플레이어에게 동일한 기본 종료 인터뷰 질문을 했기 때문에(후속 질문은 달랐지만), 다양한 플레이어의 의견을 비교하여 우리 게임이 다양한 플레이어에게 어떻게 받아들여지고 있는지 파악할 수 있다.

궁극적인 개방형 질문은 다음과 같다. 게임이 어떤 느낌을 주었나? 답변이 경험 목표와 일치하나? 물론 디자이너는 프로젝트 목표를 달성하고 싶지만, 특히 플레이 테스터가 경험에서 어떤 가치를 발견했다면 예상치 못한 결과도 무시해서는 안 된다. 영화 제작자 스파이크 리Spike Lee의 말을 인용하면 다음과 같다. "영화에 등장하는 의도하지 않은 것들로 찬사를 받는 경우가 많다." 게임도 마찬가지이나. 인터랙티브한 게임의 특성상 아마도 더욱 그럴 것이다.

종료 인터뷰 피드백을 평가하는 것은 주관적인 과정이다. 종료 인터뷰에서 나온 모든 말을 액면 그대로 받아들일 수 있는 것은 아니며, 여러분은 자신의 해석 능력을 발휘하여 듣는 내용에 대해 미묘한 판단을 내려야 할 것이다. 다른 사람들을 이 과정에 참여시켜라. 팀원, 친구, 또는 당신의 게임과 창의적인 목표를 잘 아는 다른 사람과 함께하면 플레이 테스터의 피드백을 더 쉽게 이해할 수 있다.

❸ 포커스 테스트 결과 분석하기

설문조사나 종료 인터뷰에 제목, 핵심 아트, 로고 디자인 등에 대한 포커스 테스트를 포함했다면, 좋은 제목을 선택하고 그래픽 디자인을 잘 처리했으며 게임에 적합한 핵심 아트를 만들었음을 확인했기를 바란다. 이 외에 다른 결과가 나왔다면 부족한 부분을 보완해야 할 때이다.

알파 마일스톤에 도달했다면 게임 제목을 확정하는 것을 미루지 마라. 곧 잠재 고객에게 다가가기 시작해야 하며, 그러기 위해서는 소셜 미디어 계정이 필요하고 게임 제목과 일치하는 계정 이름이 필요하다. 게임에는 강력한 아이덴티티가 필요하며, 이는 제목, 핵심 아트 및 로고를 통해 부분적으로 이해될 수 있으므로 게임을 대중에게 선보일 때 이 세 가지가 모두 중요하다. 이 주제는 30장에서 다시 다루겠다.

공식 플레이 테스트에서 받은 피드백에 따라 조치하기

특정 질문에 대한 낮은 점수, 플레이 테스터의 플레이를 지켜보며 내린 결론, 종료 인터뷰에서 얻은 피드백 각각에는 전체 프로젝트의 맥락에서 평가해야 할 행동 지침이 있다. 다음 공식 플레이 테스트에서 특정 설문조사 항목의 점수를 개선하기 위해 노력할 것인가? 플레이 세션 관찰 또는 종료 인터뷰 응답을 기반으로 무언가를 수정하거나 새로운 것을 추가하기 위해 노력할 것인가? 이미 얼마나 많은 문제를 처리하고 있나? 구현해야 할 모든 사항을 고려했을 때 남은 시간은 얼마나 되나?

공식 플레이 테스트를 통해 얻은 다양한 유형의 피드백을 적절하게 평가하는 방법은 간단하다. 확인된 모든 사항을 문제, 잠재적 문제, 새로운 아이디어로 나눠 목록으로 작성하면 된다. 매우 중요, 어느 정도 중요, 덜 중요한 순으로 우선순위를 정하라. 필요한 경우 우선순위를 더 높일 수도 있다. 목록이 상당히 길어질 수도 있다.

그런 다음, 다음 작업 세션에서 무엇을 먼저 해결할지 결정한다. 나는 동심원적 개발 방식을 사용하기 때문에 새로운 기능을 추가하기 전에 이미 게임에 있는 문제를 먼저 해결한다. 플레이어는 게임에 들어갈 뻔한 모든 좋은 점은 알 수 없지만, 게임에서 잘 작동하지 않는 부분은 확실히 알아챌 수 있다는 것을 기억하라.

목록을 좀 더 세분화하면 도움이 될 수 있다. 나는 플레이 테스트 중에 발견하는 대부분의 문제가 이 세 가지 범주 중 하나에 속한다는 것을 알게 되었다.

- **버그**: 게임이 결함이 있거나 충돌하거나 의도하지 않은 다른 작업을 수행하는 경우.

- **콘텐츠 문제**: 텍스처 맵 때문에 플레이어가 인터랙션 가능한 오브젝트를 볼 수 없는 경우, 또는 조명이 너무 어두워서 복도 입구가 보이지 않는 경우.
- **디자인 문제**: 게임 디자인이 플레이어에게 제공하려고 하는 경험을 제공하지 않는 경우.

많은 경우, 이 세 가지 유형의 문제는 서로 겹친다. 버그나 콘텐츠 문제로 인해 디자인 문제가 발생할 수 있다. 따라서 위의 순서대로 이러한 문제를 해결하는 것이 좋다. 버그를 먼저 수정하라. 버그가 있는 게임을 평가하는 것은 거의 불가능하며, 동심원적 개발을 사용할 때는 발견되는 모든 버그를 즉시 수정해야 한다. 그런 다음 특히 빠르고 쉽게 수정할 수 있는 콘텐츠 문제를 수정하라. 텍스처나 조명을 변경하는 것은 쉬운 경우가 많지만 정교한 새 애니메이션을 만드는 것은 시간이 오래 걸리고 계획이 필요할 수 있다. 버그가 사라지고 간단한 콘텐츠 문제가 해결되면 디자인 문제를 제대로 평가할 수 있는 훨씬 더 나은 위치에 있게 된다.

"버그가 아니라 기능이다."라는 오래된 소프트웨어 개발자들의 농담처럼 버그가 플레이어의 경험에 좋은 점을 추가하는 경우도 있다. 이러한 행복한 우연이 발생하면 어떻게 처리할지 결정해야 한다. 확신이 서지 않는다면, 경험 목표와 게임 디자인 매크로 차트를 참조하여 도움을 얻어라.

받은 피드백을 바탕으로 문제를 해결하려고 변경하면 의도하지 않은 결과가 발생할 가능성이 높다는 점을 기억하라. 그렇기 때문에 여러 차례의 공식 플레이 테스트를 통해 게임의 QA 프로세스를 거쳐 마지막 버그와 콘텐츠 문제를 찾아서 제거하고, 눈에 띄는 디자인 문제를 해결하는 것이 좋다.

어려운 피드백 처리하기

모든 유형의 플레이 테스트가 그렇듯이, 방어적인 태도를 취하지 않으려고 아무리 노력해도 공식 플레이 테스트에서는 감당하기 어려운 피드백이 나올 수 있다. 이럴 때는 약간의 거리를 두는 것이 좋다. 저녁에 시간을 내서 운동을 하거나, 건강한 식사를 하거나, 일찍 자거나, 친구들과 즐거운 시간을 보내라. 여러분은 재능 있고 수완이 풍부한 게임 디자이너라는 자신감을 가지고 어려운 피드백을 냉정하게 받아들여라. 여러분은 할 수 있다.

심각한 문제를 발견했지만 어떻게 해결해야 할지 모르기 때문에 어려운 피드백이 있을 수 있다. 이런 상황에서는 장단점 목록을 작성하기 시작하라. 특정 해결책을 시도한다면 어떤 점이 도움이 되고 어떤 점이 해가 될까? 목록을 작성할 때 다른 사람에게 도움을 요청하라. 다른 사람은 여러분이 볼 수 없는 해결책을 찾아내거나 장단점을 다르게 정리해 줄 수도 있다.

피드백은 어떻게 해야 할지 아무것도 알려 주지 않는 것 같아서 어려울 수 있다. 대부분의 창작자는 건설적인 비판을 중요하게 생각하지만, 때로는 공식 플레이 테스트에서 나온 피드백이 파괴적으로만 보일 수도 있다. 플레이 테스터가 항상 건설적인 비판을 할 것이라고 기대할 수는 없다. 그들은 게임 디자이너가 아닐 수도 있기 때문이다. (물론 플레이 테스터에게 예의를 갖출 것을 기대할 수 있고 또 그래야 하지만 폭력적인 상황을 마주했을 때는 참지 마라. 플레이 테스터가 폭력적인 행동이나 말을 하는 경우 즉시 플레이 테스트를 종료해야 한다.)

건설적이지 않은 피드백을 받으면 게임 디자이너인 여러분이 해결책을 찾아야 한다. 문제를 여러 각도에서 고려하여 창의적으로 사고하고, 게임의 복잡하고 역동적인 시스템에서는 작은 변화가 예상치 못한 좋은 결과를 가져올 수 있다는 점을 기억하라.

공식 플레이 테스트의 다음 단계로 넘어가기

피드백을 분석하고, 어떤 조치를 취할지 결정하고, 게임을 수정하고 변경한 후에는 또 다른 공식 플레이 테스트를 진행할 것이다. 다음 테스트에서는 게임을 개선했는지, 더 나빠졌는지, 아니면 아무런 효과가 없는지 살펴볼 것이다. 한 가지 문제를 해결했지만 다른 문제가 발생할 수도 있다.

다시 한번 말하지만, 공식 플레이 테스트는 알파 테스트부터 시작하여 최종 '출시 가능' 시점 직전까지 가능한 한 자주, 연속적으로 진행하는 것이 가장 효과적이다. 첫 번째 공식 플레이 테스트는 활기차고, 변덕스러우며, 놀라움으로 가득할 것이다. 모든 것이 순조롭게 진행되었다면, 마지막 공식 플레이 테스트는 게임이 원하는 대로 완성되었는지 검증하는 단계가 될 것이다.

~ ❈ ~

공식 플레이 테스트 프로세스는 정확하고 디테일을 중시하는 작업이지만, 매우 재미있고 만족스러운 작업이기도 하다. 이러한 유형의 작업에 흥미를 느낀다면 사용자 연구 및 사용자 경험에 대해 자세히 알아보라. 문 룸Mun Lum이 "UX 디자인은 게임 디자인과 별개의 업무인가?"라는 제목의 글에서 "게임이 더 깊고 복잡한 메커니즘과 시스템으로 커지면서 UX 디자이너와 같은 새로운 역할이 등장했다. 게임 업계에 종사하는 대부분의 UX 디자이너는 한때 게임 디자이너였거나 게임 디자인 경력을 가지고 있다."[1]라고 설명한 것처럼 게임 스튜디오는 점점 더 사용성 전문가를 팀에 영입하고 있다.

따라서 UX 디자이너는 객관적으로 측정 가능한 결과를 도출하는 실질적인 게임 디자인 작업을 좋아하는 사람들에게 훌륭한 커리어 경로이다. 다음 장에서는 측정과 창의성이라는 주제를 다루면서, 플레이어들이 어떻게 플레이하는지에 대한 수치화된 정보를 수집하고 이를 게임 개선에 활용하려고 한다.〈〉

1 Mun Lum, "Is UX Design a Separate Practice from Game Design?", Prototypr.io(blog), 2019. 08. 23., https://blog.prototypr.io/is-ux-design-a-separate-practice-from-game-design-97ae1a03e61c.

A Playful Production Process

재미있는 게임 제작 프로세스

26장
게임 지표

원격 측정Telemetry은 그리스어 어근인 원격tele과 측정metron에서 유래한 단어로, '원거리에서의 측정'을 의미한다. 소프트웨어 개발 분야에서 이 단어는 다른 곳에서 일어나는 일에 대한 데이터를 수집하는 일을 설명하는 데 사용된다.[1] 여러분이 사용하는 소프트웨어의 대부분은 여러분이 언제 무엇을 하고 있는지, 언제 무엇을 했는지에 대한 데이터를 캡처한 다음 해당 데이터를 소프트웨어 개발자나 다른 당사자에게 보내기 위해 원격 서버에 접속한다는 것을 알고 있을 것이다. 이러한 사례와 관련된 개인 정보 보호 및 동의 문제는 종종 (그리고 당연히) 열띤 논쟁의 대상이 되고 있다.

원격 측정은 인간-컴퓨터 인터랙션 전문가에 의해 계측이라고 불리기도 하지만, 게임 개발자들에게는 게임 지표metrics 또는 분석이라고 더 일반적으로 알려져 있다. '게임 지표'는 단순히 데이터를 수집하는 것을 넘어 데이터를 해석하여 실제 플레이어의 플레이 방식을 이해하고 게임 플레이를 개선하기 위한 게임 디자인 실무로 발전했다. 이는 또한 게임 비즈니스의 중요한 부분이기도 하다.

물론 디지털 게임은 항상 측정을 한다. 플레이어가 언제 어떤 버튼을 누르는지 기록하거나, 게임 내 시계를 확인하여 현실 세계의 시간을 확인할 수도 있다. 게임 디자인 분석에 사용할 수 있는 게임 내 이벤트에 대한 데이터를 캡처하는 코드를 작성하는 것은 쉽다. 지금까지 게임에 대한 플레이 테스터의 반응을 관찰, 설문조사, 종료 인터뷰 등 다양한 방법으로 연구하는 방법을 살펴보았다. 우리는 또한 게임 지표를 사용하여 플레이 테스터가 게임에서 무엇을 하는지에 대한 매우 상세한 정보를 얻을 수 있으며, 이를 통해 플레이 테스터의 경험에 대한 이해를 높일 수 있다.

게임 개발자가 게임 수익 창출 방식을 결정하는 데 사용되는 게임 지표를 논의할 때 분석 정보를 언급하는 것을 자주 듣게 될 것이다. 게임 분석은 일반적으로 플레이어가 게임에 얼마나 자주 돌아오는

1 "Telemetry", Wikipedia, https://en.wikipedia.org/wiki/Telemetry.

지, 게임에 얼마나 많은 돈을 지출하는지에 초점을 맞추지만, 플레이어가 게임 내에서 무엇을 하는지에 대해서도 더 자세히 살펴볼 수 있다. 온라인에서 게임 비즈니스 분석에 관한 많은 책과 기사를 찾을 수 있으니 필요하다면 찾아보길 바란다. 이 장에서는 원격 분석의 비즈니스 측면에 초점을 맞추는 대신, 이해하기 쉽고 구현하기 쉬운 기법을 사용하여 플레이어 행동에 대한 게임 디자인 인사이트를 얻는 방법을 살펴볼 것이다.

너티독의 게임 지표

내가 2004년에 너티독에 합류했을 때 이미 게임 지표는 스튜디오의 디자인 문화에서 오랫동안 자리 잡고 있었다. 〈크래시 밴디쿳〉으로 거슬러 올라가면, 너티독은 게임이 플레이어에게 너무 어렵지도, 너무 쉽지도 않은 적절한 수준의 도전을 제공하는지 확인하기 위해 지표를 사용해 왔다.

〈언차티드〉 게임의 싱글플레이어 모드에 대해 실시한 공식 플레이 테스트에서, 우리는 지표를 사용하여 플레이어의 게임 진행 상황에 대한 많은 데이터를 기록했다. 플레이 테스터가 게임에서 새로운 체크포인트(자동 저장 지점)에 도달할 때마다 마지막 체크포인트 이후 경과한 시간을 기록했다. 또한 플레이 테스터가 해당 체크포인트에 도달하기 위해 시도한 횟수, 마지막 체크포인트 이후 사망한 횟수도 기록했다.

공식 플레이 테스트가 끝나면 모든 데이터를 스프레드시트(또는 나중에 우리가 만든 특수 도구)로 내보내고 데이터를 쉽게 볼 수 있도록 표와 그래프를 만들기 시작했다. 주로 10명의 플레이 테스터의 데이터를 동시에 볼 수 있도록 설정했지만, 개별 플레이어의 데이터도 조사할 수 있었다.

그중에서 10명의 플레이 테스터 데이터에서 도출한 각 체크포인트의 평균, 중앙값, 최솟값, 최댓값을 살펴보겠다. 그림 26.1에서는 넘어가기 너무 어려워서 잠재적으로 문제가 될 수 있다고 판단한 체크포인트에 대한 플레이어의 시도 횟수 표를 볼 수 있다. 조건부 서식과 색상 코딩을 사용하여 이러한 수치가 특정 임계값을 초과하는 시점을 표시했다. 예를 들어, 평균 또는 중앙값이 6회 이상이면 해당 체크포인트까지 이어지는 게임 플레이가 너무 어려울 수 있다는 위험 신호였다. 우리는 게임의 전반적인 난이도를 논의하여 이러한 임계값을 설정했지만, 플레이어가 짧은 시간 동안 의도적으로 많이 실패하게 하여 흥미를 유발하거나 해당 부분의 난이도를 기억에 남게 하고 싶을 때는 특정 체크포인트에 대해 임계값을 재정의하기도 했다.

	최소	평균	중앙값	최대
콜롬비아-박물관-침입-지붕	1	1.9	1	7
콜롬비아-추석-펜스	2	2.2	2	3
콜롬비아-옥상-타일	2	2.8	3	4
시리아-시리아-터렛1-외부	1	2.3	2	7
시리아-시리아-rpgesus-갇힘	2	5.9	6.5	9
시리아-시리아-지역2-시작	1	2.9	2	8
시리아-시리아-지역2-귀환	1	7.5	8	14
시리아-시리아-탈출-허브-출구-중간	1	3.0	2.5	8
시리아-시리아-탈출-다리	1	3.1	2	8
예멘-템플-임시-탈출-전투-중간	1	2.2	1	8
무덤-무덤-01-화물선-섹션-2-탈출	1	3.4	3.5	6
묘지-묘지-01-퍼스트야드-시작	1	3.7	3.5	9
무덤-무덤-01-첫마당-전투-왼쪽 중앙	0	1.4	0	10
무덤-무덤-01-첫마당-전투-우측 중앙	0	5.3	6.5	11
묘지-묘지-01-퍼스트야드-난파선-해치	0	3.1	2	9
크루즈-선박-크루즈-컨테이너-전투-중간	2	5.0	4.5	8
크루즈-선박-크루즈-볼룸-전투-시작	1	5.4	6.5	10
크루즈-선박-크루즈-볼룸-전투-중간	3	7.6	8	11
크루즈-선박-크루즈-샹들리에-등반	1	2.8	2	9
공항-차량-필드-시작	1	2.3	1.5	8
공항-자동차-필드-중간	1	2.3	1.5	7
샌드란티스-산-사막-전투-시작	1	4.9	6	7
샌드란티스-산-시스터-노리아-타워-시작	0	3.1	2.5	6

그림 26.1

공식 플레이 테스트에서 10명의 플레이어로부터 수집한 지표 데이터에서 추출한 〈언차티드 3: 황금사막의 아틀란티스〉에서 문제가 될 수 있는 시도 횟수를 보여 주는 표이다.

이미지 크레딧: 〈언차티드 3: 황금사막의 아틀란티스〉™ ©2011 SIE LLC. 〈언차티드 3: 황금사막의 아틀란티스〉는 소니 인터랙티브 엔터테인먼트 LLC의 상표이다. 제작 및 개발: 너티독 LLC.

지표 데이터를 읽기 쉬운 형식으로 정리한 후에는 팀 내 게임 디자이너와 공유하여 가능한 문제를 조사하고 해결할 수 있도록 했다. 이 과정에서 실제 사람들, 즉 나중에 우리 게임을 구매할 가능성이 있는 사람들이 게임을 어떻게 플레이하는지 살펴볼 수 있는 렌즈를 만들었다.

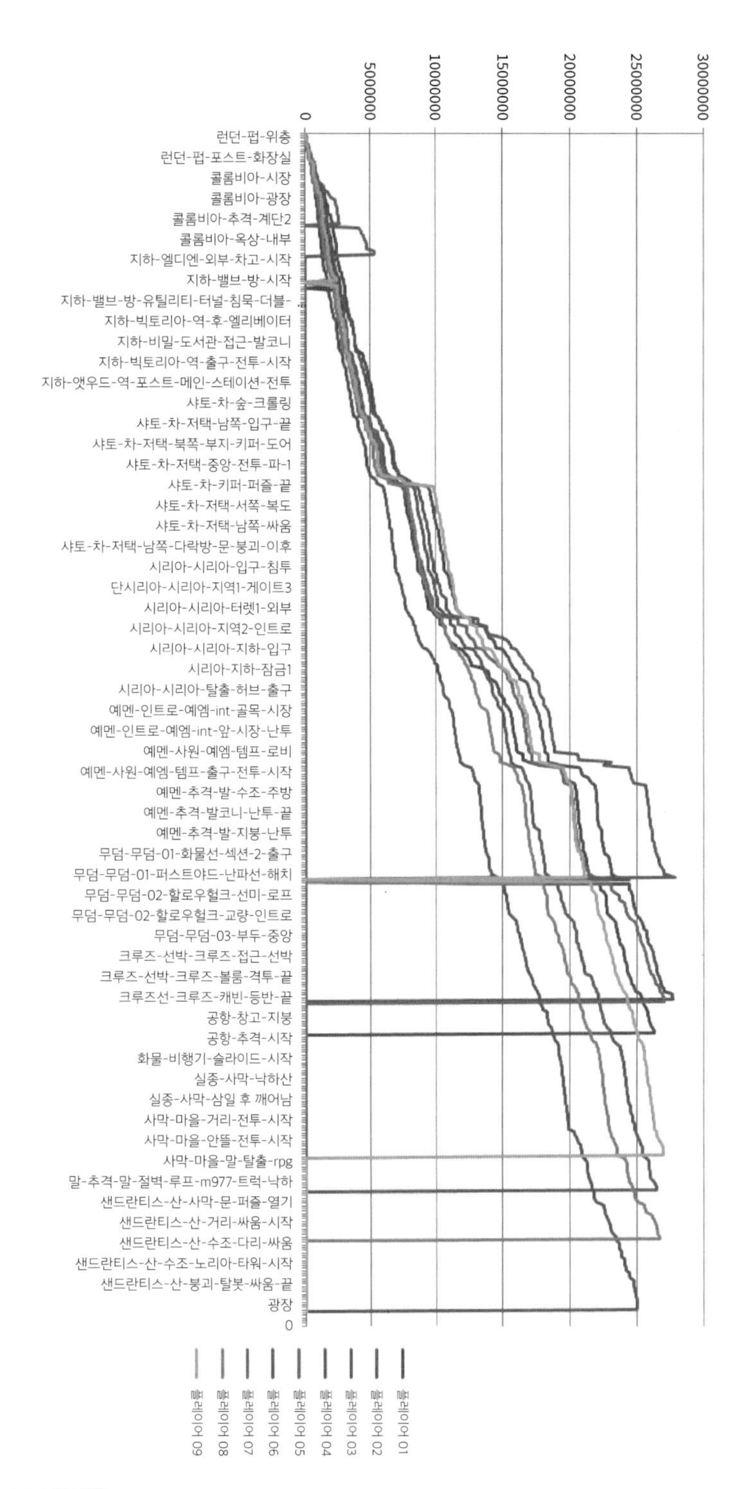

그림 26.2

공식 플레이 테스트 기간 동안 9명의 플레이어로부터 수집한 지표 데이터에서 추출한 〈언차티드 3: 황금사막의 아틀란티스〉에서 시간 경과에 따른 플레이 테스터의 진행 상황을 보여 주는 그래프이다.

이미지 크레딧: 〈언차티드 3: 황금사막의 아틀란티스〉™/©SIE LLC. 제작 및 개발: 너티독 LLC.

각 체크포인트에 대해 기록한 시간 데이터도 유용했다. 그림 26.2는 9명의 플레이 테스터가 초기 공식 플레이 테스트에서 〈언차티드 3〉를 진행한 방식을 요약한 그래프이다. 가로축은 플레이어가 게임을 진행하면서 도달한 연속 체크포인트의 이름을 보여 주고, 세로축은 각 체크포인트에 도달할 때까지 각 플레이어가 게임에서 보낸 총 시간을 보여 준다. (체크포인트 사이의 시간을 기록했지만, 스프레드시트를 사용하면 각 체크포인트의 총 경과 시간을 쉽게 계산할 수 있다.)

각 플레이 테스터가 게임을 얼마나 빨리 또는 천천히 진행하고 있는지 쉽게 확인할 수 있다. 플레이 테스터의 라인이 가파르면 진행 속도가 더 느리다는 의미이다. 게임 곳곳에 흩어져 있는 숨겨진 보물을 찾느라, 또는 경치를 감상하기 위해 계속 멈춰 서 있어서였을 수도 있다. 진행 시간 데이터와 각 체크포인트의 시도 횟수 데이터를 비교하면 어떤 일이 일어나고 있는지 더 자세히 파악할 수 있다.

한 플레이어가 다른 플레이어보다 훨씬 빠르게 게임을 진행하고, 한 플레이어는 곧바로 뒤처져 나중에 플레이 테스트를 떠나는 것을 볼 수 있다. 나머지 플레이어는 거의 같은 속도로 게임을 진행하며, 특히 게임의 초반 1/3은 매우 쉽게 설계되어 더욱 그러하다. 게임이 중반으로 넘어가면서 진행 속도가 점점 더 느려진다. 두 명의 플레이어가 거의 비슷하게 2위를 다투고 있고, 한 플레이어는 점점 더 뒤처지고 있다. 흥미롭게도 이러한 패턴은 다양한 그룹의 플레이 테스터를 대상으로 실시한 거의 모든 공식 플레이 테스트에서 볼 수 있는 패턴이었다. 이번 플레이 테스트에서는 실제로 게임을 끝까지 완주한 플레이어는 한 명뿐이었지만, 이후 플레이 테스트에서는 모든 플레이어에게 충분한 시간이 주어지도록 했다.

우리는 지표 데이터를 이용하여 〈언차티드〉 게임의 여러 측면에 대한 통찰력을 얻었다. 플레이어가 새 총을 집어 들고 잠시 들고 있다가 이전 총을 다시 내려놓는 빈도는 얼마나 될까? 이는 지표 데이터를 통해 쉽게 확인할 수 있었다. 방금 구현한 수류탄 던지기 메커니즘에서 플레이어가 수류탄을 던지려고 시도하는 빈도는 얼마나 될까? 지표 데이터는 이 새로운 메커니즘의 인터페이스와 컨트롤을 미세 조정하는 데 도움이 되었다.

지표 데이터는 〈언차디드〉 게임에서 반복적으로 발생하는 고질적인 문제를 해결하는 데에도 도움이 되었는데, 이 문제는 시리즈 초창기까지 거슬러 올라간다. 〈언차티드〉 시리즈의 게임 환경은 시각적으로 매우 밀도가 높다. (스튜디오의 뛰어난 아티스트 덕분에 어떤 〈언차티드〉 스크린샷을 봐도 매우 많은 시각적 요소들로 채워져 있다.) 다른 비디오 게임과 마찬가지로, 게임 플레이에 중요한 요소들이 수많은 시각적 정보 사이에서 사라지기 쉽다. 우리는 플레이어가 환경의 '가장자리 잡기(플레이어 캐릭터인 네이선 드레이크가 뛰어올라 매달릴 수 있는 환경 요소)'를 발견하는 데 어려움을 겪는 경우가 많다는 사실을 발견했다. 이는 플레이어가 게임의 다음 부분으로 넘어가는 것을 방해하기 때문에 일반적으로 게임 디자인에 재앙이었다. 문제는 플레이어가 올라갈 수 있는 것처럼 보이지만 올라갈 수 없는 요소로 인해 주의가 분산된다는 사실로 인해 더욱 악화되었다.

이 문제에 대한 해결책은 아주 기발했는데, 바로 너티독에서 함께 일했던 세 명의 동료 티건 모리슨Teagan Morrison, 트래비스 매킨토시Travis McIntosh, 야로슬라브 시넥Jaroslav Sineck이 내놓은 것이었다. 이 영리한 세 사람은 플레이 테스트에서 플레이어가 점프 버튼을 누를 때 난간으로 점프하거나 매달리는 대신 제자리에 착지하면 게임의 3차원 공간에 현재 x, y, z 좌표를 기록하는 시스템(공식 플레이 테스트에서만 사용)을 만들었다.

이 좌표는 네트워크의 데이터베이스에 기록되었고, 플레이 테스트가 완료되면 이 데이터의 집계(모든 플레이 테스터의 모든 데이터)를 개발 시스템에서 실행 중인 게임으로 다시 내보낼 수 있었다. 게임의 디버그 메뉴에서 옵션을 선택하자 공식 플레이 테스트에 참여한 10명의 플레이어의 점프가 실패한 모든 위치에 작은 빨간색 구체가 표시되었다. 그림 26.3에서 그 예를 볼 수 있다.

그림 26.3
〈언차티드 3: 황금사막의 아틀란티스〉에서 사용된 잘못된 점프 시스템으로, 플레이어가 위로 올라가려다 실패한 곳을 표시한다.
이미지 크레딧: 〈언차티드 3: 황금사막의 아틀란티스〉™/©SIE LLC. 제작 및 개발: 너티독 LLC.

우리는 이를 "잘못된 점프Bad Jumps" 시스템이라고 불렀고, 가장자리 손잡이처럼 보이지만 드레이크가 매달릴 수 없는 물체 아래에 불량 점프가 모여 있는 것을 즉시 확인할 수 있었다. 붉은 구체가 모여 있는 것을 보고 수정해야 할 부분을 명확하게 알 수 있었다. 플레이 테스트가 끝나면 각 레벨을 담당한 환경 아티스트와 게임 디자이너는 함께 모여 앉아 잘못된 점프 디버그 구체가 켜진 상태에서 레벨을 살펴봤다. 플레이 테스터가 배경 아트를 잡을 수 있는 가장자리로 착각한 각 상황을 개선하기 위해 아트워크나 디자인에 어떤 변화를 줄 수 있는지 논의했다.

이는 게임 디자인을 개선하는 데 도움이 되었을 뿐만 아니라 이 덕분에 아티스트와 디자이너 간의 협업 프로세스도 쉬워졌다. 물론 게임의 외관이 게임 플레이 고려 사항과 충돌할 때, 특히 주관적인 관점만으로는 아티스트와 디자이너가 합의에 도달하기 어려울 때가 있다. 잘못된 점프 시스템은 특정 상황이 중대한 문제인지 아니면 사소한 문제인지에 대한 매우 객관적인 정보를 제공해 주었고, 자칫 과열될 수 있는 협업 프로세스의 열기를 식히는 데 도움이 되었다.

이 예시는 스토리텔링 액션 게임의 싱글플레이어 모드에서 나온 것이지만, 지표 데이터는 특정 능력의 사용 빈도를 조사하려는 e스포츠 게임부터 플레이어가 특정 스토리 경로를 얼마나 자주 밟는지 확인하려는 대화형 내러티브 게임에 이르기까지 다양한 유형의 게임 디자인에 긍정적인 변화를 가져올 수 있다. 당연하다고 생각하는 것을 넘어 플레이어가 게임에서 매 순간 실제로 무엇을 하는지에 대한 확실한 지식과 새로운 인사이트를 얻을 수 있는 독창적인 새로운 데이터 수집 방법을 찾아보길 바란다.

게임에 지표 구현하기

새로운 함수 호출을 배워야 할 수도 있지만, 게임 지표 시스템은 약간의 코딩 능력만 있으면 간단하게 구현할 수 있는 경우가 많다. 코딩을 전혀 하지 않아도 바로 사용할 수 있는 기성 패키지도 많이 있다. 이 글을 쓰는 시점에서 유니티와 언리얼 엔진 모두 비교적 사용하기 쉬운 훌륭한 게임 내 분석 플러그인을 제공한다.

수집할 지표 데이터의 종류를 결정하는 것부터 시작하라. 이 작업을 해 본 적이 없다면 한두 가지 유형의 데이터로 시작하는 것이 좋다. 나중에 더 추가할 수도 있다. 팀원들과 수집할 수 있는 데이터 유형에 대해 브레인스토밍하고 각 유형에서 무엇을 배울 수 있는지 논의하라.

- 플레이어가 게임의 각 부분에 머무는 시간은 일반적으로 수집되는 지표 데이터 유형이다.
- 플레이어가 게임에서 실패하고 다시 시작할 수 있는 경우, 각 섹션을 완료하기 위해 시도한 횟수를 세는 것을 고려하라.
- 플레이어가 제공한 메커닉을 언제 어디서 사용하는지 기록할 수 있다.

• 플레이어가 시간 경과에 따라 획득하는 경험치나 현재 보유한 게임 내 머니와 같은 리소스와 관련된 값을 추적할 수 있다.

지표 데이터를 얼마나 세분화할지 생각해 보라. 얼마나 자주 데이터를 읽을지, 이에 따라 전체적으로 수집하는 데이터의 양이 얼마나 될지 생각해 보라. 너무 많은 데이터는 나중에 언제든지 필터링할 수 있지만 주의해야 한다. 매 프레임마다 데이터가 기록되고 출력 파일이 방대해져서 게임이 다운되는 지표 시스템을 본 적이 있다. 게임에 적합한 지표의 세부 수준은 제작 중인 게임의 유형과 전체 길이에 따라 달라진다.

자신만의 지표 데이터 시스템을 만들려면 게임이 진행되는 동안 활성 상태로 유지되는 스크립트를 작성해야 한다. 이 스크립트에는 게임에서 일부 데이터를 캡처할 때마다 호출할 수 있는 함수가 포함되며, 이 함수는 하나 이상의 변수 값을 사람이 읽을 수 있도록 일부 텍스트와 함께 문자열로 복사한 다음 컴퓨터 하드 드라이브에 기록된 텍스트 파일에 해당 문자열을 추가한다. (문자열은 데이터베이스 어딘가에 기록될 수도 있다.)

게임에서 특정 상황이 발생할 때마다, 또는 일정한 간격으로 함수를 호출할 수 있다. 예를 들어, 플레이어가 점프 버튼을 누를 때마다 게임 내 현재 시간을 기록하고 "플레이어가 점프했다."라는 텍스트 뒤에 문자열로 복사할 수 있다. 또는 10초마다 한 번씩 게임 내 현재 시간과 플레이어 캐릭터의 체력을 기록하여 시간에 따른 체력의 상승과 하락을 비교적 세밀하게 기록할 수 있다.

게임의 지표 데이터 시스템을 설정하는 데 도움이 되는 리소스는 이 책 원서의 웹사이트 playfulproductionprocess.com에서 찾을 수 있다.

지표 데이터와 동의

다른 사람의 정보를 수집하기 위해 소프트웨어를 설계할 때 우리는 이것이 윤리적인지 생각해 봐야 한다. 프라이버시는 전 세계 많은 커뮤니티에서 매우 중요하게 여기는 가치이며, 일부 지역에서는 헌법이나 법률에 명시되어 있다. 게임 제작사로서 우리는 플레이어에 대한 지표 데이터를 수집하기 전에 플레이어의 동의를 구함으로써 윤리적으로 행동하고 있는지 확인할 수 있다.

플레이어가 점프하거나 문을 여는 시점에 대한 데이터에는 필요하지 않을 수 있지만, 플레이어에 대한 개인 정보(예: 플레이어의 신념이나 건강 관련 정보)가 포함된 경우에는 해당 정보를 지표 데이터에 기록할 수 있도록 플레이어의 동의를 받는 것이 중요하다. 게임 시작 시 동의 또는 거부 화면을 통해 이를 할 수 있다. 플레이어가 동의하지 않으면 데이터를 기록하지 마라. 지나치다 싶을 정도로 동의를 구하라.

지표 데이터 시스템 테스트

지표 데이터 시스템을 정기적으로 테스트하여 올바르게 작동하는지 확인하는 것도 중요하다. 내 경험상 이러한 시스템은 게임에서 가장 취약한 부분 중 하나이며, 조용히 작동하기 때문에 고장난 것을 알아차리지 못하기 쉽다. 나는 경력 초기에 데이터 수집 메커니즘의 단순한 문제를 제때 파악하지 못해 고비용의 공식 플레이 테스트에서 지표 데이터를 전혀 얻지 못한 적이 있었다.

공식 플레이 테스트에서 사용할 조건과 동일한 조건에서 게임을 플레이하고 올바른 데이터가 성공적으로 기록되는지 확인하는 것만으로도 지표 시스템을 쉽게 테스트할 수 있다. 당신이 게임을 테스트하는 방식과 공식 플레이 테스트에서 게임을 테스트하는 방식 사이에 어떤 차이도 없도록 주의하라. 예를 들어, 플레이 테스터가 게임을 연달아 플레이하는 경우, 세션 사이마다 게임을 종료 후 재시작하지 않아 지표 시스템에 혼란을 주는 경우가 있을 수 있다.

지표 데이터 시각화

공식 플레이 테스트가 끝나면 지표 데이터를 시각화하여 이해하기 쉽게 만들어야 한다. 정보 디자인과 데이터 시각화는 게임 디자이너가 평생 공부할 가치가 있는 흥미로운 분야이다. 에드워드 R. 터프테Edward R. Tufte의 《정보 구상하기Envisioning Information》와 엘렌 럽튼의 《디자인은 스토리텔링이다》에는 숫자를 사람들이 이해할 수 있는 내러티브로 전환하는 데 사용할 수 있는 기법에 대한 통찰력 있는 해설이 담겨 있다.

많은 사람이 학교에서 선 그래프, 막대 그래프, 원형 차트를 만들어 데이터를 표현하는 방법을 배우는데, 이는 지표 데이터를 시각화하는 훌륭한 접근 방식이다. 모든 스프레드시트 패키지에는 데이터 표에서 그래프를 만들 수 있는 도구가 포함되어 있다. 배우는 데 시간이 조금 걸릴 수 있지만 일반적으로 사용하기 쉽고 강력하다. 축에 레이블을 지정하고, 표현되는 데이터를 명확하게 설명하는 범례를 포함하며, 색상과 모양을 유리하게 사용하는 것을 잊지 마라. 중요한 데이터를 요약하는 표는 앞서 본 그림 26.1에서와 같이 조건부 서식을 사용하여 중요한 숫자에 색상을 지정하고 '눈에 띄게' 만들면 효과적이다.

게임 지표 데이터의 또 다른 인기 있는 데이터 시각화 유형은 게임 플레이 중에 특정 이벤트가 발생한 레벨의 모든 장소를 2차원 또는 3차원으로 표현한 히트 맵이다. 스프레드시트의 그래프 도구를 사용하여 만들거나 게임 엔진 내부의 특수 도구를 코딩하여 데이터를 환경 뷰에 정확하게 매핑할 수 있다. 온라인에서 "히트 맵 게임Heat Map Game"을 검색하면 좋아하는 게임에서 많은 예제를 찾을 수 있다.

혁신적으로 사고하고 특정 유형의 게임에서 발생하는 디자인 기회와 도전 과제에 따라 움직여야 한다는 점을 잊지 마라. 어떻게 게임 지표가 게임이 의도한 대로 작동하는지 확신을 갖는 데 도움이 될 수 있을까? 지표 데이터가 골치 아픈 게임 디자인 문제를 혁신적인 방식으로 해결하는 데 도움이 되는, 당신 게임의 '잘못된 점프' 시스템은 무엇일까?

게임 지표 구현 체크리스트

✔ 게임 디자인과 플레이 방식에 대한 인사이트를 얻을 수 있는 추적 가능한 값을 브레인스토밍한다.

✔ 이러한 값을 (단순히 텍스트 파일 또는 데이터베이스에) 지표 데이터로 기록하는 메커니즘을 구현한다.

✔ 필요한 경우, 지표 수집에 대한 플레이어의 동의를 구한다.

✔ 공식 플레이 테스트와 동일한 조건(또는 되도록 비슷한 조건)에서 게임을 플레이하여 지표 시스템이 제대로 작동하는지 테스트한다.

✔ 테스트 중에 시스템에서 출력된 정보를 확인하여 지표 데이터가 올바르게 기록되고 있는지 확인한다.

✔ 테스트 데이터를 사용하여 데이터를 더 쉽게 읽고 이해할 수 있도록 데이터를 시각화하는 방법을 개발하기 시작한다.

✔ 공식 플레이 테스트 직전에 시스템을 다시 테스트한다.

✔ 공식 플레이 테스트에서 지표 시스템을 사용한다.

✔ 공식 플레이 테스트 중에 받은 데이터를 시각화하고, 플레이 테스터의 행동에 대해 배운 내용을 활용하여 게임 디자인을 개선한다.

게임 지표의 가능성과 한계

게임 지표는 도구이며, 다른 도구와 마찬가지로 좋거나 나쁘게 사용될 수 있다. 우리와 같은 기술적 예술 분야에서는 엄격함을 유지하는 것이 좋으며, 사용자 연구자들은 과학적인 방법을 중요하게 생각한다. 하지만 나는 크리에이티브 디자이너이자 아티스트로서의 당신의 직감이 말하는 것 이상으로 이러한 기술적 기법을 맹신해서는 안 된다고 굳게 믿는다.

나는 지표를 사용하여 게임이 플레이어에게 내가 의도한 경험을 제공하고 있는지 확인한다. 게임이 내가 원하는 방식으로 동작하는 것을 방해할 수 있는 요소들을 발견하려고 노력하며, 지표 데이터가 프로젝트 목표나 개인적인 가치관에 반하는 디자인 방향으로 나를 이끌려는 유혹을 뿌리친다. 자신이 누구인지, 무엇을 중요하게 생각하는지, 상업적, 예술적, 학문적 등 어떤 맥락에서 게임을 만들고 있는지에 따라 게임 디자인에 지표를 어떻게 사용할지 스스로 결정해야 한다.

나는 알버트 아인슈타인Albert Einstein이 한 말이라고 많이 알려져 있지만 사회학자 윌리엄 브루스 카메론William Bruce Cameron이 한 말일 가능성이 더 높은 이 격언을 좋아한다. "중요하다고 해서 모두 수치화할 수 있는 것은 아니며, 수치화할 수 있다고 해서 다 중요한 것은 아니다."[2] 무엇을 수치화할 것인지, 무엇을 중요하게 여길 것인지는 여러분에게 달려 있다.

2 "Not Everything That Counts Can Be Counted", Quote Investigator, 2010. 05. 26., https://quoteinvestigator.com/2010/05/26/everything-counts-einstein/.

A Playful Production Process

재미있는 게임 제작 프로세스

27장
알파 단계와 버그 추적

우리의 재미있는 게임 제작 프로세스 중 풀 프로덕션 단계에는 '알파'와 '베타'라는 두 가지 주요 마일스톤이 있다. 풀 프로덕션의 중간 단계인 알파에서는 게임의 기능이 완성되고 게임 시퀀스가 완성되며, 적어도 임시적인 형태로라도 게임을 끝까지 플레이할 수 있게 된다. 베타는 풀 프로덕션이 끝나는 시점으로, 게임에 포함될 모든 콘텐츠가 완성되어 다듬을 준비가 완료된다.

풀 프로덕션에는 알파 단계Alpha Phase와 베타 단계Beta Phase라는 두 가지 단계가 더 있다(그림 27.1). 23장에서는 품질 보증 전담 전문가가 게임을 엄격하게 테스트하여 버그를 찾아내고 디자인 문제를 해결하는 QA 테스트에 대해 이야기했다. 알파 단계에 대한 보편적인 정의는 소프트웨어 프로젝트가 QA 테스트에 들어갈 때 시작된다는 것이다. 알파 단계는 알파 마일스톤에서 끝나고 그 다음에는 베타 단계가 시작되어 베타 마일스톤까지 진행된다. 전담 QA 부서가 없더라도 어느 시점부터 버그를 추적하기 시작하면 그 때 프로젝트는 알파 단계에 있는 것이다. 잠시 후 버그 추적 테크닉들을 살펴보겠다.

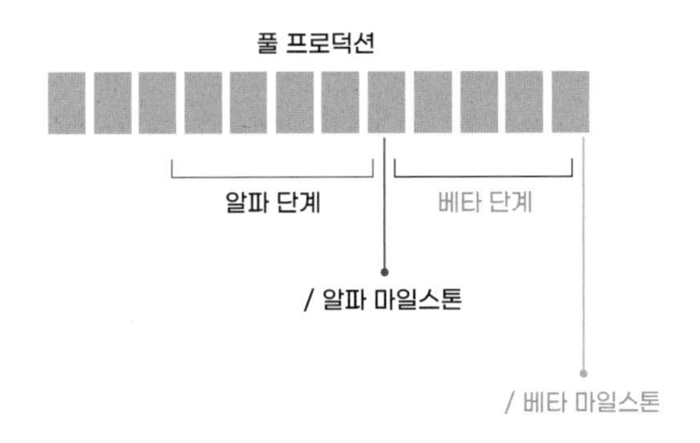

그림 27.1
알파 단계와 베타 단계는 풀 프로덕션에 숨어 있다.
이미지 크레딧: 가브리엘라 푸리 R. 곰즈, 매티 로젠, 리차드 르마샹.

소프트웨어가 알파 단계에 있을 때는 버그가 많고 불안정하며 상당히 불완전할 수 있다. 게임 개발에서 버그가 많고 불안정한 소프트웨어는 매우 바람직하지 않다. 풀 프로덕션 단계의 모든 기간을 통틀어 게임을 플레이할 수 있는 상태로 유지해야 한다. 이렇게 하면 새로운 메커니즘이나 콘텐츠를 추가할 때마다 플레이 테스트를 실행하여 새로운 부분이 게임 전체에 미치는 영향을 평가할 수 있다. 이것이 바로 13장에서 설명한 동심원적 개발을 사용하는 이유이다.

하지만 알파 마일스톤이 가까워질수록 알파 버전에 필요한 모든 기능과 임시 레벨을 게임에 구현하기 위해 동심원적 개발에서 벗어나야 할 수도 있다. 이를 위해서는 동심원적 개발의 장점은 유지하면서 효율적으로 진행할 수 있는 몇 가지 새로운 방법을 채택하는 기어의 변환이 필요하다. 29장에서 이러한 접근 방식의 변화에 대해 살펴보겠다.

대부분의 게임 콘솔과 일부 모바일 및 가상 현실 플랫폼에서는 게임을 출시하기 전에 인증 절차를 통과해야 한다. 프로젝트의 알파 단계는 팀이 인증 요구 사항을 준수하기 위해 수행해야 할 추가 작업에 대비하여 인증 요구 사항을 자세히 연구하기 시작하기에 적절한 시기이다. 이에 대한 자세한 내용은 34장에서 확인할 수 있다.

간단한 버그 추적 방법

모든 게임의 풀 프로덕션 프로세스의 어느 시점부터는 크든 작든, 게임 내부에 숨어 플레이어의 경험을 망치려고 기다리고 있는 버그를 체계적으로 찾아서 나열하고 수정하는 것이 중요하다. 풀 프로덕션 단계에서 이 작업을 시작하면 프로젝트의 알파 단계에 접어든 것으로 간주할 수 있다.

테스트 계획을 짜는 것부터 시작하라. 테스트 계획은 일반적으로 프로젝트의 크리에이티브 리더, 프로듀서 및 각 부서 책임자와 협력하여 QA 리더가 설계한다. 소규모 팀의 경우 가능한 한 많은 팀원이 참여하도록 하라. 테스트 계획은 식사 레시피나 주말 여행 계획과 비슷하다. 달성하고자 하는 목표, 필요한 요소와 도구, 직면할 수 있는 문제를 파악한다. 그런 다음 목록을 작성하고 중요도에 따라 계층을 나눠 무엇을 먼저 해결해야 하는지 알려 준다. 또한 테스트 프로세스에서 다루지 않는 부분을 명시하여 QA와 개발 팀 모두에게 작업의 범위를 설정해 준다.

테스트 계획은 성숙한 분야이며, 좋은 테스트 계획을 수립하는 방법에 대한 자세한 정보는 온라인에서 많이 찾을 수 있다. 애슐리 데이비스Ashley Davis와 아담 싱글Adam Single은 가마수트라의 "게임 개발을

위한 테스트"라는글에서 게임 테스트 계획 수립에 대한 상세하고 기술적인 조언을 많이 제공한다.[1]

계획이 수립되면 게임 테스트를 시작할 준비가 된 것이다. 일반적으로 테스트 계획에 따라 질서정연하게 게임 빌드를 플레이하고 발견한 버그를 기록하는 데 시간을 할애한다. 빌드가 다르게 동작할 수 있으므로 에디터에서 게임을 실행하는 것보다 빌드를 테스트하는 것이 좋다. 게임 QA 테스터는 보통 일반 플레이어처럼 게임을 자유롭게 탐색하며 플레이하지 않는다는 점에 유의하라. 이들은 게임을 플레이하면서 가능한 모든 유형의 인터랙션을 주의 깊게 확인하고, 정상적으로 작동하지 않는 요소가 없는지 살펴본다. 소규모 팀이라면 게임을 어떻게 테스트할지 고민해야 한다. QA를 도와줄 사람을 고용하는 것은 언제나 그렇듯 좋은 투자이다.

팀 규모가 너무 작아서 직접 개발하면서 테스트하는 경우에도 발견한 버그를 기록해 두어야 한다. 전문 게임 개발자는 '버그 트래커'라고도 하는 전용 데이터베이스를 사용하여 버그 목록과 각 버그에 수반되는 정보를 보관한다. 이 글을 쓰는 시점에 널리 사용되는 버그 추적 도구로는 지라Jira, 버그질라Bugzilla, 맨티스Mantis 등이 있다.

소규모 프로젝트의 경우 스프레드시트를 사용하여 간단하게 버그를 추적할 수 있다. 열에 아래와 같은 제목을 지정하거나 playfulproductionprocess.com에서 찾을 수 있는 템플릿을 사용하라.

- 버그 번호
- 제출한 날짜 및 시간
- 빌드 날짜 및 시간(또는 빌드 번호)
- 요약
- 등급
- 우선순위
- 카테고리
- 설명
- 게임 내 위치
- 발생 빈도
- 재현 단계
- 관련 스크립트
- 할당 대상

1 Ashley Davis and Adam Single, "Testing for Game Development", Gamasutra, 2016. 07. 26., https://www.gamasutra.com/blogs/AshDavis/20160726/277825/Testing_for_Game_Development.php.

• 상태
• 첨부 파일
• 노트
• 해결 노트

위의 각 제목과 각 열에 보관할 정보를 살펴보겠다.

❸ 버그 번호

각 버그에는 고유 번호가 있어야 버그를 빠르고 쉽게 참조할 수 있다.

❸ 제출한 날짜 및 시간

버그가 생성되면 생성 날짜와 시간을 기록해야 한다. 많은 스프레드시트에서 바로 가기 키 조합으로 날짜와 시간을 입력할 수 있다.

❸ 빌드 날짜 및 시간(또는 빌드 번호)

추적되는 모든 버그에 대해 해당 버그가 처음 발견된 게임의 빌드를 알아야 한다. 빌드 및 빌드 생성 방법에 대한 내용은 5장을 참조하라.

❸ 요약

여기에는 버그에 대한 간략한 설명과 버그의 제목이 포함되어야 한다.

❸ 등급

버그는 심각도를 설명하는 다양한 등급으로 나뉜다. 각 등급의 정확한 정의는 스튜디오마다 다를 수 있지만 아래와 같은 정의는 꽤 일반적이다.

• 쇼 스토퍼[2]
  ↳ 특정 시점이 지나면 게임을 플레이할 수 없으므로(따라서 테스트할 수 없으므로) 즉시 수정해야 하는 버그이다.
• A
  ↳ 게임 기능을 심각하게 방해하는 심각한 버그로 반드시 수정해야 한다.

---

2 역주 Showstopper, 하드웨어나 소프트웨어를 못 쓰게 만드는 버그.

- B
  ↳ 게임의 기능이나 경험을 크게 방해하고 수정해야 할 가능성이 있는 버그이다.
- C
  ↳ 게임의 기능이나 경험에 큰 지장을 주지 않는 덜 심각한 버그이지만 가능하면 수정해야 하는 버그이다.
- 코멘트
  ↳ 이 버그 등급은 버그 테스터가 개발자에게 피드백이나 아이디어를 보내는 데 사용된다. 이는 QA와 게임 개발자 간의 중요한 커뮤니케이션 채널이 될 수 있다.

❷ 우선순위

각 버그 등급 내에서 우선순위를 지정할 수도 있다. 'B1' 버그는 'A3' 버그만큼 시급하지는 않지만 긴급하게 수정해야 하는 반면, 'B3' 버그는 기다릴 수 있다.

❷ 카테고리

문제를 해결하는 데 필요한 분야별로 분류하여 버그가 어떤 카테고리에 속하는지 알 수 있다면 버그를 더 쉽게 이해할 수 있고 팀에서 누구에게 버그를 배정해야 하는지 더 쉽게 파악할 수 있다. 예를 들어 다음과 같은 카테고리가 있다.

- 프로그래밍
- 2D 아트
- 3D 아트
- 게임 디자인
- 글쓰기
- 애니메이션
- 오디오
- 음악
- 시각 효과
- 햅틱
- UI
- 자막
- 기타

설명

앞서 본 '요약'보다 더 자세히 버그를 설명하는 곳이다. 버그에 대한 좋은 설명을 작성하는 것은 그 자체로 하나의 기술이다. 가장 좋은 설명은 **버그 테스터가 예상한 것**과 **실제로 일어난 일**을 명확하고 간결한 언어로 설명하는 것이다. 버그가 발생하는 위치, 발생 빈도, 또는 재현 방법에 대한 정보는 포함하지 마라. 이러한 내용은 별도의 섹션이 있다.

게임 내 위치

게임 내에서 버그가 발생한 위치를 정확히 파악하는 것은 버그를 수정하는 사람들에게 매우 유용할 수 있다. 이는 게임 내 특정 위치에서만 발생하는 버그의 경우 특히 중요하다. 게임 내 위치는 게임 엔진의 2D 또는 3D 좌표를 사용하여 기록하는 것이 가장 좋으며, 보조 자료로 스크린샷을 첨부할 수도 있다.

발생 빈도

어떤 버그는 재현을 시도할 때마다 늘 발생하는 반면, 어떤 버그는 가끔씩만 발생하고, 어떤 버그는 단 한 번만 나타난다. 다음과 같은 범주를 사용할 수 있다.

- 항상
- 때때로
- 드물게
- 한 번 발생

재현 단계

버그를 재현하기 위해 게임에서 수행해야 하는 단계에 대한 자세한 설명으로, 앞의 '설명' 부분의 부담을 조금이나마 덜어줄 수 있다.

관련 스크립트

게임을 테스트하는 사람이 어떤 스크립트(또는 다른 코드)가 문제를 일으켰는지 알 수 있다면 여기에 기록하는 것이 좋다. 디버그 메시지에는 코드의 어느 부분에서 오류가 발생했는지 표시되는 경우가 많다.

할당 대상

여기에서 특정 팀원에게 버그를 배정하여 수정하도록 한다.

✖ 상태

각 버그는 처음 생성될 때 "신규" 상태를 갖는다. 버그의 상태는 QA와 개발 팀의 다른 멤버들 간에 전달되고, 각 개발자가 버그에 대한 작업을 진행함에 따라 버그의 상태가 변경된다.

- 신규New
  ↳ 버그가 처음 생성되었을 때의 상태이다.
- 확인함Acknowledged
  ↳ 버그 수정을 담당할 개발자가 버그를 접수하면 이 상태로 변경한다.
- 정보 요청Request information
  ↳ 버그를 수정할 사람이 버그를 수정하기 위해 더 많은 정보가 필요한 경우 이 상태로 변경하고 버그를 QA 관리자 또는 버그를 작성한 사람에게 다시 전달한다.
- 수정 확인Claim fixed
  ↳ 개발자가 버그를 수정했다고 생각하면 "수정 확인"으로 표시하고 회귀 테스트를 위해 다시 QA로 전달되며, QA는 버그가 실제로 성공적으로 수정되었는지 확인한다.
- 재현 불가Unable to reproduce
  ↳ 개발자가 버그를 재현할 수 없는 경우 이 상태로 변경하고 회귀 테스트를 위해 QA로 다시 전달한다. QA 부서에서 버그가 여전히 발생하고 있는지 여부를 확인한다.
- 중복Duplicate
  ↳ 버그가 이미 다른 버그 번호로 데이터베이스에 있는 경우 이 상태로 변경한다.
- 수정 실패Fix failed
  ↳ 회귀 테스트 중에 "수정 확인"으로 표시된 버그가 실제로는 수정되지 않은 것으로 확인되면 "수정 실패"로 표시하고, 수정하려고 시도한 개발자 또는 관리자에게 돌아간다.
- 수정됨Fixed
  ↳ 회귀 테스트 중에 "수정 확인" 버그가 실제로 수정된 것으로 확인되면 "수정됨"으로 표시하고 하늘의 거대한 버그 무덤으로 보낸다.
- 종료됨(수정할 수 없음)Closed(can't fix)
  ↳ 어떤 이유로 버그를 수정할 수 없을 때 버그를 이런 식으로 표시하는 경우가 있다. 대부분의 팀에서는 아주 고위급 팀원만 버그를 닫을 수 있다.
- 종료됨(수정되지 않음)Closed(won't fix)
  ↳ 가끔 팀원들이 버그를 고치는 데 시간이 너무 오래 걸리거나, 큰 문제가 아니거나, 버그가 아니라 기능이라고 판단하는 등의 이유로 버그를 고치지 않겠다고 결정할 때가 있다. 그러면 버그는 이런 식으로 표시된다. 다시 말하지만, 이 결정은 보통 아주 고위급 팀원만 내릴 수 있다.

- 다시 열림 Reopened
  ↳ 닫혔던 버그를 다시 열어야 하는 경우가 있는데, 이 경우 이런 식으로 표시한다.

❸ 첨부 파일

버그를 설명하는 스크린샷이나 동영상을 리포트에 첨부하면 유용한 경우가 많다.

❸ 노트

버그에 대한 노트 섹션은 버그에 대한 추가 정보를 요청하거나 버그가 "수정 실패"로 표시된 경우 등의 상황에서 QA와 개발 팀 간에 정보를 주고받기 좋은 방법이다.

❸ 해결 노트

버그가 수정된 방식에 특별한 점이 있거나 어떤 이유로든 버그가 종료된 경우 이곳에 기록할 수 있다.

제목에서 알 수 있듯이 버그가 거쳐 가는 일반적인 워크플로는 다음과 같다.

- QA 담당자나 팀의 다른 개발자 중 한 명이 버그를 생성한다.
- 버그는 수정할 개발자에게 배정되며, 개발자는 버그가 접수되었음을 확인하고 수정 작업을 진행한다.
- 개발자가 버그를 수정하려고 시도한다.
- 개발자가 문제를 해결했다고 생각하면 버그에 "수정 확인"이라는 표시를 한다.
- 버그는 회귀 테스트를 위해 QA로 돌아간다. QA는 버그가 수정되었는지 확인한다.
- 회귀 테스트 중 발견한 결과에 따라 버그는 "수정됨" 또는 "수정 실패"로 표시된다.
- 개발자가 더 많은 정보가 필요하거나, 버그를 재현할 수 없거나, 중복된 버그를 발견하면 그에 따라 표시를 하고 버그는 QA로 돌아간다.
- 개발자가 버그를 수정할 수 없는 경우, 담당 관리자나 팀 리더를 통해 적절한 조치를 취한다. 그러면 버그를 수정할 수 있는 다른 개발자에게 전달하거나 버그를 종료할 수도 있다.

이 간단한 스프레드시트 기반 버그 추적 방법은 소규모 프로젝트에 유용하며, 대규모 팀에서는 전용 버그 추적 도구로 작업하는 데 필요한 지식을 갖추게 해 줄 것이다. 하지만 스프레드시트에서 버그를 추적하는 것은 다루기 어렵다는 것을 금방 알게 될 것이므로 버그 추적 기능이 있는 프로젝트 관리 도구를 찾아서 사용하는 것이 좋다. 메러디스 홀은 가마수트라에 올린 글인 "게임 개발을 위한 프로젝트 관리 도구 선택"에서 다양한 프로젝트 관리 도구의 버그 추적 기능에 대한 좋은 요약을 제공한다.[3]

~ ❈ ~

버그 추적 방법을 이해했으므로 이제 버그를 추적하고 프로젝트의 알파 단계로 진입할 준비가 되었다. 이후 32장에서 버그 수정에 대한 주제로 다시 돌아올 것이다. 우선 지금까지 알파 단계에 대해 알아본 정보를 바탕으로, 알파 마일스톤과 이에 도달하는 방법에 대해 자세히 살펴보자.

3 Meredith Hall, "Choosing a Project Management Tool for Game Development", Gamasutra, 2018. 06. 29., https://www.gamasutra.com/blogs/MeredithHall/20180629/321013/Choosing_A_Project_Management_Tool_For_Game_Development.php.

A Playful Production Process

재미있는 게임 제작 프로세스

28장
알파 마일스톤

이전 장에서 프로젝트의 알파 단계와 버그 추적 기술에 대해 설명했다. 이제 알파 단계의 끝을 알리는 알파 마일스톤에 대해 살펴보려고 한다. 알파 마일스톤에서 게임은 '피처 완료' 상태이다. 이는 게임에서 비즈니스에 이르기까지 대부분의 소프트웨어 개발 유형에서 알파 마일스톤이 갖는 의미이다. 게임이 알파 마일스톤에 도달한 것으로 간주되려면 최종 게임에 포함될 모든 기능이 있어야 한다. 우리의 재미있는 게임 제작 프로세스에서는, 알파에서 '게임 시퀀스 완성' 상태도 도달할 예정이다. 이에 대해서는 잠시 후에 자세히 설명할 것이다.

피처와 콘텐츠

피처라는 단어와 그 의미에 대해 자세히 살펴보자. 먼저 간단하게 설명하자면, 게임은 '피처'와 '콘텐츠'라는 두 가지 유형의 요소로 구성되어 있다고 말할 수 있다. 일반적으로 피처Features는 기능의 일부이며, 이는 게임을 작동시키는 메커니즘이다. 게임의 어떤 요소가 로직에 의해 제어되거나 플레이어의 입력에 반응한다면 피처일 가능성이 높다.

이 아이디어를 설명하기 위해 몇 가지 피처를 예로 들어 보겠다.

- 캐릭터 액션 게임에서 플레이어의 입력에 반응하여 플레이어 캐릭터를 제어하는 피처.
- 소셜 시뮬레이션 게임에서 NPC가 게임 환경에서 자기 업무를 수행하는 피처.
- 도시 건설 시뮬레이션 게임에서 시간이 지남에 따라 건물에 어떤 일이 일어나는지 결정하는 피처.

위의 예시와 같은 상위 피처 그룹은 일반적으로 다음처럼 하위 피처 목록으로 나눌 수 있다.

- 플레이어 캐릭터 제어 기능은 달리기와 점프를 제어하는 별도의 기능으로 구성할 수 있다.

- NPC 제어 기능은 걷기, 한 장소에서 다른 장소로 물건 옮기기, 플레이어 캐릭터와 대화하기 등을 제어하는 별도의 기능으로 구성할 수 있다.
- 시간이 지남에 따라 건물에 어떤 일이 일어나는지 결정하는 기능은 건물이 더러워지거나, 무너지거나, 화재가 발생하는 개별 기능으로 구성될 수 있다.

우리는 이런 게임 요소를 나타내는 데이터 구조에 작용하는 코드의 특정 함수에 도달할 때까지 이러한 하위 기능을 계속 더 세분화할 수 있다.

반면 콘텐츠Content는 게임 내 피처가 작동하는 게임 요소를 구성하는 데이터 구조와 에셋으로, 아트워크, 애니메이션, 사운드 효과, 시각 효과, 음악, 대화 등을 데이터 묶음으로 묶은 것이다. 물론 콘텐츠 없이 피처만 있을 수는 없다. 게임 월드에서 NPC를 움직일 수 있는 시스템을 코딩했지만 NPC를 표현하는 아트워크, 애니메이션, 사운드를 만들지 않았다면 해당 피처는 실제로 게임에 존재하지 않는 것이다. 콘텐츠는 종종 이렇게 게임 월드에 피처를 표시하는 데 도움이 되며, 나중에 살펴보겠지만 피처와 콘텐츠 사이의 모호한 경계는 때때로 게임 개발자를 곤경에 빠뜨릴 수 있다.

피처 완료

게임의 모든 피처가 완료되었다는 것은 게임의 모든 '움직이는 부분'이 구현되어 잘 작동하고 있다는 뜻이다. 동심원적 개발을 사용하여 게임을 개발하면서 테스트하고 버그를 수정해 왔다면 더 쉽게 이 상태에 다다를 수 있다.

게임의 피처가 완료되면 NPC와 플레이어 간의 대화, 논리 퍼즐, 전투 메커니즘, AI 경로 찾기 알고리즘 등 게임에 포함될 모든 유형의 요소가 게임 내에 포함되어야 한다. 게임에 적용될 메커니즘이라면 알파 마일스톤까지 어딘가에 포함되어 있어야 한다.

그러나 알파 마일스톤에 가까워질수록 게임 개발자는 이 모든 기능을 게임에 적용하기 위한 작업의 규모에 어려움을 겪는 경우가 많다. 이때 피처와 콘텐츠 사이의 모호한 경계가 명확해지며, 긍정적인 결과를 위해 현명하게 활용되거나 파괴적인 방식으로 악용되기도 한다.

나는 게임 업계에서 일하면서 동료들로부터 알파 버전에서는 게임 내 모든 유형의 사물이 하나씩은 있어야 한다는 것을 배웠다. NPC가 어떤 행동을 할 경우, 그 행동을 사용할 모든 NPC가 아직 없더라도 게임 어딘가에서 그 행동을 사용해야 한다. 알파를 잘 달성하는 비결 중 하나는 게임 내 모든 사물이 보여 줄 수 있는 모든 동작을 구현할 콘텐츠를 잘 선정하는 것이다. 이러한 동작은 게임의 특징이며, 아직 다듬을 시간이 남았을 때 모든 기능을 알파 버전에 반영하는 것이 훌륭한 게임을 만드는 또 다른 비결이다.

알파 마일스톤이 가까워지면서 기능을 구현할 시간이 충분하다면, 게임 내 모든 요소들의 고유한 기능의 조합을 구현해야 한다. 기능 간에 예기치 못한 인터랙션이 발생할 수 있고, 이를 잘 조합하기 위해 더 많은 작업이 필요하기 때문이다.

알파 마일스톤이 다가올수록 시간이 부족하다면 구성 요소들을 더 적게 구현하는 것을 고려할 수 있다. 단, 이 적은 구성 요소들만으로도 게임의 모든 피처를 선보일 수 있는 경우에만 가능하다. 이 방법은 훨씬 더 위험하다. 기술적으로는 게임에 모든 기능을 갖추게 되지만, 이러한 기능을 한데 모을 때 새로운 조합을 통해 게임 작동 방식에 대한 완전히 새로운 발견을 하게 될 가능성이 높기 때문이다.

알파 버전에 무엇을 포함할지 고민할 때 게임 모든 기능적 부분을 구현해야 함을 잊지 말아야 한다. 예를 들어 게임에서 (자체적으로 또는 게임 퍼블리셔나 플랫폼 보유자가 제공하는) 업적 시스템을 사용하는 경우, 알파 버전에서 최소 하나 이상의 업적을 설정해야 한다.

알파 마일스톤의 요점 중 하나는 만들 게임의 기능에 대한 주요한 발견을 서둘러서 한다는 것이다. 우리는 우리 게임이 어떻게 돌아가는지 파악하고, 발견되는 문제점을 수정할 충분한 시간을 확보해야 하며, 이는 곧 피처 완료를 의미한다. 알파 마일스톤은 '피처 크립'에 빠지는 것을 방지하는 데 특히 중요한 도구이기도 하다.

17장에서 스코프 크립의 일종인 피처 크립에 대해 처음 언급했다. 피처 크립은 개발자가 풀 프로덕션 도중 새로운 기능에 대한 흥미로운 아이디어를 얻었을 때, 즉 게임 디자인 매크로에는 계획되지 않았지만 매크로가 '확정된 것'이었음에도 불구하고 게임 디자인에 추가하기로 결정한 아이디어가 있을 때 발생한다. 구현하기 쉽고 게임에 특별한 무언가를 더할 수 있는 경우라면, 새로운 피처를 추가하는 것이 좋은 선택일 때도 있다. 하지만 피처 크립은 파괴적이고 까다로운 문제가 될 수 있다.

새로운 피처를 추가할 때마다 프로젝트에 어떤 영향을 미칠지 예측하기 어렵기 때문에 프로젝트에 문제가 발생하기 마련이다. 능숙한 개발자가 아니라면, '하나만 더' 넣고자 했던 피처는 끝없이 새는 물줄기가 될 수 있다. 새로운 피처를 구현하는 데에는 약간의 시간만 소요될 수 있지만, 새로운 디자인 문제와 새로운 버그가 발생하여 그것을 처리하는 데에는 훨씬 더 오랜 시간이 걸릴 수 있다. 17장에서 말했듯이 스코프 크립의 희생양이 되는 프로젝트는 때때로 끝을 보지 못하기도 한다. 프로젝트가 언제 완료될지 알 수 없는 상황에서 버그와 일관성 없고 상반된 디자인 방향이 엉망진창 뒤섞여 통제가 불가능한 상태가 되기 쉽다.

바로 이 지점에서 피처와 콘텐츠 사이의 모호한 경계로 인한 위험이 드러난다. 일부 게임 디자이너는 알파 이후에 추가할 새로운 피처를 기존 피처의 '콘텐츠 그룹'으로 분류해 알파 단계를 통과하려고 한다. 이 방법은 때때로는 통하지만, 프로젝트가 더 안정적이고 디자인이 개선되어야 할 시점에 수정해야 할 주요 버그와 해결해야 할 새로운 디자인 문제를 야기하여 재앙적인 결과를 초래하는 경우가 많다.

내 경험상 개발자가 전반적으로 경험이 많을수록, 그리고 특정 스타일이나 게임 장르에 대한 경험이 많을수록 알파 마일스톤에서 위험을 감수할 때 성공할 가능성이 높다. 경험이 부족한 개발자는 알파 마일스톤에서 기능을 완벽하게 완성하지 못하여 더 큰 위험에 노출되며, 알파 마일스톤 이후에 추가하는 새로운 기능 그룹은 다듬을 시간이 충분하지 않아 게임이 완성되었을 때 제대로 작동하지 않을 가능성이 높다.

게임 시퀀스 완료

알파 마일스톤의 또 다른 측면을 소개하려고 하는데, 이 기법은 매우 강력하다. 이 기법은 스튜디오 대표인 에반 웰스의 지도 아래 너티독에서 개발한 기법으로, 내가 게임 제작에 대해 생각하는 방식에 혁명을 일으켰다. 〈언차티드 2: 황금도와 사라진 함대〉를 제작하는 동안 프로젝트의 알파 마일스톤에서 피처 완료뿐만 아니라 게임의 모든 레벨을 러프하게 임시 에셋, 블록메시(화이트박스/그레이박스/블록아웃) 형태로 제자리에 배치하여 '게임 시퀀스 완료'를 이루기로 결정했다.

〈언차티드 2〉의 많은 레벨은 알파 단계에 이르렀을 때 이미 개발이 상당히 진척된 상태였다. 일부 레벨은 부분적으로 구현된 상태였고, 일부는 이제 겨우 시작 단계였으며, 일부는 아예 개발이 완료되지 않은 상태였다. 거의 완성되지 않은 마지막 레벨은 대략적으로 비슷한 크기와 길이의 로우폴리 블록메시를 사용하여 빠르게 구체화했다. 그런 다음 레벨 로딩 시스템과 게임 진행 로직으로 모든 것을 연결하여 게임을 처음부터 끝까지 연속적으로 플레이할 수 있도록 했다.

알파 버전에서 비록 일부 레벨이 기초적인 형태로만 존재하고 플레이가 그저 달리기를 하는 것 같았지만, 게임을 처음부터 끝까지 플레이할 수 있었기 때문에 게임의 플레이와 스토리의 전반적인 속도를 조기에 파악할 수 있었다. 게임 진행이 정체되거나 너무 빠르게 진행되는 시점을 파악할 수 있었고 그에 따라 적절히 조정할 수 있었다. 핵심적으로, 앞으로 해야 할 작업이 얼마나 남았는지도 파악할 수 있었다. '해야 할 작업 목록을 보는 것'과 '거의 비어 있는 레벨을 달리면서 재미있는 이벤트로 채우기 위해 무엇을 만들어야 하는지 시각화하는 것'은 완전히 다른 이야기이다.

무엇을 없애거나 변경할지 결정할 때 게임 디자인 매크로 차트를 업데이트하여 결정 사항을 추적하라. 매크로 차트 작업 중 복사본을 만들어 게임의 범위를 줄이고 게임이 여전히 작동하도록 재배치하는 것은, 중요한 사항을 시험해 보고 최종적으로 결정할 수 있는 좋은 방법이다. 나는 〈언차티드 2〉 이후 작업한 모든 게임에서 알파 단계에서 게임 시퀀스를 완성하는 방식을 사용했으며, 이는 개발자가 프로젝트 범위를 더 확장해야 하는지 여부를 조기에 파악하는 데 큰 도움이 되었다.

또한 알파 단계에서 게임 시퀀스가 완성된 것으로 간주되려면 최소한 임시 아트와 오디오 콘텐츠(로고 화면, 시작 화면, 옵션 화면, 일시 정지 화면, 저장/로드 화면 포함)를 포함한 모든 프론트엔드, 메뉴 및 인터페이스 화면이 제자리에 있어야 한다. 이러한 모든 요소는 플레이 테스터가 완성된 게임과 마찬가지로 한 부분에서 다른 부분으로 이동하며 게임을 경험할 수 있도록 적절하게 연결되어야 한다. 인트로 로고는 제목 화면으로 이어져야 하고, 제목 화면은 게임 또는 옵션 화면으로 이어져야 한다.

마지막으로 게임의 모든 애니메이션 컷신, 라이브 액션 비디오, 또는 기타 선형적 에셋은 알파 버전에서 최소한 임시 버전 또는 스텁으로 제자리에 있어야 한다. (이에 대해서는 다음 장에서 자세히 설명하겠다.) 만들고 있는 게임 플레이에 너무 집중하다 보면 게임이 작동하기 위해 게임을 감싸고 있는 다른 모든 것을 잊어버리기 쉽다. 하지만 알파 단계에서 팀의 로고 화면에 대해 생각하면 그렇지 않을 때보다 게임 완성의 현실을 훨씬 더 잘 이해할 수 있다. 언젠가 넣을 멋진 애니메이션 팀 로고 대신 마우스 스크롤로 장난처럼 그린 로고만 넣더라도, 로고가 있으면 작업 범위를 더 잘 파악하는 데 도움이 된다.

알파의 좋은 온보딩 시퀀스

첫인상은 인생의 모든 곳에서 매우 중요하며, 나쁜 첫인상은 떨쳐버리기 어려울 수 있다. 게임의 오프닝 순간은 게임의 분위기를 결정하고 게임 플레이에 대한 기대감을 형성한다.

디지털 게임을 시작할 때는 일반적으로 신규 플레이어에게 게임 플레이 방법을 가르쳐야 한다. 매장에서 집으로 돌아오는 길에 게임 사용 설명서를 흥미롭게 읽던 시대는 이미 오래 전이다. 오늘날 우리는 게임을 다운로드하고 게임을 시작하면 게임 시작 화면이 우리를 반겨주고 알아야 할 내용을 알려 주기를 기대한다.

새로운 플레이어를 게임에 참여시키는 방법('온보딩'이라고 하는 프로세스)을 고려할 때, 플레이어가 이미 다른 비디오 게임과 그 조작 방식에 대해 알고 있는 것에 의존하는 것은 현명하지 않다. 게임 디자이너가 비슷한 게임의 조작 방식에 대해 아는 것은 중요하지만, 플레이어가 해당 게임을 해 본 적이 있을 수도 있고 없을 수도 있으므로 그들을 배제하기보다는 포용하는 것이 좋다.

예를 들어, 플레이어는 WASD 마우스 조작법에 대해 알고 있을 수도 있지만, 뛰어난 디자이너는 이를 모르는 플레이어도 배려할 것이다. 핵심은 숙련된 플레이어와 완전 초보자 모두에게 적합하고 재미있게 배울 수 있는 조작법을 고안하는 것이다. 어떻게 하면 플레이어가 지루하거나 혼란스럽지 않으면서 게임을 컨트롤하고 플레이하게 가르칠 수 있을까?

게임 컨트롤이 지금보다 적었던 시절에는 게임 시작 시 '컨트롤 화면'을 표시하고 어떤 버튼이 어떤 기능을 하는지 설명하는 것만으로도 충분하다고 생각했다. 컨트롤 화면은 메뉴 어딘가에 참조용으로 표시하는 것이 좋으며, 게임을 한 지 오래돼서 기억을 되살려야 하는 플레이어에게 유용할 수 있다. 하지만 게임의 조작 방식이 매우 단순하지 않은 한, 대부분의 사람들에게는 좋은 학습 방법이 아니다. 조작 방식이 다소 복잡한 게임도 플레이어에게 조작법을 가르치기 위해서는 더 나은 접근 방식이 필요하다.

플레이어를 가르치는 더 효과적인 접근 방식은 플레이어를 게임에 참여시키고 게임의 컨트롤과 메커니즘을 하나씩 소개하는 것이다. 새로운 메커니즘이 도입될 때마다 플레이어에게 관련 컨트롤을 사용하도록 유도한 다음, 새로운 메커니즘을 사용하여 극복할 수 있는 게임 세계의 상황을 제시한다. 이렇게 하면 플레이어가 직접 해 보면서 경험적으로 학습할 수 있다.

1990년대와 2000년대 초반에는 이런 종류의 플레이어 훈련이 튜토리얼 레벨의 형태로 제공되는 경우가 많았다. 하지만 게임 디자이너가 정해 놓은 단계를 따라가는 것은 지루할 수 있다. 디자이너들은 플레이어들이 게임을 제대로 시작하기 전에 일처럼 느껴지는 작업을 하고 싶지 않아 하고, 곧바로 게임을 플레이하고 싶어 한다는 사실을 깨달았다. 오늘날에도 여전히 게임 튜토리얼은 존재하지만 좋은 튜토리얼들은 튜토리얼로 인식되지 않는다. 그 대신 디자이너는 인터랙티브한 요소와 즐겁고 재미있거나 극적인 요소를 결합하여 튜토리얼이 놀이처럼 느껴지도록 하기 위해 많은 노력을 기울인다. 훌륭한 게임 튜토리얼은 플레이어가 게임을 시작할 때부터 자유롭게 플레이하면서 디자이너가 원하는 것을 배우고 스스로 흥미로운 발견을 할 수 있도록 한다.

18장에서 설명한 〈슈퍼 마리오 브라더스〉 월드 1-1의 시작 부분 설정은 이를 매우 우아하게 보여 준다. 또한 17장에서 설명한 〈언차티드 2: 황금도와 사라진 함대〉에서의 오프닝 열차 시퀀스도 같은 방식으로 튜토리얼을 영화적 액션, 드라마, 놀라운 순간들로 포장하는 동시에, 스토리를 설정하고 게임 속 플레이어 캐릭터인 네이선 드레이크에 대한 공감대를 형성한다.

거의 모든 종류와 모든 스타일의 게임은 플레이어가 호기심과 실험을 통해 학습할 수 있도록 게임 메커니즘을 제시하여 플레이어를 게임에 안착시킬 수 있는 기회가 있다. 게임 디자이너가 플레이어에게 재미와 흥미를 동시에 선사하기 위해 노력한다면 도움이 된다. 이때는 12장에서 설명한 게임의 어포던스와 기표에 대해 생각해 보는 것이 좋다. 게임의 모양과 소리만으로 인터랙션 방법에 대한 단서를 제공하는가? 플레이어가 이러한 단서를 더 쉽게 읽을 수 있도록 하려면 어떤 요소를 추가해야 하는가?

모든 게임이 온보딩[1] 과정을 필요로 하는 것은 아니다. 출시 초기에 〈마인크래프트〉는 친구가 게임 방법을 알려 주지 않으면 배우기 어려웠지만 큰 성공을 거뒀다. 낮은 접근성은 게임의 미학적·문화적 특성의 일부일 수 있다. 하지만 게임의 튜토리얼을 소홀히 하는 건 주의해야 한다. 신규 플레이어의 관심을 끌고 유지하는 것은 어려운 일이며, 상업적 성공을 추구하는 게임에서 이는 매우 중요하다.

따라서 알파 마일스톤은 게임 온보딩 시퀀스에 대한 강력한 계획을 세우기에 적절한 시기이다. 게임의 온보딩 및 튜토리얼화 시퀀스 구축을 알파까지 완료할 수 있다면 더욱 좋다. 좋은 온보딩 시퀀스를 만드는 것과 관련된 어려운 문제를 알파 버전까지 해결할 수 있다면 알파 버전과 베타 버전 사이에 처리해야 할 다른 모든 작업에 집중할 수 있는 시간과 정신적 여유를 확보할 수 있다.

알파 마일스톤의 역할

나는 알파를 홈 스트레칭의 첫 번째 단계라고 생각하고 싶다. 아이데이션이 끝나고 프리 프로덕션이 끝날 때와 마찬가지로 알파 단계에서는 게임의 범위에 대해 몇 가지 결정을 내려야 하며, 일반적으로 피처 크립과 스코프 크립에 대한 대비책을 마련할 수 있다. 또한 게임의 상태를 점검할 수 있는 좋은 기회이기도 하다.

알파 단계에서의 개발 범위 설정Scoping

아이데이션 단계에서 우리는 몇 가지 프로젝트 목표를 선택하여 게임의 범위를 매우 일반적인 방식으로 제한했다. 그런 다음 **프리 프로덕션이 끝날 무렵에는** (1) 게임의 일부가 어떤 모습일지 보여 주는 버티컬 슬라이스를 만들고 (2) 게임 매크로의 형태로 게임 계획을 제시하는 등 좀 더 구체적인 방식으로 개발 범위를 제한했다.

---

1 **역주** 플레이어를 게임에 순조롭게 안착시키는 과정.

풀 프로덕션의 절반 또는 3분의 2 정도의 **알파 마일스톤**에서는, 모든 기능 중 적어도 하나 이상이 포함된 **피처 완료**, 그리고 **게임 시퀀스 완료**된 버전을 만들어 게임의 범위에 대해 더 많은 결정을 내려야 한다. 이렇게 함으로써 우리는 우리 자신과 전 세계에 우리 게임이 어떤 게임이고, 게임이 완성되었을 때 어떤 것을 포함하게 될지 자세하게 이해하고 있음을 보여 줄 수 있다.

여기서 말하는 개발 범위는 피처와 콘텐츠 모두를 의미한다. 고려해야 할 범위에는 (1) 게임을 플레이할 때 일어날 수 있는 모든 다양한 일의 추상적 공간인 게임의 '가능성의 공간'과 (2) 게임 내 콘텐츠의 양인 '콘텐츠 풋프린트'라는 두 가지 종류가 있다.

게임의 가능성의 공간에는 재미있는 게임 플레이, 멋진 돌발 상황, 흥미로운 전략과 함께 게임 디자인 문제, 콘텐츠 문제, 버그 등 좋은 점과 나쁜 점이 모두 포함되어 있다는 점을 기억하라. 게임에 새로운 기능이 추가될 때마다 좋은 점도 나쁜 점도 따라온다. 알파 버전에서 더 이상 기능을 추가하지 않겠다는 선을 그음으로써 문제없는 게임을 만들기 위한 다음 단계로 나아갈 수 있다.

알파 테스트는 또 다른 종류의 스코프 크립인 콘텐츠 크립을 방어할 수 있는 기회도 제공한다. 베타 마일스톤까지는 콘텐츠를 완성할 필요가 없기 때문에 알파 이후에도 게임 콘텐츠의 범위를 확장할 시간이 남아 있는 것처럼 보일 수 있다. 하지만 사실 알파 버전이 마지막 기회이다. 알파 이후 게임의 베타 단계에서 베타 마일스톤을 위한 모든 콘텐츠를 제작하는 동시에 게임의 범위를 줄이려고 한다면, 게임에 포함될지 확신할 수도 없는 것들을 제작하느라 시간을 낭비할 수 있다.

따라서 게임 시퀀스의 일부가 블록메시 및 기타 임시 에셋으로만 채워져 있더라도(다음 장에서 자세히 설명) 알파 버전에서 모든 기능과 전체 게임 시퀀스를 완료하여 게임을 빌드해 보라. 결과를 잘 살펴보고, 무엇을 덜어 낼지 결정해라. 무엇을 덜어 내야 할지 결정하기 어려운 경우, 아이데이션 마지막에 설정한 프로젝트 목표를 다시 한번 살펴보는 것이 좋다. 개발 범위 설정에 대한 어려운 마지막 결정을 내리는 데 도움이 될 것이다. 게임에 어떤 기능이나 콘텐츠를 넣어야 한다는 강박관념에 사로잡혀 있을 수 있지만, 프로젝트 목표에 부합하지 않고 시간이 부족하다면 과감히 덜어 내라.

게임 상태 확인

알파 마일스톤은 게임의 전반적인 상태를 점검할 수 있는 중요한 시기이다. 얼마나 많은 버그와 눈에 띄는 디자인 문제가 있는가? 또한 알파 버전은 성능 문제를 파악하기에 좋은 시기이기도 하다. 프레임 속도가 충분히 높은가? 로딩 시간이 길지는 않나?

디자인 관련 문제, 버그 관련 문제, 성능 관련 문제 등 모든 문제는 알파 버전과 최종 '출시 후보' 마일스톤 사이의 어느 시점에 해결해야 하므로 이러한 모든 문제를 기록해 두는 것이 중요하다. 이런 문제들 중 상당수는 베타 버전에서 해결해야 하며, 이는 콘텐츠 구현에 남은 시간을 잡아먹을 것이다. 알파 단계에서 미해결 문제 목록을 작성하면 프로젝트의 범위를 더 줄여야 하는지 여부를 현명하게 결정하는 데 도움이 된다. 알파 단계에서 게임 스코프를 줄이는 결정을 빨리 내릴수록 게임의 완성도가 높아지고, 스코프와 관련된 결정을 늦게 내릴수록 게임은 더 나빠질 가능성이 높다.

알파에서 게임 제목 선택하기

게임 제목에 대한 피드백을 얻기 위해 포커스 테스트를 실행했을 수 있다. 알파 마일스톤은 이에 대한 최종 결정을 내리기에 좋은 때이다. 제목을 선택하자마자 주요 소셜 미디어 플랫폼이 될 것으로 생각되는 소셜 미디어 플랫폼에 게임용 소셜 미디어 계정을 생성하라. 제목이 이미 사용 중이라면, 일반적으로 게임 제목 뒤에 "game" 또는 "the game"이라는 단어를 넣어 고유한 소셜 미디어 계정 이름을 만든다.

채널마다 타깃층이 다르기 때문에 게임의 타깃층에 따라 적합한 소셜 미디어 채널을 찾아야 한다. 마케팅 컨설턴트이자 USC 게임 프로그램 교수인 짐 헌틀리는 게임 팀이 하나의 채널을 선택해 소셜 미디어의 본거지로 삼을 것을 권장한다. 그는 여러 채널에서 소셜 미디어 캠페인을 진행할 수도 있지만, 그렇게 하면 소규모 팀은 쉽게 지칠 수 있다고 말했다. (짐은 한 채널에서 다른 채널로 콘텐츠를 자동으로 다시 게시하는 데 도움이 되는 무료 도구가 있다고 언급했다.)

그러나 게임용 소셜 미디어 계정을 만들었더라도 아직 게시하지 마라. 프로젝트 기간에 따라 게임에 대한 잠재 고객을 모으기에는 너무 이르다고 판단될 수 있다. 당신은 게임이 출시되기 전까지만 잠재 고객의 관심을 끌 수 있다. 지금은 게임을 만드는 과정에서 작업한 모든 것, 즉 사용하지 않은 초기 콘셉트 아트, 거칠거나 실험적인 애니메이션의 GIF, 잘 풀리지 않은 디자인 아이디어 등을 저장하고 분류해야 한다. 이러한 모든 자료는 나중에 소셜 미디어에서 잠재 고객과 소통할 때 훌륭한 콘텐츠가 될 것이다.

알파 마일스톤 요약

요약하자면, 알파 단계에서는 게임이 다음처럼 되어야 한다.

- 피처 완료
  - ↳ 게임의 모든 기능이 어떤 형태로든 제자리에 있어야 한다.
  - ↳ 성공적인 알파를 위해서는 독특하거나 위험 부담이 있는 모든 기능의 조합이 제대로 작동해야 한다.
- 게임 시퀀스 완료
  - ↳ 게임에 레벨이 있는 경우, 전체 게임의 크기와 범위를 파악할 수 있는 임시 블록메시 아트와 충돌 지오메트리가 모두 제자리에 있어야 한다.
  - ↳ 프론트엔드, 메뉴 및 인터페이스(로고 화면, 시작 화면, 옵션 화면, 일시 중지 화면, 저장/로드 화면 포함)가 제자리에 있어야 하며, 최소한 임시 아트와 오디오 콘텐츠가 있어야 한다.
  - ↳ 애니메이션 컷신의 임시 버전 또는 스텁이 제자리에 있어야 한다.
  - ↳ 모든 것이 논리적으로 연결되어 있어야 하며, 게임의 모든 부분을 연속적으로 플레이하거나 매끄럽게 진행할 수 있어야 한다.

게임의 그래픽과 오디오가 알파 버전에서 최종적으로 완성될 필요는 없지만, 만들어야 하는 모든 요소에 대해 어떤 식으로든 완성된 아트와 오디오를 제작하여 실제로 만들 수 있다는 것을 보여 주고, 각 요소를 만드는 데 시간이 얼마나 걸리는지 파악해 두어야 한다. 게임 내 모든 주요 요소에 대한 임시 에셋을 배치하여 게임의 성능을 평가할 수 있는 기준을 마련해야 한다. 게임의 풀 프로덕션 프로세스에서 오디오 및 시각 효과를 소홀히 하지 마라! 알파 마일스톤은 오디오 디자인과 시각 효과를 평가하고, 이를 제대로 구현하는 데 걸리는 시간을 현실적으로 파악할 수 있는 좋은 시기이다.

또한, 다음과 같이 스스로에게 물어봐야 한다.

- 우리 게임에는 얼마나 많은 게임 디자인 문제가 있나?
- 우리 게임은 얼마나 버그가 많나?
- 우리 게임의 성능은 어느 정도인가?

이렇게 하면 게임의 밑그림을 아주 효과적으로 그린 것이다. 이어서 베타 단계를 거쳐 베타 마일스톤까지 진행하며, 밑그림을 그려 둔 모든 것을 완성하게 될 것이다.

어떤 게임 개발자에게는 알파 마일스톤이 현재 프로젝트 이후를 미리 내다보기 좋은 시기이기도 하다. 이 프로젝트가 끝나고 다른 프로젝트로 넘어간다면, 알파 마일스톤은 다음에 무엇을 할 것인지에 대해 이야기를 시작하기에 좋은 시기이다.

알파에서 진행되는 마일스톤 리뷰

알파 마일스톤은 20장에서 설명한 프로세스를 사용하여 팀 내부 및 외부 사람들과 함께 마일스톤 리뷰를 진행하고 프로젝트 상태에 대한 피드백을 받을 수 있는 최적의 시기이다.

알파 단계에서 진행되는 마일스톤 리뷰는 프리 프로덕션이 끝날 때 진행되는 리뷰와 매우 유사하지만, 검토할 게임이 훨씬 더 많다는 점이 다르다. 대규모 프로덕션의 경우 효율적인 방식으로 게임을 선보일 방법을 결정해야 한다. 마일스톤 리뷰 회의는 며칠에 걸쳐 진행되어 게임을 살펴보고 심도 있게 논의할 수 있는 충분한 시간을 제공할 수도 있다. 한 학기 수업을 위해 만든 짧은 게임과 같은 소규모 제작물의 경우, 20분 또는 30분 정도의 리뷰만으로도 충분할 수 있다.

마일스톤 리뷰 회의에서 짧은 소개 프레젠테이션을 할 때 개발 팀 리더는 다음과 같이 말할 준비가 되어 있어야 한다.

- 게임의 잠재 고객이 누구라고 생각하는지. 이제 게임에 대해 더 많이 이해하고 플레이 테스터가 게임에 어떻게 반응하는지 파악했으므로 포지셔닝 문구(7장 참조)를 다듬었을 것이다.
- 알파에 관한 프로젝트의 현재 상태. 다음과 같은 경우가 그 예이다.
  - 게임의 기능적인 부분을 완벽하게 표현하는 스텁 콘텐츠로 알파 테스트를 성공적으로 통과하고 베타 버전으로 순조롭게 진행 중이다.
  - 게임의 기능적인 부분을 표현하는 스텁 콘텐츠로 알파 테스트를 성공적으로 통과하고 알파 요구 사항을 정확히 충족한다.
  - 알파 버전에 도달했지만 게임의 기능적 부분을 완전히 표현하지 않는 스텁 콘텐츠가 많다.
  - 아직 알파 단계에 도달하지 못했으며, 무언가가 부족해서 알파 단계에 도달하지 못했다.
- 프로젝트에 알려진 문제가 있는지 여부.
- 마일스톤 리뷰 그룹으로부터 어떤 종류의 피드백을 받는 것이 유용한지.

알파 마일스톤에서는 시의적절한 피드백을 제공하는 데 유의해야 한다. 대부분의 경우, 게임이 기능이 완성되었으므로 리뷰 그룹은 새로운 기능 추가를 권하는 피드백을 제공하지 않아야 한다.

알파 단계에서, 팀 외부 사람들과 함께 하는 마일스톤 리뷰 회의 외에, 팀 내부 검토도 진행해야 한다. 내부 검토에서 각 분야별 그룹을 포함하여 아티스트는 아트를, 엔지니어는 엔지니어링 문제를 검토해야 한다. 또한 여러 분야를 넘나드는 그룹도 포함해야 한다. 대규모 팀에서는 각 분야의 리더가 함께 모여 알파 빌드에 대해 논의한다.

알파 단계에서 단순한 기능 하나만 추가하거나 변경해도 게임에 혁신적이고 긍정적인 영향을 미칠 수 있다는 것이 분명해지는 경우가 있다. 알파 테스트 이후 하나의 기능을 추가하는 것이 (a) 게임에 안전하고 긍정적인 변화를 가져올지, 아니면 (b) 피처 크립의 희생양이 되어 게임의 무결성과 품질, 팀의 건강과 생산성에 손상을 입힐지 판단해야 한다.

알파 마일스톤 리뷰 회의는 프로젝트 전체 기간 동안 시기적절하고 실행 가능한 조언을 얻을 수 있는 가장 유용한 자리이므로 최대한 활용하는 게 좋다. 게임은 아직 콘텐츠가 완료되지 않았으며, 플레이 테스터, 동료, 멘토로부터 받은 디자인 조언을 반영하여 게임을 더욱 훌륭하게 만들 수 있는 좋은 기회가 아직 남아 있다.

~ ❈ ~

어떤 사람들은 베타를 게임이 완성되었는지 알 수 있는 마일스톤이라고 생각하지만, 나는 그 전에 알파를 통해 게임이 어떻게 나올지 매우 확실하게 알 수 있다고 생각한다. 알파를 성공적으로 달성하면 마지막에 더 힘든 작업을 쌓아 두지 않고 프로젝트 중반에 힘을 쏟을 수 있다.

따라서 알파 마일스톤을 향해 기민하고 열성적으로 비행하다 보면, 이것이 게임에 대한 재미있는 접근 방식을 유지하면서 게임 제작을 통제할 수 있는 최고의 도구 중 하나라는 것을 알게 될 것이다. 22장에서 알파에 대한 '기술 리허설' 비유를 기억하라. 연극의 기술 리허설은 아주 재미있을 수 있다. 기술 리허설 중에는 배우가 대사를 놓치거나 음향 효과가 너무 크거나 안개 기계가 강당을 안개로 가득 채운다고 해도 큰 문제가 되지 않는다. 기술 리허설에서는 개막일에 선보일 작품의 잠재력과 흥분을 느낄 수 있다. 알파 마일스톤을 즐기고, 친구로 삼고, 기념하라. 천천히 완성되어 가는 게임을 플레이하며 그 안에 담긴 매력을 찾아보면 좋을 것이다.

29장
스텁하기

피처와 콘텐츠를 '스텁'하는 것은 최적의 상태로 알파 마일스톤에 도달하는 데 도움이 되며, 게임 개발의 전 프로세스에서 유용하게 사용할 수 있다. 게임에 무언가를 스텁할 때 이 책 전체에서 사용한 동심원적 개발 원칙에서 벗어날 수 있지만, 좋은 게임 디자인 실무의 특징인 기능성과 모듈성은 유지해야한다.

스텁이란 무엇인가?

스텁Stub은 나중에 완성될 내용을 나타내는 짧은 콘텐츠 또는 코드 조각이다. 많은 사람들이 스텁을 처음 접하는 곳은 위키피디아에서 "이 문서는 스텁입니다. 이 문서를 확장하여 위키피디아를 도울 수 있습니다."라는 문구를 통해서이다. 스텁은 '한 주제에 대한 백과사전적인 내용을 모두 담기는 너무 좁지만' 최소한의 정보를 담는 곳에 배치되어, 해당 위치로 연결되는 링크를 설정할 수 있게 해준다.[1]

프로그래머는 종종 그림 29.1과 같이 먼저 함수와 메서드의 스텁 코드를 작성한다. 스텁은 완성된 함수가 갖게 될 정확한 이름을 가지며 코드의 다른 부분에서 호출할 수 있지만, 함수가 최종적으로 수행할 작업을 '가짜 코드'로 설명하는 주석이나 디버그 콘솔에서 스텁 함수가 성공적으로 호출되었음을 확인하는 인쇄문과 같은 임시 코드를 포함한다.

1 "Stub", Wikipedia, https://en.wikipedia.org/wiki/Wikipedia:Stub.

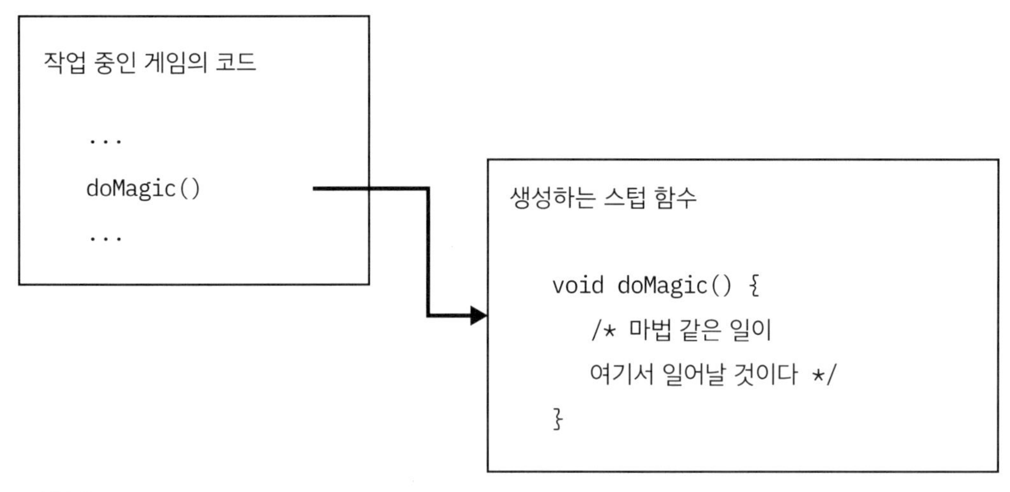

그림 29.1
스텁 함수.

비디오 게임의 스텁

게임을 빌드할 때 스텁이라는 개념을 사용하면 작업을 더 쉽게 하고 더 효율적으로 할 수 있다. 이미 10장에서 화이트박스, 그레이박스 또는 블록아웃 레벨 디자인이라고도 하는 블록메시에 대해 이야기할 때 특정 유형의 스텁에 대해 설명한 바 있다. 블록메시는 스텁의 한 유형으로, 복잡한 무언가(여기서는 완성된 레벨 디자인과 레벨 아트)를 만들기 위한 첫 번째 간단한 단계를 제공해 주는 임시 메시이다. 블록메시는 눈에 보이고 게임 내 개체들이 충돌할 수 있는 로우 폴리곤 지오메트리를 제공하며, 이는 나중에 기능적으로나 미적으로 더 세밀하게 다듬을 수 있다.

블록메시가 게임에서 새로운 레벨의 시작점인 것처럼, 스텁을 사용하여 새로운 오브젝트, 캐릭터, 또는 새로운 개체와 관련된 관계를 만들 수 있다. 강철 문은 회색 상자로 시작하고, 나무는 좁은 갈색 원통 위에 놓인 커다란 녹색 구체로 스텁할 수 있다. 게임 속 캐릭터는 캡슐 모양의 오브젝트로 시작하지만 결국에는 오소리나 바실리스크처럼 보일 수도 있다.

비디오 게임의 다른 유형의 개체도 스텁할 수 있다. 오브젝트에 대한 텍스트 설명은 '로렘 입숨Lorem Ipsum'[2] 임시 텍스트로 시작할 수 있다. 너티독에서는 미리 렌더링된 컷신의 스텁으로 사용할 짧은 동영상을 제작하여 아직 만들지 않은 컷신의 게임 흐름을 임시 영상으로 대체했다. 덕분에 미리 부하

---

2 역주 폰트, 타이포그래피, 레이아웃 같은 그래픽 요소를 보여 줄 때 사용하는 표준 채우기 텍스트.

시간을 파악할 수 있었고 나중에 완성된 컷신을 더 쉽게 추가할 수 있었다. 인터페이스도 최종 완성본의 세부적인 요소를 제외한 임시 아트와 간소화된 인터렉션만으로 스텁하여, 옵션이나 저장 메뉴를 사용할 수 있도록 할 수 있다.

게임이 알파 마일스톤에 가까워지면 플레이어 캐릭터와 게임 내 주요 캐릭터, 오브젝트, 레벨과 같은 중요한 요소는 이미 상당한 수준으로 완성되었을 것이다. 하지만 알파 출시가 다가오면서 스위치와 문, 테이블과 의자, 금화와 비밀 편지 등 게임에 들어갈 다른 모든 요소도 고려해야 한다. 알파 버전에서 이러한 다양한 요소들이 모두 완성되어야 할 필요는 없다. 이는 게임의 콘텐츠가 완성되는 베타 단계까지 하면 된다. 알파 버전에서는 게임의 모든 기능이 완성된 상태여야 하며, 스텁은 이를 달성하는 데 도움이 될 수 있다.

스텁 오브젝트 프로세스 예시

문을 예로 들어 보겠다. 문은 게임 개발의 여러 측면을 살펴볼 수 있는 훌륭한 렌즈를 제공한다. 문은 단순해 보이지만 실제로는 게임 디자인 측면에서 매우 복잡하다. 리즈 잉글랜드Liz England는 〈선셋 오버드라이브Sunset Overdrive〉와 〈스크리브너츠Scribblenauts〉같은 게임으로 유명한 게임 디자이너이다. 통찰력 있고 유쾌한 에세이 "문 문제"에서 리즈는 게임 디자인의 복잡성을 문에 비유하여 게임 디자이너가 처리해야 하는 문제를 설명한다. 그녀는 다음과 같이 묻는다.

- 문을 잠그고 열 수 있나?
- 무엇이 플레이어에게 어떤 문이 잠겨 있지만 열릴 것이고, 어떤 문은 절대 열리지 않을 것이라고 알려 주는가?
- 플레이어가 문을 여는 방법을 알고 있나? 열쇠가 필요한가? 콘솔을 해킹해야 하나? 퍼즐을 풀어야 하나? 스토리의 특정 순간이 지나갈 때까지 기다려야 하나?
- 열 수 있지만 플레이어가 절대 들어갈 수 없는 문이 있나?
- 적들은 어디에서 오는가? 문으로 들어오는가? 나중에 문이 잠기나?[3]

"문 문제" 에세이를 읽어 볼 것을 강력히 추천한다. 여기에는 개발 팀의 모든 구성원이 문에 대해 궁금해할 만한 질문이 많이 있다. 그리고 우리는 문에 대한 스텁을 만들면서 이러한 질문에 답하기 시작할 수 있다.

---

3 Liz England, "The Door Problem", 2014. 04. 21., http://www.lizengland.com/blog/2014/04/the-door-problem/.

알파까지 최종 아트, 애니메이션, 오디오, 햅틱(컨트롤러 진동)을 갖춘 완성된 모양의 문을 최소 하나는 만들었기를 바란다. 하지만 게임 내 특별한 출입구, 예를 들어 성의 쇠창살문이나 멋지고 복잡한 방식으로 열리는 우주선 문과 같은 특수한 유형의 문이 필요하다고 가정해 보겠다. 이 문이 고유한 기능으로 간주될 만큼 꽤 복잡하다면 알파 마일스톤까지 게임 내에 구현해야 한다. 하지만 아티스트가 알파 마일스톤에 맞춰 다른 중요한 에셋을 제작하느라 너무 바쁘다면 어떻게 해야 할까? 이때가 스텁을 만들기 좋은 시기이다.

스텁을 만들 때 가장 먼저 고려해야 할 사항은 이 오브젝트가 차지하는 부피이다. 스텁이 오브젝트의 크기와 모양에 대해 더 많은 정의를 내릴수록 좋다. 특정 크기와 모양의 출입구를 채우는 문을 만드는 경우 출입구의 크기와 모양을 알고 있다면 출입구에 정확히 맞는 높이와 너비로 문을 만들면 된다. 문 두께도 얇고 깨지기 쉬운지, 두껍고 튼튼한지 신중하게 선택하라.

다음으로 스텁 문이 어떻게 움직일지 고려해야 한다(그림 29.2 참조). 문이 안쪽으로 열리는가, 바깥쪽으로 열리는가? 천장으로 미끄러지듯 열리는가, 아니면 벽으로 옆으로 열리는가? 단일 문인가, 이중 문인가? 조리개처럼 생긴 기계식 문인가?

그림 29.2
비디오 게임의 문은 모양, 크기, 동작이 매우 다양하다.

문의 애니메이션을 계획할 때 문이 주변에 보이는 지오메트리에 '충돌'하지 않도록 해야 한다. 이 충돌이라는 용어는 컴퓨터 그래픽Computer Graphics(CG) 애니메이션의 세계에서 유래한 용어이다. CG 오브젝트가 현실 세계에서는 물리적으로 불가능한 방식으로 겹치면서 눈에 띄게 서로 관통할 때 '충돌'한다고 한다(그림 29.3). CG에서 얻을 수 있는 현실의 환영을 파괴하는 가장 빠른 방법 중 하나는 견고해야 할 물체가 서로의 내부로 들어가는 것을 보여 주는 것이다. 사람들은 이에 매우 민감하며, 관객의 시선은 CG 캐릭터가 집어 들고 있는 CG 오브젝트 안쪽으로 조금이라도 들어가 있는 손으로 곧장 향하는 경우가 많다.

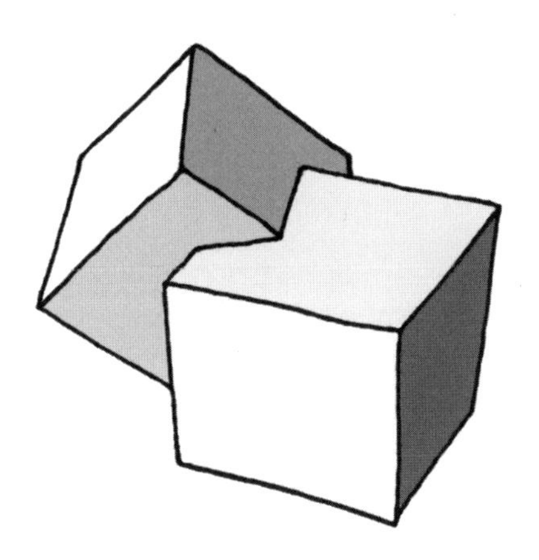

그림 29.3
견고해 보이는 물체가 '충돌(서로 관통)'하여 물체의 입체감과 현실에 대한 환상을 빠르게 깨뜨린다.
이미지 크레딧: 매티 로젠, 리차드 르마샹.

스텁 문(및 완성된 문)이 주변의 아트워크와 충돌하는 것을 방지하려면 애니메이션을 어떻게 적용할지 신중하게 생각해야 한다. 3D 모델링 도구에 대해 조금이라도 안다면 간단한 애니메이션을 만드는 방법을 배울 수 있을 것이다. 실제 문에 경첩이 있는 위치를 생각하여 문이 회전하는 지점을 선택하고, 주변의 지오메트리 내부를 관통하지 않는 지점을 중심으로 문이 회전하도록 한다. 그림 29.4에서 이 예시를 볼 수 있다. 문의 스텁을 게임에 넣자마자 이러한 디자인 결정을 내리면 최종 아트와 애니메이션을 만드는 사람을 도와줄 수 있다.

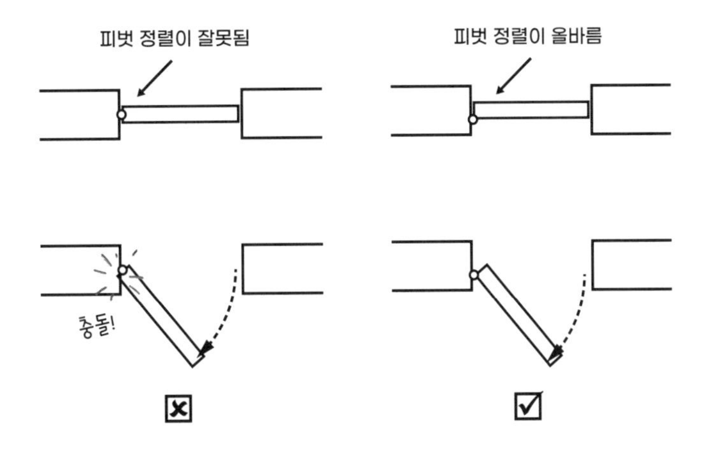

그림 29.4
충돌 문제를 방지하기 위해 스텁 문이 회전하는 피벗 포인트를 신중하게 선택한다.

사려 깊은 스텁 제작은 일종의 예술과도 같다. 각 스텁은 완성된 게임 오브젝트의 씨앗과 같으며 중요한 디자인 결정을 전달해 준다. 작업할 때 오브젝트에 짧은 "readme" 파일을 추가하여 어떤 디자인 결정이 중요하고 완성된 오브젝트에 그대로 유지되어야 하는지 설명하는 것이 좋다. 각 주요 디자인 결정을 일찍 내릴수록 게임 제작 프로세스에서 모든 것이 더 원활하고 효율적으로 진행되며, 팀원들은 언제 자유롭게 창의적인 유연성을 펼칠 수 있을지 알 수 있어서 좋다.

스텁 오브젝트의 이름을 선택할 때, 위키피디아 스텁이나 스텁 함수처럼 각 스텁은 대용물이 아니라 오브젝트 자체라는 점을 기억하라. 오브젝트에 대한 참조는 완성된 게임까지도 유지되며, 나중에 전체 오브젝트가 아닌 오브젝트의 내용만 대체할 것이다. 게임에 스텁하는 오브젝트의 이름은 "tempBigDoor" 같은 이름으로 지정하지 말고 그냥 "bigDoor"라고 하는 게 좋다.

스텁 및 기능

스텁에 얼마나 많은 기능이 있어야 하는지에 대한 질문이 항상 있다. 이 질문에 대한 적절한 대답은 관리할 수 있는 만큼만, 그러나 빠르게 만들 수 있는 것 이상은 안 된다는 것이다. 스텁이 개체의 스케치와 같다면 스케치된 기능도 일부 포함할 수 있다.

레벨 디자이너는 블록메시를 만들 때 종종 색 규칙을 사용한다. 스텁 오브젝트에 색 규칙을 적용하면 스텁 오브젝트가 아직 별다른 기능을 하지 않더라도 그 형태와 기능을 전달하는 데 도움이 될 수 있다. 깨지지 않는 철제문은 밝은 회색, 부서질 수 있는 돌문은 짙은 회색을 사용할 수 있다. 플레이어 캐릭터가 걸을 때 바스락거리는 낮은 덤불은 녹색 구체 덩어리들로 표현할 수 있다. 단, 지금은 충돌 체크까지는 하지 않는다. 나중에 세밀한 모델과 깜박이는 불빛이 있을 제어판은 스텁 버전에서는 그저 빨간색 상자에 불과할 수 있다.

간단한 코딩으로 인터랙션을 대략적으로 구현할 수 있다. 부술 수 있는 돌문은 최종적으로는 물리 시뮬레이션을 통해 여러 파편으로 부서지게 되겠지만, 지금은 공격을 받으면 그냥 사라지도록 할 수 있다.

사물의 열림/닫힘 또는 켜짐/꺼짐 상태에 대한 간단한 애니메이션, 심지어 2프레임 애니메이션이라도 만들 수 있다면 코드에 연결할 수 있는 무언가를 얻을 수 있다. 스텁은 스위치, 문, 게임 내 다른 오브젝트 간의 논리적 관계를 조기에 설정하는 데 도움이 될 수 있다. 객체와 객체의 기능을 계속 작업하면서 쉽게 추가하고 변경할 수 있도록 콘텐츠와 코드를 모듈 방식으로 디자인하라.

콘텐츠 스터빙과 동심원적 개발 비교

앞서 말했듯이 게임 기능을 알파 버전에서 완성하기 위해 여러 요소들을 스텁하는 것은 동심원적 개발에서 벗어나는 것을 의미한다. 더 이상 게임의 각 부분이 빛날 때까지 다듬은 후 다음 단계로 넘어가지 않는다. 이제 임시 에셋을 사용하여 오브젝트를 게임에 빠르게 추가하고 있다. 이렇게 하면 어떤 위험과 이점이 있을까?

동심원적 개발은 프로젝트 초기 단계에서 가장 유용하다. 동심원적 개발은 게임의 기초를 다지는 데 도움이 된다는 점을 기억하라. 동심원적 개발을 통해 게임의 가장 기본적이고 필수적이며 고유한 부분을 명확하게 이해할 수 있다. 하지만 모든 게임 제작의 어느 시점에 이르면, 게임의 나머지 부분을 만들기 위해 알아야 할 것들을 대부분 알게 되고 남은 작업에 대해 더욱 자신감을 갖게 된다.

따라서 풀 프로덕션을 진행하면서 점차 프로젝트에서 미지의 요소가 줄어들고 알파 마일스톤을 달성하기 위해 노력하면서 한동안 동심원적 개발에서 점차 멀어지는 것은 당연한 일이다. 게임이 완성되는 베타 마일스톤을 향해 나아가면서 다시 동심원적 개발로 돌아갈 것이다. 게임에서 동심원적 개발과 스터빙 사이의 긴장과 같은 모순을 유지하는 것은 모든 예술 제작의 일부이며, 게임 개발은 분명 예술의 한 형태이다. 게임에 필요한 오브젝트를 스텁하며 실험하고, 무엇이 훌륭한 스텁을 만드는지에 대해 배워가다 보면 이 기법에 대한 자신감과 역량을 키울 수 있다.

A Playful Production Process

재미있는 게임 제작 프로세스

30장
우리 게임의 잠재 고객에게 도달하기

알파 마일스톤은 궁극적으로 우리 게임의 잠재 고객들에게 닿기 위해 지금까지 해 온 작업들을 점검할 수 있는 좋은 시기이다. 우리는 아이데이션 단계에서 게임의 잠재 고객을 고려하며 이 작업을 시작했다. (14장의 프리 프로덕션 단계와 24장의 공식 플레이 테스트 프로세스를 시작할 때) 게임의 제목, 핵심 아트, 로고 디자인에 대한 포커스 테스트를 실행하여 타깃 고객에 대해 계속 생각하도록 권장했다. 28장에서는 게임 제목을 최종 확정하고 제목과 일치하는 이름으로 소셜 미디어 계정을 확보하는 방법에 대해 설명했다.

알파 마일스톤에 다다르면, 우리 게임을 플레이하고 싶어 할 잠재 고객을 찾고 그들과 대화할 수 있는지 확인하기 위해 몇 가지 단계를 더 밟아야 한다. 예전에는 이를 위해 잡지, TV, 인터넷에 게임 광고를 게재하는 등의 마케팅을 해 왔다. 오늘날에는 소셜 미디어가 잠재 고객에게 다가갈 수 있는 새로운 기회를 제공한다.

게임 유저를 위한 커뮤니티를 어떻게 만들고 육성할 것인지에 대한 구체적인 계획을 세우고, 그 계획을 실행에 옮겨야 한다. 개발 초기에는 게임을 어떻게 발표할지 계획을 세워야 한다. 알파 단계와 베타 단계 사이에 게임 트레일러 영상과 함께 발표하는 것이 일반적이지만, 잠시 후에 살펴볼 것처럼 이에 대한 정해진 규칙은 없다. 베타 단계에서는 여러분이 선보일 오리지널 게임 플레이와 콘텐츠, 자신 있게 사용할 수 있는 게임 제목, 제목 로고 스타일, 게임을 하나의 이미지로 표현할 수 있는 핵심 아트가 상당량 준비될 것이다.

게임 발표 시점과 데모 버전 또는 최종 버전으로 게임을 플레이할 수 있는 시점 사이에 얼마나 긴 공백을 두어야 하는지에 대해서는 많은 논쟁이 있다. 과거에는 게임이 최대 1년 또는 그 이상의 마케팅 캠페인을 지속할 수 있었다. 하지만 오늘날 사람들은 게임에 대한 소식을 듣자마자 최대한 빨리 플레이하고 싶어 하는 경우가 많다. 마케팅 컨설턴트이자 USC 게임 프로그램 교수인 짐 헌틀리는 “소비자의 관심을 오래 유지하는 것은 한계가 있다."라고 조언한다.

따라서 게임을 베타 버전으로 발표할 준비가 되지 않았다면 준비가 될 때까지 보류할 수 있다. 마케팅 캠페인은 매우 빠르게 전개될 수 있다. 리스폰 엔터테인먼트Respawn Entertainment의 〈에이펙스 레전드Apex Legends〉는 극비리에 개발되어 출시 당일에야 공개되었다. 이 게임은 상업적으로나 비평적으로나 큰 성공을 거두었다.

게임을 언제 발표할지, 출시 전까지 잠재 고객과 어떻게 소통할지 등 게임에 적합한 마케팅 캠페인의 길이를 결정해야 한다. 게임의 세부 사항과 생각한 대상 고객에 따라 정답은 달라지겠지만, 게임에 흥미를 가질 사람들과 소통하는 데 도움이 되는 몇 가지 간단한 가이드라인을 알려 주겠다.

마케팅 계획 세우기

효과적인 마케팅 캠페인을 운영하려면 마케팅 계획이 필요하다. 피터 자카리아슨과 미콜라이 다이멕은 그들의 저서 《비디오 게임 마케팅》에서 게임의 '마케팅 믹스(게임 제품, 판매할 가격, 판매할 장소, 프로모션 방법, 광고, 판매 촉진 및 홍보 계획)'부터 고려하며 시작하기를 권장한다.[1] 마케팅 믹스의 각 요소에 대해 "무엇을, 왜, 언제, 어떻게, 얼마에, 누구에게?"라는 질문을 함으로써 피터와 미콜라이가 말하는 "세계에서 가장 짧은 마케팅 계획"의 기본적인 틀을 세울 수 있다.[2]

게임의 성격과 분위기는 게임의 타깃층에 영향을 미칠 수 있으며 마케팅 방법에 영향을 줄 수 있다. 게임이 진지한가, 아니면 우스꽝스러운가? 장난스러운가, 아니면 강렬한가? 7장에서 설정하고 오랜 시간 다듬어 온 '경험 목표'를 다시 한번 참조하라. 《인디 게임 마케팅 실용 가이드》에서 조엘 드레스킨은 "내 게임을 어떻게 돋보이게 할 것인가?"라고 질문할 것을 권장한다. "처음부터 게임의 독특하고 매력적인 특징을 생각하면 게임 마케팅 프로세스를 훨씬 쉽게 진행할 수 있다. 이전에 없던 새로운 게임 플레이 방식, 새로운 하드웨어 장치나 기능을 보여 주는 획기적인 메커니즘, 플레이어의 시선을 사로잡는 고도로 스타일화된 비주얼, 흥미로운 중심 캐릭터, 스토리라인 및 설정 등 가능한 매력 요소를 찾아보라."[3]

좋은 마케팅 계획을 세우기 위해서 할 일은 훨씬 많다. 방금 언급한 책을 참고하고 온라인에서 검색

1 Peter Zackariassonand and Mikolaj Dymek, 《Video Game Marketing》, Routledge, 2016, p.35.

2 Peter Zackariassonand and Mikolaj Dymek, 《Video Game Marketing》, Routledge, 2016, p.37.

3 Joel Dreskin, 《A Practical Guide to Indie Game Marketing》, Routledge, 2015, p.37.

하여 여러분의 게임에 적합한 마케팅 계획을 세우는 데 도움이 되는 자세한 조언을 찾아보길 권한다.

게임 웹사이트 및 보도 자료 만들기, 언론사에 연락하기

사람들이 게임에 대해 자세히 알아볼 수 있는 인터넷상에 영구적인 장소를 마련하는 것도 도움이 된다. 웹사이트의 메인 페이지에는 게임의 동영상 트레일러를 눈에 띄게 배치하여 방문자가 게임을 바로 확인할 수 있도록 해야 한다. 웹사이트는 게임 제목, 개발 팀, 플랫폼(들), 게임 구매 또는 다운로드 장소를 강조해야 한다. 그동안 작업한 핵심 아트와 로고 디자인은 웹사이트를 만들 때 유용하게 사용될 것이다. 출시일, 소셜 미디어 링크 등 게임에 대한 다른 중요한 정보를 추가하되, 너무 많은 정보로 방문자를 압도하지 않도록 해야 한다. 정보를 적절하게 나눠서 사이트의 여러 하위 섹션으로 제공하는 게 좋다.

또한 프로라면 기자가 당신과 게임에 대한 매력적인 기사를 작성하는 데 사용할 자료를 제공하는 웹사이트인 게임용 보도 자료를 만들어야 한다. 여기에는 게임과 팀에 대한 정보(위치, 연혁, 비즈니스 연락처 등)가 포함된다. 또한 게임의 스틸 이미지와 동영상, 핵심 아트, 로고 디자인, 언론에 보도할 만한 품질의 팀 사진이 포함된다. 게임 개발자 라미 이스마일Rami Ismail과 공동 작업자들이 만든 무료 도구인 "presskit()"을 사용하면 보도 자료 웹사이트를 쉽게 만들 수 있다.[4]

웹사이트와 보도 자료를 만들었으면 이제 언론사에 연락하여 게임을 알릴 준비가 된 것이다. 언론사와의 협력은 홍보Public Relations(PR)의 범주에 속한다. 스프레드시트에 언론사 연락처 목록을 작성하고 관리하면 누구에게 연락했는지, 누가 답장을 보냈는지 추적할 수 있다. 상대방에게 효과적으로 다가갈 수 있도록 간결하고 친근하게 메시지를 다듬어라. 조엘 드레스킨의 《인디 게임 마케팅 실용 가이드》에 실린 PR 관련 게스트 챕터에서 에밀리 모간티Emily Morganti는 "커뮤니케이션에 집중하고 요점을 명확하게 전달하되, 다른 사람과 대화하는 것처럼 이야기해야 한다. 관심을 끌기 위해 너무 격식을 차리려고 하거나, 유행어를 많이 사용하거나, 너무 귀엽게 굴면 무시당할 수 있다."[5]라고 말한다. (에밀리의 챕터에는 게임 홍보를 위해 언론사와 협력하는 방법에 대한 훌륭한 조언이 가득하다.)

게임 소개, 리뷰 피치, 주요 공지 사항, 또는 미리 보기 데모와 함께 언론사의 담당자에게 연락하고 후속 대응을 하라. 홍보에는 끈기가 필요하며 언론과의 관계는 시간이 지남에 따라 발전해야 한다. 언

---

4 Rami Ismail, Presskit(), accessed 2020. 12. 10., https://dopresskit.com/.

5 Joel Dreskin, 《A Practical Guide to Indie Game Marketing》, Routledge, 2015, p.75.

론사의 담당자를 존중하고 신뢰를 얻기 위해 노력하면 게임에 대한 좋은 소문이 퍼질 것이다.

게임용 소셜 미디어 캠페인 운영하기

소셜 미디어에서 게임에 대해 떠들기만 하는 것으로는 충분하지 않다. 소셜 미디어를 통해 어떤 이야기를 전달해야 하며, 그것을 통해 당신의 게임을 플레이하고 구매할 사람들의 관심을 끌 수 있다.

짐 헌틀리에게 소셜 미디어 캠페인 운영과 마케팅 캠페인 전반에 대한 조언을 구했을 때 그는 이렇게 말했다. "콘텐츠가 왕이다. 제품이나 브랜드와 관련된 콘텐츠가 많을수록 좋다. 콘텐츠가 있으면 쉽지만, 그렇지 않은 경우에는 어렵다. 그러므로 디자인 자료를 보관하고 분류해 둬라." 특히 이미지, 동영상, 문서, 음악, 사운드를 잘 보관해 두는 게 좋다. 이러한 자료는 소셜 미디어 캠페인의 에셋이 될 것이다.

스토리에는 캐릭터가 필요하다. 게임 속 스토리의 경우 게임 속 가상의 캐릭터가 등장한다. 게임 제작 스토리의 경우 개발자, 커뮤니티 관리자, 게임에서 어떤 역할을 맡은 배우, 또는 게임이나 게임 플레이 방식, 그것이 어떻게 만들었는지 등에 대해 흥미로운 이야기를 할 수 있는 사람이라면 누구든지 등장할 수 있다.

짐 헌틀리는 어린이 관객은 게임의 스토리에 반응이 좋을 것이라고 말했다. 이는 나이가 많은 시청자들도 마찬가지겠지만, 그들은 게임 플레이에 대한 흥미로운 설명과 게임 제작 프로세스에 대한 이야기에도 관심을 가질 것이라고 말했다. 그는 게임 콘텐츠를 '메이킹' 콘텐츠보다 먼저 소개하는 것이 중요하다고 언급했다. 짐은 마블 시네마틱 유니버스 영화가 새로운 콘텐츠를 공개한 직후, 창작자의 사고 과정을 엿볼 수 있게 하는 식으로 마케팅에서 이 점을 잘 활용하고 있다고 생각한다.

소셜 미디어 사용에 관한 모범 사례는 매우 빠르게 진화하고 있으며 전 세계적으로 다양하다. 소셜 미디어 활용에 대한 더 많은 조언은 이 책 원서의 웹사이트 playfulproductionprocess.com에서 확인할 수 있다.

짐 헌틀리는 말했다. "대화를 지속할 수 있다는 확신이 없다면 너무 일찍 시작하지 마라. 사람들이 늦게 시작하는 것을 보았지만 이는 극복할 수 있는 문제다. 특히 일찍 관심을 보이는 사람들과 소통하라. 공유할 만한 콘텐츠나 독점 콘텐츠를 제공하라. 팬들과 친구처럼 소통하라. 팬들에게 솔직하고 그들이 흥미를 가질 만한 콘텐츠를 보여 준다면 좋은 관계를 유지할 수 있다. 절대로 팬을 당연하게 여기지 마라."

소셜 미디어 인플루언서와의 협업

콘텐츠 크리에이터, 스트리머, 유튜버라고도 하는 '소셜 미디어 인플루언서'는 게임의 잠재 고객을 찾는 데 중요한 역할을 할 수 있다. 게임 플레이 세션을 스트리밍하는 인플루언서는 오늘날 전 세계에서 가장 효과적인 방법으로 게임의 잠재 고객을 찾는 데 도움을 줄 수 있다.

인플루언서나 매니저에게 연락하여 게임에 관심이 있는지 확인할 수 있다면, 인플루언서가 자신의 시청자에게 게임을 보여 주고 게임에 대해 좋은 평가를 할 수도 있다. 인플루언서는 수천 명에서 수백만 명에 이르는 방대한 시청자를 보유하고 있는 경우가 많기 때문에 이들에게 도달하는 것은 게임의 성패를 가르는 중요한 일이 될 수 있다. 당신의 이메일이나 다이렉트 메시지가 인플루언서의 레이더망에 포착될 수도 있고, 그들에게 쏟아지는 커뮤니케이션의 홍수 속에서 길을 잃을 수도 있다. PR 기술을 활용하여 메시지에 대한 답장을 받을 확률을 높여라.

소셜 미디어는 즐겁고 유익한 톤으로 운영하고, 정중하고 전문적이며 친근한 태도로 소통하라. 그러면 인플루언서가 게임을 알게 되었을 때, 게임에 관심을 갖도록 하는 기본 조건은 갖춘 셈이다.

게임 개발과 전문 마케팅 통합하기

퍼블리셔의 마케팅 팀이나 도움을 받기 위해 고용한 크리에이티브 마케팅 회사 등 전문 마케터와 함께 일할 기회가 있다면 서로 일찍, 자주 이야기하라. 가능하다면 프로젝트 목표가 정해지는 즉시 논의를 시작하고 개발 기간 내내 연락을 유지하라. 게임을 보여 주고 어떤 방향으로 나아갈지 알려라. 그들의 의견을 구하여 그들을 창의적인 과정에 참여시켜라. 그들은 훌륭한 아이디어가 있을 것이며, 작은 아이디어 하나가 게임의 성공 가능성을 혁신적으로 높일 수도 있다.

짐 헌틀리가 내게 "나는 개발자가 '시멘트가 마르기 전'에 내 의견을 물어볼 때, 즉 나를 창의적인 과정에 참여시켜 내 의견을 듣고 내가 어떻게 생각하는지 알려고 할 때 기분이 좋다. 마케터로서, 창의적인 과정의 일부가 되고 내 의견이 중요하게 받아들여진다는 느낌을 받는 것을 좋아한다."라고 말한 것처럼, 어떤 일을 하든 여러분이 협력자를 존중하고 그들과 신뢰를 쌓으면 좋은 일이 따라온다는 사실을 기억하라.

~ * ~

이 장에서는 방대하고 중요한 주제에 대해 아주 간략하게 살펴봤다. 자세한 내용은 피터 자카리아스와 미콜라이 다이멕이 쓴《비디오 게임 마케팅》과 조엘 드레스킨이 쓴《인디 게임 마케팅 실용 가이드》를 참고하길 바란다. 가능하다면, 마케팅 및 홍보 전문가에게 도움을 요청하는 게 좋다. 이 주제는 35장에서 다시 다룰 것이다.

나는 게임 개발자와 게임 마케팅 전문가가 함께 잘 일할 수 있는 방법을 찾는 것이 중요하다는 것을 일찍 깨달았다. 우리는 모두 같은 창의적인 산업의 일원으로서 훌륭한 게임을 만들고 이를 즐길 플레이어의 손에 전달하기 위해 노력한다. 에이미 헤닉은 플레이어의 게임 경험을 만드는 게임 디렉터의 책임은 플레이어가 게임을 처음 접하는 순간부터 시작되어야 한다고 지적한 적이 있다. 일반적으로, 이는 플레이어가 이미지를 보거나 텍스트를 읽거나 홍보 캠페인이나 언론사 이벤트의 일부로 동영상을 보는 순간이다. 따라서 게임 팀과 마케팅 및 영업 파트너가 긴밀하고 효과적으로 협업하는 것이 더욱 중요하다.

게임의 잠재 고객에게 다가가기 위해 어떤 방식으로 노력하든, 사람들의 삶에 진정한 가치와 공감대를 제공할 수 있는 기회가 있다는 생각에 집중하라. 명확하고 매력적인 메시지를 전달하고, 소통할 때 존중하는 태도를 보이며, 사람들의 신뢰를 얻기 위해 노력하라. 상업용 게임, 예술 게임, 시리어스 게임, 학술 프로젝트 등 어떤 유형의 게임을 제작하든 전 세계 수백만 명의 사람들이 게임을 즐기고 좋아할 가능성이 있다. 이들에게 어떻게 다가갈지 창의적으로 생각하고, 다음 단계로 나아가기 위해 필요한 작업을 하라.

31장
베타 마일스톤

게임 제작 프로세스에서 베타 마일스톤은 게임 프로젝트의 베타 단계와 전체 풀 프로덕션 단계가 모두 끝나는 시점을 의미한다(그림 31.1).

베타 버전은 종종 달성하기 어려운 마일스톤이다. 베타 버전이 완료될 때까지 게임의 범위, 즉 무엇을 포함하고 무엇을 뺄지에 대해 최종적으로 어려운 결정을 내려야 한다. 그러나 베타 마일스톤에 도달하는 것은 매우 고무적인 성과이다. 비록 거친 부분이 있기는 하지만 마침내 완성된 상태의 게임을 볼 수 있기 때문이다.

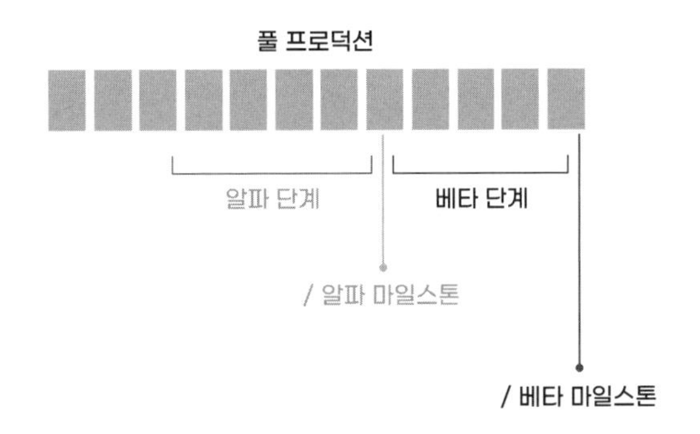

그림 31.1
베타 마일스톤을 달성하면 베타 단계와 풀 프로덕션이 모두 종료된다.
이미지 크레딧: 가브리엘라 푸리 R. 곰즈, 매티 로젠, 리차드 르마샹.

베타 마일스톤에 필요한 것들

알파 버전에서는 게임의 기능을 완성하고 게임 시퀀스를 완성했다. 베타 마일스톤에 도달하기 위해서는 이제 게임 콘텐츠도 완성해야 한다. 베타 버전에서는 게임 기능과 콘텐츠가 모두 완성된 상태여야 하므로 알파 버전보다 베타 버전이 훨씬 더 설명하기 쉬운 마일스톤이다. 최종 출시 후보 마일스톤이 되기 전에 다듬고, 밸런스를 맞추고, 버그를 수정할 기회가 있겠지만, 게임에 무언가 들어갈 것이 있다면 베타 버전에 포함되어야 한다.

따라서 베타 버전에서는 아트, 애니메이션, 오디오 효과, 음악, 시각 효과, 햅틱 효과(컨트롤러 진동) 등 게임에 포함될 모든 기능과 콘텐츠가 최소한 1차 통과 수준까지 완성되어야 한다. 비록 조금 더 개선할 시간이 필요할 수는 있지만, 필요하다면 출시할 수 있을 수준으로 모든 요소가 완성되어야 한다. 베타 마일스톤에서는 마일스톤을 달성하기 위해 최대한 빠르고 효율적으로 요소들을 게임에 적용하는 경우가 많기 때문에 이 개념이 중요할 수 있다. 포스트 프로덕션 기간이 길지 않은 한, 일반적으로 베타 버전에서 투박한 부분이 최종 게임에서도 투박한 채로 남는 경우가 많다는 점을 명심하라. 일반적으로 베타 버전이 출시되기 전에 가능한 한 많은 부분을 잘라내고 게임에 포함될 모든 요소를 다듬을 시간을 더 확보하는 것이 좋다.

베타 버전에서는 레벨 레이아웃과 레벨 및 인터페이스 화면을 나타내는 최종 아트가 모두 완성되어야 하며, 큰 문제없이 게임을 플레이할 수 있어야 한다. 신규 플레이어에게 게임 플레이 방법을 알려주는 게임의 온보딩 시퀀스도 완료되어야 한다. 게임의 끝(게임에 끝이 있는 경우)은 구현되어 있고 의도한 대로 작동해야 한다. 시뮬레이션이나 샌드박스 게임처럼 개방형 게임이라면 큰 문제없이 무한정 플레이할 수 있어야 한다.

베타 버전에서는 게임 실행 파일 또는 앱에 사용되는 아이콘을 필요한 만큼의 크기로 생성하고 아이콘과 함께 제공되는 텍스트를 최종 확정해야 한다. 게임이 실행될 때 게임 실행 전 런처 대화창을 사용할 경우, 런처의 텍스트와 설정을 베타 버전에서 확정하고 런처에 필요한 모든 스플래시 화면 이미지를 생성해야 한다. 온라인 스토어를 통해 게임을 배포할 경우, 일반적으로 게임을 온라인 스토어에 표시하는 데 필요한 모든 이미지는 일반적으로 베타 버전까지 제작한다. 게임 자체적으로 또는 게임 퍼블리셔 또는 플랫폼 보유자가 제공하는 업적 시스템을 사용하는 경우, 업적 시스템의 시스템과 콘텐츠는 베타 버전까지 완료해야 한다.

게임에 이스터 에그(플레이어를 위한 숨겨진 깜짝 선물)를 넣으려면 베타 버전에 반드시 포함해야 하며, 팀의 리더와 QA 부서에 이스터 에그가 있다는 사실을 알려야 한다. 깜짝 이벤트와 비밀은 플레이어에게 큰 즐거움을 주지만, 저작권 문제부터 명예 훼손 책임에 이르기까지 수많은 나쁜 상황을 피하기 위해 모든 책임자가 확인 및 동의하지 않은 무언가를 게임에 숨겨서는 안 된다.

소니, 마이크로소프트, 닌텐도 등의 플랫폼 보유자가 만든 게임 콘솔이나 애플 생태계의 모바일 플랫폼에 게임을 출시하기 위해 인증 절차를 통과해야 하는 경우 개발자는 베타 마일스톤까지 가능한 한 많은 인증 요구 사항을 충족해야 한다. 이에 대한 자세한 내용은 34장에서 확인할 수 있다.

완료해야 할 작업이 엄청나게 많다, 그렇지 않은가? 이러한 작업 중 몇 가지를 얼마나 빨리 완료해야 하는지 알고 나면 베타 버전 도달이 왜 그렇게 어려운지 알 수 있을 것이다. 이번 장의 나머지 부분에서는 이 중요한 마일스톤에 도달하기 위한 몇 가지 조언을 제공한다.

완성도 및 베타 마일스톤

《게임 디자인 워크숍》에서 트레이시 풀러턴은 플레이 테스트를 통해 게임의 기능, 완성도, 밸런스를 확인하는 방법에 대해 이야기한다.[1] 트레이시는 게임이 규칙과 가능성 공간에서 '내부적으로 완성되었는지' 확인하고, 허점과 막다른 골목을 찾아 수정하는 방법에 대해 이야기한다. 물론 이것은 개발 프로세스 전반에 걸쳐 수행해야 하지만, 특히 베타 출시가 가까워질수록 적용하면 좋은 관점이다.

'편법Exploit'이라고도 하는 허점은 게임 설계상 플레이어가 예상보다 쉽게 무언가를 달성할 수 있을 때 발생한다. 예를 들어, 보스전 레벨에서 플레이어가 서 있을 수 있는 임의의 장소가 있는데, 특정한 배치나 메커닉 때문에 보스가 플레이어에게 피해를 줄 수 없고 플레이어는 아무런 노력이나 위험 없이 보스를 물리칠 수 있다면 이는 편법에 해당한다.

어떨 때는 편법이 게임에 좋은 요소를 더해 줄 수도 있으며, 이를 사용하는 데 상당한 기술이 필요하다면 게임 디자인에 덜 해롭다. 플레이어가 레벨을 지름길로 통과할 수 있도록 해 주는 충돌 영역 결함은 비디오 게임 스피드 러너들에게 사랑받는 요소이다. e스포츠 게임에서 처음에는 편법처럼 보이는 예상치 못한 가능성이 플레이어 커뮤니티에서 게임의 정당한 기능으로 받아들여질 수도 있다. 실험적인 아트 게임을 만들거나 게임의 허점을 지적하는 게임을 만들 때 의도적으로 플레이어가 편법을 사용하도록 하는 경우가 있다. 하지만 대부분의 게임, 특히 게임 시스템이나 다른 플레이어와 경쟁하는 게임의 경우, 편법은 게임 디자인에서 찾아서 제거해야 하는 부분이다. 이러한 문제에 대해 판단을 내리는 것은 게임 디자이너의 창의적인 역할의 일부이다.

막다른 골목은 게임에서 플레이어가 어떤 행동으로 인해 더 이상 진행할 수 없는 상황을 말한다. 플레이어가 잡고 어디든 둘 수 있는 열쇠, 그 열쇠로 열 수 있는 잠긴 문, 너무 깊거나 좁아서 내려갈 수

---

1 Tracy Fullerton, 《Game Design Workshop: A Playcentric Approach to Creating Innovative Games, 4th ed》, CRC Press, 2018, p.311.

없는 우물이 있는 게임이 있다고 가정해 보자. 플레이어는 게임의 다음 부분으로 가기 위해 문을 열어야 하며, 열쇠는 근처 어딘가에서 찾을 수 있다. 하지만 플레이어가 열쇠를 집어 우물 아래로 떨어뜨리면 어떻게 될까? 그러면 플레이어는 갇히게 된다. 문을 열 수도 없고 열쇠를 찾을 수도 없으며 게임을 진행할 수도 없다. 열쇠가 원래 위치로 돌아가도록 게임 월드를 어떻게든 리셋해야 한다.

죽었다가 다시 시작하면 해결될 수도 있지만, 오브젝트가 체크포인트마다 위치를 유지한다면 어떻게 될까? ('저장 스커밍Save Scumming'이라는 기술을 사용하여) 이전 저장 기록에서 게임을 다시 로드하면 키가 원래 위치로 돌아갈 수 있지만, 게임에 저장 슬롯이 하나뿐이고 키가 우물 아래로 내려간 직후 게임이 자동 저장되면 어떻게 될까? 그러면 정말로 갇힌 것이다. 플레이어는 깨닫지 못할 수도 있지만 말이다. 그들은 다른 키를 계속 찾게 되고 점점 지루해 하고 좌절하게 될 것이다. 플레이어가 무슨 일이 일어났는지 깨닫고 계속 플레이하고 싶어 하는 경우, 전체 게임을 처음부터 다시 시작해야 한다. 그럼 결국 게임을 그만두고 다른 게임으로 넘어갈 가능성이 높다.

이 상황은 이상하게 들릴 수 있지만, 많은 게임이 이런 문제를 가진 채 불운한 플레이어를 기다리는 상태로 출시되어 왔다. '막다른 골목'은 시스템적이고, 창발적이며, 절차적으로 생성되는 게임 플레이가 많은 게임에서 특히 문제가 되지만, 일반적으로 이를 방지할 수 있는 설계 방법이 있다.

플레이어가 막다른 골목에 다다랐다는 것이 분명하게 전달된다면, 이 또한 게임 플레이의 유효한 부분으로 받아들여질 수 있다. 로그라이크 장르와 다른 스타일을 혼합한 〈스펠렁키Spelunky〉, 〈더 바인딩 오브 아이작The Binding of Isaac〉, 〈FTLFTL: Faster Than Light〉 같은 게임들이 등장하면서 이 분야에서 창의적인 가능성의 새로운 지평이 열렸다.[2]

베타 버전에서 모든 편법과 막다른 골목이 발견되지 않더라도 걱정하지 마라. 이러한 문제는 눈에 잘 띄지 않는 곳에 숨어 있는 경우가 많으며, 때로는 정말 찾기 어렵다. 이렇게 까다로운 숨겨진 문제를 찾기 위해 포스트 프로덕션 기간이 있는 것이다.

베타 단계, 동심원적 개발 및 게임의 안정성

알파 기간 동안 필요한 것들을 채워 넣는 데 시간을 보냈으므로, 베타 단계는 13장에서 설명한 동심

---

2 "로그 라이크Roguelike(또는 로그-라이크rogue-like)는 절차적으로 생성된 레벨, 턴제 게임 플레이, 타일 기반 그래픽, 플레이어 캐릭터의 영구적인 사망을 통해 던전을 크롤링하는 것이 특징인 롤플레잉 비디오 게임의 하위 장르이다.", "Roguelike", Wikipedia, https://en.wikipedia.org/wiki /Roguelike.

원적 개발로 다시 돌아갈 수 있는 좋은 시기이다. 하지만 한편으로는 이를 실천하기 어려운 시기이기도 하다. 베타 마일스톤이 다가올수록 동심원적 개발에서 권장하는 방식대로 디테일에 신경을 쓰지 않고, 최대한 빨리 게임에 콘텐츠를 넣는 경우가 많은 것은 안타까운 게임 개발의 전통이다. 동심원적 개발의 구조와 원칙은 정말 중요한 순간에 창의력을 발휘할 수 있는 자유를 제공한다. 마지막에 급한 불을 끄느라 애쓰지 않아도 되고, 기교를 부릴 수 있는 시간과 정신적 여유가 더 많아진다. 콘텐츠를 너무 빨리 넣으면 게임의 느낌이 좋지 않거나, 너무 어렵거나 쉽거나, 버그가 있거나 고장난 베타 빌드가 나올 수 있다. 나는 "서두르지 말고 속도를 내라."라는 옛 격언을 실천하려고 노력한다.[3]

베타 단계에서는 알파 단계에서와 마찬가지로 게임의 상태를 다시 한번 점검해야 한다. 이제 게임의 기술적 성능을 면밀히 살펴보는 것이 중요하다. 프레임 속도가 느리거나 로딩 시간이 길거나 라이팅에 결함이 있다면 지금이 바로 이러한 문제를 해결하기 위한 조치를 시작해야 할 때이다. 마찬가지로 심각한 디자인 문제나 특히 지저분한 버그가 발견되면 즉시 수정을 시작해야 한다. 베타 마일스톤에 도달할 때까지 게임의 모든 문제를 해결해야 할 필요는 없지만, 최소한 문제 해결을 위한 좋은 계획이 있어야 하며 마일스톤에 도달한 직후부터 문제를 해결하기 시작해야 한다. 심각한 버그나 낮은 프레임 속도로 출시되는 게임은 성공할 수 없다.

크레딧 및 출처 표시

5장에서 제공한 조언을 따랐다면, (1) 게임에서 사용한 자체 및 타사 에셋의 출처 표시와 (2) 게임 작업에 참여한 사람과 그들이 한 일을 기록해 두었을 것이다. 인게임 크레딧과 인게임 출처 표시는 꽤 빠르고 쉽게 작업할 수 있다. 미리 목록을 보관해 두지 않았다면 베타 버전이 다가올 때 게임 콘텐츠를 선별하고 크레딧이 필요한 사람 목록을 작성하는 등 번거로운 작업을 해야 할 수도 있다. 일부 구매 가능한 에셋 팩은 크레딧이 필요하지 않으므로 구매 시 함께 제공되는 라이선스 정보를 주의 깊게 확인하라.

타사 에셋의 출처를 표시할 때 얼마나 자세하게 해야 하는지, 사용한 모든 개별 에셋을 나열해야 하는지, 아니면 개별 창작자의 이름만 나열하면 되는지에 대한 의문이 있다. 각 에셋의 라이선스에 저작자 표시 방법이 명시되어 있는 경우, 라이선스를 면밀히 따라야 한다.

게임 크레딧에는 항상 게임 제작에 기여한 모든 사람을 포함해야 한다. 그렇기에 특히 개발 초기 단

3 "Festina Lente", Wikipedia, https://en.wikipedia.org/wiki/Festina_lente.

계에 참여한 사람들을 포함해, 누가 게임에 참여했는지 꼼꼼히 살펴봐야 한다. 게임 개발자의 이력서와 포트폴리오는 그들의 생계에 매우 중요하므로 게임 크레딧에 누락되면 문제가 발생할 수 있다.

베타 마일스톤에 도달하기까지 과제

게임 디자이너는 일반적으로 베타 마일스톤에 도달하기 위해 몇 가지 어려운 결정을 내려야 한다. 특히 게임의 범위와 콘텐츠에 대한 최종 결정을 내릴 때, 나무만 보고 숲을 보기가 어려울 수 있다. 우선순위를 설정하는 데 도움이 되는 외부의 조언을 받는 것은 매우 유용하며, 베타 단계에서 이루어지는 마일스톤 리뷰에 대해서는 잠시 후에 설명하겠다.

솔직히 말하자면 베타 마일스톤은 정의하기 매우 쉽지만(게임 완성!), 알파와 마찬가지로 베타 마일스톤도 때때로 모호해질 수 있다. 게임 개발자가 알파 버전에서 사용할 수 있는 편법(28장에서 설명한 피처와 콘텐츠 사이의 모호한 경계를 이용하는 것)과 마찬가지로, 베타 버전에서도 팀 리더가 만족할 수 있도록 게임 콘텐츠를 완성하려고 할 때 마일스톤을 넘기기 위해 시도할 수 있는 편법이 있다. 가장 잘 알려진 편법은 누락된 콘텐츠를 버그 데이터베이스에 "A" 등급 버그로 기록하는 것이다.

나 또한 이 수법을 사용해 본 적이 없다고 하면 거짓말이겠지만, 팀의 최고 책임자의 명시적인 허가를 받은 경우에만 사용했으며, 적어도 누락된 콘텐츠는 버그 데이터베이스에 등록되어 추적되었다. 베타 마일스톤을 반드시 달성하기 위해 이런 종류의 요령은 때때로 필요하며, 베타 이후 추가되는 모든 콘텐츠가 동일한 것은 아니다. 대부분은 위험하지만 일부는 다른 것보다 안전하다. 실제로 누락된 콘텐츠가 있는 A 등급 버그를 몇 개 이상 발견하면 프로젝트의 포스트 프로덕션 단계에서 문제가 발생할 수 있다. 베타 버전 출시 후 즉시 콘텐츠를 추가하여 버그를 수정하라.

때때로 게임 개발자는 베타 출시 이후 새로운 콘텐츠를 추가하는 것이나 다름없을 정도로 큰 규모의 변경을 단행한다. 이 역시 위험하다. 늦은 시간에 게임에 무언가를 추가하면 해결되는 문제보다 더 많은 문제가 발생할 수 있다. 피처와 마찬가지로 새로운 콘텐츠를 추가할 때에도 버그, 콘텐츠 문제, 게임 디자인 문제가 발생할 위험이 있다. 단, 포스트 프로덕션 단계가 길고 주요 콘텐츠 변경이 포스트 프로덕션 초기에 이루어질수록 위험성이 줄어든다.

게임의 시스템 또는 인터랙션하는 부분과 관련된 콘텐츠를 추가하거나 변경하는 것은 제목 화면 배경과 같은 정적 에셋이나 미리 렌더링된 컷신 비디오 파일과 같은 선형 에셋을 추가하거나 변경하는 것보다 더 위험하다. 물론 임시 컷신 비디오를 최종 완성된 버전으로 교체하는 것도 위험이 없는 건 아니다. 예를 들어 새 비디오 파일은 더 용량이 커서 메모리와 관련된 버그를 발생시킬 수도 있다. 하지만 정적 또는 선형 콘텐츠 하나를 다른 것으로 교체하는 게 게임의 시스템 및 인터랙션하는 부분을 건드리는 것보다는 훨씬 덜 위험하다.

베타 마일스톤 요약

요약하자면, 베타 마일스톤에서는 다음과 같은 모든 요소가 갖추어져야 한다.

- 게임의 모든 기능과 콘텐츠는 최소한 1차 패스(필요하면 출시가 가능한 상태)로 준비되어야 한다.
- 모든 프론트엔드, 메뉴 및 인터페이스 요소는 최소한 1차 패스 상태로 준비되어야 한다. 여기에는 다음과 같은 것들이 포함된다. 단, 이에 국한되지는 않는다.
  - 개발 팀 및/또는 게임 스튜디오를 위한 로고 이미지 또는 동영상.
  - 퍼블리셔 또는 학교를 위한 로고 이미지 또는 동영상.
  - 제목 화면(핵심 게임 경험이 시작되기 전에 중앙 허브 역할을 하는 인터페이스 요소).
  - 크레딧 화면 또는 시퀀스.
  - 인터넷에서 찾아낸 모든 에셋 또는 타사 에셋에 대한 저작자 표시.
  - 플레이 라운드가 끝났음을 알리는 '게임 오버' 화면(해당되는 경우).
  - 플레이어가 게임 환경을 설정할 수 있는 옵션 화면(해당되는 경우).
- 앱 또는 실행 파일에 필요한 모든 해상도의 아이콘 이미지와 적절한 아이콘 제목.
- 게임 전 런처를 사용하는 게임의 스플래시 화면 이미지.
- 게임의 온라인 스토어 등록에 필요한 모든 이미지와 텍스트.
- 게임 내 또는 퍼블리셔의 서비스에 연결된 모든 업적에 대한 시스템 및 콘텐츠(해당되는 경우).
- 게임에 넣을 계획인 이스터 에그(플레이어를 위한 숨겨진 깜짝 선물).
- 게임을 출시하기 위해 인증 절차를 통과해야 하는 경우, 가능한 한 많은 인증 요구 사항을 충족해야 한다(34장에 설명되어 있음).

또한 베타 단계에 이르러서는 반드시 다음과 같은 문제를 해결하기 위한 계획을 수립하고 이를 실행하기 시작해야 한다.

- 미해결된 디자인 문제.
- 성능 문제.
- 눈에 띄는 버그.

베타 버전에서 마일스톤 리뷰

게임이 베타 마일스톤을 달성하고 피처와 콘텐츠가 완성되면 마일스톤 리뷰 회의를 개최한다. 이는 팀 내외부의 피드백을 받아 포스트 프로덕션 단계로 넘어갈 수 있는 좋은 기회이며, 짧은 프로젝트의 경우 어쩌면 마지막 기회일 수 있다.

짧은 게임은 더 빠르게 끝나지만, 알파 단계의 리뷰와 마찬가지로 대규모 프로 게임의 베타 마일스톤 리뷰는 시간이 다소 걸린다. 팀의 시간을 효율적으로 사용하되, 신뢰할 수 있는 동료와 멘토로부터 솔직하고 수준 높은 피드백을 받고 게임에 대해 깊이 있게 살펴볼 수 있는 마지막 기회를 놓치지 말아야 한다. 일반적으로 베타 버전에서는 파악하고 논의해야 할 작은 문제들이 많으며, 게임 팀이 어떤 문제가 중요한지 결정하기 어려울 수 있다. 앞서 언급했듯이 외부로부터의 의견은 디테일에 압도되어 큰 그림을 볼 수 없을 때 매우 효과적이다.

개발 팀 리더는 마일스톤 리뷰 회의에서 짧은 소개 프레젠테이션을 할 때 다음과 같이 말할 준비가 되어 있어야 한다.

- 게임의 잠재 고객이 누구라고 생각하는지. 이제 팀의 포지셔닝 문구(7장 참조)는 매우 정교해졌을 것이다.
- 베타 버전과 관련된 프로젝트의 현재 상태. 다음과 같은 경우가 그 예이다.
  - 베타 버전이 성공적으로 완료되었으며, 버그가 없고 게임 플레이 밸런스가 잘 잡힌 게임으로 콘텐츠가 완전히 완성된 상태이다. (게임 밸런스에 대해서는 32장에서 설명한다.)
  - 베타 버전이 성공적으로 완료되었고, 베타 요구 사항을 정확히 충족하여 콘텐츠가 완성되었다. 콘텐츠 다듬기, 버그 수정, 게임 플레이 밸런싱이 필요한 부분이 있다.
  - 베타 버전이 완료되어 콘텐츠가 완성되었지만, 많은 콘텐츠가 다듬어져야 하고 수정해야 할 버그가 많으며 게임 플레이에 많은 밸런싱이 필요하다.
  - 아직 베타 버전을 완료하지 못했으며, 어떤 부분이 누락되어 베타를 완료하지 못했는지 말한다.
- 프로젝트에 알려진 문제가 있는지 여부.
- 마일스톤 리뷰 그룹으로부터 어떤 종류의 피드백을 받는 것이 유용할지.

베타 단계에서 리뷰 그룹 멤버는 20장의 "건설적이고 시의적절한 비판" 항목에서 설명한 것처럼 이제 시의적절한 지적을 할 수 있도록 매우 신중해야 한다. 이제 게임이 완성되었으므로 대부분의 경우 게임을 약간 변경하는 것에서 문제 해결책을 찾아야 한다. 큰 변경 없이 문제를 해결하는 것이 불가능하다고 생각하는 사람도 있겠지만, 유능한 디자이너는 아무리 엄격한 제약 조건 내에서도 항상 기동할 수 있는 여지가 있다는 것을 이해하고 당면한 문제에 대해 영리하고 효율적이며 위험이 낮은 해결책을 찾는 도전을 즐긴다.

또한 팀은 베타 버전 완료 시 내부 검토를 진행해야 하며, 분야별 및 분야 간 그룹이 함께 모여 베타 빌드에 대해 논의하고 포스트 프로덕션 과정에서 수행해야 할 작업에 대해 논의해야 한다. (내부 검토에 대한 자세한 내용은 20장에서 확인할 수 있다.) 내부 리뷰 그룹은 시의적절한 조언을 하도록 주의해야 하며, 개발 실행 계획에 따른 위험에 대해 논의해야 한다.

베타 빌드의 품질과 상태는 완성될 게임에 대해 많은 것을 알려 줄 수 있다. 특히 포스트 프로덕션 단계가 짧은 경우 그러하다. 베타 버전에서 게임이 제대로 완성되지 않았다면, 포스트 프로덕션 단계는 팀에게 힘든 시간이 될 수 있다. 팀 멤버들에게는 커뮤니티, 리더십, 그리고 서로의 정서적 지원이 필요할 수 있다.

하지만 베타 단계에서 문제가 발생하더라도 포스트 프로덕션 단계에서 최종 출시 후보 마일스톤을 멋지게 달성할 수 있는 기회가 많이 있다. 베타 버전에서 게임 콘텐츠를 확정하고 포스트 프로덕션 단계로 넘어가면 게임이 완성될 때까지 미세 조정할 수 있는 시간을 확보할 수 있다.

4부

포스트 프로덕션

- 수정 및 폴리싱

32장 포스트 프로덕션 단계 / 33장 출시 후보 마일스톤 /
34장 인증 프로세스 / 35장 예상치 못한 게임 디자인 /
36장 게임이 완성된 후

A Playful Production Process

재미있는 게임 제작 프로세스

32장
포스트 프로덕션 단계

최신 비디오 게임 제작에서는 베타 마일스톤에서 콘텐츠가 완성된 후, 최종 출시 후보 마일스톤에서 게임이 완성된 것으로 간주되기 위해 해야 할 일이 많이 있다. 이 모든 작업을 수행하는 시기가 바로 포스트 프로덕션Postproduction 단계이다.

이 단계의 이름은 영화와 텔레비전 프로덕션의 후반 작업 과정을 연상시키지만, 게임의 후반 작업은 영화나 텔레비전 후반 작업과는 매우 다르다는 점에 유의하라. 영화와 TV에서 포스트 프로덕션은 영화나 비디오를 촬영한 후에 이루어지는 모든 작업을 말한다. 영화와 TV는 촬영한 비디오의 원본이 편집, 사운드 디자인, 시각 효과 제작, 컬러 그레이딩 등의 과정을 거쳐치며 사실상 포스트 프로덕션 단계에서 만들어진다.[1]

하지만 게임은 이미 프로젝트의 풀 프로덕션 단계에서 제작이 완료된 상태이다. 게임의 포스트 프로덕션은 영화나 TV에서의 '픽처 락'을 달성하고 사운드 디자인과 시각 효과 작업을 모두 마친 포스트 프로덕션의 마지막 단계와 유사하다.[2] 이후, 최종 오디오 믹싱을 하고 기타 작업이 필요한 요소를 미세 조정한다. 게임은 포스트 프로덕션 단계에서 오디오 믹싱과 컬러 그레이딩을 비롯해 게임에 특화된 기타 작업이 필요하다.

내가 정식 게임 프로젝트 단계로서의 '포스트 프로덕션'의 필요성을 깨달은 것은 너티독에서 큰 성공을 거둔 프로젝트인 〈언차티드 2: 황금도와 사라진 함대〉 작업을 마무리하는 동안이었다. 많은 어려움이 있었는데, 그중 하나는 베타 버전과 출시 후보 마일스톤 사이에 필요한 모든 작업을 수행하기에

---

1 "컬러 그레이딩은 이미지의 외관을 개선하는 프로세스이다. … 콘트라스트, 색상, 채도, 디테일, 블랙 레벨 및 화이트 포인트와 같은 이미지의 다양한 속성을 향상시킬 수 있다.", "Color grading", Wikipedia, https://en.wikipedia.org/wiki/Color_grading.

2 "픽처 락은 영화 또는 텔레비전 프로그램 컷에 대한 모든 변경이 완료되고 승인된 경우이다. 그런 다음 온라인 편집 및 오디오 믹싱과 같은 프로세스의 후속 단계로 전송된다.", "Picture lock", Wikipedia, https://en.wikipedia.org/wiki/Picture_lock.

충분한 시간이 남지 않았다는 점이었다. 여기에는 인터랙티브 음악과 사운드의 오디오 레벨 밸런싱 및 이퀄라이징, 레벨의 조명 미세 조정, 컬러 그레이딩 및 기타 포스트 프로세싱 이미지 효과의 미세 조정이 포함되었고, 이 모든 작업을 게임 밸런싱과 버그 수정에 더불어 프로젝트 막바지에 완료해야 했다.

〈언차티드 2〉에서는 거의 모든 작업을 마쳤지만, 우리 스스로 설정한 높은 기준을 겨우 넘기는 정도였기 때문에 팀원들이 막바지 작업에 많은 스트레스를 받았다. 그래서 〈언차티드 3: 황금사막의 아틀란티스〉에서는 마지막에 실질적인 포스트 프로덕션 단계를 거치면서, 이전 베타 버전에서 확정한 게임 콘텐츠를 제대로 다듬을 수 있는 시간을 더 많이 확보했다.

포스트 프로덕션은 얼마나 걸리나?

모든 프로젝트에 맞는 정답은 없지만 동료들의 지혜를 구할 수는 있다. 테일 오브 테일즈Tale of Tales는 현대 미술가인 오리에아 하비Auriea Harvey와 마이클 사민Michaël Samyn이 2003년에 설립한 비디오 게임 개발 스튜디오이다. 2013년에 발표한 훌륭하고 영감을 주는 에세이 "아름다운 예술 프로그램"에서 오리에아와 마이클은 "프로젝트가 완료된 후에는, 이를 더 낫게 만드는 데 동일한 시간을 투자해야 한다."라고 조언한다.[3]

언뜻 역설적으로 보일 수 있지만 이는 매우 훌륭한 조언이라고 생각한다. 게임을 완성한 후 개선하는 데 시간을 투자하면 큰 효과를 얻을 수 있다. 나는 게임을 만드는 데 들인 시간만큼 이를 다듬는 데 투자한 적은 없지만, 포스트 프로덕션에 더 많은 시간을 할애할 수 있을수록 좋다. 전체 프로젝트 시간의 20% 이상을 포스트 프로덕션에 할애하는 것이 좋다고 본다.

업계와 학계 모두에서 대부분의 프로젝트는 시간이 엄격하게 제한되어 있으며, 최종 출시 후보 마일스톤에 대한 확고하고 고정된 날짜가 오래 전에 미리 계획되어 있다. 포스트 프로덕션에 충분한 시간을 확보하기 위해 이 완료일로부터 거꾸로 베타 마일스톤 날짜를 계획해야 한다. 시간적 여유가 있는 프로젝트의 경우, 원하는 만큼 또는 필요한 만큼 포스트 프로덕션 시간을 확보할 수 있다. 이는 도움이 될 수 있지만 주의해야 한다. 게임을 제대로 완성하는 것과 무한정 수정하는 것 사이에서 자신만의 균형을 찾아야 한다.

3 Auriea Harvey and Michaël Samyn, "The Beautiful Art Program", Tale of Tales, 2013. 08. 20., http://tale-of-tales.com/tales/BAP.html.

어떤 프로젝트에서는 포스트 프로덕션에서 더 많은 시간을 할애하기 위해 최종 출시 후보 마일스톤을 더 뒤로 미룰 수도 있다. 이는 15장에서 논의한 목적 변경 문제를 주의한다면 괜찮을 수도 있다. 많은 프로젝트에서, 최종 마감일이 가까워질수록 게임의 출시를 보조하는 모든 메커니즘이 이미 동작 중이기 때문에 최종 마감일을 변경할 수 없는 경우가 많다. 그렇다면 우리에게 주어진 포스트 프로덕션 시간을 가장 효율적으로 사용할 수 있는 방법을 찾아야 한다.

비디오 게임에서 포스트 프로덕션 단계에서 정확히 어떤 작업을 하는지 살펴보겠다. 대부분의 프로젝트에 공통적으로 적용되는 포스트 프로덕션 작업은 '버그 수정', '폴리싱', '게임 밸런싱'이라는 세 가지 작업이다.

버그 수정

23장에서는 버그를 발견한 다음 이를 추적하고 수정하는 프로세스에 대해 이야기했다. 게임이 베타 버전에 도달할 즈음에는, 주요 버그가 발생하는 즉시 처리하더라도 수정이 필요한 버그 목록이 길어지는 경우가 많다. 일반적으로 게임에 무언가를 추가할 때마다 새로운 버그가 나타나며, 베타 마일스톤에 수반되는 수많은 작업으로 인해 버그 목록이 빠른 속도로 증가한다. 베타 마일스톤이 지나면 팀의 대부분의 업무가 버그 수정에 집중될 수 있다. 버그 데이터베이스의 내용이 게임을 완성하기 위한 주요 작업 대부분을 보여 주기 때문에 이 시기는 그 어느 때보다 QA가 개발 프로세스에서 중심이 되는 시기이다.

개별 버그를 점검하고 토론하는 과정에서 때로는 격렬하게, 때로는 열띤 토론이 벌어지기도 하지만 항상 존중과 신뢰의 분위기 속에서 진행되기를 바란다. 이 시기는 모든 팀원이 최고의 게임을 만들기 위해 함께 노력하고 있다는 사실을 잊지 않는 것이 매우 중요한 시기이다. 분야나 부서에 따라 중요하게 생각하는 것이 다르기 때문에 갈등이 생길 수도 있다. 한 팀원에게는 사소해 보이는 버그가 다른 팀원에게는 큰 문제일 수 있다. 단기적인 목표를 넘어 무엇이 게임과 플레이어에게 가장 큰 도움이 될지 항상 생각해야 한다. 협력하면 남은 시간 동안 각 문제를 가장 잘 처리할 수 있는 방법을 찾을 수 있다.

특정 버그를 수정하는 작업은 게임에 다른 문제를 일으키기 쉽다. 게임 작동 방식에 전반적인 변화를 가져오는 버그 수정은 매우 위험하지만, 게임의 작은 부분에만 영향을 줄 수 있는 버그 수정은 일반적으로 그보다는 더 안전하다. 물론 테스트를 통해 새로운 문제를 발견해야 하지만 출시에 가까워질수록 새로운 문제가 발견되지 않을 가능성이 높아진다.

디지털 유통 시대에는 게임 출시 후 발생하는 문제를 해결하기 위해 업데이트를 할 수 있다. 그럼에도 포스트 프로덕션 단계에서는 여전히 주의를 기울여야 한다. 우리가 변경한 사항으로 인해 미처 발견하지 못한 문제가 여전히 큰 문제를 일으킬 수 있다. 인플루언서나 리뷰어에게 보내는 게임 빌드나 출시 빌드에서 심각한 버그가 발견되면 어떻게 하나? 사람들이 게임에 대해 부정적인 인상을 받거나 아예 게임을 플레이할 수 없게 되면 커리어를 쌓을 수 있는 기회를 놓칠 수도 있다. 심각하게 나쁜 버그가 담긴 동영상이 입소문을 타면 게임에 대한 시청자의 흥미를 쉽게 떨어뜨릴 수 있다.

포스트 프로덕션 버그 수정 과정에서 완전히 편집증에 빠지라는 말이 아니다. 경험이 많은 게임 디자이너라면 특정 버그 수정이 얼마나 위험한지 잘 알고 있다. 하지만 특히 포스트 프로덕션이 끝날 무렵에는 더욱 주의를 기울여야 한다. 최종 출시 마일스톤이 가까워질수록 새로운 문제를 발견하고 수정하는 데 필요한 시간이 부족해지기 때문에 더욱 안전하게 수정해야 한다. 응급 상황에서 환자를 분류한다는 자세로 포스트 프로덕션 단계에서의 버그 수정에 임하라. 수정해야 할 더 크고 위험한 버그의 우선순위를 정하여 먼저 해결하라.

폴리싱

베타 단계에서 게임이 완성되면 일부 콘텐츠의 생김새, 사운드 및 느낌을 개선하기 위해 약간의 변경을 통해 콘텐츠를 다듬을 수 있다. 이전 장에서는 1차 출시가 가능한 수준까지 콘텐츠를 구현하여, 콘텐츠를 개선할 시간이 좀 더 필요하더라도 출시는 할 수 있도록 하는 방법에 대해 설명했다. 우리의 1차 패스가 꽤 높은 수준으로 완성되었기를 바란다. 모든 종류의 장인 정신이 그렇듯이 경험이 쌓일수록 1차 패스의 완성도도 높아질 것이다.

전체적으로 포스트 프로덕션 시간이 많고 버그가 적을수록 콘텐츠 다듬기에 더 많은 시간을 할애할 수 있다. 반대로 포스트 프로덕션 시간이 많지 않고 수정해야 할 버그가 많으면 콘텐츠 다듬기에 할애할 수 있는 시간이 많지 않다. 보기에도, 듣기에도 좋지 않은 게임을 출시하고 싶은 사람은 아무도 없지만, 버그가 많은 게임은 성공할 가능성이 훨씬 더 낮다.

버그 수정과 마찬가지로 포스트 프로덕션 단계에서 게임을 다듬는 작업은 게임에 새로운 버그와 디자인 문제를 일으킬 수 있으므로 위험하다. 버그 수정과 마찬가지로 폴리싱에 필요한 변경 사항이 클수록 위험도 커진다. 특히 게임을 전체적으로 변경하는 주요 폴리싱 작업은 포스트 프로덕션 단계에서 가능한 한 빨리 처리해야 한다. 모든 폴리싱은 포스트 프로덕션 중반까지 완료해야 문제가 발생했을 때 이를 발견하고 수정할 시간을 확보할 수 있다.

밸런싱

브렌다 로메로Brenda Romero와 이안 슈라이버Ian Schreiber는 그들의 저서 《게임 디자이너를 위한 도전 과제Challenges for Game Designers》에서 게임 밸런스를 다음과 같이 정의한다.

> 밸런스: 게임 시스템의 상태를 "균형 잡힌" 또는 "불균형한"으로 설명하는 데 사용되는 용어이다. 밸런스가 맞지 않으면 플레이가 너무 쉽거나, 너무 어렵거나, 특정 플레이어 그룹에게만 최적화되어 있다. 균형이 잡힌 플레이는 타깃층에게 일관된 도전을 제공한다. 경쟁 멀티플레이어 게임의 경우, 어떤 전략이 근본적으로 다른 전략보다 우월해서는 안 되며, 플레이어가 게임의 도전 거리를 우회할 수 있는 편법이 존재하지 않아야 한다는 점도 포함한다. 또한 개별 게임 요소를 서로 "균형이 잡혔다"라고 말하기도 하는데, 이는 CCG의 카드나 FPS 또는 RPG의 무기처럼 획득하는 데 드는 비용이 효과에 비례한다는 의미이다.[4]

대부분의 게임 디자이너는 프리 프로덕션과 풀 프로덕션 과정에서 게임 디자인의 균형을 맞추기 위해 노력하며, 흥미롭고 즐거운 경험을 만들기 위해 메커니즘을 설정하고 숫자를 선택하고, 너무 쉽지도 어렵지도 않은 게임을 만들려고 노력한다. 하지만 게임의 밸런스를 베타 마일스톤까지 정확하게 맞추는 것은 어려울 수 있다. 프로젝트의 포스트 프로덕션 단계는 게임 밸런스를 미세 조정할 수 있는 마지막 기회이다.

이안 슈라이버는 자신의 블로그인 게임 밸런스 콘셉트에서 이렇게 말한다.

> 지나치게 단순화할 수도 있지만, 대부분 게임에서 밸런스는 게임에 어떤 숫자를 사용할지 파악하는 것이라고 할 수 있다.
>
> 그렇다면 게임에 숫자나 수학이 전혀 포함되지 않는다면 어떨까? 예를 들어 술래잡기 게임에는 숫자가 없다. 그렇다면 술래잡기에는 '게임 밸런스'라는 개념이 무의미하다는 뜻일까?
>
> 술래잡기에는 실제로 각 플레이어가 얼마나 빨리, 얼마나 오래 달릴 수 있는지, 플레이어가 서로 얼마나 가까이 있는지, 플레이 영역의 크기, 어떤 플레이어가 술래가 되는 시간 등의 숫자가 있다. 프로 스포츠가 아니기 때문에 이러한 통계를 추적하지는 않지만, 만약 프로 스포츠였다면 모든 종류의 숫자가 적힌 트레이딩 카드와 웹사이트가 있을 것이라고 믿어도 좋다!
>
> 따라서 모든 게임에는 (숨겨져 있거나 암시적이더라도) 실제로 숫자가 있으며, 이러한 숫자의 목적은 게임 상태를 설명하는 것이다.[5]

---

4 Brenda Brathwaite and Ian Schreiber, 《Challenges for Game Designers》, Course Technology/Cengage Learning, 2009, p.35.

5 Ian Schreiber, "Level 1: Intro to Game Balance", Game Balance Concepts, 2010. 07. 07., https://gamebalanceconcepts.wordpress.com/2010/07/07/level-1-intro-to-game-balance/.

알파에 도달하면 게임의 모든 메커니즘이 갖춰져 기능적으로 완성된다. 베타에서 포스트 프로덕션 단계로 넘어가면 메커니즘을 추가하거나 변경하여 게임의 밸런스를 맞출 수 있는 기회는 사라진다. 게임의 모든 수치가 입력되어 있으며, 이미 게임의 밸런스가 꽤 잘 잡혀 있기를 바란다. 포스트 프로덕션 단계에서 밸런스를 수정할 때는 이러한 숫자의 값을 천천히 신중하게 조정하여 작업한다.

물론 게임 막바지에 변경할 수 없는 값도 있다. 13장에서 설명했듯이 플레이어 캐릭터의 점프 높이를 조금이라도 낮추면 캐릭터가 게임에서 점프해야 하는 난간에 도달하지 못해 게임 전체가 망가질 수 있다.

그러나 일부 값은 게임에 도움이 되도록 변경할 수 있다. 예를 들어 액션 게임에서 캐릭터의 이동과 전투 인터랙션에 적용되는 숫자를 조금만 변경하면 게임의 난이도를 조금 더 쉽게 또는 더 어렵게 만들 수 있다. 또한 자원이 축적되는 속도를 조금만 변경해도 전략 게임의 진행 속도에 큰 영향을 미칠 수 있다. 내러티브 게임에서는 텍스트가 표시되는 속도를 조금만 변경하면 플레이어가 스토리를 따라가는 데 도움이 될 수 있고 드라마의 전개에 포인트를 줄 수 있다. 다시 한번 말하지만, 개발 내내 이 숫자를 잘 활용했으면 좋겠다. 큰 변경을 해야 한다면 포스트 프로덕션 초기에 변경하여 바람직하지 않은 결과를 발견할 수 있는 시간을 확보하라.

게임 밸런싱을 조정할 때는 한 번에 하나의 값만 변경한 다음 게임을 철저히 테스트하는 것이 중요하다. 두 가지 값을 조정한 후 마음에 들지 않는 변경 사항이 나타나면 어떤 변경 사항에서 비롯된 것인지 확실히 알 수 없다. 일반적으로 한 가지만 변경한 다음 게임을 테스트하는 것이 좋은 게임 디자인 방식이다. 풀 프로덕션 과정에서 게임을 제작할 때 항상 이렇게 할 수 있는 것은 아니지만, 포스트 프로덕션 단계로 갈수록 무엇 하나라도 변경한 다음 테스트하는 것이 더욱 중요해진다.

게임 밸런싱을 하다 보면 작은 변경을 했다가 다시 되돌리며 세부적인 부분에서 길을 잃고 빙빙 돌기 쉽다. 이런 문제가 발생하면 외부의 도움을 받아 올바른 방향으로 나아갈 수 있도록 하라. 게임에 완벽한 밸런스를 찾을 수는 없지만, 포스트 프로덕션 단계에서 밸런스를 조정할 시간을 확보하면 완벽에 가까워질 확률이 높아진다.

이 주제에 대해 더 자세히 알고 싶다면 제시 셸의 《아트 오브 게임 디자인》에서 게임 밸런스에 대한 훌륭한 조언을 많이 찾아볼 수 있다.[6]

---

6 Jesse Schell, 《The Art of Game Design: A Book of Lenses》, CRC Press, 2008, p.211.

포스트 프로덕션의 특성

포스트 프로덕션은 마라톤의 막바지와 같다. 지쳐서 결승선을 향해 절뚝거리며 빨리 끝내고 싶을 수도 있다. 하지만 올바른 업무 방식을 따르고, 프로젝트의 범위를 적절히 설정하고, 개발 과정에서 스스로 페이스를 조절했다면 피곤하긴 하지만 아직 에너지가 남아 있을 수 있다. 게임이 잘 완성되려면 프로젝트의 마지막 단계에서 올바른 결정을 내릴 수 있어야 하므로 배터리에 약간의 충전이 남아 있도록 최선을 다하는 것이 중요하다.

포스트 프로덕션에서 하는 작업은 매우 중요하다. 나는 포스트 프로덕션을 카드 집을 지은 후 마지막 두 장의 카드를 조심스럽게 맨 위에 올려놓는 시간이라고 생각한다. 작은 실수 하나가 모든 것을 무너뜨릴 수 있다. 사소해 보이지만 게임 경험에 큰 악영향을 미치는 디자인 변경을 하고도 게임을 출시하기 전에 이를 발견하지 못한다면 큰 문제가 발생할 수 있다.

평소에는 신중하고 체계적으로 행동하는 사람도 지치면 실수를 할 수 있다. 그렇기 때문에 게임 프로젝트를 진행하는 동안 충분한 수면, 운동, 사교 시간을 갖고, 건강하게 식사하고, 그 밖에 활력 넘치는 삶을 위해 필요한 모든 일을 하는 등 자신을 돌보는 것이 매우 중요하다. 이를 통해 효율적인 방식으로 훌륭한 게임을 만들 수 있는 여건을 조성할 수 있기 때문에, 프로젝트 기간 내내 건강한 라이프 스타일을 유지하는 것 자체도 게임 디자인 작업의 일부이다.

관점의 이동

'관점의 이동Mobility of Viewpoint'은 문학 이론가와 철학자들이 사용하는 개념으로, 게임 디자이너에게도 유용하다고 생각한다.[7] 이 개념은 여러 가지 방식으로 적용할 수 있지만, 본질적으로 관객이나 아티스트, 플레이어, 디자이너 등 다양한 관점을 전환할 수 있다는 것이다. 관점이 달라지면 작업 방식, 우선순위, 가치, 사고방식도 달라진다.

나는 게임 디자이너에게 필요한 관점의 이동에 대해 다음과 같이 생각한다.

- 게임에 대한 플레이어의 관점.
- 전체 게임 또는 게임의 일부에 대한 디자이너의 매크로적 관점.
- 게임의 세부 사항에 대한 디자이너의 매크로적 관점.
- 게임 속 가상의 세계에 대한 플레이어 캐릭터의 관점(또는 플레이어 캐릭터가 여러 명인 경우, 플레이어 캐릭터들의 관점).
- 게임 속 세계에 대한 게임 내 다른 캐릭터의 관점.
- 특정 분야의 개발 팀이 게임을 보는 관점. 예를 들어, 프로그래머나 아티스트가 게임을 보는 관점.
- 게임을 담당할 다른 전문가(예: 마케팅 담당자 및 커뮤니티 관리자)가 게임을 보는 관점.

세상의 다양한 사람들이 게임을 바라보는 방식과 게임 속 가상의 캐릭터가 자신의 세계, 자신, 목표, 가치관, 행동을 바라보는 방식에 대해 연구하면서 이 목록을 계속 확장할 수 있다. 내 경험상 게임을 바라보는 다양한 관점을 빠르게 전환할 수 있는, 관점의 이동이 뛰어난 게임 개발자는 창의적으로 문제를 해결하고 높은 수준으로 협업할 수 있는 경우가 많았다. 관점의 이동은 복잡하고 창의적이며 기술적인 예술 분야에서 필수적인 '여러 분야 간 협업'에 매우 중요하다.

게임 디렉터는 다양한 전문 분야의 관점에서 게임을 바라보고, 가상의 캐릭터가 보는 것처럼 게임 세계를 바라봐야 하며, 항상 플레이어의 경험을 대변해야 한다. 게임 디렉터의 진로를 목표로 삼고 있다면 연습과 토론을 통해 관점을 이동하는 능력을 키워야 한다.

열린 마음은 어떤 면에서 관점의 이동과 동의어이므로 서로 다른 관점, 심지어 모순되는 관점에도 열려 있는 사고방식을 기르도록 노력하라. 나는 피곤할수록 때로는 감정적인 이유로 새로운 아이디어를 덜 받아들이는 경향이 있다. 나는 종종 "지쳐서 그냥 일을 끝내고 싶은데 왜 다른 방법을 생각해

---

7 "세드릭 와츠Cedric Watts는 콘래드Conrad의 가장 복잡한 소설인 《노스트로모Nostromo》를 시간, 공간, 초점 및 기타 측면과 관련하여 엄청난 '관점의 이동성'이라는 측면에서 특징지었다.", Peter Child, 《Modernism, 2nd ed》, Routledge, 2008, p.85.

보라고 하는 거야?"같은 까칠한 반응을 보이기도 했다. 이는 프로젝트의 전체 과정에서 건강하게 일하고 지치지 않도록 해야 하는 또 다른 이유이기도 하다.

포스트 프로덕션은 게임을 바라보는 다양한 관점을 매우 빠르게 전환해야 하는 시기이다. 하나의 버그를 수정하고 회귀 테스트를 하려면 플레이어, 버그를 작성한 사람, 버그를 전달한 사람, 버그를 수정하는 데 도움이 필요한 사람, 더 중요하다고 생각되는 다른 버그로 도움이 필요한 사람, 리드 프로듀서, 게임 디렉터, 프로덕트 매니저, 마케팅 팀 등 수십 가지 관점에서 게임을 바라봐야 할 수 있다. 게임을 다듬고 밸런스를 맞추는 작업도 마찬가지이다.

다양한 관점을 통해 문제에 대한 최적의 해결책을 찾고, 팀원 간의 원활한 협업을 촉진하며, 게임이 전 세계적으로 성공할 수 있도록 도울 수 있다.

포스트 프로덕션 웨이브

작업을 종료하는 단계는 포스트 프로덕션의 흥미로운 부분이다. 대규모 팀에서는 여러 분야가 서로 다른 시점에 프로젝트 작업을 완료하여 단계적으로 또는 웨이브별로 게임을 완성한다. 팀원 모두가 마지막까지 게임에 손을 대면 누군가가 출시 전에 발견하지 못할 문제를 만들 확률이 높다. 따라서 단계적으로 프로젝트에서 사람들을 내보내고 점점 더 적은 수의 사람들에게 작업을 넘겨야 한다.

대규모 팀과 함께 일한 경험에 따르면 이 과정은 다음과 같이 진행되었다. 먼저 포스트 프로덕션의 '끝이 시작되는 시점'의 마일스톤을 설정한다. 이때 콘텐츠와 관련된 모든 버그를 수정해야 한다. 이 마일스톤이 되면 거의 모든 아티스트, 애니메이터, 오디오 디자이너, 시각 효과 아티스트가 모든 버그를 수정하거나 종료하고 게임에 대한 작업을 중단해야 한다. 마지막 몇 개의 심각한 버그는 해당 분야의 리더에게 전달하고, 리더는 가능한 한 빨리 버그를 수정한다.

그 후 곧 게임 디자이너를 위한 마일스톤이 설정되는데, 게임 디자이너는 이벤트 스크립팅, 보이지 않는 '트리거 볼륨', 카메라의 곡선 처리, 또는 제작 중인 게임 스타일과 관련된 모든 버그 수정을 완료해야 한다. 다시 말하지만, 게임 디자이너는 이 다음 마일스톤까지 버그를 수정하거나 종료하고 게임 작업을 중단해야 하며, 어려운 마지막 수정 사항은 리드 게임 디자이너가 해결해야 한다.

QA는 이 기간 동안 계속 작업하면서 수정되었다고 표시된 버그를 회귀 테스트하고 새로운 버그가 나타나는지 주시할 것이다. 마지막 마일스톤은 프로그래머에게 맡겨지며, 그들은 마지막 버그를 수정하거나 종료한다. 결국, 리드 프로그래머는 마지막 버그를 수정하여 게임이라는 카드의 집을 조심스럽게 완성할 것이다. 이제 게임은 출시 후보 마일스톤에 도달했으며 출시 전 마지막 대규모 테스트를 거칠 준비가 되었다.

이러한 한 작업의 웨이브가 끝날 때마다 프로젝트에서 물러나는 사람들을 지켜보는 데에는 종종 감정적인 어려움이 따른다. 게임이 완성되기를 간절히 바라지만 이제는 완성에 직접적으로 기여할 수 없는 림보 상태에서 다음 일어날 일을 기다리는 것과 같은 것이다. 시험 결과나 출산과 같이 자신과 깊이 관련된 일의 결과를 기다렸던 때를 떠올려 보라. '끝났지만 아직 끝나지 않은' 느낌이 강하게 들며, 많은 사람들이 불안하고 해결되지 않는다고 느낀다.

게임이 어떻게 나오든 최선을 다했다는 것을 상기하며 이 불안한 기분을 참고 견디는 것 외에 할 수 있는 일은 많지 않다. 지금은 올바른 식습관, 운동, 기타 자기 관리를 통해 건강과 삶의 질에 더욱 집중할 수 있는 좋은 시기이다. 또한 친구와 가족을 돌아보기에 좋은 시기이기도 하다.

~ * ~

게임 개발 프로젝트 전체에 걸쳐 좋은 마음을 유지하려고 노력하는 것이 중요하며, 특히 포스트 프로덕션 단계에서 리더십을 발휘하는 사람들에게는 두 배로 더 중요하다. 포스트 프로덕션은 팀 전체에게 힘들고 스트레스를 주는 단계이지만, 아직 복잡한 작업이 남아 있기 때문에 기분이 나쁘거나 말다툼이 생기면 더욱 힘들어질 수 있다.

그렇다고 해서 불안하거나 짜증이 날 때 가짜 미소를 지어야 한다는 뜻은 아니다. 다만 우리의 기분이 다른 사람에게 미치는 영향을 계속 인식해야 한다는 뜻이다. 게임 팀 외부의 친구나 가족에게 이야기하는 등 힘든 감정을 표출할 수 있는 적절한 시간과 장소를 찾아야 한다. 게임을 완성하고 원하는 만큼 훌륭한 게임을 만들기 위해 고군분투하는 후반 작업은 매우 힘들 수 있지만 우리 모두가 긍정적인 시각을 유지하려고 노력한다면 작업이 조금 더 쉬워질 것이다.

다음 몇 장에서는 마지막 단계인 출시 후보 마일스톤에 대해 이야기하고, '인증Cert'이라고 알려진 프로세스에서 출시 후보에 어떤 일이 발생하는지 설명하려고 한다. 포스트 프로덕션 단계에서 주의해야 할 몇 가지 다른 사항을 살펴보고, 최종적으로 작업을 완료했을 때 우리와 게임에 어떤 일이 발생할 수 있는지 살펴볼 것이다.

33장
출시 후보 마일스톤

출시 후보 마일스톤은 마침내 출시할 준비가 되었다고 판단되는 게임 빌드를 만들었을 때를 말한다. 수정해야 하는 모든 버그를 수정하고, 시간적 여유 내에서 가능한 모든 폴리싱 작업을 완료했으며, 게임의 밸런스를 최대한 맞췄다. 게임을 철저히 테스트했으며, 우리가 알고 있는 큰 문제는 없다. 이제 게임을 배포할 준비가 되었다는 승인을 받기 위해 마지막 테스트를 진행할 준비가 되었다. 출시 후보 마일스톤을 달성하는 것을 "실버 출시Going Silver"라고도 하며, 실버는 골드 출시 전 단계이다.

이 책 전체에서 출시 후보 마일스톤이 디지털 게임 프로젝트의 최종 마일스톤이라고 말했다. 하지만 이는 사실이 아니다. 소프트웨어 출시는 복잡한 과정이며, 포스트 프로덕션 단계가 단계적으로 진행되듯이 프로젝트의 마지막에는 또 다른 마일스톤이 숨겨져 있다. 출시 후보 빌드를 철저히 테스트하고 나면 연금술처럼 은에서 금으로 변환되어 골드 마스터 빌드가 되고, 골드 마스터 마일스톤(안정적 릴리스 또는 제조 빌드라고도 함)을 달성하게 된다.

골드 마스터 빌드는 1990년대 초에 사용되었던 기록 가능한 CD-ROM 디스크에서 그 이름을 따온 것으로, 일부 디스크는 유기 염료 또는 실제 금 금속을 사용하여 데이터를 기록했기 때문에 황금색을 띠었다.[1] 실제 골드 마스터 디스크는 게임 스튜디오 또는 퍼블리셔가 제작하여 제조 공장으로 보내고, 게임 스토어에서 판매되는 카트리지, 플로피 디스크 또는 CD-ROM에 복제된다. 오늘날에는 마우스 클릭 몇 번으로 인터넷을 통해 이 정보를 전송하고 온라인으로 배포할 수 있다.

즉, 출시 후보 마일스톤이 되면 프로젝트의 프로그래머, 디렉터, 프로듀서가 한 발짝 물러나서 이렇게 말할 것이다. "이제 게임이 완성된 것 같다. 좀 더 테스트해 보고 정말 그런지 확인해 보자. 그러면 출시 준비가 완료된 골드 마스터를 만나게 될 것이다."

---

1 "CD-R", Wikipedia, https://en.wikipedia.org/wiki/CD-R.

출시 후보에 필요한 것은 무엇인가?

게임 팀의 입장에서 보면 출시 후보란 디지털 게임의 한 버전으로, 다음과 같은 속성을 지닌다.

- 피처와 콘텐츠 측면에서 완벽함.
- 피처와 콘텐츠 모두 다듬는 시간을 가짐.
- 게임 밸런싱을 위한 시간을 가짐.
- 테스트가 충분히 오래 진행되어 모든 중요한 버그를 발견했다고 합리적으로 확신할 수 있음.
- 게임을 출시를 막는 모든 버그가 수정 및 회귀 테스트됨(실제로 수정되었는지 확인하기 위해).
- 수정하지 않기로 결정한 버그를 종료 처리함.

이 마지막 내용은 많은 독자에게 이상하거나 심지어 끔찍하게 들릴 수도 있다. 어떻게 버그가 있는 게임을 출시할 수 있을까? 나도 오랫동안 이 생각에 반기를 들었다. 내가 만든 게임의 높은 품질을 중요하게 생각하는 게임 디자이너로서 버그가 있는 게임을 출시한다는 생각은 나에게 혐오스러운 일이었다.

하지만 나는 결국 이를 소프트웨어 개발의 현실로 받아들여야 했다. 여기서 말하는 버그는 게임 플레이에 문제를 일으킬 수 있는 버그를 말하는 것이 아니다. 그런 버그는 당연히 수정해야 한다. 게임의 주관적인 경험에 따라 버그의 존재 여부를 판단해야 하는 경우에만 버그를 닫아야 한다. 버그가 게임 플레이에 영향을 미치지 않고 많은 플레이어가 버그를 알아차리지 못한다면, 특히 버그를 수정할 시간이 부족하고 더 심각한 버그가 남아 있는 경우에는 버그를 종료 처리하는 것을 고려할 수 있다.

출시 후보 빌드를 준비하기 위해 해야 할 다른 작업도 있다. 이러한 작업은 포스트 프로덕션 단계에서 베타 마일스톤을 달성하기 위해 조기에 필요할 수 있다는 점에 유의하라.

- 디버그 메뉴와 단축키 조합은 빌드에서 제거해야 한다. 예를 들어, 개발자는 종종 게임 내에서 순간이동, 플레이어 캐릭터를 무적으로 만들기, 무제한 리소스 제공, 게임의 기술 시스템 분석 등의 기능을 위한 메뉴와 단축키를 빌드에 넣는다.
- 지속적인 화면 디버그 판독값(예: 프레임 레이트 표시)은 빌드에서 제거해야 한다.
- 게임 인증 프로세스에서 요구하는 모든 콘텐츠와 기능을 아직 만들지 않았다면 이제 완성해야 한다. 이에 대해서는 34장에서 더 자세히 설명하겠다.

출시 후보를 준비했으면 이제 테스트할 준비가 된 것이다.

출시 후보에서 골드 마스터로

골드 마스터로 가기 위해 출시 후보를 테스트하는 과정은 매우 까다롭다. 복잡하고 포괄적인 테스트 계획, 숙련된 품질 보증 인력, 일부 엔지니어, 프로듀서 및 기타 팀원과 소식장들이 필요하다. 때로는 아티스트, 애니메이터, 오디오 디자이너, 게임 디자이너도 필요하다.

QA 팀은 어려운 사건을 해결하는 탐정처럼 독수리눈을 가지고 빌드를 샅샅이 뒤져 버그를 찾아야 한다. 이들은 드물게 발생하거나 플레이어가 게임에서 비정상적이고 예상치 못한 행동을 할 때만 발생하는 고약하고 숨어 있는 버그를 찾는다. 물론 이 모든 작업은 일반적인 QA 업무의 일부이지만, QA 테스트의 마지막 단계에서는 그 중요성이 더욱 커진다.

QA는 게임을 실행 중이지만 며칠 동안 유휴 상태로 두어 충돌이 발생하지 않는지 확인하는 '담금 테스트Soak Test'를 수행한다. 게임의 모든 가능성을 마지막으로 한 번 더 점검하여 모든 것이 제대로 작동하는지 확인한다. 게임이 퍼블리셔 또는 플랫폼 보유자가 발행한 인증 요구 사항을 충족하는지 확인하는데, 이에 대해서는 다음 장에서 설명한다.

문제가 발견되면 팀 리더들이 모여 논의하고 문제가 출시 후보를 변경해야 할 정도로 심각한지 여부를 확인한다. 이전 장에서 설명했듯이 게임을 변경할 때마다 의도치 않게 새로운 문제가 발생할 위험이 있다. 일부 QA 부서에서는 코드를 하나 변경할 때마다 출시 후보 테스트 시계를 0으로 설정하여 전체 프로세스를 처음부터 다시 시작한다.

이런 식으로 골드 마스터 빌드를 향해 힘겹게 나아간다. 물론 리소스가 제한된 소규모 팀에게는 이 프로젝트 단계가 매우 어려울 수 있다. 이러한 부담을 덜어줄 수 있는 게임 QA 스튜디오가 있지만 예산이 없는 팀은 직접 테스트를 수행해야 한다.

프로 팀은 팀의 리소스와 자금에 적합한 방법으로 게임을 출시 후보에서 골드 마스터로 승격하는 과정을 거쳐야 한다. 교육 환경에서 게임 프로젝트를 골드 마스터까지 진행해야 하는지, 아니면 출시 후보 마일스톤에서 완료된 것으로 간주할 수 있는지에 대한 의문이 있다. 내 생각에는 한 학기 정도의 짧은 교육용 게임 프로젝트는 출시 후보 마일스톤에서 완료된 것으로 간주할 수 있지만 '논문 프로젝트나 캡스톤 프로젝트로 사용되는 1년짜리 프로젝트'는 프로세스의 마지막 단계에서 얻은 배움이 가치 있고 전문성을 키워주기 때문에 골드 마스터 단계까지 진행해야 한다고 생각한다. 물론 교과 과정의 일부로 상업용 플랫폼에 작품을 게시하는 학생 팀도 골드 마스터로 프로젝트를 가져가야 하며 인증 절차를 거쳐야 할 수도 있다.

게임 출시

출시 후보에 대한 검수가 완료되면 골드 마스터 마일스톤에 도달한 것으로 간주하고 게임 출시의 다음 단계로 넘어갈 수 있다. 자체 웹사이트나 다른 방법으로 게임을 출시하는 경우, 게임을 다운로드할 수 있도록 하여 출시하면 된다.

스팀이나 구글 플레이 스토어와 같은 서비스에 게임을 출시하는 경우, 짧은 신청 및 승인 절차를 거쳐야 하며 수수료를 지불해야 할 수도 있다. 플랫폼 소유자는 게임을 검토한 후 자사 서비스에서 배포를 승인하거나 거부할 수 있다.

콘솔에 게임을 출시하지 않더라도 게임을 출시하는 것은 단순히 온라인에 올리는 것만큼 간단하지 않다. 사람들이 게임을 발견하게 하려면 홍보가 필요하다. 이에 대해서는 35장에서 더 자세히 설명하겠다.

34장
인증 프로세스

소니, 마이크로소프트, 닌텐도와 같은 플랫폼 보유자가 만든 게임 콘솔용 게임을 제작하거나 애플 생태계의 모바일 플랫폼에 출시하려는 경우, 해당 플랫폼의 인증 절차를 통과해야 한다. 이를 제출 프로세스, 규정 준수 테스트 또는 '인증 통과Passing Cert'라고도 한다.

7장에서는 이러한 유형의 하드웨어 플랫폼 개발자가 되는 방법에 대해 설명했다. 플랫폼 보유자로부터 해당 플랫폼의 개발자로 승인을 받으면 게임을 플랫폼에 출시하기 전에 충족해야 하는 요구 사항 목록을 받게 된다. 여기에는 다음이 포함된다.

- 기술적 요구 사항: 화면 해상도 및 재생률, 디스크 또는 드라이브 액세스 속도, 프로세서 처리 방식 등의 고려 사항을 포함하여 게임에서 플랫폼의 하드웨어 및 소프트웨어 라이브러리를 사용하는 방식.
- 품질 관리: 게임에 버그가 없고 인터페이스 사용성이 우수해야 하는 정도.
- 게임 복제를 방지하고 사용자의 개인 정보를 보호하는 메커니즘 측면의 보안.
- 콘텐츠, 특정 이미지, 사운드 및 주제의 허용 여부, 게임에서 다국어를 처리하는 방법.
- 특정 표준과 규칙을 반드시 준수해야 하는 업적과 같은 게임 플레이 시스템.
- 브랜딩, 게임 컨트롤러와 관련된 이미지를 포함하여 회사 및 게임 시스템의 로고 사용 및 변경 방법.
- 플랫폼 소유자의 온라인 스토어에서 게임을 판매하는 데 필요한 에셋: 텍스트, 이미지, 동영상, 아이콘.
- 콘텐츠 등급(이 장의 마지막 부분에서 설명함).
- 게임 출시 지역에 따른 현지화 요구 사항.
- 가격: 게임 판매 시 책정되는 가격.

인증 요구 사항 문서에는 일반적으로 게임을 출시하기 전에 충족해야 하는 수백 가지의 세부 요구 사항이 포함되어 있다. 모든 회사는 저마다 다른 인증 요구 사항이 있으며, 각각 다른 이름을 사용한다. 소니 플레이스테이션에서는 “기술 요구 사항 체크리스트Technical Requirements Checklist”의 약자로 TRC라고 한다. 마이크로소프트 엑스박스의 경우 “기술 인증 요구 사항Technical Certification Requirements”을 뜻하는 TCR이라고 한다. 닌텐도의 인증 시스템은 “로트체크LotCheck” 프로세스라고 알려져 있다. 이들은 일반적인 측면에서는 비슷하지만 세부적인 부분, 예를 들어 플레이어 데이터, 멀티플레이어, 업적 등을 처리하는 방식에 큰 차이가 있다. 한 번에 여러 플랫폼을 대상으로 개발하는 경우 인증 요건을 자세히 살펴보고 차이점을 고려하여 게임을 설계해야 한다.

대부분의 회사에서는 게임 개발에 중점을 둔 기술 프로세스와 게임을 시장에 출시하는 데 중점을 둔 퍼블리싱 프로세스를 동시에 진행한다는 점에 유의하라. 트레이시 풀러턴은 이렇게 말했다. “서로 다른 두 가지 스케줄로 진행되는 매우 다른 프로세스이다. 퍼블리싱/마케팅이 먼저 시작되고 기술적인 부분이 나중에 시작된다. 그런 다음 마지막에 퍼블리싱이 다시 돌아와서 출시 전 언론 홍보를 담당하고 실제 출시가 이루어진다.” 따라서 플랫폼 홀더의 회사에서 개발과 퍼블리싱을 담당하는 두 개의 다른 부서와 협력해야 할 수도 있다는 점을 명심하라.

인증 프로세스 타임라인

게임 스튜디오는 개발사로 승인될 때 인증 요건 목록을 받게 된다. 인증을 처음 또는 완전히 통과하기 위해서는 게임 개발 전반에 걸쳐 요구 사항을 공부해야 한다. 이 작업은 일찍 시작할수록 좋다. 개발자는 프로젝트 시작 단계인 프리 프로덕션 단계부터 인증 요건에 대해 전반적으로 잘 이해하고 있어야 한다. 풀 프로덕션 단계는 인증 요구 사항을 자세히 연구하기 시작하기에 좋은 시기이며, 알파 단계에서는 이를 명확하게 이해해야 한다.

개발자는 출시 후보 빌드가 충분한 테스트를 거쳤고 인증 프로세스를 통과하지 못할 문제가 없다고 확신하면 몇 가지 서류를 작성하여 플랫폼 소유자에게 제출한다. 그러면 플랫폼 보유자는 게임이 인증 요건을 준수하는지 확인하기 위해 테스트 및 평가 프로세스에 게임을 투입한다.

게임이 기술 인증 프로세스에 제출되는 것과 동시에 개발자는 플랫폼 홀더의 퍼블리싱 부서와 협력하여 디지털 배포 스토어에 게임을 설정할 것이다. 이 시기는 신중하게 계획하고 게임 출시 계획에 반영해야 하며, 이는 마케팅 및 소셜 미디어를 통해 게임의 잠재 고객을 확보하는 스케줄에도 영향을 미친다. 예를 들어, 게임이 인증을 통과한 후에야 언론과 리뷰어를 위한 프로모션 코드를 생성하여 게임에 대한 입소문을 낼 수 있다.

인증 합격 및 불합격

인증 프로세스의 가장 좋은 결과는 플랫폼 보유자가 게임에서 인증 통과에 방해가 되는 문제를 발견하지 못하는 것이다. 그러면 게임이 인증 요구 사항을 준수하는 것으로 판단되어 진정한 "골드 등급 Gone Gold"을 획득한 것이다. 이 게임은 출시 프로세스로 넘어갈 수 있다.

플랫폼 보유자가 한 가지 주요 문제(또는 몇 가지 작은 문제)만 발견하면 일반적으로 게임은 인증에 실패한 것이다. 플랫폼 보유자는 게임 테스트를 중단하고 인증 프로세스에서 게임을 제외하여 개발자에게 문제에 대한 설명과 함께 게임을 다시 보낸다. 게임 개발자가 플랫폼에 계속 퍼블리싱을 하려면 문제를 해결한 다음 게임을 다시 인증 프로세스에 통과시키기 위해 (잠재적으로 매우 큰) 수수료를 지불하고 다시 제출해야 한다. 게임에 여러 가지 중대한 문제가 있고 첫 번째 문제가 발견되었을 때 인증이 취소된 경우, 개발자가 다시 제출하기 전에 다른 문제를 발견하지 못하면 게임에 큰 문제가 될 수 있다.

개발자는 인증 실패를 피하기 위해 최선을 다해야 한다. 인증은 엄격한 테스트와 평가 과정을 거치는 데 보통 최소 일주일 이상의 시간이 걸린다. 즉, 인증 절차를 두세 번 거치게 되면 예상 출시일을 한 달 정도 놓칠 수 있는데, 이는 미디어 소비와 시청자의 관심이 집중되는 오늘날의 환경에서는 시간 낭비이다.

인증 통과 후 게임 업데이트

게임 개발자는 종종 게임을 '패치'해야 한다. 패치는 게임 빌드의 일부 또는 전체 게임을 교체하고 업데이트하는 작업이다. 게임 패치를 통해 문제를 해결하고 때로는 콘텐츠와 기능을 추가하는 업데이트를 진행하기도 한다. 라이브 운영 게임(일회성 제품이 아닌 지속적인 서비스로 운영되는 게임)은 지속적으로 패치를 적용하고 업데이트해야 한다.

대부분의 플랫폼 홀더의 경우 모든 후속 패치가 개별적으로 인증을 통과해야 하는 것은 아니다. 일반적으로 첫 번째 및 기본 인증 프로세스와는 별개의(그러나 유사한) 프로세스가 있으며, 이 프로세스를 통과하면 개발자는 어느 정도 자유롭게 게임을 패치할 수 있다.

콘텐츠 등급

게임을 출시하는 지역에 따라 게임을 출시하기 전에 콘텐츠 등급을 받아야 할 수도 있다. 콘텐츠 등급은 게임이 특정 연령대에 적합하다는 것을 나타내며, 각 지역의 등급위원회에서 발급한다. 디지털 게임의 실제 사본을 소유하고 있다면 상자에 표시된 콘텐츠 등급을 봤을 것이다. 캐나다, 멕시코, 미국에서는 ESRB에서, 유럽에서는 PEGI에서, 세계 기타 여러 기관에서 콘텐츠 등급을 발급한다.[1] 그러나 대부분의 콘솔 플랫폼 보유업체는 비용과 복잡성을 줄이기 위해 국제연령등급연합International Age Rating Coalition(IARC)의 기준을 사용하는 방향으로 전환하고 있다.[2]

콘텐츠 등급을 받는 절차는 인증 절차와는 별개이지만 어느 정도 유사하다. 게임은 출시 지역의 등급위원회에 제출되며, 때로는 수수료가 부과되기도 한다. (등급위원회는 일반적으로 해당 지역의 정부 및 디지털 게임 무역 협회와 연계되어 있다.) 그런 다음 게임이 심의되고 등급이 지정된다. 등급에는 연령 카테고리와 게임에 포함된 콘텐츠의 종류를 설명하는 콘텐츠 설명이 모두 포함될 수 있다. 개발사 및/또는 퍼블리셔가 원하는 콘텐츠 등급을 받지 못한 경우, 게임을 변경하여 다시 제출하거나 등급 결정에 대해 이의를 제기할 수 있다.

전 세계 많은 지역에서 콘텐츠 등급은 선택 사항이며, 온라인으로 출시되는 모든 게임이 공식 콘텐츠 등급을 받을 필요는 없다. 그러나 게임 콘솔로 출시되는 대부분의 게임은 플랫폼 소유자의 인증 요건에 따라 콘텐츠 등급을 받아야 하며, 인증 절차에 들어가기 전에 반드시 등급을 받아야 한다. 게임 출시 과정에서 겪을 수 있는 다양한 콘텐츠 등급 시스템과 인증 프로세스에서 발생하는 문제를 처리하는 것은 어려울 수 있으며, 이는 게임 퍼블리셔가 게임 개발자에게 큰 도움을 제공할 수 있는 분야 중 하나이다.

몇 가지 인증 요구 사항 예시

제시 비질Jesse Vigil은 작가, 게임 디자이너, 영화 제작자, 기업가, 교육자로 USC 게임 프로그램에서 강의하고 있다. 그는 게임 업계에서 사용되는 인증 요건을 모델로 한 일련의 예시 인증 요건을 개발했다. 학생들은 수업에서 게임을 제작할 때 이러한 요구 사항을 준수하여 전문적인 환경에서 '골드 등급'을 획득하는 데 필요한 까다로운 프로세스를 경험하게 된다.

제시의 인증 요구 사항은 모든 게임 개발자가 게임을 완성하는 방법을 배울 때 유용한 도구이며, 그

1 "Video Game Content Rating System", Wikipedia, https://en.wikipedia.org/wiki/Video_game _content_rating_system.

2 "International Age Rating Coalition", Wikipedia, https://en.wikipedia.org/wiki/International _Age_Rating_Coalition.

의 허락을 받아 그림 34.1에 옮겨 놓았다. 이 중 일부는 베타 마일스톤과 관련이 있으므로 늦어도 알파까지는 개발 팀에 제공되어야 한다. 제시와 나는 여러분이 이 인증 요구 사항 예시를 유용하게 사용하길 바란다.

비디오 게임 인증 요건 예시
작성자: 제시 비질, USC 게임즈

1.1 컨슈머 하드웨어에서 플레이 가능

요구 사항: 개발자가 명시한 최소 사양 및 대상 OS를 충족하는 모든 기기에서 게임을 설치하고 실행할 수 있다.

설명:

개발자의 개인 하드웨어에서만 실행되는 게임은 허용되지 않는다. 패키지 실행 파일, 웹 빌드 또는 모바일 패키지는 제출 전에 퍼블리셔(강사)가 지정한 테스트/배포 장치에 설치해야 한다. 1.2를 준수해야 한다.

1.2 타사 플러그인 및 드라이버

요구 사항: 베타 마일스톤 이전에 타사 플러그인을 실행 파일에 통합하거나 퍼블리셔에 알려 줘야 한다.

설명:

타사 플러그인(컨트롤러 지원, 네트워킹 바로 가기 등)은 컨슈머 하드웨어에서 게임을 설치하고 플레이하는 데 특별한 설치 프로그램이나 추가 권한이 필요하지 않은 한 사용할 수 있다. 최종 사용자에게 설치 권한(특수 하드웨어 드라이버 포함)이 필요한 플러그인은 늦어도 베타 마일스톤까지 퍼블리셔(강사)의 신고 및 승인을 받아야 한다.

1.3 최소 프론트엔드 요구 사항

요구 사항: 모든 게임에는 최소한의 프론트엔드 기능과 콘텐츠가 포함되어야 한다.

설명:

최소한의 프론트엔드 기능 및 콘텐츠는 다음과 같다.

- 퍼블리셔 또는 게임 프로그램의 스플래시 화면/로고 표시
- 다른 회사, 기관 또는 부서와의 공동 작업인 경우, 적절한 스플래시 화면/로고 표시
- 제목 화면/메뉴 화면
- 게임 내 크레딧

1.4 끊긴 사용자 인터페이스 루프 없음

요구 사항: 사용자는 게임을 재시작할 필요 없이 여러 화면/모드 사이를 적절하게 탐색할 수 있다.

설명:

메뉴 탐색 옵션이 사용자를 크레딧 화면/안내 화면/보조 화면으로 안내하는 경우, 사용자는 게임 내 탐색 옵션을 통해 메인 메뉴 화면으로 돌아갈 수 있어야 한다. 게임 플레이가 종료되면 게임은 플레이어를 기본 메뉴 화면으로 돌려보내야 한다. 게임 내 어떤 화면에 액세스하거나 다시 액세스할 때 애플리케이션을 닫았다가 다시 열 필요가 없어야 한다.

1.5 게임 플레이 입력 장치로도 메뉴 조작하기

요구 사항: 게임 플레이에 사용되는 입력 방식을 메뉴 탐색에도 사용할 수 있어야 한다.

설명:

게임 플레이에서 게임패드를 사용하거나 사용할 수 있는 경우, 게임패드로도 메뉴를 탐색할 수 있어야 한다.

1.6 최종 인증에서 모든 디버그 함수 제거

요구 사항: 치트 키, 단축키 또는 기타 디버그 함수 및 도구는 최종 제출 시점에 프론트엔드에서 비활성화/제거되거나 액세스할 수 없다.

설명:

최종 사용자에게 화면 디버그 텍스트가 표시되지 않는다. 최종 사용자가 개발자용 단축키를 찾거나 실수로 트리거할 수 없다.

2.1 표준화된 게임패드 요구 사항

요구 사항: 게임패드 지원 게임은 표준 Windows 게임패드와 호환된다.

설명:

다른 게임 패드도 지원 가능하지만, 게임 패드를 지원하는 게임은 반드시 표준 Windows 게임 패드(Xbox 컨트롤러)를 지원해야 한다. 이 장치의 드라이버는 Windows 내부의 표준 장치 드라이버에 포함되어 있으며 설치하는 데 관리자 권한이 필요하지 않으므로 1.1을 더 쉽게 준수할 수 있다.

그림 34.1

제시 비질의 비디오 게임 인증 요건 예시.

~ ❈ ~

인증 통과는 매우 세세한 부분까지 신경 써야 하는 작업이기 때문에 이를 담당하는 게임 개발자는 프로세스의 모든 측면에 대해 명확하게 전달할 수 있는 예리하고 정확한 능력을 갖춰야 한다. 일부 개발 팀과 퍼블리셔는 요구 사항을 잘 알고 있고 많은 게임의 인증 절차를 도와준 인증 전문가를 고용하고 있으며, 동일한 서비스를 제공하는 회사도 있다. 인증을 통과하는 것은 모든 게임 개발자의 통과의례이며, 어렵기도 하지만 많은 것을 배울 수 있는 기회이기도 하다. 행운을 빈다!

인증을 통과했다고 해서 끝난 것은 아니다. 보통 프로젝트의 마지막에는 게임 디자이너를 기다리는 추가 작업이 있다. 다음 장에서 이에 대해 살펴보겠다.

35장
예상치 못한 게임 디자인

게임 디자이너의 창의적인 여정은 게임 플레이 요소 간의 예상치 못한 시너지 효과와 같이 즐거운 일부터 고치기 어려운 버그와 같이 좋지 않은 일까지, 놀라움으로 가득하다. 우리는 프로젝트의 마지막까지 우리의 게임, 플레이어, 프로세스, 작업에 대해 계속 새로운 발견을 해간다. 일반적으로 게임 디자이너는 포스트 프로덕션과 출시 후보 마일스톤 이후에도 예상치 못한 작업, 즉 갑자기 불쑥 나타나서 처리해야 하는 작업을 수행하는 경우가 있다. 이 장은 게임 디자이너가 예상치 못한 프로젝트 종료 업무에 휘말리지 않도록 돕기 위한 것이다.

게임을 세상에 선보일 준비를 할 때 해야 할 일은 어떤 종류의 게임을 만들고 있는지, 게임을 만드는 맥락(상업용, 예술용, 학술용 등)이 무엇인지, 게임을 출시할 방식, 잠재 고객의 규모와 성격 등에 따라 크게 달라진다. 해야 할 몇 가지 일반적인 작업의 범주를 알려 주겠지만, 여러분은 주변 환경에 항상 주의를 기울여야 한다. 게임을 둘러싼 문화적, 상업적, 미디어 환경은 끊임없이 변화하고 있으며 그 변화의 속도도 매우 빠르다. 여러분 자신을 위해서도, 게임을 위해서도 게으름을 피우지 마라.

예상치 못한 게임 디자인 유형

게임 디자이너를 놀라게 하는 작업의 대부분은 게임의 출시 및 프로모션과 관련이 있다. 우리는 사람들이 게임을 다운로드하고 구매하거나 어떤 식으로든 게임을 경험하기를 바라며, 이를 위해서는 우리와 공동 작업자 모두의 노력이 필요하다.

30장에서 이미 이에 대해 설명했다. 여러분이 만든 게임을 플레이하고 싶어 할 만한 사람들을 찾고 소통하기 위한 계획이 마련되어 있기를 바란다. 하지만 게임을 출시하고 홍보하는 것이 처음이라면 게임 디자이너와 개발자로서 참여해야 하는 몇 가지 작업에 당황할 수도 있다. 여기에는 다음이 포함될 수 있다.

- **게임 트레일러 제작을 지원.** 게임 플레이 및 스토리 기반 콘텐츠의 원본 영상과 핵심 아트 에셋을 제공해야 할 수도 있고 어쩌면 트레일러를 직접 제작해야 할 수도 있다. 좋은 게임 트레일러를 제작하려면 시간이 걸린다.
- **콘텐츠 등급을 받기 위한 게임의 제출 지원.** 이 프로세스를 타사에서 처리하는 경우에도 일반적으로 게임 개발자가 게임 제출을 준비하기 위해 해야 할 작업이 있다.
- **게임 데모 제작 및 테스트.** 데모를 출시하는 것은 정식 게임을 출시하는 것과 마찬가지로 많은 부분에서 어렵고 시간이 많이 소요된다. 게임이 인증 및 콘텐츠 등급 분류 프로세스를 통과해야 하는 경우 데모도 통과해야 할 수 있다.
- **게임 웹사이트 만들기.** 트레일러와 마찬가지로 웹사이트에 필요한 에셋과 정보를 제공하거나 게임 웹사이트를 직접 만들어야 할 수도 있다.
- **홍보 프로젝트 관리.** 게임을 알리기 위해 언론 및 더 넓은 세상과 소통하고 협력하는 프로세스를 진행하는 데에는 매우 많은 시간이 소요될 수 있다. 전문 홍보 담당자가 이 작업을 수행할 수 있지만 비용을 지불할 예산이 없다면 언론과 인플루언서에게 연락하고 공개 이벤트를 조직하여 직접 게임을 홍보해야 할 수도 있다.
- **소셜 미디어 계정 관리.** 게임의 소셜 미디어 채널을 위한 최고 품질의 콘텐츠를 제작하는 데에는 의외로 많은 시간이 소요될 수 있다. 또한 잠재 고객과의 소셜 미디어 참여를 위한 단기 및 장기 계획을 개발하는 데 걸리는 시간도 고려해야 한다.
- **게임 언론과의 인터뷰.** 언론의 관심을 끌 수 있다면 게임에 대한 인터뷰를 진행하는 것이 잠재 고객을 늘리는 데 큰 도움이 될 수 있다. 인터뷰는 이메일이나 비공개 메시지로 진행할 수도 있고, 오디오나 카메라로 녹화할 수도 있다. 어떤 경우든 제대로 하려면 시간이 걸린다.
- **언론을 위한 프레젠테이션 준비.** 인터뷰를 작성하거나 녹음하는 데 걸리는 시간 외에도 좋은 내용을 전달할 수 있도록 요점을 준비하는 데 시간이 걸린다. 또한 인터뷰와 함께 게시할 스크린샷, 동영상, 핵심 아트도 준비해야 한다.
- **전략 가이드 제작 지원.** 많은 게임, 특히 상업용 게임에서는 플레이어가 게임 방법을 파악하고 보조 콘텐츠로 활용할 수 있도록 전략 가이드를 제작한다. 전략 가이드는 인쇄본이나 전자책 형태로 판매하거나 웹에서 무료로 제공할 수 있다. 전략 가이드는 제작하는 데 시간이 걸리며 일반적으로 게임 디자이너와 개발자의 많은 의견이 필요하다. 전략 가이드 작성자와 협업할 경우, 커뮤니케이션과 세부 사항에 대한 세심한 주의를 기울일 수 있도록 스케줄에 시간을 확보해야 한다.
- **단편 영화와 게임 내 보너스 자료를 위한 '메이킹 오브' 다큐멘터리 제작.** 게임 내에서 잠금 해제 가능한

'메이킹 오브' 보너스 자료를 게임에 포함한 지는 10년이 넘었으며, 게임 제작 프로세스를 담은 단편 다큐멘터리가 인기를 얻고 있다. 이러한 다큐멘터리에 들어가는 개발자 인터뷰를 준비하고 녹화하는 데에는 시간이 걸리며, 영상 자체를 기획, 촬영, 편집, 폴리싱하는 데에는 더 많은 시간이 소요된다.

- **엑스포 출품 및 프레스 투어.** 공개 게임 엑스포는 인디 개발사와 대기업 모두에게 중요한 게임 홍보의 장이다. 엑스포를 준비하고, 이동하고, 게임을 전시하는 것은 비용과 시간이 많이 들고 피곤하므로 미리 계획을 세워야 한다. 마케팅 예산이 많은 게임을 개발하는 개발사라면 기자들과 대화하고 미디어에 출연하여 게임에 대한 메시지를 전파하는 프레스 투어에 참가할 수도 있다.
- **게임 페스티벌에 게임 제출하기.** 다양한 게임을 대상으로 하는 훌륭한 게임 페스티벌이 많이 있다. 게임 페스티벌에서 수상하는 것은 재미와 영광 외에도 게임이 잠재 고객과 소통하는 데 도움이 될 수 있으며, 게임 웹사이트에 표시되는 수상 경력은 게임에 대한 관심을 이끌어 내는 데 도움이 될 수 있다. 제출하려는 게임 페스티벌의 마감일에 따라 다르지만, 대부분의 게임 페스티벌에서 요구하는 방대한 양의 콘텐츠를 준비하면서 동시에 게임을 '최종 완성'하려고 애써야 할 수도 있다.
- **컨퍼런스에 게임에 관한 논문과 강연을 제출하기.** 업계에서든 학계에서든 컨퍼런스 강연과 논문 제출은 게임을 홍보하는 자리라기보다는 게임을 만드는 과정에서 얻은 노하우를 공유하는 자리이다. 하지만 페스티벌과 마찬가지로, 컨퍼런스 제출 마감일이 다가오며 다 끝났다고 생각했을 때 예상치 못한 일이 기다리고 있을 수도 있다.

내가 여기서 설명하는 대부분은 게임 디자인이 아니라 마케팅이나 홍보라고 생각할 수도 있다. 엄밀히 말하면 그럴 수도 있지만, 내가 설명한 내용을 보면 알 수 있듯이 홍보 및 마케팅 협업자가 이러한 중요한 홍보 작업을 수행하려면 개발 팀의 의견이 필요한 경우가 많다. 예산이 한정된 소규모 개발 팀에서는 팀 자체적으로 이 작업을 수행해야 할 수도 있다.

30장에서 플레이어의 게임 경험은 플레이어가 게임을 처음 인지하는 순간부터 시작된다는 에이미 헤닉의 믿음(나도 동의한다)에 대해 언급했다. 플레이어의 경험은 홍보 자료나 언론에서 얻은 정보와 감정에 의해 형성된다. 따라서 이러한 작업은 실제로 게임 디자인의 한 측면이며, 게임 자체만큼이나 디자인된 경험의 일부이다. 따라서 게임을 제작하는 열정적인 개발자가 마케팅 및 홍보 분야의 전문가 동료와 긴밀히 협력하여 작업하는 것이 좋다.

프로젝트가 끝나면 예상치 못한 다른 종류의 게임 디자인 작업이 여러분을 기다리고 있을 수도 있다. 비영리 단체와 협력하여 사회에 긍정적인 영향을 미칠 수 있는 기회를 얻게 될 수도, 정부 회의에서 게임에 대한 연설 요청을 받게 될 수도 있다. 엔터테인먼트, 예술, 비즈니스의 세계에서는 무엇이든 가능하다. 게임 디자인 실무 역량을 키우고 인격과 가치관을 함양한다면 어떤 일이 닥쳐도 좋은 방향으로 나아갈 수 있을 것이다.

～ ❋ ～

2장에서는 '목록의 힘'에 대해 이야기했다. 목록을 작성하고 최신 상태로 유지하는 게임 디자이너는 일종의 초능력을 가지고 있으며, 예상치 못한 게임 디자인이 나올 때가 되면 그 초능력이 발휘된다. 예기치 않게 요청받은 정보를 취합하기 위해 수십 시간의 작업을 할 필요 없이 목록을 작성하여 전달할 수 있다.

이제 출시 후보 빌드가 나왔고, 인증 절차를 통과했으며, 예상치 못한 게임 디자인도 처리했으니 재미있는 게임 제작 프로세스가 거의 마무리되었다. 다음 장에서는 마지막 단계 후, 게임을 출시하고 지원하며 다음 프로젝트로 넘어가는 과정에 대해 이야기할 것이다.

36장
게임이 완성된 후

때로는 게임이 완성되면 게임 개발자는 잠시나마 휴식을 취할 수 있다. 대부분의 경우 게임이 완성되어 출시되고 나면 그 즉시 제작자에게 더 많은 작업이 요구된다. 어떤 경우든, 다른 프로젝트가 시작될 수도 있다. 이 장에서는 프로젝트가 끝난 후 무엇을 하는지 살펴보겠다.

게임 출시

전문적인 게임 디자인의 첫 수십 년 동안은 게임을 출시하고 나면 팀원 모두가 휴식을 취할 수 있었다. 과거에 많은 개발자들이 그랬던 것처럼, 게임을 완성하기 위해 바쁘게 일한 개발자의 가족들은 저녁 식탁에서 배우자와 부모님을 다시 볼 수 있었고 휴가도 사용할 수 있었다. 하지만 개발자에게 휴식은 마치 지쳐 쓰러지는 것 같았을 것이다.

물론 게임을 대중에게 출시하려면 많은 사업적 지원이 필요하다. 이는 박스형 제품, 디지털 다운로드, 라이브 서비스 등 어떤 형태로 출시하든 마찬가지이다. 대기업에서 게임 출시와 관련된 업무는 일반적으로 게임 개발자의 몫이 아니다(35장의 '예상치 못한 게임 디자인'은 예외). 개발자 대신 마케팅, 영업, 운영, 퍼블리싱 등 관련 부서에서 업무를 처리한다. 하지만 소규모 회사에서는 게임 개발자가 직접 출시 작업을 처리할 수도 있다.

시장에서 게임의 수명을 연장하는 중요한 방법으로 다운로드 가능한 콘텐츠Downloadable Content(DLC)가 등장하고 '서비스형 라이브 게임'의 중요성이 커지면서 게임 제작자는 이제 게임이 출시된 후에도 계속 게임을 개발해야 하는 경우가 많다. 게임을 출시하는 과정에서 크런치를 한 사람이라면 이 상황이 얼마나 끔찍한지 상상할 수 있을 것이다. 지치고 기진맥진한 상태로 결승선을 통과한 후에도 계속 달려야 한다면 심각한 신체적, 정신적 건강 문제가 발생할 수 있다. 이는 게임의 전체 수명 주기 동안 건강한 작업 습관을 유지하는 것이 매우 중요하다는 점을 강조해 준다. 게임 출시 후에도 건강을 유지하며 게임을 계속 작업할 수 있도록 크런치를 피하는 것이 중요하다.

프로젝트 후 리뷰

프로젝트가 완료되면 해야 할 가장 중요한 일 중 하나는 프로젝트 사후 검토를 하는 것이다. 이 검토는 보통 개발자들이 프로젝트에서 배울 수 있는 교훈을 찾기 위해 프로젝트에 대해 논의하는 회의 또는 일련의 회의에서 이루어진다. 소규모 팀에서는 자연스럽게 모든 개발자가 프로젝트 사후 검토 프로세스에 참여한다. 규모가 큰 팀에서는 여러 차례의 회의를 통해 모든 분야의 모든 사람이 목소리를 낼 수 있도록 한다. 그리고 나중에 서면 보고서를 작성하기 위해 광범위한 메모를 남긴다. 지정된 누군가가 나중에 팀, 스튜디오 및 이해관계자에게 프레젠테이션할 수 있도록 드러난 모든 정보와 관점을 수집하고 작성한다.

이러한 일은 게임과 기술 업계에서 흔히 볼 수 있는 것으로, 흔히 '포스트모템Postmortem'이라고도 한다. 포스트모템은 게임 개발자 컨퍼런스에서 인기 있는 강연 장르이므로 좋아하는 게임의 포스트모템을 찾아서 시청하고 제작 프로세스에 대해 자세히 알아보라.

프로젝트 후 리뷰는 일반적으로 프로젝트에서 잘된 점과 잘못된 점, 두 가지에 초점을 맞춘다. 이러한 관점은 메커닉과 내러티브, 개발 프로세스 및 툴, 프로덕션 및 프로젝트 관리 방법, 커뮤니케이션, 협업, 갈등 해결, 팀 리더십 등 게임의 모든 측면에 적용할 수 있다. 존중과 배려, 건설적인 태도를 유지하는 한, 프로젝트 후 리뷰에서 논의할 수 있는 내용에 제한은 없다.

특히, 개발자는 앞으로의 프로세스를 개선할 방법을 찾는다. 게임이나 게임 제작 방식에서 강점, 약점, 기회, 위협 요인을 찾는 SWOT 분석을 적용하는 것도 유용할 수 있다.[1] 이는 개발자들이 자신이 잘하는 것이 무엇이고 앞으로 어떻게 발전할 수 있는지에 대한 대화에 도움이 될 수 있다(7장의 "레퍼토리 및 성장" 절 참조). 나는 내가 속한 프로 팀과 수업에서 항상 모든 프로젝트를 프로젝트 후 리뷰로 마무리한다. 프로세스에 대한 성찰을 통해 얻는 배움은 게임 디자이너와 개발자로서 발전할 수 있는 가장 좋은 방법 중 하나이다.

1 "SWOT Analysis", Wikipedia, https://en.wikipedia.org/wiki/SWOT_analysis.

프로젝트 종료 시 휴식

여건이 된다면 프로젝트 사이에 약간의 휴식 시간을 갖는 것이 좋다. 일부 스튜디오에서는 큰 프로젝트가 끝나면 직원들에게 보너스 휴가를 주기도 하고, 직원 개개인이 유급 휴가를 저축해 두기도 한다. 여행, 가족 및 친구들과 어울리기, 독서, 영화 감상, 게임, 음악 만들기 등 무엇을 좋아하든, 프로젝트 사이에 일정 기간의 '공백기'는 창의력과 동기를 재충전하고 재정비하는 데 도움이 될 수 있다.

일부 스튜디오나 팀은 프로젝트가 끝날 무렵 다음 프로젝트를 온라인에 올리거나 라이브 게임을 지원하느라 숨 돌릴 틈도 없이 바쁘게 움직일 수 있다. 자신과 가족을 부양하기 위해 계속 일해야 할 수도 있다. 만약 당신이 프로젝트가 끝날 때 다른 사람들이 휴식을 취할 수 있도록 도와야 하는 입장이라면 그렇게 하라. 휴식 시간도 치열한 제작 기간만큼이나 창작 과정의 일부이다.

공상 중이거나 방향이 없을 때 떠오르는 아이디어는 매우 소중하다. 이 아이디어는 우리를 즐겁게 해주고 우리가 하는 일에 대한 흥미를 다시 불러일으킬 수도 있다. 우리에게 필요한 방식으로 성찰과 성장을 가져다줄 수도 있다. 역사를 만드는 게임의 원천이 될 수도 있다. 따라서 게임 개발자로서 경험을 쌓으면서 자신에 대해 알아가며, 대규모 프로젝트가 끝났을 때 재충전을 위해 무엇을 해야 할지 알아봐라.

프로젝트 후 우울증

때로는 프로젝트가 끝났을 때 휴식을 취하는 것이 그렇게 간단하지 않다. 휴가 기간이 시작되면 어떤 사람들은 안절부절못하고 불안감이 밀려오거나 심지어 공허함과 우울증에 시달리기도 한다. 하루를 가득 채웠던 흥미진진하고, 창의적이며, 집중력을 요구하고, 정서적으로 보람을 주던 일이 갑자기 사라져 버렸기 때문이다. 대형 프로젝트가 끝나고 나면 만화 〈로드 러너Road Runner〉의 와일 E. 코요테처럼 절벽을 뛰어넘고 공중에 서서 화면을 통해 청중을 바라보다가 그 아래 심연을 내려다보는 기분이 들 때가 있다.

프로젝트 후 우울증은 그 정도가 다양할 수 있다. 가벼운 증상일 수도 있고 심각한 삶의 문제가 될 수도 있다. 이는 누구에게나 찾아올 수 있는 문제이지만, 특히 크런치와 관련이 있다. 삶이 전적으로 일에 매몰되어 있고 삶의 모든 의미와 정서적 유대감이 일에서 오는 경우, 프로젝트가 끝나고 그 의미와 관계가 사라지면 문제가 발생할 수 있다. 충족되지 않은 정서적 욕구로 인해 생긴 공허함을 건강하지 않은 방식으로 채우려고 하다 중독에 빠지기도 하며, 이는 크런치와 프로젝트 후 우울증 모두와 나쁜 상호 관계를 가질 수 있다.

나는 정신건강 전문가가 아니기 때문에 깊게 조언해 주기는 어렵다. 만약 여러분이 정신 건강에 어려움을 겪고 있다면 가급적 전문가의 도움을 받기를 바란다. 심리 치료를 받는 것은 종종 특권이나 부와 연관되며, 거주 지역에 따라 심리 치료가 어려울 수도 있다는 점은 인정한다. 그룹 치료나 지원 단체를 통하면 비교적 저렴한 비용으로 심리치료를 받을 수도 있다. 나는 10년 넘게 한 심리 치료 그룹의 회원으로 활동했는데, 이 그룹은 내 삶과 행복에 매우 긍정적인 영향을 미쳤다.

프로젝트 후유증이 있다면 친구에게 이야기하라. 우리는 종종 정신 건강 문제로 힘들어할 때 수치심을 느낀다. 하지만 어둠 속에 숨겨둔 문제는 곪아 터지고 커질 뿐이다. 우정과 연민의 빛으로 드러난 문제들은 해결되기 시작할 수 있다.

프로젝트의 전체 과정에서 재미있는 게임 제작 프로세스가 지향하는 방식으로 건강한 프로세스를 지속한다면 프로젝트가 끝날 때에도 비교적 상쾌한 기분을 유지할 수 있고 프로젝트 후유증에 덜 시달릴 수 있을 것이다. 프로젝트가 끝났을 때 어떤 기분이 드는지 기록하고 자기 관리를 위해 필요한 건강한 일을 해 보길 권한다.

다음 프로젝트

충분한 휴식을 취하고 다른 게임을 만들기 좋은 상태가 되었다면 다음 프로젝트를 시작할 때가 된 것이다. 이를 위한 한 가지 방법은 이 책의 첫 페이지로 돌아가서 아이데이션 단계부터 다시 시작하고, 푸른 하늘 사고를 하고, 조사하고, 프로토타입을 제작하는 것이다.

많은 팀, 특히 대규모 팀에서는 다음에 관리해야 할 프로젝트를 시작할 때 역학 관계가 작용한다. 팀의 여러 분야의 사람들이 단계적으로 프로젝트에서 빠지게 된다. 즉, 팀의 리더가 다음 프로젝트를 시작하기 전에 일부 사람들(어쩌면 아주 많은 사람들)이 다음 프로젝트에 대한 작업을 시작할 준비가 될 수 있다. 프로젝트를 계속할 준비가 된 사람들은 디렉터, 프로듀서, 리더, 디자이너가 휴가에서 돌아와서 다음 프로젝트에 대한 방향을 제시할 준비가 되기 전에 자연스럽게 다음 프로젝트에 대한 방향을 원하기 때문에 프로젝트 사이에 이러한 소강 상태가 지속되면 문제가 발생할 수 있다. 팀에 리더십이 부재할 경우, 잠재적으로 나쁜 상황을 좋은 상황으로 전환할 수 있는 전략을 채택하지 않으면 문제가 발생할 수 있다.

R&D

내가 너티독에 근무하는 동안 프로젝트 사이의 공백기는 연구 개발(R&D)에 시간을 할애하는 방식으로 건설적으로 처리되었다. 팀원들은 다음 프로젝트를 준비하는 데 도움이 될 수 있는 자기 주도적 작업에 시간을 할애하도록 요청받았다.

예를 들어, 다음 프로젝트에 유용할 것으로 생각되는 새로운 상용 도구를 평가할 수도 있을 것이다. 직접 도구를 만들거나 도구 파이프라인을 개선하기 위한 작업을 할 수도 있다. (툴 파이프라인은 게임의 각 부분을 만들고, 추가 작업을 위해 툴 간에 전송하고, 모든 것을 플레이 가능한 빌드로 통합하는 데 사용되는 툴과 프로세스의 집합을 말한다.)

R&D 과정에서 팀원들은 기능이나 일부 콘텐츠의 프로토타입을 제작하며 기발하고 창의적이며 실험적인 아이디어를 시험해 볼 수 있다. 특정 분야의 기술을 향상시키기 위해 교육 프로그램에 참석하거나 관련 자료를 읽고 동영상을 시청하며 연구하는 시간을 보내기도 한다. 새로운 게임 기술부터 아트, 애니메이션, 오디오에 대한 새로운 접근 방식까지 무엇이든 조사할 수 있다. 게임 디자인에 대한 최신 이론과 실습, 프로젝트 관리 및 팀 문화 개발과 관련된 모범 사례에 대해 배울 수도 있다.

모든 스튜디오는 정체되지 않고 최신 상태를 유지하기 위해 당연히 R&D에 대해 고민해야 하며, 프로젝트 사이의 소강 상태는 자연스럽게 이를 추진하기에 좋은 시기이다. R&D는 팀 리더의 지도가 필요할 수도 있지만 팀원들이 스스로 주도하고 독립적으로 일할 때 더욱 잘 진행될 수 있다. 결국 팀의 전문가들은 도구와 프로세스를 누구보다 잘 알고 있으며 개선이 필요한 부분에 대한 훌륭한 아이디어를 가지고 있을 것이다.

방향성을 설정하고 시작하기

다음 프로젝트의 게임 디렉터(또는 디렉터들)는 팀 전체와 협력하여 다음 게임의 방향을 설정하는 데 중요한 역할을 한다. 대부분의 게임 디렉터는 자신이 하고 싶거나 시도해 보고 싶은 것, 예술적 또는 사업적 관점에서 실행 가능성이 있다고 생각되는 것, 팀원들도 좋아할 것 같은 프로젝트 아이디어 목록을 가지고 있다.

다음 프로젝트의 디렉터가 가능한 한 빨리 방향을 설정하는 것이 좋지만, 그 방향이 아주 명확할 필요는 없다. 7장에서 논의한 프로젝트 목표의 초기 초안, 즉 경험 유형이나 프로젝트가 고려해야 할 실질적인 제약 조건(예: 게임의 장르 또는 하드웨어 플랫폼)에 대한 몇 문장이 될 수 있다.

방향성이 전혀 없으면 사람들은 길을 잃고 의욕을 잃을 수 있다. 방향성이 조금이라도 주어지면 팀원들은 프로젝트가 어떤 방향으로 나아가고 있는지 대략적으로 알 수 있기 때문에 프로젝트에 기여하고 싶은 동기를 갖게 된다. 때때로, 프로젝트 시작 단계에서는 사람들이 더 자유롭게 탐색할 수 있도록 방향성을 적게 제시하는 것이 더 좋을 수도 있다. 팀원들에게 방향성을 제시하면 당신이 그들에게 관심을 갖고 그들의 작업을 소중히 여긴다는 것을 보여 줄 수 있기 때문에 팀 사기 또한 높아진다. 게임 디렉터는 초기 방향을 제시하면서 다른 모든 사람의 아이디어도 듣고 싶어 한다는 점을 분명히 해야 한다. 프로젝트의 아이데이션 단계에서는 팀원 모두의 의견을 듣는 것은 중요하다.

게임 디렉터의 역할은 전략적 사고를 하고 미리 계획을 세우는 것이므로, 이 문제를 팀에서 소홀히 해서는 안 된다. 늦어도 이전 프로젝트의 알파 마일스톤에서 다음 프로젝트에 대해 생각하기 시작하고, 새 프로젝트가 순조롭게 시작하기 위해 필요한 방향을 제시할 준비를 하라.

팀에서 떠나야 할 때

좋은 게임을 만드는 것은 매우 어려운 일이며 팀 문화, 즉 팀의 업무 방식, 공유하는 지식, 공유된 가치에 따라 달라진다. 팀 문화는 오랜 시간에 걸쳐 천천히 그리고 신중하게 육성해야만 번성하고 지속될 수 있는 섬세한 것이다. 팀원 개개인의 갑작스러운 이탈과 합류는 팀 문화에 큰 변화를 가져올 수 있으며, 이는 결국 팀이 만드는 게임에도 영향을 미친다.

특히 게임이 완성되기 전에 누군가가 프로젝트를 떠나면 일이 거의 불가능할 정도로 어려워질 수 있다. 누군가가 팀을 떠나려고 한다면, 프로젝트가 끝나고 게임이 완성되었을 때가 가장 적절한 시기라고 생각한다. 인생이 그렇듯 계획된 이직이 항상 가능한 것은 아니지만 최선을 다해 자신이 맡은 프로젝트를 마무리할 수 있도록 노력해야 한다. 게임 업계는 의외로 좁기 때문에 프로젝트를 끝까지 완수하는 데 중점을 두는 마무리형 인재로 평판을 얻는 것이 좋다.

하지만 폭력적이고 유해하거나 건강에 해로운 근무 환경은 용납해서는 안 된다. 나는 일을 마무리하는 사람이라는 직업적 가치를 중요하게 생각하지만, 나쁜 상황에서 스스로 벗어날 수 있는 개인의 권리를 훨씬 더 중요하게 생각한다. 나는 직장을 떠날 수 있다는 것은 특권이며 각 개인은 자신에게 맞는 방식으로 유해한 업무 상황을 헤쳐 나가야 한다고 생각한다. 모든 사람은 유해하거나 가학적이지 않은 근무 환경을 조성하기 위해 노력해야 하며, 특히 권력을 가진 직책에 있는 사람은 이를 위해 노력해야 할 의무가 있다.

처음으로 돌아가기

제 꼬리를 삼키는 신화 속 우로보로스처럼 게임 프로젝트의 끝과 시작은 밀접하게 연결되어 있다. 게임 디자이너 에릭 짐머맨Eric Zimmerman은 우리가 만드는 각각의 게임과 더불어 우리가 게임을 제작하는 동안 내내 작업하는 더 큰 게임 디자인 프로젝트도 있다고 말한다. 그것은 바로 우리의 게임 디자인 경력 전체라는 게임 프로젝트이다. 이 게임 프로젝트는 우리가 첫 게임을 만들 때부터 시작해서, 우리가 만든 마지막 게임의 마지막 플레이어와 함께 끝난다.

나는 게임 디자이너가 된 것을 엄청난 행운이라고 생각한다. 게임 디자인은 깊은 보람을 느낄 수 있는 일이며, 마치 인생의 강물처럼 흘러간다. 우리가 가진 모든 경험과 관계, 배우는 모든 것, 즐기는 모든 것이 게임 디자인의 일부가 될 수 있다. 상쾌하고 신나는 마음으로 처음으로 돌아가라. 존중, 신뢰, 동의에 집중하라. 관심사를 따르고, 기술을 연마하다 보면, 어느새 자신만의 건강하고 효율적이며 재미있는 스타일로 훌륭한 게임을 만드는 방법을 알아낼 수 있을 것이다.

에필로그

게임 디자인과 개발은 엄청나게 재미있는 일이다. 내 친구이자 동료, 아티스트이자 게임 디자이너인 피터 브린슨Peter Brinson은 게임을 만드는 것과 게임을 플레이하는 것 사이에 유사점이 있다고 말한다. 그는 USC 게임 프로그램 수업에서 게임을 만들 때 게임에서와 마찬가지로 새로운 기술을 배우고 이를 사용하여 문제를 해결해야 한다고 지적한다. 프로가 될수록 문제는 더 어려워지고 더 많은 기술을 습득해야 한다. 결국 당면한 과제의 난이도 상승과 숙련도 상승이 만나는 '몰입의 통로'에 도달하게 되고, 우리는 칙센트미하이가 《몰입》에서 설명하는 좋은 감정, 강렬한 집중, 시간 확장 효과와 함께 완전히 몰입한 흐름 상태에 도달하게 된다.[1]

하지만 이는 게임을 만드는 것은 힘든 일이라는 뜻이기도 하다. 수많은 결정을 내려야 하고, 그 결정은 광범위한 영향을 미친다. 그리고 우리는 몰입의 상태에 있기 때문에 도리어 우리가 하는 일에 중독된다. 우리는 시간 감각을 잃고 잡초 속을 방황하는 경향이 있으며, 최면에 걸린 듯이 무의미한 일에 노력을 쏟아 부을 위험이 있다. 이런 식으로 계속 일하고 통제되지 않은 방식으로 일하면 결국 지칠 수밖에 없다. 우리가 만드는 게임 또한 품질, 출시 일정, 그리고 다른 측면에서 어려움을 겪을 것이다. 우리는 프로젝트를 끝냈을 때 다음 게임을 만들 수 있는 상태가 되지 못할 것이고, 우리의 게임 제작 방식은 지속 불가능하다는 말의 사전적 정의가 될 것이다.

창의성은 예측할 수 없기 때문에 업무를 계획하기 어렵지만, 이 책에서 설명하는 것과 같은 구조화된 프로세스, 또는 자신에게 맞도록 변형된 프로세스를 채택하면 업무에 대한 통제력을 강화할 수 있다. 이 프로세스는 너무 경직되거나 관료적이지 않으면서도 우리에게 주어진 한정된 시간과 자원을 효율적으로 관리하는 데 도움이 되어야 한다. 그래야 프로젝트의 범위를 통제할 수 있고, 프로젝트를 진행하면서 발견한 사실에 유연하게 대처할 수 있다.

애자일적인 태도를 키우고, 변화를 위기가 아닌 기회로 받아들이는 것이 좋다.[2] 게임을 만들다 보면 기회는 스스로 모습을 드러낼 것이다. 자존심을 내려놓고, 프로젝트에 귀를 기울이고, 프로젝트가 어디로 가고자 하는지를 이해하고, 함께 나아가는 것은 여러분에게 달려 있다. 이것이 바로 창의성의 묘미이며, 모든 개발 경험을 디자인 프로세스에 대해 새롭게 배울 수 있는 독특한 여정으로 만드는 원동력이다.

---

1 Mihaly Csikszentmihalyi, 《Flow: The Psychology of Optimal Experience》, Harper Perennial Modern Classics, 2008, p.4.
2 "Agile Software Development", Wikipedia, https://en.wikipedia.org/wiki/Agile_software_development.

우리는 풀 프로덕션은 물론 포스트 프로덕션 단계에서도 게임 디자인을 계속 수정하고 다듬을 수 있는 놀라운 유연성을 갖추고 있다. 2013년 인터뷰에서 영화 감독 아바 뒤베르네Ava Duvernay는 이렇게 말했다. "편집실에서 나는 전체 스토리를 다시 만들 수 있다. 대본은 사실상 하나의 가이드일 뿐이며, 대본을 통해 모든 장면과 대사를 모으고 나면, 나는 영화를 어떻게든 내가 원하는 대로 만들 수 있다."[3] 아바는 창작 과정이 끝날 때까지 영화의 스토리와 의미를 구체화할 수 있다. 이는 게임도 마찬가지이며, 디지털 미디어의 가변성과 기술 탐구적인 특성으로 인해, 어쩌면 그 정도는 훨씬 더할 것이다.

하지만 언제 작업에 전념해야 하는지도 배워야 한다. 나에게는 미루는 습관이 있었다. 나는 생각이 많은 사람이라, 과거에는 모든 일을 양쪽뿐만이 아닌 모든 측면에서 보려고 하면서 지나치게 생각을 많이 하고 스스로의 판단에 의문을 제기하는 경우가 많았다. 신중함은 중요하지만 때로는 그것이 우리의 발목을 잡아 우리가 무언가를 만들기 위해 필요한 결정을 내리는 데 방해가 될 수도 있다.

마침내 나는 충분히 생각한 후 이제 행동에 옮길 때가 되었음을 인지하는 법을 배웠다. 물론 쉽게 배울 수 있는 것은 아니다. 어떤 사람은 생각하는 사람이고 어떤 사람은 행동하는 사람이지만, 우리 대부분은 그 중간 어딘가에서 위치하며 충분히 생각했는지, 지금이 행동할 때인지 고민하며 어려움을 겪는다. 하지만 결국에는 결정을 내리고 이에 전념해야 할 때가 언제인지 더 잘 알게 될 것이다.

이 책에서 읽은 내용이 마음에 든다면 게임 프로듀서가 되는 것을 고려해 보라. 게임 제작에 대해 자세히 알아볼 수 있는 책을 최신부터 오래된 것까지 나열하면 다음과 같다.

- 클린턴 키스, 《애자일 게임 개발(2판)》(Pearson Education, 2020).
- 클린턴 키스와 그랜트 숀크윌러, 《창의적 애자일 도구》(Clinton Keith, 2018).
- 헤더 맥스웰 챈들러, 《게임 제작 툴박스》(CRC Press, 2020).
- 존 하이트John Hight와 지니 노박Jeannie Novak, 《게임 개발 에센셜Game Development Essentials》(Thomson Delmar Learning, 2008).
- 댄 아이리시Dan Irish, 《게임 프로듀서 핸드북The Game Producer's Handbook》(Thomson Course Technology, 2005).

3 Emma Carmichael, "'I Have Stories I Want to Tell': A Conversation with Filmmaker Ava DuVernay", The Hairpin, 2013. 07. 02., https://www.thehairpin.com/2013/07/i-have-stories-i-want-to-tell-a-conversation-with-filmmaker-ava-duvernay/.

게임 업계는 항상 창의적인 프로세스를 이해하고, 체계적으로 일을 정리하며, 시간과 돈을 책임감 있게 관리하고, 다양한 사람들과 원활하게 소통할 수 있는 사람에게서 많은 도움을 받는다. 로빈 허니크는 프로듀서의 역할은 팀 내 다른 사람들이 최대한 일을 잘할 수 있도록 돕는 것이라고 말한 적이 있다. 우리는 종종 프로듀서를 조력자나 협력자가 아닌 상사로 생각하곤 한다. 프로듀서는 영리하고 지식이 풍부해야 한다. 팀과 게임에서 일어나는 일의 큰 그림과 작은 세부 사항을 모두 이해해야 한다. 또한 원활한 의사소통과 어려운 상황에 대처하기 위해 감성 지능과 올바른 가치관을 가져야 한다.

프로듀서는 항상 미래를 내다보고 계획을 세워야 하지만, 사람들과 협력하며 팀원 모두가 말을 하고 서로의 말을 들을 수 있도록 하는 방법도 찾아야 한다. 또한 낙관적이고 긍정적인 태도를 유지하여 힘든 시기에도 팀을 하나로 묶어 줄 수 있어야 한다. 결정적으로, 훌륭한 프로듀서는 팀의 동료와 동료들이 성장할 수 있는 장을 마련하고 팀의 문화와 프로세스를 지속적으로 개선하여, 궁극적으로 시간이 지날수록 팀이 더 나은 게임을 만들 수 있도록 도와준다.

~ * ~

지난 몇 년 동안 디자이너와 예술가들은 자신의 작품이 가진 가능성과 의무에 눈을 뜨고 있다. 사회 변화에 영향을 미치기 위해 디자인 원칙을 응용하는 것을 소셜 디자인이라고 하며, 이는 임팩트 게임, 교육용 게임, 건강을 위한 게임을 개발하는 게임 디자이너에게 매우 중요하다.[4]

하지만 나는 소셜 디자인이 모든 게임 팀과 관련이 있다고 생각한다. 이 책의 다른 곳에서도 언급했듯이, 지난 몇 년 동안 많은 개선이 이루어졌음에도 불구하고 게임 업계는 여전히 크런치 문제로 어려움을 겪고 있다. 게임 디자인 프로세스의 설계는 그 자체로 메타 수준의 게임 디자인 프로세스이며, 게임의 메커니즘과 스토리만큼이나 많은 고민을 할 필요가 있다. 우리는 게임 개발의 사회적 측면을 오랫동안 진지하게 살펴보고, 게임을 플레이하는 사람들과 게임을 만드는 팀원들에게 해를 끼치는 것이 아니라 도움을 주고 있는지 확인해야 한다.

각계각층의 모든 사람을 포용하고 지원할 수 있도록 게임 제작 프로세스를 개선하는 것이 중요하다. 뉴욕 타임즈의 디자인 평론가 앨리스 로스톤은 저서 《태도로서의 디자인》에서 그래픽 디자인, 타이포그래피, 건축 분야의 다양성 부족에 대한 역사적 문제에 대해 이야기한다. 그녀는 "디자인이 우리의 삶을 구성하고 이를 채우는 사물, 이미지, 기술, 공간을 정의하는 데 중요한 역할을 한다고 믿는다

4 "Social Design", Wikipedia, https://en.wikipedia.org/wiki/Social_design.

면, 최고 수준의 디자이너가 필요하다는 것은 당연한 일이다. 하지만 사회의 모든 영역에서 이러한 디자이너가 나오지 않는다면 우리는 이들을 얻지 못할 것이다."라고 말한다.[5]

전 세계 게임 제작 커뮤니티의 많은 사람이 (게임 제작 커뮤니티의 다양성으로부터만 진정으로 실현될 수 있는) 게임의 다양성이 새로운 게임 디자인 아이디어, 태도, 관객을 끌어들여 게임 전반을 강화한다고 믿고 있다는 사실에 가슴이 벅차다. 게임과 팀의 커뮤니티를 모든 사람에게 열려 있고 환영받는 공간으로 만드는 것 또한 우리의 윤리적인 의무이다.

궁극적으로 존중, 신뢰, 동의는 좋은 게임 개발 실무의 핵심이다. 이 세 가지 요소는 모든 좋은 커뮤니케이션, 협업, 리더십, 갈등 해결의 기초가 된다. 물론, 게임 디자인과 개발에는 기술이 필요하다. 하지만 디자이너와 플레이어, 팀원 간에 존중과 신뢰, 동의가 없다면 우리의 모든 게임 디자인 능력은 물거품이 될 수 있다. 이는 정체성이나 배경에 관계없이 모든 사람이 존중받고 기회가 주어지는 공정하고 공평한 팀 문화를 조성하는 것까지 포함한다. 그렇게 하면 더 숙련되고, 더 혁신적이며, 근본적으로 더 나은 게임 개발 커뮤니티를 위한 조건이 마련된다.

우리는 비디오 게임이라는 역동적인 새로운 예술 형식을 통해 문화의 최전선에 서 있다. 우리에게는 복잡하고 통제되지 않는 과중한 업무에 시달리는 모든 종류의 아티스트와 디자이너에게, 계획적이고, 배려심 있고, 재미있는 게임 제작 프로세스를 통해 예술 창작을 지속 가능하게 할 수 있다는 사실을 보여 줄 수 있는 놀라운 기회가 있다.

게임을 만드는 데에는 정답이 없다. 단지 프로세스와 도구가 있을 뿐이며, 그중 일부는 우리와 우리 게임에 알맞은 것이다. 게임 만드는 방법을 배우는 가장 좋은 방법은 게임을 만들고, 계속 만들고, 결국 더 나아지는 것이다. 이 책은 더 나은 게임 제작 방법을 위한 출발점을 제시했고, 이는 내가 게임의 교육 현장과 업계를 걸치며 모든 종류의 프로젝트에서 잘 작동하는 것을 보아 온 방법이다. 이 책을 가지고 이 책이 이끄는 대로 어디로든 달려가기를, 그러고 나서 당신의 프로세스에 대해 이야기해 주기를 바란다.

5 Alice Rawsthorn, 《Design as an Attitude》, JRP | Ringier, 2018, p.68.

부록 A: 재미있는 게임 제작 프로세스의 4단계, 마일스톤 및 결과물

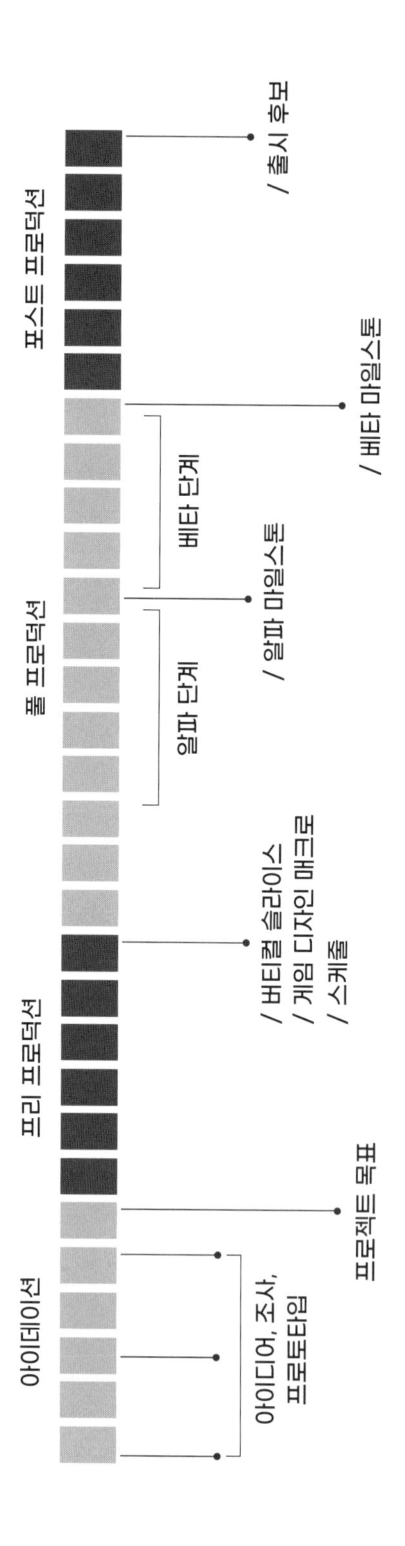

그림 A.1
이미지 크레딧: 가브리엘라 푸리 R. 곰즈, 매티 로젠, 리차드 르마샹.

부록 B: 7.1의 필사본

〈언차티드: 엘도라도의 보물〉이란 무엇인가?

1. 액션이 가득하고 빠른 속도로 진행된다.

지나치게 복잡한 퍼즐이나 번거로운 게임 플레이 메커닉으로 액션 속도를 너무 늦추지 않으며 … 항상 템포를 빠르고 재미있게 유지한다.

2. 〈언차티드〉는 너무 진지하지 않다.

서스펜스, 미스터리, 드라마 요소를 결합하지만 "펄프 액션"적인 재미도 놓치지 않는다. 때때로 긴장감을 깨기 위한 기발한 위트나 우스꽝스러운 곤경에 빠지는 것은 〈언차티드〉 시리즈 고유의 특징 중 큰 부분을 차지한다.

3. 드레이크는 실수투성이 인간이다.

드레이크는 제임스 본드가 아니다. 그는 결코 상황을 완벽하게 통제하지 못하며, 항상 즉흥적으로 또는 수단과 방법을 가리지 않고 상황을 유리하게 이끌기 위해 애쓴다. 그는 특별한 힘을 얻거나 슈퍼맨이 되는 대신, 항상 자신의 능력의 한계를 넘나들며 활약한다.

4. 잃어버린 신비한 장소를 발견한다.

우리는 모험의 대부분을 인적이 드물고 시간이 흘러 잊혀진 "미지의" 장소를 탐험하는 데 보내기를 원한다. 드레이크는 일종의 탐정으로, 사건의 조각을 맞추기 위해 노력한다.

5. 〈언차티드〉의 세계에는 그럴 듯한 초자연적 요소가 있다.

신비롭고 초자연적인 요소가 존재하지만 드레이크는 항상 회의적일 수밖에 없다. 언차티드의 초자연적 요소는 "미이라/고스트버스터즈"보다는 "엑스파일/28일 후"에 더 가깝다.

6. 익숙한 배경에 낯선 것들이 있다.

스토리부터 환경까지 모든 것이 어느 정도 실제 역사적, 시각적 신빙성을 가져야 한다. 이러한 믿을 수 있는 토대가 탄탄하게 구축되면, '환상적인' 층을 추가했을 때 훨씬 더 큰 효과를 발휘할 수 있다.

부록 C: 그림 18.2의 〈언차티드 2: 황금도와 사라진 함대〉 게임 디자인 매크로(상세)

〈언차티드 2〉 매크로 디자인

레벨	룩 설명	시간/기분	동맹-NPC	적 모델	매크로 게임 플레이	매크로 흐름	플레이어 메커닉: 프리 클라이밍/다이노	벽 점프	프리 로프	진자 이동	몽키 바(정글짐)	원숭이 그네	밸런스 빔	무거운 물건 운반	가벼운 물건 운반	횡단 총격전 v.1	강제 근접전	퍼즐	스텔스	수영	움직이는 사물	미는 사물	쌍안경
기차 난파선																							
기차 난파선-1	기차 잔해, 매달린 차	눈 내림, 화이트 아웃으로 전환	피투성이 온난기 드레이크		살아 남기 - 부상 당함	부상당한 드레이크가 잔해 사이로 횡단하는 고도로 스크립팅된 장면.	x																
박물관																							
박물관-1	이스탄불, 터키 박물관	밤	드레이크-1 플린-1 클로이-1 (컷 전용)	박물관 경비원	잠입 - 은신 - 협동 플레이	플린과 협력하여 박물관에 잠입. 유물을 훔치고 해독하는 것을 도와줌.	x			x	x	x	x			x	x		x		x		
박물관-2	박물관 아래 로마 하수도	밤	플린-1	박물관 경비원	탈출	플린이 당신을 이용하고, 고대 하수도를 통해 당국으로부터 도망침. 플린이 당신의 탈출을 막음 - 체포됨!	x									x	x		x		x		
발굴지																							
발굴지-1	무성하고 습한 정글/늪 라자라빅의 발굴지 및 야영지 구조물	새벽 - 안개(비)	클로이-2 설리	라즈 디거스 라즈 아미 HOT 라자라빅 플린-2	사보타주 - 침투 - 전투	클로이와 무전 상의 설리와 함께 라즈 디그 사이트에 진입. 경비병과 인부들에게 문제를 일으키기 시작.	x									x	x		x	x			x
발굴지-2	무성하고 습한 정글/늪 라자라빅의 발굴지 및 야영지 구조물	새벽 - 안개(비)	클로이-2 설리	라즈 디거스 라즈 아미 HOT 라자라빅 플린-2	사보타주 - 침투 - 전투	폭발 - 혼돈으로 인해 라즈가 "보물"에서 멀어짐 - 드레이크가 단검을 찾을 수 있는 단서 제공.	x				x	x	x		x	x			x	x	x		
발굴지-3	개울을 따라 산비탈을 올라간다.	새벽 - 안개(비)	클로이-2 설리	라즈 디거스 라즈 아미 HOT 라자라빅-1 플린-2 MP의 죽은 승무원	사보타주 - 침투 - 전투	라즈의 텐트를 살펴본 후 고지대의 광활한 산 쪽으로 이동. 신전을 우연히 발견.																	

(a)

게임 플레이 테마 (포커스)	무기																				적											플레이할 수 없는 차량	시네마틱 게임 플레이 시퀀스	풍경
	진정제 총	권총-세미-a	권총-세미-b	권총 풀-a	권총 리볼버-a	권총 리볼버-b	SMG-a	SMG-b	돌격 소총-a	돌격 소총-b	샷건 1	샷건 2	스나이퍼-라이플	석궁	수류탄	RPG	로켓 발사기	포탑 1	사격 진지 포탑	이동식 포탑	박물관 경비원	경병	중병	기갑병	샷거너	스나이퍼	방패	RPG	중장비	SLA 쉬움	SLA 어려움			
고도로 스크립팅된 - 횡단 L1 + R1 잠금 시퀀스																																	폭발하는 유조선 - 세탁기 시퀀스	X
기차 횡단 L1 + R1 진정제 총 스텔스 공격 소개 스텔스로 은폐	X																				X													X
	X																				X													
기차 횡단 열차 사격 스텔스 공격 소개 스텔스로 은폐 강제 근접	X	X																				X												X
강제 근접전 기본 총격전 횡단 총격전 소개 수류탄		X							X						X							X												
		X							X						X							X												

(b)

그림 C.1

이미지 크레딧: ©2009 SIE LLC/〈언차티드 2: 황금도와 사라진 함대〉^{TM}. 제작 및 개발: 너티독 LLC.

감사의 말

제 부모님 윈Wyn과 데릭Derek, 그리고 동생 제레미Jeremy에게 헤아릴 수 없는 사랑과 진심 어린 감사를 전합니다. 항상 저에게 영감을 주고 지지해 준 노바 장Nova Jiang에게 사랑과 애정을 보냅니다. 리즈Liz, 시란Shiran, 미아Mia, 사라Sarah와 그녀의 가족, 로즈Ros, 피터Peter, 필Phil, 헬렌Helen, 폴Paul과 그들의 아이들, 쉴라Sheila 이모, 던컨Duncan, 테레사Teresa, 마이클Michael, 엠마Emma, 데이비드David 삼촌에게 많은 사랑을 전합니다.

특히 선구적인 게임 디자이너이자 교육자인 트레이시 풀러턴에게 감사를 표하고 싶습니다. 그녀의 영감 넘치는 작품은 세상과 제 삶을 변화시켰습니다. 트레이시, 당신의 관대하고 상세한 도움 없이는 이 책이 나올 수 없었습니다. 깊은 감사를 표하며, 당신의 우정에 마음이 들뜹니다.

다른 많은 분들과 마찬가지로, 이 프로젝트를 완성하는 데 결정적인 역할을 해 준 마크 서니에게 진심으로 감사드립니다. 이 책에 담긴 가치를 공감해 주고 시간을 내어 도움을 준 마크에게 감사드립니다. 당신은 항상 저에게 길잡이가 되어 주었습니다.

이 책에 도움을 주고 저에게 많은 기회를 준 에반 웰스에게 감사드립니다. 게임 디자인과 스토리텔링에 대한 모험을 함께한 에이미 헤닉에게 감사와 사랑을 전하며, 그 모험의 끝에는 가장 소중한 우정이 보물처럼 놓여 있었어요.

저에게 영감을 주고 힘을 북돋아 주며 저자로서 조언을 아끼지 않는 메리 멕코이에게 깊은 존경과 감사를 표합니다. 이 책의 구상을 구체화하는 데 도움을 준 댄 타르시시에게 특별히 감사드립니다. 저의 전문적이고 이상적인 독자들인 앨런 당, 에간 허벨라Egan Hirvela, 제프 왓슨, 오웬 해리스Owen Harris, 티모시 리Timothy Lee에게도 큰 감사를 드립니다. 예상치 못한 도움 제의로 이 책을 완성하는 데 핵심적인 역할을 해 준 매티 로젠에게 최고의 감사를 표합니다. 이 책을 만드는 데 의견과 격려를 보내주신 모든 분들, 아담 술츠도르프-리스키에비치Adam Sulzdorf-Liszkiewicz, 데니스 윅슨, 엘리자베스 브라이스Elizabeth Blythe, 고든 칼레하Gordon Calleja, 잭 엡스, 제레미 깁슨 본드에게 감사드립니다. 법률적 도움을 준 로렌 초도쉬Loren Chodosh와 팟캐스트 Script Lock에서 아이디어를 얻은 맥스와 닉 포크먼에게도 감사드립니다. 저에 대한 신뢰와 지도를 아끼지 않은 MIT Press 수석 편집자 더그 세리Doug Sery, 전문가적인 조언으로 제 방향을 잡아 준 MIT Press 편집자 노아 J. 스프링거Noah J. Springer, 그리고 귀중한 의견을 주신 익명의 검토자 여러분께도 감사드립니다. 프로덕션 편집자 헬렌 휠러Helen Wheeler와 훌륭한 카피 편집자 루나에아 웨더스톤Lunaea Weatherstone의 노고와 현명한 조언에 특별히 감사드립니다.

이 책을 작업하는 동안 창의적인 영감과 실질적인 도움을 주신 모든 분들께 감사드립니다. 아니코 임레Aniko Imre, 애나 앤스로피, 오리에아 하비, 보 루버그Bo Ruberg, 카라 엘리슨Cara Ellison, 채드 토프락Chad Toprak, 콜린 맥클린Colleen Macklin, 에릭 짐머맨, 프랭크 란츠Frank Lantz, 제프리 롱Geoffrey Long, 그랜트 숀크윌러, 어빙 벨라테체, 예스퍼 율, 존 샤프, 크리스 리그만Kris Ligman, 메리 플래너건, 메리 스위니Mary Sweeney, 마이클 존Michael John, 미구엘 시카트Miguel Sicart, 나오미 클라크, 나탈리 포치Nathalie Pozzi, 라프 코스터Raph Koster, 샘 고슬링Sam Gosling, 사만다 칼만Samantha Kalman, 샤론 그린Sharon Greene, 스티브 게이너Steve Gaynor, 타라 맥퍼슨Tara McPherson, 토비아스 코프카Tobias Kopka, 윌리엄 후버William Huber, 그리고 일일이 열거하기 힘들 정도로 많은 제가 글을 쓸 때 조언과 응원을 보내주신 모든 분들에게 감사의 말씀을 전합니다. 텍스트와 그림에 도움을 주신 여기에 언급되지 않은 모든 분들께도 감사드립니다. 가브리엘라 푸리 R. 곰즈, 조지 코코리스, 제시 비질, 짐 헌틀리, 마크 윌헬름, 작업과 관련된 이미지 사용을 허락해 주신 분들께 감사드립니다. 아론 체니, 차오 첸, 크리스토프 로젠탈, 조지 리, 제니 자오 시아, 줄리안 세이펙, 마이클 바클리, 특히 아르네 마이어Arne Meyer, 브라이언 파딜라Bryan Pardilla, 소니 인터랙티브 엔터테인먼트에 감사드립니다.

마이크로프로스, 크리스털 다이내믹스, 너티독, USC 게임 이노베이션 랩에서 함께 일했던 모든 분들께도 큰 빚을 졌습니다. 여러분에게서 많은 것을 배웠고 함께 게임을 만들면서 정말 즐거웠습니다. 여러분 모두에게 일일이 감사의 인사를 전할 지면이 부족하지만, 우리의 협업은 제 인생에 큰 행복을 가져다주었고 이 책에 담긴 아이디어를 구체화하는 데 큰 도움이 되었습니다. 특히 그 과정에서 저에게 멘토와 친구 같은 존재가 되어 준 로빈 허니크, 야스하라 히로카즈Hirokazu Yasuhara, 셀리아 피어스Celia Pearce, 샘 로버츠Sam Roberts, 헤더 켈리Heather Kelly, 코니 부스Connie Booth, 앤디 개빈, 그레이디 헌트Grady Hunt, 샘 톰슨, 앤드류 베넷Andrew Bennett, 로사우라 산도발Rosaura Sandoval, 폴 라이시 3세Paul Reiche III, 존 스피날레, 스튜어트 와이트Stuart Whyte, 앤디 히케Andy Hieke, 피트 모어랜드Pete Moreland에게 감사의 말씀을 전하고 싶습니다.

많은 것을 배우고 큰 도움을 받은 USC 게임 프로그램의 과거와 현재의 모든 동료들에게도 큰 감사를 드립니다. 특히 가르치는 방법을 알려 준 피터 브린슨, 열정과 관대함으로 저에게 영감을 준 대니 빌슨Danny Bilson, 제 창의력을 재부팅해 준 마르치 캄포스Martzi Campos, 코딩을 가르쳐 준 제레미 깁슨 본드와 마가렛 모서, 그리고 그 외 많은 분들께 감사드립니다. 미니멀리즘과 시스템 역학에 대해 마음을 열게 해 준 앤디 닐렌Andy Nealen, 항상 더 잘하기 위해 노력하게 해 주는 제인 핀카드Jane Pinckard, 지혜와 우정을 나눠 준 안드레아스 크라트키Andreas Kratky, 고든 벨라미Gordon Bellamy, 키키 벤존Kiki Benzon, 레어드 말라메드Laird Malamed, 마리엔티나 고티스Marientina Gotsis에게 고마움을 전합니다. 저를 따뜻하게 맞이해 주신 엘리자베스 M. 데일리Elizabeth M. Daley 학장님, 아키라 미즈타 리핏Akira Mizuta Lippit, 마이클 레노프Michael Renov, 그리고 USC 시네마틱 아트 스쿨의 모든 동료들에게도 감사의 인사를 전합니다. USC 게임 프로그램과 그 밖의 모든 학생들, 여러분의 노력과 창의성, 유머에 특별히 감사드립니다. 특히 이 책의 각 장의 원고를 집필하고 훌륭한 조언을 해 준 CTIN-532와 CTIN-484/489의 졸업생들에게도 감사의 인사를 전합니다. 여러분을 가르치는 것은 즐거웠고 지금도 즐겁습니다. 가르쳐 주신 모든 것에 감사드립니다.

텐센트 인터랙티브 엔터테인먼트 그룹의 부사장이자 텐센트 게임 연구소의 학장인 삼미 샤 린Sammi Xia Lin과 텐센트 게임즈의 인사 담당 사장인 에릭 마Eric Ma에게 큰 존경과 진심 어린 감사를 표합니다. 이들과의 협업을 통해 좋은 우정을 쌓을 수 있었고 이 책에 담긴 아이디어를 구체화하는 데 큰 도움이 되었습니다. 리 민Li Min, 리 션Li Shen, 네오 리우Neo Liu, 캐시 왕Cathy Wang, 일레인 왕Elaine Wang, 음 우Yin Wu, 그리고 텐센트 USC 게임 프로그램 워크숍에서 함께 작업한 모든 분들께 감사드립니다.

제가 운 좋게도 참여할 수 있었던 컨퍼런스, 페스티벌, 서밋의 커뮤니티, 특히 게임 개발자 컨퍼런스 및 인디케이드IndieCade의 커뮤니티에 깊은 감사를 표하고 싶습니다. 글래스고 칼레도니아 대학교Glasgow Caledonian University의 HEVGA와 넓고 멋진 게임 학계의 친구들에게도 감사드립니다. 제 세계가 계속 확장될 수 있도록 도와주신 과거와 현재의 모든 선생님들께 감사드립니다. 게임, 예술, 교육계에서 만난 모든 친구들, 그리고 뉴엔트와 옥스퍼드에서 만난 오랜 친구들에게 깊은 사랑을 전합니다. 여러분은 힘들 때 저를 돌봐 주었고, 기쁠 때 함께 축하해 주었으며, 저에게 큰 기쁨을 가져다주었습니다. 옥타비아 E. 버틀러Octavia E. Butler의 업적에 깊은 감사와 존경을 표합니다.

저에게 생각하는 법을 가르쳐 주신 케이트 클라크Kate Clarke 여사님, 저에게 출발점을 마련해 주신 마이크 브런튼Mike Brunton, 조부모님, 평생 게이머였던 도린Doreen과 홀든Holden(각각 브리지와 체스), 제게 따뜻한 마음을 주신 조이스Joyce 할머니, 그리고 주변 사람들에게 깊이 생각하고 항상 친절하도록 영감을 준 제 친구이자 동료인 제프 왓슨 박사를 추모하며 이 글을 씁니다. 제프의 피드백과 도움은 이 책을 완성하는 데 큰 힘이 되었습니다.

참고 문헌

도서

- Adams, Ernest. 《Fundamentals of Game Design, 3rd ed》. New Riders, 2013.
- Allgeier, Brian. 《Directing Video Games: 101 Tips for Creative Leaders》. Illusion Road, 2017.
- Anthropy, Anna. 《Rise of the Videogame Zinesters: How Freaks, Normals, Amateurs, Artists, Dreamers, Dropouts, Queers, Housewives, and People like You Are Taking Back an Art Form》. Seven Stories, 2012.
- Anthropy, Anna, and Naomi Clark. 《A Game Design Vocabulary: Exploring the Foundational Principles behind Good Game Design》. Addison-Wesley, 2014.
- Aristotle. 《Poetics》. Translated by Anthony Kenny. Oxford University Press, 2013.
- Block, Bruce. 《The Visual Story: Creating the Visual Structure of Film, TV and Digital Media, 3rd ed》. Routledge, 2020.
- Bogost, Ian. 《Play Anything: The Pleasure of Limits, the Uses of Boredom, and the Secret of Games》. Basic Books, 2016.
- Bond, Jeremy Gibson. 《Introduction to Game Design, Prototyping, and Development: From Concept to Playable Game with Unity and C#, 2nd ed》. Addison-Wesley, 2018.
- Brathwaite, Brenda, and Ian Schreiber. 《Challenges for Game Designers》. Course Technology/Cengage Learning, 2009.
- Brotchie, Alastair, and Mel Gooding, eds. 《A Book of Surrealist Games: Including the Little Surrealist Dictionary》. Shambhala Redstone, 1995.
- Campbell, Joseph. 《The Hero with a Thousand Faces》. New World Library, 2008.
- Carse, James P. 《Finite and Infinite Games》. Free Press, 2013.
- Catmull, Edwin E., and Amy Wallace. 《Creativity, Inc: Overcoming the Unseen Forces That Stand in the Way of True Inspiration》. Random House, 2014.
- Chandler, Heather Maxwell. 《The Game Production Toolbox》. CRC Press, 2020.
- Childs, Peter. 《Modernism, 2nd ed》. Routledge, 2008.
- Csikszentmihalyi, Mihaly. 《Flow: The Psychology of Optimal Experience》. Harper Perennial Modern Classics, 2008.
- Culyba, Sabrina. 《The Transformational Framework: A Process Tool for the Development of Transformational Games》. Signature, 2018.
- Dreskin, Joel. 《A Practical Guide to Indie Game Marketing》. Routledge, 2017.
- Epps, Jack, Jr. 《Screenwriting Is Rewriting: The Art and Craft of Professional Revision》. Bloomsbury, 2016.

- Frederick, Matthew. 《101 Things I Learned in Architecture School》. MIT Press, 2007.
- Freytag, Gustav. 《Freytag's Technique of the Drama: An Exposition of Dramatic Composition and Art, Scholar's Choice Edition》. Creative Media Partners, 2015.
- Fuller, R. Buckminster, and E. J. Applewhite. 《Synergetics: Explorations in the Geometry of Thinking》. Macmillan, 1975.
- Fullerton, Tracy. 《Game Design Workshop: A Playcentric Approach to Creating Innovative Games, 2nd ed》. Morgan Kaufmann/Elsevier, 2008.
- Fullerton, Tracy. 《Game Design Workshop: A Playcentric Approach to Creating Innovative Games, 4th ed》. CRC Press, 2018.
- Gibson, James J. 《The Ecological Approach to Visual Perception》. Psychology Press, 2015.
- Gulino, Paul Joseph. 《Screenwriting: The Sequence Approach》. Continuum, 2004.
- Hight, John, and Jeannie Novak. 《Game Development Essentials: Game Project Management》. Thomson Delmar Learning, 2008.
- Huizinga, Johan. 《Homo Ludens: A Study of the Play Element in Culture》. Angelico, 2016.
- IDEO Product Development, ed. 《IDEO Method Cards: 51 Ways to Inspire Design: Learn, Look, Ask, Try》. William Stout, 2003.
- Irish, Dan. 《The Game Producer's Handbook》. Thomson Course Technology, 2005.
- Juul, Jesper. 《The Art of Failure: An Essay on the Pain of Playing Video Games》. MIT Press, 2016.
- Keith, Clinton. 《Agile Game Development: Build, Play, Repeat, 2nd ed》. Pearson Education, 2020.
- Keith, Clinton, and Grant Shonkwiler. 《Creative Agility Tools: 100+ Tools for Creative Innovation and Teamwork》. Clinton Keith, 2018.
- Le Guin, Ursula K. 《Steering the Craft: A Twenty-First Century Guide to Sailing the Sea of Story》. Mariner Books, 2015.
- Luhn, Matthew. 《The Best Story Wins: How to Leverage Hollywood Storytelling in Business and Beyond》. Morgan James, 2018.
- Lupton, Ellen. 《Design Is Storytelling》. Cooper Hewitt, Smithsonian Design Museum, 2017.
- Meadows, Donella H., and Diana Wright. 《Thinking in Systems: A Primer》. Chelsea Green, 2008.
- Norman, Donald A. 《The Design of Everyday Things, Rev. ed》. Basic Books, 2013.
- Phillips, Melanie Anne, and Chris Huntley. 《Dramatica: A New Theory of Story》. Screenplay Systems, 2004.
- Rawsthorn, Alice. 《Design as an Attitude》. JRP | Ringier, 2018.
- Rogers, Scott. 《Level Up! The Guide to Great Video Game Design, 2nd ed》. Wiley, 2014.
- Scannell, Mary. 《The Big Book of Conflict Resolution Games: Quick, Effective Activities to Improve Communication, Trust, and Collaboration》. McGraw-Hill, 2010.
- Schell, Jesse. 《The Art of Game Design: A Book of Lenses, 3rd ed》. CRC Press, 2019.
- Sellers, Michael. 《Advanced Game Design: A Systems Approach》. Addison-Wesley, 2017.
- Snyder, Blake. 《Save the Cat! The Last Book on Screenwriting You'll Ever Need》. Michael Wiese Productions, 2005.

- Swink, Steve. 《Game Feel: A Game Designer's Guide to Virtual Sensation》. Morgan Kaufmann/Elsevier, 2008.
- Tolkien, J. R. R., Humphrey Carpenter, and Christopher Tolkien. 《The Letters of J. R. R. Tolkien: A Selection》. Mariner, 2000.
- Totten, Christopher W. 《An Architectural Approach to Level Design, 2nd ed》. CRC Press, 2019.
- Tufte, Edward R. 《Envisioning Information》. Graphics Press, 2013.
- Vogler, Christopher. 《The Writer's Journey: Mythic Structure for Writers, 3rd ed》. Michael Wiese Productions, 2007.
- Wohl, Michael. 《Editing Techniques with Final Cut Pro》. Peachpit Press, 2002.
- Yorke, John. 《Into the Woods: A Five-Act Journey into Story》. Abrams, 2015.
- Zackariasson, Peter, and Mikolaj Dymek. 《Video Game Marketing: A Student Textbook》. Routledge, 2016.

논문

- Hunicke, Robin, Marc LeBlanc, and Robert Zubek. 〈MDA: A Formal Approach to Game Design and Game Research〉. 《AAAI Workshop - Technical Report》 1, 2004. 01. 01.

인용된 게임

- 〈**Apex Legends**〉. Respawn Entertainment. Electronic Arts, 2019.
- 〈**Bastion. Supergiant Games**〉. Warner Bros. Interactive Entertainment, 2011.
- 〈**The Binding of Isaac: Rebirth**〉. Edmund McMillen and Nicalis. Nicalis, 2014.
- 〈**Cities: Skylines**〉. Colossal Order. Paradox Interactive, 2015.
- 〈**Cloud**〉. USC Game Innovation Lab. 2005.
- 〈**Control**〉. Remedy Entertainment. 505 Games, 2019.
- 〈**Crash Bandicoot**〉. Naughty Dog. Sony Interactive Entertainment, 1996.
- 〈**Crash Bandicoot 2: Cortex Strikes Back**〉. Naughty Dog. Sony Interactive Entertainment, 1997.
- 〈**Dance Dance Revolution**〉. Konami. 1998.
- 〈**Dear Esther**〉. The Chinese Room and Robert Briscoe. 2012.
- 〈**Earth: A Primer**〉. Chaim Gingold, Cliff Caruthers, Michelle M. Lee, Laura Kaltman, and Pete Demoreuille. 2015.
- 〈**Flow**〉. thatgamecompany. Sony Interactive Entertainment, 2006.
- 〈**Flower**〉. thatgamecompany. Sony Interactive Entertainment, 2009.
- 〈**FTL: Faster Than Light**〉. Subset Games, 2012.
- 〈**Gex. Crystal Dynamics**〉. BMG Interactive, 1995.
- 〈**God of War**〉. SIE Santa Monica Studio. Sony Interactive Entertainment, 2018.
- 〈**Halo: Combat Evolved**〉. Bungie. Microsoft Game Studios, 2001.
- 〈**Jak 3**〉. Naughty Dog. Sony Interactive Entertainment, 2004.
- 〈**Jak and Daxter**〉. Naughty Dog. Sony Interactive Entertainment, 2001.

- 〈**Jak X: Combat Racing**〉. Naughty Dog. Sony Interactive Entertainment, 2005.
- 〈**Journey**〉. thatgamecompany. Sony Interactive Entertainment, 2012.
- 〈**Keef the Thief: A Boy and His Lockpick**〉. Naughty Dog. Electronic Arts, 1989.
- 〈**The Last of Us**〉. Naughty Dog. Sony Interactive Entertainment, 2013.
- 〈**Legacy of Kain: Soul Reaver**〉. Crystal Dynamics. Eidos Interactive, 1999.
- 〈**The Legend of Zelda: A Link to the Past**〉. Nintendo, 1991.
- 〈**Marble Madness**〉. Mark Cerny and Atari Games. Atari Games, 1984.
- 〈**Minecraft**〉. Mojang Studios, 2009.
- 〈**The Night Journey**〉. Bill Viola, Tracy Fullerton, Todd Furmanski, Kurosh ValaNejad, and USC Game Innovation Lab. USC Games, 2018.
- 〈**Painstation**〉. Tilman Reiff and Volker Morawe, 2001.
- 〈**Pandemonium!**〉. Toys for Bob. Crystal Dynamics, 1996.
- 〈**Pong**〉. Allan Alcorn. Atari, 1972.
- 〈**Proteus**〉. Twisted Tree Games and David Kanaga. 2013.
- 〈**Ratchet & Clank Future: A Crack in Time**〉. Insomniac Games. Sony Interactive Entertainment, 2009.
- 〈**Rings of Power**〉. Naughty Dog. Electronic Arts, 1991.
- 〈**Scribblenauts**〉. 5th Cell. Warner Bros. Interactive Entertainment, 2009.
- 〈**The Secret of Monkey Island**〉. Lucasfilm Games, 1990.
- 〈**SimCity**〉. Maxis, 1989.
- 〈**The Sims**〉. Maxis. Electronic Arts, 2000.
- 〈**Sonic the Hedgehog 2**〉. Sega Technical Institute. Sega, 1992.
- 〈**Spelunky**〉. Mossmouth, LLC, 2012.
- 〈**Spider-Man**〉. Insomniac Games. Sony Interactive Entertainment, 2018.
- 〈**Spore**〉. Maxis. Electronic Arts, 2008.
- 〈**StarCraft**〉. Blizzard Entertainment, 1998.
- 〈**Sunset Overdrive**〉. Insomniac Games. Xbox Game Studios, 2014.
- 〈**Super Mario Bros**〉. Nintendo EAD. Nintendo, 1985.
- 〈**Tetris**〉. Alexey Pajitnov and Vadim Gerasimov. Electronika 60, 1984.
- 〈**Tharsis**〉. Choice Provisions, 2016.
- 〈**Tinhead**〉. MicroProse UK. Ballistic, 1993.
- 〈**Uncharted: Drake's Fortune**〉. Naughty Dog. Sony Interactive Entertainment, 2007.
- 〈**Uncharted 2: Among Thieves**〉. Naughty Dog. Sony Interactive Entertainment, 2009.
- 〈**Uncharted 3: Drake's Deception**〉. Naughty Dog. Sony Interactive Entertainment, 2011.
- 〈**Walden, a game**〉. Tracy Fullerton and USC Game Innovation Lab. USC Games, 2017.
- 〈**The Witcher 3: Wild Hunt**〉. CD Projekt Red. CD Projekt, 2015.

재미있는 게임 제작 프로세스

1판 1쇄 발행 2023년 12월 5일

저 자 | 리차드 르마샹
역 자 | 이정엽, 김종화
발 행 인 | 김길수
발 행 처 | (주)영진닷컴
주 소 | (우)08507 서울 금천구 가산디지털1로 128
STX-V타워 4층 401호
등 록 | 2007. 4. 27. 제16-4189호

ISBN | 978-89-314-6972-1

YoungJin.com Y. 영진닷컴